Wolfgang Liebig / Rolf-Dieter Mummenthey

ArcGIS – ArcView 8

Das Buch für den Anwender

Felicitas Sanders

Mai 2004

Wolfgang Liebig / Rolf-Dieter Mummenthey

ArcGIS – ArcView 8

Das Buch für den Anwender

1. Auflage

Points Verlag Norden · Halmstad

Die Deutsche Bibliothek - CIP-Einheitsaufnahme

Liebig, Wolfgang:
ArcGIS - ArcView 8 : Das Buch für den Anwender / Wolfgang Liebig/Rolf-Dieter Mummenthey. -
1. Aufl. - Norden ; Halmstad ; Points-Verl., 2002
ISBN 3-9808463-0-X

0292 deutsche bibliothek

1. Auflage 2002
Umschlaggestaltung: Karsten Christians
Gestaltung und Layout: Marita Liebig
Druck: SKN, Norden

Printed in Germany

ISBN 3-9808463-0-X

Vorwort

Das neue ArcView 8, das Bestandteil der ArcGIS-Software von ESRI ist, präsentiert sich mit einer neuen Benutzeroberfläche und hat darüber hinaus viele zusätzliche Funktionen bekommen. Es war daher nötig, ein völlig neues Buch über ArcView zu schreiben. Ebenso wie bei den bisherigen Büchern über ArcView 3.X „Desktop GIS mit ArcView GIS – Leitfaden für Anwender“ und „ArcView GIS – Arbeitsbuch“ (Wichmann Verlag) wurde auf eine leicht verständliche, von vielen Beispielen begleitete Darstellungsweise Wert gelegt. Da das neue ArcView 8 im Vergleich zu ArcView 3.X wesentlich umfangreicher geworden ist, musste – um das Buch nicht zu komplex werden zu lassen – auf einige, zumeist selbst erklärende Themen verzichtet werden. Besondere Schwerpunkte liegen auf der Analyse und der Präsentation (Erstellung von Karten) von raumbezogenen Daten.

An diesem Buch haben neben den Autoren viele weitere Personen mitgewirkt.

Das Kapitel „Koordinatensysteme“ wurde von Dipl.-Ing. Birgit Kraus (GISCON, Hannover) und das Kapitel „Geodatabases“ von Dipl.-Geoökologe Jörg Dietrich (Ruhr-Universität, Bochum) geschrieben. Beide beschäftigen sich intensiv mit diesen Themen.

Bedanken möchten sich die Autoren weiterhin bei der Fa. ESRI in Kranzberg für die Bereitstellung des Programms und die Unterstützung, beim Points Verlag Norden · Halmstad, dem Verlag SKN, Norden, sowie bei Marita Liebig, die für das Buch die gesamte Organisation, die redaktionelle Bearbeitung und die Erstellung des Layouts übernommen hat.

Wir wünschen allen unseren Lesern viel Erfolg und Freude bei der Benutzung von Buch und Programm.

Norden und Algermissen, im September 2002

Dipl.-Math. Wolfgang Liebig
Dipl.-Ing. Rolf-Dieter Mummenthey

Inhalt

Seite

1 Einleitung

Dieses Buch beschreibt die Bedienung von ArcView 8 aus der Produktfamilie ArcGIS der Fa. ESRI. Da es zur Zeit keine ausführlichen deutschen Handbücher zu diesem Programm gibt, schien es sinnvoll, eine detaillierte Beschreibung mit deutschen Hintergrundinformationen in Form dieses Buches herauszugeben.

Der Leser wird zunächst in die Welt der Geo-Informationssysteme (GIS) eingeführt. Dabei wurde besonders Wert auf den Praxisbezug der einzelnen Themen gelegt. Alle wichtigen Begriffe, wie z. B. der Aufbau eines GIS, die mit einem GIS zu verarbeitenden Daten (Vektordaten, Rasterdaten), die Bedeutung der Hard- und Software sowie Analyse- und Präsentationsmethoden (Abfragen, Verschneiden, Projektion usw.), werden praxisnah und Software-unabhängig dargestellt.

ArcGIS 8 und somit auch ArcView 8 bestehen aus den drei Desktop-Programmen ArcCatalog, ArcMap und ArcToolbox. Die grundlegende Bedeutung und Funktionsweise dieser Programme werden in eigenen Kapiteln ausführlich beschrieben. Ein Einführungsbeispiel für jedes Programm ermöglicht den schnellen Einstieg. ArcCatalog ist ein „Explorer“ für raumbezogene Daten, ArcToolbox enthält hauptsächlich Datenmanagement-Funktionen, und ArcMap stellt alle Analyse- und Präsentationswerkzeuge zur Verfügung.

Schwerpunkt des Buches ist das Kapitel 8 „ArcView GIS-Funktionen“. Dort lernen Sie unter anderem, wie raumbezogene Daten verarbeitet, Objekte mit Hilfe von Attributen oder der Geometrie abgefragt, Rasterdaten georeferenziert, Projektionen von Datensätzen gewechselt, Hyperlinks erstellt, Puffer und Verschneidungen berechnet, Objekte beschriftet, Symbole und Kartenlayouts erstellt werden.

Für die Themen „Geodatabases“ und „Koordinatensysteme“ wurden zwei eigene Kapitel geschrieben. Sie beschäftigen sich zunächst mit der Theorie und erläutern dann mit praktischen Beispielen die Funktionsweise in ArcView.

Das Buch wendet sich an Anfänger und Fortgeschrittene, die ArcView 8 anwenden wollen. Anfänger sollten zunächst das Kapitel über Geo-Informationssysteme lesen und die Einführungsbeispiele aus den Kapiteln ArcCatalog, ArcMap und ArcToolbox durchführen. Wer zusätzliche Hilfen zu diesen Programmen aufrufen möchte, findet sie im Kapitel 7 „Hilfe für ArcView“.

Im gesamten Text des Buches sind die Menüs und Werkzeuge in der folgenden Form angegeben:

Progamm-Hauptmenü (Kontextmenü, Werkzeugleiste): Element
Menü:
Menüeintrag: Weitere Menüeinträge oder Register

Das Hauptmenü befindet sich an oberster Stelle in der Benutzeroberfläche des jeweiligen Programms. Ist eine Werkzeugleiste angegeben, so muss diese eventuell noch geöffnet werden. Ist ein Kontextmenü genannt, so öffnet es sich durch Betätigung der rechten Maustaste auf das Element. Mit den folgenden Beispielen soll der Eigenschaften-Dialog eines Datenrahmens aufgerufen und dort das Register „Allgemein“ verwendet werden.

ArcMap-Kontextmenü: Datenrahmen
Eigenschaften: Register Allgemein

ArcMap-Hauptmenü:
Ansicht:
Eigenschaften Datenrahmen: Register Allgemein

Im Anhang A finden Sie, nach Themen geordnet, die wichtigsten Menüs und Werkzeuge zum schnellen Auffinden einer gewünschten Funktion. Wenn Sie z. B. wissen wollen, mit welchem Werkzeug oder Menü Sie eine „Abfrage nach Attributen“ durchführen können, so finden Sie dort schnelle Hilfe.

Haben Sie bisher mit ArcView 3.x gearbeitet, so werden Sie feststellen, dass sich nicht nur die gesamte Oberfläche gegenüber ArcView 8 unterscheidet, sondern sich auch Begriffe geändert haben. So ist ein „View“ aus ArcView 3.x nun mit dem „Datenrahmen“ in ArcView 8 vergleichbar. Im Anhang B sind die Unterschiede und Analogien aufgelistet.

Für die Übungen benötigen Sie einige der mit der Software gelieferten Daten, die sich auf den beiliegenden CDs befinden. Installieren Sie die „Sample Maps“ und das Verzeichnis „\ESRIDATA\“.

2 Geo-Informationssysteme (GIS)

Die Analyse heutiger digitaler Datenbestände bringt es an den Tag: Ein auffällig großer Teil von ihnen sind raumbezogene Daten, an die die Frage nach dem Wo gestellt werden kann. Raumbezogene oder Geo-Daten (Geo, von griechisch gea: „Erde“) bestehen aus der Geometrie von Objekten der sichtbaren Umwelt und ihrer Beschreibung durch Attribute (Sachdaten). Während sich die Objekte immer auf die Erdoberfläche beziehen – in einem definierten Koordinatensystem (z. B. geografische Kugel-Koordinaten oder eine der zahlreichen Projektionen auf ein ebenes Koordinatensystem) oder auch durch postalische Adressen –, besteht die Geometrie der Objekte aus Grafik-Elementen mit ihren beschreibenden Attributen. Das geometrische Objekt „Straße“ besteht demnach beispielsweise aus einer Grafik vom Typ „Linie“ mit den Grafik-Attributen „Linienstärke“, „Linienfarbe“ und eventuell „Linienmuster“ und Sachdaten (Attribute), die die Straße beschreiben (z. B. Spielstraße, Bundesautobahn, Straßenbelag...). Umfangreiche Datenbestände werden üblicherweise mit einem digitalen Informationssystem (Datenbank) auf einem Computer bearbeitet, damit die Daten effektiv gespeichert, verwaltet und ausgewertet werden können. Unter einem digitalen Informationssystem versteht man eine Anwendung, mit der Daten erfasst und verwaltet (in einer Datenbank vorgehalten und analysiert) werden und aus der man die Daten auch ausgeben kann, etwa auf einen Bildschirm, an einen Drucker oder in Dateien.

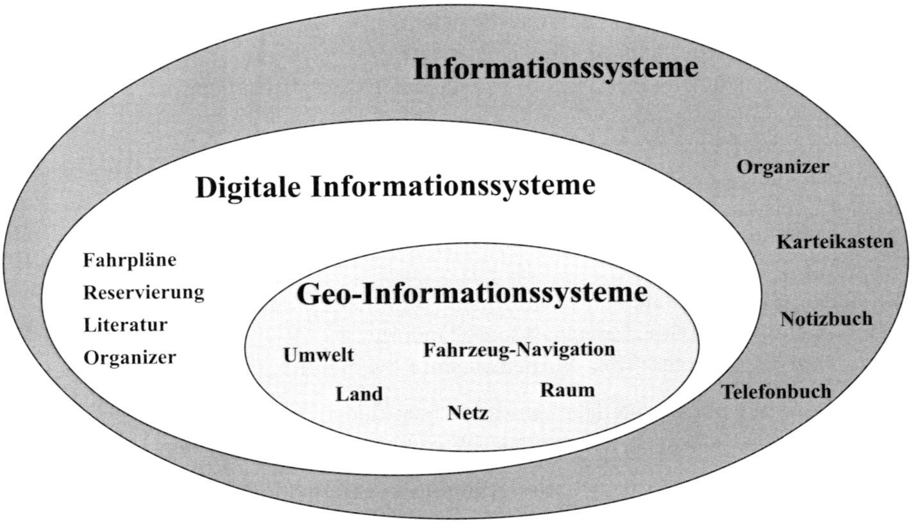

Unter dem Gesichtspunkt, dass sich durch die räumliche Komponente bei den Geo-Daten eine permanent wachsende Zahl neuer Auswertungsmöglichkeiten ergibt, wurden in den letzen gut dreißig Jahren digitale Informationssysteme entwickelt, die raumbezogene Daten verarbeiten können und dafür eine ebenfalls wachsende Vielzahl an immer neuen Werkzeugen zur Verfügung stellen. Begonnen wurde mit so genannten Land-Informationssystemen (LIS), die sich hauptsächlich mit der Verarbeitung von Daten aus dem

Vermessungswesen und der Verwaltung von Grund und Boden befassten. Spezielle Abarten solcher digitaler Informationssysteme waren zum Beispiel Raum(RIS)-, Umwelt(UIS)-, Netz(NIS)- und Fachinformationssysteme (FIS). Aus diesen Vorläufern entwickelten sich die heutigen, mehr allgemeinen Geografischen Informationssysteme (Geo-Informationssysteme, GIS), die Werkzeuge zur Bearbeitung, Speicherung und Präsentation aller Arten geografischer Daten bereitstellen und sogar Datenvergleich völlig verschiedener geografischer Daten zulassen, was die Darstellung komplexer Zusammenhänge zulässt. Das automatisierte Erfassen und Bearbeiten von Geo-Daten wurde mit der Möglichkeit, Vektorgrafiken auf einem Computer zu bearbeiten, ab den 60er Jahren vorangetrieben. Von da an konnte man Karten, die zuvor per Hand auf Papier konstruiert und dann gedruckt werden mussten, auch automatisch mit einem Computer ausgeben. Die Darstellung konnte zwar anfangs in der Ausgabequalität nicht mit handgezeichneten Karten konkurrieren, aber der Anfang war gemacht und hatte einen erheblicher Zeitgewinn mit den entsprechenden Kosteneinsparungen. Die heutigen Systeme haben diese Kinderkrankheiten zum größten Teil hinter sich und sind aus den verschiedensten Bereichen der modernen Gesellschaft nicht mehr wegzudenken.

Die folgende Aufstellung, die keinen Anspruch auf Vollständigkeit erhebt, soll einen Eindruck von den überaus vielfältigen Einsatzmöglichkeiten eines Geografischen Informationssytems aufzeigen:

- Umweltschutz (Biotop- und Nutzungstypen, Altlastenkataster, Nationalpark...)
- Notdienste (Polizei, Feuerwehr, Rettungsdienste...)
- Raumordnung (Deponiestandortsuche, Kanalnetze...)
- Versorgungsunternehmen (Wasser, Strom, Gas, Telefongesellschaften...)
- Militär (Navigation, Logistik...)
- Wissenschaft und Technik (Geologie, Geografie, Biologie, Hydrografie...)
- Vermessungs- und Katasterverwaltung (ATKIS)
- Stadt- und Landschaftsplanung
- Land- und Forstwirtschaft (Waldschäden, Düngereinsatz...)
- Ingenieurbüros
- Universitäten, Software- und Hardwarefirmen (Informatik, Mathematik...)
- Mobilfunkbetreiber (Sichtbarkeitsanalysen, Standorte...)
- Navigationssystemanbieter (Taxi, Firmenwagen, Lkw, Schiffe, Flugzeuge...)

Reale Beispiele für die oben genannten Anwendungen finden Sie im Buch Liebig/Schaller: „ArcView GIS, GIS Arbeitsbuch“, 2. Auflage, Wichmann Verlag, Heidelberg.

Unter einem GIS versteht man heute ganz generell ein Informationssystem für raumbezogene Daten. Es verarbeitet Objekte und ihre Beziehung zu anderen Objekten in der realen Welt. Das bedeutet, dass der Einsatz eines GIS nur dann einen Sinn hat, wenn raumbezogene Daten verarbeitet werden müssen.

Heute wird ein GIS auch als Produkt einer Querschnittsaufgabe – der Geoinformatik – gesehen, die von den verschiedensten Fachgebieten bedient wird: Geografie, Geodäsie, Geophysik, Geologie, Informatik, Mathematik und vieles mehr. Interdisziplinäre Aufgaben, wie es etwa eine Umweltverträglichkeitsprüfung ist, sind ohne den Einsatz eines modernen

GIS nicht mehr vorstellbar. Nur so lassen sich belastbare Entscheidungen vorbereiten. Aufwendige Datenbestände und Medien übergreifende Fragestellungen, zum Beispiel aus dem Bereich des Umweltschutzes (Naturschutz, Kernkraftwerksüberwachung, Lärmschutz, Küstenforschung, Wasserwirtschaft, Luftüberwachung, Altlastenkataster...), lassen sich nur mit GIS händeln und in vertretbarer Zeit beantworten.

Geo-Informationssysteme dürfen nicht mit Präsentations- oder CAD(Computer-Aided-Design)-Programmen verwechselt werden. Während Präsentations- oder Zeichenprogramme für die Ausgabe und Darstellung von Daten ausgelegt sind, ist die Präsentation in einem Geo-Informationssystem nur eine von vielen Aufgaben, die zu erfüllen sind. Auch CAD-Systeme sind mit Geo-Informationssystemen nicht vergleichbar, da die dort zu verarbeitenden Daten nicht unbedingt einen Raumbezug im oben definierten Sinne haben. Die Sachdatenverarbeitung spielt eine untergeordnete Rolle. Ein CAD-System dient hauptsächlich der Konstruktion technischer Objekte (Maschinen, Anlagen, Hausbau...). Da ein CAD-System und ein GIS jeweils Vorteile haben, die sich gegenseitig ergänzen können, gibt es Programme, die beide koppeln. Kombinationen von GIS und anderen Anwendungen (z. B. mit Statistikprogrammen) sind ebenfalls auf dem Markt und komplettieren Geo-Informationssysteme. Der Trend geht jedoch dahin, dass Geo-Informationssysteme immer umfangreicher werden und die Hersteller bemüht sind, die wichtigsten Analyse- und Präsentationswerkzeuge in ihren Geo-Informationssystemen zu integrieren. Auf der anderen Seite ist jedoch wegen der einfachen Handhabung und der Preise auch eine Tendenz zu kleineren „Desktop-GIS“ zu beobachten. Diese Systeme sind leicht zu bedienen und verfügen über die wichtigsten GIS-Funktionalitäten für die Dateneingabe, -verwaltung, -analyse und -präsentation. Auch sind sie nach Bedarf durch Zusatzmodule erweiterbar und damit individuell auf die Bedürfnisse des Anwenders zuschneidbar.

Auch das neue ArcView 8 ist ein solches „Desktop-GIS“. Es gibt Zusatzmodule unter anderem für Dateneingabe, Raster-, Netz-, Bildverarbeitung. Weitere Module befinden sich in der Entwicklung.

„Desktop-GIS“-Programme verbreiten sich wegen der genannten Vorteile stark. Man darf dabei jedoch nicht aus den Augen verlieren, dass sie nicht die gesamte Funktionalität von professionellen Geo-Informationssystemen und vor allem weniger Möglichkeiten zur Analyse raumbezogener Daten besitzen. Eine Kombination oder gleichzeitige Nutzung von GIS und „Desktop-GIS“ erscheint für größere Projekte zur Zeit sinnvoll, wobei das GIS seine umfangreichen Analysewerkzeuge zur Verfügung stellt und das „Desktop-GIS“ wegen der einfachen Handhabung z. B. die Präsentationsaufgabe übernehmen kann. Eine solche extrem leistungsfähige Kombination kann mit dem ArcGIS (ArcView + ArcEdit + ArcInfo) in heute üblichen lokalen Rechner-Netzwerken und auch im Internet/Intranet realisiert werden (ArcIMS).

Die rasche Entwicklung und Verbreitung von Geo-Informationssystemen in den letzten Jahren hängt stark mit der schnellen Entwicklung der Hardware und Rechnersoftware (Betriebssysteme) zusammen. Geo-Informationssysteme sind äußerst komplex und dementsprechend umfangreich. Ihre Bedienung zu erlernen, erfordert einen hohen Zeitaufwand – ein Umstand, dem besondere Aufmerksamkeit geschenkt werden sollte.

Dass Geo-Informationssysteme zur Zeit extreme Zuwachsraten haben, liegt nicht nur daran, dass es heute mehr raumbezogene Daten gibt als früher. Vielmehr hat der Anwender inzwischen erkannt, dass viele seiner Daten einen Raumbezug haben und ihre Auswertung mit einem GIS große Vorteile für seine Arbeit bringt. Unbestreitbare Vorteile für den Einsatz eines GIS:

- Räumliche Daten werden in einer (Relationalen) Datenbank effektiv vorgehalten.
- Räumliche Daten können schneller und billiger ausgegeben werden.
  (Erstellen von Karten, Bildschirmausgabe).
- Zunächst unbekannte Einsichten und Zusammenhänge werden so erst möglich
  (Analyse).
- Einsparpotentiale werden aktiviert.
- Redundanzen werden verhindert.
- Datengrundlagen werden vereinheitlicht.

Durch den rasanten Fortschritt in der Internettechnologie erschließen sich gerade in jüngster Zeit neue Einsatzfelder und Strukturen für Geo-Informationssysteme. Während in der Vergangenheit eher monolytische Systeme der übliche Standard waren, sind die heutigen Systeme, die man als offen bezeichnen kann, auf dem Vormarsch. Im älteren, geschlossenen System waren es die mehrfach in der Literatur erwähnten Aufgaben gemäß EVAP (siehe 2.1), die es zu erfüllen gab. Dabei wird vorwiegend auf bekannte Daten der eigenen Rechnerumgebung zurückgegriffen, deren Qualität man auch selbst beurteilen konnte.

Zukünftig kommen immer mehr offene Systeme zum Einsatz, die es erlauben, auf verschiedenste Geodatenserver (im Internet) zuzugreifen. Nicht nur verteilte Daten, sondern auch verteilt angebotene, fachspezifische Methoden zur Datenanalyse werden in der Zukunft einen GIS-Arbeitsplatz ausmachen.

Weitere Entwicklungen um das GIS herum werden auf dem Markt und in der Forschung langsam sichtbar bzw. haben Einsatzreife erreicht. Ohne in diesem Buch zu ausführlich darauf einzugehen, sollen diese interessanten Entwicklungen aber in den Kapiteln 2.5 und 2.6 etwas näher beschrieben werden.

2.1 Aufbau von Geo-Informationssystemen

2.1.1 Definition

Geo-Informationssysteme, häufig eher als große und komplexe Software-Pakete aufgefasst, werden aber doch mit verschiedenen Definitionen belegt, die über diese reine Software-Definition hinausgehen. Wichtig ist eine solche Definition deshalb, weil sich Geo-Informationssysteme mit komplexen Themen aus unterschiedlichen Disziplinen beschäftigen. Dieser vielfältige Einsatz macht die exakte Definition dieses Werkzeuges so notwendig, damit es richtig eingesetzt werden kann. Bei einem Textprogramm weiß prinzipiell jeder Anwender, was er von ihm erwarten kann, wo seine Einsatzbereiche liegen. Das muss nicht eigens definiert werden.

Damit ein GIS auch richtig eingesetzt wird, werden hier zunächst Definitionen dafür gegeben und dann die wichtigsten Begriffe und Komponenten erläutert.

Die vermutlich üblichste Definition ist:

Ein GIS ist ein System aus Hardware, Software und Anwendungen, mit dem raumbezogene Daten **e**rfasst, **v**erwaltet, **a**nalysiert und **p**räsentiert (EVAP) werden können. Durch den Raumbezug der Daten unterscheidet sich ein GIS in seinen Bearbeitungsmethoden wesentlich von anderen Informationssystemen.

Raumbezogene Daten sind Objekte der realen Welt und ihre Beschreibung, die sich durch Angabe eines Ortes (z. B. Koordinaten, Adressen, Namen, Kennziffern) auf die Erdoberfläche beziehen. Dabei werden im GIS die Modelle der realen Objekte als Geometrie (z. B. eine Messstelle durch einen Punkt, eine Naturschutzfläche durch ein Polygon, eine Straße durch eine Linie) und die Beschreibung der Objekte durch Attribute (z. B. in Tabellen) dargestellt.

GIS benötigt Geräte (Rechner, Ein- und Ausgabegeräte wie Plotter, Drucker, Monitore, Digitalisierer, GPS usw.), auf denen die GIS-Software installiert ist und mit denen die oben beschriebenen Aufgaben ausgeführt werden können.

GIS-Software ist in der Lage, raumbezogene Daten mit verschiedenen Methoden zu erfassen, sie in einer Datenbank zu verwalten, sie mit vielfältigen und anspruchsvollen Werkzeugen zu analysieren und sie mit gängigen Systemen (inklusive Internet) zu präsentieren.

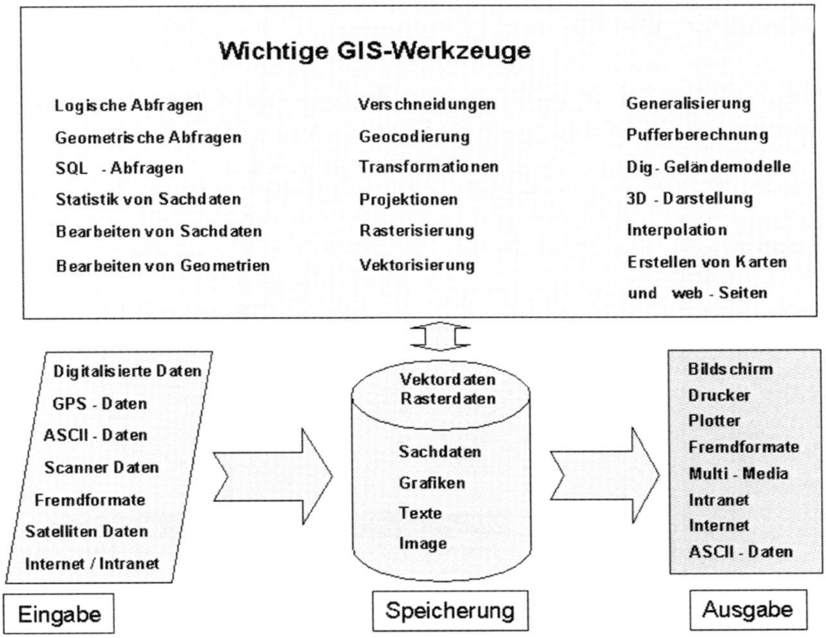

Definieren kann man ein Geo-Informationssystem auch nach den Komponenten: die Software mit der zugehörigen Hardware, die Daten, die den größten Teil der Kosten bei der Realisierung eines GIS ausmachen können, und der Anwender bzw. die von ihm erstellten Anwendungen. An der Aufzählung der Komponenten erkennen Sie, dass die Software nicht notwendigerweise der wichtigste Teil eines GIS ist, wie dies oft dargestellt wird. Vielmehr sind **alle Komponenten gleichwertig**. Dabei kann man die Anwendungen mit ihren Daten als Endergebnis ansehen: Sie zeigen letztlich den Nutzen eines GIS auf. Investitionen in ein Geo-Informationssystem sind daher mehr als eine Anschaffung von Hard- und Software. Denn die Investitionen für die Erhebung der Daten können beträchtlich sein und sollten nicht außer Acht gelassen werden, da sie eine Grundbedingung für die Nutzung eines GIS sind.

Die an der Entwicklung einer GIS-Anwendung beteiligten Personen sind neben den Fachanwendern (z. B. Geologen, Umweltschützer), die die GIS-Anwendungen für ihre Arbeit benötigen, ein GIS-Manager und die GIS-Programmierer. Der GIS-Manager koordiniert in größeren Projekten die Arbeit der Fachanwender und der GIS-Programmierer. Die Programmierer erstellen mit Hilfe von Makrosprachen die Anwendungen. In der Praxis sind jedoch oft alle hier aufgeführten Personen in einer einzigen vereinigt. Ein Fachanwender bemüht sich in aller Regel, GIS- und Programmierkenntnisse zu erwerben und damit ein Projekt allein durchzuziehen.

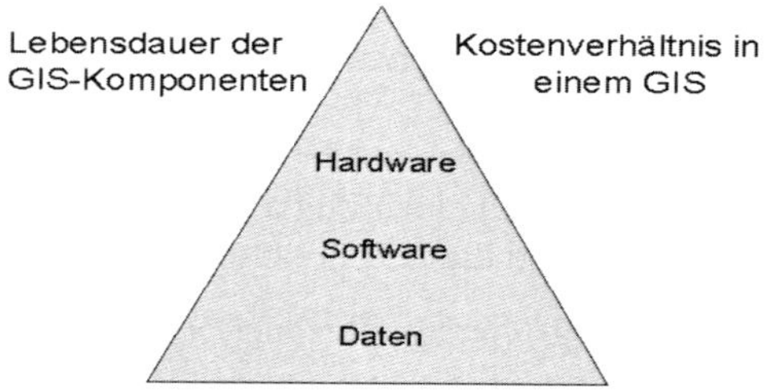

2.2 Raumbezogene Daten

GIS-Daten beziehen sich auf die Erdoberfläche. Raumbezogene Daten (Geo-Daten) bestehen aus der Geometrie (z. B. Koordinaten) und den Sachdaten für ein reales Objekt (Niedersachsen, Inseln...). Die Geometrie wiederum ist zusammengesetzt aus Grafiken und deren Eigenschaften (Flächenfarbe, Strichstärke, Muster...), die sie beschreiben. Reale Objekte werden in einem GIS in thematischen Informationsebenen (oft Layer genannt) abgelegt, vorgehalten und verwaltet.

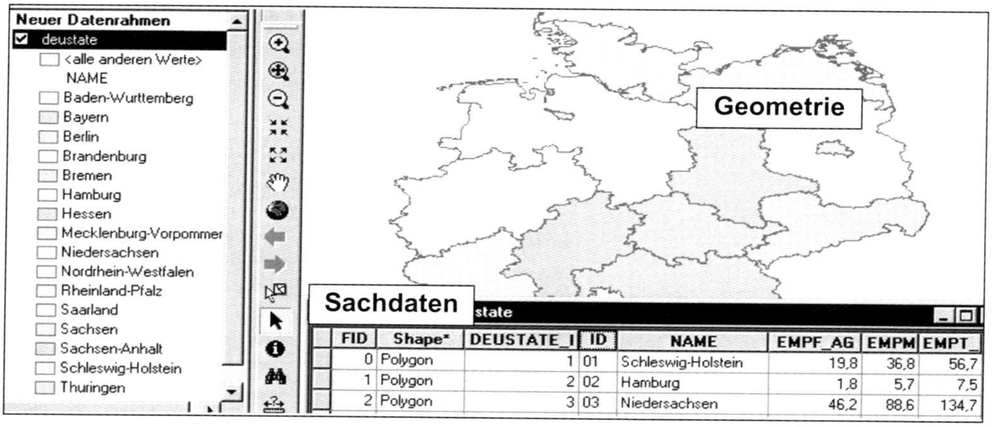

Zur Identifizierung und Entdeckung unvorhergesehener Zusammenhänge können die Layer nach Bedarf in verschiedenster Weise miteinander kombiniert werden. Wenn man sich solche thematischen Karten als Folien vorstellt, die je nach Thema entweder Landfläche oder Schiffsroute oder was auch immer enthalten, und man solche Folien übereinander legt, so kann man z. B. feststellen, ob eine Schiffsroute wirklich in Richtung Hamburger Hafen führt. Dieses „maßstabslose" Layerprinzip zeigt offensichtliche Vorteile bei der Visualisierung von nahezu unbegrenzten und unterschiedlichsten Geo-Daten.

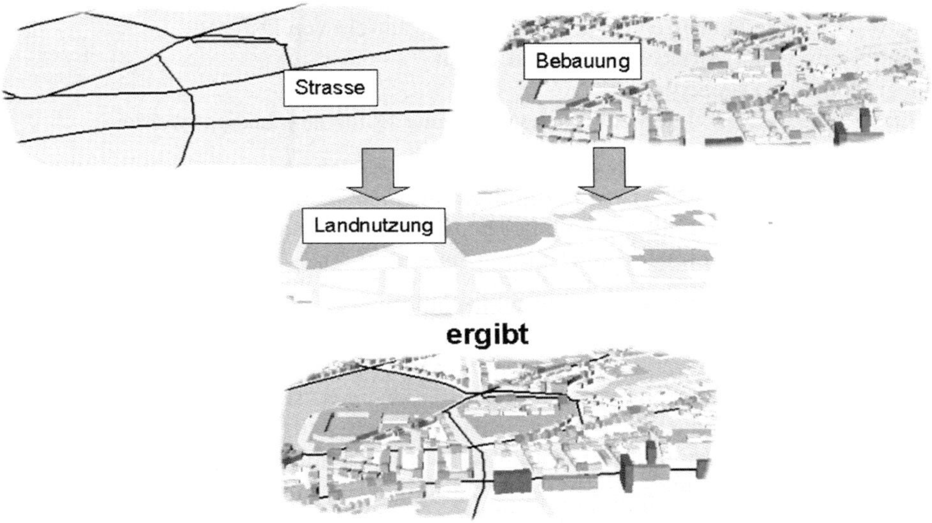

Sämtliche Daten werden in der Regel in einer (Relationalen) Datenbank vorgehalten und verwaltet. Die Geometrie (Koordinaten) und die zugehörigen Sachdaten können entweder getrennt oder gemeinsam in einer Datenbank enthalten sein. Teilweise werden sie auch nur in Dateien gespeichert. Das Vorhalten in einer (Relationalen) Datenbank hat Vorteile in Bezug auf die Datensicherheit, die optimale Datenverwaltung und die Geschwindigkeit bei der Bearbeitung.

Während Tabellen als ausgereiftes EDV-Objekt für die Sachdaten geeignet sind, wird die Geometrie entweder als Vektor- oder Rasterdaten gespeichert. Diese Typisierung führt zur Bezeichnung von Vektor- bzw. Raster-GIS. Ist ein GIS in der Lage beide Datentypen zu verarbeiten (herstellen, editieren, darstellen und analysieren), so spricht man von einem hybriden System.

Diese beiden Datentypen sollen nun genauer beschrieben werden. Im Anschluss daran gibt es einige Bemerkungen zur Datenqualität und zu möglichen Fehlern von raumbezogenen Daten. Zunächst sollen Sie jedoch einiges zur Datenverwaltung erfahren.

2.2.1 Datenverwaltung

Raumbezogene Daten werden in modernen Systemen in einer Relationalen Datenbank gesammelt und verwaltet. Sie enthalten Informationen über Objekte und ihre Beziehung zueinander. Management-Systeme ermöglichen eine einheitliche Bedienung der Datenbanken. Dadurch sind keine Kenntnisse über die interne physikalische Datenstruktur erforderlich. Mit Abfragesprachen werden Daten aus einer Datenbank abgefragt. SQL (Standard Query Language) ist zum Beispiel eine solche Sprache. Sie arbeitet unabhängig für jede Datenbank, die diese Sprache unterstützt. Die Benutzung von Datenbanken hat viele Vorteile, aber auch Nachteile. Die Vorteile sind:

- Sicherungsmaßnahmen regeln den Zugriff auf die Daten
- schneller Zugriff auf die Daten – je nach Datentyp und verwendeter Datenbank
- Kontrolle von Redundanzen (mehrfaches Vorhandensein von Daten)
- Organisation von Mehrfachzugriffen auf Daten
- Integration aller Datentypen
- andere Dienste – z. B. Internet – können aus einer Datenbank bedient werden

Nachteile sind ohne Zweifel die höheren Anschaffungskosten und die aufwendigere Administration, die eine Datenbank erfordert – Punkte, die nicht unterschätzt werden dürfen. Die Vorteile einer Datenbank überwiegen jedoch die Nachteile so deutlich, dass ihr Einsatz – besonders auch bei Geo-Informationssystemen – sinnvoll ist.

Es gibt drei klassische Typen von Datenbankmodellen. Beim **hierarchischen Modell** sind die Daten in einer Baumstruktur, ähnlich der Verzeichnisstruktur beim Windows Explorer, angeordnet. Bei einer Baumstruktur können von jedem Zweig mehrere Abzweigungen ausgehen. Der Zugriff auf Daten in diesem Modell ist – bei einer Anpassung der Hierarchie an die zu bearbeitenden Probleme – äußerst schnell. Jedoch sind in diesem Fall im Voraus Kenntnisse über die Art der Abfragen nötig. Beim Arbeiten mit Geo-Informationssystemen ist die Art der Abfragen jedoch im Vorhinein meistens unbekannt. Hierarchische Datenbanken werden daher nur bei speziellen Informationssystemen eingesetzt.

Das **Netzmodell** ist eine Verallgemeinerung des hierarchischen Datenmodells. Die Beziehungen an den Verzweigungen sind hier nicht auf 1:n beschränkt, sondern es werden auch n:1- und n:m-Beziehungen zugelassen. Die daraus resultierende Vernetzung der hierarchischen Struktur erleichtert den Zugriff auf die Daten. Ein Netzmodell ist redundanzfrei. Bei der Fortführung der Daten müssen jedoch die Verzweigungen mit nachgeführt werden – ein recht hoher Arbeitsaufwand.

Ohne Hierarchie ist das **relationale Datenmodell**. Die Daten sind in Tabellen gespeichert und können untereinander über die Tabellenspalten in Beziehung gesetzt werden. Diese Form des Datenmodells eignet sich daher gut zur Verwaltung der Sachdaten aus einem GIS. Jede Spalte in einer Tabelle kann als „key" (Schlüsselbeziehung) benutzt werden. Daraus ergibt sich eine größere Flexibilität bei der Erstellung von Anwendungen. Ein Problem ist jedoch unter anderem die Antwortzeit bei komplexen Abfragen.

In Geo-Informationssystemen werden alle drei Datenbankmodelle und Kombinationen davon eingesetzt. Welche Datenbank bei welchem GIS verwendet wird, hängt immer von der Art der Daten und der Anwendung ab.

2.2.2 Vektor- und Sachdaten

Mit „Vektorgrafiken" werden Grafiken auf einem Computer dargestellt. Basiselement ist hier der „Punkt", dessen Lage in einem kartesischen Koordinatensystem durch eine XY- und eventuell zusätzlich durch eine Z-Komponente beschrieben wird. Mit Hilfe von Punkten lassen sich Objekte konstruieren, die aus Linien und Flächen (Polygonen) bestehen. Linien entstehen aus Punkten, die in einer Geraden miteinander verbunden sind. Polygone sind geschlossene Linienzüge. Mit diesen Grundelementen lassen sich beliebige Grafiken, aber auch z. B. Legenden, Maßstäbe und Texte konstruieren. Die mit den Grundelementen erzeugten Grafiken werden Vektorgrafiken genannt. Sie haben eigene Attribute, wie beispielsweise die Stärke oder Farbe einer Linie. Attribute bei Polygonen können z. B. Füllmuster

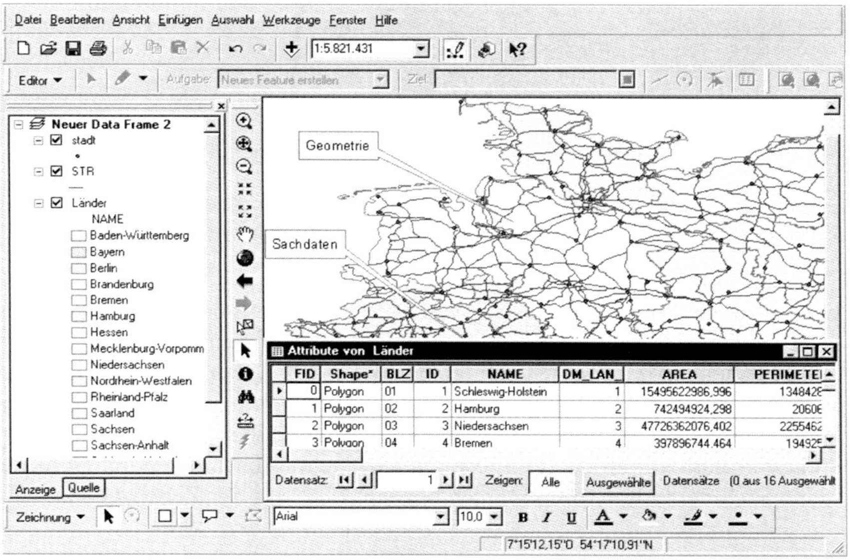

und Füllfarbe sein. Den Grafiken können außerdem beschreibende Sachdaten zugeordnet werden. Vektordaten werden durch Digitalisieren auf einem Digitizer oder direkt auf dem Bildschirm (digitizing on screen) erzeugt, Sachdaten mit Hilfe von Programmen, Modellrechnungen, Auswertungen oder Kartierung durch den Benutzer.

Topologie nennt man die Beschreibung der räumlichen Zusammenhänge zwischen den einzelnen Geometrien. Die Lage aller Polygone, die links und rechts neben einer Linie liegen, wird unter anderem in einer Tabelle festgehalten. Bei der Anwendung bestimmter mathematischer Operationen (z. B. Projektionen) bleiben topologische Beziehungen erhalten.

2.2.3 Raster- und Sachdaten

Vergleichbar mit Fotos, bestehen Rasterdaten aus einer Serie von Punkten mit unterschiedlichen Farb- oder Grauwerten. Sie bestehen aus einer gleichmäßigen Anordnung von rechteckigen Zellen, die Pixel genannt werden und mit denen eine nahezu kontinuierliche Wiedergabe eines Gebietes möglich ist. Die Zellen sind in einer Matrix angeordnet, organisiert nach Zeilen und Spalten. Mit Hilfe von Rasterdaten lassen sich auch Geometrien (Punkt, Linie, Polygon, Text...) darstellen. Ein Punkt besteht aus einer Zelle, während eine Linie oder ein Polygon von einer Gruppe zusammenhängender Zellen dargestellt werden kann. Mit Hilfe von Farb- oder Grauwerten können Objekte identifiziert werden. Jeder Gruppe von

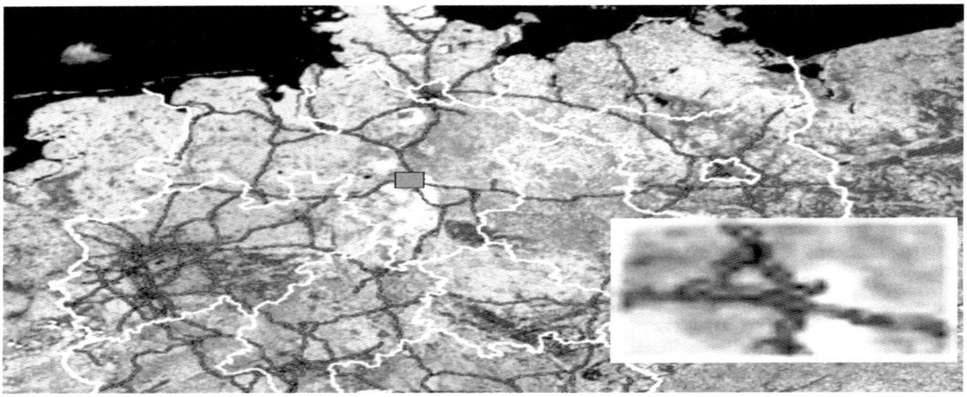

Zellen mit gleichen Grau- oder Farbwerten können Sachdaten zugeordnet werden. Je kleiner die Zellgröße gewählt wird, desto kontinuierlicher erscheint die darzustellende Oberfläche. Damit wächst jedoch der Speicherplatzbedarf.

Rasterdaten können durch Abtasten (Scannen) von Fotos (z. B. Luftbilder) oder der Erdoberfläche (Satellitendaten) erzeugt werden. Sollen Rasterdaten zusammen mit anderen räumlichen Daten erscheinen, müssen sie georeferenziert werden. Dabei werden den Zeilen- und Spaltennummern der Zellen z. B. geografische Koordinaten zugeordnet. Räumliche Zusammenhänge (Topologien) bei Rasterdaten sind natürlicherweise gegeben und brauchen nicht gesondert gespeichert zu werden, denn jede Zelle hat acht Nachbarn, die mit Hilfe der Zeilen- und Spaltennummern identifiziert werden können. Die Lage der Zelle ist damit eindeutig.

Rasterdaten können aber auch eine erheblich „intelligentere" Natur erlangen. Wenn es gelingt, den einzelnen Zellen nicht nur Werte zuzuordnen, sondern mit diesen Werten auch mathematische Operationen durchzuführen, dann redet man vom Grid. Ein Grid ist eine erheblich höherwertige Datenbasis als der Rasterdatensatz aus einem Scanner oder der eines Bildes. So kann man mit einem Grid zum Beispiel ein so genanntes digitales Geländemodell (DGM) erzeugen. Jeder Zelle ist der Wert der tatsächlichen geodätischen Höhe Z zugeordnet. Damit werden die Berechnung von Hangneigungen, Expositionen und Sichtbarkeitsanalysen ermöglicht.

Die folgenden Bilder zeigen solche realen Modelle des DGM, wie man sie sich im Rechner abgebildet vorstellen muss.

Das Relief eines Grid-Datensatzes hat dann das folgende Aussehen:

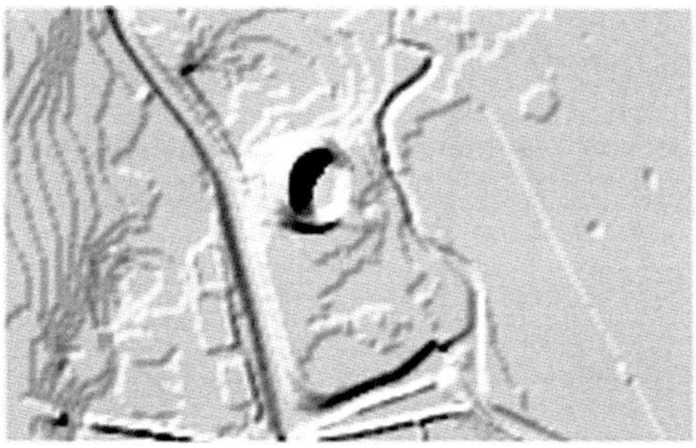

Mit einem Grid lassen sich die vielfältigsten Rechenoperationen durchführen. In der Regel gehören diese Funktionalitäten nicht zum Standardumfang eines GIS und erfordern entsprechende Ergänzungen. Nur im Falle eines reinen Raster-GIS kann diese Funktionalität zur Grundausstattung gehören.

2.2.4 Vergleich von Vektor- und Rasterdaten

Vektor- und Rasterdaten haben jeweils ihre spezifischen Vor- und Nachteile. Rasterdaten benötigen viel Speicherplatz. Denn jede einzelne Zelle muss gespeichert werden, egal ob sie wichtige Informationen enthält oder nicht. Es gibt aber Verfahren, mit denen der Speicherplatzbedarf reduziert werden kann. Wird die Zellgröße (bei gleicher Ausdehnung) erhöht, verringert sich der Speicherplatzbedarf. Dafür muss man aber in Kauf nehmen, dass Detailinformationen verlorengehen. Der Vorteil von Rasterdaten liegt in ihrer einfachen Datenstruktur und der mühelosen Verarbeitung von raumbezogenen Daten, die kontinuierlich verteilt sind. Manchmal bestehen die Daten lediglich aus einer Aneinanderreihung von Zahlen in einer ASCII-Datei. Unübersehbarer Vorteil der einfachen Datenstruktur ist die hoch effiziente Datenbearbeitung mit einem Rechner, mit dem bei dieser Datenform zum Beispiel die Berechnungen von Verschneidungen oder das Erstellen von Modellen besonders leicht zu realisieren ist. Unter anderem wegen des hohen Entwicklungsstandes bei der Verarbeitung von Satellitendaten kann der Anwender auf umfangreiche Algorithmen für die Bearbeitung von Rasterdaten zurück greifen.

Schwieriger als mit Rasterdaten ist die Verarbeitung von kontinuierlich verteilten räumlichen Vektordaten. Ihr Vorteil ist jedoch, dass sie weniger Speicherplatz benötigen. Dafür ist aber ihre Datenstruktur komplizierter. Geografische Abfragen sind allerdings leichter durchzuführen. Vektordaten werden gern angewendet, weil ihre Darstellung den herkömmlichen „Karten“ viel ähnlicher ist. Außerdem sind Vektordaten für eine Nutzung in bestimmten Modellrechnungen oft vorteilhafter. Die Beschreibung von Objekten ist mit Vektoren erheblich schlüssiger als mit Rasterdaten. Beispielsweise ist ein Haus für eine Berechnung von Luftschadstoffausbreitung oder von Lärmimmissionen in Vektorschreibweise einfacher und besser zu modellieren als in Rasterschreibweise. Dass der Bedarf an Speicherplatz auch noch geringer sein wird, ist heute von eher untergeordneter Bedeutung.

Vor-und Nachteile von Vektordaten:

- geringer Speicherplatzbedarf
- einfacher Zugriff auf die Objekte (Selektion)
- komplexe Datenstruktur
- komplexe Auswerteprogramme für Analysen von kontinuierlich verteilten räumlichen Daten

Vor- und Nachteile von Rasterdaten:

- einfache Datenstruktur
- Analyse von kontinuierlich räumlich verteilten Daten einfach
- großer Speicherplatzbedarf
- Zugriff auf Objekte schwierig, auf einzelne Rasterzellen jedoch einfach

In der Praxis ist eine freie Auswahl, ob man mit Raster- oder Vektordaten arbeiten will, oft gar nicht möglich, da der gewünschte Datentyp nicht zur Verfügung steht. Man wird deshalb oft mit beiden Datentypen zugleich arbeiten müssen. Hybride Geo-Informationssysteme können Raster- und Vektordaten gleichzeitig bearbeiten. Vektor- und Rasterdaten können auch jeweils in den anderen Datentyp umgewandelt werden. Für die Vektorisierung (Umwandlung von Raster- in Vektordaten) und die Rasterisierung (Umwandlung von Vektor- in Rasterdaten) gibt es Umwandlungsprogramme. Die dabei entstehenden Verluste an Informationen sollten vorher gründlich bedacht werden. Eine „windschiefe" Gerade im Vektorformat ist zum Beispiel nach der Umwandlung eher einer Treppe ähnlich.

2.2.5 Datenqualität und Fehler

Messungen sind nie ohne Fehler. Die Daten für ein Geo-Informationssystem entstehen aus Messungen. Die Qualität der Daten in einem GIS ist somit abhängig von den Fehlern, die sie enthalten. Um die Datenqualität beurteilen zu können, ist es notwendig, mögliche Fehler zu erkennen und ihre Größenordnung möglichst realistisch abzuschätzen. In einigen Fällen ist dies ein schwieriges, manchmal sogar unlösbares Unterfangen. Sie werden in der Praxis manchmal unmöglich zurück verfolgen können, auf welchem Weg eine analoge Karte erstellt worden ist. Damit ist eine Fehleranalyse nicht durchführbar. Ursachen von Fehlern werden ebenfalls oft nicht angegeben, etwa nach welcher Methode Höhenlinien geglättet worden sind oder mit welchen Fehlern die Rohdaten aus den Messungen behaftet waren. Wenn Sie eine solche Karte in ein GIS eingeben, kann die Qualität der Daten nicht eingeschätzt werden – es sei denn, man kennt gängige Fehlerursachen aus der Erfahrung. Das GIS ist in der Lage, die Datenqualität weiter zu beeinflussen sowohl bei der Dateneingabe (Digitalisieren) als auch bei der weiteren Bearbeitung. Mit welchen Fehlern Sie beim Arbeiten mit einem GIS rechnen müssen, wird im Folgenden kurz skizziert. Fehler können entstehen:

- bei der Erfassung (Messung) der Daten
- bei der Eingabe der Daten in das GIS
- bei der Analyse der Daten mit dem GIS
- bei der Ausgabe auf Drucker und Plotter

Viele Fehlermöglichkeiten liegen bei der Erfassung von Daten. Neben defekten oder falsch geeichten Messgeräten sind es hauptsächlich menschliche Unzulänglichkeiten, durch die Fehler entstehen. So werden beispielsweise Messgeräte falsch bedient oder – bei komplizierten Messungen – Zwischenschritte vergessen. In diesen Bereich fallen auch falsch eingestellte Messwertauflösungen oder Interpretationsfehler. Falsche Werte entstehen außerdem bei der Erfassung der Position von Objekten und ihrer Zuordnung zu den Attributen (Sachdaten). Fehler bei der Erfassung von Daten können durch Erstellung von Messplänen verringert, leider aber nicht ganz vermieden werden. Weitere Fehlerquellen liegen im unterschiedlichen Alter von Daten, beispielsweise wenn ihre Erfassung sich über einen längeren Zeitraum (Jahre) hinzieht, in dem sich oft auch die Erfassungsmethoden ändern.

Eingegeben werden die Daten in ein GIS im Allgemeinen über einen Digitalisierer, einen Scanner oder über Dateien. Sind die Geräte fehlerhaft oder werden sie falsch bedient, so entsteht ein Lagefehler. Die meisten Fehler entstehen beim Digitalisieren, denn hier ist der menschliche Einfluss am größten und die Notwendigkeit der Konzentration am höchsten. Fehler entstehen durch Ablenkung, fehlende Konzentration oder auch Gleichgültigkeit. Typisch beim Digitalisieren sind Fehler in der Position und in der Form des Objektes, das digitalisiert werden soll. Da werden beispielsweise Polygone nicht geschlossen oder Linien zu lang oder zu kurz digitalisiert. Oft ist beim Digitalisieren auch nicht klar, wo eine bestimmte Linie (z. B. eine Waldgrenze) zu ziehen ist. Es bleibt dann dem Benutzer überlassen, wo er die Grenze festlegt. Er bestimmt damit natürlich einen Fehler. Theoretisch werden solche Unbestimmtheiten mit Hilfe der „Fuzzy-Theorie“ behandelt. Zu Fehlern führt auch die Eingabe von Daten aus Karten mit unterschiedlichen Maßstäben. Die Kosten für die Datenerfassung spielen für die Datenqualität eine wesentliche Rolle. Hohe Datendichten lassen sich nur mit großem finanziellen Aufwand erstellen. Geringerer Kosteneinsatz bedingt eine geringere Datendichte. Das führt zwangsläufig zu höheren Fehlerquoten.

Zur Eingabe von Daten kann man auch den Import aus anderen Systemen zählen. Die dafür notwendigen Schnittstellen bergen in sich selbst durch die erforderlichen Algorithmen Ungenauigkeiten der verschiedensten Art.

Die Analyse von Daten in einem GIS bringt viele Fehlerursachen mit sich, die recht umfangreich sein können. Die häufigsten Fehler treten auf:

- durch Kodierung der Datenformate im Rechner (einfache oder doppelte Genauigkeit und damit die Entstehung von Rundungs- und numerischen Fehlern bei der Anwendung von mathematischen Methoden)
- durch Generalisierung und Glättungsmethoden
- bei der Berechnung von Verschneidungen
- durch Interpolationsmethoden
- bei der Umwandlung von Raster- in Vektordaten und umgekehrt

Bei der Datenausgabe entstehen Fehler durch ungenaue oder defekte Ausgabegeräte (Drucker, Plotter). Fehler werden auch verursacht durch das Ausgabemedium (Papier, Folie, Bildschirm), z. B. durch Umwelteinwirkung auf Papier (Verziehen).

2.3 Hard- und Software

2.3.1 Rechner

Geo-Informationssysteme gibt es für alle üblichen Rechner-Plattformen und für unterschiedliche Betriebssysteme. Wegen der Teilung gemeinsamer Ressourcen (Geo-Datenserver) sowie der gemeinsamen Nutzung von Eingabe- und Ausgabegeräten sind Rechner normalerweise in heterogenen Netzwerken (LAN = Local Area Network) zusammengeschaltet. Heterogene Netze bestehen aus unterschiedlichen Rechnertypen und Betriebssystemen. Solche LANs sind auch für Geo-Informationssysteme vorteilhaft, da die verschiedenen Aufgaben eines GIS im Netz verteilt werden können. So kann die GIS-Software z. B. auf einer UNIX-Workstation laufen, die Daten befinden sich aber auf einem anderen Rechner, der über einen großen Plattenspeicher verfügt. Für Geo-Informationssysteme werden Großrechner, Workstations und PCs eingesetzt. Großrechner (Mainframe) sind für Mehrbenutzerbetrieb ausgelegt, aber für Geo-Informationssysteme heute etwas „aus der Mode“ gekommen. Die Verteilung der Rechner-Ressourcen auf kleinere und schnelle Einheiten (Workstations, PCs) ist eine üblichere Technik und hat, bezogen auf Rechnerleistung und Unabhängigkeit, Vorteile gegenüber dem Mainframe.

Heutige PCs besitzen genügend Rechnerleistung und sind damit auch für professionelle GIS-Systeme einsetzbar. Gerade die Entwicklung der jüngeren Vergangenheit hat die PCs für GIS-Anwendungen attraktiv gemacht.

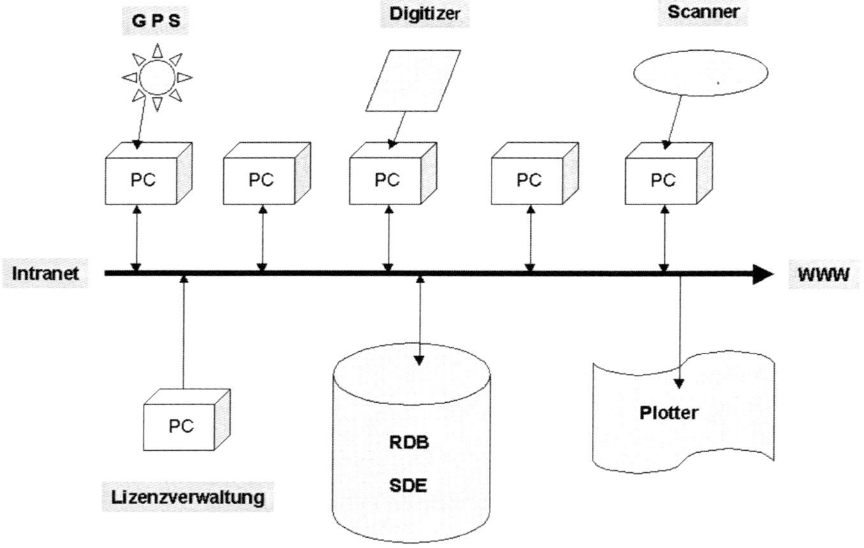

2.3.2 Software

GIS-Software wird für fast alle üblichen Betriebssysteme angeboten. Windows dürfte das meist benutzte Betriebssystem für PC-GIS sein. LINUX ist als neueres Betriebssystem in der GIS-Welt noch nicht so verbreitet, kann aber sicherlich mit in Betracht gezogen werden.

Neben dem Betriebssystem spielt die verwendete Netzwerksoftware eine wichtige Rolle. Die wichtigsten Netzwerk-Dienste, die benötigt werden, sind „Remote-Login“, „Network-File-Service“ und die Dienste, die den Zugriff auf die Ein- und Ausgabegeräte erlauben. Der Netzwerk-Dienst „Remote-Login“ erlaubt die Anmeldung eines Benutzers auf einer Workstation oder einem Großrechner von jedem Rechner im Netz aus. Ist das GIS auf einer Workstation installiert, kann jeder PC-Benutzer das GIS von seinem Platz aus anwenden. Der „Network-File-Service“ erlaubt den Zugriff auf Plattenspeicher von einem beliebigen Rechner im Netz auf jeden anderen. Ein PC-Desktop-GIS hat damit Zugriff auf eine GIS-Datenbank, die auf einer Workstation liegt. Wichtige Module für Client/Server-Lösungen sind RPC (Remote-Procedure Call) und DDE (Dynamic-Data-Exchange).

Die GIS-Software selbst enthält Module für die Datenein- und -ausgabe, die Datenverwaltung (Datenbank und Datenbank-Management-System) sowie die Bearbeitungs- und Analyse-Werkzeuge. Oft werden für Geo-Informationssysteme Makro-Programmiermodule angeboten, die eine Programmierung und somit eine automatische Steuerung der GIS-Module erlauben. Die GIS-Software-Module, die zur Verfügung gestellt werden, können – je nach GIS – sehr umfangreich sein. Nicht selten haben Geo-Informationssysteme mehr als 1000 Module (Kommandos). Aus dieser großen Anzahl seien hier einige aufgelistet.

Module für die Verwaltung sowie Ein- und Ausgabe von Daten:

- Datenbankverwaltung
- Benutzeroberflächen für die Bedienung des GIS
- Einlesen von Fremdformaten (Importieren)
- Digitalisieren und Scannen für die Dateneingabe
- Erstellen von Karten und Layouts
- Ausgabe in Fremdformate (Exportieren)
- Ausgabe auf Drucker und Plotter (Treiber)

Module zur Bearbeitung und Analyse:

- Logische und geometrische Abfragen (Selektionen)
- Verschneidungen
- Generalisierung und Glättung
- Projektionen und Transformationen
- Interpolationen und digitale Geländemodelle
- Geocodierung
- Bearbeiten von Vektor-, Raster- und Sachdaten
- 3D-Darstellungen

2.3.3 Dateneingabe, -generierung

Die Methoden der Erfassung von raumbezogenen Daten stammen vorwiegend aus dem Vermessungswesen. Typisch sind Tachymetrie, Funk- oder Satelliten-Verfahren (GPS). Informationen von flächenhaften Fotoaufnahmen werden mit Photogrammetrie und Fernerkundung ausgewertet. Photogrammmetrische Stereoaufnahmen übernehmen die räumliche Auswertung. Handskizzen und Feldbücher sind ebenfalls wichtige Erfassungsmethoden.

Vektordaten werden in den meisten Fällen aus einer Karte digitalisiert. Typische Datenquellen sind dafür z. B. Karten, Dokumente, Dateien (erstellt aus Aufzeichnungen oder GPS-Messungen) sowie Dateien, deren Einträge Positionen von Punkten, Linien oder Flächen beschreiben. Vektordaten können auch durch Scannen und anschließende Vektorisierung in ein GIS eingegeben werden. Für die Vektorisierung gibt es halbautomatische Software, die interaktiv die Umwandlung der Raster- in die Vektorinformation vornimmt. Mathematische Modelle aus Geologie, Biologie, Hydrologie oder anderen Wissenschaften können innerhalb kurzer Zeit große Mengen von raumbezogenen Daten zur Verfügung stellen. Diese Daten werden direkt oder über Dateien zwischen den Modellen und dem GIS ausgetauscht.

Mit Hilfe eines Scanners werden Rasterdaten erstellt und in das GIS eingegeben. Rasterdaten entstehen aus Luftbildern, Satellitendaten oder Scanner-Befliegungen (Laser-Befliegungen). Sie können auch aus Vektordaten durch Rasterisierung erzeugt werden. Dies ist z. B. dann nötig, wenn Daten nur in Vektorform vorliegen und für eine Analyse die Rasterform benötigt wird.

Rasterdaten können aber auch aus Modellrechnungen erzeugt werden. So ist es ein übliches Verfahren, Lärmimmissionen aus einer Modellrechnung zu gewinnen und als gleichmäßiges Raster mit einer Zellgröße von z. B. 10 x 10 Meter als Grid abzulegen. Gleiches wird bei der Erzeugung von digitalen Geländemodellen (DGM) angewendet. In jüngerer Zeit wird auch die Berechnung der Luftschadstoffausbreitung mit dieser Methode behandelt.

Durch geeignete Verfahren können aus diesen Grids wiederum Vektordaten generiert werden. Zum Beispiel werden aus dem DGM auf diese Weise Höhenlinien (Iso-Linien) erzeugt.

Sachdaten (Attribute) für Objekte können mit Editoren, Text- oder Tabellenkalkulations-Programmen zusammengestellt und in das GIS eingegeben werden. Sie werden den Vektor- bzw. Rasterdaten als Beschreibung angehängt. Natürlich können die vorhandenen Sachdaten auch genutzt werden, um neue Informationen daraus zu berechnen. Die GIS-eigenen Datenbanken lassen diese Möglichkeit zu. Neue Einsichten werden durch die Darstellung im GIS gewonnen.

Eingegebene Daten sollten zum Zwecke der Qualitätssicherung überprüft werden. Das geht am einfachsten durch Ausgabe und Vergleich mit den Quelldaten, wenn es um die Kontrolle der Geometrie geht. Für die Wartung und Modifizierung der GIS-Daten stellt ein GIS eine Reihe von Werkzeugen zur Verfügung. So können mit einem Grafik-Editor z. B. Korrekturen an der Lage von Objekten durch Verschieben oder Drehen vorgenommen werden. Objekte können gelöscht oder hinzugefügt werden. Projektionen und Transformationen passen die Koordinaten an ein neues Bezugssystem an.

2.3.4 Datenausgabe

Die Datenausgabe in einem GIS ist die Darstellung von raumbezogenen Daten in Form von Karten, Diagrammen und Tabellen auf Bildschirm (auch im Internet), Papier oder in elektronischer Form (Multimedia). Für Kartenausgabe und Präsentation hat ein GIS Präsentationsmodule, die neben den üblichen Zeichenfunktionen auch verschiedenste Legenden, Maßstäbe, Nordpfeile, Koordinatengitter und andere typische Kartenelemente erstellen können.

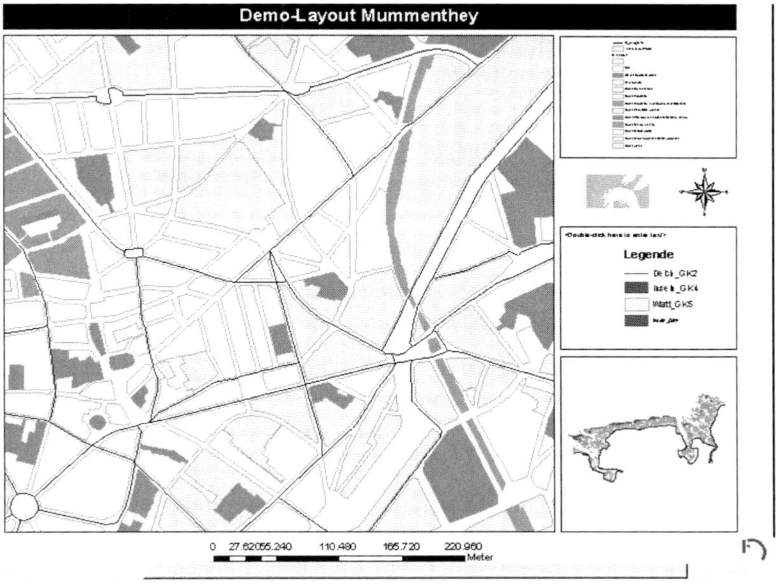

Ausgegeben werden Präsentationen und Karten-Layouts auf großformatigem Papier mit Tintenstrahl- oder Elektrostatic-Plotter. Sie sind zwar sehr teuer, eignen sich jedoch gut für die Ausgabe von flächenhaften Daten, also auch Rasterdaten. Ein Kompromiss bezüglich Qualität und Preis sind Tintenstrahl-Drucker. Es gibt sie in wachsendem Maße für große Papierformate. Sie werden, vor allem wegen des günstigen Anschaffungspreises, oft eingesetzt. Für kleinere Papierformate werden Laser- oder Tintenstrahldrucker verwendet. Die teureren Laserdrucker liefern eine bessere Ausgabequalität für die Schwarzweiß- und neuerdings auch für die Farbausgabe. Wegen des hohen Preises sind Farblaserdrucker jedoch nur selten im Einsatz. Hier werden meistens noch die günstigeren Tintenstrahldrucker verwendet.

Bei der Ausgabe oder Präsentation von GIS-Daten wird das Internet zunehmend wichtiger. Dieses schnelle und immer leichter auch aktuell zu haltende Medium ist gut geeignet, Geo-Daten zu präsentieren. Es existieren inzwischen Software-Lösungen, die interaktive Karten auf dem Client, also beim Kunden, ermöglichen. GIS im oder mit dem Internet rückt somit immer mehr ins Blickfeld. Diese zukunftsweisenden Möglichkeiten können im vorliegenden Buch nicht weiter vertieft werden, müssen aber wegen ihrer wachsenden Bedeutung erwähnt werden – Stichwort: „map-on-demand".

2.4 Beispiele für Bearbeitungs- und Analysewerkzeuge

Neben der Dateneingabe, Datenverwaltung und Präsentation (Ausgabe) ist die Bearbeitung und Auswertung (Analyse) der GIS-Daten ein wesentlicher Punkt. So kann beispielsweise der Abstand zwischen zwei Objekten gemessen werden. Die Berechnung der Flächengröße oder des Umfangs eines Grundstückes ist ebenso möglich, wie die Berechnung von Volumen bei digitalen Höhenmodellen (Geländemodell).

Die Selektion von Objekten kann sowohl nach geometrischen Gesichtspunkten als auch nach Kriterien vorgenommen werden, die sich auf die Sachdaten beziehen. Mit den Sachdaten sind statistische Berechnungen, wie Mittelwerte, Standardabweichungen, Histogramme, Korrelationen oder Regressionen, möglich.

Soll der Einfluss eines Objekts auf andere Objekte in seiner Umgebung (Puffer) ermittelt werden, stehen dafür Puffergenerierungs-Werkzeuge zur Verfügung. Eine typische Fragestellung in diesem Thema ist z. B.: „Wieviele und welche Objekte (z. B. Häuser) liegen in einem Streifen (z. B. Breite 100 m) links und rechts an einer Straße?“

Für Netze (Leitungsnetze der Versorgungsbetriebe, Straßennetze...) kann nach der kürzesten Verbindung oder etwa nach einem nächsten Abzweig gefragt werden.

Verschneidung ist die geometrische Überlagerung von Flächen mit Flächen, Flächen mit Linien oder Flächen mit Punkten. Flächenverschneidung ist eine GIS-Grundfunktion und wurde aus Fragestellungen entwickelt, wie beispielsweise: „Welche und wieviele Punkte (z. B. Supermärkte) liegen in einer Fläche (z. B. Ortsteil)?“

Die Interpolation von raumbezogenen Daten berechnet für beliebige Punkte, die meistens auf einem regelmäßig verteilten Gitter liegen, Zwischenwerte aus Punkten in der Nachbarschaft. Auf diese Weise können beispielsweise mit einem digitalen Höhenmodell, das durch Höhenlinien beschrieben wird, Werte für die Punkte, die zwischen den Höhenlinien liegen, berechnet werden. Berechnet werden können auch Geländeneigung, Höhenlinien, Volumen (Massen) oder Sichtbarkeit (Welche Punkte sind von einem Standpunkt aus zu sehen?).

Bei Rasterdaten können die Werte einzelner Zellen mit Hilfe eines Editors verändert werden. Rasterzellen lassen sich außerdem aus Zellen, die z. B. in der Nachbarschaft liegen, berechnen (Map-Algebra).

Im Rahmen dieses Buches ist es nicht möglich, alle Bearbeitungs- und Analysewerkzeuge, die die verschiedenen GIS bieten, aufzuzählen oder zu beschreiben. Manche Methoden sind so umfangreich, dass über sie alleine ein Buch geschrieben werden könnte. Die meisten Methoden benötigen zu ihrer Entwicklung Ergebnisse aus mathematischen Forschungen. Dies trifft, um nur einige zu nennen, auf Projektionen, Interpolationsmethoden, aber auch auf Verschneidungen, Abstandsmessungen und Statistiken zu.

Einige ausgesuchte typische Bearbeitungs- und Analysewerkzeuge werden nachfolgend beschrieben. Für tiefergehende Informationen zu diesen Methoden sei auf die umfangreiche Literatur zu diesen Themen verwiesen.

2.4.1 Abfragen

Mit Abfrage-Methoden werden raumbezogene Daten in einem GIS selektiert. Sie erlauben mit Hilfe eines logischen Ausdrucks auf die Sachdaten (Attribute) oder einer geometrischen Bedingung, Objekte auszuwählen. Diese können dann ausgegeben oder weiter verarbeitet werden. Haben die Sachdaten eines Objekts (in diesem Fall Land) z. B. das Attribut internationale „Tel.-Vorwahl“, so erhalten Sie durch den logischen Ausdruck:

Tel.-Vorwahl > 100 (fünfstellig)

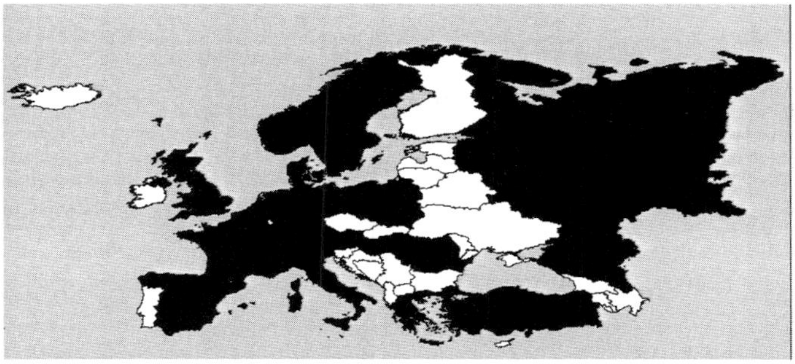

alle Länder mit einer fünfstelligen Landesvorwahl, die in der Sachdatentabelle vorliegen. Ein logischer Ausdruck ist zusammengesetzt aus Operanten und Operatoren. Die Operanten können Attribute oder auch zusammengesetzte arithmetische Ausdrücke sein. Operatoren sind z. B. „kleiner", „größer", „gleich", „AND", „OR" usw.

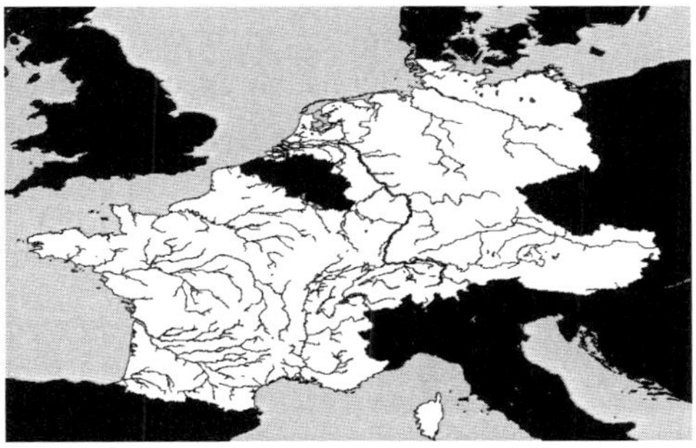

Mit der geometrischen Bedingung: „Sollen Anrainer des Rheins sein" erhält man dann alle Länder durch die der Strom fließt.

2.4.2 Flächenüberlagerung und -verschneidung

Geometrische Überlagerungen sind neben Abfragen die wichtigsten Werkzeuge zur Untersuchung raumbezogener Daten. Stellen Sie sich eine solche Überlagerung wie das Übereinanderlegen von Karten vor, die auf Folien gezeichnet sind. Zusammenhänge zwischen den Objekten auf den unterschiedlichen Folien werden auf diese Weise schnell deutlich.

Bei einer Verschneidung von Punkt- und Flächenobjekten erkennt man z. B., ob sich bestimmte Bauwerke inner- oder außerhalb einer Stadt (Fläche) befinden.

Geometrische Überlagerungen mit einem Rechner durchzuführen, bringt offensichtlich viele Vorteile, vor allem aber eine wesentliche Zeitersparnis gegenüber der „Folienmethode". Sowohl Vektor- als auch Rasterdaten können verschnitten werden.

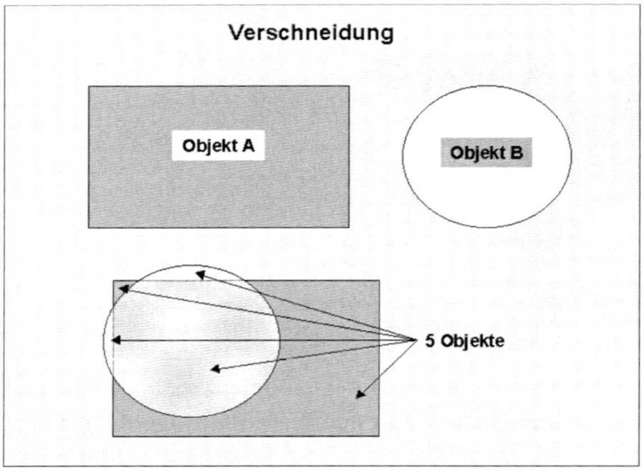

Bei der Verschneidung von geometrischen Objekten entstehen durch das Schneiden der Objektlinien neue zusätzliche geometrische Objekte. Die Ausgangsgeometrien werden dauerhaft verändert! Verschneiden Sie z. B. ein Rechteck mit einem Kreis, so entstehen neue Verschnittflächen (siehe Abbildung), also neue Objekte mit eigenen Datensätzen und eigenen Attributen. Die Attribute dieser neuen Flächen werden aus den Attributen der Ausgangsflächen zusammengesetzt. Mit Hilfe dieser Attribute können z. B. Abfragen über die Veränderung der Flächenattribute vorgenommen werden.

Verschneidungen sind also nicht als einfaches Überlagern und entsprechendes Darstellen zu verstehen, sondern stellen eine komplexe GIS-Methode dar.

2.4.3 Karten-Projektionen

Um die Erdoberfläche oder einen Teil von ihr auf eine Karte zu zeichnen, müssen Sie die gekrümmte Erdoberfläche (näherungsweise zweifach gekrümmtes Schalenelement) auf einer Fläche (Papier, Bildschirm) abbilden. Die Abbildung wird durch eine mathematische Transformation, auch Karten-Projektion genannt, vorgenommen. Transformiert werden auf diese Weise etwa geografische Koordinaten (Grad, Minuten, Sekunden, z. B. vom GPS) in ein rechtwinkliges Koordinatensystem (z. B. Gauß-Krüger).

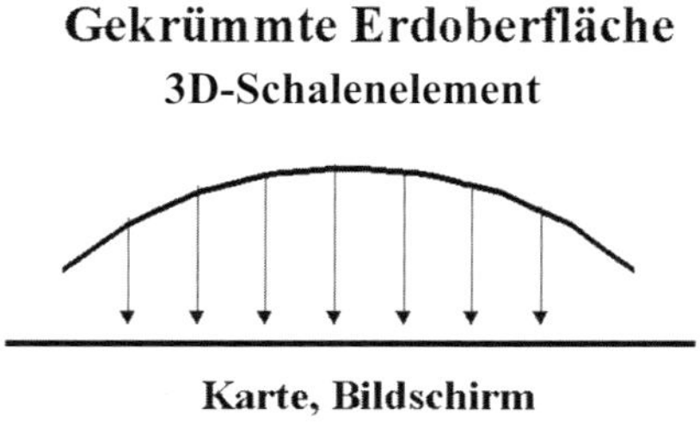

Es gibt unterschiedliche Projektionen, die für verschiedene Anwendungen benötigt werden. Bei der Projektion können die Eigenschaften von Objekten – wie die Form eines Gebietes, Längen, Flächengrößen oder Winkel – erhalten bleiben oder verändert werden. Für die Projektion einer Karte für nautische Zwecke wird sicher eine Projektion gewählt, die die Winkel erhält, damit z. B. ein Kompass benutzt werden kann.

Arbeitet man im GIS mit Karten, die aus unterschiedlichen Projektionen stammen, so sind genaue Kenntnisse darüber wichtig. Ein und dasselbe Gebiet, mit unterschiedlichen Projektionen abgebildet, kann enorme Abweichungen erzeugen. In der Praxis ist es oft schwierig festzustellen, mit welcher Projektion die Daten oder eine Karte erzeugt worden sind. Es fehlt oft gerade diese Angabe, oder die Angabe ist zu global. So unterscheiden sich die Projektionen auch dann noch, wenn nur der Name der Projektion angegeben wird. Die Aussage, dass eine Karte z. B. durch eine Transverse/Mercator-Projektion (Gauß-Krüger) entstanden ist, hat ohne die Abgabe weiterer Parameter (Ellipsoid z. B. Bessel) nicht viel Sinn und führt zu Ungenauigkeiten.

2.4.4 Bearbeitung von Objekten

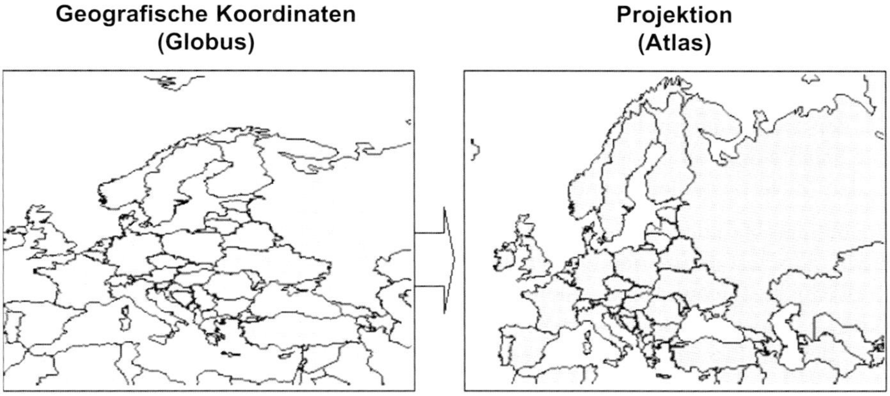

Objekte, wie Punkte, Linien, Flächen, Symbole und Texte, können im GIS bearbeitet werden. Die Korrekturen werden an den Koordinaten und somit auch an der Form eines Objektes vorgenommen. Neben einem grafischen Editor verfügt ein GIS noch über weitere Werkzeuge zur Bearbeitung seiner Objekte. Einige wichtige von ihnen werden hier kurz vorgestellt. Tatsächlich haben moderne Systeme eine Vielzahl von Werkzeugen, um eine hochwertige Digitalisierung sicherzustellen.

Beim Digitalisieren entstehen oft mehr Punkte, als für die Darstellung oder Auswertung nötig sind. Beim Wechseln von einem großen zu einem kleinen Maßstab (große Maßstabszahlen) reichen weniger Punkte zur Darstellung aus. Ein GIS stellt Werkzeuge zur Verfügung, um eine Ausdünnung des Objekts vorzunehmen. Dabei geben Sie eine Toleranz an, die die zulässige Abweichung begrenzt.

Einige Objekte können bei einer Verkleinerung des Maßstabs zu klein werden und sind daher nicht mehr richtig darstellbar oder erkennbar. Das Entfernen solcher Objekte wird als Generalisierung bezeichnet und kann im GIS mit entsprechenden Werkzeugen vorgenommen werden.

Bestimmte Linien, wie z. B. Höhenlinien, sollten natürlicherweise einen kontinuierlichen (glatten) Verlauf aufweisen. Sie liegen jedoch oft nicht in dieser Weise vor, sondern haben z. B. durch falsche Eingabe an manchen Stellen eine eckige Form. Das Glätten kann mit Splines erfolgen. Splines sind kontinuierliche (glatte) Kurven, die abschnittweise von Punkt zu Punkt definiert werden. Zum Beispiel kann ein Kurvenstück von einem Punkt A zu einem Punkt B durch ein Polygon dritten Grades ersetzt werden. Alle Polygone werden so berechnet, dass die Übergangsbereiche an den Punkten kontinuierlich bleiben und damit die gesamte Kurve glatt erscheint.

2.4.5 Interpolation

Raumbezogene Daten, die einen Teil der Erdoberfläche (digitales Höhenmodell) oder andere Parameter (z. B. Luftdruck) beschreiben, liegen normalerweise punktförmig in unregelmäßig verteilter Form vor. Durch Messungen bekommt man eine relativ geringe Anzahl (hauptsächlich wegen der Kosten) von unregelmäßig verteilten Werten (XY-Koordinate und Z-Wert). Für eine kontinuierliche Darstellung müssen Zwischenwerte auf einem mehr oder weniger dichten Gitternetz berechnet werden. Die Berechnung der Zwischenwerte erfolgt meistens mit Werten, die in der Nachbarschaft des zu interpolierenden Wertes liegen. Dafür stehen verschiedene Interpolationsmethoden zur Verfügung. Ein einfaches Verfahren ist z. B. die Berechnung des Mittelwertes aus umliegenden Werten. Ebenfalls möglich ist die Wahl des Wertes, der dem zu interpolierenden Wert am nächsten liegt. Die Wahl der Interpolationsmethode hängt stark von der jeweiligen Anwendung ab. Dabei spielen die Variation und Verteilung der „Z-Werte“ eine wesentliche Rolle.

Eine andere übliche Methode ist die Berechnung des Wertes, der interpoliert werden soll, aus Werten, die in einer fest definierten Umgebung liegen. Diese Umgebung wird z. B. durch einen Abstandskreis festgelegt. Der zu interpolierende Wert wird mit allen Werten, die sich im Abstandskreis befinden, als Mittelwert berechnet. Dabei erhalten die Werte eine Gewichtung, so dass der Einfluss von weiter entfernten Punkten weniger und von näher liegenden höher in die Mittelwertbildung eingeht.

Eine weitere Methode konstruiert aus den unregelmäßig verteilten Werten ein Dreiecksnetzwerk (Triangulation). Der interpolierte Wert liegt auf der Oberfläche eines Dreiecks und kann damit berechnet werden. Die Dreiecke können z. B. so konstruiert werden, dass alle Winkel so nahe wie möglich 60 Grad betragen (gleichseitige Dreiecke). Die Interpolation ist um so genauer, desto besser diese Bedingung erfüllt werden kann. Die Entwicklung von Interpolationsmethoden ist ein komplexes Thema und Gegenstand moderner Forschung.

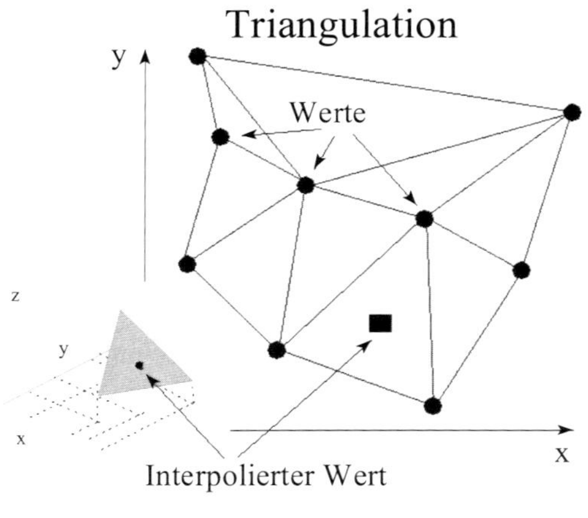

2.5 GIS im Internet

Mit wachsender Verbreitung und Bedeutung des Internets ist auch für das GIS die Anwendung in diesem weltweiten Netz interessant geworden. Nicht nur dass Daten aus dem Internet gewonnen werden können (und natürlich auch angeboten werden), es ist auch möglich geworden, auf der Ebene des „www“ zusammenzuarbeiten. Realisiert worden sind Browser basierte GIS-Arbeitsplätze, die als reine Viewer dem Anwender das Betrachten von Themenkarten ermöglichen. Er benötigt keine GIS-Software und auch keine aufwendige Ausbildung. Lediglich den Umgang mit einem Internetbrowser muss er beherrschen.

Höherwertige Aufgaben, wie Digitalisieren, lassen sich inzwischen ebenfalls über das Internet/Intranet abwickeln. Für ausgewählte Arbeitsplätze oder Bearbeitungszustände lassen sich derartige Funktionen an den reinen Browserarbeitsplatz über das Netz bringen. Die durchgeführten Arbeiten kommen als Entwurf zurück und können am GIS-Arbeitsplatz nach entsprechender Beurteilung in den Ur-Datenbestand eingearbeitet werden. Im Bereich des Flächenmanagements in der Landwirtschaft soll ein solches System für die Landwirte eingeführt werden. Sie werden am heimischen PC z. B. über ihre Flächenstilllegungen nachdenken, entscheiden und neue Informationen über ihre Schläge und deren Lage (Koordinaten) an die betreffenden Stellen via Internet melden.

Die rasante Entwicklung in diesem Themenfeld geht über die Zielsetzung dieses Buches hinaus. Auf weiterführende Ausführungen darüber muss daher an dieser Stelle verzichtet werden.

2.6 GIS und Navigationssysteme, GPS, e-commerce . . .

Auch diese modernen Felder der Kommunikationstechnik greifen letztendlich auf GIS-Datenbestände zurück. Je nach Verwendung wird durch das GIS die Basis für unterschiedlichste Anwendungen geschaffen. Eine der bekanntesten Anwendungen sind die Navigationssysteme in Fahrzeugen. Durch GIS-Daten werden dem Fahrzeug Bezugsdaten und Karte geliefert, die aktuelle Position über das GPS (Global Positioning System). Die Position wird in die Karte eingeblendet, und der Nutzer kann seinen Standort identifizieren und sich gegebenenfalls führen lassen.

In der Vermessung kann das GPS zudem als Datenlieferant dienen. Wie mit einem übergroßen Digitizer kann mit einen GPS im Rucksack digitalisiert werden. Dies ist eine der modernen Möglichkeiten für die Kartierung von z. B. Biotopen. Je nach Anspruch und Ausstattung kann damit heute im Millimeterbereich vermessen werden. Höhere Genauigkeiten erfordern aber eine Mehrfachmessung und die eigentliche Ortsbestimmung in einem nachgeschalteten Berechnungsgang (Postprocessing).

Im Zeitalter des Mobilfunks kommen weitere Möglichkeiten hinzu. Erste Prototypen erlauben per Mobiltelefon eine Ortsbestimmung über LBS (Location Based Service) oder die erfolgreiche Suche nach einem Hotel oder einer Tankstelle in der Nähe des eigenen Standortes. Auch die Vorbereitung der Mobilfunknutzung ist ohne GIS nicht denkbar. Die optimale Positionierung der notwendigen Antennen erfolgt über Sichtbarkeitsanalysen in einem Geografischen Informationssystem.

Erst durch Internet möglich geworden ist der so genannte e-commerce und das e-gouverment. Auch in Vorgängen aus dem Bereich des Handels und des Verwaltens kommen die Fragen nach dem „Wo?" auf. Immer dann sind GIS-Daten nötig. Beispielsweise kann es für eine Fast-Food-Kette wichtig sein zu wissen, wo die Wohngebiete der Schulkinder, wo ihre Schulen sind und wo ihr Schulweg verläuft. Oder eine Bank will Informationen über die räumliche Kaufkraftverteilung in einer Stadt haben. Ähnliche Fragen stellen sich auch im Bereich der Verwaltung. Wie groß ist der Schulbezirk oder der Wahlbezirk? Wo müssen die Haltestellen optimal angelegt werden, damit sie der Bürger wegen der kurzen Wege auch annimmt?

Natürlich wird auch schon darüber nachgedacht, die wertvollen GIS-Daten selbst über das Internet zu vermarkten. Der Kunde wählt den Kartenausschnitt aus, legt den Inhalt selber fest und bezahlt z. B. per Kreditkarte vor dem Download.

3 ArcCatalog

3.1 Einleitung

Dieses Kapitel ist eine Einführung für den ArcCatalog. Die grundlegenden Funktionen und Eigenschaften von ArcCatalog werden im Folgenden erläutert. Komplexere Funktionen, wie z. B. das Anpassen der Benutzeroberfläche, das Exportieren von Datenformaten, das Arbeiten mit und Erzeugen von Geodatabases, das Zuweisen und der Wechsel der Projektionen, werden jeweils in eigenen Kapiteln ausführlich beschrieben.

ArcView besteht aus den drei Software-Paketen: ArcCatalog, ArcMap und ArcToolbox. Während ArcMap und ArcToolbox mehr der Analyse und Präsentation (Karten) von raumbezogenen Daten dienen, ist ArcCatalog ein Programm, um raumbezogene Daten zu betrachten und zu verwalten. ArcCatalog lässt sich mit dem Explorer von Windows vergleichen, ist jedoch speziell für die Betrachtung und Verwaltung raumbezogener Daten ausgelegt. Schon in der Verzeichnisstruktur kann der Datentyp erkannt werden. Spezielle Symbole, z. B. für Verzeichnisse, die raumbezogene Daten enthalten, für ArcInfo-Coverages, Shapefiles und Rasterdaten, lassen schon im ArcCatalog erkennen, um welchen Datentyp es sich handelt. Im Datenfenster lässt sich zwischen der Geometrie, den Sachdaten und der Beschreibung (Metadaten) hin- und herschalten. Auf diese Weise sind die für eine Anwendung benötigten Daten leicht zu finden. Vom ArcCatalog können die gefundenen Daten dann leicht (z. B. über Drag & Drop) zur weiteren Auswertung an ArcMap oder die ArcToolbox weitergegeben werden.

Im weiteren Verlauf dieses Kapitels werden zunächst mit Hilfe eines Einführungsbeispiels die grundlegenden Funktionen von ArcCatalog aufgezeigt. Danach wird die Benutzeroberfläche (Katalogstruktur, das Datenfenster, die Menüs, die Werkzeugleisten und die Kontextmenüs) in einer Übersicht erläutert. Zuletzt erhalten Sie Informationen zu allgemeinen Einstellungen und Hinweise zur Online-Hilfe von ArcCatalog.

ArcCatalog hat folgende Funktionen:

- Einbindung eigener Verzeichnisse (Ordner) und damit das Erzeugen einer eigenen Verzeichnisumgebung
- einfaches Betrachten und Suchen (auch nach geometrischen Kriterien) der Geometrie und Sachdaten. Dazu stehen umfangreiche Werkzeuge (Zoom, Verschieben usw.) zur Verfügung
- Metadatenverwaltung von raumbezogenen Daten (Erzeugen und Ansehen)
- Anbindung an Datenbanken (z. B. SDE, Access ...)

- Anbindung des ArcCatalogs an das Internet
- Zuweisung und Wechsel von Projektionen
- Zuweisen von Adressen zu Straßendaten (Geokodierung)
- Erzeugen, Löschen, Kopieren und Umbenennen von raumbezogenen Daten (z. B. Shapes, Layer, Tabellen, Geodatabase usw.)
- Exportieren raumbezogener Daten (z. B. Umwandeln vom Shape-Format in Geodatabase)
- Anpassen der Benutzeroberfläche des ArcCatalogs und Erzeugen von Makros (Programmierung in Visual-Basic)
- Starten von ArcMap und der ArcToolbox aus dem ArcCatalog heraus mit einfachem Datenaustausch (z. B. über Drag & Drop)
- Einladen von Erweiterungen
- Umfangreiche Online-Hilfe

3.2 ArcCatalog Einführungsbeispiel

Der ArcCatalog ist in erster Linie eine Art „Betrachter“ und „Organisator“ für raumbezogene Daten (Dateien, Geometrie, Sachdaten, Metadaten). Es können aber auch neue Datenstrukturen (Shape, Layer, Geodatabase) angelegt sowie die Eigenschaften der Daten angesehen und verändert werden. Im folgenden Einführungsbeispiel werden deshalb folgende Schritte durchgeführt:

- ArcCatalog wird gestartet
- Das Verzeichnis mit den benötigten Daten wird verbunden
- Dateien, Geometrie, Sachdaten werden betrachtet
- Sie erstellen eine neue Geodatabase und fügen Daten hinzu
- Der ArcCatalog wird beendet

In diesem Abschnitt lernen Sie die wichtigsten Funktionen von ArcCatalog mit Hilfe eines Einführungsbeispiels kennen. Das Beispiel ist einfach gehalten, und die Schritte sind genau beschrieben. Wenn Sie das Beispiel durchgearbeitet und verstanden haben, wissen Sie, wozu Sie ArcCatalog benutzen können.

Für das Einführungsbeispiel benötigen Sie die mit der Software gelieferten Daten. Bei einer Standard-Installation befindet sich das Verzeichnis „SampleMaps“ im Verzeichnis „Laufwerk:\arcgis\“. Stellen Sie fest, ob dieses vorhanden ist. Wenn nicht, muss es nachinstalliert werden.

3.2.1 ArcCatalog starten

ArcCatalog wird wie jedes andere Windows-Programm von der Windows-Benutzeroberfläche unter „Start" gestartet. Sollte auf Ihrer Desktop-Oberfläche das „ArcCatalog"-Symbol vorhanden sein, so starten Sie ihn per Doppelklick auf dieses Symbol.

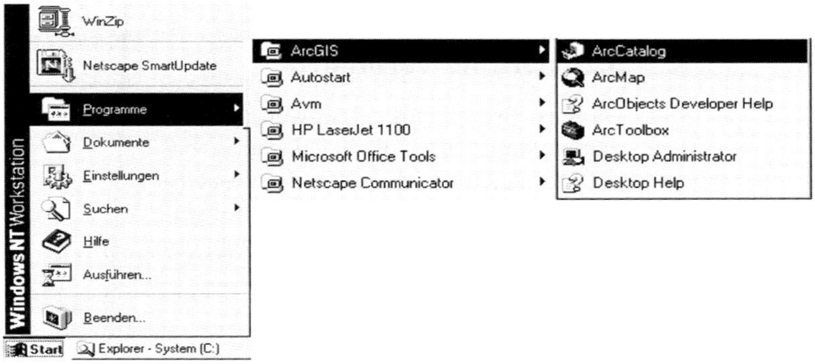

Nach dem Start erscheint die Benutzeroberfläche von ArcCatalog. Sie besteht aus einer Hauptmenüleiste und verschiedenen Werkzeugleisten und ist ähnlich aufgebaut wie der Windows Explorer. Da ArcCatalog für das Betrachten raumbezogener Daten angelegt ist, werden Sie auch nur solche hier sehen. Wollen Sie, dass hier z. B. ein WORD-Dokument (*.doc) angezeigt wird, so können Sie dies im Menü „Werkzeuge" unter „Optionen" gesondert einstellen.

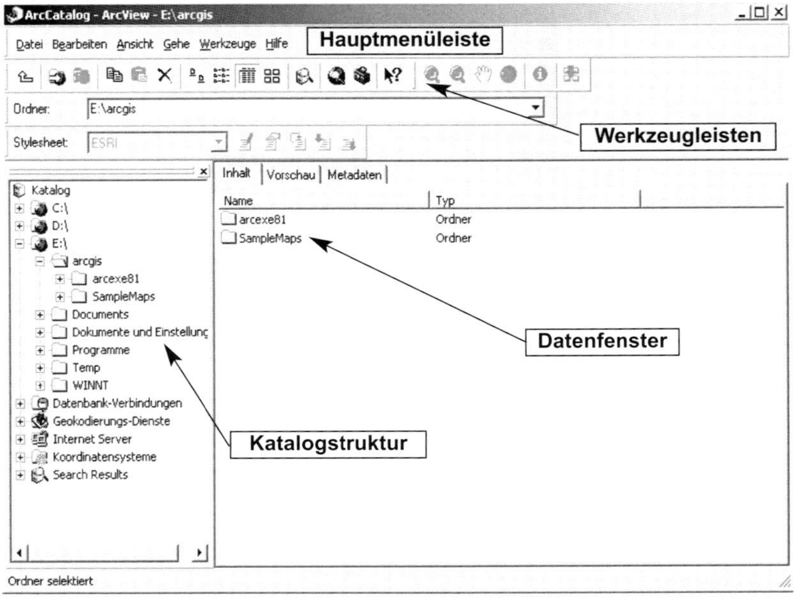

Die Benutzeroberfläche besteht aus einer „Katalogstruktur“ (linkes Fenster) und einem „Datenfenster“, in dem die Daten (als Dateien, Geometrien, Sachdaten, Metadaten) angezeigt werden.

In der Katalogstruktur ist bei normaler Installation des Programms das Verzeichnis „arcgis“ zu sehen. Der Inhalt von „arcgis“ wird im Datenfenster (rechts) gezeigt. Darunter muss das Verzeichnis „SampleMaps“ zu sehen sein.

3.2.2 Ordner verbinden

Da das Verzeichnis „Laufwerk:\arcgis\SampleMaps“ im Folgenden häufig benutzt wird, soll es im ArcCatalog fest eingestellt werden. Sie können dazu folgendes Menü oder ein Werkzeug aus der Standard-Werkzeugleiste benutzen:

<u>**ArcCatalog-Hauptmenü:**</u>
Datei:
Zum Ordner verbinden

Im folgenden Fenster wählen Sie das zu verbindende Verzeichnis aus und drücken Sie die Schaltfläche „OK“.

Im Verzeichnisbaum von ArcCatalog erscheint die neue Verbindung und kann ab sofort ausgewählt werden.

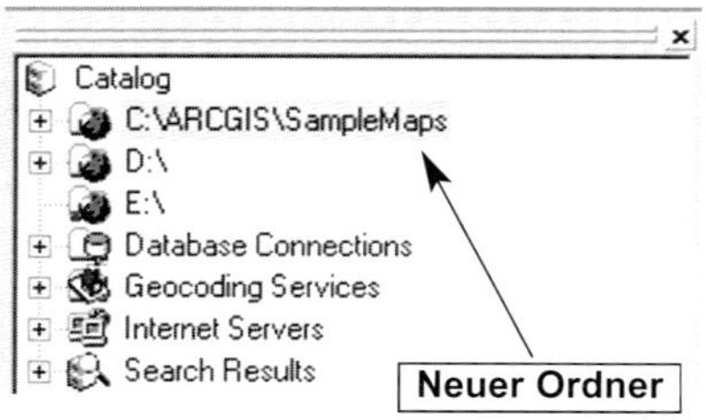

3.2.3 Daten betrachten

Der ArcCatalog dient dem Betrachten von raumbezogenen Daten. Für diese können entweder nur die zugehörigen Dateien (wie im Windows Explorer), die Geometrie, die Sachdaten oder die zugehörigen Metadaten (Metadaten dokumentieren raumbezogene Daten) angesehen werden. In diesem Abschnitt werden diese Möglichkeiten vorgeführt. Um die verschiedenen Betrachtungsweisen auszuwählen, befinden sich im Datenfenster (rechts) von ArcCatalog drei Register.

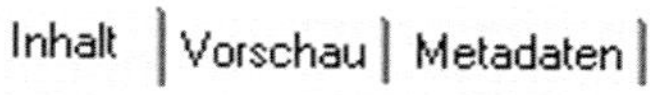

Mit dem Register „Inhalt“ werden die Dateien, mit „Vorschau“ die Geometrie und Sachdaten sowie mit „Metadaten“ die Metadaten angezeigt.

Dateien ansehen (Register „Inhalt“)

Betätigen Sie im Datenfenster das Register „Inhalt“ und klicken Sie mit der linken Maustaste auf das im vorigen Abschnitt verbundene Verzeichnis „Laufwerk:\arcgis\SampleMaps“. Klicken Sie dort auf das Verzeichnis „Data“. Im Datenfenster erscheinen verschiedene Verzeichnisse, die raum-

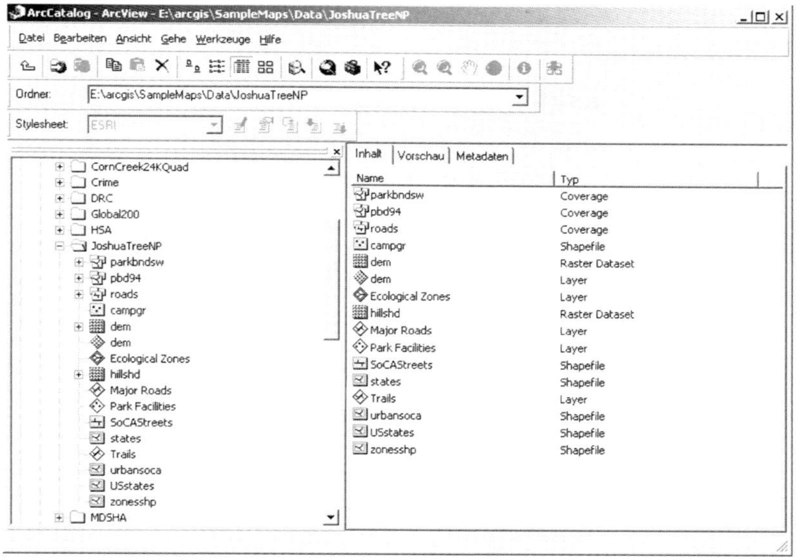

bezogene Daten enthalten. Öffnen Sie das Verzeichnis „JoshuaTreeNP“. Dort finden Sie unterschiedliche Datentypen, denen unterschiedliche Symbole zugeordnet sind. Die Bedeutung der wichtigsten Symbole finden Sie in nachfolgenden Abbildungen. Sie sehen hier Shapefiles (grüne Symbole), Rasterdaten, Layer und Coverages. Diese raumbezogenen Dateitypen haben eine Geometrie, Sach- und Metadaten. Wie Sie sie ansehen können, erfahren Sie in den nächsten Abschnitten.

Personal Geodatabase (graue Symbole)

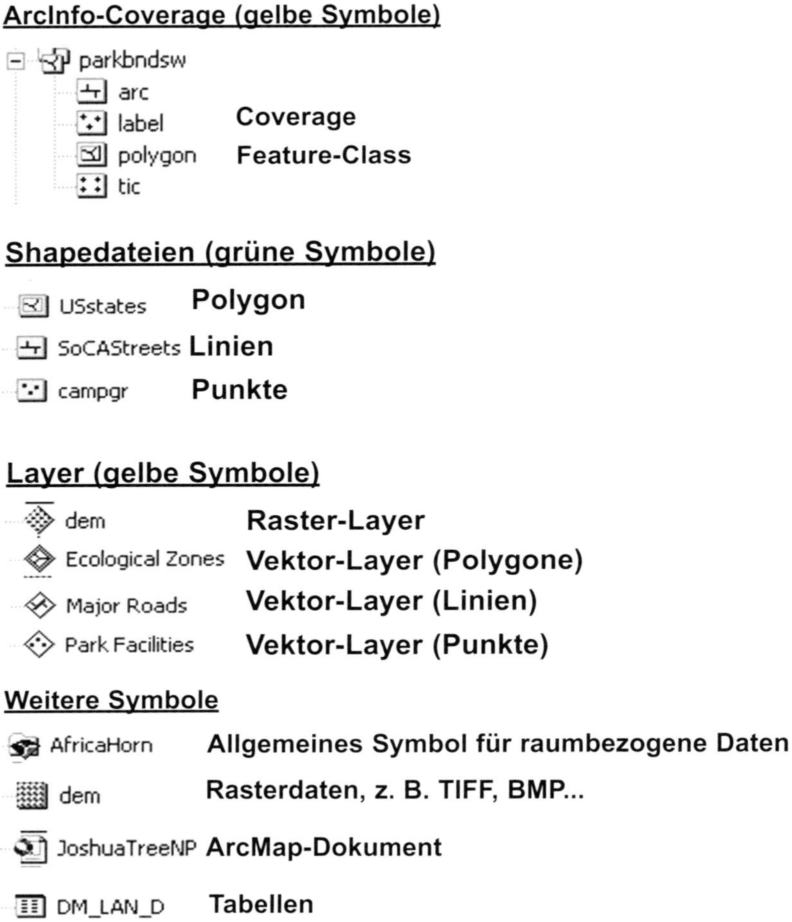

Geometrie ansehen (Register „Vorschau“)

Die Geometrie ist ein wesentlicher Bestandteil von raumbezogenen Daten. Dementsprechend gibt es eine große Menge an Werkzeugen, um Sie zu betrachten. Wählen Sie zunächst das Verzeichnis „JoshuaTreeNP“ und dort das Shapefile „zonesshp.shp“ aus. Stellen Sie im Datenfenster das Register „Vorschau“ ein. Unten gibt es die Auswahlbox „Vorschau“. Diese muss auf „Geographie“ eingestellt werden. Im Datenfenster erscheint die Geometrie des Shapefiles.

Um die Geometrie genauer betrachten zu können, stehen Werkzeuge (Werkzeugleiste „Geographie“) zum Zoomen (Bildausschnitt vergrößern/verkleinern) und zum Verschieben zu Verfügung. Vergrößern und verkleinern Sie den Bildausschnitt mit den entsprechenden Werkzeugen. Benutzen Sie z. B. das Werkzeug „Vergrößern“ (Plus-Zeichen) und ziehen Sie

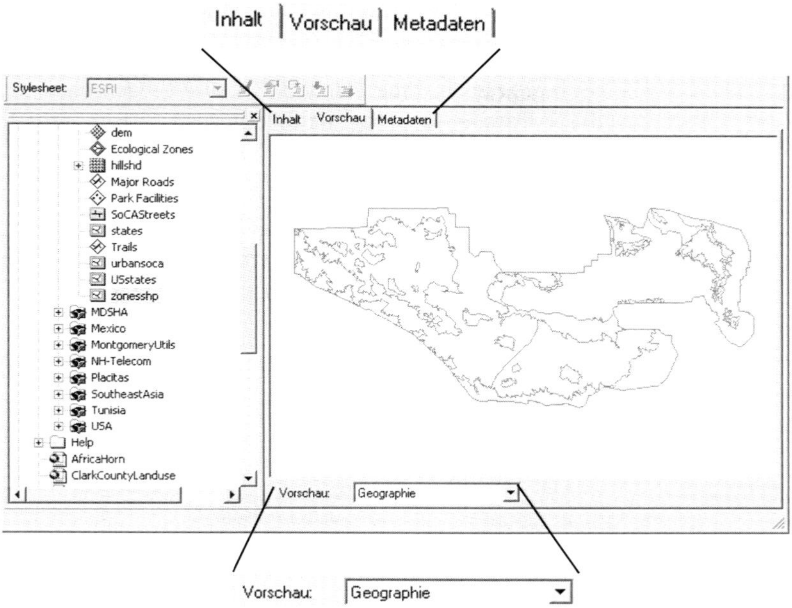

mit festgehaltener linker Maustaste ein Rechteck im Datenfenster auf. Den vollen Bildausschnitt erhalten Sie mit dem Werkzeug „Volle Ausdehnung" (Weltkugel).

Um Rasterdaten anzusehen, klicken Sie mit der linken Maustaste auf „hillshd" in der Katalogstruktur. Das zugehörige Raster wird in das Datenfenster gezeichnet.

Die Werte der einzelnen Rasterzahlen können mit dem Informationswerkzeug aufgerufen und angezeigt werden. Betätigen Sie das Werkzeug (Werkzeugleiste „Geographie") und klicken Sie mit der linken Maustaste in das Raster im Datenfenster. Der Wert der Rasterzelle wird in einem Fenster angezeigt.

Das Informationswerkzeug kann auch für Vektordaten benutzt werden. Aktivieren Sie wieder das Shape „zonesshp.shp" in der Katalogstruktur. Klicken Sie auch hier mit dem Informationswerkzeug auf eine Fläche im Datenfenster. Es werden jetzt die Attribute angezeigt, die dieser Fläche zugeordnet sind.

Sachdaten (Attribute) anzeigen (Register „Vorschau“)

Die Geometrie raumbezogener Daten wird durch die Sachdaten (Attribute) beschrieben. Eine Fläche kann eine Liegenschaft sein, die z. B. durch die Attribute Besitzer, Feldgröße usw. beschrieben wird. Eine Linie (Geometrie) stellt z. B. eine Straße dar, die durch die Attribute Art der Straße, Belag, Breite usw. beschrieben wird.

Klicken Sie in der Katalogstruktur (linkes Fenster) auf das Shapefile „USstates.shp“ (arcgis\SampleMaps\Data) und dann im Datenfenster auf das Register „Vorschau“. Unten stellen Sie die Auswahl auf „Tabelle“.

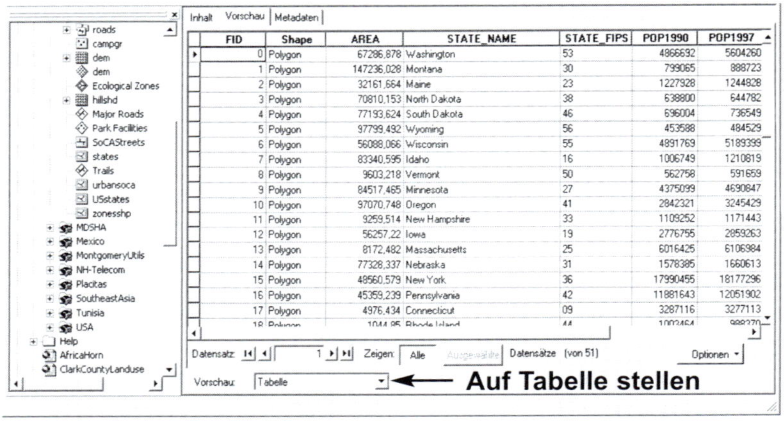

Die Tabelle enthält Attribute (Felder, Spalten) und Datensätze (Zeilen). Jedem Datensatz ist in der Regel eine Geometrie (hier eine Fläche USA-State) zugeordnet und beschreibt sie. Mit den Schaltflächen können die Datensätze durchgeblättert werden. In der Schaltfläche „Optionen“ finden Sie Einträge, um bestimmte Datensätze zu finden, ein neues Attribut hinzuzufügen, die Tabelle neu zu laden und/oder sie zu exportieren. Näheres dazu wird im Kapitel 8 „ArcView GIS-Funktionen“ erläutert.

Metadaten ansehen (Register „Metadaten“)

Metadaten dokumentieren die raumbezogenen Daten in ArcView. Um die Metadaten anzusehen, markieren Sie eine entsprechende Datenquelle (z. B. „USstates.shp“) und betätigen Sie das Register „Metadata“.

Unter „Stylesheet“ in der Metadata-Werkzeugleiste kann z. B. der Style „ESRI“ eingestellt sein. Im Datenfenster wird die Beschreibung des Shapes „USstates.shp“ angezeigt. Die Anzeige ist in die drei Registern „Description“, „Spatial“ und „Attribute“ unterteilt. Im Register „Description“ werden die Daten allgemein beschrieben (Zusammenfassung, Schlüsselwörter, Anwendungszweck der Daten, Status usw.).

Unter dem Register „Spatial“ wird der Raumbezug der Daten beschrieben. Sie finden hier Informationen über die Projektionen (Koordinatensystem) und über die räumliche Ausdehnung.

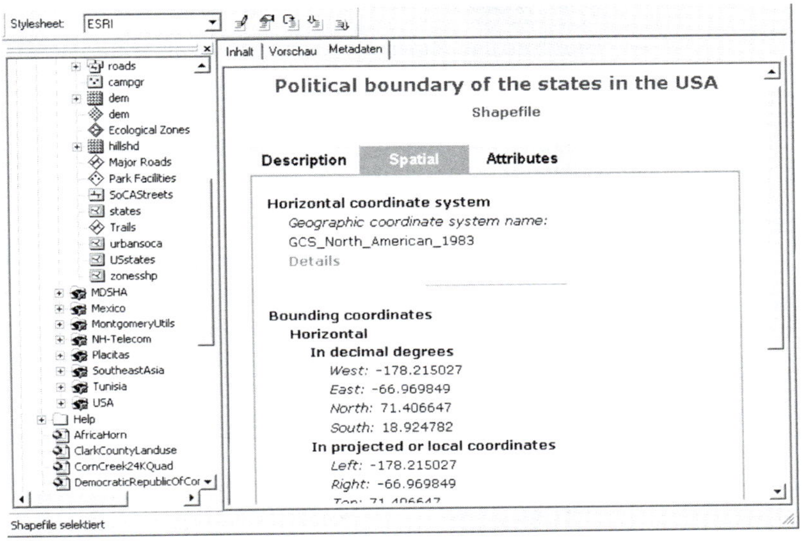

Schließlich werden unter dem Register „Attributes“ die Attribute beschrieben (Datentyp, Alias usw.). Klicken Sie auf einen grünen Text. Es werden z. B. der Alias und der Datentyp angezeigt.

3.2.4 Personal Geodatabase

Eine Geodatabase ist eine Datenbank, die speziell für das Speichern und Verwalten von raumbezogenen Daten entwickelt wurde. Dieses Datenformat vereinigt alle bisherigen ESRI-Datenquellen (Shape, Coverage, Tabelle) in einer Datenbank.

Die Vorteile einer Geodatabase sind gegenüber einer dateibasierten Datenhaltung neben der zentralen Datenhaltung die Möglichkeit der Übernahme von Eingaberegeln (z. B. für Sachdaten, deren Werte nur in einem bestimmten Bereich liegen dürfen) sowie weitere Vorteile (Verwaltung), die relationale Datenbanken haben.

ArcView hat Zugriff auf persönliche Geodatabases und auf Datenbanken mit ArcSDE. Persönliche Geodatabases basieren auf Microsoft Jet Engine (Access). Für das Erstellen und zum Im- und Export von Daten einer persönlichen Geodatabase muss „Microsoft Access“ nicht auf Ihrem Rechner installiert sein.

ArcSDE ist eine Schnittstelle, die aus einer relationalen Datenbank (Oracle, Microsoft Server) eine Geodatabase macht. ArcSDE muss zusätzlich installiert werden. Diese Software ist für die Verarbeitung großer raumbezogener Datenbestände entwickelt worden.

Die Nutzung einer Geodatabase ist in ArcView stark eingeschränkt. Wollen Sie alle Bearbeitungsmöglichkeiten nutzen, müssen die Produkte ArcEditor oder ArcInfo installiert werden. Eine persönliche Geodatabase kann jedoch mit dem ArcCatalog aus ArcView erstellt werden. In diesem Einführungsbeispiel werden Sie eine solche persönliche Datenbank erstellen und raumbezogene Daten einladen. Geodatabases enthalten „Feature-Classes“ und Tabellen, die in „Feature Datasets“ organisiert sind. Solche „Feature Datasets“ sind wie Verzeichnisse, in der Feature-Classes und Tabellen geordnet abgelegt werden können. „Feature-Classes“ werden z. B. aus Shapes oder Coverages in einer Geodatabase erstellt. Sehen Sie dazu die nächsten Abschnitte, die das Importieren solcher Datenstrukturen demonstrieren.

Weitergehende Informationen zu Geodatabases finden Sie in Kapitel 9 „Geodatabases“.

Neue leere Geodatabase erstellen

Das Erstellen einer neuen (zunächst noch leeren) persönlichen Geodatabase ist sehr einfach. Markieren Sie dazu das Verzeichnis, in das die neue

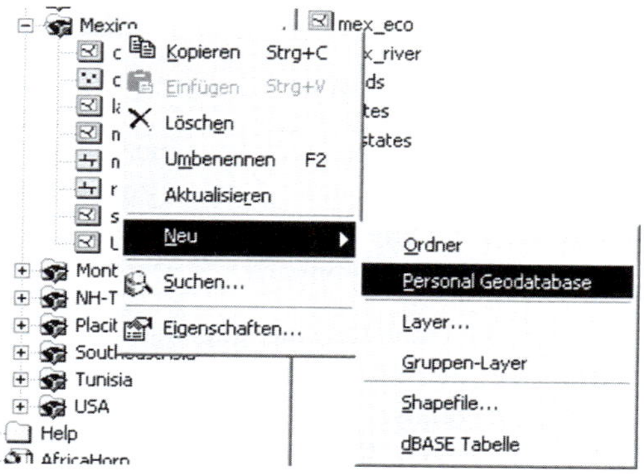

Geodatabase eingefügt werden soll (hier z. B. „Mexico“) und betätigen Sie die rechte Maustaste. Wählen Sie den Menüeintrag „Neu“ und dann „Personal Geodatabase“.

Die neue persönliche Geodatabase wird in das Verzeichnis eingetragen. Sie können sie auch umbenennen. Drücken Sie dazu mit der rechten Maustaste auf „New Personal

Geodatabase“ in der Katalogstruktur und betätigen Sie den Eintrag „Umbenennen“.

Sie haben jetzt eine Geodatabase erstellt, die jedoch noch keine Daten enthält. Im nächsten Abschnitt werden ein Shapefile und ein Coverage in die Geodatenbank importiert.

Daten in eine Geodatabase einfügen

Im Folgenden werden in die zuvor neu erstellte Geodatabase „New Personal Geodatabase“ ein neues Feature Dataset (Gewässer) und zwei neue Feature-Classes (Flüsse, Seen) eingeladen. Die Feature-Class „Flüsse“ ent-

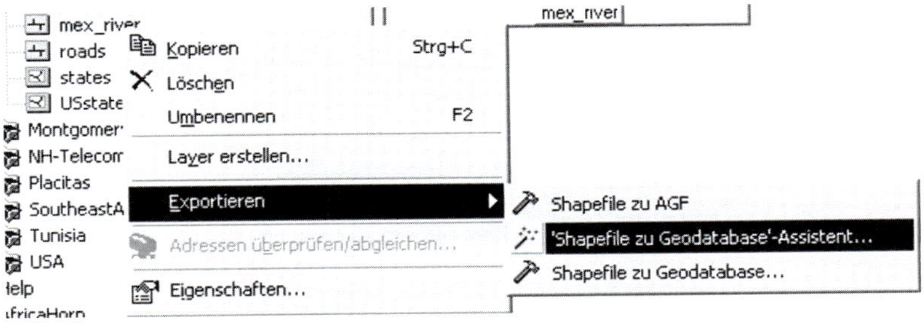

steht aus dem Shape „ArcGis\SampleMaps\Data\Mexico\mex_river.shp“. Aus dem Shape „ArcGis\SampleMaps\Data\Mexico\lakes.shp“ entsteht die Feature-Class „Seen“.

Markieren Sie zunächst in der Katalogstruktur des ArcCatalog das Shapefile „mex_river.shp“. Betätigen Sie die rechte Maustaste und wählen Sie den Menüeintrag „Exportieren“. Dort wählen Sie „Shapefile zu Geodatabase Assitent“. Im folgenden Fenster ist das zu exportierende Shapefile schon eingetragen. Drücken Sie auf die Schaltfläche „Weiter“.

Es müssen jetzt die Geodatabase, in die das Shape geladen werden soll, ein neu zu erstellendes Feature Dataset und der Name für die Feature-Class angegeben werden. Drücken Sie im ersten Fenster des Assistenten die Schaltfläche „Weiter“. Unter „Ausgabe Geodatabase“ im zweiten Fenster des Assistenten (siehe nächste Abbildung) wählen Sie die im vorherigen Abschnitt erstellte Geodatabase aus (arcgis\SampleMaps\Data\Mexico\New Personal Geodatabase). Geben Sie unter „Neues Ausgabe Feature Dataset erstellen“ den Namen „Gewässer“ ein und unter „Namen der neuen Feature-Class angeben“ den Namen „Flüsse“. Drücken Sie die Schaltfläche „Weiter“.

Wählen Sie im folgenden Fenster die Standardparameter und drücken Sie die Schaltfläche „Weiter“.

Schließlich erscheint ein Fenster, in dem alle zuvor eingegebenen Werte zur Kontrolle aufgelistet werden. Wenn nötig, können Sie über die Schaltfläche „Zurück" Korrekturen vornehmen.

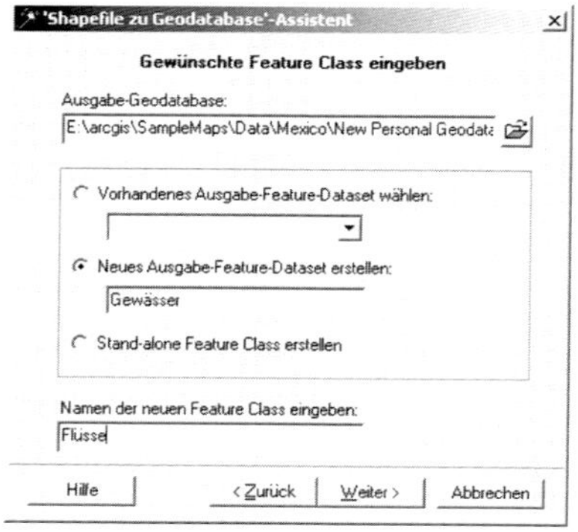

Durch Betätigen der Schaltfläche „Fertigstellen" wird die Shapedatei in die Geodatabase geladen.

Öffnen Sie in der Katalogstruktur von ArcCatalog die neue Geodatabase. Sie sehen dort das neue Feature Dataset „Gewässer" und darin die Feature-Class „Flüsse".

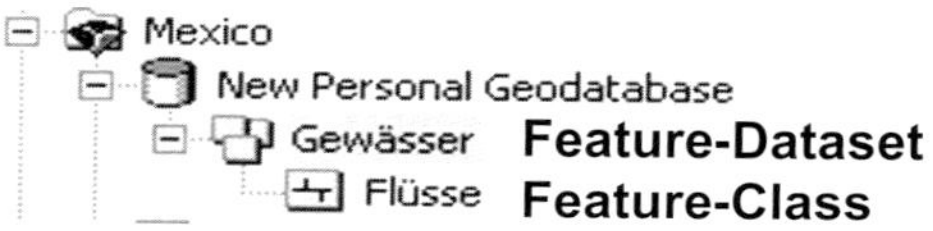

Fügen Sie jetzt noch die Shapedatei „lakes.shp" in die neue Geodatabase unter dem Feature Dataset „Gewässer" ein. Entnehmen Sie die Eingabewerte der folgenden Abbildung (zweites Fenster des Assistenten).

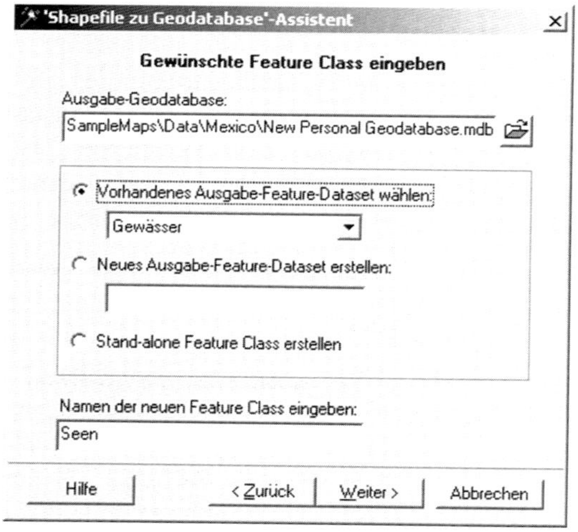

Öffnen Sie die Geodatabase in der Katalogstruktur von ArcCatalog. Im Feature Dataset „Gewässer" ist nun auch die Feature-Class „Seen" eingetragen.

3.2.5 ArcCatalog beenden

Sie haben jetzt die wichtigsten Funktionen und Möglichkeiten von ArcCatalog kennen gelernt. Er hat noch eine Menge weiterer Möglichkeiten, als hier im Einführungsbeispiel gezeigt wurde. Sie sind in diesem Kapitel und auch im Zusammenhang mit ArcMap und ArcToolbox im Kapitel „ArcView GIS-Funktionen“ zu finden.

Sie beenden ArcCatalog mit folgendem Menü oder mit der Schaltfläche (Kreuz) in der oberen rechten Ecke der ArcCatalog-Benutzeroberfläche.

ArcCatalog-Hauptmenü:
Datei:
Beenden

3.3 ArcCatalog-Benutzeroberfläche

3.3.1 Aufbau der Benutzeroberfläche

Die Benutzeroberfläche von ArcCatalog besteht aus einem Hauptmenü, verschiedenen Werkzeugleisten, einer Statuszeile und den beiden Fenstern „Katalogstruktur“ (wie z. B. im Windows Explorer) und „Datenfenster“.

Das **Hauptmenü** befindet sich als oberste Zeile in der Benutzeroberfläche. Darunter befinden sich die folgenden Werkzeugleisten:

- die **Standard-Werkzeugleiste**, die allgemeine Funktionen (z. B. Verzeichnisse erstellen, kopieren, löschen, Hilfe aufrufen) enthält
- die **Geografie-Werkzeugleiste**, die hauptsächlich Funktionen zur Anzeige der Geometrie (Zoomen, Bildinhalt verschieben, Sachdaten für Objekte anzeigen) enthält
- die **Verzeichnis-Werkzeugleiste**, die durch eine Listbox das Einstellen unterschiedlicher Verzeichnisse erleichtert
- die **Metadaten-Werkzeugleiste**, die der Bearbeitung der Metadaten (Metadaten beschreiben raumbezogene Daten) dient

Zentral in der Benutzeroberfläche finden Sie links die **Katalogstruktur**, in der Sie wie im Windows Explorer blättern können. Rechts davon befindet sich das **Datenfenster**. Die Register „Inhalt“, „Vorschau“ und „Metadaten“ ermöglichen unterschiedliche Ansichten der in der Katalogstruktur markierten Daten.

Ganz unten in der Benutzeroberfläche befindet sich die **Statuszeile**, in der z. B. Hilfetexte oder Hinweise für Menüs und Werkzeuge angezeigt werden.

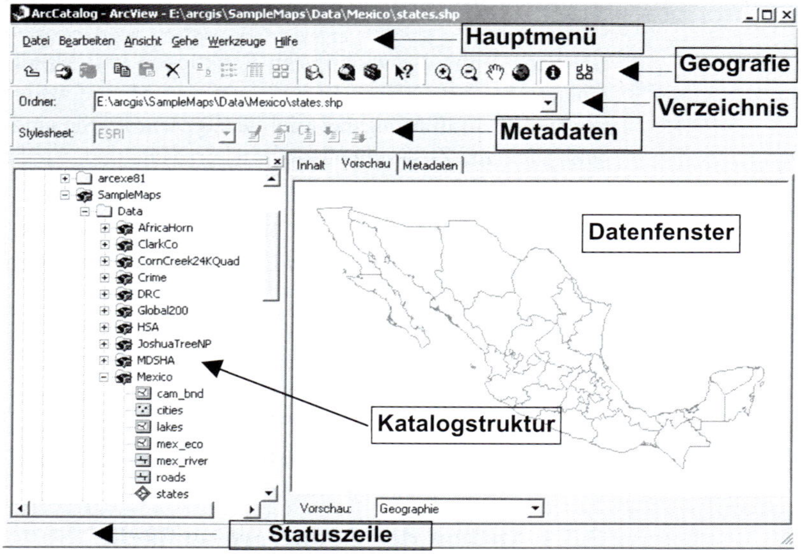

Die Elemente der ArcCatalog-Benutzeroberfläche werden in den folgenden Abschnitten näher erläutert.

3.3.2 Datenfenster

Im Datenfenster werden die in der Katalogstruktur (linkes Fenster) ausgewählten Daten, je nach ausgewähltem Register (Inhalt, Vorschau, Metadaten), auf unterschiedliche Weise angezeigt.

Das **Register „Inhalt“** zeigt die Dateien (Dateinamen) für ein in der Katalogstruktur ausgewähltes Verzeichnis. Je nach ausgewähltem Werkzeug aus der Standard-Werkzeugleiste wird der Inhalt als große Symbole, als Liste, als ausführliche Liste oder als Thumbnails dargestellt.

Thumbnails sind Symbole, die Teile der Geometrie der entsprechenden Daten enthalten und damit einen schnellen Überblick über die enthaltenen Objekte (Geometrie) geben. Thumbnails können im ArcCatalog erstellt und verändert werden.

Das **Register „Vorschau“** erlaubt die Anzeige der Geografie und Sachdaten der in der Katalogstruktur ausgewählten Datenquelle (Coverages, Shapefiles...). Umschalten zwischen Geografie (Objekte) und der Tabelle (Sachdaten) können Sie mit der Auswahlbox, die sich im unteren Teil des

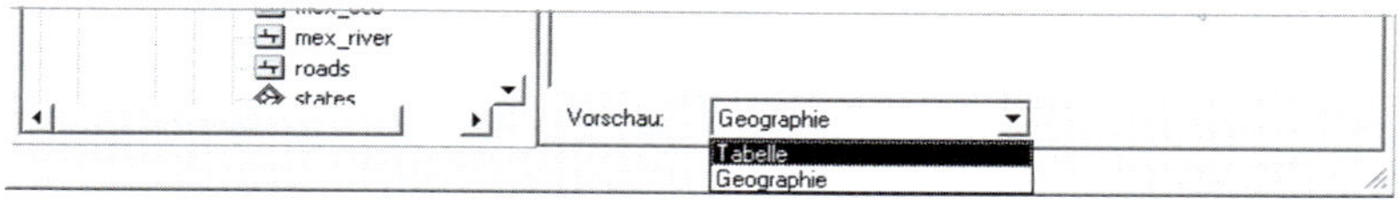

Datenfensters befindet. Die Einstellung „Tabelle“ zeigt die Sachdaten und die Einstellung „Geografie“ die Objekte, z. B. für einen Shapefile, an.

Das **Register „Metadaten“** dokumentiert die in der Katalogstruktur ausgewählten Daten. Neben einer allgemeinen Beschreibung der Datenquelle werden z. B. auch das zugrunde liegende Koordinatensystem (Projektion), die räumliche Ausdehnung der Geometrie oder die Bedeutung der Attribute beschrieben. Die Metadaten werden vom Anwender oder teilweise auch automatisch erstellt.

3.3.3 Katalogstruktur

Aufbau

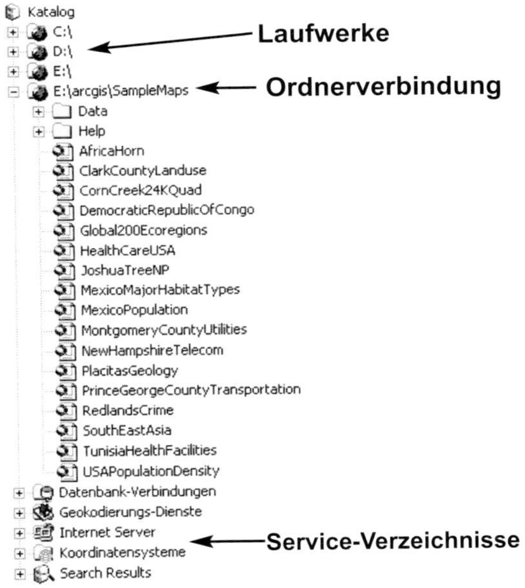

Die Katalogstruktur von ArcCatalog befindet sich links neben dem Datenfenster in der Benutzeroberfläche. Sie ist ähnlich aufgebaut und funktioniert wie der Windows Explorer. Sie haben damit Zugriff auf alle Daten, die auf Ihrem Rechner liegen. Da ArcCatalog für die Anzeige raumbezogener Daten entwickelt wurde, werden standardmäßig auch nur diese angezeigt. Es werden Ordnerverbindungen, Laufwerke und Verzeichnisse sowie spezielle Service-Verzeichnisse (Datenbank-Verbindungen, Geokodierungs-Dienste, Internet Server, Koordinatensysteme und Search Results) angezeigt. Verzeichnisse, in denen sich raumbezogene Daten befinden, haben spezielle Symbole. Sie können jedoch auch alle anderen Datentypen (z. B. *.doc) anzeigen lassen. Dazu muss bei den Optionen von ArcCatalog der entsprechende Dateityp eingestellt werden. Benutzen Sie dazu folgendes Menü:

<u>ArcCatalog-Hauptmenü</u>
Werkzeuge:
Optionen: Datei-Typen

Ordnerverbindung

Ordnerverbindungen sind bestimmte Ziele in der Verzeichnisstruktur des Rechners. Häufig genutzte Ziele können damit schnell angesteuert werden. Um einen Ordner mit einen Ziel in der Verzeichnisstruktur zu verbinden, können Sie folgendes Menü oder ein Werkzeug aus der Standard-Werkzeugleiste benutzen:

ArcCatalog-Hauptmenü
Datei:
Ordner verbinden

Wählen Sie ein Ziel aus. Die Verbindung wird in die Katalogstruktur eingetragen und kann dann mit einem Mausklick angefahren werden.

Um einen Ordner aus der Katalogstruktur zu entfernen, benutzen Sie folgendes Menü oder die Werkzeuge aus der Standard-Werkzeugleiste:

ArcCatalog-Hauptmenü
Datei:
Ordnerverbindung löschen

Service-Verzeichnisse

Im unteren Teil der Katalogstruktur befinden sich folgende Service-Verzeichnisse:

- Datenbank-Verbindungen
- Geokodierungs-Dienste
- Internet Server
- Koordinatensysteme
- Search Result

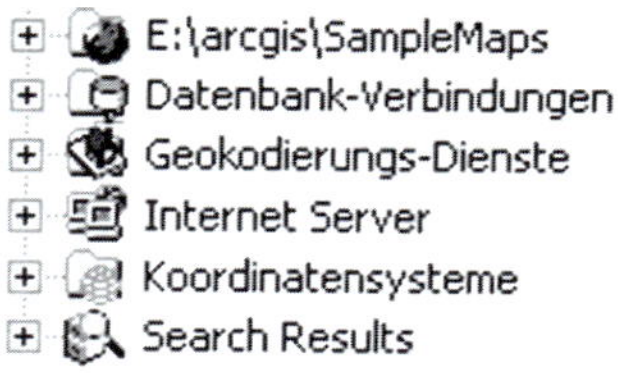

Unter Optionen (Register „Allgemein") im Menü „Werkzeuge" der Hauptmenüleiste können die Service-Verzeichnisse zu- oder abgeschaltet werden. Die Service-Verzeichnisse werden in diesem Abschnitt nachfolgend kurz erläutert.

Das Service-Verzeichnis **„Datenbank-Verbindungen"** stellt eine direkte Verbindung zu einer Datenbank her. Klicken Sie in der Katalogstruktur auf „Datenbank-Verbindungen", so erscheinen im Datenfenster (Register „Inhalt") zwei Funktionen. Doppelklick auf „Hinzufügen OLE DB Verbindung" ermöglicht den Zugriff auf unterschiedliche Datenbanken mit OLE-Technik (Object Linking and Embedding Database), wie z. B. Microsoft Jet (Access), Oracle, SQL-Server oder ODBC-Technik (Open Database Communication). Doppelklick auf „Hinzufügen Räumliche Datenbank-Verbindung" erlaubt den Zugriff auf raumbezogene Datenbanken, wie z. B. den Zugriff auf ArcSDE. ArcSDE ist ein Produkt von ESRI und stellt eine Schnittstelle zu einer relationalen Datenbank (Oracle, SQL-

Server) zur Verfügung, die es erlaubt, raumbezogene Daten effektiv zu verwalten und zu bearbeiten.

Das Service-Verzeichnis **„Geokodierungs-Dienste“** stellt eine Funktion zur Geokodierung zur Verfügung. Geokodierung ist ein Algorithmus zum Auffinden von Koordinaten (XY oder Längen- und Breitengrade) in einem Straßenthema mit Hilfe von Adressen (Ort, Straßenname, Hausnummer). Dazu muss das Referenzthema (Straßenthema) entsprechend geeignet sein.

Doppelklick auf das Service-Verzeichnis **„Internet Service“** stellt im Datenfenster von ArcCatalog eine Funktion zur Verfügung, die eine Verbindung zu einem ArcIMS-Server herstellt. ArcIMS stellt im Internet/Intranet raumbezogene Daten zur Verfügung. Die Funktion verlangt eine entsprechende Internet-Adresse (z. B. www.geographynetwork.com) und die Angabe der vom ArcIMS-Server gewünschten Dienste.

Das Service-Verzeichnis **„Koordinatensysteme“** erlaubt die Erstellung neuer oder die Verwaltung und Bearbeitung bestehender Projektionen. ArcView stellt viele vordefinierte Projektionen zur Verfügung. Das Unterverzeichnis „Geographic Coordinate Systems“ enthält Projektionen, die Längen und Breitengrade (geografische Koordinaten) eines dreidimensionalen Modells der Erde benutzen. Das Verzeichnis „Projected Coordinate Systems“ enthält Projektionen, die oft nur einen Teil der gekrümmten dreidimensionalen Erdoberfläche auf einer zweidimensionalen Ebene (Karte) abbilden. Den raumbezogenen Datenquellen (Coverages, Shapefiles, Geodatabases...) können die vorhandenen Projektionen zugeordnet werden. Mit dieser Zuordnung haben die Daten einen eindeutigen Raumbezug (Projektion) und können z. B. in ein anderes Koordinatensystem umprojiziert werden. Projektionen werden ausführlich in Kapitel 10 „Koordinatensysteme“ behandelt.

Im Service-Verzeichnis **„Search Results“** werden die Ergebnisse der Suchfunktion von ArcCatalog abgelegt. Sie starten die Suchfunktion mit folgendem Menü:

ArcCatalog-Kontextmenü: Ein Verzeichnis
Suchen

Als Suchkriterien können Dateinamen, -typen, Datum, Texte in Metadaten oder auch die geografische Lage angegeben werden. Sie können z. B. in einem Verzeichnis nach Straßen suchen, die in Shapefiles gespeichert sind und in einer bestimmten Region liegen.

3.3.4 Hauptmenüleiste

Die Hauptmenüleiste ist die oberste Leiste in der ArcCatalog-Benutzeroberfläche. Sie enthält die Menüs „Datei“, „Bearbeiten“, „Ansicht“, „Gehe“, „Werkzeuge“ und „Hilfe“. Im Folgenden wird eine Übersicht über die vorhandenen Menüs der Hauptmenüleiste gegeben. Eine genaue Erläuterung der hinter den Menüs steckenden Funktionen wird in den anderen Kapiteln gegeben. Sehen Sie dazu im Index oder im Inhaltsverzeichnis des Buches nach.

Datei-Menü

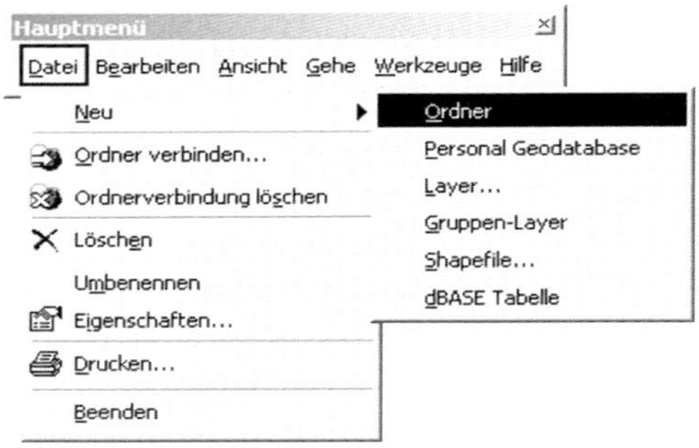

Das Datei-Menü enthält den Eintrag „Neu" zum Erzeugen zunächst leerer Datenstrukturen (z. B. Ordner, Personal Geodatabases, Layer, Gruppen-Layer, Shapefiles und dBase-Tabellen). Schon vorhandene Datenstrukturen können gelöscht, umbenannt oder ihre Eigenschaften angezeigt werden. Markieren Sie dazu zuvor den gewünschten Datensatz in der Katalogstruktur von ArcCatalog. Mit dem Eintrag „Drucken" werden die zugehörigen Metadaten ausgedruckt. Mit dem Eintrag „Beenden" wird ArcCatalog beendet.

Bearbeiten-Menü

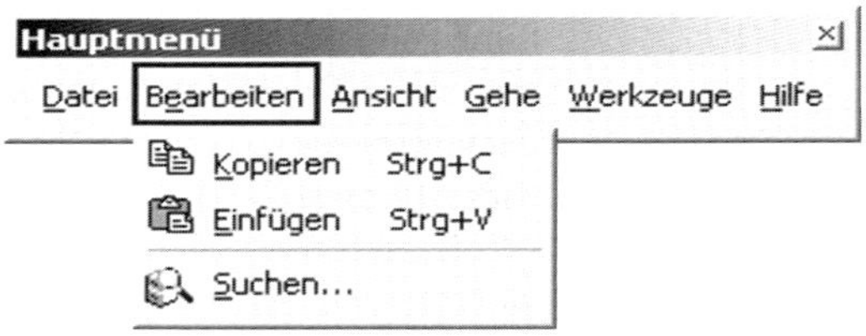

Das Bearbeiten-Menü enthält Einträge zum Kopieren, Einfügen und Suchen von Daten. Markieren Sie zuvor in der Katalogstruktur von ArcCatalog die entsprechenden Daten. Es können alle im ArcCatalog angezeigten Datenstrukturen (z. B. Ordner, Dateien, Shapedateien, Raster, Layer usw.) mit „Kopieren" in der Zwischenablage von Windows abgelegt und an einer anderen Stelle mit „Einfügen" wieder zurückgeholt werden. Das Zurückholen aus der Zwischenablage funktioniert auch mit anderen Windows-Programmen (z. B. Windows Explorer). Der Menüeintrag „Suchen" startet eine Funktion zum Auffinden von raumbezogenen Daten. Dabei kann die Suche auch durch Angabe einer Ortsbeschreibung (z. B. die Angabe von Koordinaten oder Suche nur innerhalb Europas) erfolgen.

Ansicht-Menü

Mit dem Ansicht-Menü kann im Wesentlichen das Erscheinungsbild der Benutzeroberfläche verändert werden. Es können das Hauptmenü und alle Werkzeugleisten (Standard, Geographie, Verzeichnis, Metadaten) ein- bzw. ausgeschaltet werden. Die Statuszeile, die sich ganz unten, und die Katalogstruktur, die sich links in der Benutzeroberfläche befindet, lassen sich ebenfalls ausschalten. Die Statuszeile zeigt Informationen und

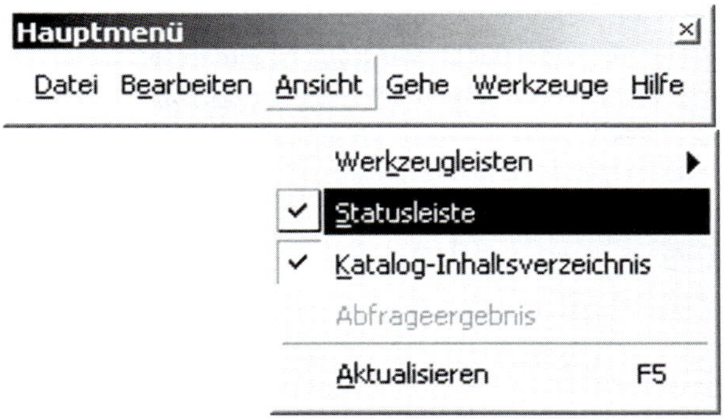

Hilfetexte an. So wird z. B. beim Überfahren eines Menüs oder Werkzeuges mit der Maus in der Statuszeile die Funktion des Steuerelementes kurz erläutert.

Das Ausschalten der Katalogstruktur empfiehlt sich, wenn das Datenfenster unter dem Register „Vorschau“ für die Darstellung der Geometrie besonders groß sein soll.

Weiterhin lässt sich mit dem Menüeintrag „Abfrageergebnis“ ein Fenster zum Anzeigen der Attributwerte öffnen. Dies ist allerdings nur möglich, wenn im Datenfenster unter dem Register „Vorschau“ eine Geometrie angezeigt wird.

Der Menüeintrag „Aktualisieren“ aktualisiert den Verzeichnisbaum in der Katalogstruktur sowie das Datenfenster von ArcCatalog. Eine Aktualisierung ist z. B. dann notwendig, wenn von einem anderen Programm in der Verzeichnisstruktur etwas verändert wird (z. B. ein neues Verzeichnis erstellt wird). Dieses wird im ArcCatalog erst nach einer Aktualisierung angezeigt.

Gehe-Menü

Das Gehe-Menü enthält nur den Eintrag „Eine Ebene aufwärts“. Damit können Sie im Verzeichnisbaum eine Ebene nach oben gehen. Da das Menü in dieser ArcView-Version nur einen Menüeintrag enthält, bietet es sich

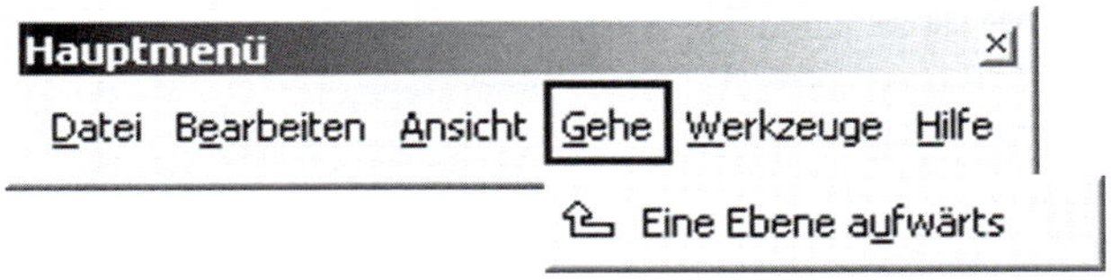

an, hier weitere Einträge zu installieren. Sehen Sie dazu im Kapitel „Anpassen der Benutzeroberfläche“ nach.

Werkzeuge-Menü

Mit den Einträgen im Werkzeuge-Menü können ArcMap und die ArcToolbox vom ArcCatalog aus gestartet und auch Makros erstellt werden.

Dazu lässt sich von hier aus der Visual Basic Editor starten. Zum Anpassen der Benutzeroberfläche wird der Menüeintrag „Anpassen“ und zum Einladen von Erweiterungen der Menüeintrag „Erweiterungen“ betätigt. Unter „Optionen“ werden allgemeine Einstellungen für den ArcCatalog vorge-

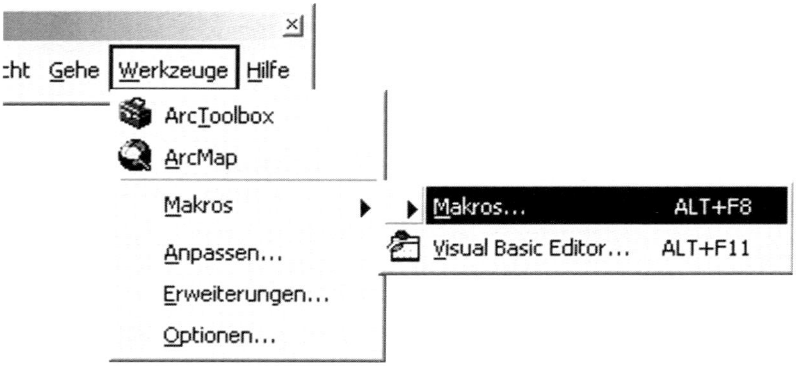

nommen. Hier können Sie beispielsweise bestimmen, welche Daten und wie sie im ArcCatalog dargestellt werden. Die Einstellungen zu Metadaten, Rasterdaten und Tabellen sind hier ebenfalls möglich. Weitere Einzelheiten zu den Optionen von ArcCatalog finden Sie weiter hinten in diesem Kapitel.

Hilfe-Menü

Das Hilfe-Menü hat Einträge zum Starten der ArcGIS Desktop Hilfe (Online-Hilfe) und der Kontexthilfe (Direkthilfe). Die ArcGIS Desktop Hilfe beschreibt umfangreich alle Funktionen von ArcGIS (ArcCatalog, ArcMap, ArcToolbox) und ihre Bedienung. Die Kontexthilfe zeigt Hilfetexte für die Steuerelemente (Menüs, Werkzeugleisten) von ArcCatalog an. Eine genaue Beschreibung der Hilfemöglichkeiten für den ArcCatalog finden Sie im Kapitel „Hilfe für ArcView“.

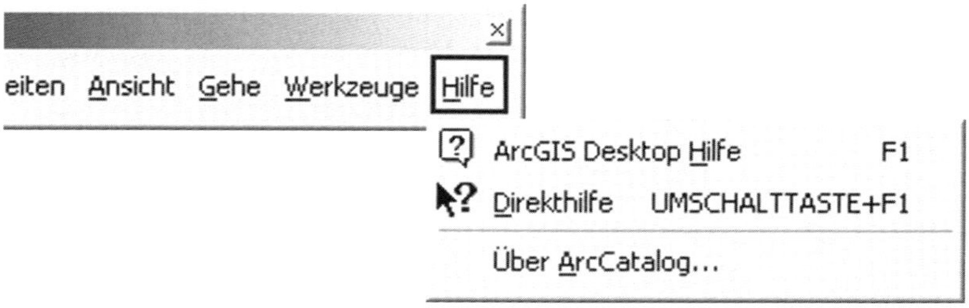

3.3.5 Werkzeugleisten

ArcCatalog hat folgende Werkzeugleisten:

- **Standard**
- **Geographie**
- **Verzeichnis**
- **Metadaten**

Sie können die einzelnen Werkzeugleisten ein- bzw. ausschalten. Benutzen Sie dazu eines der folgenden Menüs und setzen Sie den entsprechenden Haken für die Werkzeugleiste, die angezeigt werden soll.

ArcCatalog-Hauptmenü
Ansicht:
Werkzeugleisten: Auszuwählende Werkzeugleiste

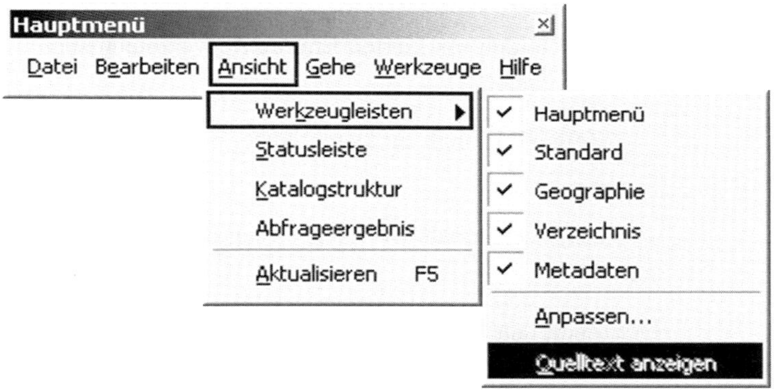

ArcCatalog-Kontextmenü: Werkzeugleiste
Auszuwählende Werkzeugleiste

Standard-Werkzeugleiste

Die Standard-Werkzeugleiste enthält Werkzeuge für die Darstellung der Dateien im Datenfenster (Register „Inhalt“) und zur Erzeugung neuer Ordner-Verbindungen in ArcCatalog. Eine Suchfunktion zum Auffinden raumbezogener Daten und Dateien kann gestartet werden. ArcMap und die ArcToolbox können ebenso von hier aus gestartet werden. Mit Drag & Drop oder über die Zwischenablage (Ausschneiden, Kopieren, Einfügen)

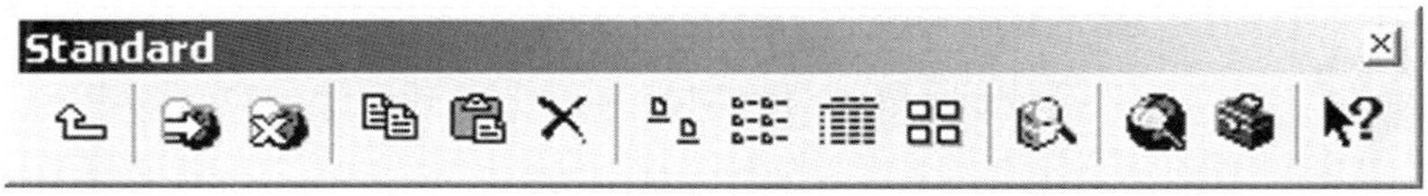

können ausgewählte Daten an ArcMap oder die ArcToolbox zur weiteren Bearbeitung übertragen werden. Im Folgenden sind alle Werkzeuge der Standard-Werkzeugleiste aufgelistet und werden kurz beschrieben.

 – Eine Ebene aufwärts im Verzeichnisbaum

 – Verbindung mit einem neuen Verzeichnis (Ordner)

 – Trennt die Verbindung zu einem Verzeichnis (Ordner)

 – Kopiert die aktuelle Markierung in die Zwischenablage

 – Fügt den Inhalt der Zwischenablage ein

 – Löscht den markierten Eintrag im Verzeichnisbaum

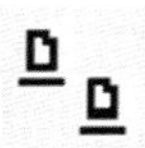 – Zeigt den Inhalt im Datenfenster als große Symbole

 – Zeigt den Inhalt im Datenfenster als Liste

 – Zeigt den Inhalt im Datenfenster als Liste mit weiteren Infos

 – Zeigt den Inhalt im Datenfenster als Thumbnails

 – Sucht raumbezogene Daten

 – Startet ArcMap

 – Startet die ArcToolbox

 – Zeigt Hilfe für Menüs und Werkzeuge (Direkthilfe)

Werkzeugleiste Geographie

Die Werkzeugleiste Geographie enthält Werkzeuge zum Zoomen (Veränderung des Bild-Ausschnittes: Vergrößern, Verkleinern, Verschieben) im Datenfenster unter dem Register „Vorschau: Geographie“. Außerdem kön-

nen die Attribute der Objekte (Informationswerkzeug zum Identifizieren) angezeigt werden, und es gibt ein Werkzeug zur Erzeugung von Thumbnails (Symbolen) aus dem aktuellen Ausschnitt des Datenfensters. Auf die Geografie-Werkzeugleiste kann nur zugegriffen werden, wenn Daten im Datenfenster unter dem Register „Vorschau: Geographie“ zu sehen sind. Im Folgenden sind alle Werkzeuge der Werkzeugleiste Geographie aufgeführt und werden kurz erläutert.

– Vergrößern der Ansicht im Datenfenster (Zoom in)

– Verkleinern der Ansicht im Datenfenster (Zoom out)

– Verschieben der Ansicht im Datenfenster

– Volle Ausdehnung der Ansicht im Datenfenster

– Zeigt die Sachdaten für Objekte in einem Fenster an

– Erstellt mit dem Ausschnitt im Datenfenster ein Thumbnail

Verzeichnis-Werkzeugleiste

Die Verzeichnis-Werkzeugleiste stellt eine Auswahlliste zur Verfügung. Mit ihr können Sie auf einfache Weise das Verzeichnis wechseln und häufig benötigte Verzeichnisse schnell zur Verfügung stellen. Klicken Sie in

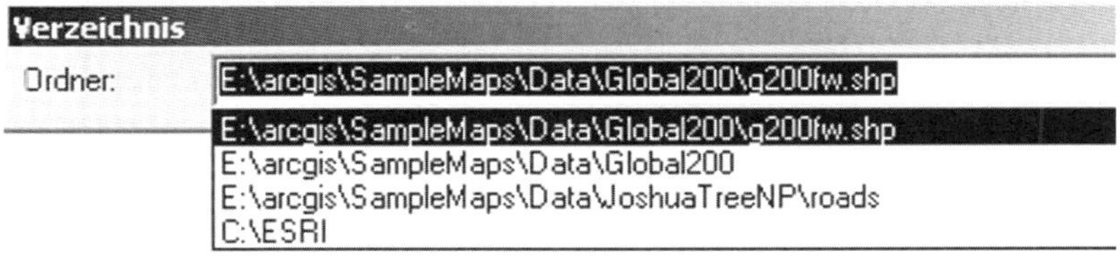

der Katalogstruktur von ArcCatalog auf ein bestimmtes Verzeichnis, so erscheint es in der Verzeichnis-Auswahlliste. Betätigen Sie dann die Eingabetaste, so wird das Verzeichnis eingetragen, und Sie können es dort immer wieder einstellen. Sie können einen Pfadnamen auch über die Tastatur in die Auswahlliste eingeben. Nach Betätigen der Eingabetaste wird der Pfad eingetragen. Die Auswahlliste bleibt mit ihren Einträgen nach Beenden von ArcCatalog erhalten und steht somit bei der nächsten Sitzung wieder zur Verfügung.

Metadaten-Werkzeugleiste

Die Metadaten-Werkzeugleiste dient der Bearbeitung von Metadaten. Metadaten beschreiben raumbezogene Daten. Dies kann auf unterschiedliche Weise geschehen. Unter „Stylesheet" wird dies eingestellt. Neben dem ESRI-Format stehen auch international genormte Formate für Metadaten zur Verfügung (FGDC, Xml...). Mit den vorhandenen Werkzeugen in der Metadaten-Werkzeugleiste können Metadaten bearbeitet, importiert und exportiert werden.

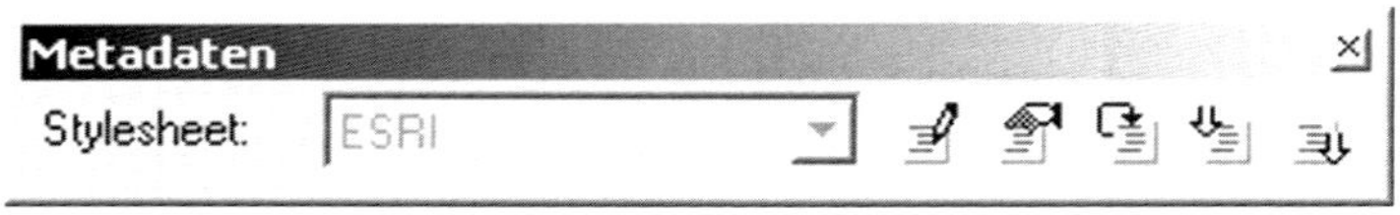

– Startet die Bearbeitung der Metadaten

– Zeigt die Eigenschaften der Metadaten an

– Erzeugt / aktualisiert die Metadaten

– Importiert Metadaten

– Exportiert Metadaten

3.3.6 Kontextmenüs

Kontextmenüs werden mit der rechten Maustaste aktiviert. Bestimmten Elementen der ArcCatalog-Benutzeroberfläche (z. B. Ordner, Layer, Shapefiles, Coverages...) sind solche Menüs zugeordnet. Um eines zu aktivieren, fahren Sie mit dem Mauszeiger auf das entsprechende Element der Benutzeroberfläche und drücken Sie dort die rechte Maustaste. ArcCatalog hat eine Vielzahl von Kontextmenüs, insgesamt etwa 70. Zugeordnet sind Kontextmenüs beispielsweise Diagrammen, Tabellen, CAD-Zeichnungen,

Geocodierungen, Datasets, Datenbanken, Grids und Shapefiles. Die meisten Menüeinträge erklären sich von selbst. Beispielhaft sollen im Folgenden einige der wichtigsten Kontextmenüs vorgestellt werden, und zwar für:

- einen Ordner (Verzeichnis, das im ArcCatalog fest verbunden ist)
- ein Dataset (Verzeichnis, das raumbezogene Daten enthält)
- ein Shapefile (ArcView-Datenformat)
- ein Coverage (ArcInfo-Datenformat)
- ein Raster (Bildformate, z. B. TIFF, Grid...)
- einen Layer (Folie in ArcGIS, z. B. Shapefile mit Legenden)

Kontextmenü für einen Ordner

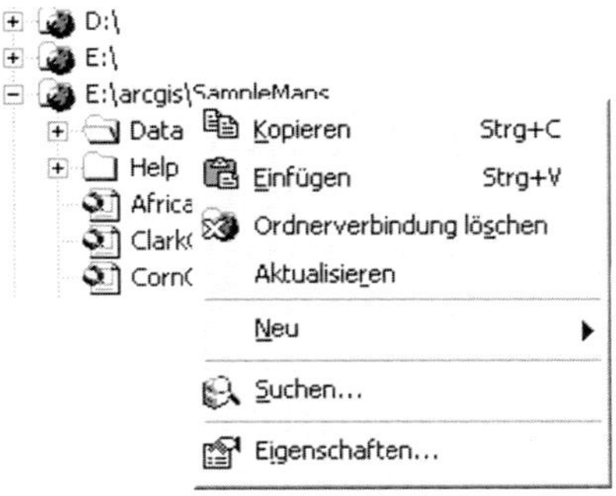

Betätigen Sie die rechte Maustaste auf einem Ordner, so können Sie ihn löschen oder aktualisieren, wenn z. B. durch eine andere Anwendung (Windows Explorer, Textprogramm, andere ArcView-Anwender) in diesem Ordner etwas verändert worden ist (Daten gelöscht oder hinzugekommen sind). Mit dem Kontextmenü können im Ordner neue leere Datenstrukturen (Ordner, Geodatabases, Layer, Group-Layer, Shapefiles, Tabellen) erstellt werden. Diese leeren Datenstrukturen enthalten jedoch noch keine Daten. Weiterhin kann mit einem Menüeintrag nach Daten gesucht und die Eigenschaften des Ordners eingesehen oder verändert werden.

Kontextmenü für ein Dataset

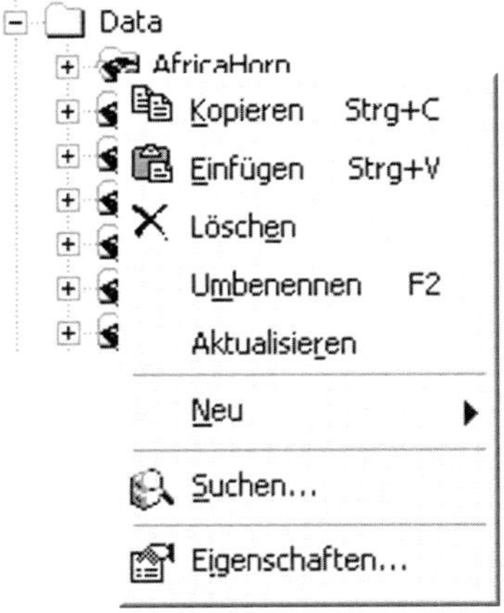

Ein Dataset ist ein Verzeichnis und enthält unterschiedliche raumbezogene Daten. Es kann mit dem zugehörigen Kontextmenü (rechte Maustaste auf das Dataset) wie ein Verzeichnis kopiert, gelöscht, umbenannt oder aktualisiert werden. Auch hier lassen sich wie bei einem Ordner neue Datenstrukturen einfügen. Auch kann nach Daten gesucht oder die Eigenschaften angesehen oder verändert werden.

Kontextmenü für eine Shapedatei

Über einen Klick mit der rechten Maustaste auf ein Shapefile in der Katalogstruktur von ArcCatalog können Sie das File kopieren, löschen oder umbenennen. Es kann ein Layer erstellt, in das AGF-Format exportiert oder in eine Geodatabase eingestellt werden. Auch lassen sich die Eigenschaften des Shapefiles einsehen und einstellen.

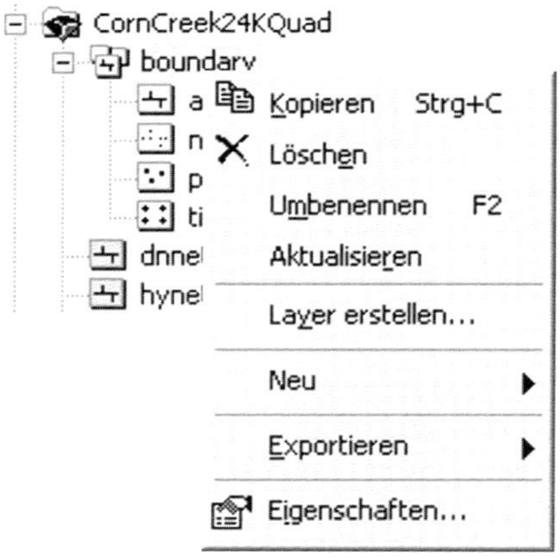

Kontextmenü für ein Coverage

ArcInfo-Coverages lassen sich in ArcCatalog mit einem Kontextmenü umbenennen, löschen, in eine Geodatabase exportieren, oder es kann ein Layer (Folie in ArcGIS) dafür erstellt werden. Die Eigenschaften eines Coverages können Sie mit dem Menüeintrag „Eigenschaften" einsehen oder verstellen.

Kontextmenü für ein Raster

Das Klicken mit der rechten Maustaste auf ein Raster (Grid, Tiff...) in der Katalogstruktur von ArcCatalog erlaubt das Kopieren, Löschen und Umbenennen. Ein Layer (Folie in ArcGIS) lässt sich aus dem Raster erzeugen, und das Raster kann in verschiedene andere Rasterformate exportiert werden. Das Erstellen von Pyramiden beschleunigt die Darstel-

lung von Rasterdaten in Abhängigkeit vom gewählten Bildausschnitt. Der Menüeintrag „Statistiken berechnen" erstellt eine Statistik aus den Werten der Rasterzellen (siehe AUX-File in der Online-Hilfe). Die berechnete Statistik kann unter den Eigenschaften (Menüeintrag: „Eigenschaften", Register: „Allgemein") angesehen werden.

Kontextmenü für einen Layer

Wenn Sie in der Katalogstruktur von ArcCatalog einen Layer aktivieren und die rechte Maustaste betätigen, so lässt er sich kopieren, löschen oder umbenennen. Die Eigenschaften des Layers können angesehen und verändert werden. Auf der Grundlage eines vorhandenen Layers lässt sich ein neuer Layer erstellen.

3.4 Die Eigenschaften von ArcCatalog

Bestimmte Eigenschaften von ArcCatalog lassen sich einstellen. Dazu gehören die Anzeige der Datenquellen und Dateitypen, das Einschalten bestimmter Zusatzinformationen im Datenfenster, grundsätzliche Einstellungen zur Darstellung der Metadaten, Tabellen (Sachdaten) und Raster (Bilddateien). Im Folgenden werden diese Eigenschaften beschrieben und gezeigt, welche Einstellungsmöglichkeiten es gibt. Zugriff auf die Eigenschaften erhalten Sie über das Menü:

<u>ArcCatalog-Hauptmenü</u>
Werkzeuge:
Optionen

3.4.1 Register: Allgemein

Im Register „Allgemein" können die Service-Verzeichnisse, die sich ganz unten in der Katalogstruktur befinden, ein- oder ausgeschaltet werden.

Außerdem können Sie einstellen, welche Datenquellen (z. B. Coverages, Shapefiles, Layer, Textfiles usw.) in der Katalogstruktur (linkes Fenster) angezeigt werden sollen. Für die Anzeige eines bestimmten Dateityps klicken Sie in das entsprechende Kästchen.

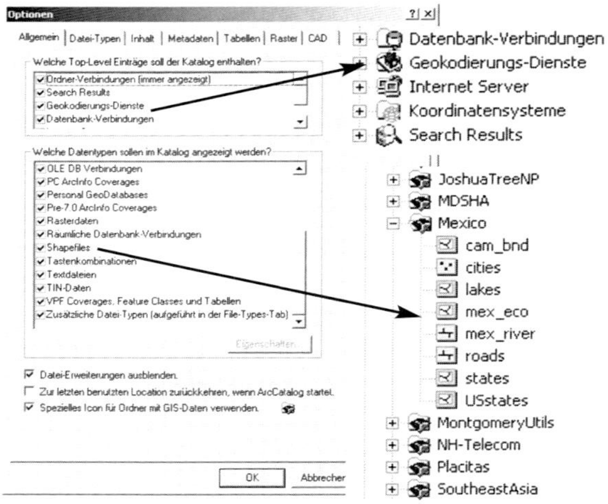

Die Dateierweiterungen (z. B. *.shp, *.dbf) werden nicht mehr angezeigt, wenn Sie den Haken an „Datei-Erweiterungen ausblenden“ setzen.

Normalerweise steht nach dem Start von ArcCatalog die Katalogstruktur an oberster Stelle (auf „Katalog“). Wollen Sie jedoch nach einem Neustart wieder auf das beim Beenden geöffnete Verzeichnis zugreifen, setzen Sie den Haken in die Box „Zur letzten benutzten Location zurückkehren, wenn ArcCatalog startet“.

Für Verzeichnisse, die raumbezogene Daten (Shapes, Caverages usw.) enthalten, kann ein bestimmtes Symbol zur Kennzeichnung benutzt werden. Setzen Sie dazu den Haken in die Box „Spezielles Icon für Ordner mit GIS-Daten verwenden“. In diesem Fall wird jedoch die Zeit zum Wechseln eines Verzeichnisses unter Umständen wesentlich größer sein, da alle Unterverzeichnisse nach GIS-Daten durchsucht werden müssen. GIS-Daten sind hier alle Datentypen, für die der Haken gesetzt wurde, und die Daten, die im Register „Datei-Typen“ angegeben wurden.

Mit der Schaltfläche „Eigenschaften“ können zusätzliche Einstellungen für den markierten Datentyp angesehen werden. Markieren Sie z. B. „Textdateien“, so werden nach Betätigung der Schaltfläche obige Eigenschaften angezeigt. Hier kann ausgewählt werden, welche Dateierweiterungen als Textdateien interpretiert werden.

3.4.2 Register: Datei-Typen

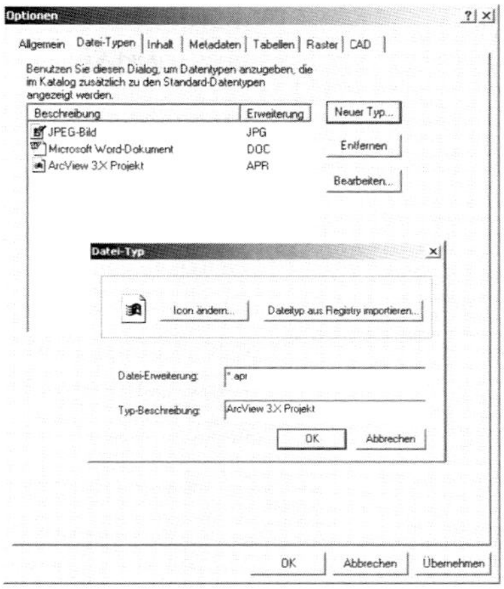

Im ArcCatalog sind diejenigen Dateitypen zu sehen, die im Register „Allgemein“ aktiviert wurden. Sollen zusätzliche Dateitypen, die nicht im Register „Allgemein“ zur Verfügung stehen, in der Katalogstruktur zu sehen sein (z. B. WORD-Dateien mit der Erweiterung *.doc oder ArcView 3.x-Projekte mit der Erweiterung *.apr), so können diese in Register „Datei-Typen“ eingetragen werden.

Betätigen Sie dazu die Schaltfläche „Neuer Typ“ und geben Sie unter „Datei-Erweiterung“ die entsprechende Dateiendung (z. B. „doc“ für WORD-Dateien) sowie einen beschreibenden Text unter „Typ-Beschreibung“ ein. Ein Symbol kann hier ebenfalls vergeben werden. Betätigen Sie dazu die Schaltfläche „Icon ändern“. Wählen Sie aus der angezeigten Liste ein Symbol aus.

Mit dem Schalter „Dateityp aus Registry importieren...“ werden alle unter Windows registrierten Dateien aufgelistet und können ausgewählt werden.

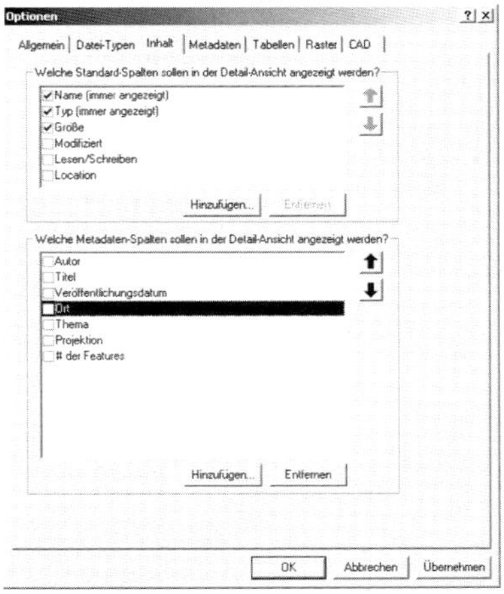

Der Schalter „OK“ trägt den neuen Dateitypen ein. Der Schalter „Entfernen“ entfernt eine markierte Endung aus der Liste. Der Schalter „Bearbeiten“ erlaubt die Änderung eines Eintrages (z. B. Auswahl eines anderen Symbols oder Überarbeitung der Beschreibung).

3.4.3 Register: Inhalt

Mit dem Register „Inhalt“ kann die Anzeige im Datenfenster (Register „Inhalt“ im Datenfenster) bei der Einstellung „Detailansicht“ erweitert oder eingeschränkt werden. Im oberen Teil wird durch Setzen eines Hakens in der entsprechenden Box das Datenfenster um eine Spalte erweitert. Die Einträge „Name“ und „Typ“ können nicht abgeschaltet werden. Mit den Pfeilschaltflächen wird die Position eines Eintrags im Datenfenster festgelegt. Markieren Sie einen Eintrag, den Sie verschieben wollen, und setzen Sie die neue Position mit den Pfeilschaltern.

Nach Betätigen der Schaltfläche „Übernehmen" oder „OK" werden die Änderungen gespeichert. Die Schaltfläche „Entfernen" löscht einen vorher markierten Eintrag. Mit „Hinzufügen" kann ein solcher Eintrag zurückgeholt werden.

Im unteren Teil des Fensters „Optionen" können Spalten über Metadaten im ArcCatalog ein- oder ausgeblendet werden. Setzen Sie dazu den Haken in die Box des gewünschten Eintrages.

Normalerweise können hier nur die angegebenen Elemente der Meta-Information hinzugefügt werden. Es muss dazu der Pfadname für die spezielle Meta-Information bekannt sein. Wie Sie an diesen Pfadnamen kommen, erfahren Sie in der Kontext-Hilfe. Führen Sie dazu folgende Schritte aus:

1. Schaltfläche „Hinzufügen" im Fenster „Optionen" betätigen.
2. Im folgenden Fenster („Metadaten-Spalte hinzufügen") das Fragezeichen (oben rechts) drücken.
3. Klicken Sie mit der Maus in die Box „Eigenschaften".
4. Der Hilfetext wird angezeigt. Dort sehen die notwendigen Informationen.

3.4.4 Register: Metadaten

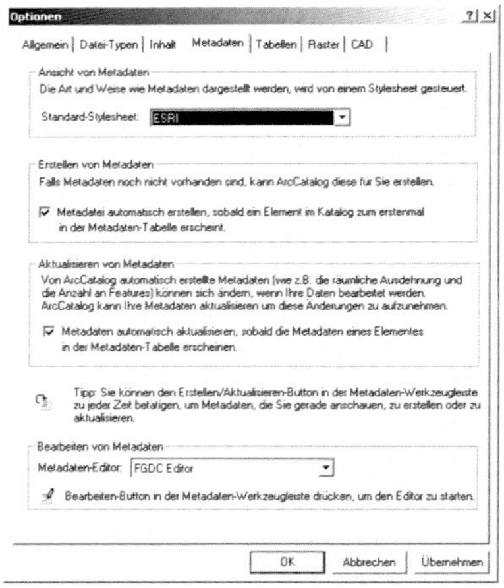

Im Register „Metadaten" werden grundlegende Eigenschaften für die Darstellung, Erzeugung und Bearbeitung der Metadaten festgelegt.

Unter „Ansicht von Metadaten" wird der Stil eingestellt, mit dem die Metadaten nach dem Start von ArcCatalog dargestellt werden sollen (Standard-Stylesheet).

Neben dem ESRI-Stylesheet gibt es weitere, wie „FGDC" oder „FGDC FAQ". „xml" (ähnlich wie „html") ist der Code (Programmiersprache), mit dem Metadaten im ArcCatalog codiert sind.

Sollten für eine Datenquelle (z. B. ein neues Shape oder Coverage) keine Metadaten existieren, so können Sie einen Teil der Metadaten automatisch erzeugen lassen (z. B. die Beschreibung der Projektion oder die geografische Ausdehnung). Das automatische Erzeugen von Metadaten geschieht immer dann, wenn für einen Datensatz das Register „Metadaten" im Datenfenster von ArcCatalog aktiviert wird. Dieses automatische Erzeugen geschieht nur, wenn Sie den Haken in die Box unter „Erstellen von Metadaten" setzen. Ist der Haken nicht gesetzt, erfolgt die Aktualisierung der Metadaten nur über das Werkzeug „erstellen/aktualisieren" aus der

Metadaten-Werkzeugleiste. Das eben Genannte gilt auch für die Aktualisierung der Metadaten. Setzen Sie dazu den Haken unter „Aktualisieren von Metadaten“.

Unter „Bearbeiten von Metadaten“ wird der Editor für die Bearbeitung von Metadaten eingestellt (derzeit FGDC-Editor). Dieser Editor wird gestartet, wenn das Werkzeug „Metadaten bearbeiten“ in der Metadaten-Werkzeugleiste aktiviert wird.

3.4.5 Register: Tabellen

Im Register „Tabellen“ können bestimmte Eigenschaften einer Tabelle eingestellt werden. Unter „Auswahlfarbe“ wird die Farbe eingestellt, mit der die selektierten Spalten angezeigt werden sollen. In der Box „Tabellenschriftart“ und „Tabellenschriftgröße und -farbe“ werden Schriftart, -größe und -farbe der Attributwerte und Feldnamen in der Tabelle eingestellt.

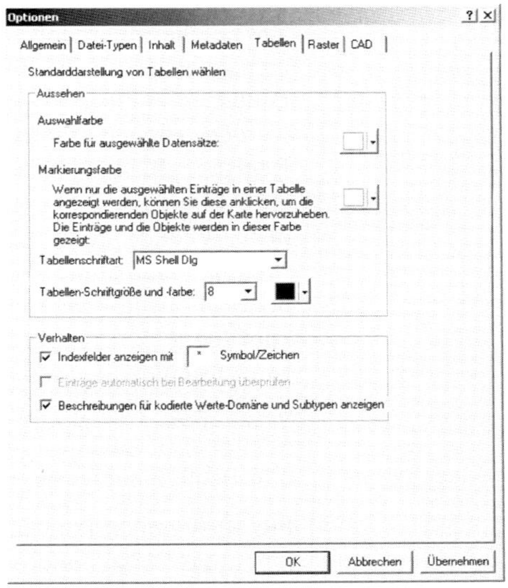

In einer Tabelle kann jeder Spalte (Feld) ein Index zugeordnet werden. Ein Index auf ein Geometrie-Feld (z. B. Shape) beschleunigt die Darstellung der Geometrie und ein Index auf ein Attributfeld die Berechnung in diesem Feld (z. B. für Abfragen). Damit in der Tabelle zu sehen ist, welches Feld einen Index hat, kann dieses mit einem zusätzlichen Zeichen gekennzeichnet werden. Setzen Sie dazu den Haken in die Box „Indexfelder anzeigen mit“ und geben Sie ein entsprechendes Zeichen (Symbol) an. Dieses Symbol wird dann hinter den Feldnamen in der Attributtabelle gesetzt. Eine Tabelle können Sie im Datenfenster von ArcCatalog unter dem Register „Vorschau: Tabelle“ ansehen. Um einen Index, z. B. für ein Shapefile, zu setzen oder zu entfernen, markieren Sie das Shape in der Katalogstrukur und drücken Sie die rechte Maustaste. Wählen Sie dann den Menüeintrag „Eigenschaften“ und dort das Register „Index“.

Setzen Sie einen Haken an „Einträge automatisch bei Bearbeitung überprüfen“, so wird bei einer Geodatabase eine Warnung angezeigt, wenn der eingegebene Wert außerhalb des definierten Wertebereiches liegt. Dazu müssen in der Geodatabase Domänen und Subtypen definiert sein. Soll die Beschreibung der Wertedomänen und Subtypen in der Tabelle angezeigt werden, so setzen Sie den Haken in die entsprechende Box. Über Geodatabases lesen Sie mehr im Kapitel „9 Geodatabases".

3.4.6 Register: Raster

Rasterdaten haben im Allgemeinen mehrere Bänder (Layer), denen zur Darstellung einzelne Farben zugeordnet werden. So wird man vielleicht einem Layer, der eine Wasserfläche darstellt, die Farbe Blau und einer Waldfläche die Farbe Grün zuordnen. Bei der Auswertung von Fotos oder Satellitendaten entstehen solche Mehrbandaufnahmen, die dann z. B. für eine Biotoperkennung genutzt werden können. Unter dem Register „Raster" haben Sie die Möglichkeit, den einzelnen Bändern einer solchen Mehrbandaufnahme die Farben Rot, Grün oder Blau zuzuordnen; links: für Dreiband-Datenquellen (es stehen die Bänder eins bis drei zur Verfügung) – rechts: für Mehrband-Datenquellen (es stehen die Bänder eins bis 999 zur Verfügung).

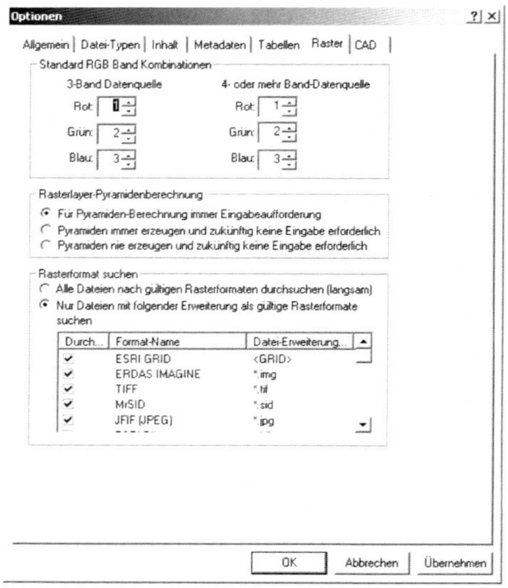

Für Rasterdaten können „Pyramiden" berechnet werden. Diese beschleunigen die Darstellung erheblich. Bei sehr weiten Rastern (große Ausdehnung und kleine Zellweiten) können die Darstellung oder andere Berechnungen lange Zeit in Anspruch nehmen. Bei der Berechnung von Pyramiden wird ein Satz von Rasterlayern berechnet, bei dem die Zellgrößen expandieren. Je nach Ausschnitt (Zoomstufe), der betrachtet wird, wird der entsprechende Layer benutzt (bei einer Gesamtdarstellung eines Bildes braucht die Auflösung nicht so groß zu sein, da es unter Umständen hier nicht so sehr auf die Details ankommt). Sie können hier bestimmen, ob für jedes Raster solche Pyramiden erstellt werden sollen oder nicht und ob zuvor eine Eingabeaufforderung erscheinen soll. Drücken Sie unter „Rasterlayer-Pyramidenberechung" den entsprechenden Schalter. ArcMap und ArcCatalog fragen normalerweise vor der Anzeige von Rasterdaten nach Pyramiden, wenn diese für ein Raster nicht existieren.

Bei der Berechnung von Pyramiden entstehen „*.rrd"-Dateien. Sie haben etwa acht Prozent der Größe der originalen Rasterdatei. Der zusätzliche Speicheraufwand von Pyramiden hält sich somit in Grenzen.

Im unteren Teil des Registers „Raster“ lassen sich Rasterformate einstellen, nach denen gesucht wird und die im ArcCatalog angezeigt werden sollen. Dies sollte man normalerweise einschränken. Wenn sowieso nur ein bestimmtes Datenformat verwendet wird (z. B. Tiff), so sollte auch nur dieses hier eingestellt werden. Das spart bei großen Datenmengen, die durchsucht werden müssen, eine Menge Zeit. Klicken Sie auf eine Dateierweiterung, um diese zu ändern oder zu ergänzen (z. B. *.tif, *.tiff). Sie haben hier die Möglichkeit, nach sämtlichen Rasterdateien zu suchen oder nur nach denen, für die der entsprechende Haken gesetzt wurde.

Die Schaltfläche „Übernehmen“ setzt die Änderungen; das Fenster bleibt dabei geöffnet. Die Schaltfläche „OK“ setzt ebenfalls die Änderungen; das Fenster wird jedoch geschlossen. Das Drücken der Schaltfläche „Abbrechen“ bewirkt keine Veränderung und schließt das Fenster „Optionen“.

3.4.7 Register: CAD

MicroStation-Dateien haben die Dateierweiterung „*.dgn“. Wenn die Checkbox aktiv ist (Haken gesetzt), werden alle Dateien mit einer beliebi-

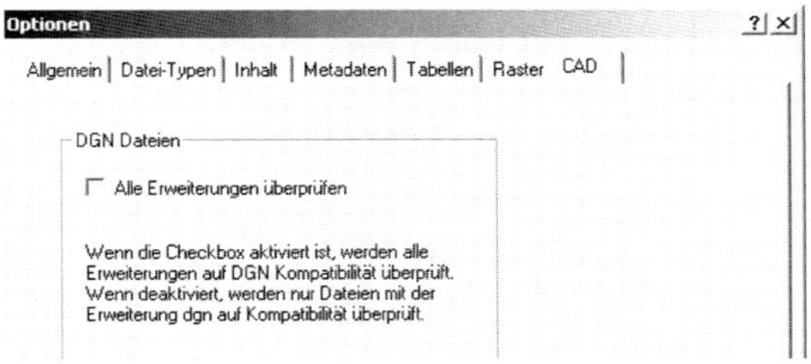

gen Dateierweiterung (maximal 3 Zeichen) auf DGN-Kompatibilität überprüft und können so auch als CAD-Zeichnungen oder CAD-Feature-Classes eingelesen werden. Wird der Haken nicht gesetzt, erkennt ArcGIS Dateien mit der Erweiterung „*.dgn“ nur als MicroStation-Designdateien.

3.5 Hilfe für ArcCatalog

Wenn Sie Hilfe benötigen, so haben Sie nachfolgend beschriebene Möglichkeiten. Eine genaue Beschreibung und weitere Hilfen finden Sie im Kapitel „Hilfe für ArcView“.

1. Allgemeine Hilfe für ArcView:

ArcCatalog-Hauptmenü:
Hilfe:
ArcGIS Desktop Hilfe (F1)

2. Direkthilfe

ArcCatalog-Hauptmenü:
Hilfe:
Direkthilfe (Shift+F1): Auf ein Werkzeug oder Menü klicken

3.6 Rasterpyramiden

Die Genauigkeit, mit der ein Objekt bei Rasterdaten dargestellt werden kann, hängt von der Auflösung (Größe der Rasterzelle) ab. Um eine maximale Genauigkeit zu bekommen, könnte man die Auflösung erhöhen. Eine beliebige Erhöhung der Auflösung (kleinere Zellen bei gleicher Ausdehnung bedeuten mehr Zellen) führt jedoch bald zu größeren Schwierigkeiten. Es sind viele Rasterzellen zu verwalten, zu speichern und zu zeichnen. Dadurch wird der Speicherplatz für die Rasterdatei erhöht, und die Darstellungsgeschwindigkeit sinkt erheblich.

Eine Erhöhung der Auflösung von Rasterdaten kann auch dazu führen, dass die Zellweite kleiner wird als die Pixelgröße des benutzten Bildschirms. In diesem Fall bringt eine weitere Erhöhung der Auflösung der Rasterdaten keinen Gewinn mehr bezüglich der Detaillierung von Objekten auf dem Bildschirm.

Eine Verbesserung der Darstellungsgeschwindigkeit von Rasterdaten kann erreicht werden, wenn z. B. für die Darstellung des gesamten Datensatzes (volle Ausdehnung) eine niedrigere Auflösung (weniger Rasterzellen) benutzt wird, als für eine Detailansicht. Der gesamte Rasterdatensatz wird daher in Rasterdatensätze mit unterschiedlicher Auflösung unterteilt. Dabei wird jeweils die Auflösung halbiert. Die entstehenden Rasterdatensätze haben dabei einen Pyramiden ähnlichen Aufbau.

Solche Pyramiden bringen einen erheblichen Gewinn an Darstellungsgeschwindigkeit. Wenn ArcView solche Pyramiden für einen Rasterdaten-Satz erstellt, entsteht eine Datei mit dem gleichen Namen wie die Rasterdatei, jedoch mit der Dateierweiterung *.rrd (reduced resolution dataset file). Dieser hat ungefähr acht Prozent der Größe der Rasterdatei. Die Größe hängt von der Ursprungsdatei ab und kann evtl. sogar größer sein. Dieser geringfügigen Erhöhung des Speicherplatzes steht jedoch ein Gewinn an Darstellungsgeschwindigkeit gegenüber.

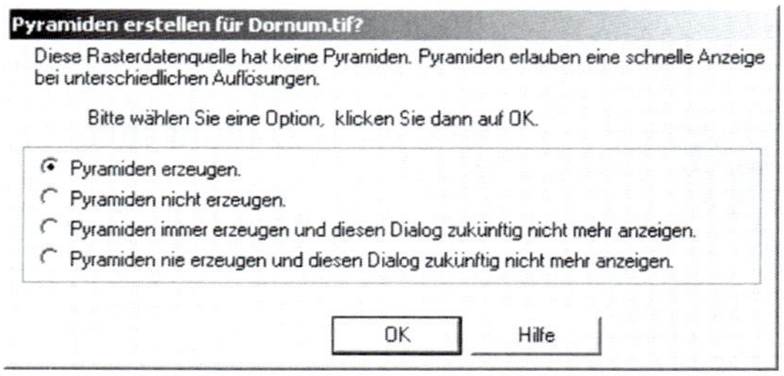

Wird eine Rasterdatei im ArcCatalog zur Darstellung ausgewählt, so werden Sie bei einer Auflösung von mehr als 1024 Zellen gefragt, ob für diesen Datensatz Pyramiden berechnet werden sollen. Sie können Pyramiden erzeugen, dies ablehnen oder Pyramiden immer oder nie erzeugen, ohne dass dieser Dialog weiterhin angezeigt wird.

Wenn Sie nachträglich für einen Rasterdatensatz Pyramiden berechnen wollen, so geht das nur im ArcCatalog.

Betätigen Sie dazu folgendes Kontextmenü:

ArcCatalog-Kontextmenü: Rasterdaten
Pyramiden erzeugen

Wollen Sie feststellen, ob schon Pyramiden für einen Rasterdatensatz existieren, so sehen Sie in den Eigenschaften der Rasterdaten nach:

ArcCatalog-Kontextmenü: Rasterdaten
Eigenschaften: Register Allgemein

Allgemeine Einstellungen für die Pyramidenberechnung von Rasterdaten finden Sie in den Optionen von ArcCatalog:

ArcCatalog-Hauptmenü:
Werkzeuge:
Optionen: Register Raster

Für MrSID-Rasterdaten brauchen keine Pyramiden berechnet zu werden, da sie im Datenformat schon enthalten sind.

4 ArcMap

4.1 Einleitung

Dieses Kapitel ist eine Einführung in das Desktop-Progamm ArcMap. Sie erhalten hier einen Überblick über alle grundlegenden Funktionen (Menüs, Schaltflächen, Benutzeroberfläche) und die Eigenschaften des Programms. ArcView 8.x besteht aus den drei Software-Programmen ArcCatalog, ArcMap und ArcToolbox. ArcCatalog ist ein Programm, mit dem raumbezogene Daten organisiert, betrachtet und verwaltet werden. ArcToolbox dient mehr der Analyse von raumbezogenen Daten.

ArcMap ist die Hauptanwendung von ArcView 8.x und lässt sich in etwa mit dem ArcView 3.x vergleichen, wobei die Benutzeroberfläche völlig anders und der Funktionsumfang von ArcMap wesentlich größer ist. ArcCatalog und ArcToolbox ergänzen ArcMap im oben beschriebenen Sinne. Die drei Programme arbeiten zusammen und sind vollkommen aufeinander abgestimmt. So lassen sich Daten, die z. B. in ArcCatalog erzeugt oder gefunden worden sind, direkt über Drag&Drop nach ArcMap oder ArcToolbox zur weiteren Bearbeitung übertragen. ArcMap hat folgende Hauptaufgaben:

- Visualisierung der Geometrie und der Sachdaten
- Bearbeitung von Geometrie und Sachdaten für neue und vorhandene Datensätze
- Erstellen von Karten (Layouts) für die Präsentation der Objekte
- Erstellung von Diagrammen und Berichten für die Präsentation der Sachdaten
- Geokodierung für die Darstellung von Adressen (Ort, Straße...)
- Berechnung von Pufferzonen
- Geoverarbeitung (Objekte oder Layer zusammenführen, Verschneidung, Objekte ausschneiden...)
- Routen- und Punktereignisse als Layer einlesen
- Selektion von Objekten (logische und geometrische Selektion)
- Anpassung der Benutzeroberfläche und Programmierung mit VBA (Visual Basic for Applikation)

Im weiteren Verlauf dieses Kapitels werden zunächst mit Hilfe eines Einführungsbeispiels die grundlegenden Funktionen von ArcMap aufgezeigt. Danach werden die Benutzeroberfläche, das Inhaltsverzeichnis – TOC (Table of Contents), das Datenfenster, die Menüs, die Werkzeugleisten und die Kontextmenüs in einer Übersicht zusammengestellt und kurz erläutert. In einem weiteren Abschnitt werden dann die Eigenschaften und optionale Einstellungen von ArcMap genauer erklärt. Zuletzt erhalten Sie Informationen zur Online-Hilfe von ArcMap.

Komplexere Funktionen, wie z. B. Selektionstechniken, Geoverarbeitung, das Erstellen von Kartenlayouts und die Bearbeitung von Geometrie werden in eigenen Kapiteln ausführlich beschrieben.

4.2 ArcMap-Einführungsbeispiel

Das folgende Beispiel zeigt die wichtigsten grundlegenden Funktionen von ArcMap. Nach dem Start von ArcMap werden Daten eingelesen und nach einem Kriterium abgefragt, eine Legende und Beschriftungen erstellt sowie ein Kartenlayout erzeugt. Führen Sie die folgenden Punkte in diesem Beispiel, wie angegeben, aus. Sie werden dadurch schnell ein Gefühl bekommen, wie ArcMap arbeitet. Für das Beispiel benötigen Sie die „SampleMaps", die mit der Software geliefert werden. Installieren Sie sie gegebenenfalls nach.

- ArcMap starten
- raumbezogene Daten „Mexico" einlesen und betrachten
- raumbezogene Daten „USA" einlesen und betrachten
- Abfrage „Ermittlung der US-Staaten mit einer Bevölkerungsdichte größer als 100 E/QM"
- Legende für die Mexico-States erstellen
- Beschriftung der Mexico-Cities mit ihren Namen
- Kartenlayout erstellen
- ArcMap beenden und bisherige Arbeit als ArcMap-Dokument speichern

4.2.1 ArcMap starten

ArcMap wird wie jede andere Windows-Anwendung gestartet. Betätigen Sie in der Windows-Benutzeroberfläche unten links die Schaltfläche „Start":

Start: Programme: ArcGis: ArcMap

Durch Doppelklick auf das ArcMap-Symbol im Desktop wird ArcMap ebenfalls gestartet.

Nach dem Start erscheint die ArcMap-Benutzeroberfläche. Sie können nun angeben, ob Sie ein neues Dokument (eine neue leere Karte), ein Template (eine Vorlage für ein neues Dokument) oder ein auf Datenträger vorhandenes Dokument (*.mxd) öffnen wollen. Für dieses Beispiel geben Sie „Einer neuen leeren Karte" an.

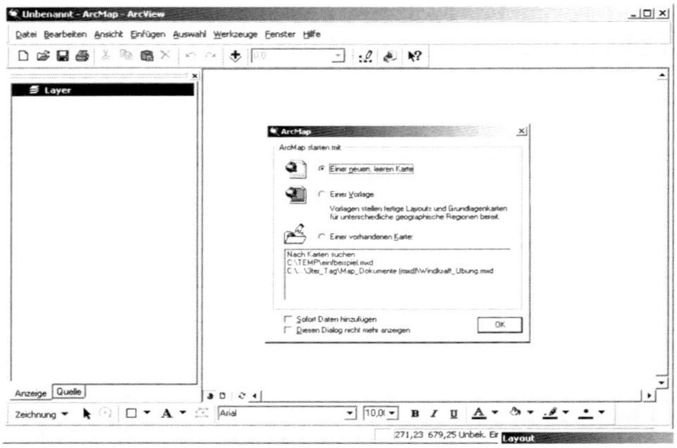

4.2.2 Raumbezogene Daten „Mexico“ einlesen und betrachten

In diesem Teil werden in den leeren Datenrahmen „Layer“, der beim Starten von ArcMap automatisch erzeugt wird, neue Daten (Shapefiles) eingelesen. Der Datenrahmen wird umbenannt und dann gezeigt, wie die Shapes gezeichnet und die Daten mit den Zoom-Werkzeugen betrachtet werden können. Die zugehörigen Sachdaten werden mit dem Werkzeug „Identifizieren“ angezeigt.

Laden Sie folgende Shapefiles in den Datenrahmen und betätigen Sie dazu das Menü oder die Schaltfläche:

ArcMap-Kontextmenü: Datenrahmen „Layer“ im Inhaltsverzeichnis
Daten hinzufügen:

Gehen Sie im folgenden Eingabefenster zu:

\arcgis\SampleMaps\Data\Mexico\states.shp
\arcgis\SampleMaps\Data\Mexico\cities.shp
\arcgis\SampleMaps\Data\Mexico\roads.shp
Gleichzeitiges Drücken der linken Maustaste und der Strg-Taste lädt mehrere Shapes in den Datenrahmen.

Der Datenrahmen „Layer“ soll jetzt in „Mexico“ umbenannt werden. Der Name lässt sich unter den Datenrahmen-Eigenschaften ändern. Die Eigenschaften des Datenrahmens werden mit folgendem Kontextmenü aufgerufen:

ArcMap-Kontextmenü: Datenrahmen „Layer“ im Inhaltsverzeichnis
Eigenschaften:
Allgemein

Im Register „Allgemein“ kann unter „Name“ der Name geändert werden. Ändern Sie ihn und drücken Sie „OK“.

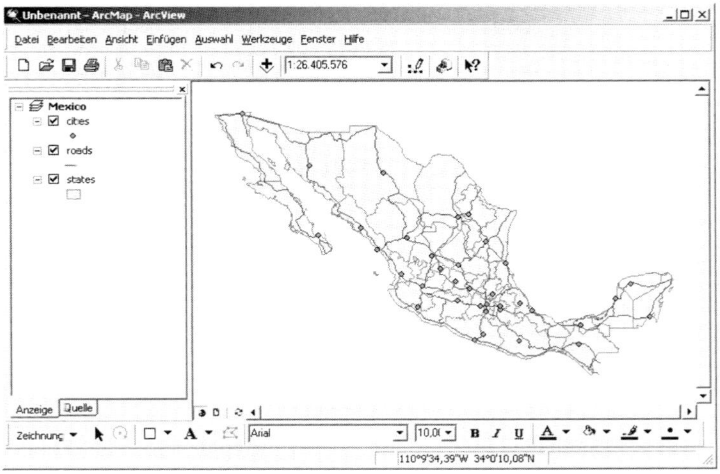

Die Shapes können im Inhaltsverzeichnis ein- oder ausgeschaltet werden. Die Reihenfolge beim Zeichnen der Shapes ist durch Verschieben mit der Maus (linke Maustaste festhalten) veränderbar. Shapes weiter oben im Inhaltsverzeichnis verdecken Shapes weiter unten.

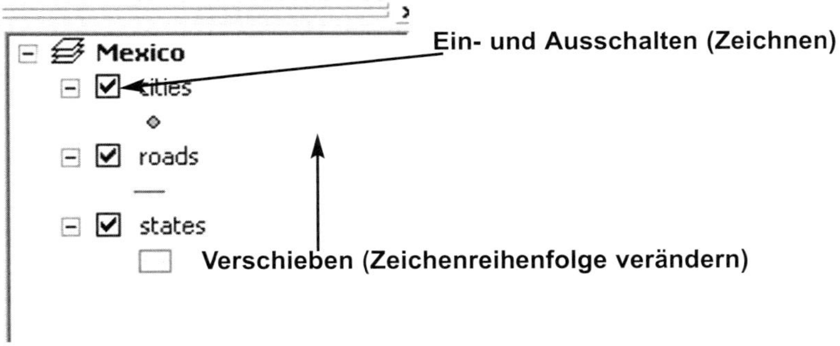

Probieren Sie die Zoom-Werkzeuge in der Werkzeugleiste „Werkzeuge“ aus, um die Ausdehnung im Datenfenster zu ändern.

Um die Sachdaten (Attribute) der Objekte anzuzeigen, kann das Werkzeug „Identifizieren“ benutzt werden. Betätigen Sie das Werkzeug aus der Werkzeugleiste „Werkzeuge“ und klicken Sie auf ein Objekt im Datenfenster. Es öffnet sich das Fenster „Abfrageergebnisse“, in dem die Attribute der Objekte des obersten Layers angezeigt werden. Layer, für die Attribute angezeigt werden sollen, werden unter „Layer“ angegeben.

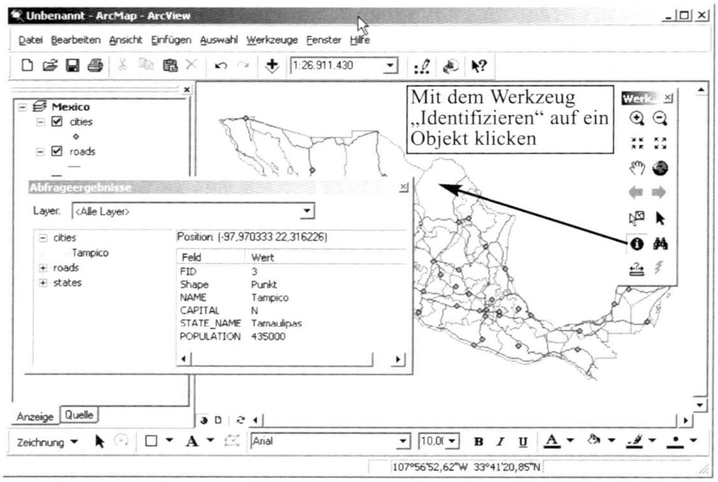

Sie haben jetzt gelernt, wie ArcMap gestartet wird und wie Daten in einen Datenrahmen geladen werden, um Geometrie und Sachdaten von Shapefiles anzuzeigen.

4.2.3 Raumbezogene Daten „USA" einlesen und betrachten

In diesem Abschnitt werden Sie einen neuen Datenrahmen einfügen, in den Sie weitere Shapefiles einladen. Um den Zusammenhang von Geometrie und Sachdaten zu erkennen, wird die Attributtabelle geöffnet und dort eine Selektion vorgenommen.

Zunächst wird ein neuer Datenrahmen eingefügt. Betätigen Sie folgendes Menü:

ArcMap-Hauptmenü:
Einfügen:
Datenrahmen

Ändern Sie den Namen des neu entstandenen Datenrahmens auf „USA" (unter Datenrahmen-Eigenschaften wie im vorherigen Abschnitt) und laden Sie folgende Shapefiles und Layer in den Datenrahmen. Betätigen Sie dazu das Menü oder die Schaltfläche:

ArcMap-Kontextmenü: Datenrahmen „USA" im Inhaltsverzeichnis
Daten hinzufügen:

\arcgis\SampleMaps\Data\USA\USstates.shp
\arcgis\SampleMaps\Data\USA\Country.lyr
\arcgis\SampleMaps\Data\USA\Population Density.lyr

Es werden alle Daten, die sich im Datenrahmen „USA“ befinden, angezeigt. Schalten Sie „USstates.shp“ und „Country.lyr“ aus (Haken entfernen) und zoomen Sie auf die maximale Ausdehnung des Layers „Population Density.lyr“, und zwar mit dem Kontextmenü:

ArcMap-Kontextmenü: Layer „Population Density.lyr“
Auf Layer zoomen

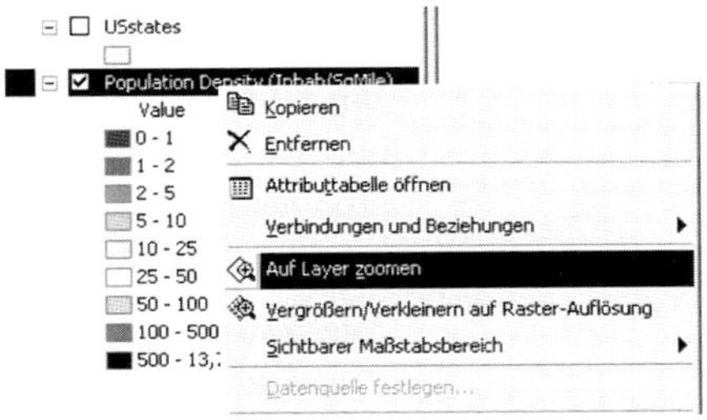

Schalten Sie jetzt das Shape „USstates.shp“ ein (Haken setzen) und öffnen Sie die zugehörige Attributtabelle mit dem Kontextmenü auf „USstates. shp“.

ArcMap-Kontextmenü: Layer „USstates.shp“
Attributtabelle öffnen

Die Attributtabelle enthält die Sachdaten (Attribute) für die Geometrie (Objekte, Features). Die Attribute beschreiben die Objekte. Deshalb gibt

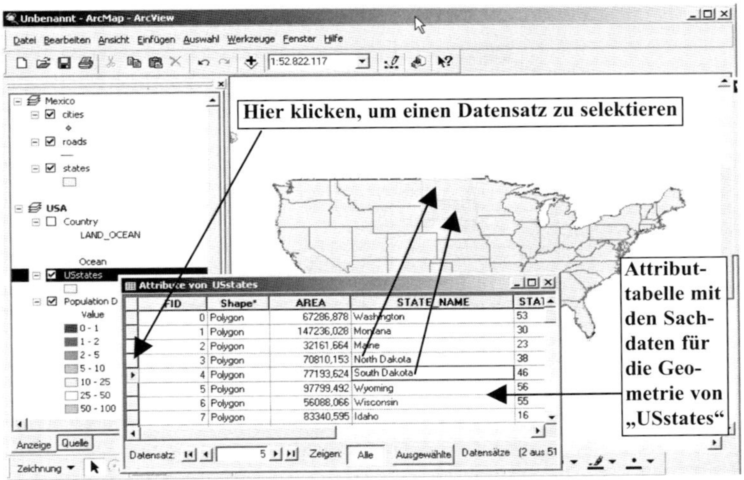

es zu jedem Objekt (hier ein USstate als Polygon) eine zugehörige Zeile in der Attributtabelle. Markieren Sie darin eine Zeile (ein Datensatz), so wird im Datenrahmen das zugehörige Objekt ebenfalls ausgewählt. Umgekehrt werden auch bei der Auswahl von Objekten im Datenrahmen die zugehörigen Datensätze in der Tabelle markiert.

Mit der Maus wählen Sie die Datensätze in einer Tabelle aus. Klicken Sie auf einen Datensatz (ganz links in der Tabelle). Drücken Sie gleichzeitig die Strg-Taste, wenn Sie mehrere Datensätze auswählen wollen. Die zugehörigen Objekte werden ebenfalls ausgewählt.

Ein Objekt im Datenrahmen selektieren Sie mit dem Werkzeug „Features auswählen“ aus der Werkzeugleiste „Werkzeuge“. Aktivieren Sie das Werkzeug und klicken Sie auf ein Objekt. Drücken Sie gleichzeitig die Shift-Taste, wenn Sie mehrere Objekte auszuwählen wollen. Die zugehörigen Datensätze in der Tabelle werden ebenfalls markiert.

4.2.4 Abfrage „US-Staaten mit hoher Einwohnerzahl“

Mit Hilfe der Attribute von „USstates.shp“ sollen jetzt die Staaten selektiert werden, bei denen die Bevölkerungsdichte größer als 100 Einwohner pro Quadratmeile ist. Zeichnen Sie dazu das Shape „USstates.shp“ (Haken setzen). Starten Sie das Abfragefenster mit:

ArcMap-Hauptmenü:
Auswahl:
Nach Attributen auswählen

Geben Sie den nachstehenden Ausdruck ein.

"POP90_SQMI" > 100

Doppelklicken Sie dazu im Abfragefenster unter „Felder“ auf „POP90_SQMI“, dann auf „>“ und geben Sie den Wert „100“ ein. Achten

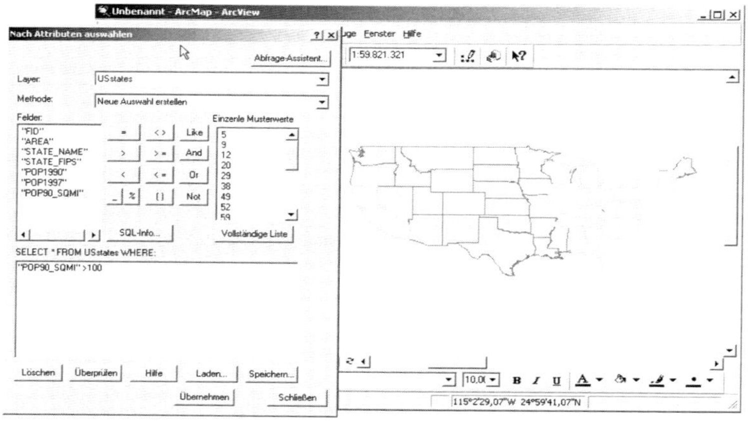

Sie darauf, dass unter „Layer“ der Wert „USstates“ eingestellt ist. Drücken Sie die Schaltfläche „Übernehmen“. Die ausgewählten Objekte werden im Datenfenster markiert.

4.2.5 Legende für die Mexico-States erstellen

Für das Shape „states“ im Datenrahmen „Mexico“ soll nun eine Legende für die Einwohnerzahlen erstellt werden. Für Staaten mit großen Bevölkerungszahlen sollen die Objekte (Polygone) in anderen Farben dargestellt werden als für kleinere Staaten. Dazu werden die Werte des Attributs „POP1990“ in fünf Klassen eingeteilt.

Aktivieren Sie zunächst den Datenrahmen „Mexico“. Betätigen Sie dazu das Kontextmenü:

ArcMap-Kontextmenü: Datenrahmen „Mexico“
Aktivieren

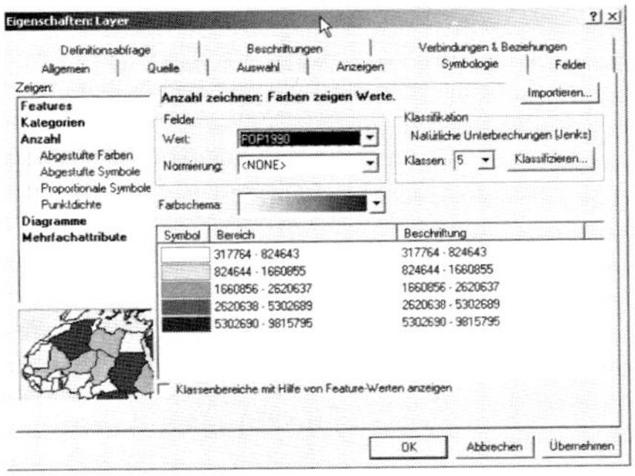

Um eine Legende für das Shape „states“ zu erstellen, öffnen Sie seine Eigenschaften mit folgendem Kontextmenü:

ArcMap-Kontextmenü: Shapefile „states.shp“
Eigenschaften: Symbologie: Anzahl: Abgestufte Farben

Im Register „Symbologie“ werden die für die gewünschte Legende benötigten Werte eingegeben. Stellen Sie unter „Anzahl“ den Legendentyp „Abgestufte Farben“ ein, unter „Wert“ das zu klassifizierende Attribut (hier POP1990). Ein Farbschema kann ebenfalls ausgewählt werden.

Die Schaltfläche „Übernehmen“ erstellt die Legende.

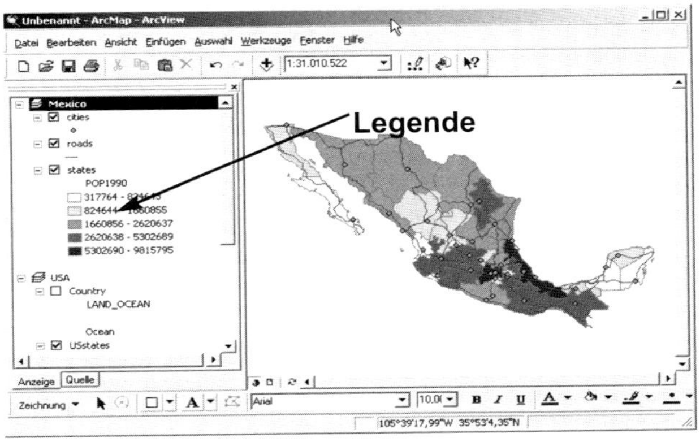

4.2.6 Beschriftung der Mexico-Cities mit ihren Namen

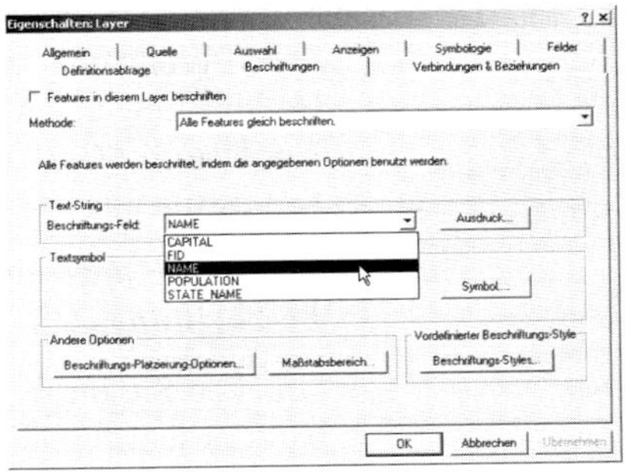

Im Folgenden sollen die Städte des Shapes „cities“ im Datenrahmen „Mexico“ mit ihren Namen beschriftet werden. Dazu muss zuerst das Attribut festgelegt werden, mit dem beschriftet werden soll (hier „Name“). Um die Beschriftungen bearbeiten zu können (Verschieben, Schriftgröße,

Schriftart...) muss die Beschriftung in Annotation (Grafiken) umgewandelt werden. Annotations haben den Vorteil, dass sie z. B. als Layer gespeichert werden und somit anderweitig verwendet werden können. Über folgendes Menü geben Sie an, mit welchem Attribut die Städte beschriftet werden sollen. Klicken Sie mit der rechten Maustaste auf das Shape „cities“ und wählen Sie aus dem Kontextmenü den Eintrag „Eigenschaften“. Im folgenden Dialog wählen Sie das Register „Beschriftungen“. In der Liste „Beschriftungs-Feld“ wählen Sie „Name“ und drücken Sie die Schaltfläche „OK“. Damit ist die Einstellung vorgenommen.

ArcMap-Kontextmenü: Shapefile „cities“
Eigenschaften:
Beschriftungen

Die Objekte können jetzt beschriftet werden mit:

ArcMap-Kontextmenü: Shapefile „cities“
Features beschriften

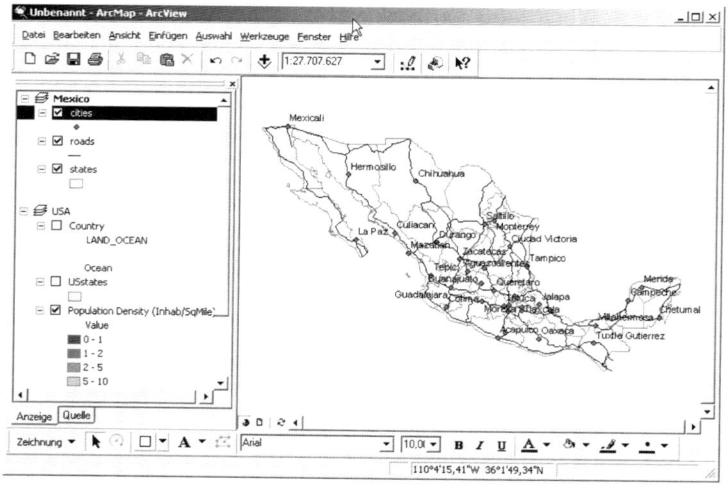

Die Beschriftung ist nun starr mit den Objekten verbunden. Wenn die Beschriftung für die Anwendung ausreicht, kann sie so verwendet werden. Allerdings ist in den meisten Fällen eine Nachbearbeitung notwendig. Schriftgröße oder -art müssen z. B. verändert werden. Ein Verschieben der Beschriftungen kann ebenso nötig werden. Die Beschriftung muss dann in Annotation (Grafiken) umgewandelt werden und zwar mit folgendem Kontextmenü:

ArcMap-Kontextmenü: Shapefile „cities“
Beschriftungen zu Annotation konvertieren

Drücken Sie im folgenden Dialog auf „OK“. Das Fenster „Nicht platzierbare Beschriftungen“ gibt die Beschriftungen an, die sich mit anderen

überlappen. Sie sind nicht im Datenfenster gezeichnet. Wollen Sie sie zeichnen, so klicken Sie mit der rechten Maustaste auf einen Eintrag im Fenster „Nicht platzierbare Beschriftungen" und wählen Sie den Menüeintrag „Beschriftung hinzufügen". Alle Beschriftungen im Datenfenster können jetzt bearbeitet werden. Markieren Sie mit der Maus eine oder mehrere (Shifttaste) Beschriftungen und verschieben Sie sie. Achten Sie darauf, dass dazu das Werkzeug „Elemente auswählen" in der Werkzeugleiste „Zeichnen" (unten) aktiv ist.

Weiteres zu Beschriftungen und Annotation finden Sie im Kapitel 8 „ArcView GIS-Funktionen".

4.2.7 Kartenlayout erstellen

Die bisherigen Arbeiten in diesem Beispiel werden jetzt zu Präsentationszwecken in einer Karte zusammengestellt. Dazu werden folgende Punkte ausgeführt:

- Datenrahmen „USA" entfernen
- Layoutansicht einschalten
- Seite für die Ausgabe einrichten (DIN A4, Querformat...)
- Legende Datenrahmen „Mexico" einladen
- Nordpfeil einladen und einen Titel eingeben
- Maßstabsleiste einladen

Datenrahmen „USA" entfernen

Da nur die Mexico-Daten in der Karte dargestellt werden sollen, muss der Datenrahmen „USA" entfernt werden und zwar mit dem Kontextmenü:

ArcMap-Kontextmenü: Datenrahmen „USA"
Entfernen

Layout-Ansicht einschalten

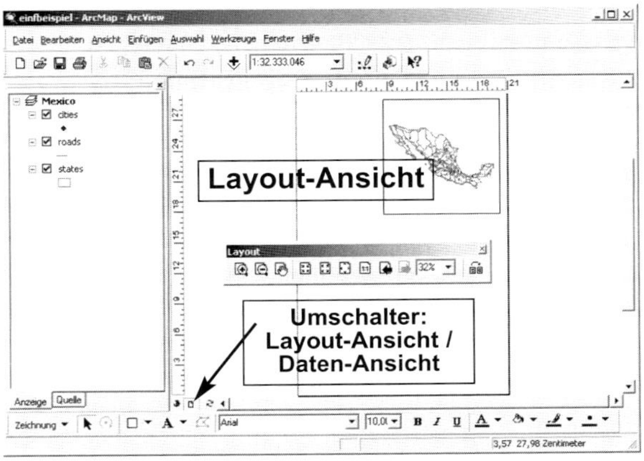

Das Datenfenster in ArcMap hat eine Daten-Ansicht und eine Layout-Ansicht. In der Daten-Ansicht werden die raumbezogenen Daten analysiert und bearbeitet, bis sie schließlich in der Layout-Ansicht mit anderen Karten-Elementen zu einer Karte zusammengestellt werden. Der Wechsel von der Daten-Ansicht zur Layout-Ansicht oder umgekehrt kann mit den Schaltflächen links unten im Datenfenster oder mit folgendem Menü vorgenommen werden:

ArcMap-Hauptmenü:
Ansicht:
Layout-Ansicht / Daten-Ansicht

Seite für die Ausgabe einrichten (DIN A4, Querformat...)

Da eine Karte letztlich auf Papier über einen Drucker oder Plotter ausgegeben werden soll, müssen noch Angaben zur Seitengröße, Seiten-Orientierung usw. gemacht werden. Starten Sie den zugehörigen Dialog mit:

ArcMap-Hauptmenü:
Datei:
Seite einrichten

Im folgenden Dialog nehmen Sie den Haken aus der Box „Genau wie Drucker" und stellen Sie unter „Standard-Seitengrößen" der Wert „A4" ein. Wählen Sie unter Seitenausrichtung das Querformat. Drücken Sie „OK".

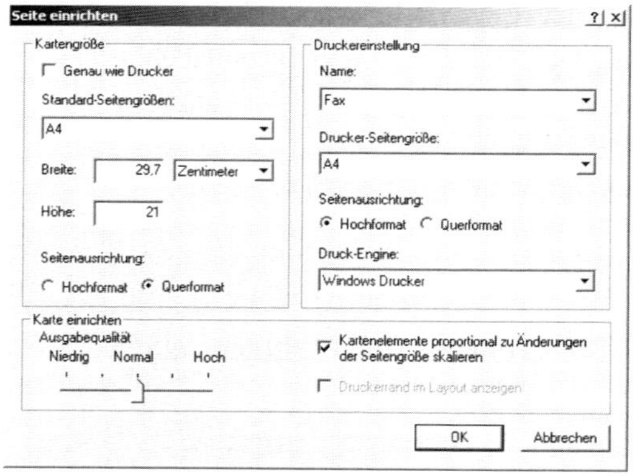

Legende Datenrahmen „Mexico" einladen

Die Legende im Inhaltsverzeichnis soll jetzt in die Karte (Layout-Ansicht) übertragen werden. Dazu gibt es einen Assistenten, der die Erstellung anspruchsvoller Legenden ermöglicht. Starten Sie ihn mit:

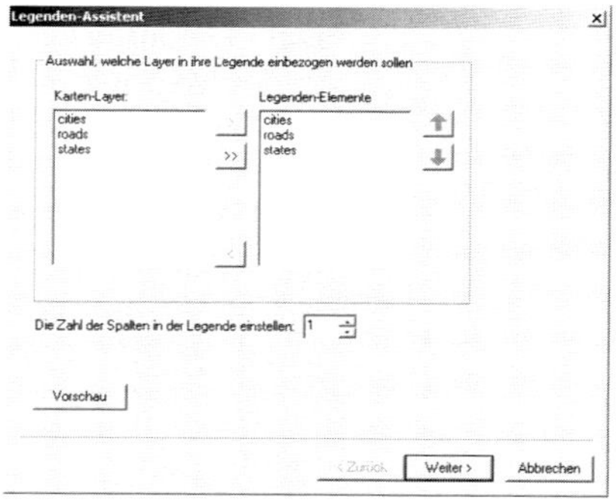

<u>**ArcMap-Hauptmenü:**</u>
Einfügen:
Legende

Klicken Sie „Weiter“ und lassen Sie in den folgenden Fenstern alle Einstellungen bestehen, wie sie vorgegeben sind. Im letzten Fenster klicken Sie auf „Fertigstellen“. Die Legende wird in die Karte eingefügt.

Einen Nordpfeil einladen und einen Text eingeben

Mit den folgenden Menüs können Sie einen Nordpfeil und einen Text eingeben:

<u>**ArcMap-Hauptmenü:**</u>
Einfügen:
Nordpfeil oder Text

Doppelklicken Sie auf den Text, um seine Größe zu verändern.

Eine Maßstabsleiste einladen

Schließlich wird noch eine Maßstabsleiste in die Karte eingefügt. Dazu müssen zuerst in den Eigenschaften des Datenrahmens „Mexico“ im Register „Allgemein“ die Anzeige-Einheiten auf „Kilometer“ gesetzt werden. Betätigen Sie dazu das Kontextmenü:

<u>**ArcMap-Kontextmenü: Datenrahmen „Mexico“**</u>
Eigenschaften: Allgemein: Anzeige

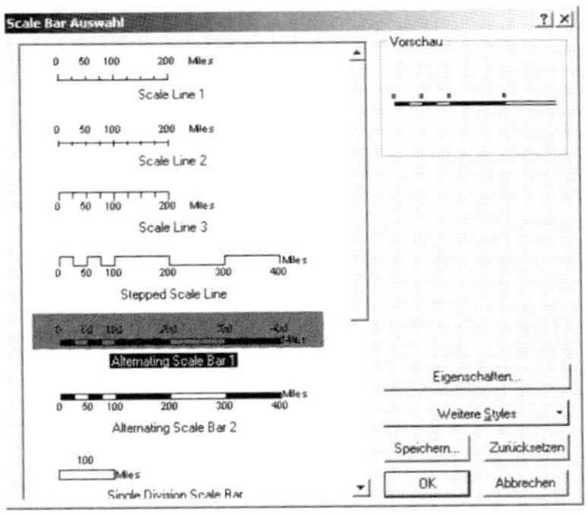

Betätigen Sie anschließend das Menü zum Einfügen einer Maßstabsleiste:

<u>**ArcMap-Hauptmenü:**</u>
Einfügen:
Maßstabsleiste

Wählen Sie eine Maßstabsleiste aus und drücken Sie auf „OK“.

Kartenlayout

In der Karte befinden sich nun ein Datenrahmen mit der Geometrie von Mexico, eine Legende, ein Nordpfeil, ein Text und eine Maßstabsleiste. Alle Kartenelemente lassen sich wie mit einem Zeichenprogramm vergrößern oder verkleinern, verschieben usw. Markieren Sie das Element, das Sie bearbeiten wollen. Achten Sie darauf, dass dazu das Werkzeug „Elemente auswählen“ in der Werkzeugleiste „Zeichnen“ (siehe nachfolgende Zeichnung) aktiv ist. Wenn Sie gleichzeitig mit der Maus auch die Shift-Taste drücken, können Sie mehrere Elemente zugleich auswählen.

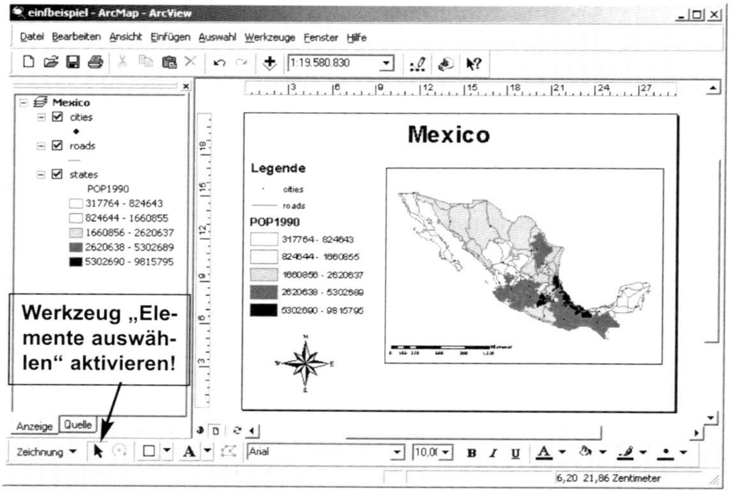

4.2.8 ArcMap speichern und beenden

Bevor ArcMap beendet wird, sollten die bis hier geleisteten Arbeiten gespeichert werden. Die Speicherung erfolgt in einem so genannten ArcMap-Dokument (*.mxd). Darin werden alle Arbeiten an den Daten (Beschriftungen, Legendenerstellung, Selektionen, Kartenlayout...) gespeichert. Mit Öffnen des Dokuments kann die Arbeit fortgesetzt werden. Die Daten der Shapefiles werden nicht im ArcMap-Dokument gespeichert. Dort werden nur Verweise zu den Daten geschrieben. Zum Speichern betätigen Sie folgendes Menü:

ArcMap-Hauptmenü:
Datei:
Speichern oder Speichern unter... (Strg + S)

und geben Sie das Verzeichnis und den Namen an.

ArcMap wird beendet mit:

ArcMap-Hauptmenü:
Datei:
Beenden (Alt +F4)

4.3 ArcMap-Benutzeroberfläche

4.3.1 Aufbau der Benutzeroberfläche

Die Benutzeroberfläche von ArcMap besteht im Wesentlichen aus folgenden Komponenten:

- Hauptmenüleiste
- mehrere Werkzeugleisten
- zwei Fenstern (Inhaltsverzeichnis/TOC und Datenfenster)
- verschiedenen Kontextmenüs
- Statusleiste

Die Benutzeroberfläche lässt sich vom Anwender beliebig anpassen. Hauptmenüleiste und Werkzeugleisten lassen sich ein- und ausschalten und in der Benutzeroberfläche anordnen. Auch können alle in ArcView vorhandenen Funktionen jedem Menü (einem vorhandenen oder neuen) oder jeder Schaltfläche zugeordnet werden. Das Inhaltsverzeichnis lässt sich aus der Benutzeroberfläche herausnehmen, um auf diese Weise mehr Platz für die Darstellung der Daten im Datenfenster zur Verfügung zu haben. Die Veränderung der Benutzeroberfläche wird ausführlich in Kapitel 6 „Anpassen der Benutzeroberfläche" beschrieben.

Die Hauptmenüleiste befindet sich als oberste Zeile in der Benutzeroberfläche. Sie enthält alle wichtigen Funktionen des Programms.

Darunter befindet sich die **Standard-Werkzeugleiste**. Die anderen Werkzeugleisten können mit den folgenden Menüs aufgerufen werden:

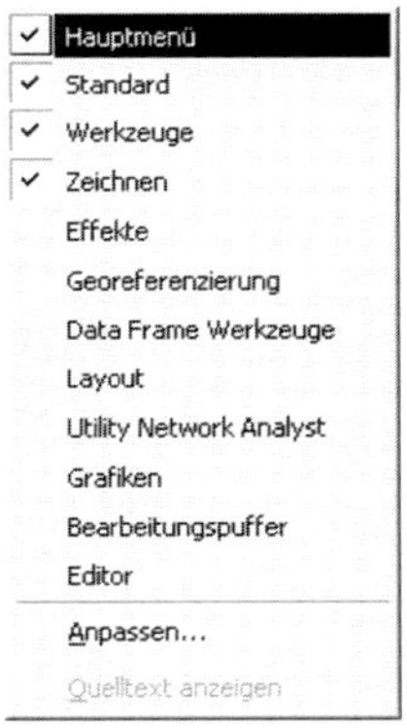

ArcMap-Hauptmenü:
Ansicht:
Werkzeugleisten: Gewünschte Werkzeugleiste markieren

ArcMap-Kontextmenü: Hauptmenü- oder eine Werkzeugleiste
Gewünschte Werkzeugleiste markieren

In der Mitte der Benutzeroberfläche befinden sich zwei Fenster, links das Inhaltsverzeichnis (TOC), in dem sich die Datenrahmen befinden. In den Datenrahmen werden die Datensätze (z. B. Shapefiles, Coverages, TIFFs) geladen. Hier haben Sie Zugriff auf die eingeladenen Daten. Sie können z. B. die Datensätze im Datenfenster ein- und ausschalten, kopieren, eine Legende erstellen usw. Mit dem Register „Quelle" kann die Quelle der Daten (Verzeichnisstruktur) angezeigt werden.

Rechts von Inhaltsverzeichnis befindet sich das **Datenfenster**. Dort werden die raumbezogenen Daten dargestellt. Das Datenfenster lässt sich entweder auf die Daten-Ansicht oder die Layout-Ansicht einstellen. In der Daten-Ansicht können die Geometrie und die Sachdaten betrachtet und analysiert werden. In der Layout-Ansicht wird aus den Daten der Datenrahmen und anderen Kartenelementen (Legenden, Nordpfeil, Maßstab...) eine Karte erstellt, die dann z. B. auf Papier ausgegeben werden

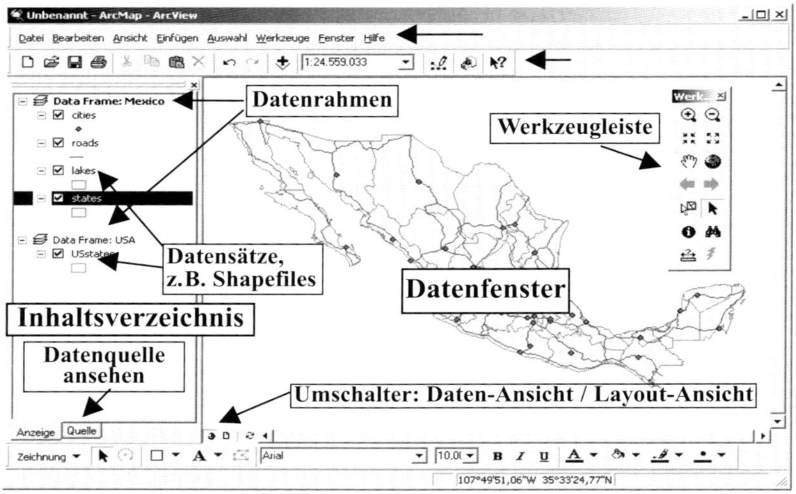

kann. Umschalten können Sie zwischen der Daten- und Layout-Ansicht mit den beiden Registern unten links im Datenfenster oder mit folgendem Menü:

ArcMap-Hauptmenü:
Ansicht:
Daten-Ansicht / Layout-Ansicht

Klicken Sie z. B. mit der rechten Maustaste in das Datenfenster, so erhalten Sie ein Kontextmenü. In ArcMap gibt es viele dieser Menüs. Sie werden durch Mausklick mit der rechten Maustaste auf ein Element der Benutzeroberfläche (z. B. Datenfenster, Datenrahmen, Layer...) ausgelöst. Ganz unten in der Benutzeroberfläche befindet sich die Statusleiste, in der z. B. Hilfetexte oder Hinweise für Menüs und Werkzeuge angezeigt werden. Dort werden auch die Koordinaten des Mauszeigers im Datenfenster angezeigt. In der Daten-Ansicht können Sie dort die Koordinaten der Objekte ablesen. In der Layout-Ansicht werden zusätzlich die Koordinaten des Kartenblattes angezeigt.

Die zuvor genannten Elemente der ArcMap-Benutzeroberfläche werden in den folgenden Abschnitten näher erläutert.

4.3.2 Hauptmenüleiste

Die Hauptmenüleiste enthält folgende Menüs mit den wichtigsten Funktionen von ArcMap. Die folgenden Erläuterungen zu den Menüs geben einen

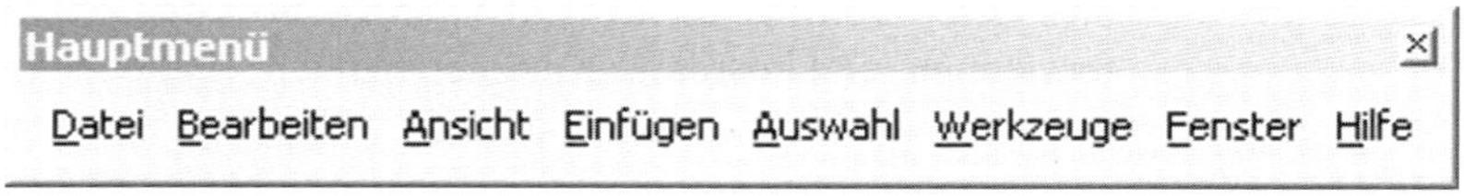

Überblick und einen kurzen Einblick in die zugehörigen Funktionen. Eine genaue Beschreibung der umfangreichen Funktionen mit Beispielen erfolgt in Kapitel 8 „ArcView GIS-Funktionen“.

Menü „Datei“

Das Menü „Datei“, das in fast allen Windows-Anwendungen enthalten ist, hat auch in ArcMap Standard-Funktionen. So finden Sie hier den Menüeintrag zum Beenden der Anwendung und die Menüeinträge zum Öffnen und Speichern der ArcMap-Dokumente (*.mxd). Der Menüeintrag „Neu“ erstellt ein neues leeres ArcMap-Dokument.

Mit „Daten hinzufügen“ werden Daten vom lokalen Rechner, aus einem Netzwerk oder vom „Geography Network“ (Internet) in einen Datenrahmen eingefügt.

Für die Kartenerstellung lässt sich die Seite (z. B. Größe, Ausrichtung...) einstellen, mit den Menüeinträgen „Druckvorschau“ und „Drucken“ die Karte (Daten-Ansicht und Layout-Ansicht) ausdrucken (Drucker, Plotter oder in eine Datei).

Unter „Karteneigenschaften“ lässt sich das ArcMap-Dokument (*.mxd) beschreiben. Zudem kann hier angegeben werden, ob die Pfade der eingeladenen Datensätze relativ zur Position des ArcMap-Dokuments oder mit vollen Pfadnamen in der „*.mxd“ abgelegt werden. Das relative Speichern der Pfadnamen hat den Vorteil, dass ein ArcMap-Dokument von jedem beliebigen Verzeichnis oder Rechner gestartet werden kann. Dabei muss nur die relative Position der Daten zum ArcMap-Dokument beibehalten werden. Wenn Sie ein ArcMap-Dokument mit Daten z. B. auf einer CD weitergeben, sind relative Pfadnamen wichtig.

Mit dem Menüeintrag „Aus einem ArcView-Projekt importieren...“ können ArcView 3.x-Projekte in ArcMap eingelesen werden. Dies hat allerdings gewisse Einschränkungen, da ArcMap z. B. nur eine Layout-Ansicht hat, ArcView 3.x aber mehrere Layouts haben kann.

Die Karte im Datenfenster kann in verschiedene Formate (z. B. BMP, JPEG, EPS, TIFF...) exportiert werden. Benutzen Sie dazu den Menüeintrag „Karte exportieren“.

Menü „Bearbeiten“

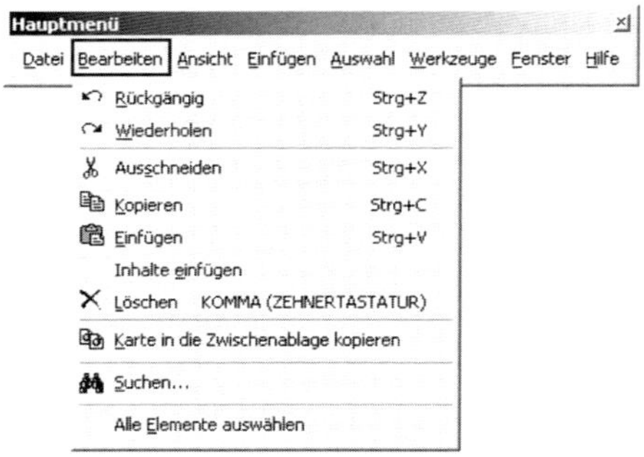

Im Menü „Bearbeiten“ sind ebenso wie im Menü „Datei“ Funktionen enthalten, die in vielen anderen Windows-Anwendungen zu finden sind.

Mit dem Menüeintrag „Rückgängig“ können Sie eine Aktion rückgängig machen, z. B. einen Layer, der aus dem Inhaltsverzeichnis gelöscht wurde, wieder zurückholen. Der Menüeintrag „Wiederholen“ stellt eine rückgängig gemachte Aktion wieder her.

Mit „Ausschneiden“, „Kopieren“ und „Einfügen“ werden markierte Elemente in die Zwischenablage von Windows übernommen, kopiert oder wieder eingefügt. Diese Funktionen können nicht für Layer verwendet werden. Layer werden mit dem Kontextmenü (rechte Maustaste auf einen Layer) kopiert.

„Inhalte einfügen“ fügt den Inhalt der Zwischenablage in das Datenfenster ein. In dem dann folgenden Dialog können Sie festlegen, in welchem Format die Daten in ArcMap eingefügt werden sollen.

Markierte Texte oder Grafiken in der Daten-Ansicht und alle Elemente in der Layout-Ansicht werden mit „Löschen“ entfernt.

„Karte in die Zwischenablage kopieren“ legt die aktive Daten- oder Layout-Ansicht in der Windows-Zwischenablage ab. Von dort kann sie in anderen Anwendungen (z. B. Word) durch Einfügen wieder eingelesen werden.

Die Funktion „Suchen“ sucht Objekte (Features) in einem ArcMap-Dokument mit Hilfe von Attributtexten oder Teilen von ihnen. Sie können in sichtbaren Layern, in allen Layern oder allen Datenrahmen suchen.

„Alle Elemente auswählen“ wählt in der Daten-Ansicht alle Grafiken und Texte aus (keine Objekte). In der Layout-Ansicht werden sämtliche Elemente ausgewählt. Ausgewählte Elemente können dann z. B. kopiert oder gelöscht werden.

Menü „Ansicht“

Mit den Einträgen des Menüs „Ansicht“ wird im Wesentlichen die Ansicht der Benutzeroberfläche gesteuert. Für das Datenfenster kann hier die Daten- oder die Layout-Ansicht gewählt werden.

Unter „Daten vergrößern/verkleinern“ können die Daten in der Daten-Ansicht des Datenfensters vergrößert oder verkleinert werden. Für die Layout-Ansicht betätigen Sie den Menüeintrag „Layout vergrößern/verkleinern“. Diese Einträge haben weitere Untereinträge.

Mit dem Eintrag „Lesezeichen“ setzen Sie für bestimmte Vergrößerungsstufen im Datenfenster Marken, so dass Sie damit bequem die gewünschte Vergrößerung einstellen können.

Unter „Werkzeugleisten“ können alle in ArcMap enthaltenen Werkzeugleisten ein- oder ausgeblendet werden.

„Inhaltsverzeichnis“ schaltet das Inhaltsverzeichnis (TOC) der Benutzeroberfläche ein oder aus. Wenn Sie das Inhaltsverzeichnis ausschalten, vergrößert sich der Bereich des Datenfensters. Auch die Statusleiste lässt sich ausblenden.

„Nicht platzierbare Beschriftungen“ öffnet ein Fenster, in dem Beschriftungen aufgeführt sind, die sich bei der Umwandlung in Annotation überlappen.

Der Eintrag „Abfrageergebnisse“ öffnet ein Fenster, in dem die Attribute eines Objektes angezeigt werden, wenn Sie mit dem Werkzeug „Identifizieren“ auf das Objekt klicken.

Die Bildlaufleisten im Datenfenster können mit diesem Menüeintrag ein- oder ausgeschaltet werden.

In der Layout-Ansicht können horizontale und vertikale Lineale und Führungslinien eingefügt werden. Benutzen Sie dazu die Menüeinträge „Lineale“ und „Führungslinien“. Mit „Raster“ wird ein Raster, an dem die Layout-Elemente ausgerichtet werden können, in die Layoutansicht gezeichnet.

Unter „Eigenschaften: Datenrahmen“ werden die Eigenschaften des Datenrahmens, der zur Zeit aktiv ist, angezeigt und können dort verändert werden. Zu den Eigenschaften eines Datenrahmens gehören z. B. der Name, eine Beschreibung, der Raumbezug (Koordinatensystem) und weitere wichtige Eigenschaften, die an entsprechender Stelle noch näher beschrieben werden.

Menü „Einfügen“

Dieses Menü hat Einträge zum Einfügen verschiedener Elemente in das Inhaltsverzeichnis und das Datenfenster. Mit „Datenrahmen“ wird ein neuer leerer Datenrahmen in das Inhaltsverzeichnis eingefügt.

Die Menüeinträge „Titel“, „Legende“, „Nordpfeil“, „Maßstabsleiste“ und „Maßstabstext“ fügen die jeweiligen Elemente in die Layout-Ansicht des Datenfensters ein.

Die entsprechenden Elemente der Menüeinträge „Text“, „Kartenrahmen“, „Bild“, „Objekte“ können in die Daten- oder Layout-Ansicht eingefügt werden. Mit „Kartenrahmen“ wird ein Rahmen (Umrandung) um ein oder mehrere selektierte Elemente im Datenfenster gelegt. Der Menüeintrag „Objekte“ fügt Objekte anderer Windows-Anwendungen in das Datenfenter ein. Dies können z. B. Word-Dokumente, Excel-Tabellen oder Excel-Diagramme sein. Mit „Bild“ wird eine Bilddatei (z. B. *.bmp) eingefügt.

Menü „Auswahl“

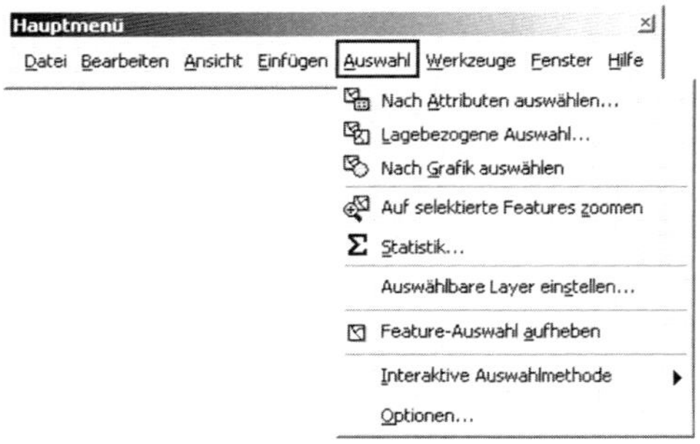

Das Menü „Auswahl“ stellt Funktionen für die Selektion von Objekten eines Datensatzes (z. B. Shapefile) zur Verfügung. Sie können für die Auswahl einen logischen Ausdruck mit Hilfe der Attribute der Sachdaten (Tabelle) formulieren. Benutzen Sie dazu den Menüeintrag „Nach Attributen auswählen“. „Lagebezogene Auswahl“ selektiert Objekte mit Hilfe der Geometrie anderer Objekte von anderen Datensätzen (z. B. ein Gewerbegrundstück, das in der Nähe einer Straße liegt). Mit „Nach Grafik auswählen“ selektieren Sie Objekte, die unter einer Grafik (Rechteck, Kreis...) liegen. Grafiken werden mit der Werkzeugleiste „Zeichnen“ eingefügt.

Sollen die selektierten Objekte (Features) maximal im Datenfenster angezeigt werden, so betätigen Sie „Auf selektierte Features zoomen“.

Wollen Sie, dass kein Objekt ausgewählt wird, so wählen Sie den Eintrag „Feature-Auswahl aufheben“ aus. Damit wird die Selektion in allen Layern des aktiven Datenrahmens aufgehoben.

Für selektierte Objekte können Sie mit „Statistik" eine Statistik der numerischen Attributfelder erstellen.

Mit „Auswählbare Layer einstellen" werden die Layer, aus denen ausgewählt werden soll, für die interaktive Auswahlfunktion (Selektieren mit der Maus) eingestellt. Die Einstellung gilt auch für die Auswahl nach Grafiken („Nach Grafik auswählen").

Unter „Interaktive Auswahlmethode" wird die Methode für die Selektion festgelegt. Sie können z. B. bestimmen, dass die neue Selektion die vorher vorhandene Auswahl aufhebt oder beibehält. Die neue Auswahl kann auch ausschließlich aus vorher selektierten Objekten bestimmt werden.

Weitere Einstellungen für die Selektion von Objekten finden Sie im Menüeintrag „Optionen".

Menü „Werkzeuge"

Das Menü „Werkzeuge" startet komplexe, umfangreiche Funktionen. Sie haben meistens eine Benutzerführung (Assistent). Eine genaue Betrachtung und Erklärung dieser Werkzeuge finden Sie in Kapitel 8 „ArcView GIS-Funktionen".

„Editorwerkzeugleiste" startet die Werkzeugleiste „Editor", mit der die Geometrie und die Sachdaten bearbeitet werden können.

Zum Erstellen von Diagrammen und Berichten für die Sachdaten stehen die Menüeinträge „Diagramme" und „Berichte" zur Verfügung.

Die Funktion „Geokodieren" weist den Adressen (Stadt, Straße, Hausnummer...) Koordinaten (Gauß-Krüger...) zu, damit sie in ArcView dargestellt werden können.

„XY-Daten hinzufügen" erzeugt einen Punkte-Layer aus einer externen Tabelle oder Datei.

Mit „Routen-Ereignisse hinzufügen“ wird ein Layer, der Routen-Ereignisse enthält, aus einer Tabelle oder Datei erstellt. Routen-Ereignisse sind Orte entlang einer Strecke, an denen besondere Ereignisse stattfinden (beispielsweise eine Geschwindigkeitsbegrenzung).

Pufferzonen, z. B. um Punkt-, Linien- oder Polygon-Objekte, werden mit dem „Assistent zur Puffer-Erzeugung“ erstellt. Der „Assistent zur Geoverarbeitung“ stellt komplexe Analyse-Funktionen (z. B. Verschneidung) zur Verfügung.

„ArcCatalog“ startet den ArcCatalog. Mit „Makros“ können Programme in Visual Basic for Application (VBA) zur Funktionserweiterung geschrieben werden. ArcMap stellt einen Visual Basic Editor zur Verfügung.

Die Benutzeroberfläche wird über den Menüeintrag „Anpassen“ verändert (Werkzeuge und Menüs auf der Benutzeroberfläche anordnen oder Funktionen zuweisen).

Sollten Sie eine zusätzliche Erweiterung erworben haben (z. B. Spatial Analyst), muss sie unter „Erweiterungen“ eingestellt werden.

Mit „Styles“ wählen Sie die Symbole oder andere Kartenelemente, z. B. Nordpfeile, aus. Styles sind Dateien, die in ArcMap eingeladen werden können und damit weitere Kartenelemente zur Verfügung stellen.

Unter „Optionen“ stellen Sie die Benutzeroberfläche ein. So kann hier beispielsweise das Aussehen des Inhaltsverzeichnisses, der Daten- und Layout-Ansicht eingestellt werden. Veränderbar ist hier auch die Farbe für die Auswahl von Objekten.

Menü „Fenster“

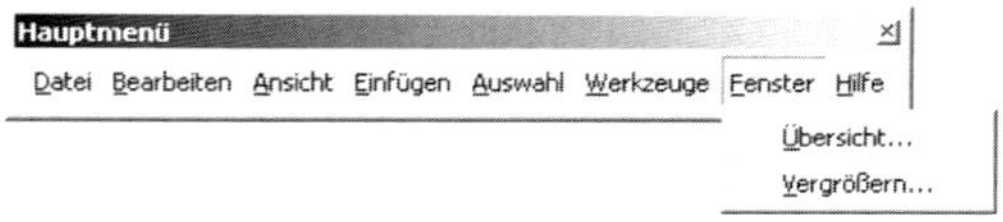

Der Menüeintrag „Übersicht“ ruft ein Übersichtsfenster für das Datenfenster auf. Damit hat man z. B. eine Gesamtübersicht, wenn im Datenfenster im Detail gearbeitet wird. Mit „Vergrößern“ wird eine Lupe aufgerufen, mit der die Daten im Datenfenster vergrößert betrachtet werden können.

Menü „Hilfe“

Das Hilfe-Menü hat Einträge zum Starten der ArcGIS-Desktop-Hilfe und der Kontexthilfe (Direkthilfe). Die ArcGIS-Desktop-Hilfe beschreibt umfangreich alle Funktionen von ArcGIS (ArcCatalog, ArcMap, ArcToolbox) und ihre Bedienung. Die Kontexthilfe zeigt Hilfetexte für die Steuer-

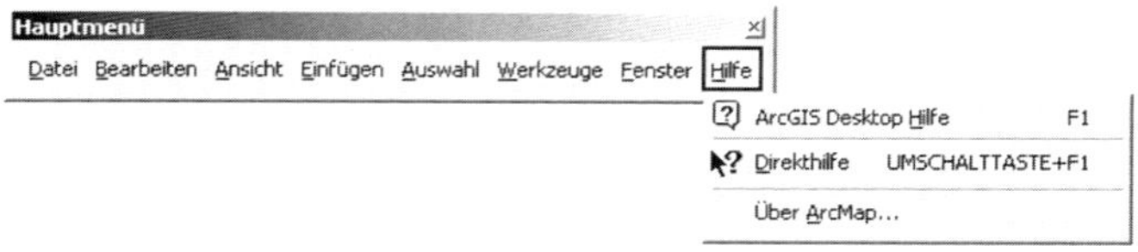

elemente (Menüs, Werkzeugleisten, Dialoge) von ArcMap an. Eine genaue Beschreibung aller Hilfemöglichkeiten für ArcView finden Sie in Kapitel 7 „Hilfe für ArcView“.

4.3.3 Werkzeugleisten

In diesem Abschnitt werden folgende Werkzeugleisten beschrieben:

- **Hauptmenü**
- **Standard**
- **Werkzeuge**
- **Zeichnen**
- **Layout**
- **Georeferenzierung**
- **Editor**
- **Datenrahmen-Werkzeuge**
- **Edit-Cache**
- **Effekte**
- **Grafiken**

Sie können die einzelnen Werkzeugleisten ein- bzw. ausschalten. Benutzen Sie dazu eines der folgenden Menüs und setzen Sie den entsprechenden Haken für die Werkzeugleiste, die angezeigt werden soll.

ArcMap-Hauptmenüleiste
Ansicht:
Werkzeugleisten: Auszuwählende Werkzeugleiste markieren

ArcMap-Kontextmenü: Hauptmenü- oder eine Werkzeugleiste
Auszuwählende Werkzeugleiste markieren

Werkzeugleiste „Standard“

Die Werkzeugleiste „Standard“ enthält allgemeine Werkzeuge, wie sie die meisten Windows-Anwendungen haben. Sie erstellen neue und öffnen

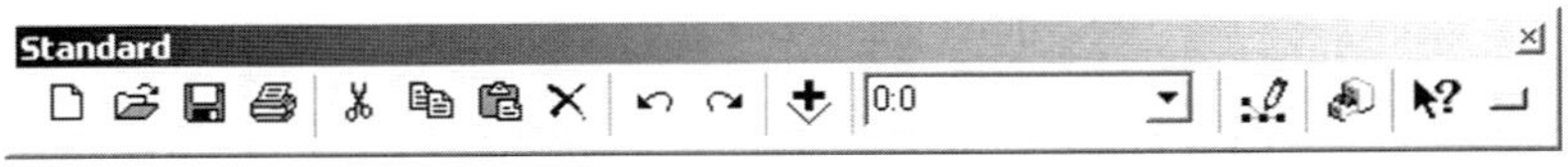

schon vorhandene ArcMap-Dokumente (Karten). Kopieren, Ausschneiden und Löschen (über die Windows-Zwischenablage) ist möglich. ArcCatalog kann von hier aus gestartet werden, wenn z. B. bestimmte Daten gesucht werden. Mit Drag&Drop können die Daten dann nach ArcMap herüber gezogen werden. Die Direkthilfe zeigt Hilfetexte für alle Werkzeuge, Menüs und Dialoge an. Im Folgenden werden sämtliche Werkzeuge der Standard-Werkzeugleiste aufgelistet und kurz beschrieben.

– Erstellt ein neues leeres ArcMap-Dokument

– Öffnet ein auf Datenträger bestehendes ArcMap-Dokument

– Speichert ein ArcMap-Dokument auf Datenträger unter Vorgabe eines Namens

– Druckt eine Karte (Daten- oder Layout-Ansicht)

– Schneidet selektierte Elemente der Karte (Objekte) aus und legt sie in die Zwischenablage ab

– Kopiert markierte Elemente der Karte (Text, Grafiken) und legt sie in der Zwischenablage ab

– Fügt Elemente aus der Zwischenablage in die Karte ein

– Löscht markierte Elemente aus der Karte

– Macht die zuletzt durchgeführte Aktion wieder rückgängig

– Holt die zuvor rückgängig gemachte Aktion wird wieder zurück

– Lädt einen Datensatz (z. B. Shapefile) in einen aktiven Datenrahmen

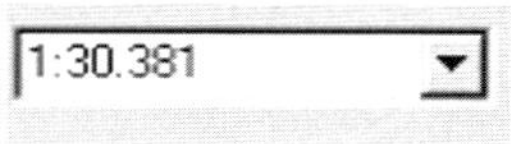

– Stellt den Maßstab der Karte (Eingabe per Hand oder Auswahl aus der Liste) ein

– Startet die Editor-Werkzeugleiste zur Bearbeitung der Objekte und Sachdaten

– Startet den ArcCatalog

– Direkthilfe (Kontext-Hilfe für Menüs, Werkzeuge und Dialoge)

Werkzeugleiste „Werkzeuge"

Die Werkzeugleiste „Werkzeuge" enthält Werkzeuge für die Darstellung der Geografie im Datenfenster (nur für die Daten-Ansicht). Sie dienen dem Vergößern und Verkleinern sowie Verschieben.

Die Objekte können mit Hilfe der Maus selektiert und für Objekte können die Sachdaten angezeigt werden.

– Vergrößert die Daten-Ansicht per Mausklick oder durch Aufziehen eines Rechtecks

– Verkleinert die Daten-Ansicht per Mausklick oder durch Aufziehen eines Rechtecks

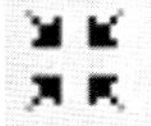

– Vergrößert in festen Schritten per Mausklick auf das Zentrum der Daten-Ansicht

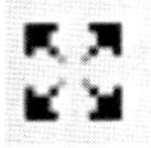

– Verkleinert in festen Schritten per Mausklick auf das Zentrum der Daten-Ansicht

– Verschiebt die Daten-Ansicht durch Betätigen der linken Maustaste und Bewegen des Bildausschnittes

– Vergrößert die Daten-Ansicht auf volle Ausdehnung aller Datensätze im aktiven Datenrahmen

– Geht zurück zur letzten Ausdehnung

– Geht vorwärts zur nächsten Ausdehnung

– Wählt Objekte (Features) mit Hilfe der Maus aus den zur Selektion eingestellten Layern aus

– Dient der Auswahl von Grafiken und Texten in der Daten- und Layout-Ansicht. Zusammen mit der Shift-Taste können mehrere Elemente zugleich ausgewählt werden.

– Zeigt die Attribute eines Objektes an

– Sucht Objekte (Features) mit Hilfe von Textvorgaben der Attributwerte

– Führt Längenmessungen in der Daten-Ansicht durch

– Zeigt durch Mausklick auf ein Objekt verbundene Hyperlinks (z. B. Bilder, Textdateien, Internetseiten) an

Werkzeugleiste „Zeichnen“

Mit der Werkzeugleiste „Zeichnen“ können Grafiken und Texte wie mit einem Zeichenprogramm in der Daten- und Layoutansicht gezeichnet und

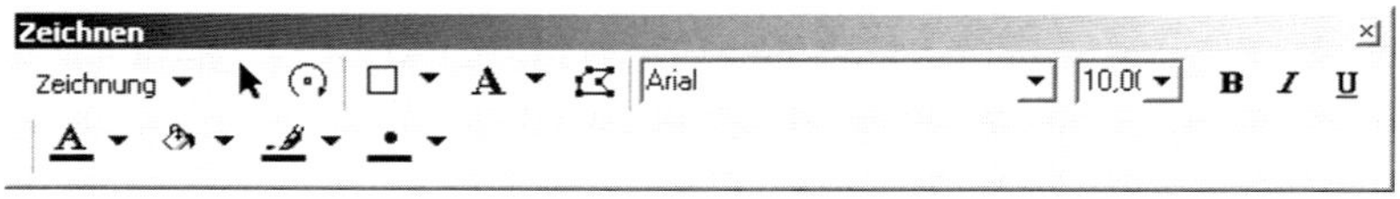

bearbeitet werden. Für markierte Texte sind z. B. Schriftart und Schriftgröße einstellbar. Punkte, Linien, Rechtecke, Kreise und Polygone lassen sich zeichnen und ihre Attribute (Farbe, Dicke, Füllmuster) anpassen. Markierte Grafiken und Texte können gruppiert, ausgerichtet, gleichmäßig verteilt und gedreht werden.

– Die Auswahlliste stellt Funktionen zum Gruppieren, Ausrichten, Verteilen und Drehen für markierte Grafiken und Texte zur Verfügung. Grafische Operationen (Überlagern, Verschneiden, Subtrahieren) werden ebenfalls hier ausgeführt. Annotation-Ziele (Layer für Grafiken und Texte) können hier ausgewählt oder neu erstellt werden

– Dient der Auswahl von Grafiken und Texten in der Daten- und Layout-Ansicht. Zusammen mit der Shift-Taste können mehrere Elemente ausgewählt werden

– Dreht markierte Texte und Grafiken

– Zeichnet neue Grafiken (Punkte, Linien, Rechtecke, Polygone)

– Fügt Texte und Beschriftungen für Objekte ein

– Bearbeitet die Stützpunkte von markierten Grafiken (Verschieben, Löschen, Einfügen)

– Stellt die Schriftart und -größe für markierte Texte ein

– Verändert die Schriftfarbe für markierte Texte

– Verändert die Füllfarbe für markierte Grafiken (Polygone, Rechtecke...)

– Verändert die Farbe für markierte Linien

– Verändert die Farbe für markierte Punkte

Werkzeugleiste „Layout“

Die Werkzeugleiste „Layout“ enthält Werkzeuge für die Darstellung in der Layout-Ansicht des Datenfensters. Sie können die Layout-Ansicht vergrö-

ßern oder verkleinern, verschieben, auf volle Ausdehnung bringen und in den schon vorher angefahrenen Zoom-Stufen vor- und zurückblättern.

– Vergrößert die Layout-Ansicht per Mausklick oder durch Aufziehen eines Rechtecks

– Verkleinert die Layout-Ansicht per Mausklick oder durch Aufziehen eines Rechtecks

– Verschiebt den Inhalt der Layout-Ansicht durch Betätigen und Festhalten der linken Maustaste

– Vergrößert in festen Schritten per Mausklick auf das Zentrum der Layout-Ansicht

– Verkleinert in festen Schritten per Mausklick auf das Zentrum der Layout-Ansicht

– Vergrößert die Layout-Ansicht auf volle Ausdehnung aller Elemente

– Die Layout-Ansicht auf den Maßstab zoomen, der der Ausdruck-Seitengröße entspricht

– Zurück zur vorherigen Ausdehnung (Zoom-Stufe)

– Vor zur nächsten Ausdehnung (Zoom-Stufe)

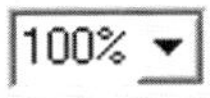

– Prozentuale Änderung der Ausdehnung (Vergrößern / Verkleinern) in der Layout-Ansicht

– Layout mit Hilfe einer Vorlage ändern

Werkzeugleiste „Effekte“

Mit der Werkzeugleiste „Effekte“ können Kontrast, Helligkeit und Transparenz der Daten im Datenfenster (Daten- und Layout-Ansicht) stufenlos verändert werden. In der Liste „Layer“ der Werkzeugleiste wird der Layer einstellt, für den die Veränderungen vorgenommen werden sollen. Für

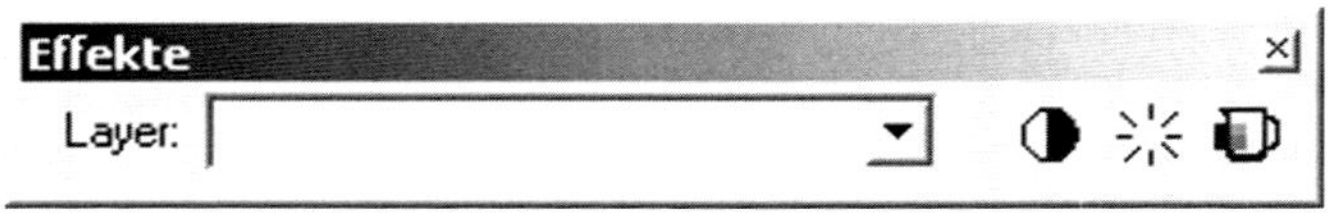

Rasterdaten (z. B. TIFFs) können Kontrast, Helligkeit und Transparenz eingestellt werden. Für Vektordaten (z. B. Shapefiles) kann nur die Transparenz verstellt werden.

– Kontinuierliche Kontrasteinstellungen für Rasterdaten

– Kontinuierliche Helligkeitseinstellungen für Rasterdaten

– Kontinuierliche Einstellung der Transparenz für Vektor- und Rasterdaten.

Werkzeugleiste „Georeferenzierung“

Die Werkzeugleiste „Georeferenzierung“ dient der Georeferenzierung von Rasterdaten. Rasterdaten ohne Geo-Koordinaten (z. B. gescannte Luftbil-

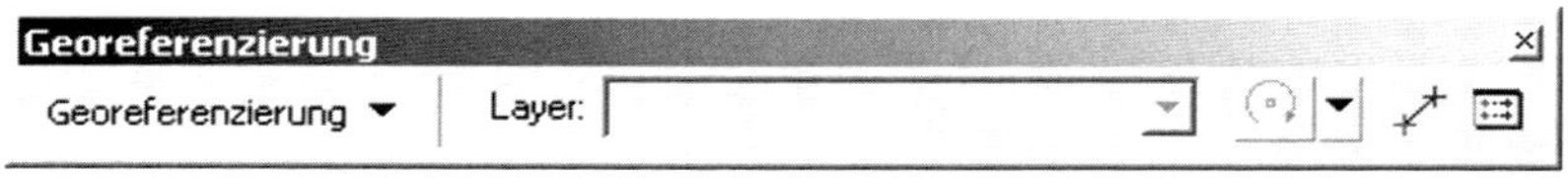

der) werden dadurch in ein übliches Koordinatensystem (z. B. Gauß-Krüger, UTM) transformiert. Es werden Referenzpunkte (Kontrollpunkte) benötigt, die im entsprechenden Koordinatensystem vorliegen müssen. Man erhält sie z. B. aus Messungen (GPS) oder aus einen Referenzlayer.

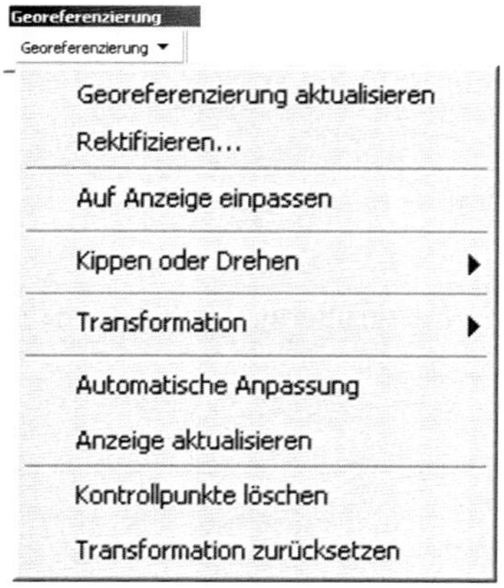

– Funktionen für die Georeferenzierung (siehe Kapitel 8 „ArcView GIS-Funktionen“).

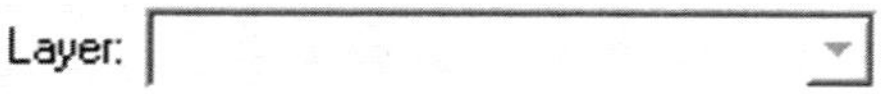

– Einstellung des Rasterlayers der georeferenziert werden soll

– Drehen und Verschieben des Rasterlayers

– Referenzpunkte einfügen

– Tabelle der Referenzpunkte aufrufen

Werkzeugleiste „Datenrahmen-Werkzeuge“

Die Werkzeugleiste „Datenrahmen-Werkzeuge“ dreht den Datenrahmen gegen den Uhrzeigersinn um den vorgegeben Winkelwert in Grad. Der Drehpunkt liegt im Zentrum des Datenfensters.

– Setzt den Rotationswinkel auf Null

– Dreht den Datenrahmen mit der Maus (linke Maustaste)

Werkzeugleiste „Grafiken“

Die Werkzeugleiste „Grafiken“ enthält Werkzeuge für die Darstellung von Grafiken und Texten in der Daten- und Layout-Ansicht. Grafiken sind

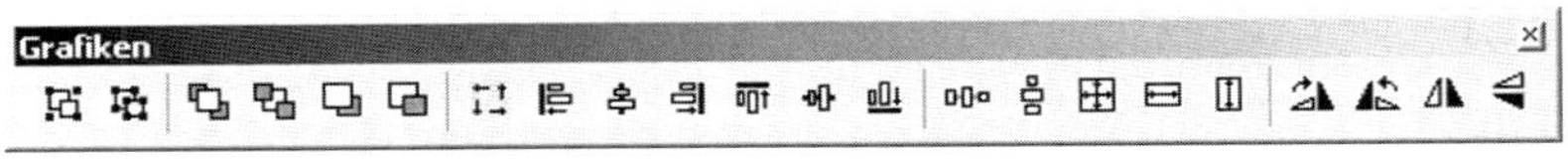

Punkte, Linien, Polygone (Rechtecke, Kreise...), die mit den Werkzeugen der Werkzeugleiste „Zeichnen“ erzeugt werden. Die markierten Grafiken und Texte können gruppiert, in den Vorder- oder Hintergrund anderer Elemente gebracht, ausgerichtet und gedreht werden.

– Gruppiert markierte Grafiken und Texte

– Hebt eine Gruppierung wieder auf

– Bringt das markierte Element in den Vordergrund aller anderen Elemente

– Bringt das markierte Element in den Hintergrund aller anderen Elemente

– Bringt das markierte Element um eine Ebene nach vorne

– Bringt das markierte Element um eine Ebene nach hinten

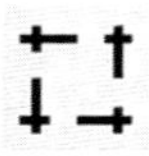

- Legt fest, ob sich das Ausrichten mit den folgenden Ausricht-Werkzeugen auf die markierten Elemente oder auf den Seitenrand des Layouts bezieht (nur Layout-Ansicht)

- Richtet markierte Element links aus

- Richtet markierte Element in der Mitte aus (am horizontalen Zentrum)

- Richtet markierte Element rechts aus

- Richtet markierte Element oben aus

- Richtet markierte Element in der Mitte aus (am vertikalen Zentrum)

- Richtet markierte Element unten aus

- Verteilt markierte Element horizontal

- Verteilt markierte Element vertikal

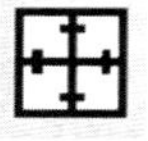

- Bringt markierte Elemente auf gleiche Größe (Höhe und Breite)

- Bringt markierte Elemente auf gleiche Breite

- Bringt markierte Elemente auf gleiche Höhe

- Dreht markierte Elemente um 90 Grad nach rechts

- Dreht markierte Elemente um 90 Grad nach links

- Kippt markierte Elemente horizontal (nicht für Nordpfeile, Maßstabsleisten und Datenrahmen in der Layout-Ansicht)

- Kippt markierte Elemente vertikal (nicht für Nordpfeile, Maßstabsleisten und Datenrahmen in der Layout-Ansicht)

Werkzeugleiste „Bearbeitungspuffer“

Die Werkzeugleiste „Bearbeitungspuffer“ stellt Werkzeuge zum Erzeugen, Anzeigen und Zoomen des Bearbeitungspuffers an. Ein Bearbeitungspuffer ist ein Teil des internen Rechnerspeichers, in dem die Objekte (Geometrie) eines Datasets (nur Personal Geodatabase) gespeichert werden. Dadurch wird die Bearbeitung und Darstellung der Objekte im Datenfenster erheblich beschleunigt. Laden Sie eine Feature-Class aus einer Personal Geodatabase und starten Sie die Bearbeitung (Editor-Werkzeugleiste). Zoomen Sie auf den Bereich im Datenfenster (Datenansicht), dessen Objekte im Bearbeitungspuffer abgelegt werden sollen. Betätigen Sie dann das Werkzeug „Bearbeitungspuffer erzeugen“ in der Werkzeugleiste „Bearbeitungspuffer“.

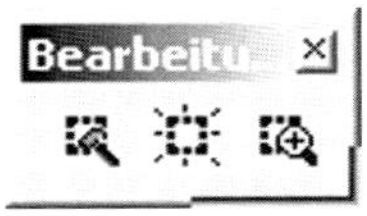

– Bestimmt die momentane Ausdehnung im Datenfenster zum Bearbeitungspuffer

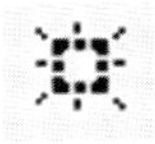

– Zeigt die Ausdehnung des Bearbeitungspuffers an

– Zoomt auf die Ausdehnung des Bearbeitungspuffers

Werkzeugleiste „Editor“

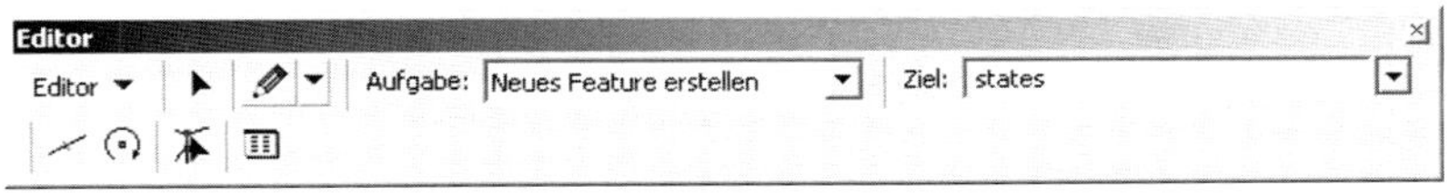

Mit den Werkzeugen der Werkzeugleiste „Editor“ können Objekte eines Datensets (Geometrie und Sachdaten) neu erstellt und bearbeitet werden. Nachdem Sie die Bearbeitung eines Datenrahmens gestartet haben, können Sie alle Objekte in allen Datasets beeinflussen. So können z. B. die Stützpunkte der Objekte verschoben, gelöscht und neue eingefügt werden. Linien können geteilt oder parallel verschoben werden. Die Einträge in der zugehörigen Attributtabelle (Sachdaten) werden hier ebenfalls bearbeitet. Eine genaue und vollständige Beschreibung der Bearbeitungsfunktionen finden Sie in Kapitel 8 „ArcView GIS-Funktionen“.

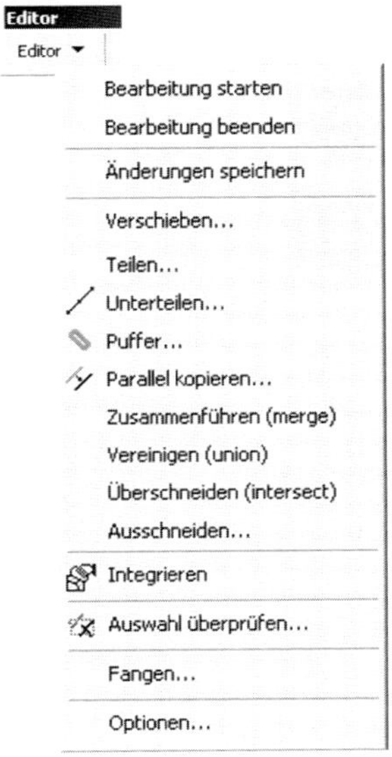

Das Menü „Editor“ in der Werkzeugleiste „Editor“ enthält Einträge für die Bearbeitung der Objekte. Hier wird die Bearbeitung gestartet und anschließend wieder beendet. Änderungen werden hier gespeichert. Die Werte für das Einpassen der Objekte (Fangen) können hier eingegeben werden. Die Funktionen

Verschneiden, Zusammenführen, Teilen und Ausschneiden von Objekten werden in Kapitel 8 „ArcView GIS-Funktionen" umfassend behandelt.

– Werkzeug zum Auswählen der Objekte für die Bearbeitung mit Hilfe der Maus

– Fügt neue Objekte ein

Einstellung der Bearbeitungsaufgabe: Objekte (Features) können neu erstellt, umgeformt, gespiegelt, verlängert oder gekürzt und verändert werden. Polygone können geteilt und automatisch geschlossen werden. Eine Auswahl von Objekten mit Linien und Flächen (die von diesen geschnitten werden) kann ebenfalls vorgenommen werden.

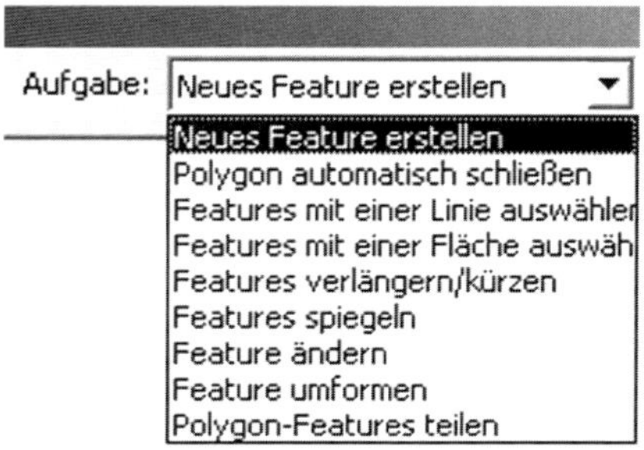

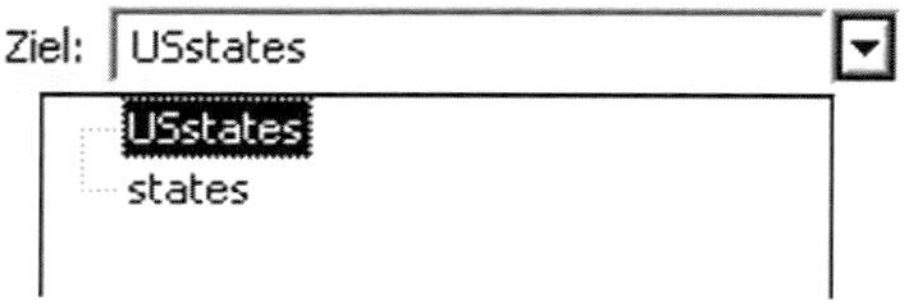

– Auswahl des Datasets das bearbeitet werden soll

– Teilt eine selektierte Linie mit Hilfe der Maus

– Dreht ein selektiertes Objekt mit Hilfe der Maus. Der Drehpunkt ist ebenfalls mit Hilfe der Maus verstellbar.

– Bearbeitet selektierte Objekte mit gemeinsamen Grenzen

– Öffnet die Tabelle zur Bearbeitung der Attributwerte (Sachdaten)

4.3.4 Kontextmenüs

Kontextmenüs werden mit der rechten Maustaste aktiviert. Bestimmten Elementen der ArcMap-Benutzeroberfläche (z. B. Inhaltsverzeichnis, Datenfenster, Verzeichnisse, Layer, Shapefiles...) sind solche Kontextmenüs zugeordnet. ArcMap hat etwa 35 Kontextmenüs für die unterschiedlichsten Aufgaben. Die Erläuterung dieser Menüs und der zugehörigen Menüeinträge erfolgt jeweils bei der Beschreibung der entsprechenden Funktionen. So gibt es bei der Bearbeitung von Objekten (z. B. Punkte, Linien, Polygone) ein Kontextmenü zur Bearbeitung. Es erscheint auf der Benutzeroberfläche, wenn Sie mit der rechten Maustaste auf einen Stützpunkt des Objektes klicken (Bearbeitung muss gestartet sein).

Beispielhaft sollen in diesem Abschnitt folgende wichtigen Kontextmenüs vorgestellt werden:

- Kontextmenü für einen Datenrahmen
- Kontextmenü für die Layout-Ansicht im Datenfenster
- Kontextmenü für einen Layer
- Kontextmenü für Tabelle und Tabellenspalten
- Kontextmenü für ein Symbol

Um das Kontextmenü zu aktivieren, schieben Sie den Mauszeiger auf den entsprechenden Teil der Benutzeroberfläche und drücken Sie dann die rechte Maustaste.

Kontextmenü für einen Datenrahmen

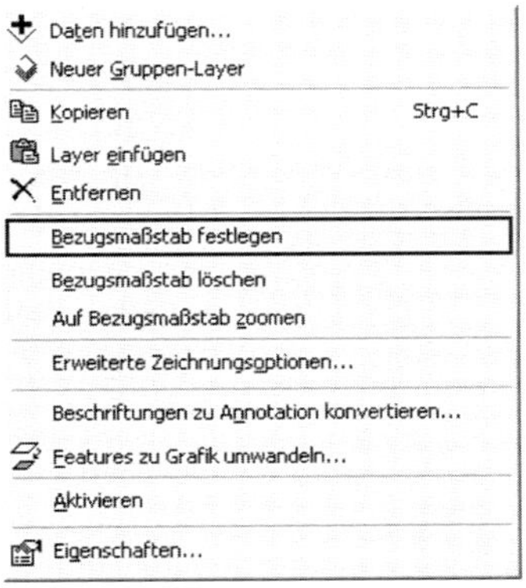

Ein Klick mit der rechten Maustaste auf einen Datenrahmen im Inhaltsverzeichnis (TOC) der Benutzeroberfläche von ArcMap oder in die Daten-Ansicht des Datenfensters ruft das nebenstehende Kontextmenü auf. Alle wichtigen Funktionen für einen Datenrahmen stehen in diesem Menü zur Verfügung.

Neue Datasets können dem Datenrahmen hinzugefügt werden. Mit „Kopieren“ werden markierte Elemente (Grafiken, Texte) in die Zwischenablage eingefügt. Mit „Layer einfügen“ wird ein Layer aus der Zwischenablage in den aktiven Datenrahmen kopiert. „Entfernen“ löscht einen Datenrahmen aus dem ArcMap-Dokument.

Der Bezugsmaßstab, auf den sich die Größe der Symbole bezieht, wird hier festgelegt. Beschriftungen werden in Annotation umgewandelt, damit sie bearbeitbar sind. Mit „Aktivieren“ wird der entsprechende Datenrahmen (falls im Inhaltsverzeichnis mehrere vorhanden sind) aktiviert. Es kann immer nur ein Datenrahmen aktiv sein! Wollen Sie Objekte (Features) in Grafiken umwandeln, so betätigen Sie den Menüeintrag „Features zu Grafik umwandeln“. Die umfangreichen Eigenschaften eines Datenrahmens lassen sich unter „Eigenschaften“ einsehen und einstellen.

Kontextmenü für die Layout-Ansicht im Datenfenster

Mit der rechten Maustaste in der Layout-Ansicht des Datenfensters wird das folgende Kontextmenü aufgerufen. Für das Layout wird hier die Seite eingerichtet (Seitengröße, Ränder...) oder ein Template (Form, wie die ein-

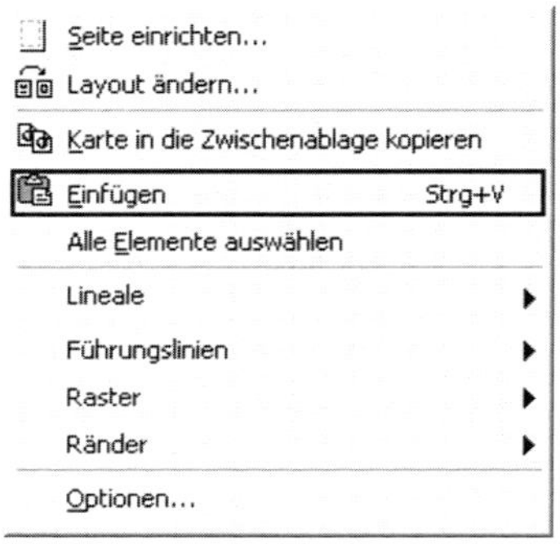

zelnen Layoutelemente angeordnet sein sollen) vorgegeben. Das Layout kann in die Zwischenablage kopiert werden und steht damit anderen Windows-Anwendungen zur Verfügung. „Alle Elemente auswählen" markiert sämtliche Elemente (Grafiken, Texte, Nordpfeile, Maßstabsleisten, Datenrahmen im Layout).

Wichtige Hilfsmittel für die Erstellung eines Layouts (Lineale, Führungslinien, Raster und Ränder) können ein- oder ausgeblendet werden. Weitere Einstellungen finden Sie unter „Optionen".

Kontextmenü für einen Layer

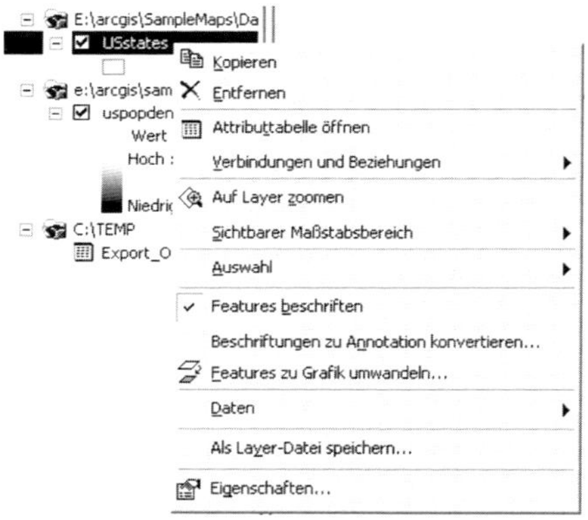

Einen Layer können Sie kopieren oder aus dem ArcMap-Dokument entfernen, indem Sie mit der rechten Maustaste im Inhaltsverzeichnis darauf klicken. Die Attributtabelle kann geöffnet und mit anderen Tabellen verbunden werden. In welchen Maßstabsbereich den Layer im Datenfenster zu sehen ist, wird unter „Sichtbarer Maßstabsbereich" eingestellt. „Auswahl" stellt verschiedene Funktionen für die Selektion von Objekten zur Verfügung. Eine Beschriftung der Objekte wird mit „Features beschriften" vorgenommen. Wollen Sie mit den Beschriftungen arbeiten (Verschieben, Größe einstellen...), müssen Sie die Beschriftung in Annotation umwandeln.

Mit dem Menü-Eintrag „Daten" kann der Layer unter Vorgabe von Optionen unter anderem Namen gespeichert werden. Ein Shapefile lässt sich als Layer-Datei speichern, so dass z. B. eine Legendenerstellung oder andere Berechnungen erhalten bleiben. Die Eigenschaften eines Layers lassen sich unter „Eigenschaften" einsehen und einstellen.

Kontextmenü für eine Tabelle und eine Tabellenspalte

Das Kontextmenü für eine Tabelle in einem Datenrahmen enthält wichtige Funktionen für das Arbeiten mit Tabellen. „Datensätze kopieren" bringt die Datensätze der Tabelle in die Windows-Zwischenablage. Zum Ansehen oder Bearbeiten kann die Tabelle in ArcMap geöffnet werden. Mit „Verbindungen und Beziehungen" kann die Tabelle mit anderen Tabellen verbunden werden. Das Exportieren der Tabelle in eine „dbf"-Datei erfolgt über den Menüeintrag „Daten“.

„Adressen geokodieren“ erstellt einen Layer aus Adressendaten einer Tabelle. „Routenereignisse anzeigen“ erstellt einen Layer aus Routenereignissen, die in einer Tabelle enthalten sind. „XY-Daten anzeigen“ erstellt einen Layer aus XY-Koordinaten, die in einer Tabelle enthalten sind.

Die Eigenschaften einer Tabelle (Felddefinition, Primär-Anzeigefeld, Verbindungen...) werden unter dem Menüeintrag „Eigenschaften“ eingestellt.

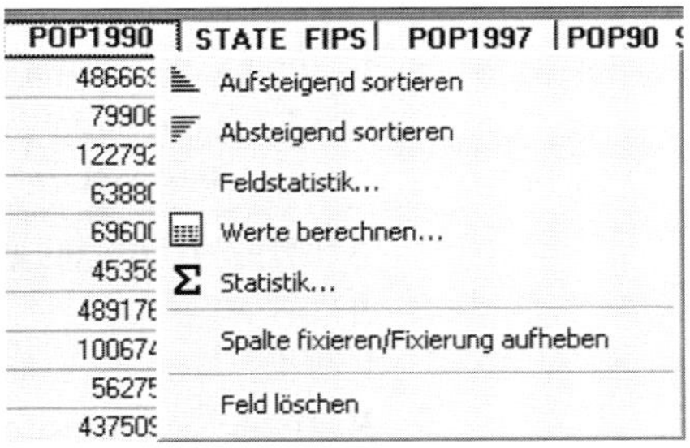

Ist eine Tabelle geöffnet, kann eine Tabellenspalte (Feld) mit einem Kontextmenü auf den Feldnamen sortiert, mit Hilfe eines Attributs zusammengefasst und eine Statistik (z. B. Mittelwert, Wertebereich, Standardabweichung) der Attribute erstellt werden. Mit „Werte berechnen“ können die selektierten Werte eines Feldes mit einem mathematischen Ausdruck berechnet werden. Einzelne Spalten können fixiert werden und befinden sich dann immer am Anfang der Tabelle. „Feld löschen“ entfernt eine Spalte aus der Tabelle.

Kontextmenü für ein Symbol

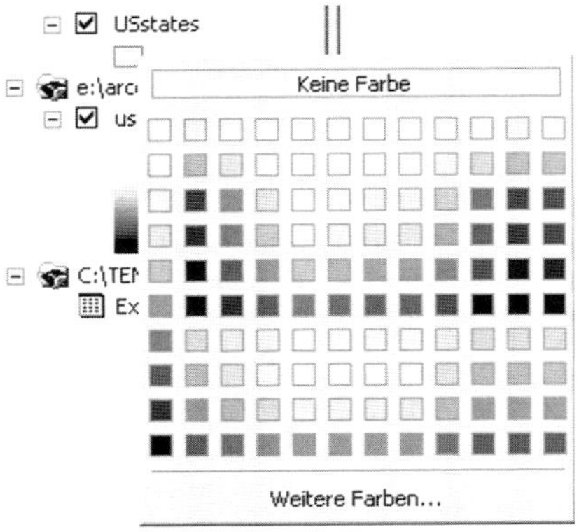

Klicken Sie mit der rechten Maustaste auf das Symbol eines Layers im Inhaltsverzeichnis der ArcMap-Benutzeroberfläche. Es erscheint eine Farbpalette, mit der Sie die Farbe des entsprechenden Symbols (Punkt, Linie, Polygon) einstellen können. „Keine Farbe“ macht das Symbol durchsichtig (transparent). Neben den in der Palette vordefinierten Farben können Sie unter „Weitere Farben“ bis etwa 16 Millionen weitere Farben einstellen (RGB-Darstellung).

4.4 Allgemeine Einstellungen für ArcMap

Bestimmte optionale Eigenschaften der Anwendung „ArcMap“ lassen sich einstellen. Sie werden im Folgenden unter „Optionale Einstellungen“ beschrieben.

Die Eigenschaften des Kartendokuments (die Datei „*.mxd“) werden in diesem Abschnitt ebenfalls dargestellt. Lesen Sie dazu den Abschnitt „Eigenschaften des Karten-Dokuments“.

4.4.1 Optionale Einstellungen

Mit den optionalen Einstellungen zu ArcMap können neben allgemeinen Optionen (Register „Anwendung“) auch die Eigenschaften des Inhaltsverzeichnisses (Register „Inhaltsverzeichnis“), des Datenfensters (Register „Daten-Ansicht“ und „Layout-Ansicht“), von Tabellen (Register „Tabellen“) und von CAD- und Rasterdaten (Register „CAD“ und „Raster“) eingestellt werden.

Im Folgenden werden diese Eigenschaften beschrieben und gezeigt, welche Einsatzmöglichkeiten es gibt. Zugriff auf die Eigenschaften erhalten Sie über das Menü:

<u>**ArcMap-Hauptmenü**</u>
Werkzeuge:
Optionen

Register „Anwendung“

In diesem Register können Sie durch Setzen der entsprechenden Haken auswählen, ob beim Start von ArcMap das Begrüßungsfenster und der Startdialog angezeigt werden sollen.

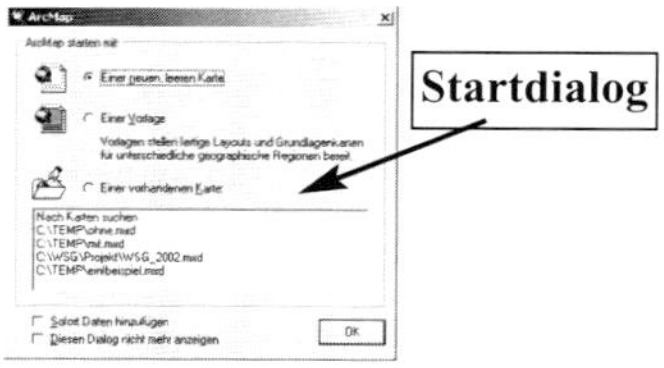

Wollen Sie, dass neu eingeladene Datensätze (z. B. Shapefiles) sofort gezeichnet werden, so aktivieren Sie den Haken unter „Neu hinzugefügte Layer standardmäßig sichtbar machen“. Schalten Sie diese Option ab, wenn Sie große Datensätze einlesen, die aber nicht sofort gezeichnet werden sollen, da zum Zeichnen eine lange Zeit benötigt wird.

Manche Befehle in ArcMap rufen Assistenten auf. Sie erleichtern die Eingabe der benötigten Werte für die entsprechende Funktion. Sollen Funktionen, für die es einen Assistenten gibt, angezeigt werden, setzen Sie den Haken unter „Assistentenmodus“.

Register „Daten-Ansicht“

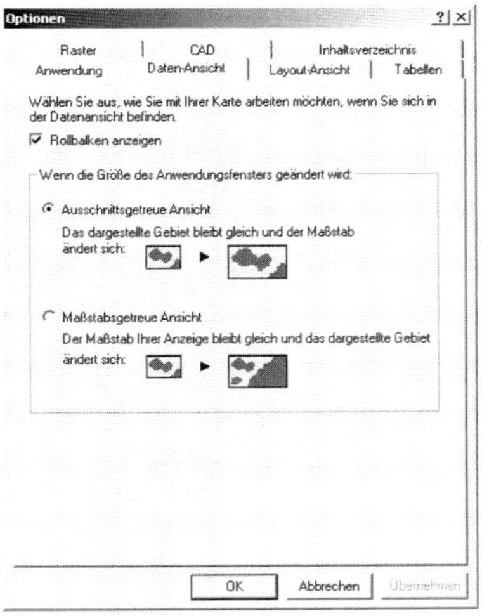

Das Datenfenster von ArcMap kann in eine Daten- oder in eine Layout-Ansicht geschaltet werden. In der Daten-Ansicht werden die Daten für die spätere Kartenerstellung zusammengestellt und analysiert.

Für die Daten-Ansicht lassen sich im Register „Daten-Ansicht“ die horizontalen und vertikalen Rollbalken ein- oder ausschalten. Wenn Sie die Größe des ArcMap-Anwenderfensters verstellen, kann der aktuelle Ausschnitt beibehalten werden. Damit verändert sich aber der Maßstab. Andererseits können Sie den Maßstab erhalten. Dann jedoch verändert sich der Ausschnitt im Datenfenster.

Register „Layout-Ansicht“

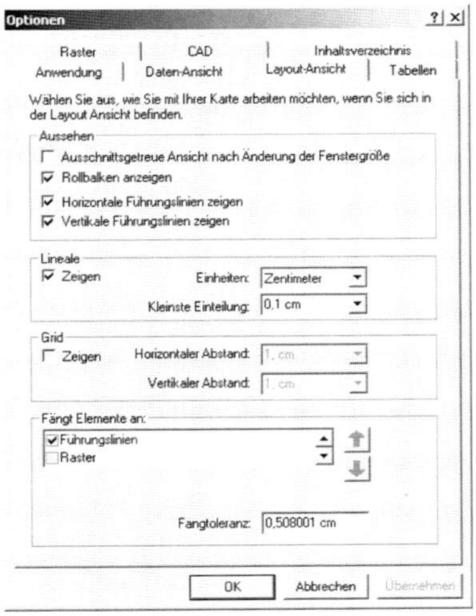

Das Datenfenster von ArcMap kann in eine Daten- oder in eine Layout-Ansicht geschaltet werden. In der Layout-Ansicht werden die Daten aus der Daten-Ansicht zusammen mit anderen Kartenelementen (Legenden, Texte, Maßstabsleiste, Nordpfeil) zu einer Karte zusammengestellt.

Verstellen Sie die Größe des ArcMap-Anwenderfensters, kann die Größe der Layoutseite dem Anwenderfenster angepasst werden. Aktivieren Sie dazu „Ausschnittsgetreue Ansicht nach Änderung der Fenstergröße“.

Die Layout-Ansicht hat verschiedene Hilfsmittel. Sie besitzt horizontale und vertikale Rollbalken (Bildlaufleisten), um den Ausschnitt der Layout-Ansicht zu verschieben. Es stehen horizontale und vertikale Führungslinien, Lineale und Raster (Grid) zur Verfügung. Sie dienen bei der Erstellung einer Karte der Orientierung und der Ausrichtung der Kartenelemente. Die Rasterabstände können für die horizontale und vertikale Richtung unterschiedlich eingestellt werden. Schalten Sie die entsprechenden Hilfsmittel ein oder aus.

Unter „Fängt Elemente an“ stellen Sie ein, an welche Linien (Führungslinien, Raster, Ränder, Lineale) die Elemente eingefangen (eingepasst) werden, wenn sie an diese näher als den unter „Fangtoleranz“ eingestellten Wert heran kommen. Setzen Sie den Haken (mehrere gleichzeitig sind möglich) an die Linien, an die angepasst werden sollen.

Register „Inhaltsverzeichnis“

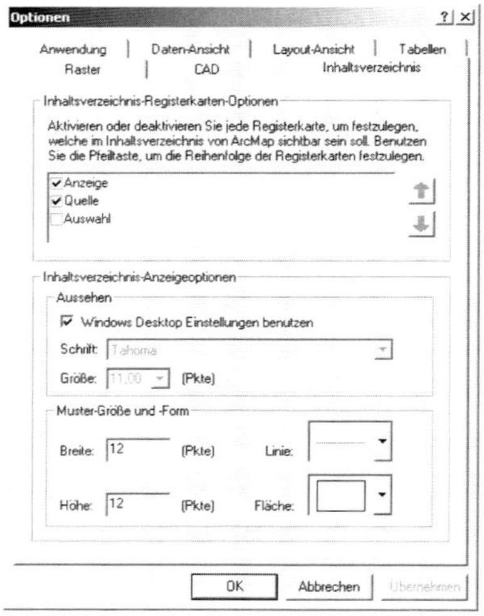

Oben im Eigenschaftenfenster im Register „Inhaltsverzeichnis“ finden Sie zunächst die Auflistung aller verfügbaren Inhaltsverzeichnis-Registerkarten (TOC) in ArcMap. Das Inhaltsverzeichnis ist das linke Fenster in der ArcMap-Benutzeroberfläche, in dem die Layer aufgelistet sind. Die TOC-Registerkarten erscheinen unten links im Inhaltsverzeichnis. TOC-Registerkarten, die hier markiert sind (Haken gesetzt), erscheinen in ArcMap. TOC-Registerkarten werden in der Reihenfolge angezeigt, in der sie hier unter den Eigenschaften aufgelistet sind. Mit den Pfeilen wird eine ausgewählte Registerkarte nach oben oder unten bewegt.

Unter „Inhaltsverzeichnis-Anzeigeoptionen“ wird die Schriftart, die für den Text im ArcMap-Inhaltsverzeichnis verwendet werden soll, eingestellt. Sie können aber auch die Standardeinstellungen von Windows übernehmen. Um die Einstellungen in Windows zu verändern, müssen Sie die Windows-Systemsteuerung aufrufen, „Anzeige“ auswählen und dort die Registrierkarte „Darstellung“ selektieren.

Unter „Muster-Größe und -Form“ wird die Symbol-Darstellung für Linien- und Polygonlayer für das Inhaltsverzeichnis von ArcMap eingestellt. Sie können die Höhe, Breite und Form der Symbole einstellen. Die Standardhöhe und -breite ist 12 Punkt. Standardmäßig werden für Linienobjekte gerade Linien und für Polygonobjekte Rechtecke verwendet.

Register „Tabellen“

Im Register „Tabellen“ können bestimmte Eigenschaften einer Tabelle eingestellt werden.

Unter „Auswahlfarbe“ wird die Farbe eingestellt, mit der die selektierten Spalten angezeigt werden sollen.

Unter „Markierungsfarbe“ wird die Farbe zur Hervorhebung eines selektierten Datensatzes eingestellt, wenn in der Tabelle nur die selektierten Datensätze angezeigt werden.

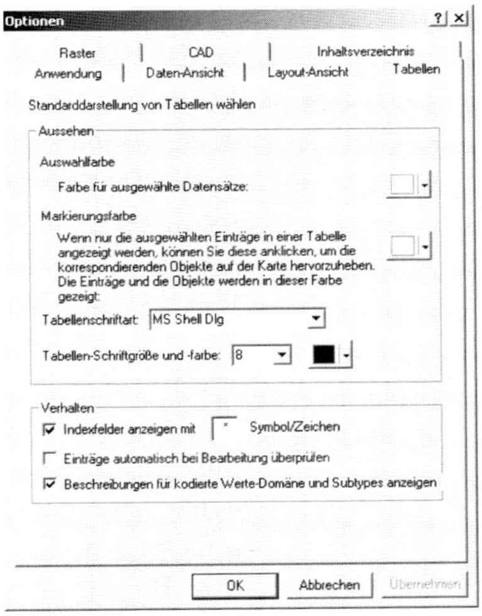

Drücken Sie dazu die Schaltfläche „Ausgewählte Datensätze“ in der Tabelle. Ein hervorgehobener Eintrag mit der Markierungsfarbe hat keinen Einfluss auf die Markierung, sein Zweck ist lediglich, Ihnen bei der Suche nach Objekten zu helfen. Wenn ein Eintrag in einer Attributtabelle markiert ist, wird das entsprechende Objekt auf der Karte in der Hervorhebungsfarbe angezeigt.

In der Box mit der Auswahl „Tabellenschriftart“ und „Tabellenschriftgröße und -farbe“ wird die Schriftart, -größe und -farbe der Attributwerte und Feldnamen in der Tabelle eingestellt.

In einer Tabelle kann jeder Spalte (Feld) ein Index zugeordnet werden. Ein Index auf ein Geometrie-Feld (z. B. Shapfile) beschleunigt die Darstellung der Geometrie und ein Index auf ein Attributfeld die Berechnung in diesem Feld (z. B. für Abfragen). Damit in der Tabelle zu sehen ist, welches Feld einen Index hat, kann es zusätzlich gekennzeichnet werden. Setzen Sie dazu den Haken in die Box „Indexfelder anzeigen mit“ und geben Sie ein entsprechendes Zeichen (Symbol) an. Dieses Symbol wird dann hinter den Feldnamen in der Attributtabelle gesetzt. Eine Tabelle können Sie mit der rechten Maustaste auf ein Shapefile mit dem Menüeintrag „Attributtabelle öffnen“ ansehen. Um einen Index, z. B. für ein Shapefile, zu setzen oder zu entfernen, markieren Sie das Shape in der Katalogstruktur von ArcCatalog und drücken Sie die rechte Maustaste. Wählen Sie dann den Menüeintrag „Eigenschaften“ und dort das Register „Index“.

Setzen Sie einen Haken an „Einträge automatisch bei Bearbeitung überprüfen“, so wird bei einer Geodatabase eine Warnung angezeigt, wenn der eingegebene Wert außerhalb des definierten Wertebereiches liegt. Dazu müssen in der Geodatabase Domänen und Subtypen definiert sein. Sollen die Beschreibung der Werte-Domänen und Subtypen in der Tabelle angezeigt werden, setzen Sie den Haken in die entsprechende Box. Über Geodatabases lesen Sie mehr im Kapitel 9 „Geodatabases".

Register „Raster"

Rasterdaten haben im Allgemeinen mehrere Bänder (Layer), denen zur Darstellung einzelne Farben zugeordnet werden. So wird man vielleicht einem Layer, der eine Wasserfläche darstellt, die Farbe Blau und einer Waldfläche die Farbe Grün zuordnen. Bei der Auswertung von Fotos oder Satellitendaten entstehen Mehrbandaufnahmen, die dann z. B. für eine Biotoperkennung genutzt werden können. Unter dem Register „Raster" haben Sie die Möglichkeit, den einzelnen Bändern einer solchen Mehrbandaufnahme die Farben Rot, Grün oder Blau zuzuordnen – links: für Dreiband-Datenquellen (es stehen die Bänder eins bis drei zur Verfügung), rechts für Mehrband-Datenquellen (es stehen die Bänder eins bis 999 zur Verfügung).

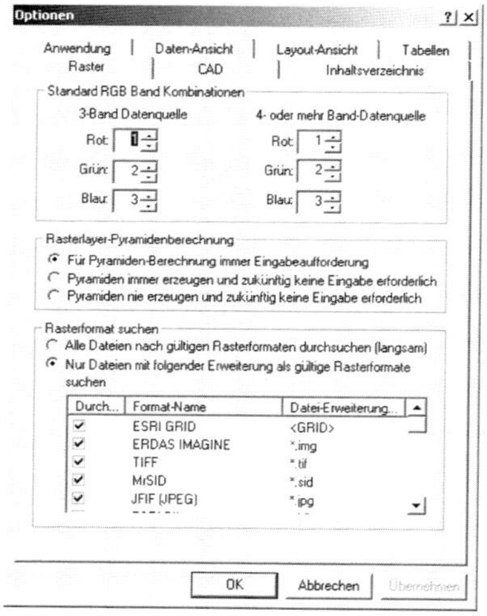

Für Rasterdaten können „Pyramiden" berechnet werden. Sie beschleunigen die Darstellung erheblich. Bei sehr weiten Rastern (große Ausdehnung und kleine Zellbreiten) können die Darstellung oder andere Berechnungen viel Zeit in Anspruch nehmen. Bei der Erstellung von Pyramiden wird ein Satz von Rasterlayern berechnet, bei dem die Zellgrößen vergrößert werden. Je nach Ausschnitt (Zoomstufe), der betrachtet wird, wird der entsprechende Layer benutzt (bei einer Gesamtdarstellung eines Bildes braucht die Auflösung nicht so groß zu sein, da es unter Umständen hier nicht so sehr auf die Details ankommt). Sie können an dieser Stelle festlegen, ob für jedes Raster solche Pyramiden erstellt werden sollen oder nicht oder ob zuvor jeweils eine Eingabeaufforderung erscheinen soll. Drücken Sie unter „Rasterlayer-Pyramidenberechung" den entsprechenden Schalter. ArcMap und ArcCatalog fragen normalerweise vor der Anzeige von Rasterdaten nach Pyramiden, wenn sie für ein Raster nicht existieren.

Bei der Berechnung von Pyramiden entstehen „*.rrd"-Dateien. Sie besitzen etwa acht Prozent der Größe der originalen Rasterdatei.

Im unteren Teil des Registers „Raster" lassen sich Rasterformate einstellen, nach denen gesucht wird und die in ArcMap angezeigt werden sollen. Dies sollte man normalerweise einschränken. Wenn sowieso nur ein bestimmtes Datenformat verwendet wird (z. B. TIFF), sollte auch nur dieses hier eingestellt werden. Das spart bei großen Datenmengen, die durchsucht werden müssen, eine Menge Zeit. Klicken Sie auf eine Dateierweiterung, um sie zu ändern oder zu ergänzen (z. B. *.tif, *.tiff). Sie haben hier die Möglichkeit, nach sämtlichen Rasterdateien zu suchen oder nur nach denen, für die der entsprechende Haken gesetzt wurde.

Die Schaltfläche „Übernehmen“ setzt die Änderungen; das Fenster bleibt dabei geöffnet. Die Schaltfläche „OK“ setzt ebenfalls die Änderungen; das Fenster wird jedoch geschlossen. Das Drücken der Schaltfläche „Abbrechen“ bewirkt keine Veränderung und schließt das Fenster „Optionen“.

Register „CAD“

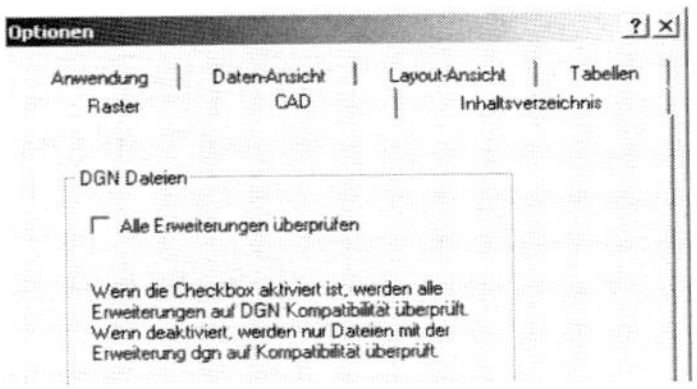

MicroStation-Dateien haben die Dateierweiterung „*.dgn“. Wenn die Checkbox aktiv ist (Haken gesetzt), werden alle Dateien mit einer beliebigen Dateierweiterung (max. drei Zeichen) auf DGN-Kompatibilität überprüft und können so auch als CAD-Zeichnungen oder CAD-Feature-Classes eingelesen werden. Wird der Haken nicht gesetzt, erkennt ArcGIS Dateien mit der Erweiterung „*.dgn“ nur als MicroStation-Designdateien.

4.4.2 Eigenschaften des Kartendokuments

Im Menü „Datei“ lassen sich für das Kartendokument (die Datei „*.mxd“) bestimmte globale Eigenschaften einstellen. Betätigen Sie den folgenden Menüeintrag:

ArcMap-Hauptmenü
Datei:
Karteneigenschaften

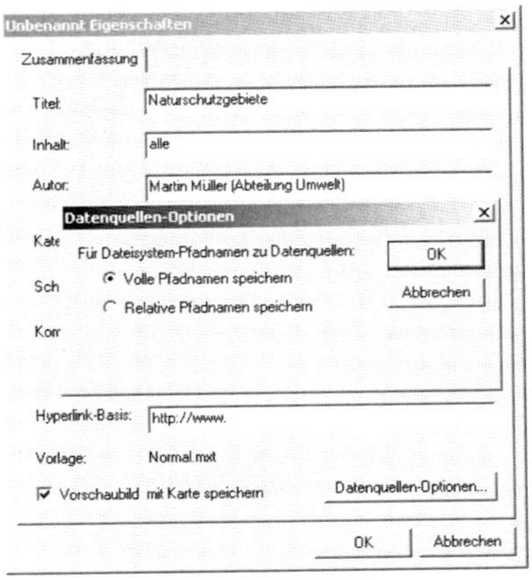

Im Dialogfenster „Eigenschaften“ können Sie dem Dokument einen Titel geben und den Inhalt beschreiben.

Unter „Hyperlink-Basis“ können Sie eine Basisadresse für feldbezogene Hyperlinks angeben. Dies vereinfacht die Erstellung von Hyperlinks, wenn in allen Tabellen-Datensätzen die gleiche Grundadresse (Internet-Adresse oder Pfadbezeichnung) verwendet wird.

Im ArcCatalog kann für einen bestimmten Ausschnitt der Geometrie ein Vorschaubild (Thumbnail) erstellt werden. Dies ist ein kleines Symbol, mit dessen Bild der Datensatz (z. B. Shapefile, Coverage, ArcMap-Dokument) identifiziert werden kann. Ein solches Vorschaubild kann auch in ArcMap für den aktuellen Kartenausschnitt erstellt und mit gespeichert werden. Setzen Sie dafür den Haken unter „Vorschaubild mit Karte speichern".

Auch kann mit der Schaltfläche „Datenquellen-Optionen" angegeben werden, ob die Pfade der eingeladenen Datensätze (z. B. Shapefiles) relativ zur Position des ArcMap-Dokuments oder mit vollen Pfadnamen in der „*.mxd" abgelegt werden. Das relative Speichern der Pfadnamen hat den Vorteil, dass ein ArcMap-Dokument von jedem beliebigen Verzeichnis oder Rechner aus gestartet werden kann. Dabei muss nur die relative Position der Daten zum ArcMap-Dokument beibehalten werden. Wenn Sie ein ArcMap-Dokument mit Daten, z. B. auf einer CD, weitergeben, sind relative Pfadnamen wichtig.

4.5 Übersichts- und Vergrößerungsfenster

Neben den üblichen Navigationswerkzeugen (Zoomen, Verschieben usw.) stellt ArcMap für die Daten-Ansicht ein Übersichts- und ein Vergrößerungsfenster zur Verfügung. Im Übersichtsfenster wird immer die gesamte

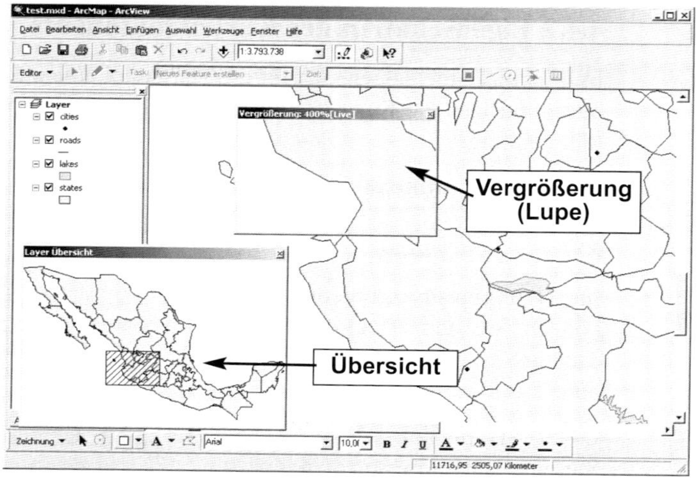

Geometrie eines auswählbaren Layers dargestellt. Ein Rechteck im Übersichtsfenster, dessen Farbe und Muster einstellbar sind, zeigt den Bereich, wie er in der Daten-Ansicht angezeigt wird.

Das Vergrößerungsfenster wirkt wie eine Lupe, deren Vergrößerung einstellbar ist. Wenn Sie sich mit Details auf einer Karte beschäftigen müssen und weiterhin wissen wollen, wo Sie sich auf der Gesamtkarte befinden, erleichtern das Übersichtsfenster und die Lupe Ihre Arbeit.

Im Folgenden wird gezeigt, wie das Übersichts- und das Vergrößerungsfenster aufgerufen werden und welche Einstellungen und Eigenschaften für beide Fenster möglich sind.

4.5.1 Übersichtsfenster

Das Übersichtsfenster wird mit dem folgenden Menü geöffnet:

ArcMap-Hauptmenü:
Fenster:
Übersicht...

Im Übersichtsfenster wird die volle Ausdehnung der in der Daten-Ansicht vorhandenen Layer gezeigt. Es wird nur ein Layer als Referenz-Layer angezeigt. Sie können als Referenz-Layer jeden im Datenrahmen oder einen auf Datenträger vorhandenen Layer nutzen. Die Einstellung für den Referenz-Layer finden Sie unter den Eigenschaften des Übersichtsfensters.

Das Rechteck im Übersichtsfenster kann mit Hilfe der Maus in der Größe verändert und verschoben werden. Der entsprechende Ausschnitt wird dann in der Daten-Ansicht dargestellt. Bewegen Sie dazu den Mauszeiger auf das Rechteck, bis der Cursor zum Doppelkreuz wird, und verschieben Sie das Rechteck. Für eine Veränderung der Größe bewegen Sie den Mauszeiger auf eine Ecke und vergrößern oder verkleinern Sie das Rechteck.

Eigenschaften des Übersichtsfensters

Die Eigenschaften werden durch Klicken mit der rechten Maustaste auf die Kopfleiste des Übersichtsfensters angezeigt.

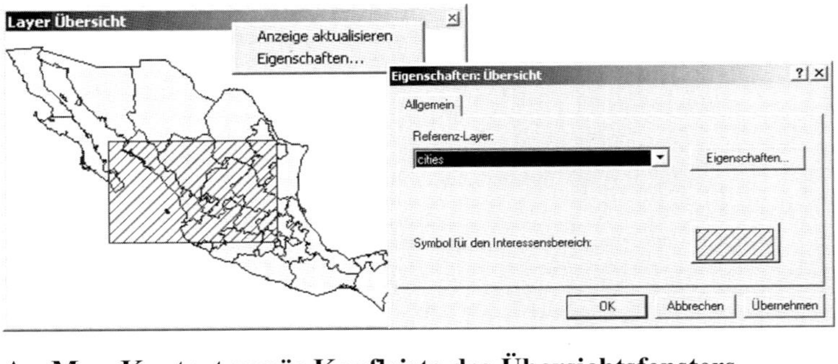

ArcMap-Kontextmenü: Kopfleiste des Übersichtsfensters
Eigenschaften...

Der Menüeintrag „Anzeige aktualisieren“ zeichnet den Inhalt des Übersichtsfensters neu.

Als Referenz-Layer kann jeder im Datenrahmen vorhandene Layer oder auch ein beliebiger auf Datenträger befindlicher Layer eingestellt werden. Dieser muss nicht zuvor in den Datenrahmen eingeladen werden.

Die Schaltfläche „Eigenschaften...“ zeigt die Eigenschaften des unter „Referenz-Layer“ eingestellten Layers an.

Neben dem Referenz-Layer lässt sich auch das Symbol (Farbe und Muster) für das Rechteck auswählen. Klicken Sie auf die Schaltfläche, dann erscheint das Symbol-Auswahlfenster von ArcMap.

4.5.2 Vergrößerungsfenster (Lupe)

Das Vergrößerungsfenster wird mit dem folgenden Menü geöffnet:

ArcMap-Hauptmenü:
Fenster:
Vergrößern...

Das Vergrößerungsfenster wirkt wie eine Lupe. Bewegen Sie das Vergrößerungsfenster über die Stelle in der Daten-Ansicht, die Sie vergrößert darstellen wollen. Für das Vergrößerungsfenster sind verschiedene Einstellungen möglich. Sie können den Grad der Vergrößerung einstellen, einen Zustand einfrieren oder die Vergrößerung während des Ziehens laufend aktualisieren.

Eigenschaften des Vergrößerungsfensters

Die Eigenschaften für das Vergrößerungsfenster werden mit folgendem Menü aufgerufen.

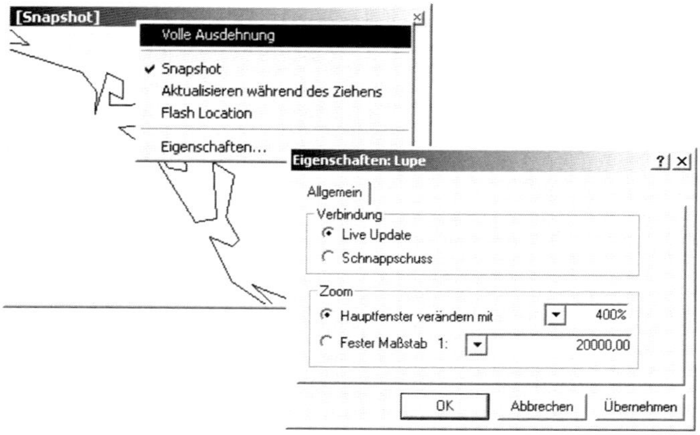

ArcMap-Kontextmenü: Kopfleiste des Vergrößerungsfensters
Eigenschaften...

Klicken Sie mit der rechten Maustaste auf die Kopfleiste des Vergrößerungsfensters.

In der Box „Verbindung" können Sie einstellen, ob das Fenster aktualisiert wird, nachdem Sie es verschoben haben (Live Update). Die Option „Schnappschuss" friert den Zustand des Fensters ein.

In der Box „Zoom" wird der Vergrößerungsgrad eingestellt. Wählen Sie zwischen prozentualer Vergrößerung oder einem festen Maßstab.

Für die Einstellung des Vergrößerungsfenster stehen folgende weitere Optionen zur Verfügung:

Volle Ausdehnung

Zoomt auf volle Ausdehnung im Vergrößerungsfenster. Schließen Sie das Vergrößerungsfenster und öffnen Sie es erneut, um zur Lupenfunktion zurück zu kommen. Der Menüeintrag „Volle Ausdehnung" ist nur aktiv, wenn in den Eigenschaften des Vergrößerungsfensters unter „Verbindungen" die Option „Schnappschuss" eingestellt wurde.

Aktualisieren während des Ziehens

Benutzen Sie diesen Eintrag, wenn Sie wollen, dass während des Ziehens der Lupe der Inhalt laufend aktualisiert werden soll.

Snapshot

Behält die Ausdehnung im Vergrößerungsfenster bei, wenn dieses bewegt wird. Diese Einstellung kann auch unter den Eigenschaften des Vergrößerungsfensters vorgenommen werden (Schnappschuss).

Flash Location

Diese Funktion zeigt die aktuelle Position für den eingefrorenen Zustand (Snapshot) im Vergrößerungsfenster und in der Daten-Ansicht durch Aufblinken einer Linie an. Dabei darf das Vergrößerungsfenster nicht über der Position im Datenfenster stehen. Der Menüeintrag „Flash Location" ist nur aktiv, wenn in den Eigenschaften des Übersichtsfenster unter „Verbindungen" die Option „Schnappschuss" eingestellt wurde.

4.6 Die Eigenschaften eines Datenrahmens

Dieser Abschnitt gibt einen Überblick über die Eigenschaften eines Datenrahmens in ArcMap. Die meisten dieser Eigenschaften werden bei der Beschreibung der entsprechenden Funktionen in diesem Buch ausführlich dargestellt. Der Dialog für die Eigenschaften eines Datenrahmens kann mit folgenden zwei Menüs oder durch Doppelklick auf den Datenrahmen im Inhaltsverzeichnis von ArcMap aufgerufen werden:

ArcMap-Hauptmenü:
Ansicht:
Eigenschaften: Datenrahmen

ArcMap-Kontextmenü: Datenrahmen
Eigenschaften...

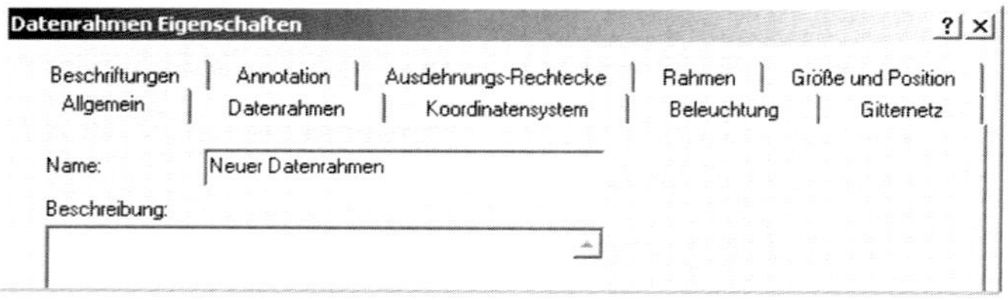

Das Dialogfenster für die Eigenschaften eines Datenrahmens hat zehn Register.

4.6.1 Register: Allgemein

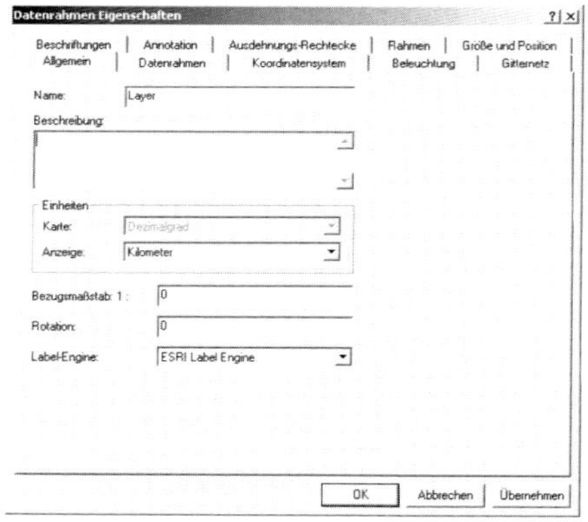

Im Register „Allgemein" kann der Name des Datenrahmens geändert und der Datenrahmen beschrieben werden. Unter „Einheiten" werden die Karteneinheiten und die Anzeigeeinheiten angegeben.

Die Karteneinheiten sind die Einheiten aus dem Koordinatensystem (Projektion) des Datenrahmens. Bei geografischen Koordinaten sind das „Dezimale Gradangaben". Bei Gauß-Krüger-Koordinaten sind die Karteneinheiten „Meter".

Die Anzeigeeinheiten sind die Einheiten für Analysen und Messungen. Setzen Sie die Anzeigeeinheiten z. B. auf „Kilometer", so werden bei einer Messung mit dem Messwerkzeug die Ergebnisse in „Kilometer" angezeigt.

Auch können der Bezugsmaßstab und eine Drehung des Datenrahmens eingestellt werden. Der Bezugsmaßstab (Referenzmaßstab) setzt das Größenverhältnis von Objekten und Symbolen (Texten) bei einem bestimmten Maßstab fest, so dass dieses Verhältnis bei allen Maßstäben gleich bleibt.

4.6.2 Register: Datenrahmen

Im Register „Datenrahmen" kann die Ausdehnung der Daten dem Datenfenster automatisch, mit fest vorgegebenem Maßstab oder mit einer fest vorgegeben Ausdehnung angepasst werden.

„Automatisch“ passt die Daten automatisch dem Datenfenster an, wenn gezoomt oder verschoben wird.

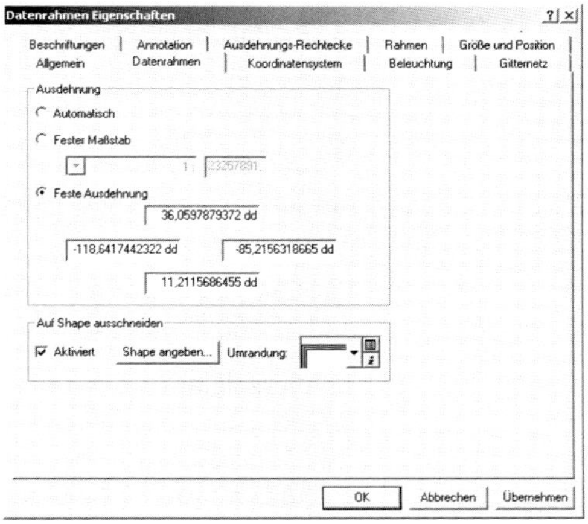

Bei „Fester Maßstab“ wird im Datenfenster der vorgegebene Maßstab beibehalten. Die Daten können zwar verschoben, aber nicht gezoomt werden. Die Zoom-Werkzeuge sind deshalb ausgeblendet.

Bei „Feste Ausdehnung“ werden die Koordinaten des Ausdehnungsrechtecks fest vorgegeben. (XY-Werte der linken unteren und der rechten oberen Ecke). Die Daten können weder verschoben noch gezoomt werden. Das Werkzeug zum Verschieben und die Zoom-Werkzeuge sind daher ausgeblendet. Bei einer Änderung der Seiten- und Rahmengröße wird sich jedoch der Maßstab ändern.

„Auf Shape ausschneiden“ ermöglicht mit dem angegeben Shape das Ausschneiden der Daten mit einem Polygonlayer. Die erzeugte Umrandung legt sich um den äußeren Rand des ausgewählten Shapes.

4.6.3 Register: Koordinatensystem

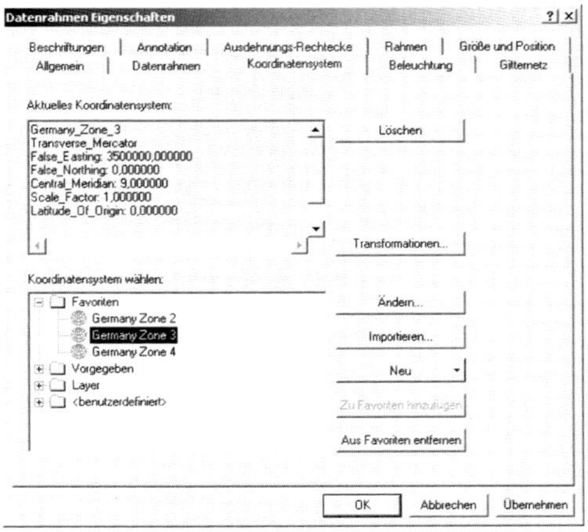

Hier wird das Koordinatensystem (die Projektion) festgelegt, mit dem die Daten dieses Datenrahmens dargestellt werden. Alle Layer im Datenrahmen werden dann in einem einheitlichen Koordinatensystem dargestellt. Die Layer können dabei unterschiedliche Koordinatensysteme haben. Sie werden bei der Darstellung im Datenrahmen sofort umprojiziert (Projektion „on the fly“). Dieses setzt allerdings voraus, dass den Layern eine Projektion zugewiesen wurde. In ArcCatalog kann unter den Eigenschaften (Register: Felder) eines Shapefiles die Zuweisung erfolgen. Dieses ist auch in ArcToolbox (Datenmanagement-Werkzeuge) möglich.

Im oberen Teil des Registers „Koordinatensysteme“ sehen Sie unter „Aktuelles Koordinatensystem“ dasjenige, das zur Zeit für diesen Datenrahmen eingestellt ist. Wenn Sie die nebenstehende Schaltfläche „Löschen“ betätigen, hat dieser Datenrahmen keine Projektion mehr. Alle Layer werden dann in den Koordinaten dargestellt, wie sie in der zugehörigen Datenquelle (Datei) gespeichert sind.

Wollen Sie das Koordinatensystem des Datenrahmens ändern, wählen Sie ein anderes aus den Verzeichnissen unter „Koordinatensystem wählen“ aus.

Dort befinden sich die Verzeichnisse „Favoriten“, „Vorgegeben“, „Layer“ und „Benutzerdefiniert“.

Im Verzeichnis „Favoriten“ können Sie die von Ihnen häufig genutzten Koordinatensysteme einbringen, und zwar mit der Schaltfläche „Zu Favoriten hinzufügen“. Sie entfernen ein Koordinatensystem aus dem Verzeichnis mit der Schaltfläche „Aus Favoriten entfernen“.

Im Verzeichnis „Vorgegeben“ werden alle in ArcMap enthaltenden Koordinatensysteme aufgelistet. Das in Deutschland gebräuchliche Gauß-Krüger-System finden Sie dort unter „Projected Coordinate System: National Grids: German Zone 1 (2, 3, 4, 5)“.

Aus dem Verzeichnis „Layer“ kann das Koordinatensystem eines im Datenrahmen befindlichen Layers übernommen werden.

Im Verzeichnis „Benutzerdefiniert“ können Sie mit der Schaltfläche „Neu“ ein neues, selbst erstelltes Koordinatensystem definieren und mit der Schaltfläche „Importieren“ ein erworbenes einlesen.

Die Einstellungen für ein markiertes Koordinatensystem werden mit der Schaltfläche „Ändern“ angepasst.

Die Schaltfläche „Transformationen“ ändert die Datumsparameter der zugehörigen geografischen Projektion (Ellipsoid). Sehen Sie dazu in Kapitel 6 „Koordinatensysteme“ in diesem Buch nach.

4.6.4 Register: Beleuchtung

Dieses Register stellt die Beleuchtung (Schummerung) eines TINs (Dreiecksnetzwerk) im Datenrahmen ein.

Das TIN wird dabei mit einer Lichtquelle mit vorgegebener Höhe und vorgegebenem Winkel (Azimut) angestrahlt. Damit können bestimmte Strukturen hervorgehoben werden.

Unter „Vorschau“ wird die Wirkung der Beleuchtung demonstriert. Zusätzlich kann auch der Kontrast eingestellt werden.

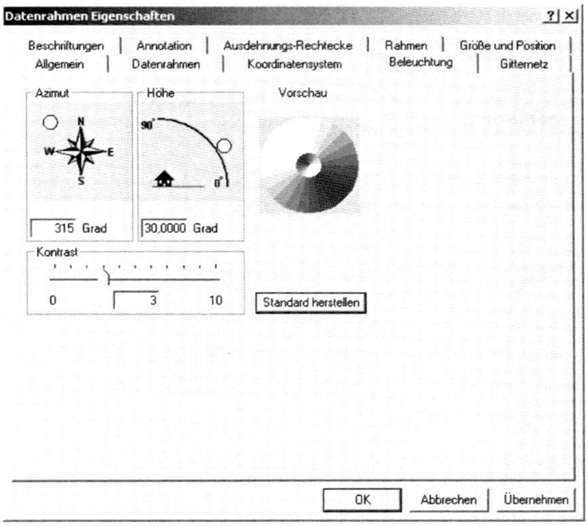

Die Schaltfläche „Standard herstellen" setzt die Werte zurück (Azimut = 315 Grad, Höhe = 30 Grad, Kontrast = 3).

4.6.5 Register: Gitternetz

Mit dem Register „Gitternetz" werden beschriftete Umrandungen um einen Datenrahmen in der Layout-Ansicht gezeichnet. Dabei wird zwischen einem Gradnetz und einem Gitternetz unterschieden.

Bei einem Gradnetz werden Längen- und Breitengrade an die Umrandung gezeichnet. Die Daten müssen daher dezimale Geokoordinaten haben.

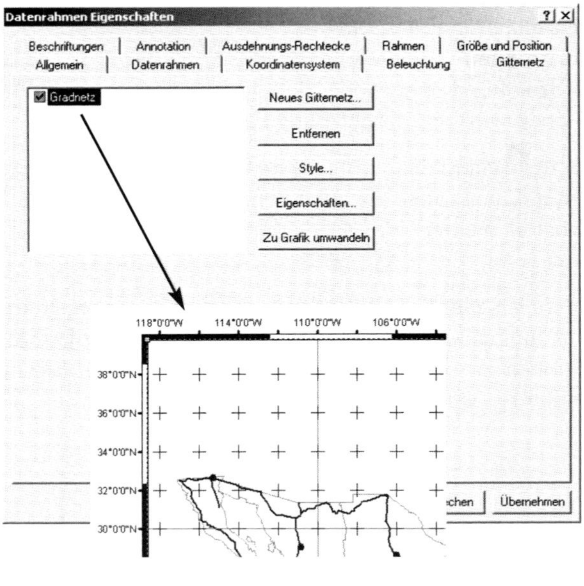

Für projizierte Daten (z. B. UTM oder Gauß-Krüger) kann ein Gitternetz auf den Datenrahmen gelegt werden.

Für jeden Datenrahmen können mehrere Gitter- und Gradnetze erstellt und entsprechend zu- oder abgeschaltet werden.

Zur Erstellung eines neuen Grad- oder Gitternetzes drücken Sie die Schaltfläche „Neues Gitternetz" und geben Sie in den folgenden Dialogen an, wie es aussehen soll. Das Aussehen kann auch nachträglich noch mit den Schaltflächen „Style" und „Eigenschaften" geändert werden.

Mit der Schaltfläche „Zu Grafik umwandeln" wird das markierte Netz in gruppierte Grafiken umgewandelt. Diese können dann mit Hilfe der Zeichenwerkzeuge weiter bearbeitet werden. Die Schaltfläche „Entfernen" löscht markierte Netze.

4.6.6 Register: Beschriftungen

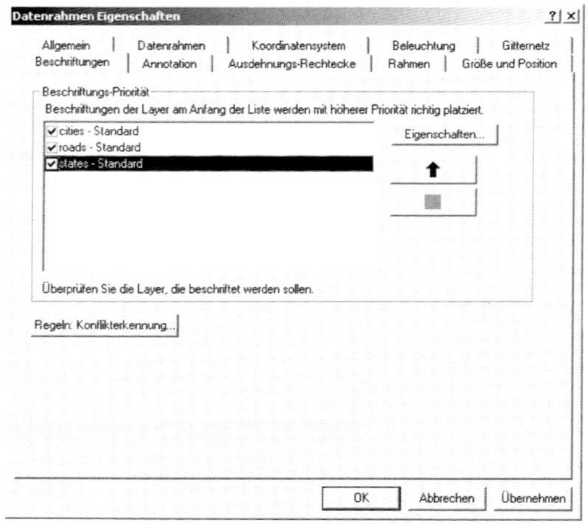

Mit dem Register „Beschriftungen" werden für die im Datenrahmen vorhandenen Layer die Beschriftungs-Eigenschaften angezeigt. Setzen Sie den Haken in die Box vor dem Layer, so wird die entsprechende Beschriftung eingeschaltet. Mit den Pfeil-Schaltflächen kann die Zeichenreihenfolge der Beschriftungen geändert werden. Für Layer weiter oben wird die Beschriftung bevorzugt gezeichnet.

Mit der Schaltfläche „Eigenschaften" werden die Eigenschaften des markierten Layers angezeigt und können verändert werden. Dort kann z. B. im Register „Felder" das Primäranzeigefeld für die Beschriftung geändert werden.

Unter „Regeln: Konflikterkennung" wird unter anderem festgelegt, ob Beschriftungen, die sich überlappen, gezeichnet werden sollen. Weitere Informationen zur Beschriftung von Objekten finden Sie in diesem Buch im Kapitel 8 „ArcView GIS-Funktionen".

4.6.7 Register: Annotation

Im Register „Annotation“ sind alle definierten Annotation-Gruppen (Ziele) aufgelistet. Annotation sind Gruppen von Grafiken und Texten, die zusammen mit den Daten angezeigt werden können. Die Annotation-Gruppen können durch Setzen oder Löschen des Hakens ein- und ausgeschaltet werden. Sie können eine Annotation-Gruppe neu erzeugen (Schaltfläche „Neue Gruppe“), löschen (Schaltfläche „Gruppe löschen“) oder ihr ein Koordinatensystem zuweisen (Schaltfläche „Koordinatensystem ändern“).

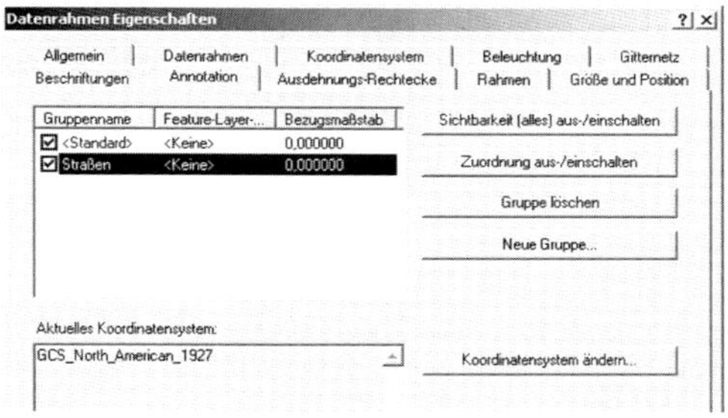

Mit der Schaltfläche „Zuordnung aus-/einschalten“ wird eine feste Verbindung einer Annotation-Gruppe zu einem Layer gelöst oder wieder hergestellt. Ist die Zuordnung eingeschaltet, wird mit dem Zeichnen des Layers (Haken im Inhaltsverzeichnis setzen) auch die zugeordnete Annotation-Gruppe eingeschaltet.

Weitere Informationen zu Annotation sind im Abschnitt „Annotation“ des Kapitels „8 ArcViewGIS-Funktionen“.

4.6.8 Register: Ausdehnungs-Rechtecke

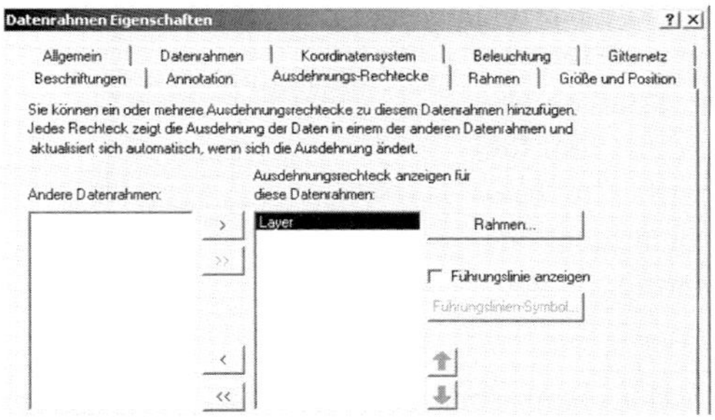

Das Register „Ausdehnungs-Rechtecke“ zeigt die Ausdehnung dieses Datenrahmens in einem anderen Datenrahmen in der Layout-Ansicht an. Sie können die Umrandung des Ausdehnungs-Rechtecks ändern und eine Führungslinie ein- oder ausschalten, die zu dem entsprechenden Ausdehnungs-Rechteck führt.

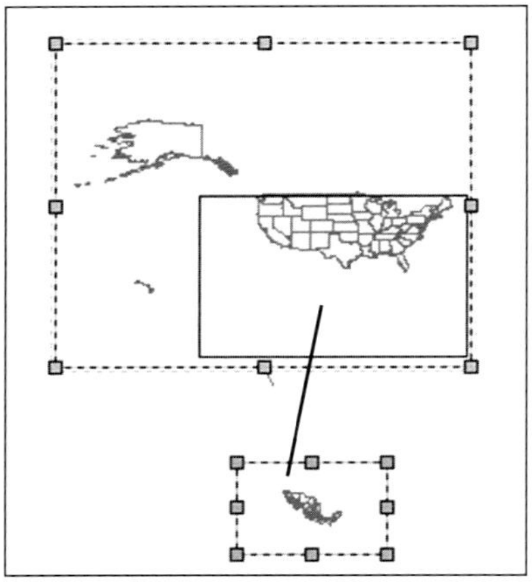

Mit den Pfeiltasten wird die Reihenfolge der Ausdehnungs-Rechtecke festgelegt. Ausdehnungs-Rechecke, die sich weiter oben in der Liste befinden, werden zuletzt gezeichnet (oben drauf).

4.6.9 Register: Rahmen

Im Register „Rahmen“ wird eine Umrandung, ein Hintergrund und ein Schatten für den Datenrahmen eingestellt. Sie sind in der Layout-Ansicht zu sehen. Wählen Sie aus den vorgegebenen Elementen (Umrandung, Hintergrund, Schatten) eines aus. Sie können ein vorgegebenes Element auch ändern. Klicken Sie dazu mit der rechten Maustaste auf ein Element und betätigen Sie den Menüeintrag „Eigenschaften“.

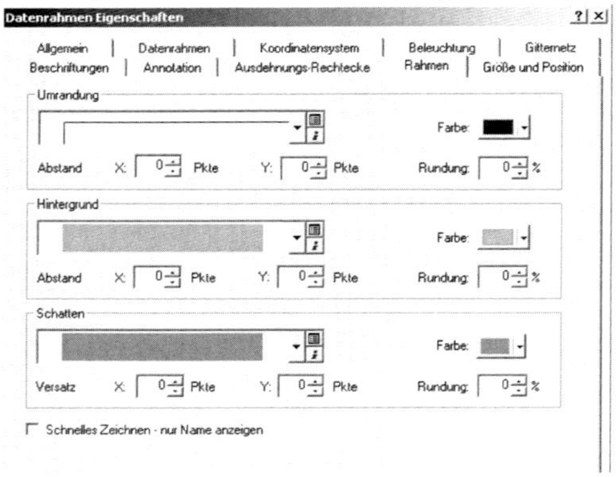

Für jedes Element kann ebenfalls die Farbe, die Rundung der Ecken sowie der Abstand (vertikal, horizontal) zu den Daten eingestellt werden.

Setzen Sie den Haken in die Box „Schnelles Zeichnen“, um während der Einstellungen nur den Rahmen und nicht die Daten der Layer zu zeichnen. Dies ist hilfreich bei großen Datenmengen.

4.6.10 Register: Größe und Position

Im Register „Größe und Position“ wird die Größe und Position des Datenrahmens in der Layout-Ansicht festgelegt. Die Positionsangaben beziehen sich auf die unter „Ankerpunkt“ festgelegte Stelle.

Wenn Sie den Datenrahmen um die Werte verschieben wollen, die unter „X“ und „Y“ angegeben sind, setzen Sie den Haken in die Box „Als Versatzentfernung“. Die Werte werden in den Seiten-Einheiten der Layout-Ansicht angegeben.

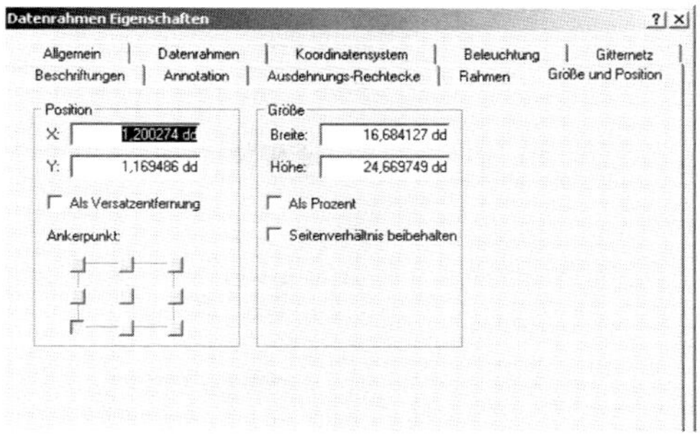

Unter „Größe“ kann die Breite und Höhe des Datenrahmens eingestellt werden. Soll das Seitenverhältnis (Höhe, Breite) des Datenrahmens beibehalten werden, so setzen Sie den Haken in die Box „Seitenverhältnis beibehalten“.

4.7 Die Eigenschaften eines Layers

Dieser Abschnitt gibt einen Überblick über die Eigenschaften eines Layers in ArcMap. Die meisten dieser Eigenschaften werden bei der Vorstellung der entsprechenden Funktionen in diesem Buch ausführlich beschrieben. Sehen Sie dazu in den entsprechenden Abschnitten (z. B. Maßstabsbereich, Auswahl von Objekten, Hyperlinks, Legenden, Symbologie) nach.

Der Dialog für die Eigenschaften eines Layers kann mit folgenden Menü oder durch Doppelklick auf den Layer im Inhaltsverzeichnis von ArcMap aufgerufen werden:

ArcMap-Kontextmenü: Layer
Eigenschaften...

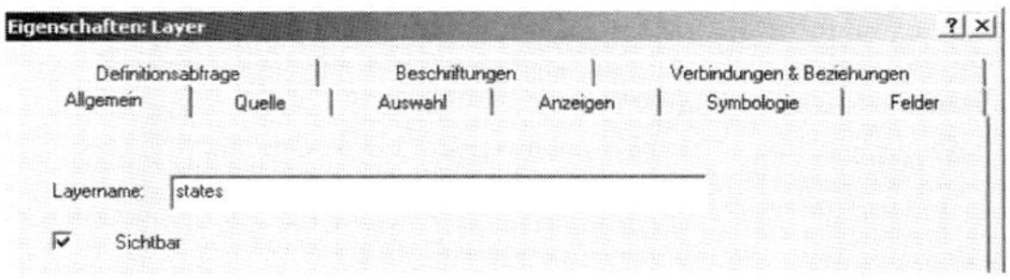

Das Dialogfenster für die Eigenschaften eines Layers hat neun Register.

4.7.1 Register: Allgemein

Unter „Layername“ können Sie hier den Namen des Layers, wie er im Inhaltsverzeichnis steht, ändern.

Setzen Sie den Haken in die Box „Sichtbar“, um den Layer zu zeichnen. Dies ist die gleiche Funktion wie das Setzen des Hakens im Inhaltsverzeichnis.

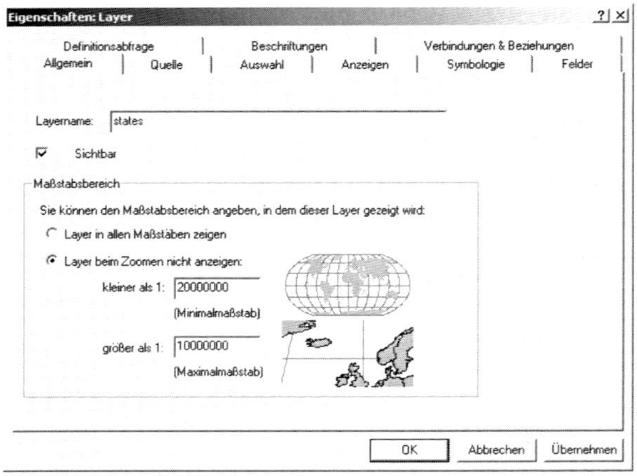

Unter „Maßstabsbereich" können Sie festlegen, ob ein Layer in allen Zoom-Stufen, d. h. bei jedem Maßstab, oder nur in einem bestimmten Maßstabsbereich angezeigt wird.

4.7.2 Register: Quelle

Es werden Informationen zu dem zugehörigen Datensatz – wie Datentyp (z. B. Shape-Feature-Class), Verzeichnispfad, in dem sich die Daten befinden, Geometrietyp (z. B. Punkt, Linie, Polygon) und Koordinatensystem, dem dieser Datensatz zugeordnet ist – angezeigt.

Mit der Schaltfläche „Datenquelle festlegen" können Sie für einen Layer den zugehörigen Datensatz neu festlegen. Ist z. B. der Datensatz eines Layers auf dem Datenträger verschoben, umbenannt oder gelöscht worden, so können Sie hiermit den neuen Verzeichnispfad angeben. Sie kön-

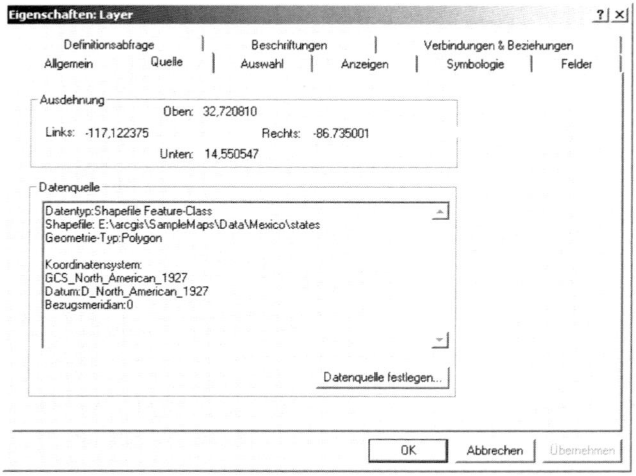

nen auch für einen Layer den Datensatz wechseln, um diesem die Layer-Eigenschaften (Legenden, Koordinatensystem usw.) zuzuweisen. Wenn ein Layer seine Datenquelle verloren hat, erscheint im Inhaltsverzeichnis neben dem Layernamen ein rotes Ausrufungszeichen. Klicken Sie mit der Maus darauf, so können Sie die Datenquelle ebenfalls neu festlegen.

Sollten mehrere Layer in einem Datenrahmen ihre Datenquelle verloren haben, so verwenden Sie diese Schaltfläche nicht, sondern folgendes Kontextmenü, mit dem alle Layer „repariert" werden, wenn sie im gleichen Verzeichnis liegen.

ArcMap-Kontextmenü: Layer
Daten:
Datenquelle festlegen...

4.7.3 Register: Auswahl

Unter den Eigenschaften des Layers im Register „Auswahl" können Sie die Auswahlfarbe und das Auswahlsymbol für einen bestimmten Layer

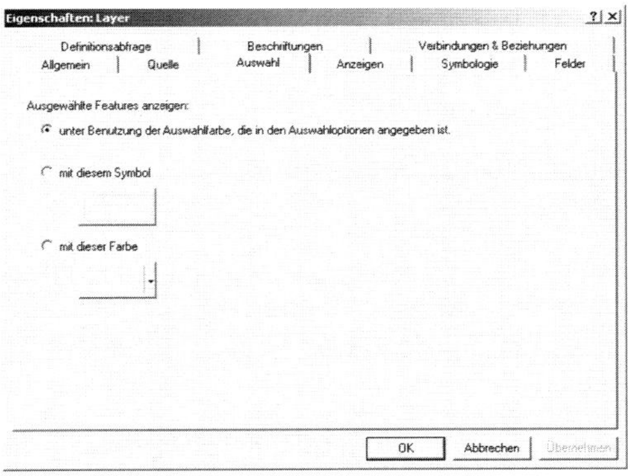

einstellen. Sie können damit für jeden Layer im Datenrahmen ein unterschiedliches Symbol auswählen. Wollen Sie für alle Layer das selbe verwenden, so setzen Sie den Schalter „unter Benutzung der Auswahlfarbe, die in den Auswahloptionen angegeben ist" und stellen Sie es unter den Optionen im Menü „Auswahl" ein. Ansonsten wählen Sie unter den Auswahlen „mit diesem Symbol" oder „mit dieser Farbe" ein eigenes Symbol oder eine eigene Farbe für den Layer aus.

4.7.4 Register: Anzeigen

Hier stellen Sie ein, ob Map-Tips angezeigt werden sollen. Ein Map-Tip zeigt beim Überfahren eines Objekts mit dem Mauszeiger einen Attributwert an. Dieses primäre Anzeigefeld wird im Register „Felder" eingestellt.

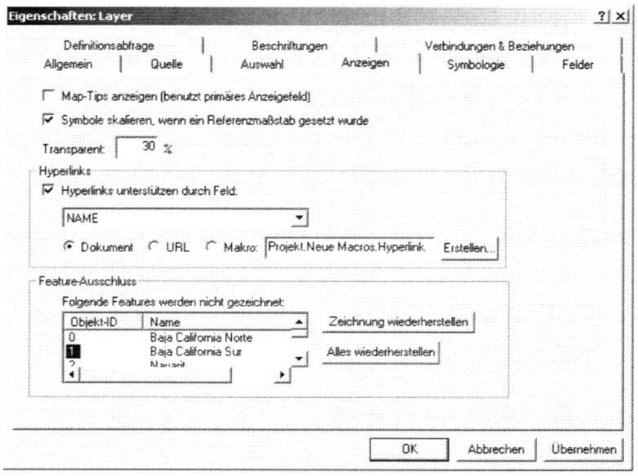

Um Symbole zu skalieren, setzen Sie den Haken in die entsprechende Box. Skalierte Symbole (z. B. Punktsymbole) ändern ihre Größe, wenn die Ausdehnung (der Maßstab) verändert wird. Symbole werden somit der Größe der Objekte angepasst. Die Skalierung funktioniert aber nur, wenn Sie vorher einen Referenzmaßstab (Bezugsmaßstab) gesetzt haben. Er legt das Größenverhältnis von Symbolen und Objekten bei einem vorgegebenen Maßstab fest. Den Bezugsmaßstab bestimmen Sie über folgendes Kontextmenü für einen Datenrahmen:

ArcMap-Kontextmenü: Datenrahmen
Bezugsmaßstab festlegen

Unter „Transparent" wird ein Layer transparent (durchsichtig) geschaltet. Geben Sie einen Wert zwischen 0 und 100 ein. Bei 100 % ist der Layer völlig durchsichtig, und alle darunter liegenden Layer können gesehen werden.

In „Hyperlinks" wird für feldunterstützte Hyperlinks das Attributfeld angegeben, das die Hyperlink-Ziele (z. B. ein Text-Dokument, eine Internetseite oder eine Bilddatei) enthält. Hier wird auch eingestellt, ob ein Dokument, eine Internetseite angezeigt oder ein Makro gestartet werden soll.

Unter „Feature-Ausschluss" werden alle Objekte angegeben, die mit dem Befehl „Features zu Grafik umwandeln" in eine Grafik umgewandelt wurden und somit keine Objekte mehr sind. Benutzen Sie die nebenstehenden Schaltflächen „Zeichnung wiederherstellen" und „Alles wiederherstellen", um die Objekte (vorher markieren) wieder zeichnen zu können.

4.7.5 Register: Symbologie

Die Symbologie erstellt die Legende für einen Layer. Die Legende wird im Inhaltsverzeichnis von ArcMap unter dem Layer dargestellt und kann in das Kartenlayout (Layout-Ansicht) übernommen werden.

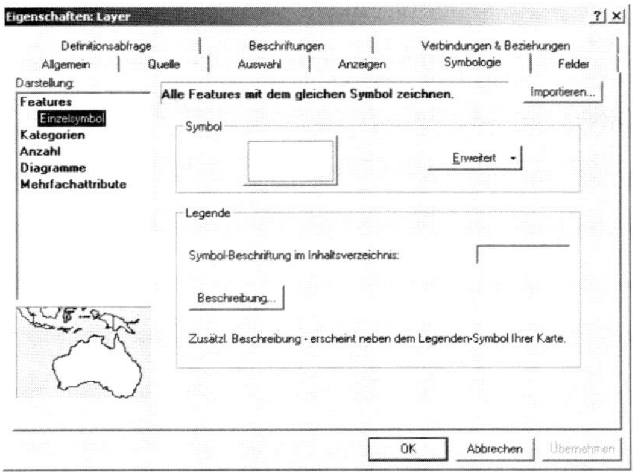

Die Legendenerstellung in ArcMap ist recht umfangreich. Sehen Sie dazu im Kapitel 8 „ArcView GIS-Funktionen" nach.

4.7.6 Register: Felder

In diesem Register wird das Primäranzeigefeld ausgewählt und das Aussehen (Erscheinungsbild) der zum Layer gehörigen Attributtabelle eingestellt.

Das Primäranzeigefeld wird von den Map-Tips, der Beschriftung von Objekten und dem Werkzeug „Identifizieren" genutzt. Sehen Sie dazu in den entsprechenden Abschnitten dieses Buches nach.

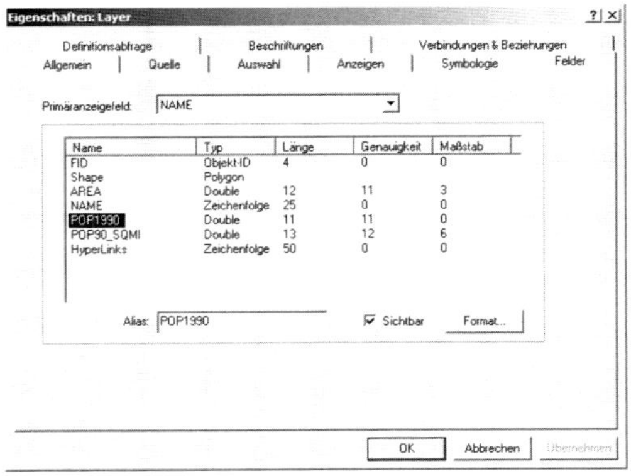

In der Mitte des Registers „Felder" sind alle Attribute aufgelistet, die die entsprechende Tabelle enthält. Für die Felder ist jeweils der Feldname, der Feldtyp (numerisch, Zeichenfolge/Text usw.), die Gesamtlänge (inklusive Dezimalkomma) sowie die Vor- und Nachkommastellen (Genauigkeit, Maßstab) für numerische Felder aufgelistet. Diese Einstellung bezieht sich auf die Definition des Feldes und nicht auf ihre Anzeige in der Tabelle. Die Anzeige wird mit der Schaltfläche „Format" eingestellt.

Für numerische Felder kann die Anzeige des Zahlenformats (dezimal, wissenschaftlich, Anzahl der Vor- und Nachkommastellen usw.) mit der Schaltfläche „Format" eingestellt werden.

Sie können einen Alias-Namen vergeben und ein Feld unsichtbar machen. Markieren Sie dazu das entsprechende Feld und drücken Sie die Schaltfläche „Übernehmen".

4.7.7 Register: Definitionsabfrage

Bei der Definitionsabfrage wird festgelegt, welche Objekte eines Layers gezeichnet werden sollen. Dies ist dann von Vorteil, wenn aus einem sehr großen Datensatz nur bestimmte Objekte für eine Abfrage oder Anzeige benötigt werden. Die Darstellung beschränkt sich damit auf die ausgewählten Objekte, womit die Darstellung beschleunigt wird.

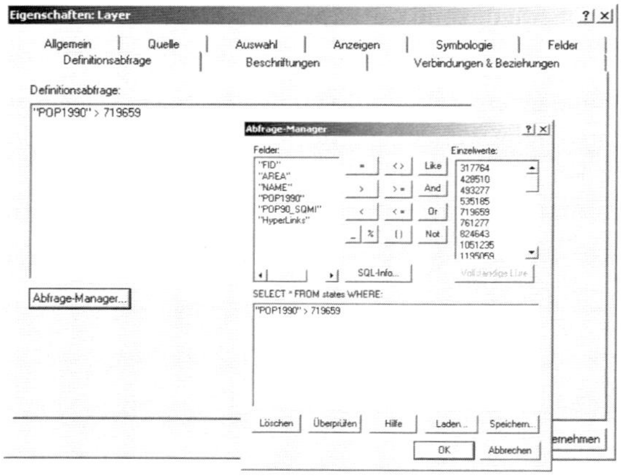

Der Abfrage-Manager erlaubt die Auswahl mit einer Abfrage auf die Attributwerte der zugehörigen Attributtabelle.

4.7.8 Register: Beschriftungen

In diesem Register werden die Einstellungen von Beschriftungen für die Objekte eines Layers vorgenommen.

Die Beschriftung in ArcMap ist sehr umfangreich. Lesen Sie darüber im Kapitel 8 „ArcView GIS-Funktionen" nach.

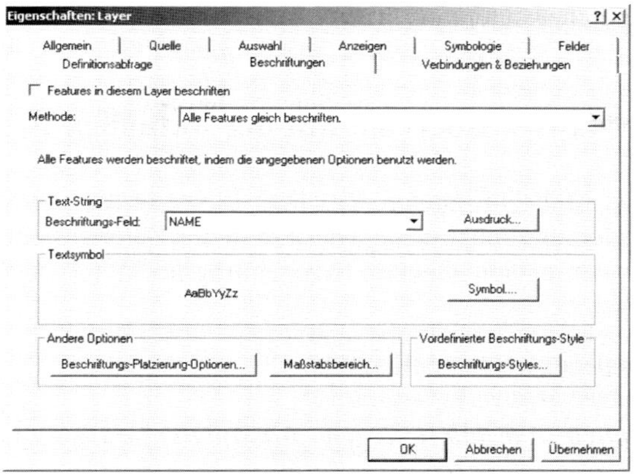

4.7.9 Register: Verbindungen & Beziehungen

Das Register gibt einen Überblick über alle Tabellen, die mit der Attributtabelle dieses Layers verbunden sind oder in Beziehung stehen. Sie können hier weitere Tabellen mit der Attributtabelle verbinden oder in Beziehung setzen.

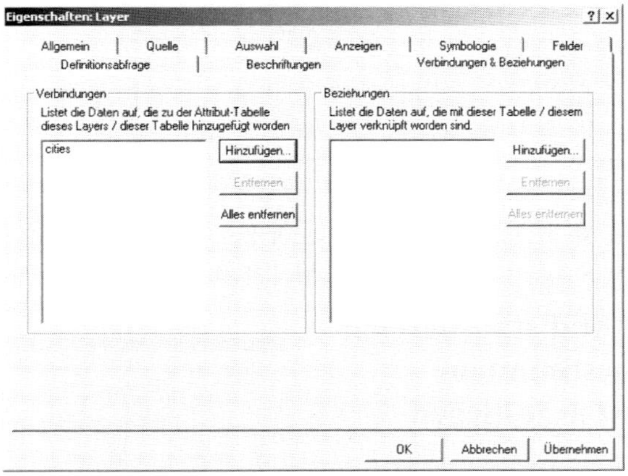

Über Verbindungen und Beziehungen sehen Sie in Kapitel 8 „ArcView GIS-Funktionen" nach.

4.8 Maßstabsbereich für die Anzeige eines Layers

Ein Layer wird normalerweise bei jedem Maßstab in der Daten-Ansicht gezeichnet. Bei kleinen Maßstäben kann die Daten-Ansicht mit Objekten so überladen sein, dass kein Objekt mehr vernünftig erkennbar ist. Es ist daher sinnvoll, den Layer bei bestimmten Maßstäben nicht mehr zu zeichnen. Mit der Festlegung eines Maßstabsbereiches wird der Layer außerhalb des Bereiches automatisch aus-, innerhalb des Bereichs jedoch eingeschaltet.

4.8.1 Maßstabsbereich mit der aktuellen Ausdehnung

Um den Maßstabsbereich für einen Layer festzulegen, zoomen Sie zum minimalen und maximalen Maßstab in der Datenansicht und betätigen Sie jeweils den entsprechenden Menüeintrag im Menü „Sichtbarer Maßstabsbereich":

<u>ArcMap-Kontextmenü: Layer</u>
Sichtbarer Maßstabsbereich:
Minimalen Maßstab festlegen / Maximalen Maßstab festlegen

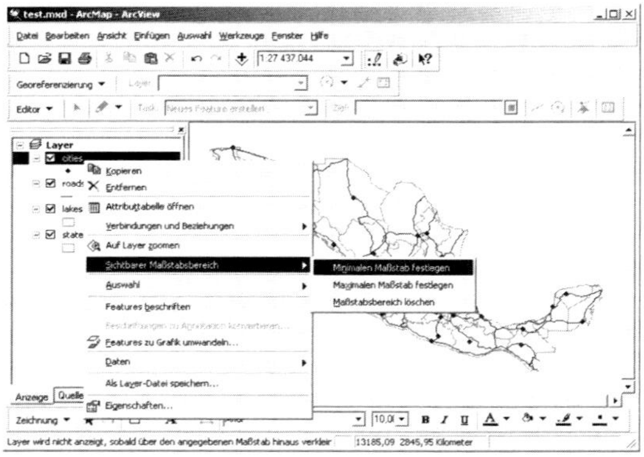

Wollen Sie, dass der Layer wieder bei jedem Maßstab angezeigt wird, so wählen Sie den Menüeintrag „Maßstabsbereich löschen".

4.8.2 Maßstabsbereich mit bestimmtem Maßstab festlegen

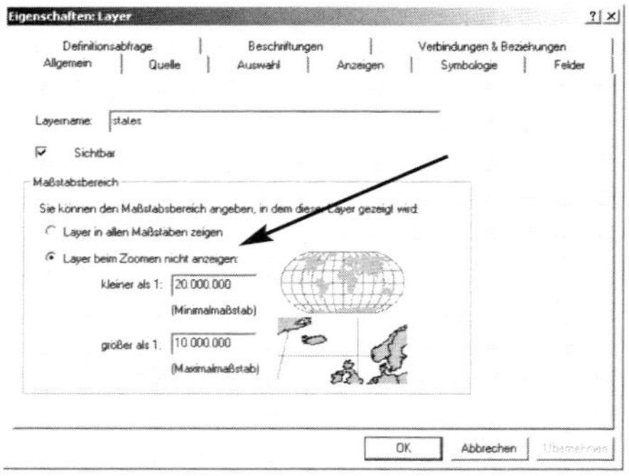

Sie können den Maßstabsbereich auch mit fest vorgegebenen Maßstabszahlen setzen. Die Einstellungen können in den Layer-Eigenschaften (rechte Maustaste auf den Layer) im Register „Allgemein" vorgenommen werden.

4.9 Räumliche Lesezeichen

Ein räumliches Lesezeichen markiert eine zuvor eingestellte Ausdehnung im Datenfenster von ArcMap. Damit können Sie bestimmte Ausdehnungen markieren und mit Hilfe eines in einem Menü definierten Menüeintrages exakt zwischen ihnen hin- und her schalten.

4.9.1 Räumliches Lesezeichen erstellen

Um einen Ausschnitt mit einem Lesezeichen zu markieren, zoomen Sie zu dem gewünschten Ausschnitt in der Daten-Ansicht des Datenfensters. Betätigen Sie folgendes Menü:

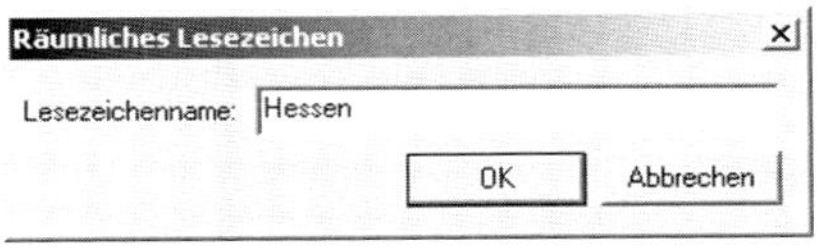

ArcMap-Hauptmenü:
Ansicht:
Lesezeichen: Erstellen

Geben Sie einen Namen für diesen Ausschnitt an und drücken Sie die Schaltfläche „OK“. Wählen Sie einen anderen Ausschnitt und legen Sie auch dafür einen Namen fest.

4.9.2 Ausschnitt mit Lesezeichen aufrufen

Um zu einem festgelegten Ausschnitt zu zoomen, betätigen Sie einfach das entsprechende Lesezeichen. Sie finden es im Menü:

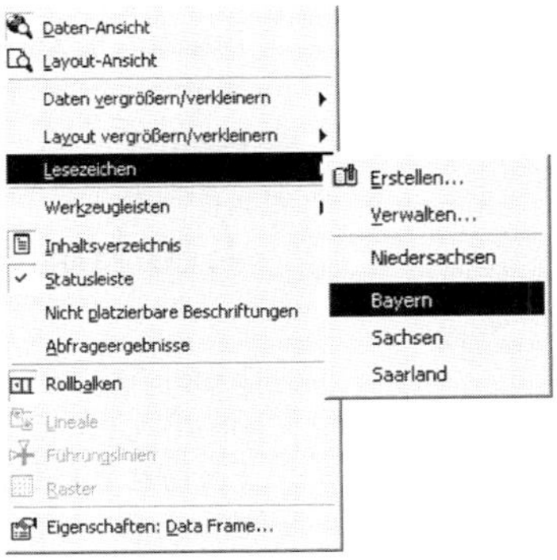

ArcMap-Hauptmenü:
Ansicht:
Lesezeichen: Bayern

4.9.3 Räumliche Lesezeichen verwalten

Mit folgendem Menü lassen sich Lesezeichen entfernen, umbenennen und auf den Ausschnitt zoomen (Doppelklick), der dem Lesezeichen entspricht. Wenn Sie ein Lesezeichen markieren und nochmals darauf klicken, so können Sie den Namen verändern.

ArcMap-Hauptmenü:
Ansicht:
Lesezeichen: Verwalten

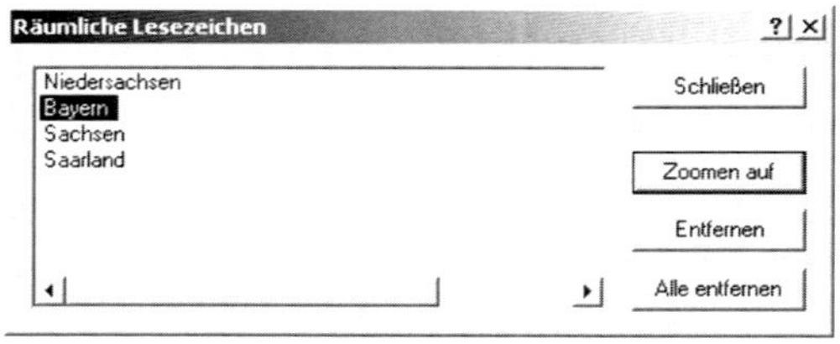

Sie können ein räumliches Lesezeichen auch im Dialogfenster „Abfrageergebnisse" setzen. Bei Betätigung des Lesezeichens wird dann auf das entsprechende Objekt gezoomt.

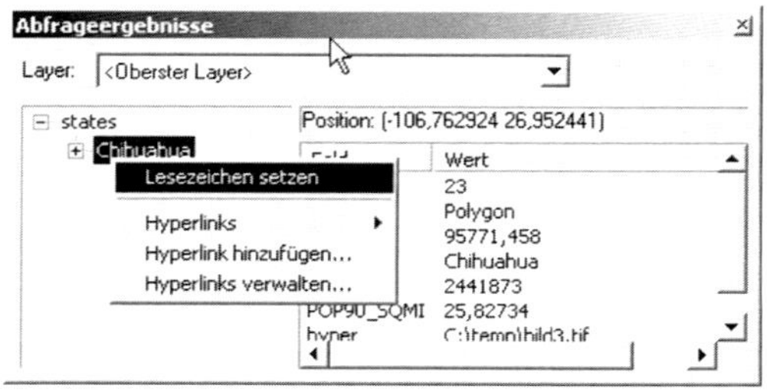

Betätigen Sie das Werkzeug „Identifizieren" in der Werkzeugleiste „Werkzeuge" und klicken Sie auf ein Objekt in der Daten-Ansicht.

Betätigen Sie die rechte Maustaste auf einem Eintrag im linken Teil des Abfrageergebnis-Fensters und setzen Sie für dieses Objekt das Lesezeichen.

4.10 Import von ArcView 3.x-Projekten

Eine ArcView 3.x-Sitzung wird in einer *.apr-Datei (ArcView-Projekt) protokolliert. In ArcGIS (somit also auch in ArcView 8) wurde ein neues Format für die Speicherung der ArcGIS-Aktivitäten definiert. Diese werden nun in einer *.mxd-Datei gespeichert. Diese Datei wird auch Karte oder Kartendokument genannt. Ein Umsteiger von ArcView 3.x nach ArcGIS benötigt daher eine Funktion, die eine apr-Datei in ein Kartendokument einliest. Da ArcGIS sich in einigen Punkten von ArcView 3.x unterscheidet, ist eine 1:1-Übertragung eines ArcView-Projektes in ein ArcGIS-Kartendokument nicht möglich.

Im Folgenden wird erläutert, welche Elemente aus ArcView 3.x nach ArcGIS importiert werden können, und gezeigt, wo es Einschränkungen gibt.

Ein View aus ArcView 3.x wird in einen Datenrahmen importiert. Nicht alle View-Eigenschaften werden auf die Eigenschaften des Datenrahmens übertragen, da Art und Anzahl der Eigenschaften unterschiedlich ist.

Ein Thema aus ArcView 3.x wird in einen Layer importiert. Es werden Vektorthemen (Shapefiles, Coverages...) und Rasterthemen (Grids, TIFFs...) mit den zugehörigen Legenden von ArcGIS übernommen. Einige der Themeneigenschaften, wie Textbeschriftungen und HotLinks, können nicht importiert werden.

Ein Layout aus ArcView 3.x wird in das Layout von ArcGIS importiert. Da in ArcView 3.x mehrere Layouts möglich sind, es in ArcGIS jedoch nur ein Layout gibt, muss vor dem Import entschieden werden, welches Layout übertragen werden soll.

Die meisten Elemente aus dem ArcView 3.x-Layout werden übertragen. Einige können jedoch unterschiedlich sein, da z. B. die Nordpfeile oder Maßstabsleisten in beiden Programmen unterschiedlich sein können. Um mehrere ArcView 3.x-Layouts nach ArcGIS zu übertragen, importieren Sie jedes Layout in ein ArcGIS-Kartendokument (*.mxd-Datei).

Grafiksymbole, wie Punkte, Polygone (keine Muster), Linien (nur die Linienfarbe), werden in Grafiken von ArcGIS importiert.

Folgende ArcView3.x-Elemente können nicht importiert werden:

- Tabellen
- Diagramme
- CAD-Themen
- Verbindungen und Verknüpfungen
- Avenue-Scripts
- 3D-Szenen aus dem 3D-Analyst

Wegen der oben genannten Schwierigkeiten ist eine vollkommene Übersetzung eines Projektes in ein Kartendokument nicht möglich. Für komplexere Projekte kann diese Funktion jedoch sehr hilfreich sein. In den meisten Fällen ist ein Nacharbeiten des Kartendokuments nötig.

Um den Import zu starten, betätigen Sie folgendes Menü in einem neuen, leeren Kartendokument:

<u>ArcMap-Hauptmenü:</u>
Datei:
Aus einem ArcView-Projekt importieren...

Geben Sie das ArcView 3.x-Projekt an, das Sie importieren wollen. Wählen Sie ein Layout aus der List-Box aus. In diesem Fall können ebenfalls nur die zu diesem Layout gehörigen Views mit importiert werden. Der Haken wird für diese Views automatisch gesetzt.

Wenn Sie „Keine“ Layouts auswählen, können Sie jedes beliebige (auch mehrere) Views importieren.

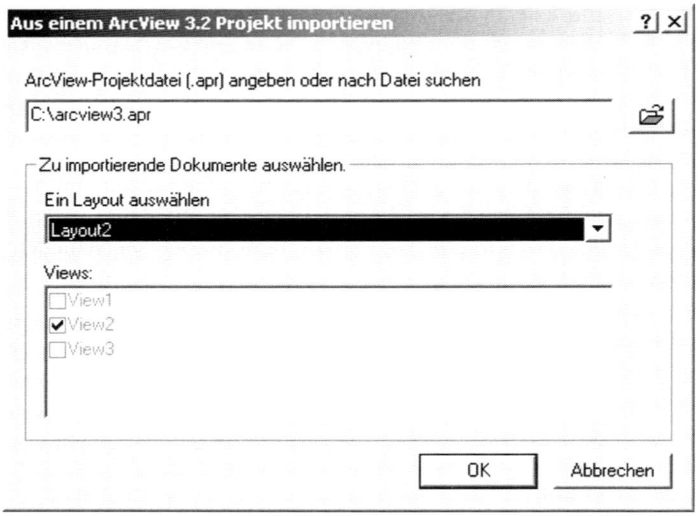

Drücken Sie die Schaltfläche „OK“, um den Import zu starten. Die Elemente von ArcView 3.x werden, soweit es möglich ist, nach ArcGIS übertragen und können als Kartendokument gespeichert werden.

4.11 Hilfe für ArcMap

Wenn Sie Hilfe für ArcMap benötigen, so haben Sie nachfolgend beschriebene Möglichkeiten. Eine genaue Beschreibung und weitere Hilfen finden Sie im Kapitel „Hilfe für ArcView“.

Allgemeine Hilfe für ArcView

<u>ArcMap-Hauptmenü:</u>
Hilfe:
ArcGIS Desktop Hilfe (F1)

Kontexthilfe (Direkthilfe)

<u>ArcMap-Hauptmenü:</u>
Hilfe:
Direkthilfe (Shift+F1): Auf ein Werkzeug oder Menü klicken

5 ArcToolbox

5.1 Einleitung und Funktionsübersicht

5.1.1 Einleitung

Die ArcToolbox ist das Werkzeug-Set von ArcView. Sie finden hier über ArcMap hinaus weitere Funktionen zur Bearbeitung raumbezogener Daten. In diesem Kapitel werden die Grundlagen beschrieben, die für die Bedienung der ArcToolbox wichtig sind. Die Bedeutung und Bedienung der in der ArcToolbox enthaltenen Werkzeuge (Funktionen) werden im Kapitel „ArcView GIS-Funktionen“ ausführlich behandelt. In diesem Kapitel lernen Sie wie:

- die ArcToolbox gestartet wird sowie ihren generellen Aufbau
- Sie Hilfe bekommen
- eine Funktion gestartet wird
- die Ansicht der ArcToolbox verändert werden kann
- ein neues Werkzeug-Set hinzugefügt wird
- in ein neues Werkzeug-Set Werkzeuge hinzugefügt werden
- Programme (*.exe-Dateien) von der ArcToolbox gestartet werden können

5.1.2 Starten und Beenden der ArcToolbox

Die ArcToolbox wird wie jedes andere Windows-Programm gestartet. Dazu benutzen Sie das Programmsymbol auf Ihrem Desktop (Windows-Benutzeroberfläche) oder, falls dieses nicht eingerichtet wurde, unter „Start“:

Programme: ArcGIS: ArcToolbox

Die ArcToolbox kann auch vom ArcCatalog aus gestartet werden.

ArcToolbox beenden

Die ArcToolbox wird beendet mit dem Menü:

ArcToolbox-Hauptmenü:
Werkzeuge:
Beenden

5.1.3 Aufbau der ArcToolbox

Nach dem Start der ArcToolbox erscheint ein Fenster, in dem die Werkzeuge (Funktionen) ähnlich wie der Verzeichnisbaum des Windows Explorers organisiert sind.

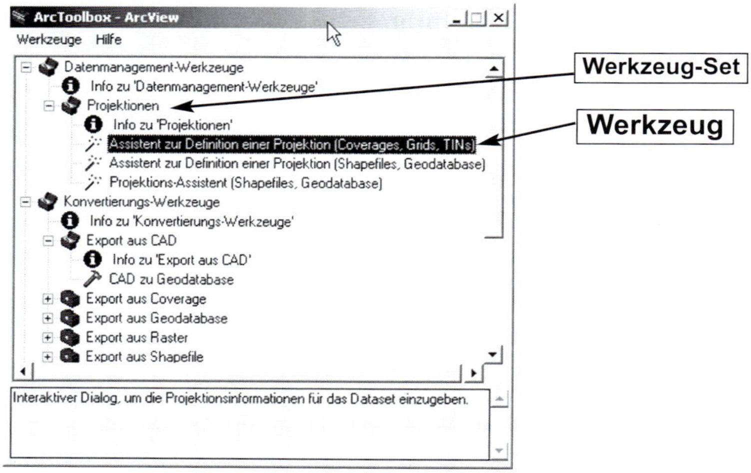

In dieser Struktur gibt es Werkzeug-Sets, in denen die Werkzeuge organisiert sind. In ArcView 8 existieren folgende Haupt-Werkzeug-Sets:

- Datenmanagement-Werkzeuge
- Konvertierungs-Werkzeuge
- Meine Werkzeuge

Das Set **Konvertierungs-Werkzeuge** enthält neben einem Infoeintrag (allgemeine Informationen) eine große Menge von Werkzeugen zur Umwandlung (Import, Export) der wichtigsten raumbezogenen Datenformate (z. B. kann damit eine Shapedatei in das DXF-Format umgewandelt werden).

Das Set **Datenmanagement-Werkzeuge** enthält neben dem Infoeintrag das Werkzeug-Set „Projektionen" und darunter ein Werkzeug zur Definition von Projektionen für Shapefiles (Geodatabase) sowie ein Werkzeug zur Änderung der Projektion eines Shapefiles (Geodatabase).

Das Set **Meine Werkzeuge** enthält neben dem Infoeintrag das Werkzeug „Assistent zum Hinzufügen einer benutzerdefinierten EXE-Datei", mit dem Programme (*.exe-Dateien) als Funktion in die ArcToolbox unter „Meine Werkzeuge" eingefügt werden können.

5.1.4 Hilfe für ArcToolbox

Wenn Sie Hilfe benötigen, so haben Sie vier Möglichkeiten, die nachfolgend aufgeführt werden. Eine genaue Beschreibung der Hilfe finden Sie in Kapitel 7 „Hilfe für ArcView“.

1. Hilfethemen für die ArcToolbox:

   Drücken der Taste F1

2. Ein Werkzeug nach verschiedenen Kriterien suchen:

   ArcToolbox-Hauptmenü:
   Werkzeuge:
   Suchen (Strg+F)

3. Hilfe für ein bestimmtes Werkzeug:

   ArcToolbox-Kontextmenü: Werkzeug
   Hilfe

4. Allgemeine Hilfe für ArcView:

   ArcToolbox-Hauptmenü:
   Hilfe:
   ArcGIS Desktop Hilfe

5.2 Werkzeuge starten und Optionen einstellen

5.2.1 Werkzeuge starten

Um ein Werkzeug zu starten, gibt es die folgenden drei Möglichkeiten:

1. Doppelklick auf ein Werkzeug

2. Das Werkzeug markieren und folgendes Menü betätigen:

   ArcToolbox-Hauptmenü:
   Werkzeuge:
   Öffnen

3. Das Werkzeug markieren und folgendes Kontextmenü betätigen:

   ArcToolbox-Kontextmenü: Werkzeug:
   Öffnen

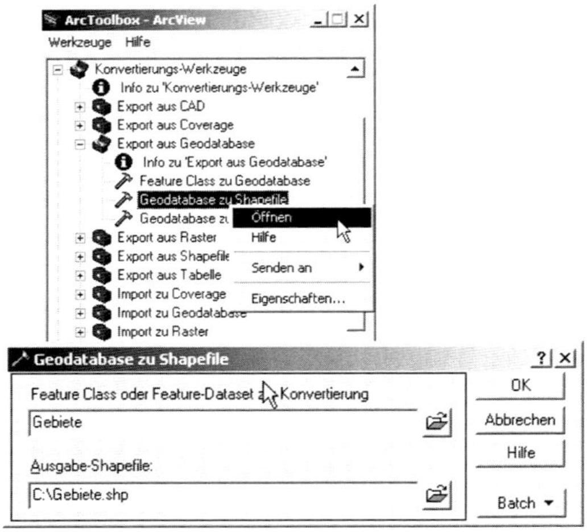

Eine kurze Beschreibung des Werkzeuges finden Sie im unteren Teil des ArcToolbox-Fensters oder in den Eigenschaften, die Sie für ein markiertes Werkzeug mit einem der folgenden Menüs aufrufen:

ArcToolbox-Hauptmenü:
Werkzeuge:
Eigenschaften

ArcToolbox-Kontextmenü: Werkzeug:
Eigenschaften

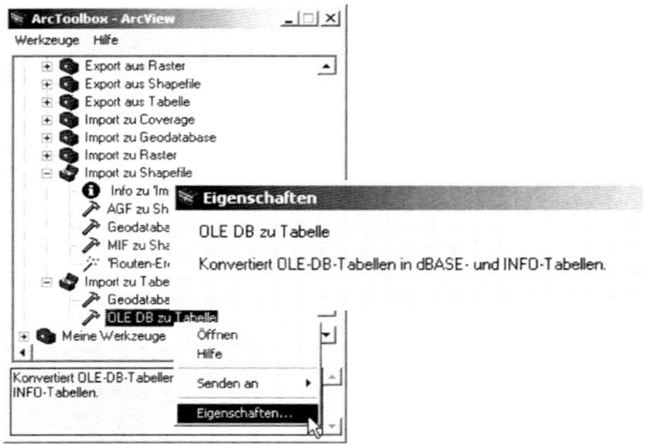

Eine genaue Beschreibung oder Hilfe für ein Werkzeug bekommen Sie mit dem Kontextmenü:

ArcToolbox-Kontextmenü: Werkzeug:
Hilfe

Suchen Sie ein bestimmtes Werkzeug, so verwenden Sie folgendes Menü:

ArcToolbox-Hauptmenü:
Werkzeuge:
Suchen (Strg+F)

Hiermit können Sie Werkzeuge nach unterschiedlichen Kriterien suchen (siehe auch Kapitel 7 „Hilfe für ArcView").

5.2.2 Optionen für die ArcToolbox

Unter Optionen können globale Einstellungen für die ArcToolbox vorgenommen werden. Sie können die Werkzeug-Sets und Werkzeuge bis zur dritten Ebene des Verzeichnisbaumes der ArcToolbox ausblenden, den Hilfetext im unteren Teil des ArcToolbox-Fensters ausschalten und die Lage der Dialogfenster in den Vordergrund bringen. Die Einstellungen lassen sich im Fenster „Optionen" vornehmen. Betätigen Sie dazu folgendes Menü:

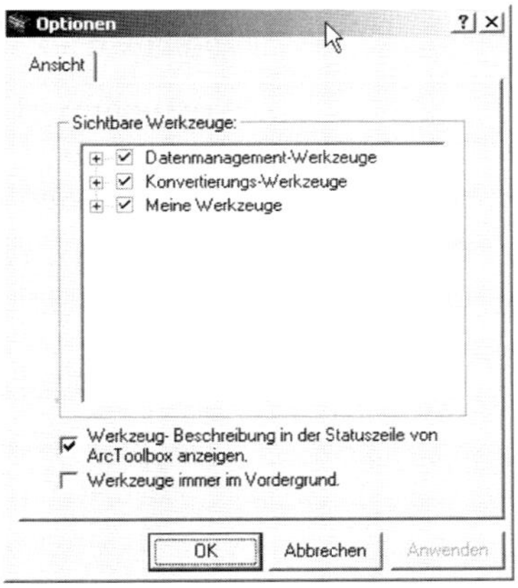

ArcToolbox-Hauptmenü:
Werkzeuge:
Optionen (Strg+O)

Werkzeug-Sets ein- oder ausschalten

Um die Arbeit mit der ArcToolbox zu vereinfachen, können wenig oder nicht benötigte Werkzeuge abgeschaltet werden. Im Fenster „Optionen" unter dem Register „Ansicht" können durch Entfernen oder Setzen der Haken Werkzeug-Sets oder Werkzeuge deaktiviert oder aktiviert werden.

Weitere Einstellungen

Im Fenster „Optionen" haben Sie die Möglichkeit, die Beschreibungstexte für die Werkzeuge, die sich im unteren Teil des ArcToolbox-Fensters befinden, ein- oder auszuschalten. Außerdem können die von der ArcToolbox erzeugten Fenster immer auf die oberste Ebene aller Fenster in der Windows-Benutzeroberfläche gesetzt werden. Das vereinfacht die Bedienung der ArcToolbox-Funktionen. Setzen Sie dazu den entsprechenden Haken unten im Fenster „Optionen".

5.3 Hinzufügen neuer Werkzeug-Sets und Werkzeuge

5.3.1 Neues leeres Werkzeug-Set hinzufügen

Unterhalb des Werkzeug-Sets „Meine Werkzeuge“ können eigene neue Werkzeug-Sets eingefügt werden. Ein neues leeres Werkzeug-Set erzeugen Sie mit einem der folgenden Menüs:

Das Werkzeug-Set „Meine Werkzeuge“ im Verzeichnisbaum der ArcToolbox markieren.

ArcToolbox-Hauptmenü:
Werkzeuge:
Werkzeug-Set hinzufügen

ArcToolbox-Kontextmenü: Meine Werkzeuge:
Werkzeug-Set hinzufügen

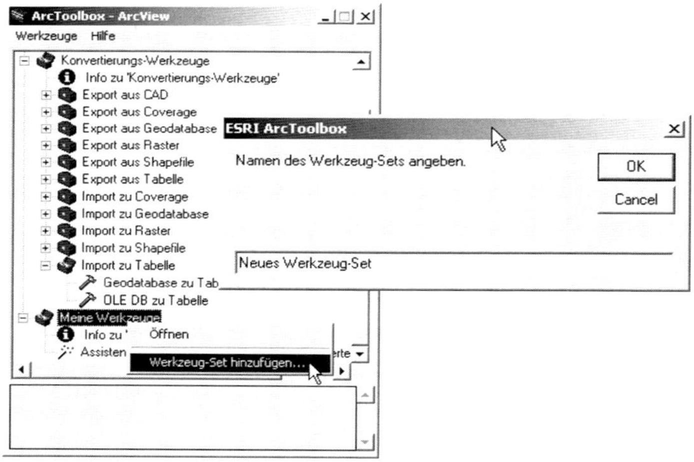

Die selbst erzeugten Werkzeug-Sets können umbenannt oder auch wieder gelöscht werden mit:

ArcToolbox-Hauptmenü:
Werkzeuge:
Löschen oder Umbenennen

5.3.2 Werkzeuge ins Werkzeug-Set „Meine Werkzeuge" einfügen

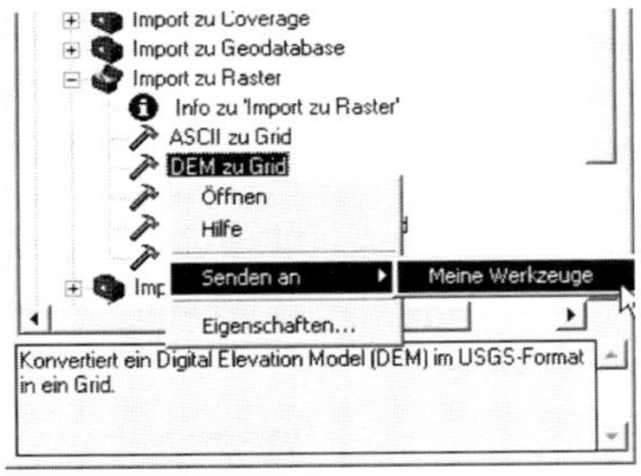

Alle Werkzeuge der ArcToolbox können in das Werkzeug-Set „Meine Werkzeuge" oder in ein weiteres, darunter liegendes, selbst erzeugtes Werkzeug-Set eingefügt werden. Sie können sich damit einen Satz an Werkzeugen für eine bestimmte Aufgabe zusammenstellen. Markieren Sie im Verzeichnisbaum der ArcToolbox ein Werkzeug und benutzen Sie eines der folgenden Menüs:

<u>ArcToolbox-Hauptmenü:</u>
Werkzeuge:
Senden an: Ziel-Werkzeug-Set

<u>ArcToolbox-Kontextmenü: Werkzeug</u>
Senden an: Ziel-Werkzeug-Set

Das Entfernen oder Umbenennen der selbst erzeugten Werkzeuge erfolgt mit:

<u>ArcToolbox-Kontextmenü: Werkzeug / Werkzeug-Set</u>
Löschen oder Umbenennen

5.3.3 Programme (*.exe-Dateien) in ArcToolbox einbauen

Jede ausführbare Datei unter Windows (*.exe-Datei) lässt sich als Werkzeug in das Werkzeug-Set „Meine Werkzeuge" einfügen. Diese Programme (z. B. Text, Datenbank, ArcExplorer...) lassen sich dann aus der ArcToolbox heraus starten.

Doppelklick auf „Assistent zum Hinzufügen einer benutzerdefinierten EXE-Datei" im Werkzeug-Set „Meine Werkzeuge" der ArcToolbox startet den Dialog zur Erstellung des neuen Werkzeuges. Statt Doppelklick können Sie auch die beiden folgenden Menüs benutzen. Markieren Sie dafür zunächst „Assistent zum Hinzufügen einer benutzerdefinierten EXE-Datei" im Werkzeug-Set „Meine Werkzeuge" der ArcToolbox.

<u>ArcToolbox-Hauptmenü:</u>
Werkzeuge:
Öffnen

<u>ArcToolbox-Kontextmenü: Assistent zum Hinzufügen einer benutzerdefinierten EXE-Datei</u>
Öffnen

Geben Sie die zum Programm gehörige *.exe-Datei an. Darüber hinaus werden Sie aufgefordert anzugeben, in welches Werkzeug-Set das neue Werkzeug eingefügt werden soll. Ein Argument für das Programm, z. B. Projektdatei für ArcView 3.x, einen Namen für das neue Werkzeug und eine kurze Beschreibung, werden abgefragt. Ein Schlüsselwort für das Werkzeug „Suchen" und für die Hilfe werden in weiteren Dialogboxen eingegeben.

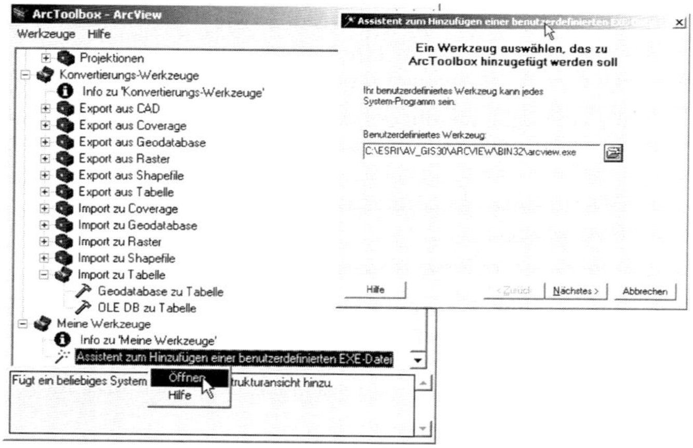

Wollen Sie den Originalzustand der ArcToolbox wiederherstellen, so löschen Sie folgende Datei:

Winnt\Profiles\„UserID"\Anwendungsdaten\ESRI\ArcToolbox\ArcToolbox.atb

Wenn die Datei gelöscht ist, erscheint die Benutzeroberfläche der ArcToolbox wieder im Originalzustand.

6 Anpassen der Benutzeroberfläche

6.1 Einleitung

Die Benutzeroberfläche von ArcCatalog und ArcMap lässt sich in ihrem Erscheinungsbild verändern und so an die Bedürfnisse des Anwenders anpassen. Die Erläuterungen in diesem Abschnitt sind für ArcCatalog und ArcMap, bis auf kleine Unterschiede, gleich. Neben den grundsätzlichen Veränderungen an der Benutzeroberfläche lassen sich neue Werkzeuge und Menüs einfügen und mit vorhandenen und neu programmierten Funktionen belegen.

Die Benutzeroberfläche enthält Menü- und Werkzeugleisten. Diese enthalten Menüeinträge und Werkzeuge, die bei Betätigung bestimmte Funktionen auslösen.

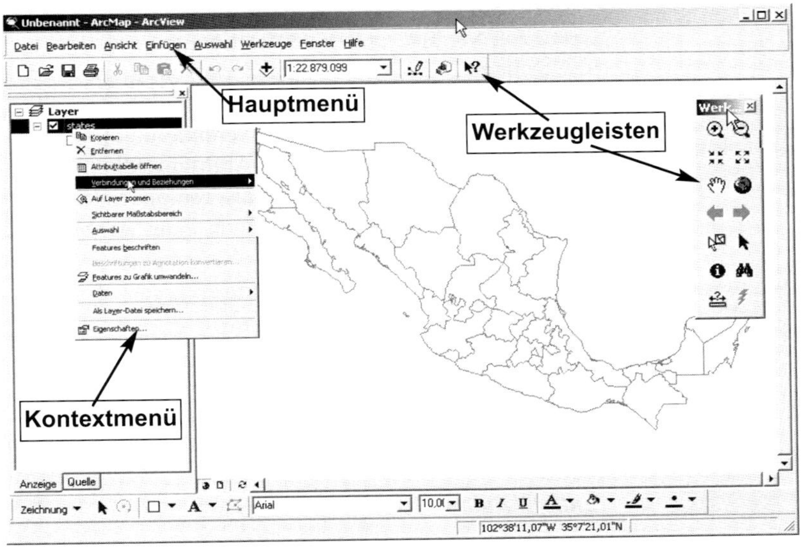

Neben der Hauptmenüleiste und den Werkzeugleisten gibt es eine Vielzahl von Kontextmenüs, die durch Drücken der rechten Maustaste auf ein bestimmtes Element der Benutzeroberfläche aufgerufen werden.

Die Veränderung der Benutzeroberfläche ist einfach. Mit dem Fenster für die „Anpassung“ lassen sich alle Veränderungen durchführen. Folgende Veränderungen sind möglich:

– Eingebaute Werkzeugleisten und Menüs können ein- oder ausgeblendet werden

- Neue, eigene Werkzeugleisten und Menüs können erstellt, umbenannt und wieder entfernt werden
- Eingebauten und neuen Werkzeugen und Menüs können beliebige (vorhandene oder neu entwickelte) Funktionen mit „Drag & Drop“ zugeordnet werden
- ArcCatalog und ArcMap enthalten als Programmiersprache Visual Basic for Applikation (VBA), mit der eigene Funktionen erstellt können und mit denen die Funktionalität von ArcView erweiterbar ist. Außerdem ist eine Automatisierung komplexer Funktionsabläufe möglich

In den nächsten Abschnitten werden alle Möglichkeiten zur Veränderung der Benutzeroberfläche aufgezeigt. Die Bedienung ist einfach, allerdings erfordert die Entwicklung neuer Funktionen mit Visual Basic gute Programmierkentnisse und Kentnisse über die Objekte von ArcObjects. In vielen Fällen gibt es schon entwickelte Programme (z. B. von Kollegen, aus dem Internet, von Ingenieurbüros). Diese brauchen dann nur in ArcView eingebunden zu werden.

Bevor Sie Veränderungen an der Benutzeroberfläche vornehmen, müssen Sie festlegen, wo diese Veränderungen gespeichert werden sollen. In ArcMap können diese so gespeichert werden, dass alle folgenden ArcMap-Dokument-Sitzungen mit dieser Veränderung (Normal.mxt) gestartet werden oder nur für das aktuelle ArcMap-Dokument (*.mxd) gelten. Die Veränderungen lassen sich auch als Templates (Schablonen – *.mxt) speichern, die dann, wenn benötigt, von jeder ArcMap-Sitzung genutzt werden können.

Sollten Sie einmal ungewollt Veränderungen in der Datei „Normal.mxt“ und diese somit für alle ArcMap-Sitzungen gespeichert haben, so können Sie das nur rückgängig machen, indem die Datei „Normal.mxt“ im Verzeichnis:

Winnt\Profiles\„User-ID“\Anwendungsdaten\ESRI\ArcMap\Templates
(unter Windows NT) oder:

Dokumente und Einstellungen\„User-ID“\Anwendungsdaten\ESRI\ArcMap\Templates
(unter Windows 2000 und XP)

löschen. Nach dem Löschen der Datei erscheint die Benutzeroberfläche wieder im Originalzustand. Das Gleiche gilt für den ArcCatalog; allerdings muss dazu die Datei „Normal.gxt“ in folgendem Verzeichnis gelöscht werden:

Winnt\Profiles\„User-ID“\Anwendungsdaten\ESRI\ArcCatalog
(unter Windows NT) oder:

Dokumente und Einstellungen\„User-ID“\Anwendungsdaten\ESRI\ArcCatalog
(unterWindows 2000 und XP)

In den nächsten Abschnitten wird Folgendes genauer erläutert:

- Starten der Anpassung
- Werkzeugleisten ein-/ausschalten
- Verschieben der Werkzeugleisten und Werkzeuge
- Neue Werkzeugleisten und Menüs einfügen
- UIControls einfügen und neue Funktionen erstellen
- VBA-Programm in die Benutzeroberfläche einbinden
- Makros erstellen und in die Benutzeroberfläche einbinden
- Sperren der Anpassung
- Einstellen der Sicherheitsregeln gegen Viren

6.2 Starten der Anpassung

Um eine Anpassung an der Benutzeroberfläche durchführen zu können, muss sie gestartet, d. h. das Fenster für die Anpassung geöffnet werden. Ist dieses Fenster offen, kann die Oberfläche verändert werden. Die zu den Werkzeugen und Menüs gehörigen Funktionen können dann aber nicht ausgeführt werden. Das Fenster für die Anpassung wird mit dem Menüeintrag:

<u>ArcMap, ArcCatalog-Hauptmenü</u>
Werkzeuge:
Anpassen...

oder dem folgenden Kontextmenü geöffnet:

<u>ArcMap, ArcCatalogKontextmenü: Menü- oder Werkzeugleiste</u>
Anpassen...

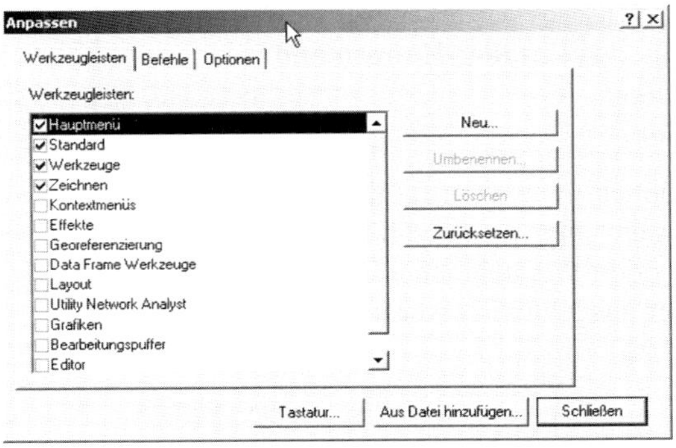

Vor jeder Veränderung der Benutzeroberfläche muss zunächst eingestellt werden, wohin die Änderung gespeichert werden soll. Aktivieren Sie dazu im Fenster „Anpassen“ das Register „Befehle“ und stellen Sie dort unter „Speichern in...“ das Ziel für die Veränderung ein. „Normal.mxt“ (bzw. „Normal.gxt“ für den ArcCatalog) speichert die Veränderung für alle folgenden ArcMap-Sitzungen (ArcMap-Dokumente). „Unbenannt“ bzw. der aktuelle Name des ArcMap-Dokuments speichert die Veränderung nur für dieses ArcMap-Dokument. Für den ArcCatalog ist ausschließlich die Einstellung „Normal.gxt“ möglich.

6.3 Werkzeugleisten ein- oder ausschalten

Mit dem folgenden Menü können alle Werkzeugleisten durch Setzen des entsprechenden Hakens ein- oder ausgeblendet werden.

ArcMap, ArcCatalog-Hauptmenü
Ansicht:
Werkzeugleisten

Die Statusleiste (unterste Leiste der Benutzeroberfläche) und das Inhaltsverzeichnis (linker Teil der Benutzeroberfläche) können mit folgenden Menüs ein- oder ausgeschaltet werden:

ArcMap, ArcCatalog-Hauptmenü
Ansicht:
Statusleiste

ArcMap, ArcCatalog-Hauptmenü
Ansicht:
Inhaltsverzeichnis („Katalogstruktur“ im ArcCatalog)

Im Anpassungsmodus (Anpassung gestartet) können Werkzeugleisten nach Bedarf ein- oder ausgeblendet werden. Öffnen Sie das Fenster für die „Anpassung“ mit folgendem Menü oder mit Doppelklick auf eine leere Stelle in einer Werkzeugleiste:

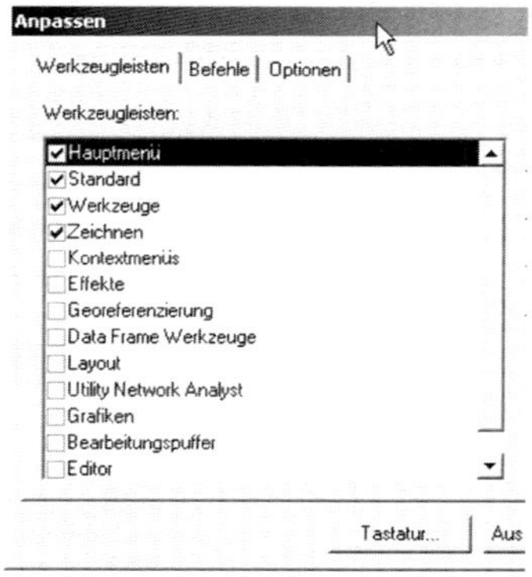

ArcMap, ArcCatalog-Hauptmenü
Werkzeuge:
Anpassen...

Dort können unter dem Register „Werkzeugleisten“ die Werkzeugleisten durch Setzen oder Wegnehmen eines Hakens ein- oder ausgeblendet werden.

6.4 Verschieben der Werkzeugleisten und Werkzeuge

Alle Werkzeugleisten, das Inhaltsverzeichnis für die Layer (TOC) und das Hauptmenü können an unterschiedlichen Stellen der Benutzeroberfläche oder als eigenes Fenster auf den Desktop des PC gesetzt werden. Dazu öffnen Sie die Anpassung und ziehen Sie die entsprechende Werkzeugleiste an dem senkrechten Strich (links) mit gedrückter linker Maustaste an die neue Stelle.

6.5 Neue Werkzeugleisten und Menüs erstellen

6.5.1 Neue Werkzeugleisten erstellen

Zusätzlich zu den vorhandenen Werkzeugleisten können eigene erstellt werden. Nur die eigenen Werkzeugleisten können umbenannt und wieder gelöscht werden. Werkzeugleisten, die aus einer *.dll-Datei stammen, können dagegen nicht umbenannt werden. Für die Erstellung einer neuen Werkzeugleiste starten Sie die Anpassung mit:

ArcMap, ArcCatalog-Kontextmenü: Eine Menü- oder Werkzeugleiste
Anpassen...

und drücken Sie im Fenster für die „Anpassung" die Schaltfläche „Neu". Geben Sie einen Namen und das Ziel an, in dem die Änderung der Benutzeroberfläche gespeichert werden soll. Drücken Sie die Schaltfläche „OK".

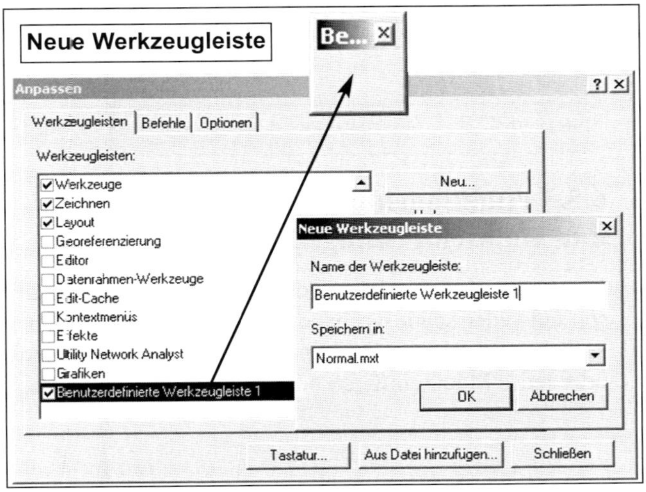

Die so neu entstandene Werkzeugleiste ist zunächst noch leer. Es müssen noch Funktionen eingefügt werden (siehe den übernächsten Abschnitt).

Für das Umbenennen und Löschen der Werkzeugleiste betätigen Sie die Schaltflächen „Umbenennen“ und „Löschen“.

6.5.2 Neue Menüs erstellen

Für die Erstellung eines neuen Menüs starten Sie die Anpassung mit:

ArcMap, ArcCatalog-Kontextmenü: Menü- oder Werkzeugleiste ***Anpassen...***

und wählen Sie im Fenster für die „Anpassung“ das Register „Befehle“. Wählen Sie im linken Teil des Fensters den Eintrag „Neues Menü“ und schieben Sie den Eintrag im rechten Teil des Fensters (Befehle) in die Hauptmenüleiste oder in eine beliebige Werkzeugleiste. Das so neu entstandene Menü ist zunächst noch leer. Es müssen noch Funktionen eingefügt werden. Dies wird im folgendem Abschnitt erläutert.

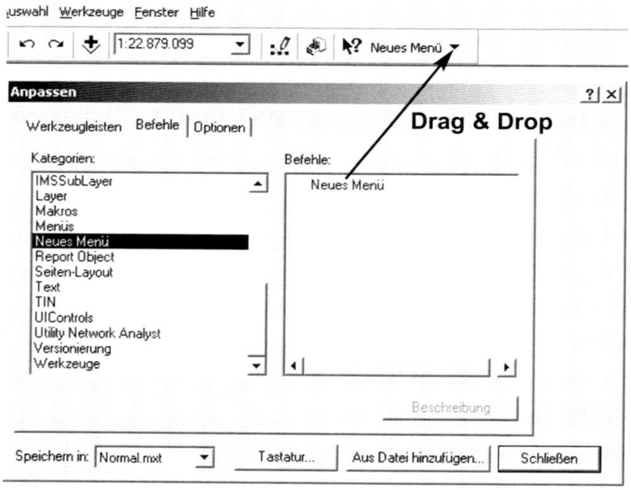

6.5.3 Funktionen in eine Werkzeugleiste und ein Menü einfügen

Eine neue Werkzeugleiste oder ein neues Menü ist zunächst leer. Es müssen entweder schon vorhandene oder neu zu erstellende Funktionen eingefügt werden. Jede Funktion lässt sich in jede beliebige Werkzeugleiste oder jedes Menü einfügen oder auch wieder entfernen.

Das Einfügen ist denkbar einfach und läuft im Anpassungsmodus (Anpassung gestartet) mit Hilfe der Maus ab durch Verschieben von einer Werkzeugleiste in eine andere (Werkzeug mit gedrückter linker Maustaste bewegen – Drag&Drop).

Verschieben einer Funktion von einer in eine andere Werkzeugleiste

Zum Verschieben ziehen Sie ein Werkzeug mit gedrückter linker Maustaste in eine andere Werkzeugleiste.

Einfügen einer Funktion in eine Werkzeugleiste

Ziehen Sie eine Funktion aus dem Fenster „Anpassen" in eine Werkzeugleiste.

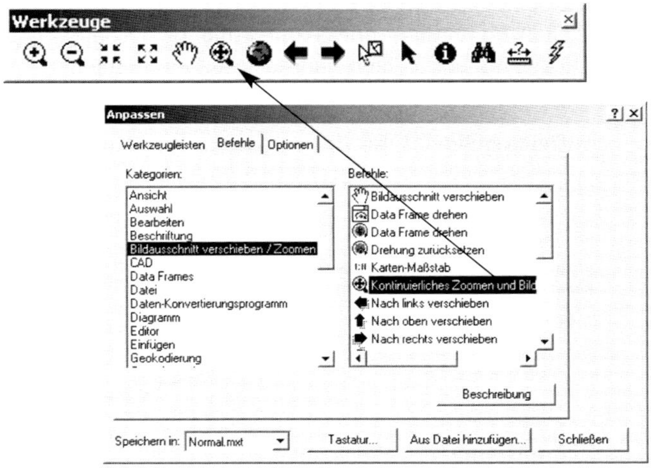

Einfügen einer Funktion in ein Menü

Ziehen Sie eine Funktion aus dem Fenster „Anpassen" in ein neues Menü.

Funktion in ein Kontextmenü einfügen

Den Zugriff auf die Kontextmenüs erhalten Sie ebenfalls über das Fenster „Anpassen". Öffnen Sie es mit:

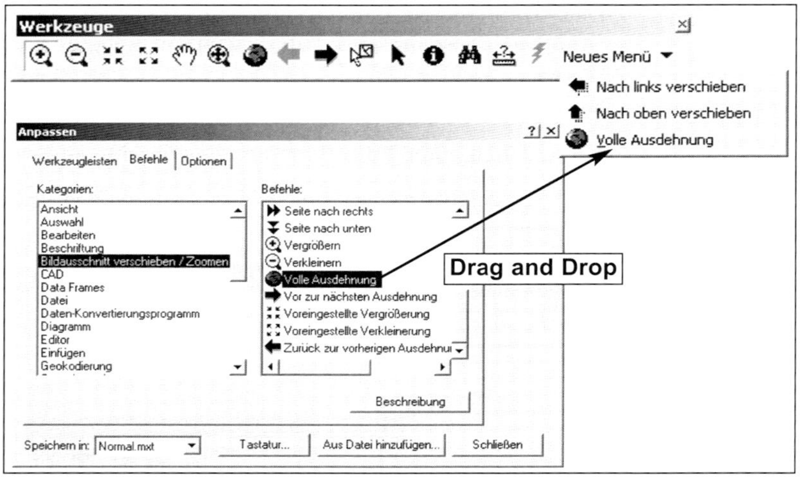

<u>**ArcMap, ArcCatalog-Hauptmenü**</u>
Werkzeuge:
Anpassen...

und klicken Sie im Register „Werkzeugleisten" auf den Eintrag „Kontextmenüs" (Haken setzen). Es erscheint ein Menü in der Benutzeroberfläche. Es enthält alle Kontextmenüs (Kontextmenüs werden durch Klicken mit der rechten Maustaste auf ein Element der Benutzeroberfläche aufgerufen). Sie können hier alle Funktionen mit Drag&Drop einfügen.

Entfernen einer Funktion aus einer Werkzeugleiste

Ziehen Sie einfach das Werkzeug, das Sie entfernen wollen, im Anpassungsmodus aus der Werkzeugleiste heraus. Dies gilt auch für Menüs.

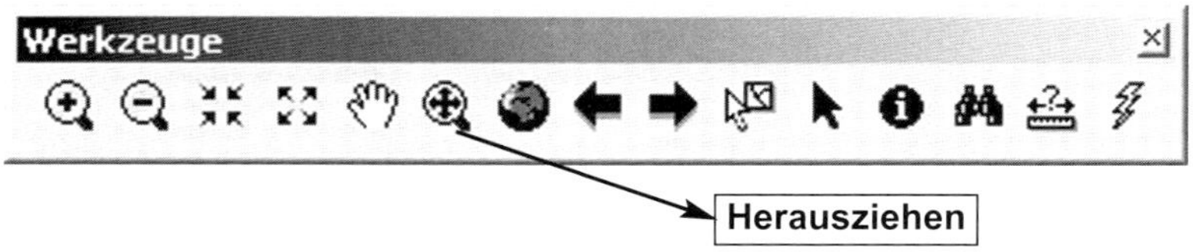

Gruppierung von Werkzeugen

Mehrere Werkzeuge lassen sich zu einer Gruppe zusammenfassen. Diese Zusammenfassung hat nur eine visuelle Bedeutung und wird durch senkrechte Trennstriche in der Werkzeugleiste angedeutet. Um eine Gruppe von Werkzeugen zu beginnen, gehen Sie mit der Maus auf das Werkzeug, das das erste in der Gruppe sein soll, drücken Sie die rechte Maustaste und dort den Menüpunkt „Eine Gruppe beginnen".

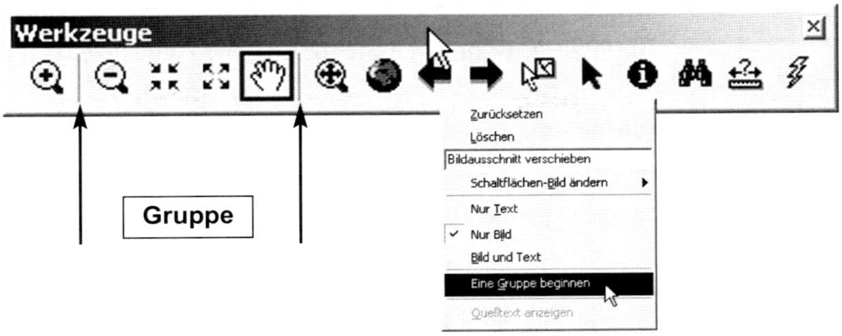

<u>ArcMap, ArcCatalog-Kontextmenü: Werkzeug</u>
Eine Gruppe beginnen

Text und Symbol eines Werkzeuges ändern

Das Erscheinungsbild eines Werkzeuges ist veränderbar. Sie können das Symbol und den Text jeweils ein- oder ausblenden sowie den Text und das Symbol ändern. Setzen Sie das Zeichen „&" vor den Buchstaben im Text, der zusammen mit der Taste „Alt" die Funktion aufrufen soll. Starten Sie dazu die Anpassung und gehen Sie mit der Maus auf das Werkzeug, das Sie ändern wollen, und drücken Sie die rechte Maustaste. Wählen Sie den gewünschten Menüeintrag aus. „Zurücksetzen" stellt den ursprünglichen Zustand des Werkzeuges wieder her, „Löschen" löscht das Werkzeug aus der Werkzeugleiste.

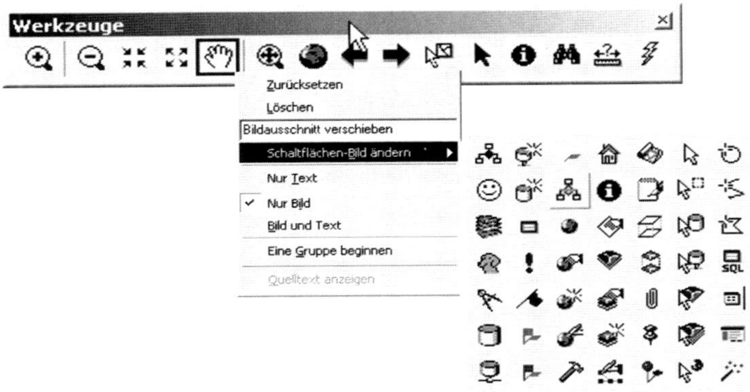

Einer Funktion eine Tastenkombination zuweisen

Eine Funktion kann mit einem Menü, einem Werkzeug, aber auch mit einer Tastenkombination gestartet werden. Die Zuweisung erfolgt im Fenster „Anpassen" mit der Schaltfläche „Tastatur". Dort wird für jede Funktion unter „Aktuelle Taste" die eventuell zugeordnete Tastenkombination angezeigt. Eine Änderung oder Zuweisung erfolgt unter „Drücken Sie neue Tastenkombination". Klicken Sie dazu mit der Maus in das Eingabefenster und betätigen Sie die gewünschte Tastenkombination auf der Tastatur (z. B. drücken Sie für „ALT+F2 gleichzeitig die Tasten „Alt“ und „F2“).

Anfangszustand einer Werkzeugleiste wieder herstellen (Reset)

Wollen Sie für eine eingebaute Werkzeugleiste oder ein Menü den Anfangszustand zurück haben, so betätigen Sie im Fenster für die Anpassung (Register „Werkzeugleisten“) den Schalter „Zurücksetzen“ für eine ausgewählte Werkzeugleiste. Geben Sie an, wo diese Änderung gespeichert werden soll (Normal.mxt oder im laufenden ArcMap-Dokument)

6.6 UIControls einfügen

Um eine neue Funktion, die mit Visual Basic (VBA) programmiert wurde, von der Benutzeroberfläche aus zu starten, muss zuerst ein „UIControl“ erstellt werden. Dies ist ein vom Benutzer erzeugtes Steuerelement, mit dem VBA-Programme mit Hilfe von Ereignissen (Events) gestartet werden können. Ein Ereignis ist z. B. das Klicken auf eine Schaltfläche oder die Eingabe von Text in eine EditBox. Um ein UIControl zu erzeugen, starten Sie zunächst die Anpassung mit:

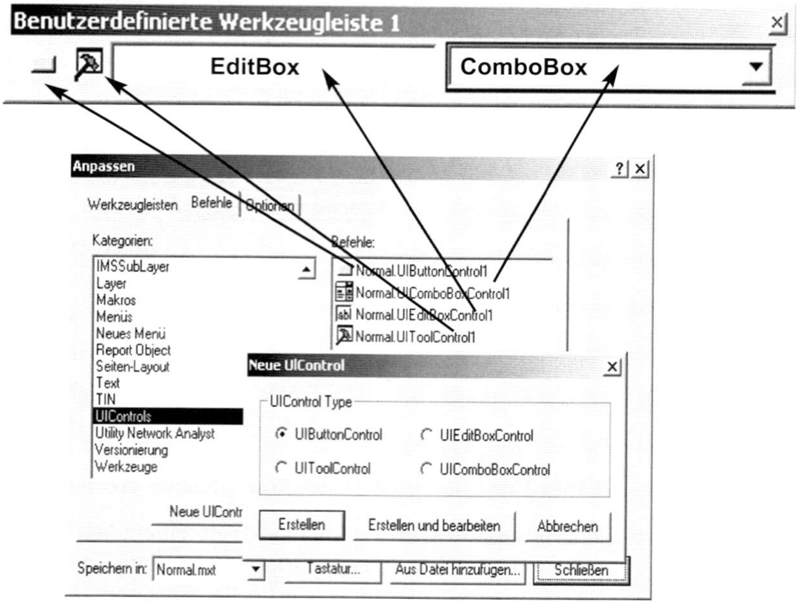

ArcMap, ArcCatalog-Hauptmenü:
Werkzeuge:
Anpassen...

und betätigen Sie dort das Register „Befehle". Im linken Auswahlfenster finden Sie den Eintrag „UIControls", den Sie markieren. Mit dem Schaltfläche „Neue UIControl" können Sie eine der vier möglichen UIControls auswählen und erstellen. Es sind Schaltflächen und Werkzeuge zum Start von VBA- Programmen, EditBoxen zur Eingabe von Text und Combo-Boxen zur Auswahl vorgegebener Werte möglich.

6.7 VBA-Programm in die Benutzeroberfläche einbinden

Die soeben erzeugten Steuerelemente (UIControls) starten Programme. Die Einbindung des Programmcodes in die Benutzeroberfläche soll hier anhand eines einfachen Beispiels erläutert werden. Das Beispiel soll nur den Weg aufzeigen, wie ein VBA-Programm in die Benutzeroberfläche eingebaut wird. Der Programmcode in diesem Beispiel ist daher sehr einfach. Die Erstellung von umfangreichen Programmen mit Visual Basic erfordert eine Schulung. Für die Programmierung von ArcView sind außerdem Kenntnisse über ArcObjects nötig. ArcObjects enthält die nötigen GIS-Objekte, die zur Programmierung von ArcView nötig sind. Es werden jetzt folgende Schritte ausgeführt:

- Starten der Anpassung.
- Ein neues UIControl erstellen.
- Ein VBA-Programmcode (neue Funktion) erstellen.
- Die neue Funktion testen.

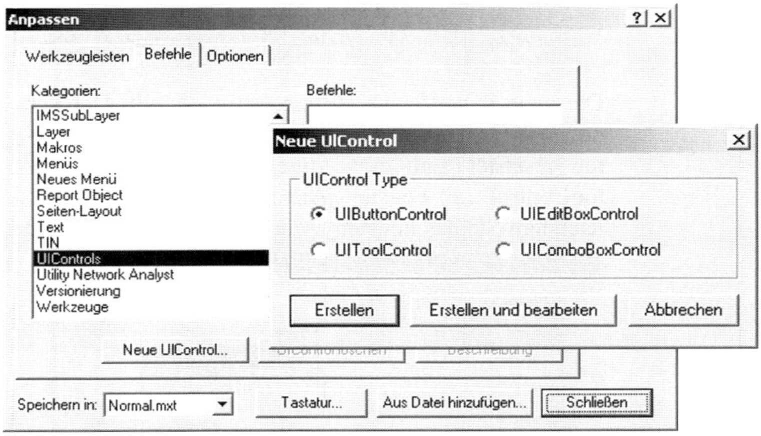

Starten Sie die Anpassung mit:

ArcMap, ArcCatalog-Hauptmenü:
Werkzeuge:
Anpassen ...

Betätigen Sie das Register „Befehle“ und klicken Sie links auf „UIControls“ (siehe Abbildung auf der vorhergehenden Seite). Wählen Sie zunächst aus, wohin die Änderung der Benutzeroberfläche gespeichert werden soll. Stellen Sie unter „Speichern unter“ den Wert „Unbenannt“ ein. Drücken Sie die Schaltfläche „Neue UIControl“ und erstellen Sie einen neuen „UIButtonControl“.

Ziehen Sie das neu erstellte UIControl in eine vorhandene Werkzeugleiste oder in das Hauptmenü. Mit Klicken der rechten Maustaste auf die neue Schaltfläche können Sie den Text und das Symbol einstellen und verändern.

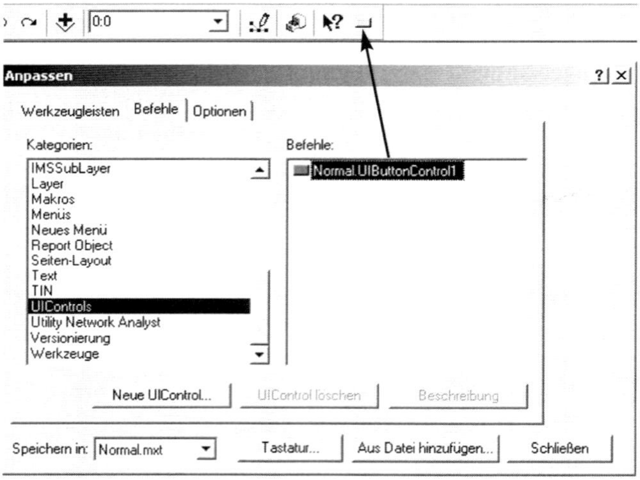

Die neue Schaltfläche ist nun fertig gestellt. Der Schaltfläche muss jetzt noch ein Programm zugeordnet werden. Dazu wird der Visual Basic Editor gestartet, und zwar durch Doppelklick auf den Eintrag „UIButtonControl“ im Fenster „Anpassen“ unter dem Register „Befehle“ oder, nachdem Sie das Fenster „Anpassen“ geschlossen haben, mit dem Menü:

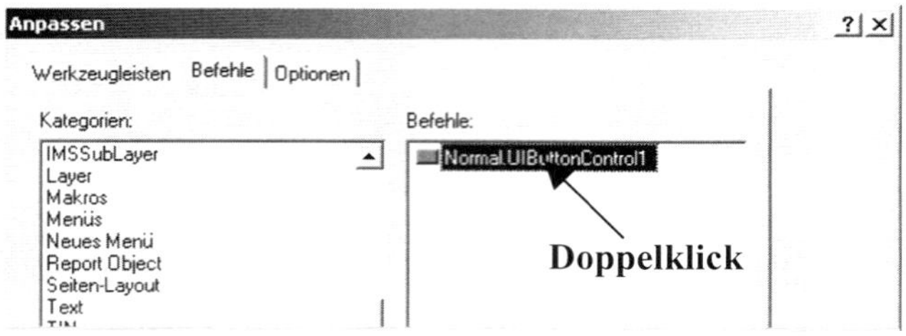

<u>ArcMap, ArcCatalog-Hauptmenü:</u>
Werkzeuge:
Makros: Visual Basic Editor (ALT+F11)

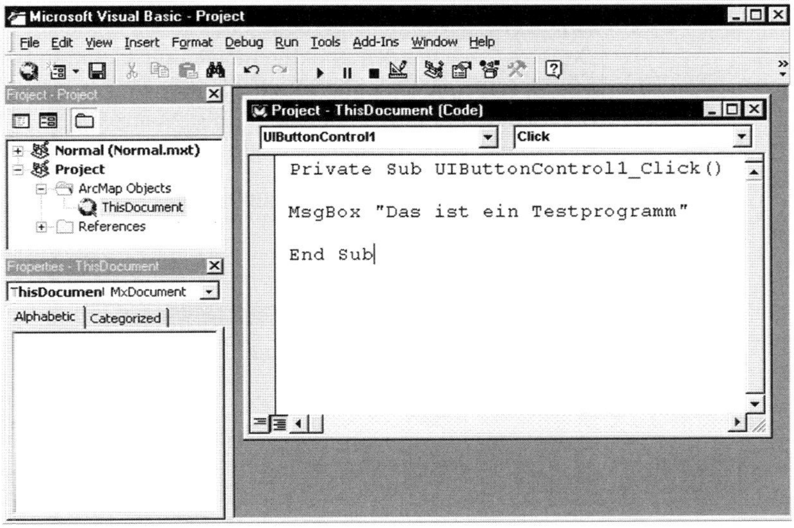

Es öffnet sich der Visual Basic Editor mit dem Fenster für die Eingabe des Programms. Tragen Sie dort, wie in der vorstehenden Abbildung gezeigt, den Programmcode ein.

Schließen Sie den Visual Basic-Editor mit:

<u>Visual Basic Editor-Hauptmenü:</u>
File:
Close and Return to ArcMap (ArcCatalog) (ALT+Q)

Betätigen Sie die neue Schaltfläche. Das Programm wird ausgeführt und schreibt einen Text mit Hilfe einer Ausgabebox auf den Bildschirm.

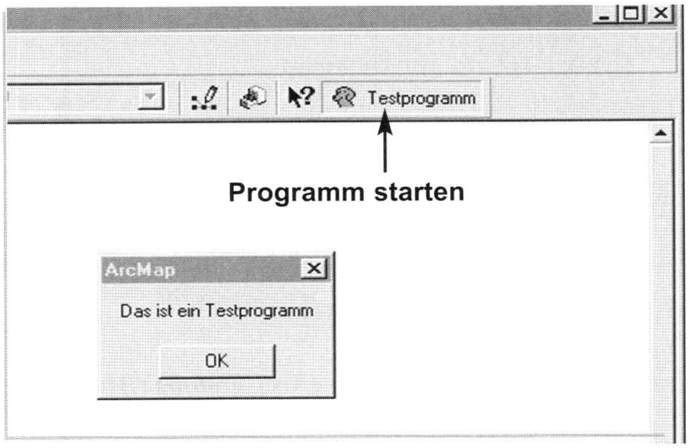

6.8 Makros erstellen und in die Benutzeroberfläche einbinden

Eine weitere Möglichkeit, neue Funktionen einzubauen, sind so genannte „Makros“. Sie werden im Allgemeinen für kleine Entwicklungen verwendet. Es stehen jedoch alle Möglichkeiten von Visual Basic zur Verfügung. Die Erstellung und Einbindung eines Makros in die Benutzeroberfläche soll am nächsten Beispiel gezeigt werden. Betätigen Sie folgendes Menü:

<u>**ArcMap, ArcCatalog-Hauptmenü**</u>
Werkzeuge:
Makros: Makros (ALT+F8)

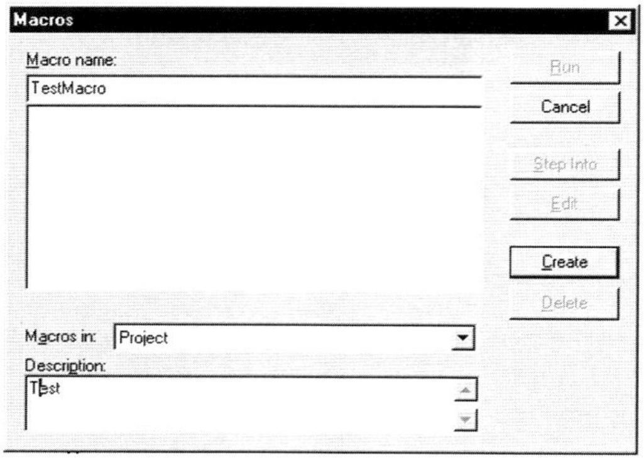

Geben Sie einen Namen für das Makro ein, das Sie neu erstellen wollen, und betätigen Sie die Schaltfläche „Erstellen“ („Create“). Damit startet der Visual Basic-Editor. Im Fenster für den Programmcode geben Sie das folgende einfache Programm ein:

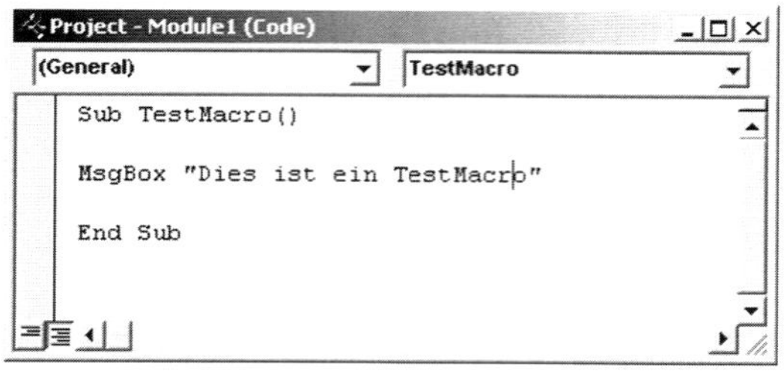

Schließen Sie den Visual Basic-Editor mit:

<u>**Visual Basic Editor-Hauptmenü:**</u>
File:
Close and Return to ArcMap (ArcCatalog) (ALT+Q)

Damit ist das neue Makro erstellt und kann mit folgendem Menü gestartet werden:

ArcMap, ArcCatalog-Hauptmenü
Werkzeuge:
Makros: Makros (ALT+F8)

Betätigen Sie die Schaltfläche „Run“, und das Programm wird ausgeführt. Wollen Sie das Makro von einer Schaltfläche starten, so öffnen Sie das Fenster für die „Anpassung“ mit:

ArcMap, ArcCatalog-Hauptmenü
Werkzeuge:
Anpassen...

Wählen Sie unter dem Register „Befehle“ den Eintrag „Makros“ im linken Teil des Fensters. Ziehen Sie den Eintrag im rechten Teil des Fensters in eine beliebige Werkzeugleiste oder in das Hauptmenü. Nach Schließen des Fensters „Anpassung“ kann das Makro mit der Schaltfläche gestartet werden.

6.9 Optionale Einstellungen für die Anpassung

Im Fenster „Anpassen“ unter dem Register „Optionen“ lassen sich globale Einstellungen zum Anpassen einstellen. Sie können alle Werkzeuge mit großen Symbolen darstellen und die Hilfetexte (Tooltips), die beim Überfahren der Werkzeuge angezeigt werden, ausschalten.

Standardmäßig werden die Veränderungen nur für das aktuelle ArcMap-Dokument gespeichert. Sie können aber die Speicherung auch standardmäßig in das Template „Normal.mxt“ einstellen (es gilt dann für alle ArcMap-Dokumente).

Die Anpassung kann mit einem Passwort gesperrt werden. Auch ist es möglich, Sicherheitsregeln zum Schutz gegen Makro-Viren zu vergeben. Die Zuweisung von Namen für neu eingeladene COM-Objekte ist hier ebenfalls möglich.

6.9.1 Sperren der Anpassung

Veränderungen an der Benutzeroberfläche eines ArcMap-Dokuments können mit einem Passwort geschützt werden. Öffnen sie dazu das Fenster

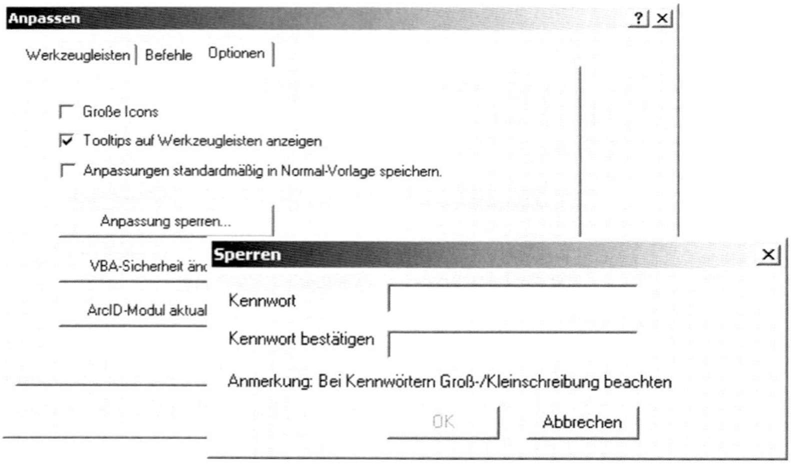

„Anpassen“ und betätigen Sie im Register „Optionen“ die Schaltfläche „Anpassung sperren“. Hier können Sie durch Eingabe eines Passwortes jede Veränderung an der Benutzeroberfläche sperren.

6.9.2 Einstellen der Sicherheitsregeln zum Schutz gegen Viren

Wollen Sie verhindern, dass Viren, die durch Makros übertragen werden können, an Ihrer Software Schaden anrichten, so können dazu im Fenster „Anpassen“ unter dem Register „Optionen“ unterschiedliche Sicherheitsstufen eingestellt werden. Betätigen Sie dort die Schaltfläche „VBA-Sicherheit ändern“.

Es werden drei Möglichkeiten angeboten:

- Die größte Sicherheit (Einstellung „High“) haben Sie, wenn nur zugelassene Makros (mit Zertifikat) eingeladen und gestartet werden können
- Die Einstellung „Medium“ erlaubt eine Auswahl der Makros, die eingeladen und gestartet werden können
- Bei der Einstellung „Low“ findet keine Prüfung statt. Diese Einstellung sollten Sie nur wählen, wenn sichergestellt ist, dass die Makros virenfrei sind

Weitere Informationen zur Sicherheit vor Viren finden Sie im Programmierhandbuch „ArcObjekts Developer's Guide“, das mit der Software geliefert wird.

6.9.3 ArcID Module aktualisieren

Beim Betätigen der Schaltfläche „ArcID Module aktualisieren“ im Fenster „Anpassen“ unter „Optionen“ wird neu zugeladenen COM-Objekten in Visual Basic ein Name zugewiesen.

Neue COM-Objekte, die z. B. aus einer Datei hinzugefügt werden, erscheinen nach Betätigung dieser Schaltfläche in der Liste der eingebauten Funktionen des Visual Basic-Editors mit einem Namen. Weitere Informationen dazu finden Sie im Programmierhandbuch „ArcObjekts Developer's Guide“, das mit der Software geliefert wird.

7 Hilfe für ArcView

In den folgenden Abschnitten finden Sie alle Möglichkeiten für eine Hilfe in ArcView. Für ArcCatalog, ArcMap und ArcToolbox sind die Hilfen in einigen Punkten unterschiedlich. Die folgenden drei Abschnitte zeigen die Hilfen, die in allen ArcView-Programmen (ArcCatalog, ArcMap, ArcToolbox), und die Hilfen, die nur in ArcCatalog und ArcMap installiert sind, sowie weitere Hilfen für die ArcToolbox. Hilfe für ArcView bekommen Sie auch im Internet (ESRI.com, ESRI-Germany.de), bei der ESRI-Hotline oder bei den zahlreichen Anwendergruppen in Deutschland. Ansprechpartner für diese Anwendergruppen finden Sie im Internet (ESRI-Germany.de).

7.1 ArcCatalog, ArcMap und ArcToolbox

7.1.1 Haupthilfe für ArcView

Für alle drei Programme von ArcView (ArcCatalog, ArcMap, ArcToolbox) gibt es eine gemeinsame Online-Hilfe. Diese beschreibt ArcView in allen Einzelheiten und wird mit folgendem Menü aufgerufen:

ArcCatalog, ArcMap, ArcToolbox-Hauptmenü:
Hilfe:
ArcGIS Desktop Hilfe: (F1, jedoch nicht für ArcToolbox)

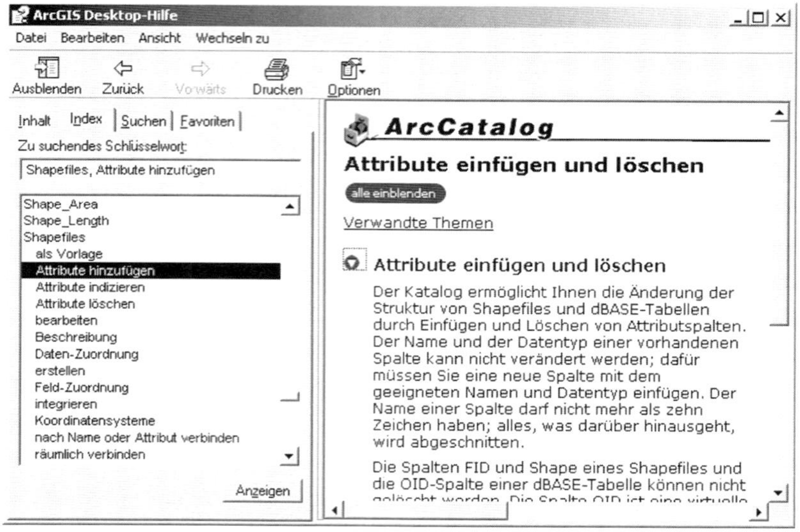

Die Hilfe ist sehr umfangreich und ausführlich. Es gibt ein Inhaltsverzeichnis, einen Index, und Sie können nach bestimmten Wörtern im Hilfetext suchen. Die Suchbegriffe können durch logische Ausdrücke (AND, OR, NEAR, NOT) erweitert werden. Sie können angeben, dass nach Begriffen, die ähnlich geschrieben werden (Ähnliche Wörter suchen), nur in den Überschriften der Hilfetexte (Nur Titel suchen) oder nur im Resultat einer vorherigen Suche gesucht wird. Für „Suchen" geben Sie einen Suchbegriff ein und drücken die Schaltfläche „Themen auflisten". Es werden alle Themen angezeigt, die den Suchbegriff enthalten. Wählen Sie ein Thema aus und betätigen Sie die Schaltfläche „Anzeigen". Die Hilfe für dieses Thema wird angezeigt. Sie enthält auch Links zu verwandten Themen. Eine Verbindung zum Internet ist ebenso möglich. Im Register „Favoriten" können Sie häufig genutzte Hilfethemen zusammenstellen.

7.1.2 Hilfe in Dialogfenstern

Viele Funktionen starten Dialoge, in der die benötigten Werte eingegeben werden können. Hier wird oft schnelle Hilfe benötigt. In einem Dialog-

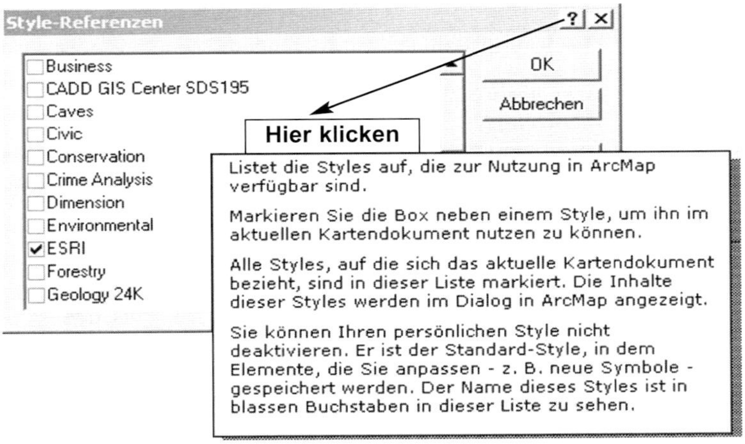

fenster befindet sich oben rechts eine Schaltfläche mit einem Fragezeichen. Betätigen Sie dieses und klicken Sie mit der Maus an die Stelle in der Dialogbox, für die Sie Hilfe benötigen. Sie können auch im Dialogfenster die Taste F1 drücken oder die rechte Maustaste betätigen.

7.2 Weitere Hilfen für ArcCatalog und ArcMap

7.2.1 Hilfe als Tooltips und in der Statusleiste

Die Bedeutung sowie eine kurze Funktionsbeschreibung eines jeden Werkzeuges wird beim Überfahren mit der Maus (keine Maustaste drücken), am Werkzeug (Tooltip) und in der Statusleiste der Benutzeroberfläche angezeigt.

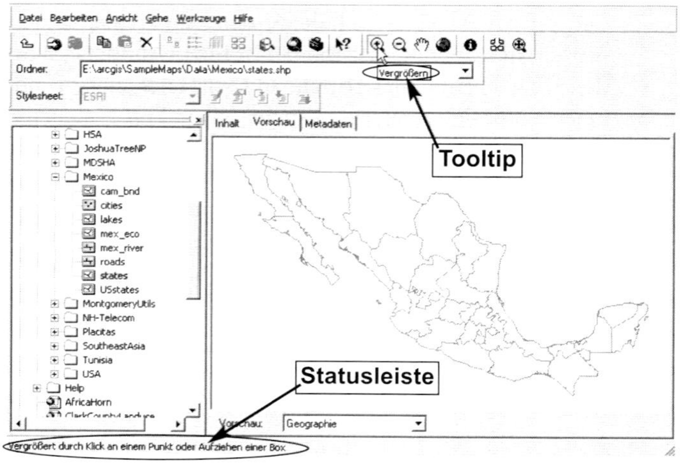

Die Tooltips können mit folgendem Menü an- oder ausgeschaltet werden:

ArcCatalog, ArcMap-Hauptmenü:
Werkzeuge:
Anpassen: Optionen: Tooltips auf Werkzeugleisten anzeigen

7.2.2 Kontext-Hilfe

Eine einfache Methode für eine schnelle Hilfe, über die Tooltips und die Statusleiste hinaus, gibt Ihnen das Werkzeug „Direkthilfe". Sie aktivieren es mit folgendem Menü oder Werkzeug aus der Werkzeugleiste „Standard":

ArcCatalog, ArcMap-Hauptmenü:
Hilfe:
Direkthilfe: (Shift+F1)

Betätigen Sie dieses Werkzeug, so wird der Cursor zu einem Fragezeichen.

Gehen Sie mit diesem Cursor auf das Werkzeug oder den Menüeintrag, für den Sie Hilfe benötigen, und drücken Sie die linke Maustaste. In einem Fenster wird der Hilfetext eingeblendet.

Das „Direkthilfe"-Werkzeug funktioniert nicht für Kontextmenüs (Menüs, die mit der rechten Maustaste aufgerufen werden). Hier bekommen Sie die Hilfe mit der Tastenkombination Shift+F1, wenn Sie zuvor das Kontextmenü mit dem entsprechenden Eintrag markieren.

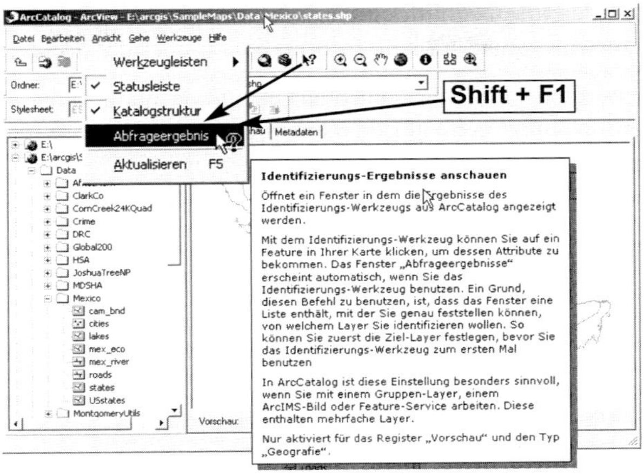

7.3 Weitere Hilfen für ArcToolbox

7.3.1 Hilfethemen für die ArcToolbox

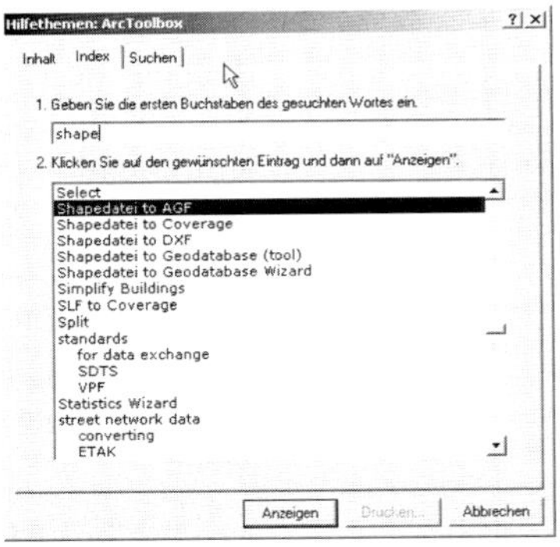

Spezielle Hilfe zur ArcToolbox erhalten Sie mit den „Hilfethemen“ der ArcToolbox. Dieses Fenster öffnet sich in der ArcToolbox durch Drücken der Taste F1.

Im Register „Index“ kann nach Stichworten gesucht werden. Geben Sie ein Wort oder auch nur die ersten Buchstaben ein. Es werden im unteren Teil des Fensters alle Themen angezeigt, die zum eingegeben Suchbegriff passen. Betätigen der Schaltfläche „Anzeigen“ zeigt die gewünschte Information an.

Das Register „Suchen“ durchsucht die vorhandenen Hilfetexte nach dem vorgegebenen Begriff und zeigt die Themen zur Auswahl an, die diesen Suchbegriff enthalten. Wählen Sie ein Thema aus und betätigen Sie die Schaltfläche „Anzeigen“. Das ausgewählte Thema erscheint in einem neuen Fenster. Drücken Sie dort die Schaltfläche „Hilfethemen“, um eine weitere Suche zu starten. Beim ersten Aufruf der Suchfunktion wird eine Wortliste erstellt.

7.3.2 Direkte Hilfe für Funktionen

Direkte Hilfe für die Funktionen der ArcToolbox erhalten Sie in der Verzeichnisstruktur des ArcToolbox-Fensters. Dort gibt es zu jeder Funktionsgruppe einen Infoeintrag, der durch Doppelklick aufgerufen werden kann. Er enthält globale Informationen über die vorhandenen Funktionen.

Eine genaue Beschreibung der einzelnen Funktionen erhalten Sie mit einem Kontextmenü auf dem entsprechenden Eintrag. Klicken mit der rechten Maustaste auf eine Funktion öffnet das Menü. Wählen Sie dort den Menüeintrag „Hilfe“.

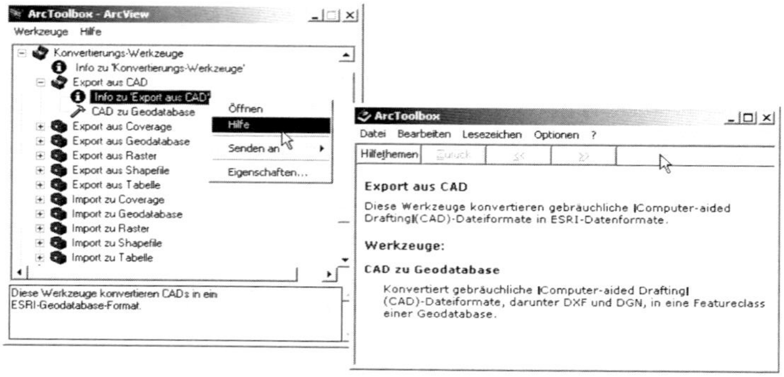

7.3.3 Suche nach Funktionen

Suchen Sie nach einer bestimmten Funktion der ArcToolbox, so können Sie für die Suche den Namen der gesuchten Funktion, ein ArcInfo-Kommando (falls Sie nur den Namen des ArcInfo-Kommandos kennen, den Namen der ArcToolbox-Funktion aber nicht) oder einen beliebigen Suchbegriff angeben. Betätigen Sie dazu folgendes Menü:

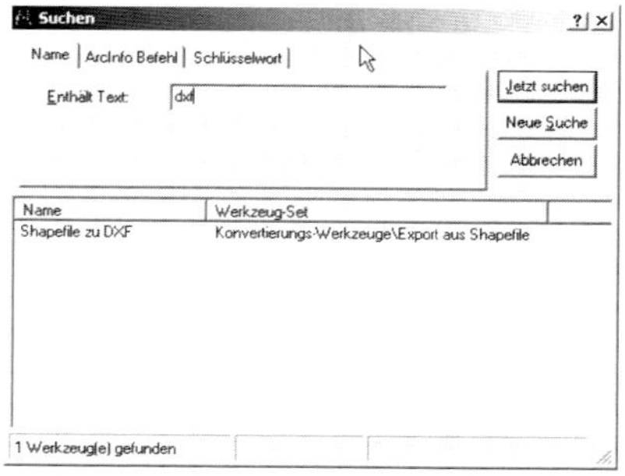

<u>ArcToolbox-Hauptmenü:</u>
Werkzeuge:
Suchen (Strg+F)

Das Ergebnis der Suche wird im unteren Teil des Fensters angegeben, und die gefundenen Funktionen können von dort direkt gestartet werden.

8 ArcView GIS-Funktionen

8.1 Einleitung

In den vorangegangenen Kapiteln wurden die Grundlagen der drei Desktop-Programme ArcCatalog, ArcMap und ArcToolbox für das ArcGIS-Produkt ArcView erläutert. Nun sollen Sie typische GIS-Funktionen und ihre Ausführung mit ArcView kennen lernen. Die schon eingeführte Abkürzung EVAP für **E**rfassen, **V**erwalten, **A**nalysieren und **P**räsentieren eines GIS soll auch in diesem Kapitel als Richtschnur für die dargestellten Funktionen gelten.

Funktionen, die sich auf Desktop-Produkte ArcEdit und ArcInfo beziehen und die sich auf ArcView aufbauen, werden nicht weiter behandelt. Wo nötig, wird an entsprechenden Stellen darauf hingewiesen. Alle Produkte haben ein nahezu identisches Erscheinungsbild auf dem Bildschirm. Aber der jeweilige Funktionsumfang in den Menüs, Schaltflächen und Werkzeugen erweitert sich entsprechend.

In diesem Kapitel lernen Sie wie:

- Geometrien und Grafiken bearbeitet werden
- Legenden erstellt werden
- mit Symbolen und Annotation gearbeitet wird
- Hyperlinks und MapTips definiert werden
- Sachdaten bearbeitet werden können
- raumbezogene Daten analysiert werden
- raumbezogene Abfragen (Auswahl) definiert werden
- Pufferzonen erstellt und Verschneidungen berechnet werden
- Kartenlayouts erstellt werden
- Daten importiert und exportiert werden
- Rasterdaten georeferenziert werden

8.2 Geometrie- und Grafikbearbeitung

8.2.1 Allgemeines

Ein bestimmtes Thema (raumbezogene Daten) wird in ArcView in einem so genannten Shapefile abgelegt. Es besteht aus Geometrien (als Modell für ein reales Objekt) und aus den Sachdaten (Attributen), die das Objekt beschreiben. Folgende Datenquellen können, neben Shapefiles, ebenfalls in ArcView eingelesen werden:

- ArcInfo-Coverages
- AutoCad-Dateien
- Fremdformate (Mapinfo, SICAD...)
- ASCII-Dateien (Punkte)

Wenn innerhalb von ArcView Daten erzeugt werden, handelt es sich um Shapefiles, oft einfach Shapes genannt. Dieses Format wird vom System am besten verarbeitet, und es lassen sich alle verfügbaren Kommandos darauf anwenden. Tatsächlich hat sich das Shapefile-Format als so etwas wie ein Standard in der GIS-Welt erwiesen. Zahlreiche Fachanwendungen stützen sich auf dieses Format. Auf entsprechende Standardisierungsbemühungen sei hingewiesen (OGC: Open GIS Consortium).

Shapefiles enthalten alle Informationen, die für eine Informationsebene innerhalb von ArcView notwendig sind. Ein Layer hingegen stellt nur eine spezielle Sichtweise auf ein Shapefile dar: Er enthält keine Daten. Es ist daher auch möglich, für ein Shapefile mehrere Layer zu erzeugen. Mit diesem Layer wird nur die sichtbare Erscheinungsform eines bestimmten Datensatzes (Shapefile) gespeichert. Ohne ein Shapefile ist ein Layer nicht generierbar. Umgekehrt gilt das nicht. In ArcCatalog ist ein Layer durch ein anderes Symbol (gelb) gegenüber dem zugehörigen Shapefile (grün) abgegrenzt.

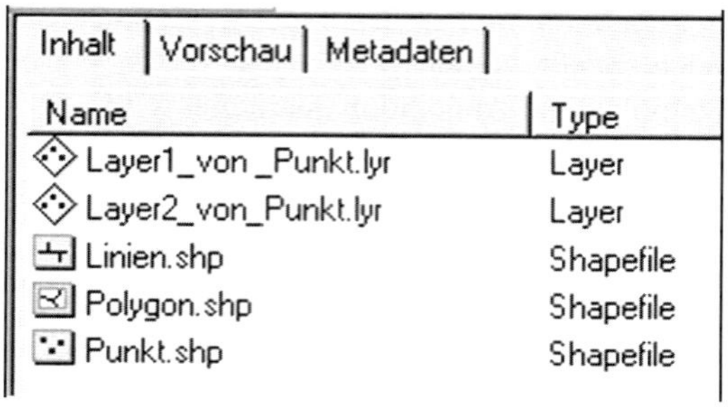

Da in ArcView öfter bestimmte Voreinstellungen im ArcCatalog oder in der ArcToolbox vorzunehmen sind, sei hier schon darauf hingewiesen. Die genannten Programmteile sind bereits beschrieben. Im Folgenden wird bei Bedarf darauf eingegangen bzw. der Wechsel nach ArcCatalog oder ArcToolbox deutlich gemacht.

Grafiken sind im strengen Sinne keine raumbezogenen Daten. Sie dienen meist nur der verbesserten Information auf den Karten oder als Hilfsmittel bei der Digitalisierung. Sie besitzen keine Sachdatentabelle, und ihre Erstellung wird gesondert behandelt. Die Lage von Grafiken auf der Karte (temporärer Raumbezug) kann für einige Aktionen im GIS genutzt werden. Weiteres erfahren Sie zum Beispiel bei der Beschreibung der Auswahl von Objekten.

8.2.2 Objekttypen (Feature-Classes)

Bevor mit der Digitalisierung begonnen werden kann, muss entschieden werden, mit welchem Objekttyp das reale Objekt (der sichtbaren Umwelt) abgebildet oder modelliert werden soll. In ArcView stehen vier verschiedene Objekttypen (Feature-Classes) zur Verfügung, die ausreichen, um die reale Welt im GIS abzubilden. Dies sind Punkte (Point), Multipoint (zusammenhängende Gruppe von Punkten), Linien und Polygone, also reine Vektorinformationen. Die folgende Abbildung stellt diese Typen vor und weist auf spezielle Eigenschaften hin.

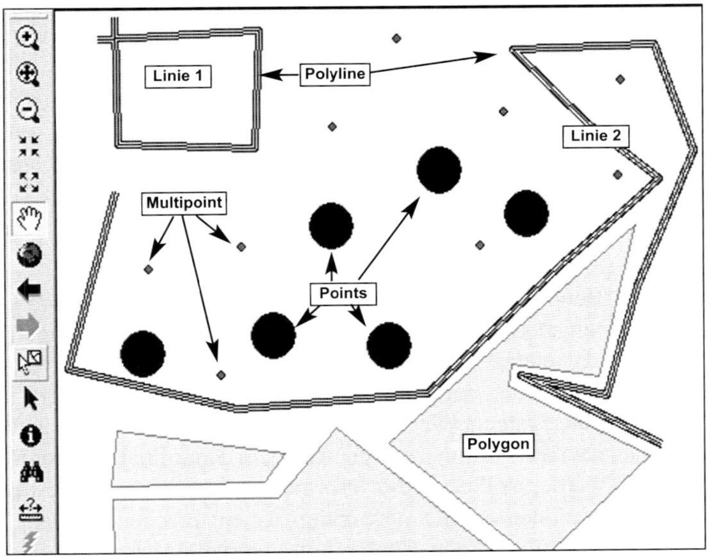

Zu sehen sind Beispiele der Objekttypen in verschiedenen Ausführungen. Beachten Sie das Objekt „Linie 1“, das kein Polygon mit der zugehörigen Flächeninformation darstellt. Obwohl „geschlossen“, handelt es sich um ein Linienobjekt, genauso wie „Linie 2“. Die rein optische oder geometrische Ähnlichkeit allein reicht nicht aus, um einen Objekttyp zu identifizieren. Das Objekt „Linie 1“ enthält keine Flächeninformation!

Über die speziellen Besonderheiten des Multipoint-Feature erfahren Sie an anderer Stelle mehr.

Beispiel für die Auswahl eines Objekttyps:

Ein Flusssystem kann offensichtlich mit Linienobjekten optimal modelliert werden. Sollen aber Informationen über die Wasserfläche zu einem späteren Zeitpunkt berechnet werden können, dann muss auch das linienförmige, reale Objekt „Fluss“ als Polygon dargestellt werden. Es ist also immer am Ufer entlang zu digitalisieren. Somit muss auch eine entsprechende Vorlage vorhanden sein. Gleiche Überlegungen gelten für ein Straßennetz.

Für die bloße Ermittlung von Entfernungen reicht die linienförmige Erfassung. Zur Bestimmung der versiegelten Fläche ist aber nur der Typ „Polygon" geeignet.

Erwähnt werden muss noch, dass eine Durchmischung der verschiedenen Objekttypen innerhalb eines Shapefile nicht möglich ist. Jedes Shapefile ist „reinrassig" bezüglich der verwendeten Objekttypen.

8.2.3 Neue Shapefiles erzeugen

Ein neues Dataset – in ArcView ein Shapefile –, das raumbezogene (Fach)-Daten beinhalten soll, wird immer durch die Digitalisierung der Geometrie geschaffen, quasi „geboren". Nicht die Sachdaten (Attribute), sondern die Geometrie steht am Anfang. Die Sachdaten werden zum Teil gleich während der Digitalisierung eines Objektes in die zugehörige Datenbanktabelle eingetragen, oder sie werden in einem zweiten, späteren Prozess der Geometrie hinzugefügt. Objekte stellen die kleinste, geometrisch sinnvolle Einheit innerhalb eines Shapes dar (siehe Kapitel 2) und werden ihrerseits durch das Setzen (Digitalisieren) von so genannten Stützpunkten erzeugt.

Bevor man innerhalb eines neuen Datasets die ersten Objekte digitalisieren kann, muss dieses Dataset – in ArcView ein Shapefile – in ArcCatalog als solches definiert werden. Dort wird der Objekttyp (Punkt, Multipoint, Linie oder Polygon), der Name und sein Ablageort innerhalb des Computersystems (Netzwerk usw.) festgelegt. Hier wird auch definiert, in welcher Projektion bzw. in welchem Koordinatensystem die Daten erzeugt werden sollen. Diese Information ist für bestimmte Funktionalitäten und Aktionen im GIS notwendig. An entsprechender Stelle wird dies vertieft. Hier wird dieses Thema nur angerissen, da es für die Neudigitalisierung nicht zwingend notwendig ist.

Im Folgenden wird dargestellt, wie ein neues Dataset (Shape) in ArcCatalog angelegt und in ArcMap eingelesen wird. Weiter wird erläutert, wie die Bearbeitung gestartet wird, Objekte digitalisiert und Sachdaten (Attribute) in die entsprechende Tabelle eingetragen werden.

Neuen Datensatz anlegen

Um ein neues Shapefile anzulegen, starten Sie das Programm ArcCatalog. Zuvor sollte der gewünschte Ordner für die Ablage der Daten eingerichtet werden. Dies kann allerdings ebenfalls im ArcCatalog vorgenommen werden.

Mit der Befehlsfolge:

ArcCatalog-Hauptmenü
Datei:
Neu: Shapefile...

eröffnen Sie die Möglichkeit, ein neues Shapefile anzulegen. Durch das Aktivieren des Menüeintrages „Shapefile..." wird die gewünschte Aktion vorbereitet.

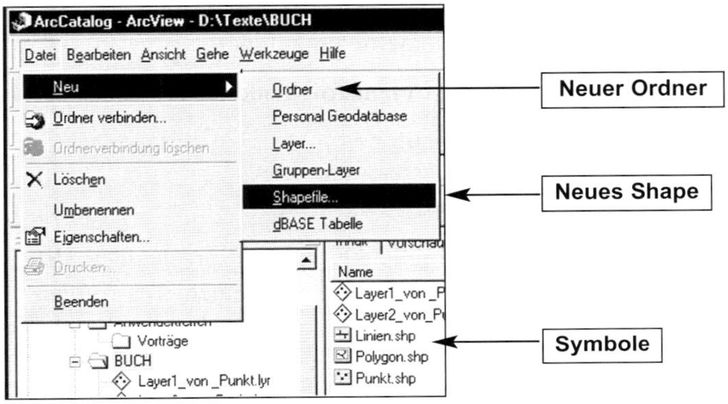

Legen Sie nun den Namen des neuen Shapefiles fest und wählen Sie den Objekttyp (Feature-Typ) aus der zugehörigen Liste. Anschließend erscheint an entsprechender Stelle der Name des neuen Shapefiles und das zugehörige Symbol.

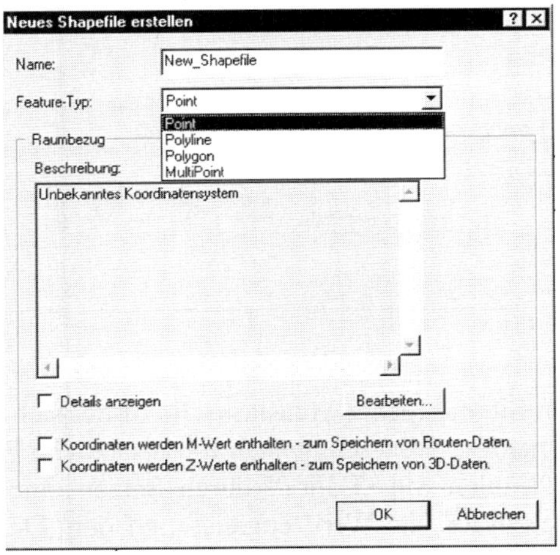

Damit ist das neue Shapefile definiert, besitzt aber noch keine Daten, weder Geometrie- noch Sachdaten.

Starten Sie nun ArcMap, um die gewünschten Geometrien zu erzeugen, da dies nicht innerhalb von ArcCatalog durchgeführt werden kann.

Nachdem Sie ArcMap gestartet haben, bestimmen Sie den Datenrahmen, der das neue Shapefile aufnehmen soll.

<u>ArcMap-Hauptmenü</u>
Einfügen:
Datenrahmen

In den leeren Datenrahmen („Neuer Datenrahmen“) können Sie nun das zuvor definierte Shapefile hinzufügen.

Mit der folgenden Befehlsfolge oder auch nebenstehender Schaltfläche

<u>ArcMap-Hauptmenü</u>
Datei:
Daten hinzufügen...

erhalten Sie die Möglichkeit, die entsprechenden Shapefiles auszuwählen. Durch Doppelklick auf den Dateinamen – es werden nur Dateien mit der Erweiterung „shp“ angezeigt – laden Sie das Shapefile in den Datenrahmen. Die Warnung, wonach der Datensatz nicht über den notwendigen Raumbezug verfügt, können Sie zunächst übergehen. Diese Aspekte werden an anderer Stelle eingehend beschrieben.

Da es in diesem neuen Shapefile noch keine Daten gibt, ist im Datenrahmen auch keine Geometrie zu sehen. Um diese nun zu digitalisieren, ist das entsprechende Werkzeug zu aktivieren.

Gehen Sie zu diesem Zweck mit der Maus auf die freie Fläche neben den Werkzeugleisten...

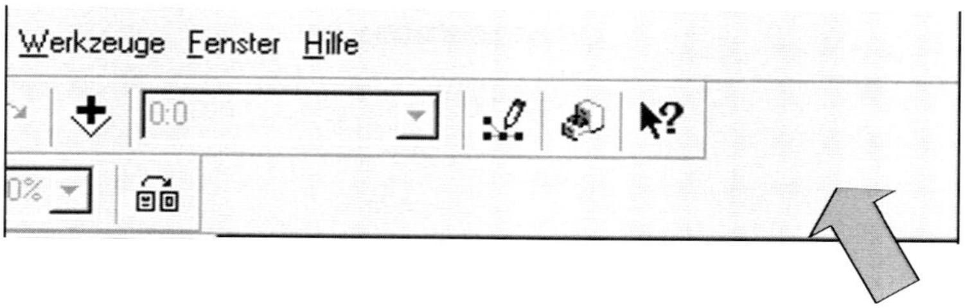

...und drücken Sie die rechte Maustaste. Es öffnet sich ein Kontextmenü, mit dem Sie mehrere Werkzeugleisten für zusätzliche Funktionen aktivieren können. Wählen Sie „Editor“ durch Setzen eines Hakens aus. Es erscheint eine zusätzliche Werkzeugleiste auf dem Desktop, die Sie frei positionieren können.

Nach Drücken des „Editor“-Menüs wählen Sie den Menüeintrag „Bearbeitung starten“. Danach verändert sich die Werkzeugleiste und hat folgendes Erscheinungsbild:

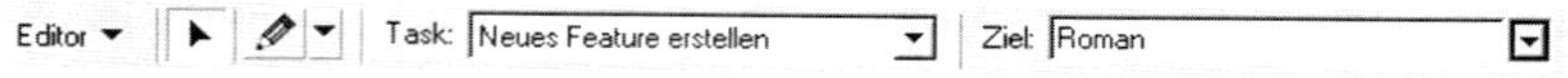

Diese Werkzeugleiste und die zugehörigen Dialogfenster steuern die Digitalisierungsaufgaben. Hinter „Task“ verbergen sich die verschiedenen

Aufgaben für die Digitalisierung. Hier ist zunächst der Eintrag „Neue Features erstellen“ von Interesse.

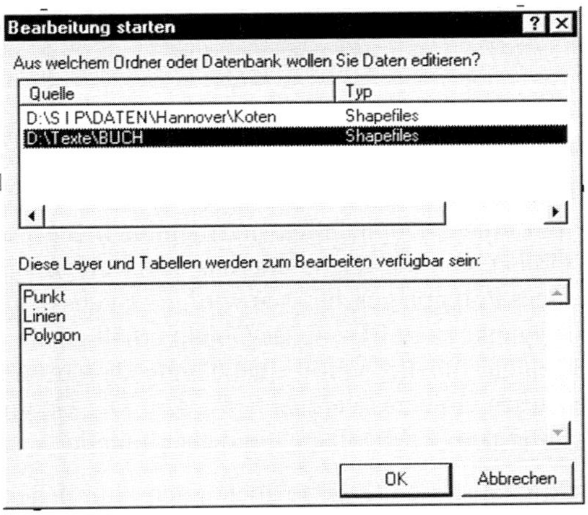

Das „Öffnen“ (Bearbeitung starten) des Editors bezieht sich dabei immer auf den gesamten Datenrahmen und nicht nur auf ein Shapefile oder eine Datei. Sie können daher laufend zwischen den im Datenrahmen befindlichen Shapefiles auswählen und digitalisieren. Dazu müssen die Shapefiles im selben Verzeichnis liegen. Sollte dies nicht der Fall sein – in größeren Projekten ist das sicherlich der Normalfall –, muss die jeweilige Auswahl etwas anders erfolgen. Nach Starten des Editors zeigt sich in diesem Fall folgendes Dialogfenster:

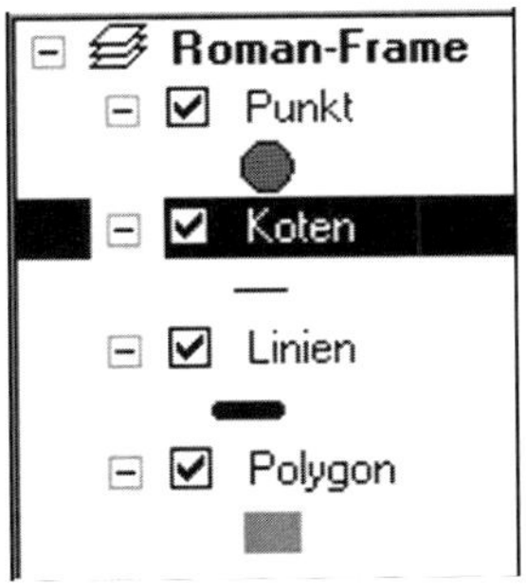

Hier können nun das gewünschte Verzeichnis ausgewählt und die passenden Shapefiles identifiziert werden. Im oben gezeigten Fall sind nur die Shapefiles in D:\Texte\Buch gleichzeitig bearbeitbar, diejenigen in D:\SIP\Daten\Hannover\Koten nicht, obwohl sie im gleichen Datenrahmen liegen können. Für bestimmte Aufgaben – wie zum Beispiel übergreifendes Snappen – müssen die benötigten Daten also zeitweise umorganisiert, das heißt, in ein gemeinsames Verzeichnis gespeichert werden.

Da die Festlegung des Objekttyps im ArcCatalog schon abgeschlossen ist, können Sie nun mit der tatsächlichen Digitalisierung beginnen. Durch Betätigen des Werkzeuges „Features erstellen“ können neue Objekte eingefügt (digitalisiert) werden.

Setzen Sie nun in beliebiger Reihenfolge die Stützpunkte innerhalb des Datenrahmens. Jeweils durch Drücken der linken Maustaste wird ein Punkt gesetzt. Die zugehörigen Koordinaten des Stützpunktes werden in

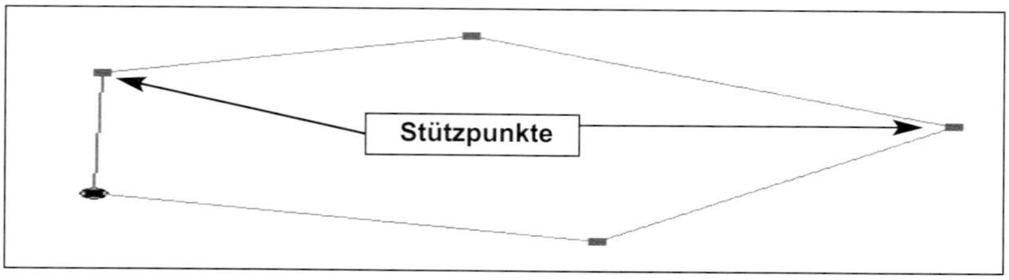

die dafür vorgesehene Datei eingetragen. Beenden Sie die Erstellung eines Objektes mit einem Doppelklick und beginnen Sie bei Bedarf mit dem nächsten Objekt. Bei der Digitalisierung von Polygonen sorgt das System dafür, dass das Polygon geschlossen wird. Es ist aussichtslos zu versuchen, den Anfangspunkt zu treffen. Jedes Objekt erhält genau einen Datensatz in der zugehörigen Tabelle, völlig unabhängig davon wieviele Stützpunkte innerhalb dieses Objektes vergeben wurden. Die Geometriedaten verbergen sich hinter dem Feld „Shape“ in dieser Tabelle.

Damit die digitalisierten Objekte auch einen räumlichen Bezug zur realen Welt haben, ist es zweckmäßig, einen entsprechenden Hintergrund als Vorlage zu verwenden. Geeignet dafür sind topographische Karten des Bereiches, der gerade interessiert, vorzugsweise in georeferenzierter Form. Sie sind als erstes in den Datenrahmen zu laden. Dieser Themenkomplex wird unter Kapitel 10 „Koordinatensysteme“ und im Abschnitt „Georeferenzierung“ in Kapitel 8 „ArcGIS-Funktionen“ vertieft.

Wenn Sie während der Digitalisierung Sachdaten an jedes der neuen Objekte anfügen wollen, dann öffnen Sie die zugehörige Attributtabelle mit:

ArcMap-Kontextmenü: Shapefile im Inhaltsverzeichnis
Attributtabelle öffnen

Dort können Sie sofort in den jeweils markierten Datensatz des zuletzt digitalisierten Objektes die dazu passenden Sachdaten eintragen.

Zweckmäßig ist es, im Feld „Id“ sofort eine Ordnungszahl einzutragen, die es ermöglicht, aus anderen Datenquellen Informationen an die neuen Geometrien „anzuhängen“ (Stichwort: Verbinden). Die Eingaben sind immer mit „Return“ (Eingabetaste betätigen) abzuschließen.

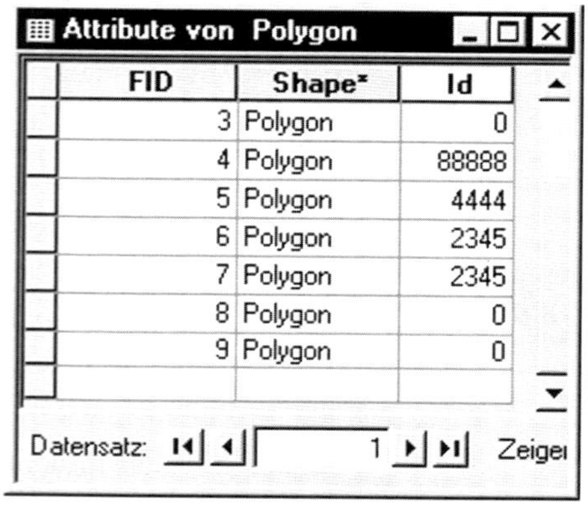

FID	Shape*	Id
3	Polygon	0
4	Polygon	88888
5	Polygon	4444
6	Polygon	2345
7	Polygon	2345
8	Polygon	0
9	Polygon	0

Die grundsätzliche Vorgehensweise zum Digitalisieren ist damit beschrieben. Die unterschiedlichen Objekttypen unterscheiden sich dabei nicht. Die Verfeinerung der Technik und Vorstellung der weitergehenden Werkzeuge werden anschließend dargelegt. Zuvor wird jedoch kurz die Digitalisierung in schon vorhandenen Shapefiles beschrieben.

8.2.4 Bearbeitung vorhandener Shapefiles

Wenn bereits große, raumbezogene Datenbestände vorhanden sind, kann eine Aufgabe in der Ergänzung dieser Daten liegen, zum Beispiel die Einbettung neuer Geometrien in vorhandene Strukturen oder die Veränderung vorhandener Strukturen.

Es wird im Folgenden dargestellt, wie ein vorhandenes Dataset – hier Shapefile – verändert wird. Zum einen wird die geometrische Veränderung eines Objektes gezeigt, zum anderen demonstriert, wie ein neues Objekt in das Dataset integriert wird. Auf die Möglichkeit, eine Veränderung wieder rückgängig zu machen, wird ebenfalls hingewiesen.

Laden Sie für den ersten Fall ein vorliegendes Shapefile in einen Datenrahmen. Starten Sie die „Editor“-Werkzeugleiste, wie zuvor beschrieben, und stellen Sie bei „Task“: „Feature ändern“ ein. Wieder zeigt sich folgende Werkzeugleiste:

Der Unterschied liegt im Austausch des alten Listeneintrags von „Neues Feature erstellen“ durch „Feature ändern“. Wählen Sie dies aus der angebotenen Liste aus. Die Schaltfläche „Feature ändern“ (Bleistift) ist dabei nur grau. Erst wenn das zu verändernde Objekt selektiert ist, wird sie farbig und damit aktiv. Zum Selektieren klicken Sie auf das Werkzeug „Bearbeiten“ und anschließend auf das Objekt, das verändert werden soll.

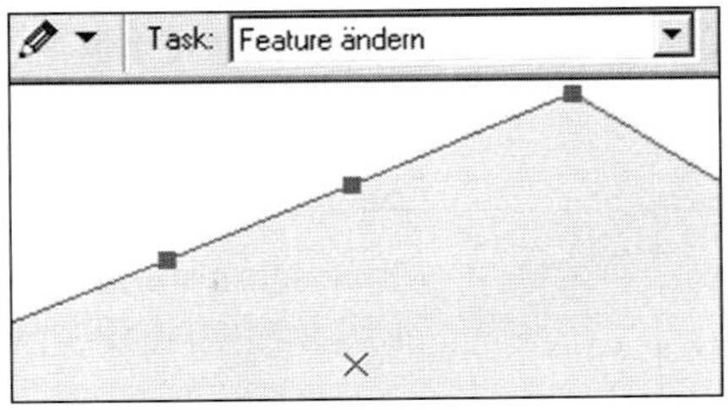

Bei dem selektierten Objekt werden die vorhandenen Stützpunkte durch kleine, vollflächig farbige Quadrate sichtbar gemacht. Führen Sie den Mauszeiger über einen dieser Punkte, verändert sich die Form des Mauszeigers in ein hohles Quadrat mit schwarzen Dreiecken. Dadurch wird angezeigt, dass dieser Stützpunkt verschiebbar ist. Halten Sie die linke Maustaste gedrückt und versetzen Sie die Position des Stützpunktes an die gewünschte Stelle. Wiederholen Sie das mit allen zu verändernden Punkten und Objekten.

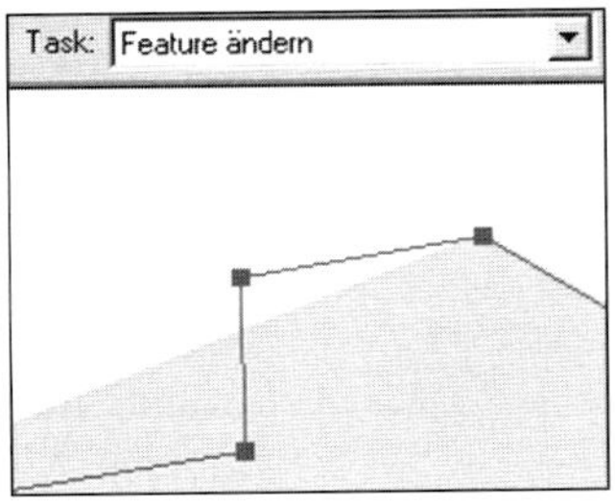

Bevor Sie die Veränderungen sichern, wird der Ausgangszustand weiterhin dargestellt. Die Veränderungen sozusagen als Vorschlag präsentiert. Erst mit der Beendigung des Prozesses durch Absichern wird die neue Geometrie gespeichert. Sie speichern durch:

ArcMap-Editor-Werkzeugleiste
Editor:
Änderungen speichern

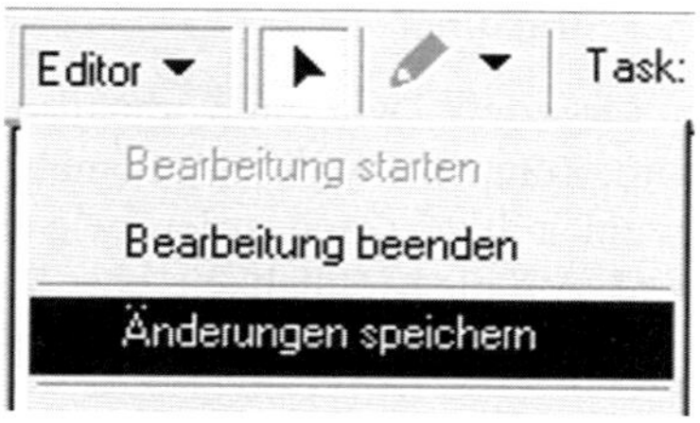

Anders ist das im zweiten Fall. In einem vorhandenen Shapefile soll eine zusätzliche Geometrie eingefügt werden.

Laden Sie ein Shapefile in einen Datenrahmen und starten Sie die Bearbeitung. Wählen Sie „Neues Feature erstellen" und gehen Sie vor wie bei einer Neudigitalisierung, nachdem Sie unter den vorhandenen Shapefiles unter „Ziel" eines ausgewählt haben.

Nach Beendigung der Arbeit sichern Sie den neuen Zustand des Shapefiles mit „Änderung speichern". Bei der Benutzung von „Bearbeitung beenden" werden Sie nochmals gefragt, ob die Veränderung wirklich akzeptiert werden soll, und es besteht an dieser Stelle nochmals die Möglichkeit, die Speicherung abzulehnen.

Eine schrittweise Ablehnung von zum Beispiel überflüssigen oder fehlerhaft gesetzten Stützpunkten kann auch mit

ArcMap-Hauptmenü
Bearbeiten:
Rückgängig (Strg + Z)

durchgeführt werden. Diese Vorgehensweise wird an mehreren Stellen in ArcView ermöglicht.

8.2.5 Fangen (Einpassen, Snappen) in einem Shapefile

Während der Digitalisierungsarbeit kommt es immer wieder vor, dass exakte Anschlüsse zwischen zwei beteiligten Objekten erzeugt werden müssen. Mit einer „ruhigen Hand" ist diese Aufgabe nicht zu erfüllen!

ArcView stellt dafür Werkzeuge zur Verfügung, die es erlauben, saubere Anschlüsse zwischen Objekten innerhalb eines Shapefiles wie auch übergreifend umzusetzen.

Begonnen wird hier mit dem „Fangen“ innerhalb eines Shapefiles, also zwischen Objekten des gleichen Shapefiles. Es werden die notwendigen Einstellungen und Begriffe erläutert und die Vorgehensweise anhand eines Beispiels vorgestellt. Danach wird demonstriert, wie das „Fangen“ auch innerhalb eines Objektes durchgeführt werden kann.

Als Hilfsmittel dient hierbei eine Fangfunktion (Einpassen, Snappen), die dafür sorgt, dass die letzte Distanz beim Digitalisieren automatisch überbrückt wird. Es wird dafür gesorgt, dass es zu exakten Anschlüssen an den jeweils anderen Stützpunkten oder Objektkanten kommt. Die überbrückbare Distanz, der „Fangradius“, wird vor der Digitalisierung eingestellt. Wenn sich ein Zielobjekt in diesem Fangradius befindet, wird vom System her automatisch ein exakter Anschluss erzeugt.

Zum Einstellen des Fangradius führen Sie folgende Befehle aus:

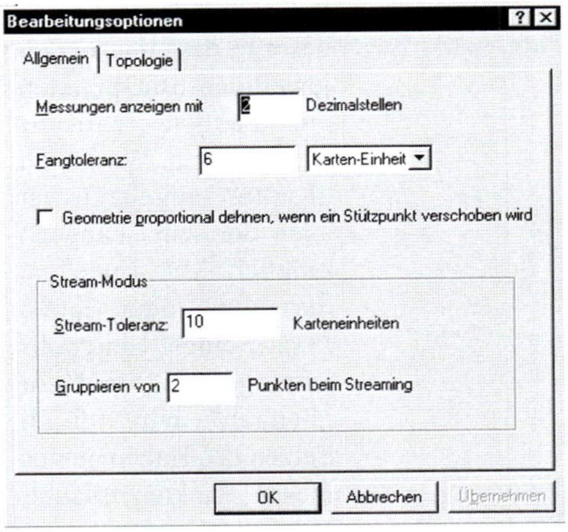

ArcMap-Editor-Werkzeugleiste
Editor:
Bearbeitung starten

und anschließend die Befehlsfolge

ArcMap-Editor-Werkzeugleiste
Editor:
Optionen

Es öffnet sich das Dialogfenster „Bearbeitungsoptionen“. Hier können u. a. die Nachkommastellen für Messungen von Distanzen am Bildschirm eingestellt werden.

Unter „Fangtoleranz“ stellen Sie den entsprechende Radius ein, wobei Sie auf die Einheiten achten müssen. Zum einen sind dies die Karteneinheiten (Meter, Kilometer usw.), die für den Datenrahmen eingestellt sind, oder es sind die Bildschirmeinheiten Pixel. Über die „Direkthilfe“ können Sie diese Information abrufen.

> Stellt die Einheiten ein, die genutzt werden, um die Fangtoleranz in Bildschirmpixel-Einheiten oder Karteneinheiten zu definieren. Die Standardeinheiten sind Bildschirmpixel.

Die weiteren Einstellungen dieses Dialogfensters werden an entsprechender Stelle erklärt (Stream-Modus, Geometrie dehnen).

Im nächsten Schritt muss entschieden werden, wo das „Fangen" umgesetzt werden soll. Es besteht die Möglichkeit an der Kante, am Stützpunkt oder an einem Ende eines Objektes.

Um diese Einstellungen – im folgenden Fall Fangen an Stützpunkt, Kante und Ende – vorzunehmen, wählen Sie folgende Befehlsfolge und setzen Sie die notwendigen Haken im oberen Bereich der „Fangumgebung":

ArcMap-Editor-Werkzeugleiste
Editor:
Bearbeitung starten

ArcMap-Editor-Werkzeugleiste
Editor:
Fangen

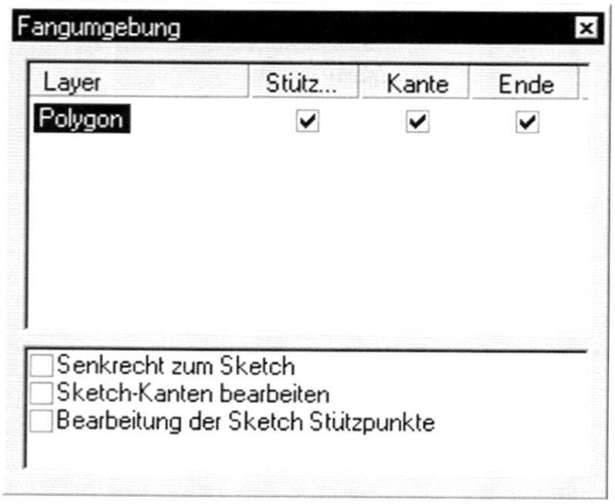

Bei „Stütz..." wird dafür gesorgt, dass nur an den jeweiligen Stützpunkten ein Fangen realisiert werden kann. Wird auch „Kante" angehakt, ist auch dort ein „Fangen" möglich. Mit „Ende" ist der erste oder letzte Punkt eines Linienobjekts gemeint, und ein „Fangen" wird durch Setzen des Haken an nur diesen Punkten erlaubt. Es sind alle denkbaren Kombinationen dieser Steuerungsmöglichkeiten erlaubt.

Der untere Bereich des Dialogfensters ermöglicht Einstellungen für weitere Funktionen, die an anderer Stelle vertieft werden (siehe „Rechte Winkel" und „Fangen" innerhalb eines Objektes).

Damit sind die Vorbereitungen zum „Fangen" innerhalb eines Shapefiles abgeschlossen. Erwähnt werden muss noch, dass die Reihenfolge der Themen in der Liste der Fangumgebung auch über die Prioritäten beim Fangen entscheidet. Das jeweils höher liegende Shapefile hat also beim „Fangen" Vorrang.

Um „Fangen" wieder zu deaktivieren, kann der Radius nicht einfach auf den Wert Null gesetzt werden. Dies muss in der Fangumgebung durch Entfernen des entsprechenden Hakens geschehen.

Eine typische Aufgabe könnte sein:
„Digitalisieren Sie eine zusätzliche Fläche südlich an das vorhandene Polygon und sorgen Sie für einen exakten Anschluss. Benutzen Sie dabei die Möglichkeit, an allen Teilen des vorhandenen Polygons anzuschließen."

Gemeint ist damit, dass gesteuert werden kann, ob der Anschluss nur an einem Stützpunkt, am Ende einer Linie oder auch an allen denkbaren Punkten an einer Begrenzungslinie eines Objektes erfolgen kann. Dort wird dann ein neuer Stützpunkt eingebaut.

Sobald Sie mit dem Digitalisieren beginnen und dabei in die Nähe des schon vorhandenen Objektes kommen, verändert sich der Mauszeiger und am Objekt wird die Stelle des möglichen Anschlusses markiert. Digitalisieren Sie in gewohnter Weise, und es wird ein exakter Anschluss realisiert.

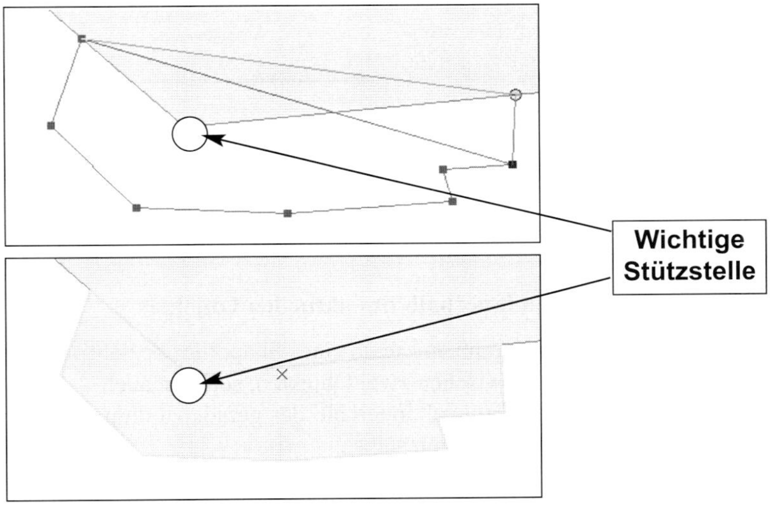

Achten Sie darauf, dass Sie mit dem neuen Objekt nicht „über" das Alte geraten. An der markierten Stelle müssen Sie auch im neuen Objekt einen Stützpunkt zu setzen. Den Fehler sehen Sie später nicht mehr ohne komplizierte Kontrollen: Jede Flächenberechnung oder Verschneidung wird falsch!

In einer entsprechenden Abfrage wird dieser Fehler (zwei Ids sind angegeben) deutlich, nachdem Sie mit dem Informationswerkzeug aus der Werkzeugleiste „Werkzeuge" und per Mausklick auf die vermutlich „doppelte" Fläche die entsprechende Abfrage aktiviert haben. Oder Sie erhalten mit Klick auf das Selektionswerkzeug „Features auswählen" aus der Werkzeugleiste „Werkzeuge" folgende Darstellung der Konfliktsituation bzw. der doppelt erfassten Fläche.

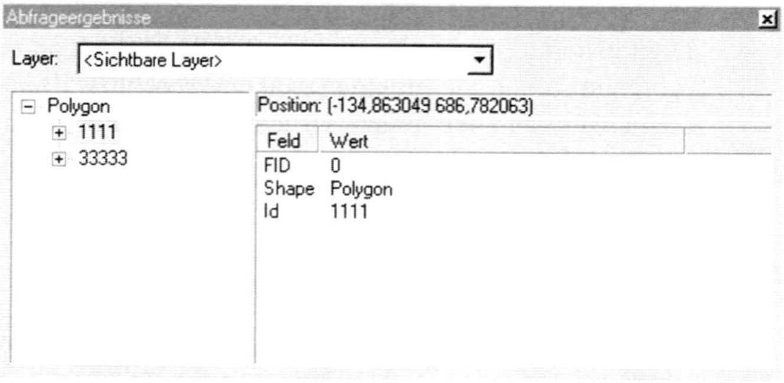

Beide beteiligten Objekte sind selektiert!

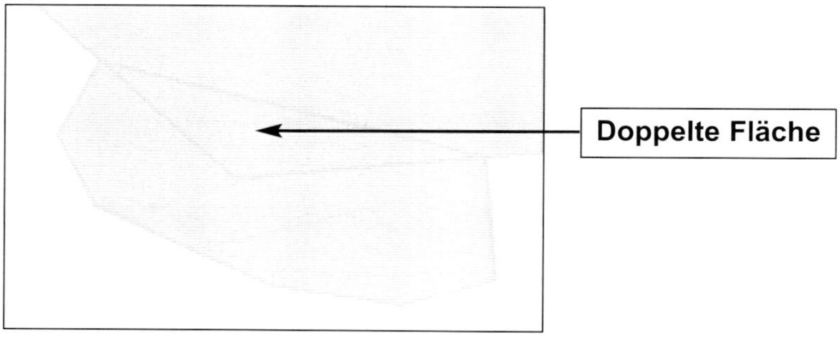

Fangen innerhalb des aktuellen Objektes

Das „Fangen“ innerhalb eines Shapefiles bezieht sich nicht nur auf die Beziehung zwischen zwei Objekten, sondern auch – und das ausschließlich – auf das „Fangen“ innerhalb des gerade zu digitalisierenden Objektes, also „Fangen“ auf sich selbst.

Es wird gezeigt wie

- Fangen auf die eigene Kante
- Fangen auf die eigenen Stützstellen

vorbereitet und realisiert wird. Das „Fangen“ auf andere Objekte des gleichen Shapefiles ist hiermit nicht gemeint. Dies muss dann auf die oben vorgestellte Art zusätzlich aktiviert werden.

Mit der folgenden Befehlsfolge

ArcMap-Editor- Werkzeugleiste
Editor:
Bearbeitung starten

und anschließend

ArcMap-Editor-Werkzeugleiste
Editor: Fangen

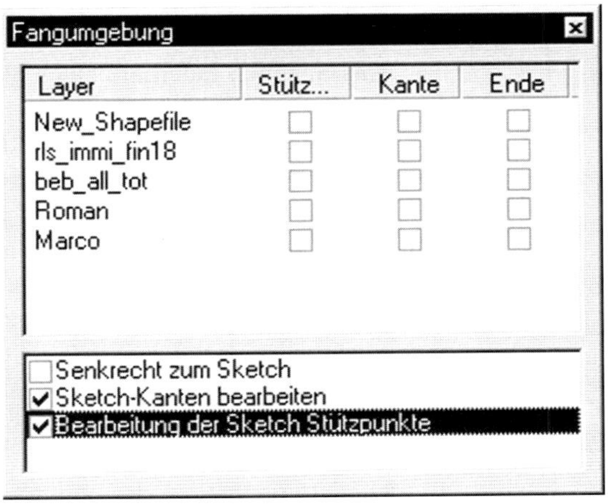

erhalten Sie die Möglichkeit, die notwendigen Einstellungen vorzunehmen.

Im unteren Teil dieser „Fangumgebung“ können Sie entscheiden, ob Sie an einer Kante oder an einer Stützstelle des aktuellen Objektes snappen wollen. Durch Setzen eines entsprechenden Hakens – *nicht*, wie im Bild als Beispiel, *beide gleichzeitig* – aktivieren Sie die notwendigen Aktionen.

Beginnen Sie, wie gewohnt, die Digitalisierung, nachdem Sie den Fangradius eingestellt haben. Schließen Sie, wie im Bild dargestellt, das Objekt und lassen Sie das System an die Kante oder der Stützstelle snappen (fangen).

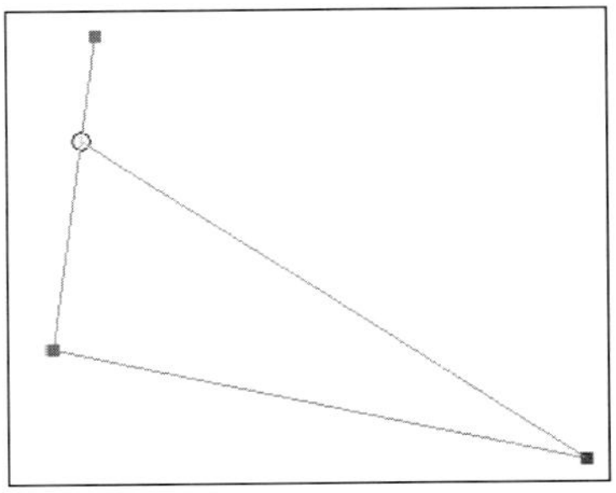

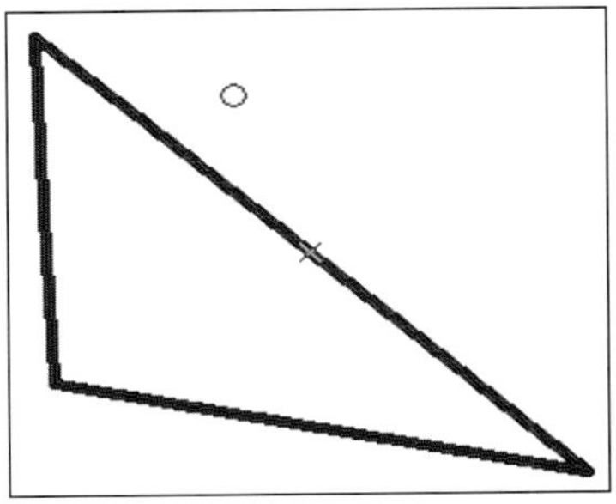

Das rechte Bild zeigt das Ergebnis nach dem „Fangen“ auf die eigenen Stützstellen und links das „Fangen“ auf eine eigene Kante des aktuell digitalisierten Objektes.

Hingewiesen sei hier nochmals darauf, dass eine Durchmischung der vorgestellten Fangmethode ebenfalls möglich ist. Es ist also sichergestellt, dass das „Fangen“ auf alle Objekte eines Shapefiles angewendet werden kann, auch auf das gerade entstehende selbst.

8.2.6 Fangen (Snappen) über mehrere Shapefiles

Das Snappen innerhalb eines Shapefiles bzw. Layers wird zwischen zwei beteiligten Objekten organisiert. Da es sich dabei immer nur um Objekte des gleichen Typs (Linie, Punkt oder Polygon) handeln kann, kommt der Wunsch auf, auch objektübergreifend snappen zu können. Dieses ermöglicht es zum Beispiel, dass ein Flurstück (Polygon) nachträglich exakt an einen Straßenrand (Linie) digitalisiert wird. Es ist also möglich, ein Polygon genau an ein Linienlayer anzuschließen, obwohl die beiden verschiedenen Objekttypen nicht in einem Shapefile vorliegen können.

Erleichtert wird diese Aufgabe durch den Umstand, das immer ein ganzer Datenrahmen mit allen Inhalten (die in einem Verzeichnis liegen müssen) und nicht nur ein Shapefile editierbar ist.

Die Möglichkeiten des „Fangens" sind nicht nur auf die Sanierung oder Verbesserung von Digitalisierungen ausgerichtet. Natürlich sollen sie schon bei der Ersterstellung der Geometriedaten für eine ausreichende Qualität der Ergebnisse sorgen. Im Falle der nachträglichen Verbesserung kann es dabei auch notwendig werden, neue Stützpunkte einzufügen, zu verschieben oder gezielt zu setzen, um die gewollte Geometrie zu erhalten. Am Ende dieses Abschnittes erfahren Sie mehr darüber.

Gezeigt werden soll im Folgenden, welche Einstellungen zu treffen sind und wie das „Fangen" auch über mehrere Shapefiles verschiedener Objekttypen möglich wird. Weiter wird vorgestellt, wie neue Stützpunkte eingefügt, gelöscht bzw. wie sie verschoben werden, da diese Funktionen im Zusammenwirken mit dem „Fangen" die Möglichkeiten der Verbesserung von Geometrien vervollständigen.

Nach Einladen von zwei verschiedenen Shapefiles erhalten Sie mit den folgenden Befehlsfolgen

ArcMap-Editor-Werkzeugleiste
Editor:
Bearbeitung starten

und anschließend

ArcMap-Editor-Werkzeugleiste
Editor:
Fangen

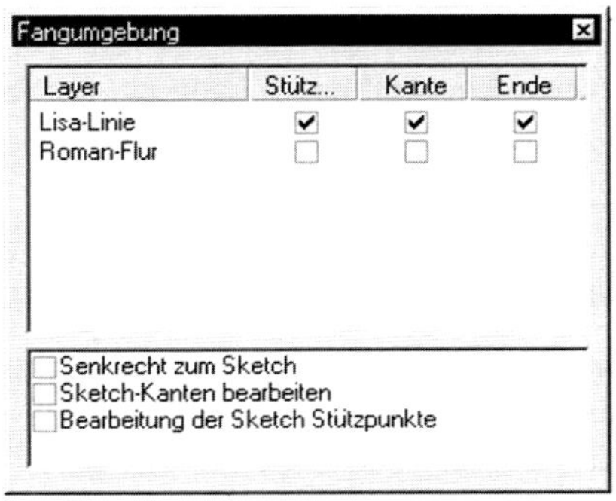

in der „Fangumgebung“ die Möglichkeit, für die beteiligten Shapefiles die Einstellungen bezüglich des „Fangens“ (Snappens) vorzunehmen. Hier im Beispiel ist das Linienshapefile zum „Fangen“ eingestellt. Das Polygon ist davon unberührt. Natürlich können beide Shapefiles entsprechend vorbereitet bzw. eingestellt werden.

Klicken Sie das zu verändernde Objekt (hier Polygon) an, und es erscheinen die Stützpunkte. Fassen Sie den zu verschiebenden Punkt mit der linken Maustaste und schieben Sie ihn in Richtung Linienshapefile. Sie erkennen die Funktion des Fangradius’ und können exakt – typübergreifend – digitalisieren. Der Punkt legt sich exakt an die Linie, aber im Linienshapefile entsteht kein Stützpunkt. Dies können Sie leicht durch Umschalten auf das Linienshapefile überprüfen, wenn Sie es anklicken.

Um das Linienshapefile ebenfalls an das Polygon einzupassen (snappen), muss in der „Fangumgebung“ auch beim Polygon Entsprechendes einge-

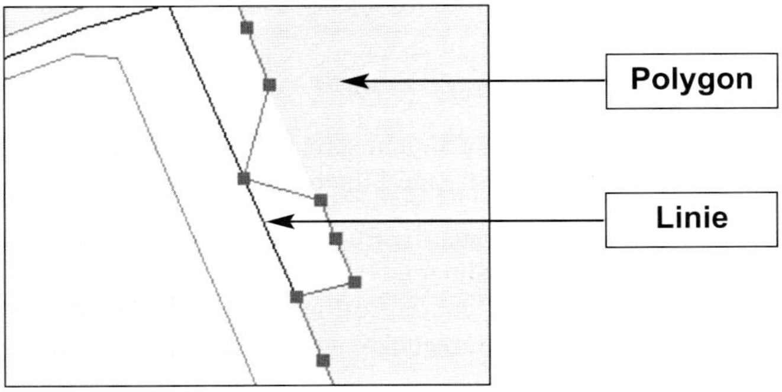

stellt werden. Die Arbeit kann dann in gewohnter Weise erfolgen. Das jeweils zu verändernde Shapefile muss nicht einmal im Editordialog gewählt werden! Der eingestellte Radius gilt für beide Fangrichtungen, kann aber jederzeit neuen Anforderungen angepasst werden. Sollte die Aufgabe es erfordern, dann können auch mehr als zwei Shapefiles in diese Arbeit eingebunden werden. Jedes muss aber in der dargestellten Art auf seine Veränderungen vorbereitet werden. Man kann jederzeit zwischen allen hin und her schalten.

Neue Stützpunkte einfügen

Nach der Digitalisierung eines Objektes kann es zweckmäßig sein, weitere Stützpunkte einzufügen. Der gekrümmte Kurvenverlauf einer Kante wird dann zum Beispiel vielleicht etwas harmonischer.

Gezeigt wird nun, wie in ein vorhandenes Objekt weitere Stützpunkte integriert werden, um ihm eine andere, in der Regel genauere Form zu geben.

Zu diesem Zweck klicken Sie das Objekt im Bearbeitungsmodus an, damit Ihnen die Stützpunkte angezeigt werden. Stellen Sie dafür sicher, dass unter „Task" in der Editierwerkzeugleiste „Feature ändern" angezeigt wird. Nur dann werden die Stützpunkte eines Objektes in der bekannten Form sichtbar.

Der Mauszeiger trägt dann oben links ein Kreuz, wenn er sich „auf" dem Objekt befindet. Führen Sie den Zeiger auf den Rand eines Objektes an die Stelle, an der Sie einen Stützpunkt setzen wollen, und drücken Sie die

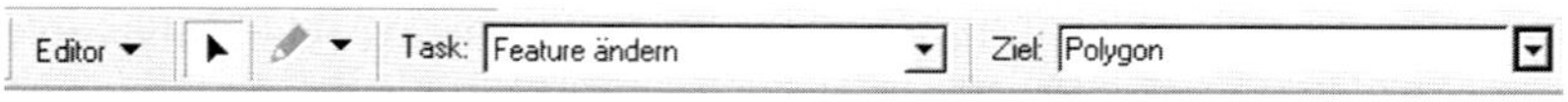

rechte Maustaste. Es öffnet sich ein Auswahlmenüfeld, mit dem Sie „Stützpunkt einfügen" auswählen können. Wenn Sie ihn ausgewählt haben, erscheint ein neuer Stützpunkt auf dem Rand an der vorgesehenen Stelle des Objekts.

Auch diese Aktionen können mit folgendem Menü aufgehoben werden:

<u>ArcMap-Hauptmenü</u>
Bearbeiten:
Rückgängig

Stützpunkte löschen

Ebenso kann es angebracht sein, die Geometrie zu vereinfachen und einige eventuell überflüssige Stützpunkte zu löschen.

Stellen Sie den obigen Bearbeitungszustand her und führen Sie den Mauszeiger auf einen Stützpunkt. Drücken Sie die rechte Maustaste, und das schon bekannte Menüfeld öffnet sich. Mit „Stützpunkt löschen" können Sie überflüssige Stützpunkte entfernen. Auch diese Aktion kann mit

<u>ArcMap-Hauptmenü</u>
Bearbeiten:
Rückgängig Löschen

aufgehoben werden.

Stützpunkte verschieben

Schon unter „Fangen“ ist die Möglichkeit, Stützpunkte zu verschieben, erläutert worden, und zwar in Richtung auf ein Ziel bzw. auf ein anderes Objekt. Darüber hinaus ist es möglich, ganz gezielt Punkte zu setzen, indem man die Koordinaten vorgibt.

Fahren Sie im passenden Bearbeitungsmodus einen Stützpunkt an und drücken Sie die rechte Maustaste. Dann können Sie über ein Kontextmenü „Verschieben“ oder „Verschieben nach...“ auszuwählen.

Im ersten Fall können Sie ein Versatzmaß in X- und in Y- Richtung angeben. Der Stützpunkt wird genau um dieses Maß verschoben. Im zweiten

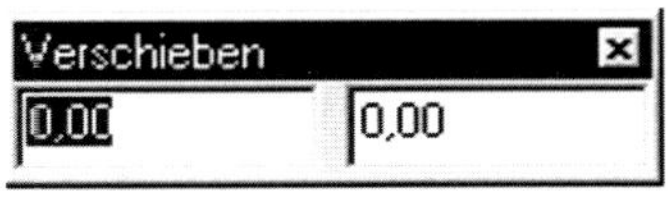

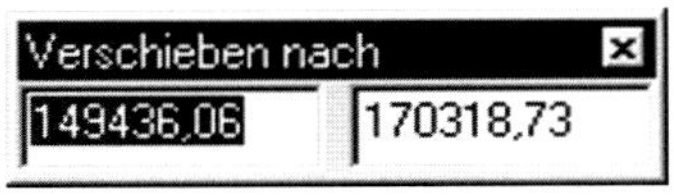

Fall werden Ihnen die aktuellen XY- Koordinaten angezeigt, und es ist möglich, gegebenenfalls leichte Korrekturen oder Veränderungen direkt im Eingabefeld vorzunehmen. Diese Aktionen können ebenfalls mit folgendem Menü aufgehoben werden.

ArcMap-Hauptmenü
Bearbeiten:
Rückgängig Verschieben...

8.2.7 Stream-Modus

Wenn die Objekte, die Sie digitalisieren müssen, sehr kurvenreich sind, und eine große Anzahl der Stützpunkte keine Rolle spielt, kann man in einem so genannten „Stream-Modus“ arbeiten, ohne das Setzen der Punkte durch Mausklick auslösen zu müssen. Der Mausklick wird vom System übernommen und allein durch die zurückgelegte Digitalisierstrecke festgelegt. Diese Funktion wird ausschließlich auf Polygone und Linien angewendet. (Punkt-Shapefiles entziehen sich aus leicht verständlichen Gründen dieser Vorgehensweise: Sie müssen an festgelegten Orten gesetzt werden und können nicht von der zufällig gewählten „Stream-Toleranz“ abhängig sein.) Die Stream-Toleranz muss zunächst festgelegt und kann dann jederzeit aktiviert und geändert werden.

Gezeigt wird im Folgenden, wie für den Stream-Modus die entsprechenden Voreinstellungen vorzunehmen sind und wie anschließend die Digitalisierarbeit durchzuführen ist.

Wählen Sie folgende Befehlsfolge

ArcMap-Editor-Werkzeugleiste
Editor:
Optionen

und tragen Sie eine passende Distanz in das entsprechende Feld für die „Stream-Toleranz“ ein. Beachten Sie die Einheiten für diesen Wert. Sie stehen immer auf „Karteneinheiten“ und sind nicht veränderbar.

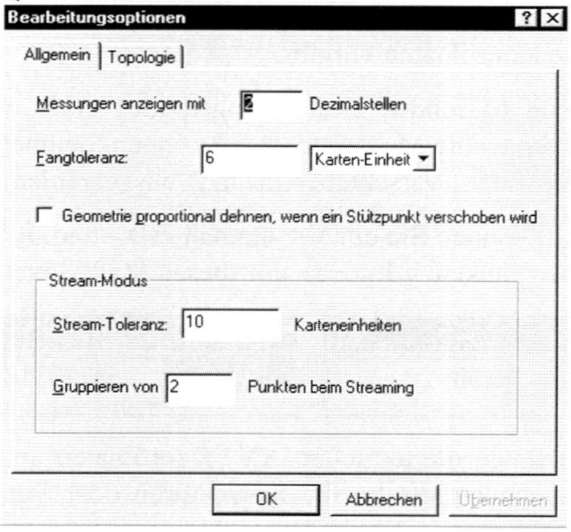

Beginnen Sie nun in gewohnter Weise mit der Digitalisierung eines linienhaften Objektes, nachdem Sie zuerst durch Druck auf die rechte Maustaste ein Menüfeld aktiviert haben, das Ihnen das Starten des Stream-Modus ermöglicht. Setzen Sie den Haken und dann den ersten Stützpunkt zum Digitalisieren. In der Folge fahren Sie mit dem Mauszeiger die zu erfassende Linie genau ab, ohne Stützpunkte durch Mausklick zu setzen, da dies, wie gesagt, automatisch durch das System erfolgt. Beenden Sie den Vorgang durch Doppelklick.

Währenddessen kann man jederzeit den Modus und die Stream-Toleranz ändern. Vor dem Druck auf die rechte Maustaste muss der Zeiger aber vom letzten Stützpunkt „runter“, da andernfalls ein für die Änderung unbrauchbares Menü erscheint. Bevor dann der Stream-Modus wieder genutzt werden kann, muss immer der erste Stützpunkt „von Hand“ gesetzt werden. Die nächsten kommen wieder automatisch.

Erwähnt sei noch, dass das Snappen und der Stream-Modus gleichzeitig genutzt werden können. Dies ermöglicht dem erfahrenen Digitalisierer eine schnelle und qualifizierte Arbeit.

8.2.8 Weitere Digitalisierungsfunktionen

Die Arbeit zur Herstellung von Geodaten wird durch weitere Funktionen im Digitalisierbereich unterstützt. Sie verbergen sich hinter dem Editormenü und sollen im Folgenden vorgestellt werden. Zwei von ihnen (Erstellen und Ändern) sind bisher behandelt worden.

Die Funktionen „Features mit einer Linie auswählen“ und „Features mit einer Fläche auswählen“ haben nicht direkt mit dem Digitalisieren zu tun.

Es sind eher Werkzeuge für die Selektion. Zu diesem Zweck muss eine entsprechende Grafik vorhanden und aktiviert sein. Damit ist es dann möglich, eine Selektion durchzuführen Die genaue Vorgehensweise wird in dem entsprechenden Kapitel behandelt.

Nachfolgend erfahren Sie, wie ein Objekt...

- angeschlossen wird (ohne „Fangen“)
- geteilt wird
- verkürzt wird
- unterteilt wird
- umgeformt wird

Polygon anschließen

Bei der Herstellung eines Polygons wird immer wieder die Frage nach einem korrekten Anschluss an schon vorhandene Objekte auftreten. Unter „Fangen“ wurde eine Möglichkeit vorgestellt, die durch gewisse Voreinstellungen dafür eine Lösung anbietet. Sie setzt voraus, dass der Mauszeiger in die Nähe des Objektes mit einem Abstand unterhalb des Fangradius’ bewegt wird. Erst dann kann diese Technik genutzt werden. Für eine zügige Arbeit ist dies hinderlich, und es können sich die unter „Fangen“ aufgezeigten Überlappungen ergeben. Daher wird eine weitere Möglichkeit angeboten, die diese Nachteile aufhebt.

Wählen Sie zu diesem Zweck in der Editorwerkzeugleiste unter „Task“ die Option „Polygon automatisch schließen“ aus. Beginnen Sie nun in gewohnter Weise mit dem Digitalisieren, indem Sie mit dem Mauszeiger deutlich innerhalb des schon vorhandenen Polygons aufsetzen. Ziehen Sie dann den Mauszeiger nach außerhalb und digitalisieren das Objekt, das Sie anschließen wollen.

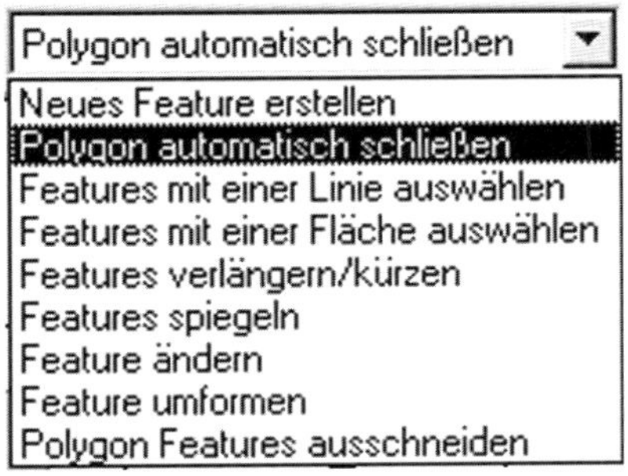

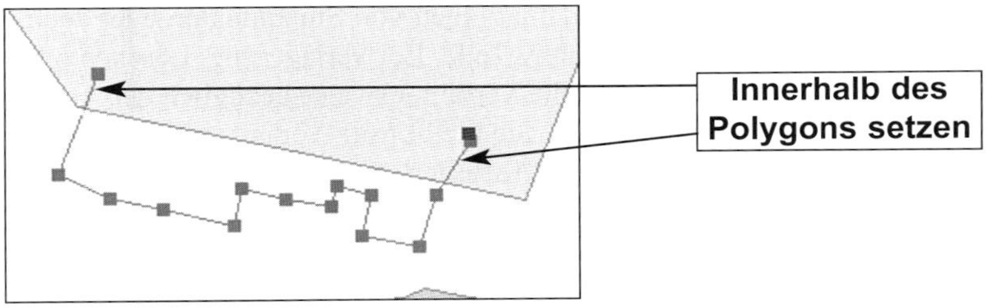

Den letzten Stützpunkt (Ende) setzen Sie wieder deutlich mit Doppelklick innerhalb des ersten (oder auch eines benachbarten) Objektes. Das während der Digitalisierung linienhafte Objekt wird dadurch zum exakt anliegenden Nachbarpolygon.

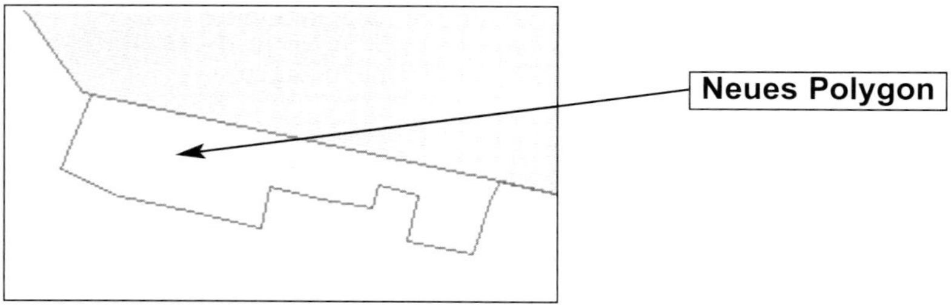

Auf diese Weise können komplizierteste Formen benachbarter Polygone erzeugt werden. Der angesprochene Endpunkt muss dabei nicht unbedingt innerhalb des Startobjektes liegen.

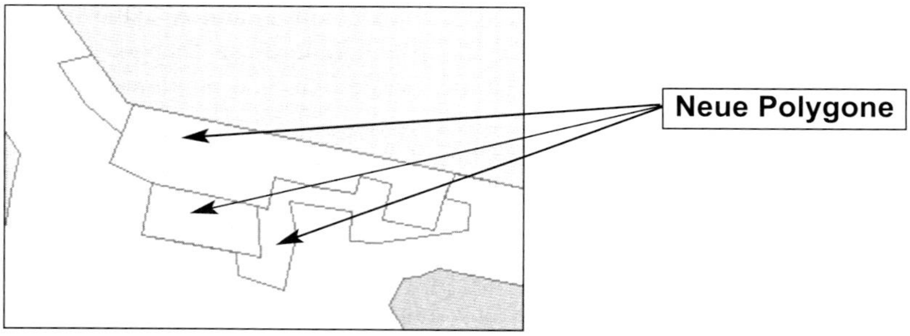

Dass auch diese Aktionen wieder rückgängig gemacht werden können, muss nicht weiter vertieft werden, und dass derartige Ergebnisse mit „Fangen" nur äußerst aufwendig herzustellen sind, dürfte gleichfalls deutlich geworden sein.

Polygonobjekte teilen

Oft wird es Aufgabe sein, vorhandene Objekte zu verändern. Das kann bedeuten, dass diese eine neue Geometrie bekommen durch Verlagerung, Löschen oder Hinzufügen von Stützpunkten oder auch durch Aufteilen in zwei oder mehrere Teile. Bei Verlagerung, Löschen oder Hinzufügen muss man sich über die Verfahrensweise bezüglich der Attributtabelle keine Gedanken machen. Sie bleibt trotz Veränderung der Geometrie erhalten, wie sie war. Beim Aufteilen eines Objektes ist das völlig anders. Die Veränderung der Objektanzahl muss auch in der zugehörigen Attributtabelle vollzogen werden. Dabei ist besonders auf die Inhalte und ihre Verteilung auf die neuen Objekte zu achten. Dies muss nach vorgegebenen Regeln durchgeführt werden.

Wenn zum Beispiel ein Polygonobjekt als Attribut eine Angabe zur Anzahl der Gebäude beinhaltet, dann kann dieser Wert naturgemäß nach dem Teilen des Objektes nicht mehr für beide neuen Teilobjekte gelten. In ArcView aber gilt die Voreinstellung, dass alle Werte in die jeweils neuen Datensätze übernommen werden. Diese Datensätze befinden sich immer am Ende der Tabelle und müssen im Auge behalten werden.

Dieses Thema wird an anderer Stelle vertieft. Hier wird lediglich der Teil beschrieben, der die Geometrie betrifft.

Zum Teilen eines Objektes steht ein Schnittwerkzeug zur Verfügung. Etwa wie beim Digitalisieren kann eine Trennungslinie erzeugt werden.

Mit der Befehlsfolge

ArcMap-Editor- Werkzeugleiste
Editor:
Bearbeiten starten

und der Einstellung im „Task“ auf „Polygon Features teilen“ bereiten Sie die Teilung eines selektierten Objektes vor. Digitalisieren Sie auf übliche

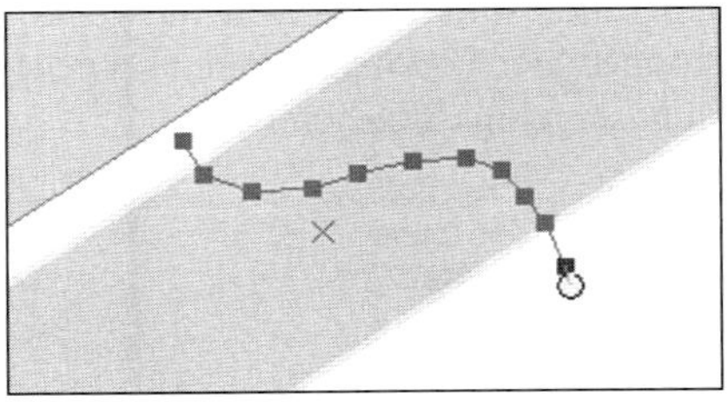

Weise entlang der gedachten Trennungslinie – außerhalb des Objektes beginnend – eine Linie und beenden den „Schnitt“ mit einem Doppelklick wiederum außerhalb des Objektes. Dieses wird nun geteilt, und in der Attributtabelle wird der zusätzliche Datensatz automatisch angelegt.

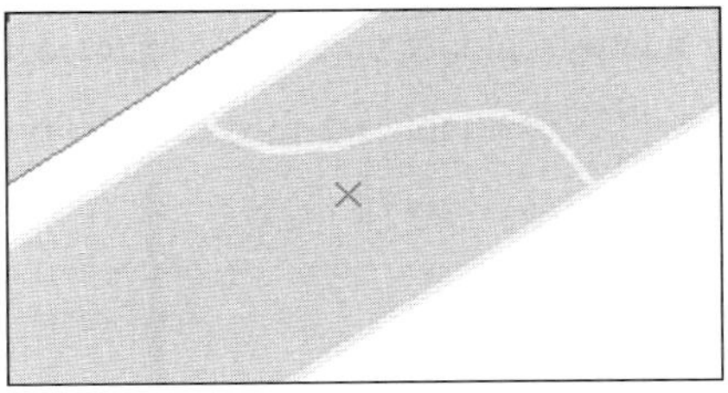

Eine Teilung können Sie rückgängig machen mit dem üblichen Befehl:

ArcMap-Hauptmenü
Bearbeiten:
Rückgängig Ausschneiden

...was jedoch eventuell viel Rechenzeit beansprucht. Schneller geht dies mit „Bearbeiten beenden“ und „Ablehnen“ der Speicherung. Für Linienobjekte und für Punktobjekte steht ein Teilungswerkzeug dieser Art nicht zur Verfügung. Das Teilen von Linien ist in anderer Weise organisiert und wird nachfolgend beschrieben.

Linienobjekte verkürzen

Ähnliche Veränderungen können bei Linienobjekten anstehen. Die prinzipielle Vorgehensweise ist die gleiche wie bei der Polygonteilung, allerdings mit dem Unterschied, dass hier ein Teil des Objektes abgeschnitten wird. In diesem Fall entsteht also kein weiterer Datensatz in der Attributtabelle. Welcher Teil wegfällt, kann über die Schnittrichtung gesteuert werden. Der jeweils rechts von der Schnittrichtung gelegene Teil wird gelöscht.

Zum Schneiden stellen Sie in der „Editor-Werkzeugleiste“ unter „Task“ die Option „Features verlängern/kürzen“ ein und verfahren wie beim Teilen von Polygonen. Zuvor müssen Sie entscheiden, welcher Teil des Objektes entfallen soll.

Linienobjekte unterteilen

Zum systematischen Teilen sind in ArcView aufwendige Werkzeuge integriert worden. Es können hier Voreinstellungen vorgenommen werden, die ein definiertes Teilungsergebnis sicherstellen.

Mit der Befehlsfolge

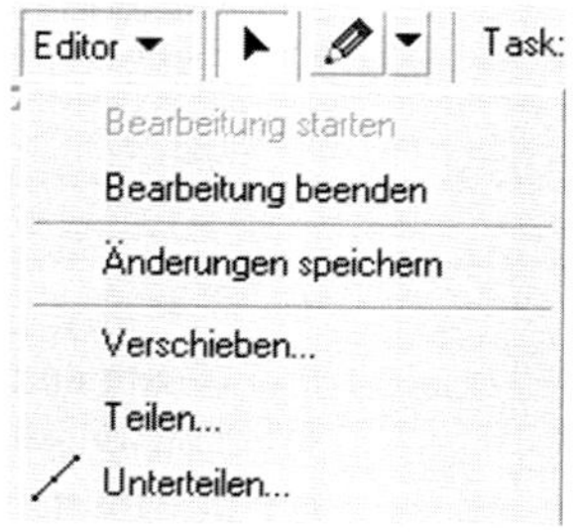

<u>ArcMap-Editor-Werkzeugleiste</u>
Editor:
Bearbeiten starten

und Selektieren eines Linienobjektes werden im „Editormenü“ folgende Menüeinträge aktivierbar, die die Möglichkeit zum „Teilen...“ und zum „Unterteilen...“ geben. Das Erste ist ein Teilen an einer numerisch oder prozentual festgelegten Stelle.

Wählen Sie „Teilen...“.Es erscheint das folgende Dialogfeld:

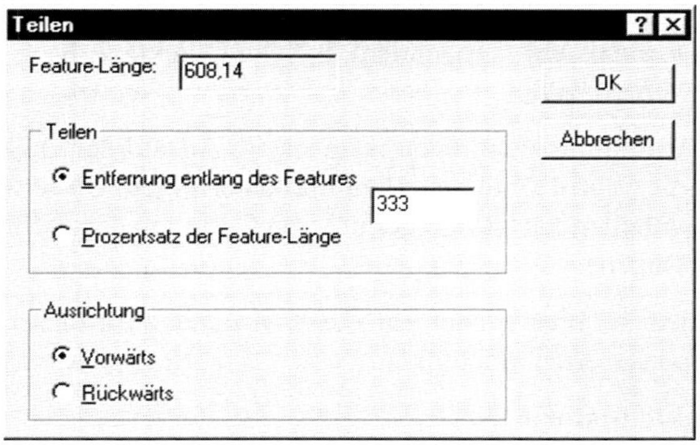

Das Objekt hat in diesem Beispiel eine bekannte Länge und soll bei 333 Metern geteilt werden, und zwar gemessen in Digitalisierrichtung (vorwärts). Dieser Trennpunkt kann auch über eine Prozentangabe mit gleicher Richtungsabhängigkeit festgelegt werden. Nach der Bestätigung durch „OK“ wird das Objekt an der gewünschten Stelle geteilt. Den Teilungserfolg können Sie noch vor dem endgültigen Speichern durch geschickte Selektionen sichtbar machen, wenn Sie zuvor unter „Task“ die Option „Features ändern“ eingestellt haben.

Die zweite Möglichkeit ist das Unterteilen eines Linienobjektes in mehrere gleich lange Segmente. Sie wird über die Angabe der Anzahl der gewünschten Objekte gesteuert (nicht über die Angabe der dazu notwendigen Trennpunkte; diese haben die Anzahl n-1). Die Unterteilung nimmt auf schon vorhandene Stützpunkte keine Rücksicht. Diese werden in die neuen Objekte integriert.

Aktivieren Sie im obigen Modus die Option „Unterteilen...“. Es erscheint folgendes Dialogfenster:

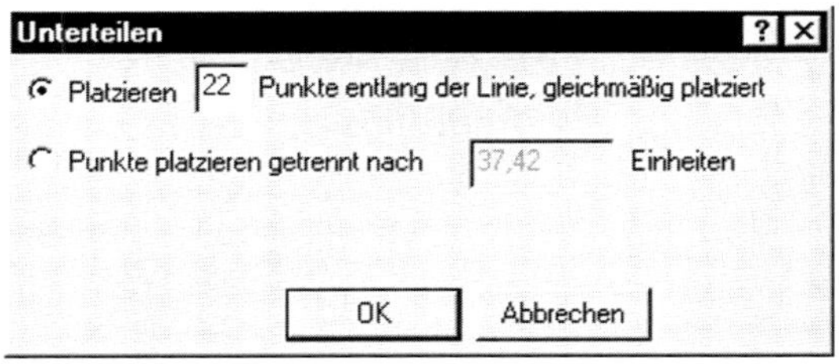

Hier können Sie die Anzahl der gewünschten Objekte eingeben. Nach dem Klick auf „OK“ wird das Objekt in 22 gleich lange Objekte unterteilt. Diesen Vorgang können Sie gut beobachten, vor allem wenn die Sachdatentabelle geöffnet ist.

Die neuen Objekte liegen nach der Aktion als Kopie unter- oder oberhalb des Originals vor, je nachdem, welche Objekte z. B. in der Tabelle selektiert werden.

Die Aufteilung kann nicht nur über die Anzahl der Objekte, sondern auch über die Schrittweite beim Unterteilen erfolgen. Diese wird in den passenden Einheiten nach Wahl der unteren Option in das dafür vorgesehene Feld eingetragen.

Erinnert sei hier wieder auf die Konsequenz all dieser Aktionen auf die zugehörige Attributtabelle.

Objekte umformen

Unter „Stützpunkte verschieben" wurde schon vermittelt, wie man zur Sanierung oder Verbesserung von Geometrien einzelne Punkte versetzen oder löschen kann. Erläutert wurde auch schon, wie zusätzliche Stützpunkte eingefügt werden. Hier soll nun gezeigt werden, wie man einem vorhandenen Objekt eine eventuell völlig neue Form geben kann. Eine Neudigitalisierung, verbunden mit der Löschung der alten Geometrie, verbietet sich wegen der Erhaltung der Attributdaten in der zugehörigen Tabelle. In solchen Fällen sind die schon vorgestellten Werkzeuge ungeeignet. Vorgestellt wird hier daher ein Werkzeug, das derartige Aufgaben schonend für den Datenbestand erfüllt.

Stellen Sie den zum Digitalisieren notwendigen Modus ein mit

<u>**ArcMap-Editor-Werkzeugleiste**</u>
Editor:
Bearbeiten starten

und selektieren Sie das zu verformende Objekt. Wählen Sie in der „Editor-Werkzeugleiste" unter „Task" die Option „Feature umformen".

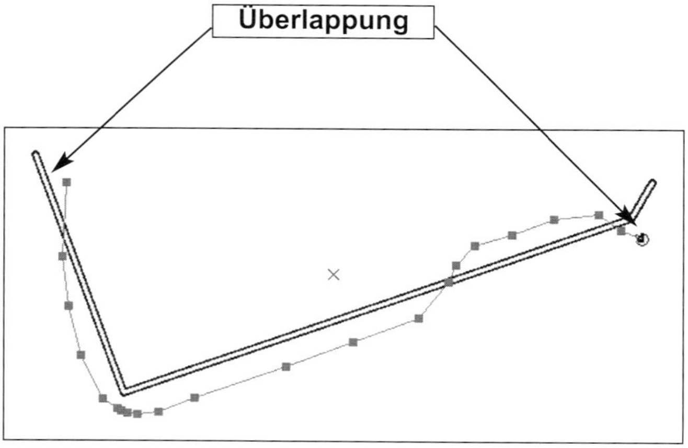

Digitalisieren Sie auf übliche Weise die neue Geometrieform. Beginnen und enden Sie dabei, wie im vorstehenden Bild veranschaulicht wird. Stellen Sie sicher, dass für die Umformung immer ein eindeutiger Zustand vor dem abschließenden Doppelklick erreicht ist und keine „offene" Situation entsteht.

Nach dem Doppelklick wird die neue Form sofort vom Objekt übernommen, die alte wird eliminiert.

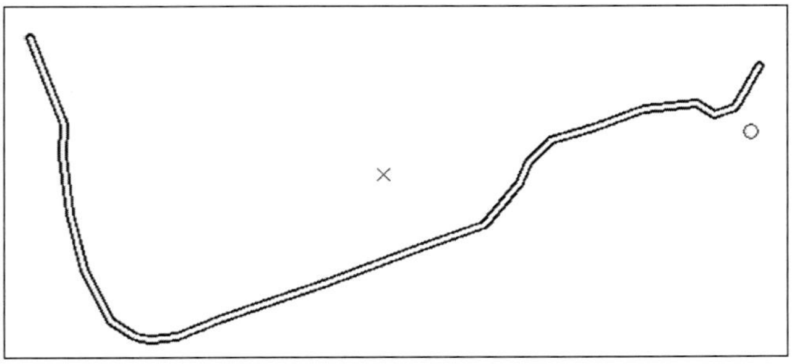

Über die Befehlsfolge

ArcMap-Editor-Werkzeugleiste
Editor:
Bearbeiten beenden

können Sie diesen neuen Zustand speichern oder auch wieder ablehnen. An der Attributtabelle hat sich dabei nichts verändert!

Umformen lassen sich natürlich auch Polygonobjekte. Prinzipiell gleicht das Vorgehen dem der Linienobjekte. Ratsam ist hierbei eine Änderung in kleinen Schritten. Das heißt, Sie sollten ein Polygon niemals auf seinem gesamten Umfang verformen, sondern nun kantenweise. Ein Polygon kann nach „innen" und nach „außen" verändert werden. Das Werkzeug eignet sich daher auch zum „Abschneiden" von Flächenanteilen.

8.2.9 Spezielle Digitalisierungsfunktionen

Über die bisher vorgestellten Werkzeuge hinaus werden in ArcView weitere bereitgestellt, die aus dem Bereich der CAD-Systeme entliehen sind. Mit ihnen können Sie Objekte

- verschieben
- drehen
- strecken und stauchen (affine Abbildung)

Objekte verschieben

Durch eine einfache Verschiebung (Translation) eines Objektes kann natürlich auch eine Veränderung oder Verformung des Gesamtdatensatzes vorgenommen werden – nicht nur durch die Verformung eines einzelnen

Objektes. Die Translation eines Objektes wird dadurch unterstützt, dass ArcView am Schwerpunkt des Objektes eine Markierung setzt, die durch Festhalten mit der linken Maustaste eine Bewegung des Gesamtobjektes ermöglicht.

Stellen Sie den Digitalisiermodus her mit der Befehlsfolge

ArcMap-Editor-Werkzeugleiste
Editor:
Bearbeitung starten

und selektieren Sie das Objekt, das Sie verschieben wollen. In der Objektmitte (Schwerpunkt) wird ein kleines schwarzes Kreuz sichtbar. Führen Sie den Cursor auf diese Markierung und halten Sie die linke Maustaste gedrückt.

Es wird ein rechteckiger Rahmen sichtbar, der das gesamte Objekt umfasst. Verschieben Sie das Objekt in die gewünschte Position und lassen Sie die Maustaste los. Die möglichen Bewegungen sind rein translatorisch und lassen keine Drehung (Rotation) des Objektes zu.

Mit der Befehlsfolge

ArcMap-Editor-Werkzeugleiste
Editor:
Bearbeiten beenden

speichern Sie die neue Lage des Objektes innerhalb des gleichen Shapefiles. Mit folgendem Menü können diese Aktionen schrittweise rückgängig gemacht werden:

ArcMap-Hauptmenü
Bearbeiten:
Rückgängig verschieben

Objekte drehen

Wenn auch eher selten, so kann es aber vorkommen, dass Objekte gedreht (Rotation) werden müssen. Damit keine Neudigitalisierung notwendig wird, stellt ArcView ein entsprechendes Werkzeug zur Verfügung.

Stellen Sie den Digitalisiermodus her mit der Befehlsfolge

ArcMap-Editor-Werkzeugleiste
Editor:
Bearbeitung starten

und selektieren Sie das zu drehende Objekt.

Mit der nebenstehenden Schaltfläche aus der Editor-Werkzeugleiste wird der Mauszeiger zu einem kreisförmigen Pfeil, mit dem Sie die Drehung bei Druck auf die linke Maustaste steuern. Sie sollten dazu einen gewissen Abstand zum angezeigten Kreuz halten. Dieses kleine Kreuz gibt den Drehpunkt an. Er kann bei Bedarf an einen anderen Ort verschoben werden. Dazu führen Sie den Mauszeiger mit dem gebogenen Pfeil genau über das Kreuz (Cursor ändert sich) und versetzen es mit festgehaltener linker Maustaste an den gewünschten Ort. Danach kann sofort wieder gedreht werden.

Mit der Befehlsfolge

ArcMap-Editor-Werkzeugleiste
Editor:
Bearbeiten beenden

speichern Sie die neue Lage des Objektes innerhalb des gleichen Shapefiles.

Objekte strecken oder stauchen

Mit bestimmten Voreinstellungen ist es möglich, ein vorhandenes Objekt so zu verändern, dass man von affinen Abbildungen sprechen kann. Die Geometrie wird dabei proportional zur Lageveränderung eines Stützpunktes gestreckt oder gestaucht. Eine Drehung ist dabei auch möglich.

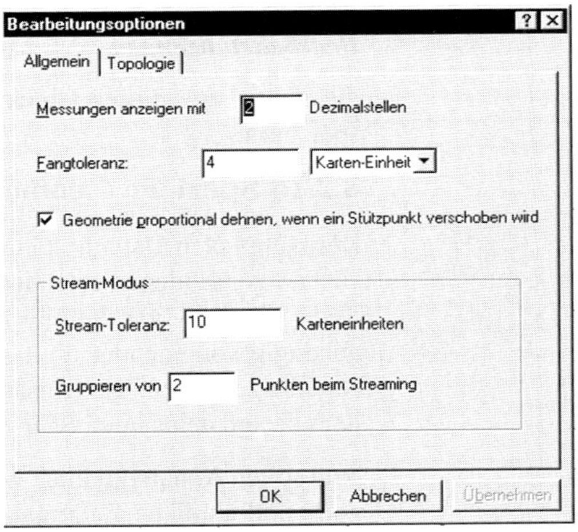

Die Voreinstellung nehmen Sie unter

ArcMap: Editor-Werkzeugleiste
Editor:
Optionen

im Register „Allgemein" des Dialogfensters „Bearbeitungsoptionen" vor. Setzen Sie den Haken an „Geometrie proportional...". Damit wird dann nicht nur die Rotation ermöglicht, sondern auch gleichzeitig eine Stauchung oder Streckung. Zuvor müssen Sie jedoch in der Editor-Werkzeugleiste den „Task" auf „Features ändern" stellen.

Durch Verschieben eines beliebigen Stützpunktes können Sie die Situation erzeugen, die in der Abbildung beispielhaft gezeigt wird.

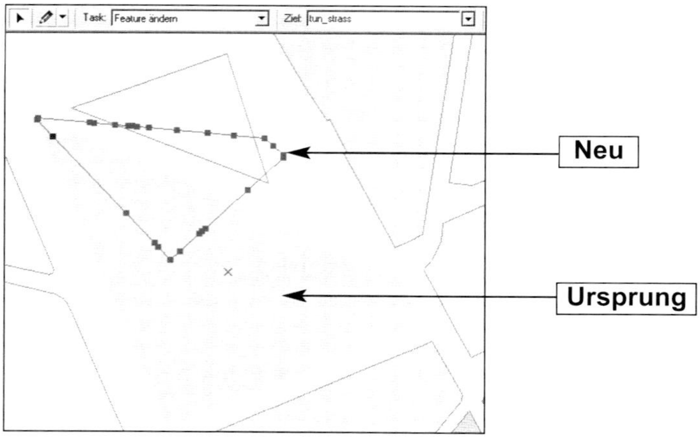

Durch einen Doppelklick mit der linken Maustaste neben den beteiligten Objekten überführen Sie die Skizze in ein endgültiges Geoobjekt und können mit der Befehlsfolge

ArcMap-Editor-Werkzeugleiste
Editor:
Bearbeiten beenden

die neue Lage dieses Objektes innerhalb des ursprünglichen Shapefiles speichern.

8.2.10 Spezielle Geometrien

Bei komplexen Datenbeständen wird es nötig sein, dass neue Geometrien sich an vorhandenen orientieren. Bisher war nur von solchen Objekten die Rede, die frei – vor dem jeweilig besten Hintergrund als Bezug – und unabhängig voneinander digitalisiert werden können. Höchstens die direkte Nachbarschaft bei gemeinsamen Grenzen stellt eine Abhängigkeit innerhalb des gemeinsamen Shapefiles dar.

Nun sollen Abhängigkeiten wie „Rechter Winkel", „parallel", „im Abstand von" und ähnliche Bedingungen realisiert werden. In unserer realen und hoch technisierten Welt kommen derartige Konstellationen häufig vor. So ist zum Beispiel der Straßenrand mit seiner Gosse in der Regel auch parallel zu den anliegenden Grundstücken und der Fußweg meist damit überall gleich breit. Gebäude haben in der Regel einen rechtwinkligen Grundriss, der im Einzelfall konstruierbar sein muss.

ArcView stellt hier Werkzeuge zur Verfügung, die aus den CAD-Welt abgeleitet wurden. Diese Funktionen haben erst in der jüngeren Zeit den Weg ins GIS gefunden. Dies sind

- Parallelität
- Rechter Winkel

- Multipart-Objekte
- Multipoint-Objekte

Parallelität

Parallelität lässt sich im einfachsten Fall durch Verschieben der schon vorhandenen Geometrie erzeugen.

Dies wird auf einfachste Weise über die Zwischenablage ermöglicht.

Da es auch hierbei um die Veränderung eines Datensatzes geht, muss die Bearbeitung gestartet werden.

Mit der Befehlsfolge

<u>ArcMap-Editor-Werkzeugleiste</u>
Editor:
Bearbeitung starten

starten Sie die Bearbeitung und ermöglichen eine Veränderung innerhalb des Shapefiles. Selektieren Sie das zu kopierende Objekt mit der Schaltfläche „Bearbeiten“ in der Editor-Werkzeugleiste und legen Sie es in die Zwischenablage durch „Kopieren“ im Kontextmenü, das Sie mit der rechten Maustaste aktivieren. Anschließend fügen Sie es mit

<u>ArcMap-Hauptmenüleiste</u>
Bearbeiten:
Einfügen

in das Zielshapefile ein. In der Regel ist dies das selbe wie das Ursprungsshapefile. Fassen Sie die Kopie des Objektes mit der linken Maustaste am zentralen Kreuz und verschieben Sie es an die gewünschte Position.

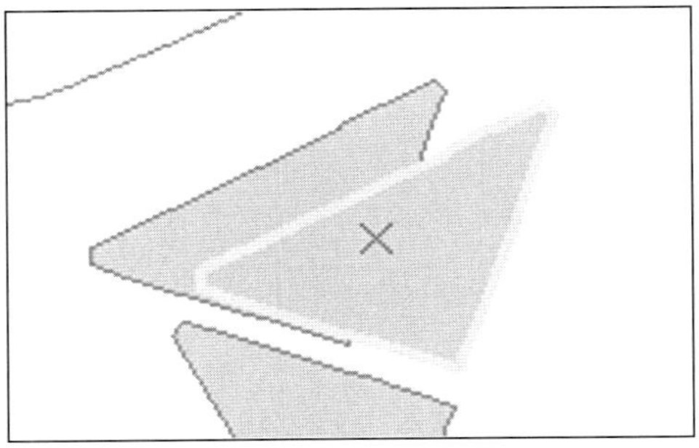

Da auf diesem Weg nur Translationen möglich sind, erzwingt man Parallelität zwischen den beteiligten Objekten.

Wenn Sie ein Objekt innerhalb eines Shapefiles kopieren möchten, muss im Editordialog Namensgleichheit zwischen Quell- und Zielshapefile hergestellt werden. Ansonsten können Sie auch in andere Shapefiles kopieren. Dabei muss der Objekttyp (Linie, Punkt oder Polygon) übereinstimmen, sonst wird aus einem Polygonshapefile beispielsweise ein Linienshapefile, oder es wird das Kopieren eines Polygon-Shapefiles in ein Punkt-Shapefile abgewiesen.

Parallelität lässt sich aber auch auf anderem Weg konstruieren, und zwar Shapefile übergreifend. Wenn Sie den ersten Stützpunkt eines neuen Objektes gesetzt haben, muss das Referenz-Shapefile angesprochen werden, an dem sich die neue Geometrie ausrichten soll.

Starten Sie mit der Befehlsfolge

ArcMap-Editor-Werkzeugleiste
Editor:
Bearbeitung starten

die Bearbeitung und stellen Sie in der Editor-Werkzeugleiste unter „Task" die Option „Neues Feature erstellen" ein.

Beginnen Sie mit der Digitalisierung und setzen Sie zunächst nur den ersten Stützpunkt des neuen Objektes an die vorgesehene Stelle. Gehen Sie mit dem Cursor auf die richtungsgebende Kante des Objektes vom Referenz-Shapefile und drücken Sie die rechte Maustaste. Es erscheint folgendes Menüfeld:

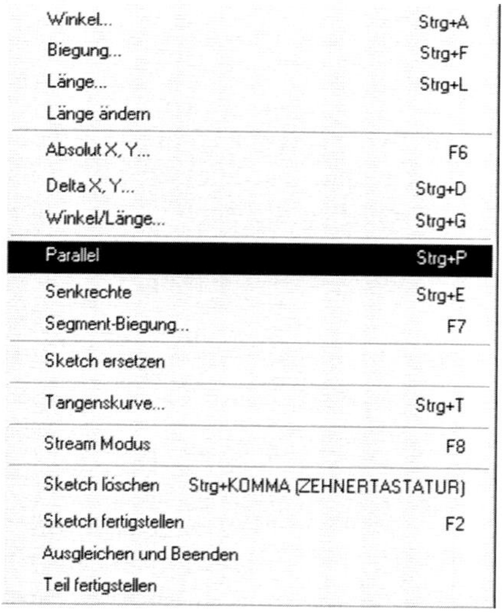

Wählen Sie „Parallel", und das System führt das neue Objekt parallel zum Referenzobjekt aus. Dabei ist es egal, wo sich der Cusor aktuell befindet. Die Parallelität wird bei diesen Vorgängen immer an der Kante ausgerichtet, die Sie im Referenzobjekt ausgewählt haben.

Die neue Struktur folgt nicht allen Kanten des Objektes. Daher ist es erforderlich, immer wieder neu in der beschriebenen Weise vorzugehen.

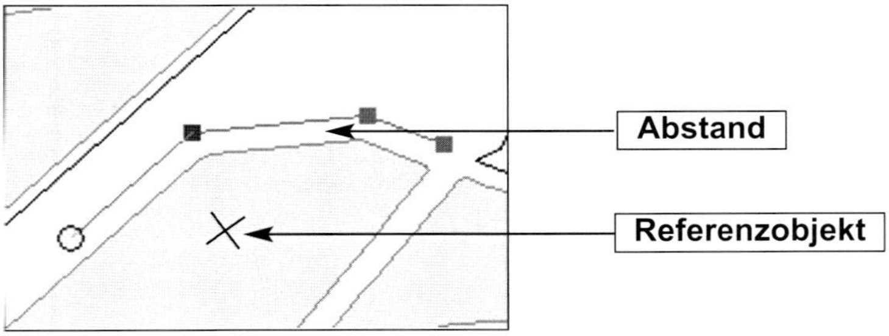

Der Abstand zur maßgebenden Kante des Referenzobjektes wird durch den ersten Digitalisierungspunkt festgelegt.

Rechter Winkel

Neben der Parallelität ist der rechte Winkel eine häufig erforderliche Konstruktion. Mit der freien Hand ist er nur durch Zufall zu erzielen, wenn man z. B. ein in der Regel rechtwinkliges Gebäude erfassen will. Saubere Ergebnisse erhalten Sie nur mit entsprechenden Hilfsmitteln. Diese erreichen Sie wieder über die rechte Maustaste.

Starten Sie mit der Befehlsfolge

<u>**ArcMap-Editor-Werkzeugleiste**</u>
Editor:
Bearbeitung starten

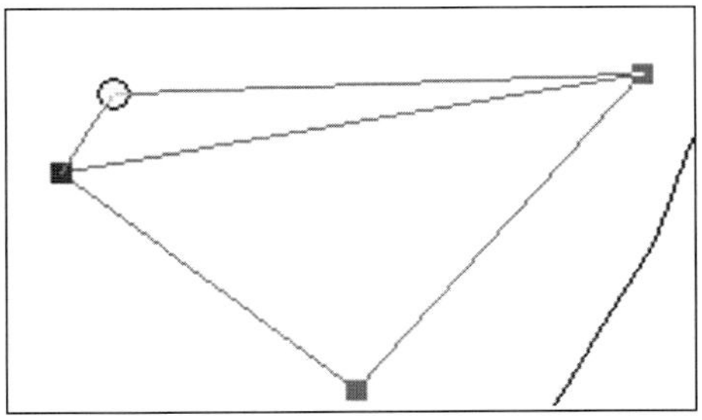

die Bearbeitung und stellen Sie in der Editor-Werkzeugleiste unter „Task“ die Option „Neues Features erstellen“ ein. Beginnen Sie mit der Digitalisierung von zunächst drei Stützpunkten eines Polygonobjektes.

Nach Setzen des dritten Punktes bewegen Sie den Cursor von diesem weg und drücken Sie die rechte Maustaste. Es erscheint das Kontextmenü, das oben auf der nächsten Seite abgebildet ist.

Wählen Sie „Ausgleichen und Beenden“. Das Polygon (Viereck) wird mit Hilfe der rechten Winkel vervollständigt.

Der erste und der letzte Stützpunkt erhalten dann die rechten Winkel. Bei einem geschlossenen Polygon wird der letzte berechnet. Die restlichen sind durch das Digitalisieren festgelegt worden.

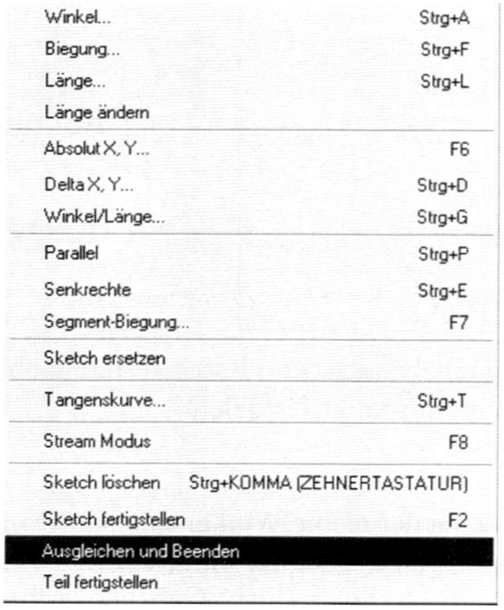

Wird diese Methode auf ein Linien-Shapefile in gleicher Weise angewendet, wird es nach der Berechnung der rechten Winkel am ersten und am letzten Stützpunkt zu einem Linienzug geschlossen. Er sieht einem Polygon sehr ähnlich, enthält aber als Linien-Shapefile keine Flächeninformation.

Weitere Werkzeuge zum „rechten Winkel"

In der „Fangumgebung" gibt es im unteren Bereich Möglichkeiten zur Konstruktion von rechten Winkeln.

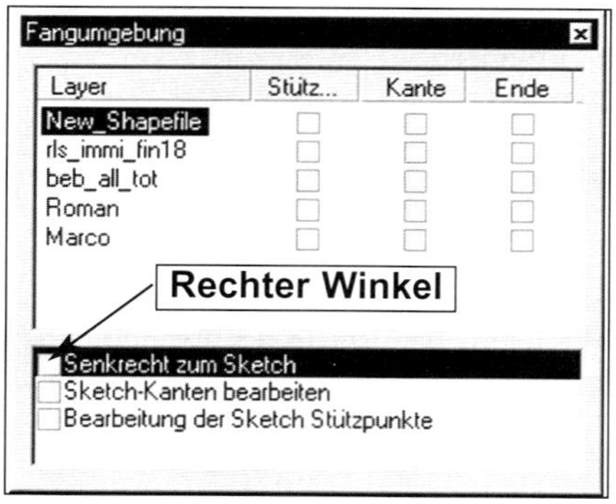

Es sollen die Möglichkeiten zur Gestaltung der Rechtwinkligkeit, die durch dieses Werkzeug geschaffen wird, vorgestellt werden.

Gemeint ist mit „Senkrecht zum Sketch", dass rechte Winkel innerhalb des gerade zu digitalisierenden Objektes ermöglicht werden. Das Programm gibt immer einen Richtungsvorschlag an und erzeugt dabei die gewünschte Rechtwinkligkeit. Dabei sind auch Winkel von 180 Grad einbezogen, also das Beibehalten der alten Digitalisierrichtung. Eingesetzt werden kann dieses Werkzeug für Linien und Polygone.

Mit der Befehlsfolge

ArcMap-Editor-Werkzeugleiste
Editor:
Bearbeitung starten

und dem Aktivieren der „Fangumgebung" erhalten Sie die Möglichkeit, das Werkzeug durch Setzen des entsprechenden Hakens zu aktivieren.

Beginnen Sie danach mit dem Digitalisieren auf übliche Weise und erzeugen Sie annähernd rechte Winkel. Sie sehen sofort, wie das System diese Vorgehensweise unterstützt. Der 90-Grad-Winkel wird immer wieder vorgegeben.

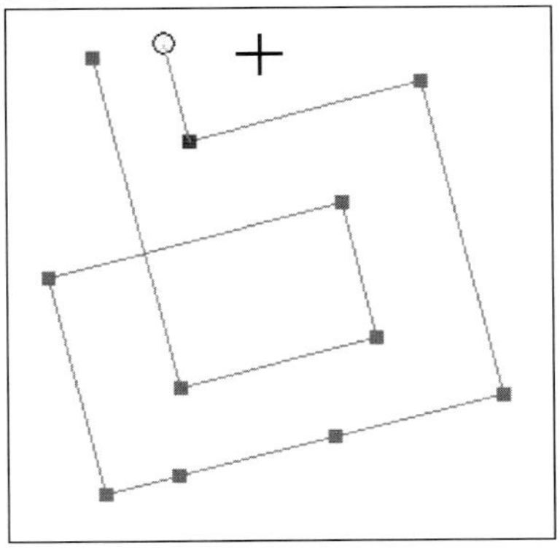

Multipart-Objekte

Es sind Situationen denkbar, in denen das Dogma „ein Objekt" und damit ein Datensatz in der Attributtabelle aufgegeben werden sollte.

> Beispiel:
> Eine Behörde hat mehrere Liegenschaften über eine bestimmte Fläche verteilt. Diese sollen aber bei einer beliebigen Recherche über einen bestimmten Datensatz identifiziert werden können. Es sollen zudem redundante Informationen vermieden werden. In diesem Beispiel soll der Name der Behörde samt Anschrift an jedes Objekt in der Sachdatentabelle angefügt werden.

Solche Zustände lassen sich durch so genannte „Multipart-Objekte" händeln. Es ist also möglich, dass mehrere Objekte einer Feature-Class über nur ein und denselben Datensatz in der zugehörigen Sachdatentabelle verfügen.

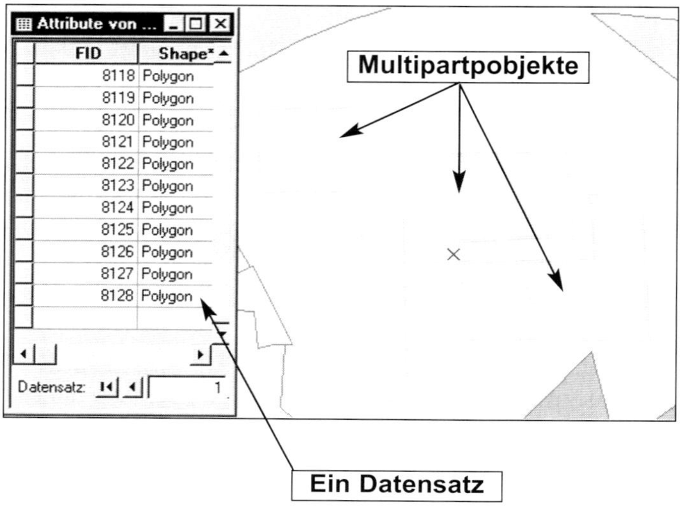

In dem gezeigten Beispiel bilden die vier selektierten Polygone ein Multipart-Objekt und haben einen Datensatz (FID = 8128) in der Attributtabelle. Diese spezielle Art von Objekten ist auch dadurch erkennbar, das alle vier Objekte nur ein Schwerpunktkreuz in der Mitte aufweisen.

Zur Herstellung dieser Objekte beginnen Sie auf übliche Weise mit der Digitalisierung. Die Beendigung des ersten Objekts erfolgt aber nicht mit einem Doppelklick, sondern nur mit Einfachklick. Danach betätigen Sie die rechte Maustaste, und es erscheint folgendes Kontextmenü:

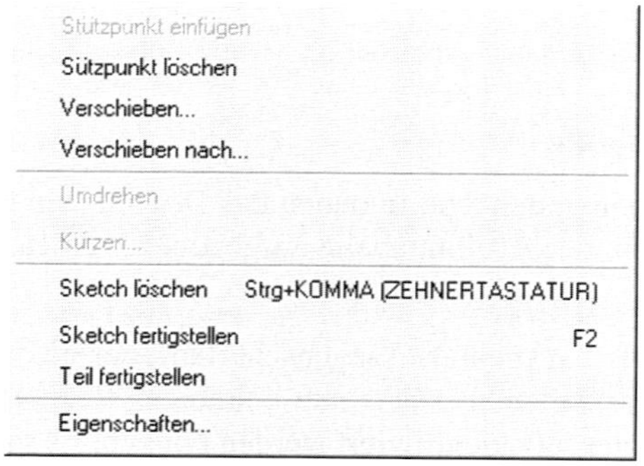

Wählen Sie zur Beendigung des ersten Objektes den Menüeintrag „Teil fertigstellen" und digitalisieren Sie das nächste und auf gleiche Weise gegebenenfalls noch weitere Objekte. Der Abschluss des letzten Objektes erfolgt, indem Sie im Menü die Funktion „Sketch fertigstellen" auslösen. Dies entspricht dem Doppelklick am Ende einer Digitalisierung: Das Multipart-Objekt ist fertiggestellt.

Anzumerken ist hier, das dieses Multipart-Objekt Bestandteil eines ganz normalen Shapefiles ist. Die restlichen Objekte innerhalb dieses Shapefiles können andersartig sein.

Multipoint-Objekte

Das Multipoint-Shapefile, im Grunde zwar als Punktobjekt eingeführt, hat jedoch die besonderen Eigenschaften eines Multipart-Objektes wie im voran gegangenen Abschnitt. Die Herstellung entsprechender Datensätze erfolgt auf anderem Weg.

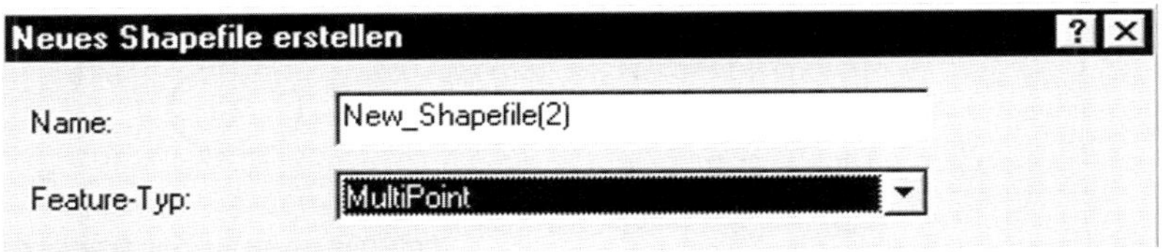

Schon bei der primären Definition in ArcCatalog muss festgelegt werden, dass es sich um ein solches Shapefile handeln soll. Dort ist neben den drei klassischen Objekttypen Linie-, Polygon- und Punkt- auch das Multipoint-Objekt definierbar.

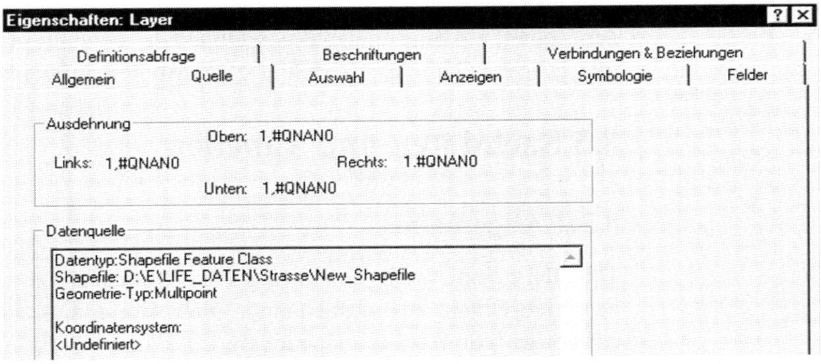

Im Nachhinein erkennt man ein Multipoint-Shapefile an den Angaben, die unter den Eigenschaften eines Shapefiles abgelegt sind.

<u>ArcMap-Kontextmeü: Shapefile</u>
Eigenschaften: Register Quelle

Digitalisieren Sie auf dem gewohnten Weg, und lassen Sie sich dabei die Attributtabelle anzeigen. Sie erkennen, dass nur ein einziger Datensatz angelegt wird, und zwar mit dem Doppelklick auf den letzten Punkt. In der Tabelle sehen Sie zudem im Feld „Shape" den Begriff „Multipoint" eingetragen.

Im folgenden Beispiel kann man wieder den gemeinsamen Schwerpunkt der angelegten Punktobjekte (es sind nicht alle zu sehen) erkennen. Dies ist wiederum ein Anzeichen für ein Multipoint-Objekt. Die Motivation für die Einführung derartiger Typen ist schon näher unter „Multipartobjekte" beleuchtet worden. Sie vereinfachen große Datenbestände und erleichtern

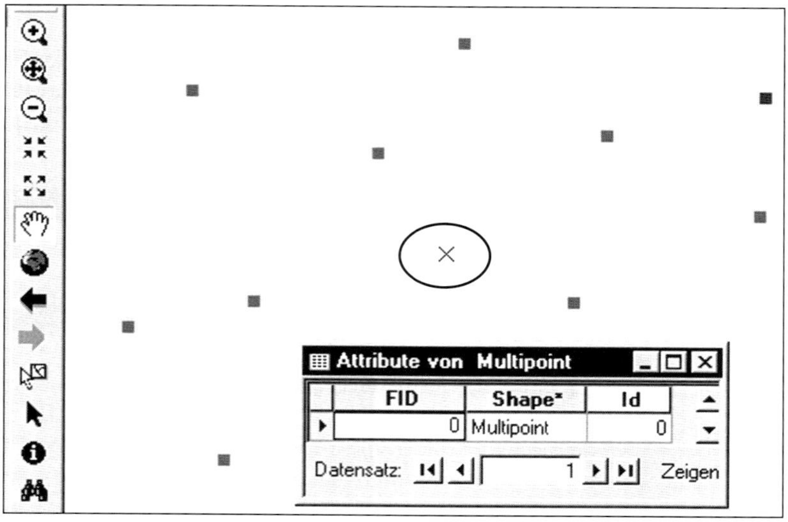

den Zugriff auf eine Vielzahl von Objekten, wenn diese eine, wie auch immer geartete Gemeinsamkeit in den Attributen aufweisen.

8.3 Sachdaten und Tabellen

8.3.1 Allgemeines

Tabellen beinhalten in einem GIS-Projekt meistens die Sachdaten, die einem Geo-Objekt zuzuordnen sind. Diese Geo-Objekte lassen sich im Datenrahmen von ArcView darstellen. Zu jedem Objekt gibt es genau einen Datensatz in der Tabelle. Notwendigerweise muss aber nicht zu jeder verfügbaren Tabelle und ihren Datensätzen ein Geo-Objekt gehören. Es gibt eine Reihe von Tabellentypen, die über keine zugehörigen Geo-Objekte verfügen. Daten aus SQL-Abfragen, dBase-Tabellen und ASCII-Dateien können sich zum Beispiel ohne eigenen Raumbezug in einem GIS-Projekt befinden. Dabei sind diese Tabellen und Dateien als dynamisch zu bezeichnen, da sie sich nicht direkt im GIS-Projekt befinden, sondern es nur ein Verweis auf ihren Namen und Ablageort gibt. Die Inhalte der Tabellen lassen sich in ArcView bearbeiten, und wenn an anderer Stelle Veränderungen in den Daten vorgenommen wurden, so lässt sich schnell eine Aktualisierung im GIS vornehmen.

An dieser Stelle werden die dBase-Tabellen in ArcView beschrieben, der Umgang mit ihnen aufgezeigt und an Beispielen verdeutlicht. Die mögliche Anwendung einer Geodatabase und der Tabellen in Relationalen Datenbanken wird in diesem Kapitel nicht behandelt. Sofern es sich um SQL-Abfragen aus derartigen Datenbanken handelt, wird sie jedoch erklärt.

8.3.2 Elemente einer Tabelle

Eine Tabelle ist strukturiert aufgebaut. Die Struktur lässt sich nicht leicht verändern. Man muss deutlich zwischen den Strukturen und ihren Inhalten unterscheiden. So kann das Feld mit dem Namen „xyz" z. B. den Inhalt „123" haben oder aber auch den Inhalt „abc" oder „25.2.1964". Etwas deutlicher werden diese Zusammenhänge, wenn alle Elemente einer Tabelle beschrieben und die in diesem Programm vorhandenen Steuerungs- und Bearbeitungswerkzeuge für Tabellen vorgestellt worden sind.

Die Tabellen haben im Shapeformat immer den selben Namen wie das eigentliche Shapefile. Die Dateierweiterung ist immer „*.dbf", wenn es sich um Attributtabellen von Geometrien handelt. Die anderen Tabellen sind an der jeweiligen Dateierweiterung erkennbar. Für ASCII wird oft „*.txt" und „*.asc" benutzt.

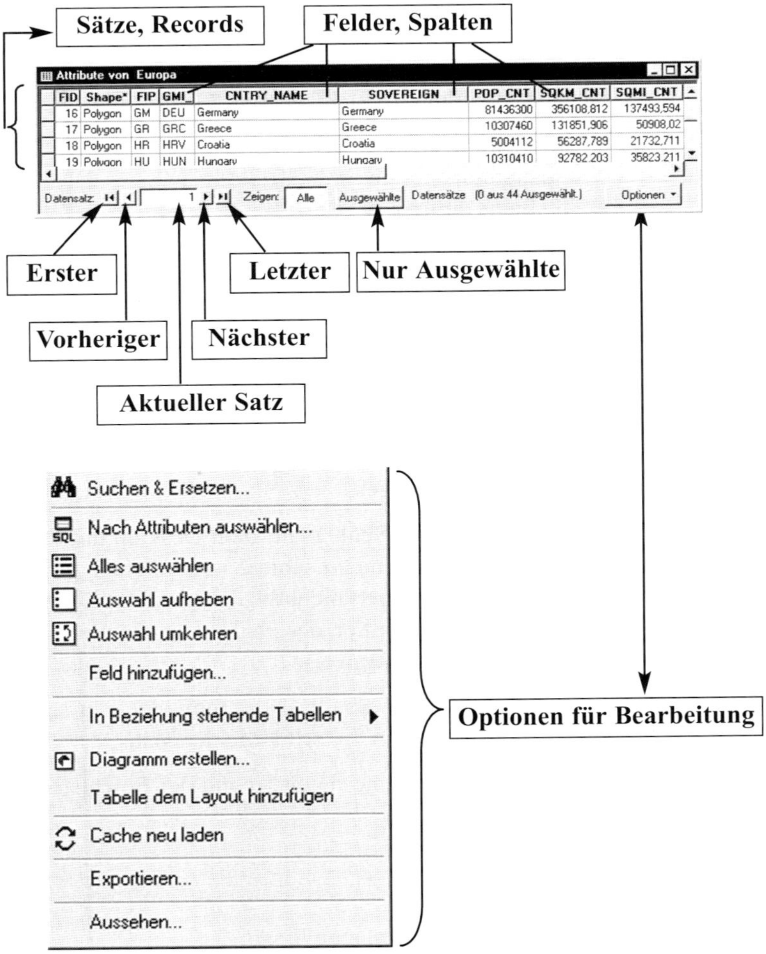

Ansicht der Tabelle und ihre Steuerungs - und Bedienungselemente

Die Funktionen hinter diesen Menüeinträgen werden u. a. in den folgenden Abschnitten erläutert (siehe auch die Grafik auf der vorhergehenden Seite). Zuvor noch eine Erklärung zum Anzeigen von Tabellen.

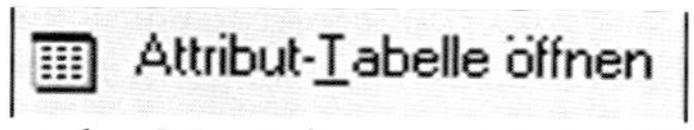

Eine Sachdatentabelle ist nur dann sichtbar zu machen, wenn das zugehörige Shape in einen Datenrahmen geladen ist. Markieren Sie dazu das betreffende Shape und öffnen Sie das Kontextmenü (rechte Maustaste). Darin gibt es den Menüeintrag „Attribut-Tabelle öffnen". Wenn Sie ihn aktivieren, ist die gewünschte Tabelle in der obigen Darstellungsform zu sehen.

8.3.3 Ansicht / Organisation

Da man meist nur eine beschränkte Sicht auf die Tabelle hat, ist es notwendig, eine aufgabenbezogene Ansicht herzustellen. Sie erleichtert das Navigieren innerhalb der Tabelle und führt damit sicherer und schneller zum Ziel. Im Folgenden sollen die Optionen vorgestellt und durch Beispiele deutlich gemacht werden. Es gibt folgende Möglichkeiten:

- Spaltenbreite festlegen
- Spaltenreihenfolge
- Spalten „einfrieren"
- Spalten unsichtbar machen und ALIAS-Namen setzen
- Tabellen-Aussehen
- Darstellung numerischer Felder

Diese „Veränderungen" in der Sicht auf die Tabelle sind nur auf dem Bildschirm (Desktop) zu sehen. In der Struktur der Tabelle selbst ändert sich dadurch nichts. Die Tabelle kann somit auf diesem Weg auch nicht „zerstört" werden.

Spaltenbreite festlegen

Um möglichst viele Spalten auf dem Desktop unterzubringen, ist es hilfreich, die Spaltenbreite so schmal wie möglich zu halten. Die mögliche Veränderung modifiziert nicht die datenbanktypischen Feldbreiten, die bei der erstmaligen Definition des Feldes festgelegt worden sind. Es geht hier nur um die Darstellungsweise.

Jedes Feld, also jede Spalte, kann individuell in seiner Breite verändert werden. Das erreichen Sie mit Hilfe der Maus.

Starten Sie ArcMap und fügen Sie mit der Befehlsfolge...

<u>ArcMap-Hauptmenü</u>
Einfügen:
Datenrahmen

...einen neuen Datenrahmen hinzu.

Laden Sie danach das Shape „Country“ aus dem Verzeichnis „ESRIDATA\WORLD“. Die Daten finden Sie auf einer der mit der Software gelieferten CDs. Kopieren Sie die Daten auf Ihre Festplatte. Sie werden im Folgenden immer wieder benötigt.

Markieren Sie dieses Shape im Inhaltsverzeichnis und öffnen Sie das Kontextmenü:

ArcMap-Kontextmenü: Shape
Attribut-Tabelle öffnen

Es öffnet sich die Sachdatentabelle des Shapes „Country“. Sie können am unteren Rand ablesen, dass die Tabelle 251 Datensätze beinhaltet. Zur Veränderung der Spaltenbreite führen Sie den Cursor an den rechten Rand des dafür vorgesehenen Feldnamens; die Spalten werden von rechts nach links schmaler gemacht. Der Cursor verändert sein Aussehen wie in der folgenden Abbildung verdeutlicht.

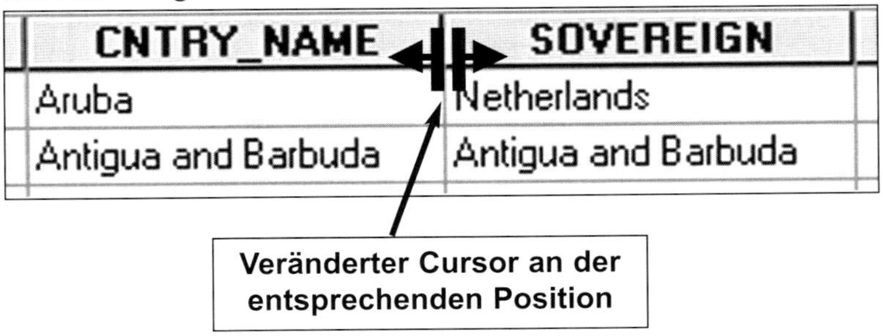

Halten Sie die linke Maustaste gedrückt – die Trennungslinie wird rot. Verschieben Sie sie an die gewünschte Stelle, vorzugsweise nach links. Nach Lösen der linken Maustaste ist die Spalte in ihrer Darstellung schmaler. Wenn Sie die Spalte verschmälert haben, werden Sie meistens feststellen, dass Text „abgeschnitten“ wird. Um verdeckten Text lesen zu können, ist eine Spalte auf diesem Weg natürlich auch zu verbreitern.

Die Veränderung wird in der ArcMap-Dokumentdatei (*.mxd) gespeichert. Nach Neustart dieser Datei sind diese Einstellungen immer noch aktuell. Wird das selbe Shape jedoch ganz neu in den Datenrahmen geladen und die Tabelle geöffnet, erscheint diese in der ursprünglichen Ansicht.

Spaltenreihenfolge (Spalten verschieben)

Neben der Breitenveränderung kann auch eine andere Reihenfolge der Spalten (Felder) gewünscht sein, um einen schnelleren Überblick zu bekommen. Diese Verschiebung ist leicht möglich, und zwar in beide Richtungen.

Markieren Sie das Feld, das Sie verschieben wollen, durch Anklicken des Feldnamens.

Der Cursor wird dabei ein senkrechter schwarzer Pfeil nach unten.

Die Spalte verändert ihre Farbe nach Türkis (diese Markierungsfarbe ist veränderbar). Führen Sie den Mauszeiger ein weiteres Mal auf den Feldnamen und drücken Sie dann die linke Maustaste. Der Cursor verändert wieder seine Form und Farbe.

Halten Sie die linke Maustaste gedrückt und verschieben Sie das Feld nach rechts oder links. Eine dann erscheinende rote Linie zeigt an, wo die Spalte abgelegt wird. Sie wird immer rechts von dieser roten Linie platziert, wenn Sie die linke Maustaste lösen.

Auch diese Veränderung wird im ArcMap-Dokument gespeichert. Nach Neustart des ArcMap-Dokuments (*.mxd) sind diese Einstellungen immer noch aktuell. Nur die Markierung der gesamten Spalte ist nicht mehr vorhanden.

Spalten „einfrieren“

Während der Bearbeitung der Sachdaten in der Tabelle kann es hilfreich sein, eines der Felder, dessen Informationen durchgehend benötigt werden, am linken Rand zu fixieren. Egal wie die Spalten (Felder) umorganisiert werden oder wie quer gescrollt wird, das „eingefrorene“ Feld steht dann immer am linken Rand der Tabelle.

Sie können beispielsweise den Namen der Länder aus dem Shape „Country“ immer sichtbar am linken Rand platzieren, während man durch die restlichen Sachdaten „surft“. Immer ist eine eindeutige Zuordnung zu einem der Länder möglich.

Markieren Sie dazu ein Feld und öffnen Sie das Kontextmenü. Es erscheint folgendes Auswahlmenü:

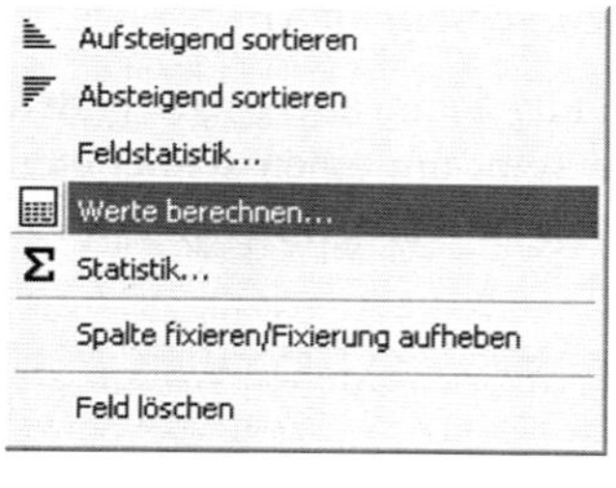

Wählen Sie den Menüeintrag „Spalte fixieren/Fixierung aufheben“. Die ausgewählte Spalte (Feld) wird sofort äußerst links im Fenster „Attribute von country“ abgesetzt und ist dort festgemacht. Sie können mit dem waagerechten Scroll-Balken andere Felder in der Tabelle sichtbar machen; jedoch das fixierte Feld bleibt an seiner Position. Um die Fixierung wieder zu lösen, muss der selbe Menüeintrag ein zweites Mal aktiviert werden.

Spalten unsichtbar machen und ALIAS-Name setzen

Ein einfache Methode, die Ansicht der Sachdatentabelle bedarfsgerecht zu gestalten, ist das Ausblenden nicht benötigter Spalten. Für eine selbst bestimmte Zeit werden eine oder mehrere Spalte „unsichtbar".

Markieren Sie das in Frage kommende Shape und öffnen Sie das Kontextmenü. Aktivieren Sie den Menüeintrag „Eigenschaften":

ArcMap-Kontextmenü: Shape
Eigenschaften

Im Dialogfenster „Eigenschaften: Layer" aktivieren Sie das Register „Felder".

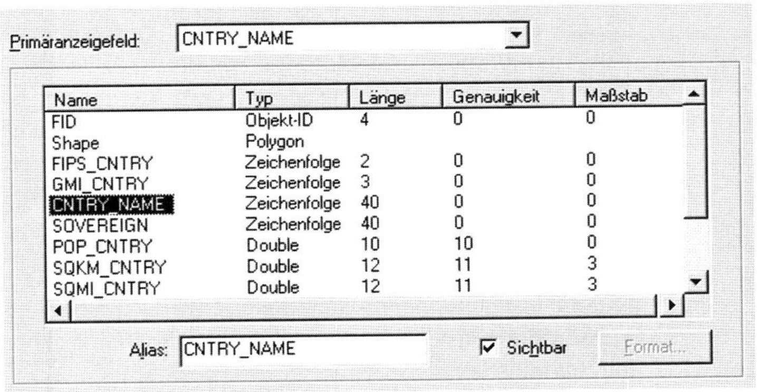

Der gesetzte Haken bei „Sichtbar" zeigt an, dass das markierte Feld „CNTRY_NAME" in der Tabelle sichtbar ist. Das Entfernen des Hakens macht das Feld „unsichtbar".

In diesem Dialogfenster werden neben der Möglichkeit, den Aliasnamen zu bestimmen, auch noch Detailinformationen über die Tabellenstruktur (Typ, Länge, Genauigkeit und Maßstab) angezeigt.

Bei „Primäranzeigefeld" (Beschreibung in der Abbildung rechts) ist das Feld festgelegt,

Das hier angegebene Feld wird verwendet:

- als Standardfeld für die**Beschriftung** der Features in diesem Layer. Gehen Sie zum Register "Beschriftungen", um zu bestimmen, wie der Layer beschriftet werden soll. In dem Register können Sie ein anderes Feld als Grundlage für den Beschriftungstext auswählen oder einen Ausdruck definieren.
- um Text für **MapTips** (Text, der erscheint, wenn der Mauszeiger über einem Feature in diesem Layer stehen bleibt) zur Verfügung zu stellen. Gehen Sie zum Register "Anzeigen", um MapTips anzuzeigen.
- um die Features in der linken Seite des Fensters "Abfrageergebnisse" darzustellen, wenn Sie das Werkzeug "**Identifizieren**" verwenden. Wählen Sie das Feld aus, das die Features in dem Layer für Sie am nützlichsten und eindeutigsten identifiziert, z.B. das Feld "Name" für Städte und Länder oder die Parzellennummer für Parzellen.

das bei den verschiedenen Beschriftungsverfahren genutzt wird. Diese Funktionen sind an anderer Stelle in diesem Buch ausreichend beschrieben und werden hier nicht weiter vertieft.

Tabellen-Aussehen

Beim äußeren Erscheinungsbild der Tabelle auf dem Desktop kann man die Voreinstellungen für die aktuelle Sitzung oder die Grundeinstellung des Systems auf Dauer verändern.

Dies gilt zum einen für Art, Farbe und Größe des Textes und zum anderen für die zwei Selektionsfarben.

Markieren Sie das in Frage kommende Shape und öffnen Sie das Kontextmenü. Aktivieren Sie den Menüeintrag „Attribut-Tabelle öffnen“:

<u>**ArcMap-Kontextmenü: Shape**</u>
Attribut-Tabelle öffnen

Drücken Sie die Schaltfläche „Optionen“ und wählen Sie im erscheinenden Auswahlmenü den Eintrag „Aussehen...“. Es öffnet sich das Dialogfenster „Tabellen-Aussehen“. Verändern Sie auf die bekannte Weise den Schrifttyp sowie dessen Farbe und Größe. Drücken Sie danach die Schaltfläche „Übernehmen“: Sie können die Veränderungen sofort in der Tabelle verfolgen, ohne die Veränderung zuvor speichern zu müssen.

Die Veränderung im Aussehen betrifft nur die Tabelle, die zum Zeitpunkt der Veränderung aktiv war. Jede neue Tabelle, die aufgerufen wird, erscheint in der Standarddarstellung. Um diese ebenfalls zu modifizieren, müssen die Einstellungen zwar im selben Dialog, aber an anderer Stelle durchgeführt werden.

Mit der Befehlsfolge...

<u>**ArcMap-Hauptmenü**</u>
Werkzeuge: Optionen...:Register Tabellen

...gelangen Sie in den Bereich der allgemeinen Einstellungen mit dem Register „Tabellen“ an das selbe Dialogfenster. Einstellungen an dieser Stelle gelten dann für sämtliche Tabellenansichten.

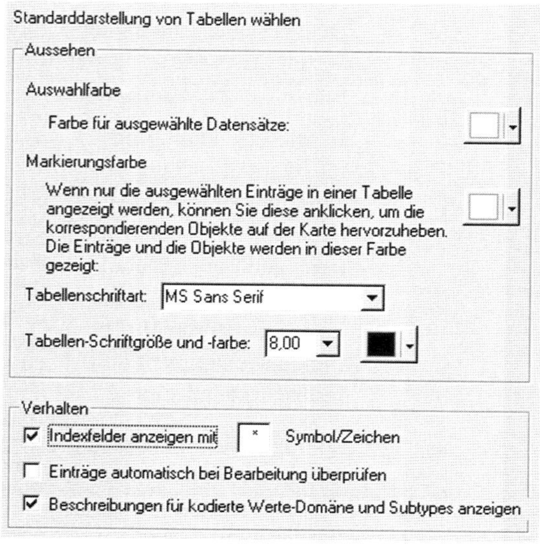

Ausgenommen davon sind alle Tabellen, für die zuvor eine eigene, isolierte Veränderung vorgenommen worden war. Die Standardeinstellung kann diese nicht „übersteuern". Erst wenn das betreffende Shape neu in einen Datenrahmen geladen wird, werden die im Register eingestellten Standardeinstellungen übernommen. Die auf die einzelnen Tabellen bezogenen Einstellungen haben jedoch eine höhere Gewichtung: Sie sind dominant.

Für die Einstellungen der zwei Selektionsfarben gelten die selben Regeln. Die Verwendung der zwei verschiedenen Selektionsfarben ist an entsprechender Stelle ausführlich erläutert. Die Farbänderungen beziehen sich nur auf die Tabellenansicht und nicht auf die Farben der Geo-Objekte im Datenrahmen. Die Selektionsfarben werden an anderer Stelle eingestellt (siehe „Eigenschaften: Layer / Auswahl").

Im Bereich „Verhalten" in diesem Dialogfenster werden Modalitäten angesprochen, die z. T. nur in Verbindung mit einer Geodatabase und/oder einer Indizierung Beachtung finden müssen.

Darstellung numerischer Felder

Die Darstellung numerischer Felder (sie nehmen nur Zahlen auf) kann variiert werden, ohne die originäre Einstellung in der Datenbankstruktur zu verändern.

Im Register „Felder" von „Eigenschaften: Layer" gibt es die Schaltfläche „Format", die nur dann aktiv ist, wenn ein numerisches Feld markiert ist. Es öffnet sich nach Drücken der Schaltfläche das Dialogfenster „Zahlenformat".

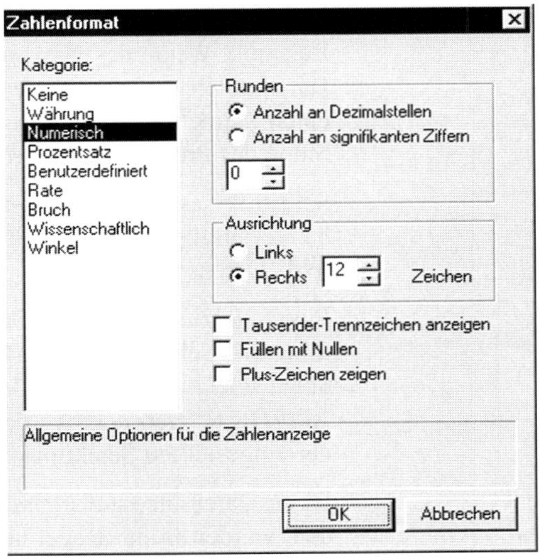

In der linken Liste wird der aktuelle Feldtyp angezeigt. Unter „Runden" wird die Anzahl der sichtbaren Nachkommastellen festgelegt. Bei „Ausrichtung" kann man die Standardeinstellung, nach der Zahlen immer rechtsbündig und Charakterzeichen immer linksbündig angeordnet werden, aufheben. Auch wird die Gesamtzahl der Zeichen hier festgelegt. Im weiteren Verlauf kann die Art der Zahlendarstellung beeinflusst und Punkte als Tausender-Trennzeichen, Plus-Vorzeichen und das Auffüllen mit Nullen nach dem Komma vorgesehen werden. Die beiden folgenden Darstellungen veranschaulichen das.

POP_CNTRY	SQKM_CNTRY
3416945	28754,5
55335	452,485
7755406	83738,852
10032460	30479,609

POP_CNTRY	SQKM_CNTRY
+3.416.945	28.754,500
+55.335	452,485
+7.755.406	83.738,852
+10.032.460	30.479,609

8.3.4 Navigieren in der Tabelle

Immer wieder wird es notwendig werden, einen bestimmten Datensatz in der Tabelle ausfindig zu machen. Nicht nur mit der logischen oder lagebezogenen Abfrage, sondern auch gezielt über die Datensatznummer – sofern diese bekannt ist – können die gewünschten Daten identifiziert werden. Zu diesem Zweck ist die Datensatznummer (FID) automatisch vom Programm bei der erstmaligen Herstellung des Shapes in der Tabelle vergeben worden. Zu beachten ist dabei, dass der erste Satz die Nummer FID = „0“ (nicht etwa „1“) trägt. Bei einer Suche muss das unbedingt berücksichtigt werden.

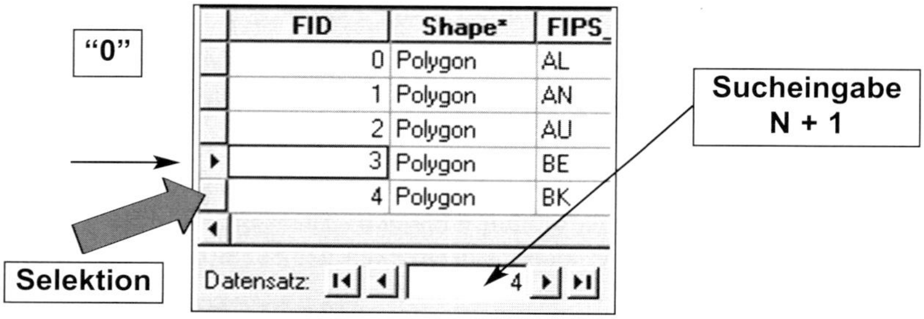

Beispiel: Wenn der Satz mit der FID = 3 gesucht wird, dann muss Datensatz = 4 eingestellt werden. Der Satz 3 wird in der Tabelle durch einen kleinen Pfeil vor der Satznummer gekennzeichnet. Er ist nicht im Sinne des Programms selektiert, sondern lediglich markiert.

Schrittweises Vorgehen oder an den Anfang/das Ende der Tabelle zu gehen, ermöglichen die Schaltflächen links und rechts neben dem Eingabefeld „Datensatz“.

Eine Selektion in der Tabelle nehmen Sie dadurch vor, dass Sie die kleine führende Schaltfläche drücken (siehe Pfeil: Selektion). Wenn mehrere Sätze selektiert werden sollen, muss bei diesem Vorgang gleichzeitig die „Strg-Taste“ gedrückt werden. Die entsprechenden Datensätze werden in der eingestellten Selektionsfarbe angelegt.

Wenn Datensätze auf irgend eine Weise selektiert (farbig unterlegt) wurden, werden in der Regel nicht alle von ihnen im sichtbaren Bereich der Tabelle liegen. Es gibt aber die Möglichkeit, nur die Selektierten anzuzeigen.

Selektieren Sie dazu einige nicht benachbarte Datensätze in der Tabelle und betätigen Sie die Schaltfläche „Ausgewählte" am unteren Rand des Tabellenrahmens. Anschließend werden nur die selektierten Datensätze angezeigt. Im Klammerausdruck steht dann die Anzahl der selektierten Datensätze.

Suchen und Ersetzen

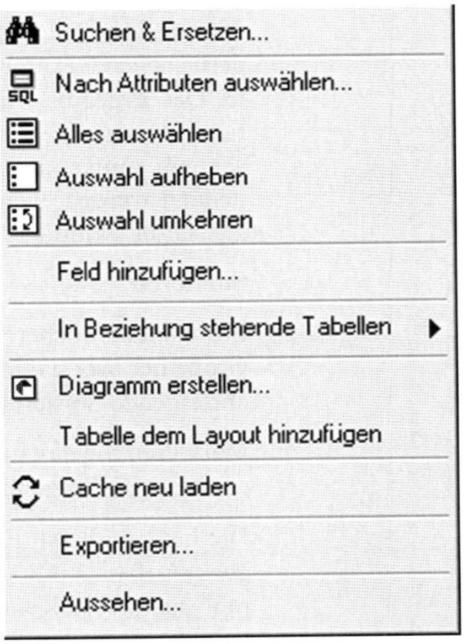

Wenn Sie die Schaltfläche „Optionen" drücken, öffnet sich das rechts abgebildete Auswahlmenü. Im Folgenden werden die Funktionen der Menüeinträge beschrieben und an Beispielen veranschaulicht. Die Einträge werden dabei verschiedenen Unterabschnitten zugeordnet, da sie nicht alle auf einmal zusammenhängend erläutert werden können.

Der Menüeintrag „Aussehen...", der bereits zuvor beschrieben worden ist, ermöglicht es, das Erscheinungsbild der aktuellen Tabelle zu verändern.

Wenn Sie den Menüeintrag „Suchen & Ersetzen" aktivieren, erscheint das gleichnamige Dialogfenster.

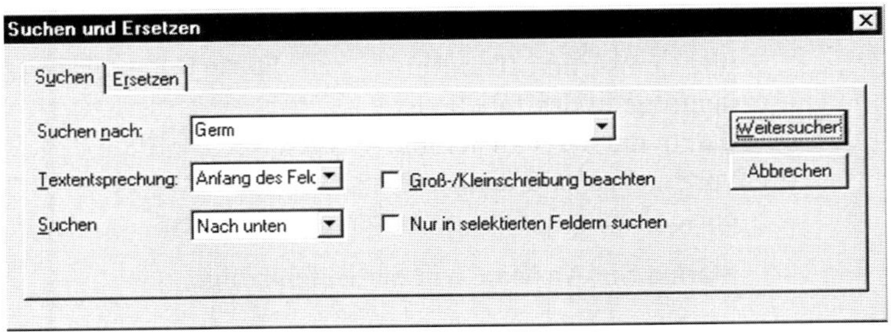

Tragen Sie im Eingabefeld „Suchen nach:" den Text, den Sie suchen wollen, oder einen Teil davon ein. Mit der „Textentsprechung" steuern Sie, nach welchem Teil gesucht werden soll. Hier haben Sie die Wahl zwischen „Anfang des Feldes", „Ganzes Feld" und „Teil des Feldes", je nach dem, was Sie über den zu suchenden Begriff oder die Zeichenfolge wissen.

Wenn Sie die Schaltfläche „Weitersuchen“ drücken, sucht das Programm in der ganzen Tabelle nach dem Datensatz. Wenn einer die Bedingung erfüllt, wird er, wie gehabt, durch den führenden Pfeil markiert.

Durch das Filtern über Groß- und Kleinschreibung kann die Suche noch eingeengt werden. Durch die Vorauswahl eines Feldes, in dem gesucht werden soll, wird eine weitere Einengung des „Suchraumes“ festgelegt.

Wählen Sie ein Feld aus, in dem Sie einen bestimmten Begriff, eine Zeichenfolge oder eine Zahl vermuten. Die zugehörige Spalte wird in der Selektionsfarbe unterlegt. Setzen Sie den Haken bei „Nur in selektierten Feldern suchen“. Damit beschränken Sie die Suche auf die ausgewählte Spalte. Das Ergebnis wird durch den führenden Pfeil markiert. Durch selektierte Datensätze kann diese Suche nicht eingeschränkt werden. Sie schließt immer alle Datensätze ein. Das Register „Ersetzen“ kann nur genutzt werden, wenn zuvor die Bearbeitung der Tabelle mit dem Editor „gestartet“ wurde.

Sortieren

Für manche Recherchen im Sachdatenbestand reicht eine Sortierung nach Größe der Werte oder nach dem Alphabet. Für eine aufsteigende und eine absteigende Sortierung stehen Werkzeuge zur Verfügung.

Markieren Sie das zu sortierende Feld und öffnen Sie das Kontextmenü. Es erscheint die folgende Menüliste:

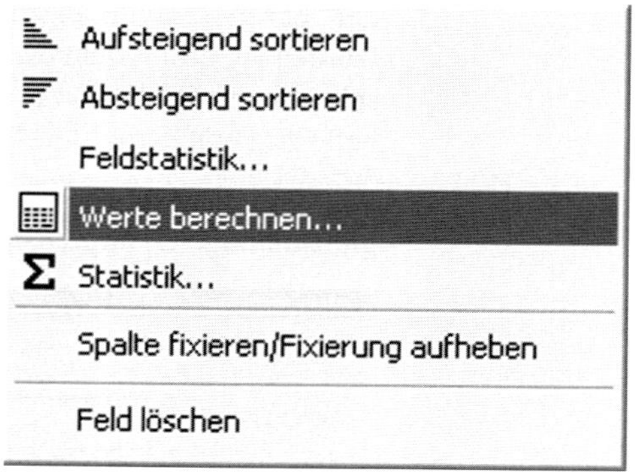

Die beiden oberen Einträge, „Aufsteigend sortieren“ und „Absteigend sortieren“, lösen die Umsortierung aus. Die neue Anordnung der Datensätze erfolgt nur in der Ansicht, die Tabelle selbst wird nicht umsortiert. Die Reihenfolge in der Tabelle ist durch die Digitalisierung vorgegeben und kann mit dieser Umsortierung nicht verändert werden.

Starten Sie ArcMap. Mit der Befehlsfolge...

ArcMap-Hauptmenü
Einfügen:
Datenrahmen

...fügen Sie einen neuen Datenrahmen hinzu. Laden Sie danach das Shape „Country“ aus dem Verzeichnis ESRIDATA\WORLD. Markieren Sie es und öffnen Sie das Kontextmenü. Aktivieren Sie den Menüeintrag „Attribut-Tabelle öffnen“.

<u>**ArcMap-Kontextmenü: Shape**</u>
Attribut-Tabelle öffnen

Gehen Sie mit der Maus auf das Feld „SQKM_CNTRY“ und öffnen Sie das Kontextmenü. Wählen Sie „Aufsteigend sortieren“. An oberster Stelle muss dann der Datensatz „Baker Island“ mit der kleinsten Fläche (1,668 qkm) zu sehen sein. Der größte Staat in diesem Datensatz ist „Russland“. Er wird bei dieser Sortierung ganz unten eingeordnet.

Sortieren mit mehreren Feldern

Die Sortierung kann auch über zwei Felder durchgeführt werden. Das Feld mit der höheren Priorität muss dabei links vom zweiten Sortierungsfeld liegen. Dies erreichen Sie durch Verschieben der Spalten. Markieren Sie erst das linke Feld, halten Sie die „Strg“-Taste gedrückt und markieren Sie dann das zweite Feld. Öffnen Sie nun das Kontextmenü und wählen Sie die gewünschte Sortierungsoption. Beide Spalten werden zur Sortierung herangezogen, wobei die linke Priorität hat.

Dieser Vorgang kann auf weitere Felder ausgedehnt werden. Sie müssen immer alle rechts vom prioritären Hauptselektionsfeld liegen und alle markiert sein.

8.3.5 Feldstatistik

Sollen Datensätze anhand eines bestimmten Feldes zusammengefasst und die anderen Attribute einer bestimmten Prozedur unterzogen werden, so ist dies mit der Feldstatistik möglich. Als Prozedur werden verschiedene mathematische Operationen angeboten:

- Minimum
- Maximum
- Mittelwert
- Summe
- Standardabweichung
- Varianz

Starten Sie ArcMap. Mit der Befehlsfolge...

<u>**ArcMap- Hauptmenü**</u>
Einfügen:
Datenrahmen

....fügen Sie einen neuen Datenrahmen hinzu. Laden Sie danach das Shape „counties“ aus dem Verzeichnis „ESRIDATA\USA“.

Markieren Sie es und öffnen Sie das Kontextmenü. Aktivieren Sie den Menüeintrag „Attribut-Tabelle öffnen“:

ArcMap-Kontextmenü: Shape

Attribut-Tabelle öffnen

Markieren Sie das Feld mit den gemeinsamen Inhalten (hier STATE_NAME) und öffnen Sie das Kontextmenü (rechte Maustaste auf den markierten Feldnamen). Drücken Sie dort den Eintrag „Feldstatistik". Es öffnet sich das gleichnamige Dialogfenster.

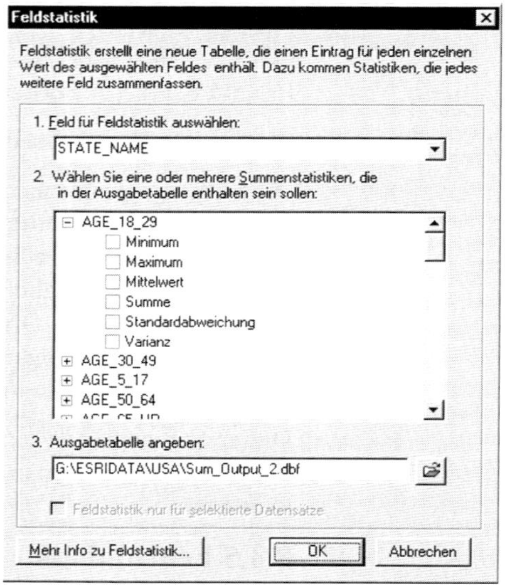

Unter „1." ist das Feld mit den gemeinsamen Inhalten eingetragen. Es kommt daher in der Liste unter „2." nicht mehr vor. Hier können Felder ausgesucht werden, mit denen nach den ausgewählten mathematischen Prozeduren verfahren werden soll. Im Bereich „3." werden der Name und der Ablageort des Ergebnisses festgelegt. Es handelt sich dabei immer um eine dBase-Tabelle.

Wählen Sie für das Feld „AGE_18_29" als Prozedur „Summe" und bestätigen Sie mit „OK". Es wird eine dBase-Tabelle berechnet, in der die Summe aller Feldwerte von „AGE_18_29" mit dem selben „STATE_Name" abgelegt sind.

Die mittlere Spalte (Count_STATE_NAME) gibt an, aus wie vielen Datensätzen das Summenfeld „Sum_AGE_18_29" berechnet worden ist (siehe nachfolgende Abbildung). Danach hat der State „Alabama" 67 Counties, die gemeinsam 762.897 Einwohner zwischen 18 und 29 Jahren haben.

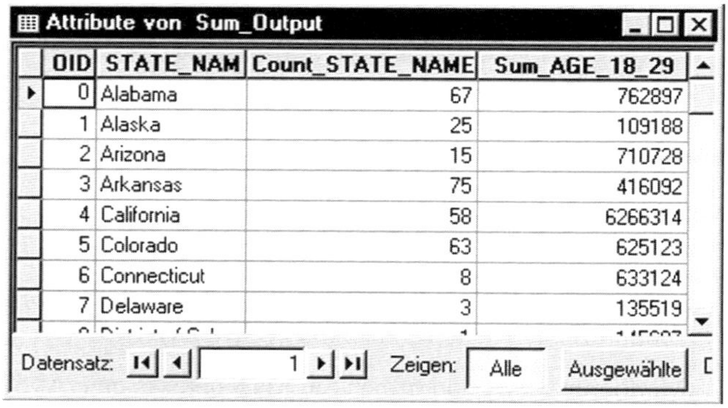

Attribute von Sum_Output

OID	STATE_NAM	Count_STATE_NAME	Sum_AGE_18_29
0	Alabama	67	762897
1	Alaska	25	109188
2	Arizona	15	710728
3	Arkansas	75	416092
4	California	58	6266314
5	Colorado	63	625123
6	Connecticut	8	633124
7	Delaware	3	135519

Datensatz: 1 Zeigen: Alle Ausgewählte

8.3.6 Feldwerte berechnen

Aus vorhandenen Werten in der Tabelle können neue Werte in alten wie auch in neuen Spalten berechnet werden. Auch ist es möglich, Spalten mit bestimmten Werten „vorzubelegen“ bzw. allen Datensätzen in einem bestimmten Feld den gleichen Wert zuzuweisen.

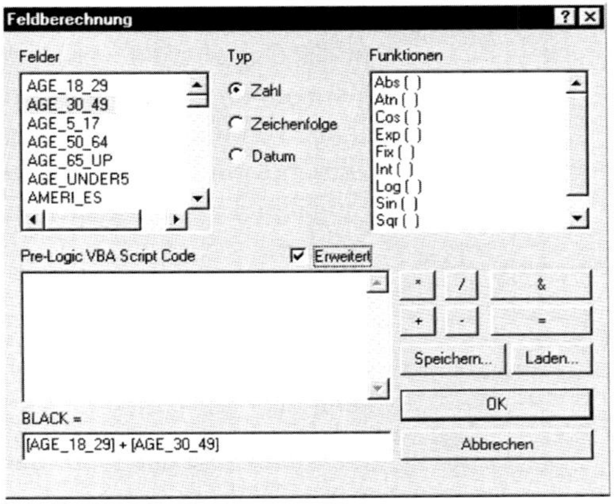

Für diese Operationen wird ein Werkzeug bereitgestellt. Nach Aktivieren des Menüeintrags „Werte berechnen.“ (rechte Maustaste auf einen Feldnamen) öffnet sich das Dialogfenster „Feldberechnung“. Zuvor wird eine Warnung angezeigt, nach der eine Berechnung nicht wieder rückgängig gemacht werden kann. Durch Doppelklick werden die Ausdrücke in das Eingabefeld gesetzt. Es steht eine Reihe von mathematischen Funktionen zur Verfügung. Wenn der Haken bei „Erweitert“ gesetzt ist, können auch VBA-Scripte integriert werden. Die Berechnungsformeln lassen sich speichern (*.cal) und bei Bedarf über „Laden“ wieder aktivieren.

Starten Sie ArcMap. Mit der Befehlsfolge...

ArcMap-Hauptmenü
Einfügen:
Datenrahmen

...fügen Sie einen neuen Datenrahmen hinzu. Laden Sie das Shape „Country“ aus dem Verzeichnis ESRIDATA\WORLD.

Markieren Sie das Shape und öffnen Sie das Kontextmenü. Aktivieren Sie den Menüeintrag „Attribut-Tabelle öffnen“:

ArcMap-Kontextmenü: Shape
Attribut-Tabelle öffnen

Selektieren Sie alle Staaten Europas in der Karte. Die entsprechenden Datensätze werden in der Tabelle farbig angelegt. Drücken Sie die Schaltfläche „Ausgewählte“. Nun werden nur noch die selektierten Datensätze angezeigt (etwa 43). Gehen Sie mit dem Cursor auf das Feld „CURR_TYPE“ (Währung) und öffnen Sie das Kontextmenü. Aktivieren Sie den Menüeintrag „Werte berechnen“.

Tragen Sie in das Eingabefeld die Währung „EURO“ ein. Da es sich um eine Zeichenfolge handelt, müssen die Anführungszeichen gesetzt sein. Bestätigen Sie mit „OK“. Das Programm ersetzt alle alten Werte im Feld „CURR_TYPE“ durch den Wert „EURO“. Diese Berechnung wird nur in den selektierten Staaten (Europa) durchgeführt. Alle anderen Staaten in diesem Shape bleiben davon unberührt.

Auf die selbe Weise können Sie mathematische Operationen durchführen. In das Eingabefeld werden die beteiligten Feldnamen mit Einfachklick eingetragen und über die passenden Operatoren aus der rechten Liste miteinander verknüpft. Diese Operatoren werden ebenfalls über einen Einfachklick positioniert. Das zu berechnende Feld ist immer schon oberhalb des Eingabefeldes mit Gleichheitszeichen angezeigt und darf nicht wiederholt werden.

8.3.7 Statistik

Will man sich einen Überblick über die Werte in einem Feld verschaffen, kann dies mit Hilfe der Statistikfunktion erreicht werden.

Markieren Sie das Feld, das Sie interessiert, und öffnen Sie das Kontextmenü. Wählen Sie den Eintrag „Statistik“. Es erscheint das Diagrammfenster „Statistik von...“. Zum einen wird die Häufigkeitsverteilung der Werte in einem Diagramm dargestellt und zum anderen werden die wichtigsten statistischen Parameter ausgewiesen.

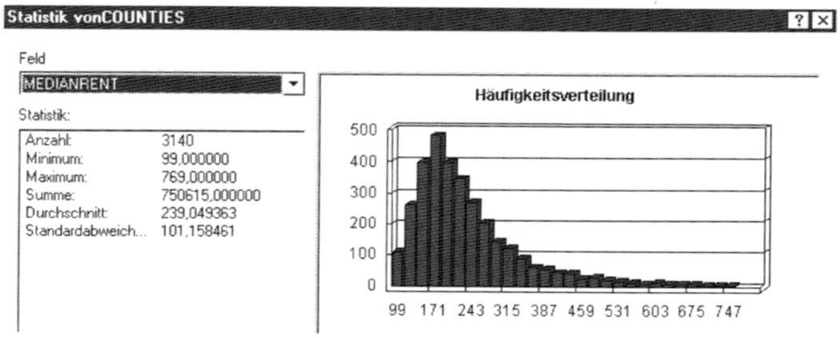

8.3.8 Feld löschen

Der letzte Menüeintrag, der feldbezogen ist, wird benötigt, um überflüssige Felder auf Dauer aus dem Datenbestand zu löschen. Diese Maßnahme kann nicht wieder rückgängig gemacht werden. Benutzen Sie dazu den Menüeintrag „Feld löschen“.

8.3.9 Selektion

Nun werden Methoden besprochen, die es erlauben, Datensätze (nicht Spalten), die bestimmte Bedingungen erfüllen, gezielt zu selektieren. Genutzt werden dabei nur Datenbank-typische Werkzeuge (logische Abfragen), aber keine, die den Raumbezug zur Selektion heranziehen.

Die Selektion (nicht die Markierung) ist für die anschließenden Operationen (Berechnungen, weitere Selektion, Export von Daten...) wichtig. Alle jeweils folgenden Aktionen werden nur für die selektierten Datensätze umgesetzt. Die nicht selektierten bleiben davon unberührt. Es ist daher wichtig, vor jeder Aktion die Auswahlen zu prüfen.

Außerdem gilt: Wenn keine Datensätze selektiert sind, wirken die Funktionen auf alle Datensätze.

Nach Attributen abfragen (SQL-Abfragen)

Um mit dieser Methode gezielt nach bestimmten Datensätzen suchen zu können, müssen die geforderten Bedingungen formuliert werden und in geeigneter Form als Frage an die Tabelle gestellt werden. Dafür gibt es ein Dialogfenster, das die notwendigen Einstellungen und Werkzeuge bereitstellt.

Nach Drücken der Schaltfläche „Optionen“ und Wahl des Menüeintrags „Nach Attributen auswählen...“ öffnet sich das gleichnamige Dialogfenster.

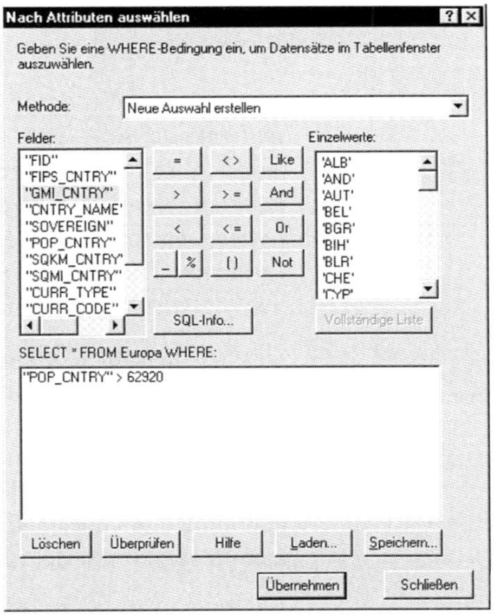

Neben der Liste der Tabellenfelder (links) befindet sich in der Mitte der Bereich mit den mathematischen Operatoren, die zur Selektion genutzt werden können. In der rechten Spalte werden die Werte des gerade markierten Feldes angezeigt. Oben werden die Methoden ausgewählt, die notwendig sind, wenn mehrere Selektionen nacheinander ausgeführt werden sollen. Ausgangssituation ist immer „Neue Auswahl erstellen“. Mit der Option „Zur aktuellen Auswahl hinzufügen“ ist die Erstselektion erweiterbar. Mit „Aus aktueller Auswahl entfernen“ werden über ein neues Kriterium selektierte Objekte/Datensätze aus der aktuellen Selektion entfernt. Eine Selektion kann mit der Methode „Aus aktueller Auswahl auswählen“ weiter eingeengt werden.

Im unteren Eingabefeld kann die Bedingung eingetragen werden. Entweder schreibt man alle Befehle in der passenden Syntax mit der Tastatur oder man fügt die Elemente der Bedingung mit Doppelklick ein.

Auf Syntaxfehler überprüfen Sie diese Bedingung, indem Sie die Schaltfläche „Überprüfen“ aktivieren. Eine aufwendige Bedingung kann mit „Speichern“ gesichert und mit „Laden“ später wieder aufgerufen werden. Die Speicherung erfolgt in Dateien mit der Erweiterung *.exp in einem frei wählbaren Verzeichnis.

Zur Liste der Felder ist noch nachzutragen, dass an der Art der Darstellung erkennbar ist, welche Datenquelle sich dahinter verbirgt. In Anführungszeichen stehen immer Daten aus:

- ArcInfo-Coverages
- Shapefiles
- INFO-Tabellen
- dBase-Tabellen

In eckigen Klammern stehen Felder von Tabellen, die in einer

- Personal Geodatabase (Access)

stehen. Ohne Einschluss sind Felder aus der

- SDE (Spatial Data Engine).

Anmerkung: *Geodatabase und SDE sind Formen einer Relationalen Datenbank, die es erlauben, raumbezogene Daten aufzunehmen. Es ist auch möglich, in SDE Rasterdaten (Grid, Tiff etc.) einzutragen. Neben den bekannten Vorteilen bei der modernen Datenbankhaltung mit großen Datenmengen ist auch eine Leistungssteigerung beim Auslesen der Daten zu erreichen. Dies ist besonders in Hinblick auf die Anwendung von ArcIMS wichtig, also bei der Präsentation im Internet.*

Die Schaltfläche „Vollständige Liste“ im nebenstehenden Bild ist hellgrau, also inaktiv. Nur wenn mehr als 300 Objekte im Dataset vorliegen, wird sie nutzbar. Sie sorgt dafür, dass alle Werte, die sich in der Tabelle für ein markiertes Feld befinden, in die entsprechende Liste des Dialogfensters eingetragen werden. Es werden aber nur die ersten 300 Werte in die Liste aufgenommen, da dieser Vorgang sonst zu lange dauern könnte. Der Vorgang kann jederzeit mit der „Esc“-Taste abgebrochen werden.

Bei einer Abfrage müssen nicht unbedingt die tatsächlichen Werte in der Liste (und damit die der Tabelle) herangezogen werden. Es ist auch möglich, eigene Werte über die Tastatur in die Abfrage einzufügen. Die Liste dient nur der Vereinfachung dieses Vorganges und ist vor allem bei Texteingaben hilfreich, da auf diese Weise Schreibfehler vermieden werden. Unkorrekte Eingaben – egal bei welchem Datentyp – würden eine Fehlermeldung oder falsche Selektion nach sich ziehen.

Alle Datensätze selektieren

Wenn Operationen mit allen Daten durchgeführt werden sollen, können sie mit einer einzigen Aktion selektiert werden.

Drücken dazu Sie die Schaltfläche „Optionen“ und wählen Sie den Menüeintrag „Alles auswählen“. Alle Datensätze werden in der Selektionsfarbe angezeigt.

Selektion umdrehen

Häufig ist es leichter, das Gegenteil von dem zu suchen, was eigentlich als Aufgabe gestellt ist. Nach erfolgreicher Recherche wird die Selektion nur noch „umgedreht“, und somit steht das gewünschte Ergebnis zur Verfügung.

Drücken Sie dazu die Schaltfläche „Optionen“ und wählen Sie den Menüeintrag „Auswahl umkehren“. Alle Datensätze, die zunächst nicht selektiert sind, werden nun selektiert und entsprechend farbig angezeigt.

Selektion aufheben

Jede Selektion lässt sich auch aufheben, damit wieder ein klarer und überschaubarer Zustand der Tabelle entsteht. Man kann nach der Aufhebung einer Selektion erneut mit der gesamten Tabelle arbeiten und muss nicht befürchten, Datensätze auszuschließen.

Aktivieren Sie dazu die Schaltfläche „Optionen“ und wählen Sie den Menüeintrag „Auswahl aufheben“. Die Selektion der Datensätze wird damit aufgehoben.

8.3.10 Feld hinzufügen

Es kann immer wieder vorkommen, dass der Tabelle ein Feld hinzugefügt werden muss. Entweder werden Daten ergänzt, die per Hand im Editiermodus eingegeben werden müssen, oder es werden aus vorhandenen Werten in der Tabelle neue Werte für eine neue Spalte berechnet. Jedes Mal muss zuvor ein weiteres Feld in die Tabelle integriert werden.

In einer Tabelle haben die einzelnen Felder ihre spezifischen Merkmale und Definitionen. Dies ist notwendig, damit die Werte, die eingetragen werden sollen, in einer für sie passenden Weise abgelegt werden. Ein Datum muss dabei natürlich anders behandelt werden als eine Zeichenfolge oder eine Zahl. Ein neues Feld in einer Tabelle muss also genau definiert werden, damit es die vorgesehenen Daten auch aufnehmen kann. Die Entscheidung für den Datentyp muss immer vorher fallen. Nachträglich kann in einer dBase-Tabelle der Datentyp nicht mehr verändert werden.

Es stehen folgende Typen zur Verfügung:

- Short Integer
- Long Integer
- Float
- Text
- Double
- Datum
- BLOB

Erklärung dieser Typen:

Short Integer	maximal 4 Zeichen (Ganze Zahl)
Long Integer	mehr als 8 Zeichen (Ganze Zahl)
Float	Real-Zahlen (einfache Genauigkeit)
Double	Real-Zahlen (doppelte Genauigkeit)
Text	Zeichenfolge für Text und Zahlen Mit diesen Zahlen kann nicht gerechnet werden!
Datum	Datumsangaben möglich (tt.mm.jj, tt.mm.jjjj,...)
BLOB	**B**inary **L**arge **Ob**ject ist geeignet, jede Art von digitaler Information aufzunehmen, z. B. auch Bilder.

Starten Sie ArcMap. Mit der Befehlsfolge...

ArcMap-Hauptmenü
Einfügen:
Datenrahmen

...fügen Sie einen neuen Datenrahmen hinzu. Laden Sie danach das Shape „Country“ aus dem Verzeichnis „ESRIDATA\WORLD“.

Markieren Sie das Shape und öffnen Sie das Kontextmenü. Aktivieren Sie den Eintrag „Attribut-Tabelle öffnen“.

ArcMap-Kontextmenü: Shape
Attribut-Tabelle öffnen

Aktivieren Sie die Schaltfläche „Optionen“ und wählen Sie den Menüeintrag „Feld hinzufügen“. Dies ist nur durchführbar, wenn der Editor nicht gestartet ist. Es öffnet sich das Dialogfenster „Feld hinzufügen“.

Hier geben Sie dem Feld einen Namen und definieren den Typ entsprechend seiner Aufgabe und der vorgesehenen Inhalte. Bestätigen Sie mit „OK“. Der Tabelle wird ein neues Feld angefügt.

Diesem Feld können nun Werte zugewiesen werden. Dafür muss der Editor gestartet werden. Entweder erhalten Sie die Werte durch Berechnung aus vorhandenen Werten, oder Sie nehmen für jeden Datensatz explizit einen Eintrag vor. Diese Arbeit wird durch eine Eingabehilfe in der „Editorwerkzeugleiste" unterstützt. Die Schaltfläche „Attribute" befindet sich äußerst rechts in der Werkzeugleiste.

Starten Sie den Editor durch Drücken des Menüeintrags „Bearbeitung starten". Selektieren Sie den ersten Datensatz, dem Sie im neuen Feld Werte hinzufügen wollen. Aktivieren Sie in der Editorwerkzeugleiste die Schaltfläche „Attribute". Es öffnet sich das nebenstehende Eingabefenster. Im linken Bereich werden das Shape und das selektierte Objekt benannt, im rechten sind alle Felder mit ihren Inhalten aufgezeigt. Fühen Sie den Mauszeiger auf den alten Wert des in Rede stehenden Feldes und überschreiben Sie den Wert über die Tastatur mit dem neuen Inhalt. Wechseln Sie danach in der Tabelle den Datensatz und fahren auf die selbe Weise fort. Sie können beobachten, wie die Werte in der Tabelle aktualisiert werden. Nach Beendigung der Eingaben speichern Sie die Tabelle mit „Bearbeitung beenden" im Editormenü.

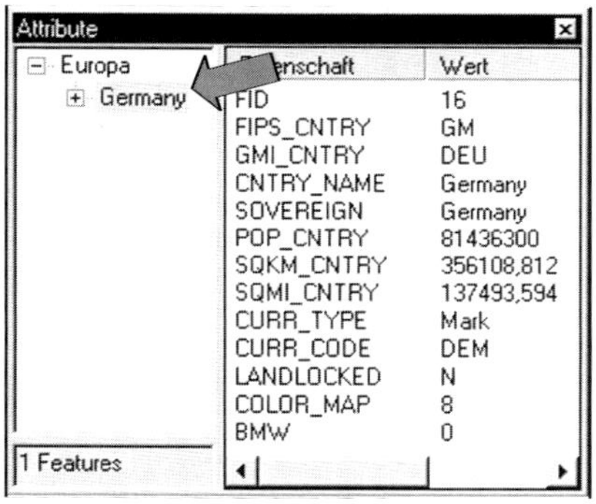

Anmerkungen zum Editor

Zur Arbeit mit dem Editor und dem Berechnen von Feldwerten ist noch eine Besonderheit erwähnenswert. Das Löschen und Hinzufügen eines Feldes ist auch möglich, ohne den Editor zu starten. Genauso ist die Berechnung eines Feldwertes ohne Editor möglich, hat aber den Nachteil, dass Sie die Berechnungen nicht rückgängig machen können. Die Funktion „Rückgängig machen" kann demnach nicht angewendet werden. Deshalb wird dazu eine entsprechende Warnung ausgegeben.

Wird der Editor gestartet, ist das Löschen oder Hinzufügen eines Feldes nicht möglich. Die entsprechenden Menüeinträge bleiben hellgrau. Nur die Berechnung von Feldwerten kann vorgenommen und in diesem Fall gegebenenfalls auch rückgängig gemacht werden.

8.3.11 Datensätze löschen

Um Datensätze zu löschen, müssen sie selektiert werden. Wenn mehrere gelöscht werden sollen, wird dabei die „Strg"-Taste gedrückt. Dann werden die ausgewählten Datensätze mit der „Entf"-Taste gelöscht. Achtung: Auch die zugehörigen Geometrien der Objekte verschwinden!

8.3.12 Exportieren

Immer wieder wird es vorkommen, dass Daten aus einer Tabelle exportiert werden müssen, entweder die ganze Tabelle oder nur Teile davon. Teile können zum Beispiel einige Datensätze sein. Möglicherweise werden auch nicht alle Felder (Spalten) für den Export benötigt. Man braucht also eine Methode, um eine Tabelle vertikal und horizontal einzuengen.

Das vertikale Einengen wird durch die typische Selektion von Datensätzen erzielt, das horizontale Einengen dadurch, dass man nur die gewünschten Spalten (Felder) sichtbar schaltet. Dies geschieht unter „Eigenschaften: Layer" im Register „Felder". Dort kann die Sichtbarkeit für jedes Feld einzeln eingestellt werden.

Nach dieser Vorbereitung drücken Sie die Schaltfläche „Optionen" am unteren Rand der Tabellenansicht. Im dem folgenden Auswahlmenü wählen Sie den Eintrag „Exportieren". Es erscheint das Dialogfenster „Daten exportieren", in dem die nötigen Einstellungen – zum Beispiel Angabe des

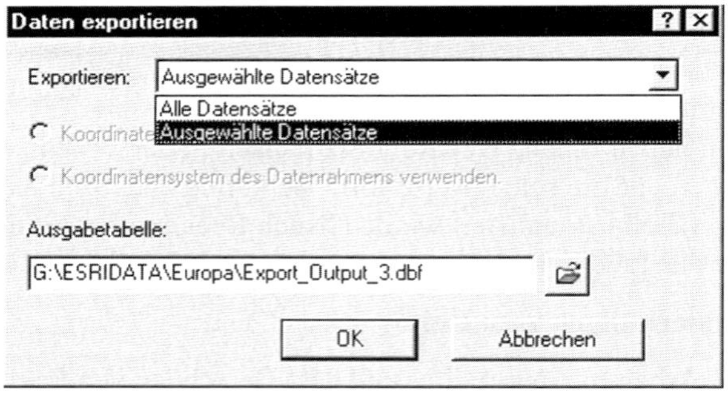

Ablageortes – der neuen Datei vorgenommen werden. Im oberen Bereich haben Sie die Wahl, ob Sie alle oder nur die selektierten Datensätze exportieren wollen. Erzeugt wird beim Export eine dBase-Datei mit der Erweiterung *.dbf. Diese Datei kann dann sofort eingeladen werden, besitzt aber keinerlei Raumbezug. Es handelt sich um eine reine Datentabelle.

8.3.13 Verbindungen und Beziehungen

Innerhalb von ArcView ist es möglich, Sachdaten an vorhandene Geometrien dauerhaft oder auch nur temporär anzuhängen bzw. eine Beziehung (nicht dauerhaft als neuer Datensatz speicherbar) zwischen beiden aufzubauen. Auf diese Weise bekommen Sachdaten ihren Raumbezug. Ein Teil der Sachdaten kann gleich beim Digitalisieren in die Tabelle eingetragen werden. Ein anderer Teil (meist der weitaus größere) wird durch „Verbinden" in ArcView als raumbezogene Attribute abgelegt.

Im Folgenden soll erläutert werden, was „Verbinden" ist und was eine „Beziehung" ausmacht. Anfänglich werden für beide Vorgänge generelle Erläuterungen gegeben, anschließend die speziellen Unterschiede deutlich gemacht.

Die Daten, die verbunden oder auch in Beziehung gesetzt werden sollen, können dabei in einem anderen Shape, in einer dBase-Tabelle, in einer ASCII-Tabelle liegen oder aus der SQL-Abfrage in einer Relationalen Datenbank stammen.

Die „Aufnahme"-Seite bei diesem Vorgang nennt man Zieltabelle (markiertes Shape im Inhaltsverzeichnis). Die Tabelle, die angehängt wird, ist die Quelle.

Damit die gewünschte Verbindung oder Beziehung möglich ist, müssen Bedingungen erfüllt werden bzw. bestimmt die vorhandene Situation in den beteiligten Tabellen die erzielbaren Möglichkeiten. Wichtige Voraussetzung ist das Vorhandensein eines Schlüsselfeldes in beiden Tabellen, damit eine Zuordnung realisiert werden kann. Dieses Schlüsselfeld muss in beiden Tabellen den gleichen Inhalt (Wert und Bedeutung) haben. Der Name des Feldes spielt keine Rolle.

Sollte dies nicht erfüllbar sein, so ist auch die räumliche Lage der Objekte der beiden beteiligten Tabellen geeignet, eine Verbindung zu ermöglichen. Allerdings benötigen dann beide einen Raumbezug. Es müssen also beide über Geometrien verfügen. Zudem müssen die beteiligten Shapes am gleichen Ort, also quasi „übereinander" liegen. Das Ergebnis besitzt immer das Koordinatensystem der gespeicherten Daten des Ziels, auch wenn die Quelle in einem anderen System vorliegt. Dabei ist die Einstellung des Koordinatensystems des Datenrahmens völlig unerheblich, da das Programm eine von den gespeicherten Daten unabhängige Darstellung ermöglicht. Weitere Besonderheiten bei dieser lagebezogenen Verbindung werden an entsprechender Stelle beschrieben.

Verbindungen (1:1-Zuordnung)

Verbindungen sind möglich, wenn bestimmte Bedingungen innerhalb der Tabellen und untereinander erfüllt werden. In diesen Fällen ist dann ein dauerhaftes Speichern der erweiterten Tabelleninhalte gewährleistet. Die Bedingungen lauten:

FID	Shape	NAME
0	Polygon	Schleswig-Holstein
1	Polygon	Hamburg
2	Polygon	Niedersachsen
3	Polygon	Bremen
4	Polygon	Nordrhein-Westfalen
5	Polygon	Hessen
6	Polygon	Rheinland-Pfalz
7	Polygon	Baden-Württemberg

NAME	E_QKM	EW_0_14J	BL
Schleswig-Holstein	174	391148	1
Hamburg	2293	224774	2
Niedersachsen	160	1152856	3
Bremen	1717	93485	4
Nordrhein-Westfalen	522	2681734	5
Hessen	283	862331	6
Rheinland-Pfalz	198	586488	7
Baden-Württemberg	286	0	0

Geometrie

Jedem Datensatz der Zieltabelle ist genau ein Datensatz der Quelle zugeordnet. Es liegt eine so genannte 1:1-Zuordnung vor.

Mit dem Schlüsselfeld „NAME" wird eine 1:1-Verbindung möglich. Jeder Datensatz im Ziel – der mit dem Feld „Shape" auch die Geometrie beinhaltet – „findet" genau einen Satz in der Quelle. Also haben beide Tabellen die gleiche Anzahl von Datensätzen. Nach der Aktion steht ein Shape zur Verfügung, das beide Tabelleninhalte vereinigt. Um diesen Zustand auf Dauer zu erhalten, muss das Shape unter neuem Namen oder in einem anderen Verzeichnis gespeichert werden.

FID	Shape	NAME	E_QKM	EW_●	BL
0	Polygon	Schleswig-Holstein	174	39114	1
1	Polygon	Hamburg	2293	22477	2
2	Polygon	Niedersachsen	160	11528	3
3	Polygon	Bremen	1717	93485	4
4	Polygon	Nordrhein-Westfalen	522	26817	5
5	Polygon	Hessen	283	86233	6
6	Polygon	Rheinland-Pfalz	198	58648	7
7	Polygon	Baden-Württemberg	286	0	0

FID	Shape	NAME
0	Polygon	Schleswig-Holstein
1	Polygon	Hamburg
2	Polygon	Niedersachsen
3	Polygon	Bremen
4	Polygon	Nordrhein-Westfalen
5	Polygon	Hessen
6	Polygon	Rheinland-Pfalz
7	Polygon	Baden-Württemberg

NAME	E_QKM	EW_●	BL
Baden-Württemberg	286	0	0
Bremen	1717	93485	4
Hamburg	2293	22477	2
Hessen	283	86233	6
Niedersachsen	160	11528	3
Nordrhein-Westfalen	522	26817	5
Rheinland-Pfalz	198	58648	7
Schleswig-Holstein	174	39114	1

Die Reihenfolge der Datensätze spielt beim Verbinden keine Rolle. Obige Konstellation ist demnach problemlos zu verbinden:

Verbindung (m:1-Zuordnung)

Der Fall einer 1:1-Zuordnung ist der Idealfall und wird eher die Ausnahme sein. In den meisten Fällen wird es zu einer m:1-Zuordnung kommen. Gemeint ist damit, dass in der Zieltabelle mehr Datensätze (m) als in der Quelltabelle (1) vorliegen. Weiter kann der Fall auftreten, dass dabei ein oder mehrere Datensätze der Quelle nicht abgefragt werden oder ein Datensatz des Ziels keine Ergänzung aus der Quelle erhält.

FI	Shape	NAME	B
0	Polygon	Schleswig-Holstein	1
1	Polygon	Hamburg	2
2	Polygon	Niedersachsen	3
3	Polygon	Bremen	3
4	Polygon	Nordrhein-Westfalen	5
5	Polygon	Hessen	5
6	Polygon	Rheinland-Pfalz	7

1	15495622986,996	174	1348428,646
2	742494924,298	2293	206060,74
3	47726362076,402	160	2255462,534
4	397896744,464	1717	194925,209
5	34023710682,618	522	1490573,104

Ohne Verbindung

Ungenutzt

Diese zunächst kompliziert erscheinende Situation wird vom Programm gelöst, in dem die folgende Tabelle erzeugt wird:

0	Polygon	Schleswig-Holstein	1	15495622986,9	174	1348428,646
1	Polygon	Hamburg	2	742494924,298	2293	206060,74
2	Polygon	Niedersachsen	3	47726362076,4	160	2255462,534
3	Polygon	Bremen	3	47726362076,4	160	2255462,534
4	Polygon	Nordrhein-Westfalen	5	34023710682,6	522	1490573,104
5	Polygon	Hessen	5	34023710682,6	522	1490573,104
6	Polygon	Rheinland-Pfalz	7			

Wo in der Zieltabelle im Schlüsselfeld die Werte „3“ und „5“ abgelegt sind, wird der passende Datensatz aus der Quelltabelle zweimal ausgelesen. Der Satz mit dem Wert „7“ im Schlüsselfeld der Zieltabelle erhält keine Daten aus der Quelle. Der Datensatz mit dem Schlüsselwert „4“ in der Quelltabelle bleibt ungenutzt.

Um diese Information auf Dauer zu erhalten, muss das Shape unter neuem Namen oder in einem anderen Verzeichnis gespeichert werden. Dieser Datenbestand enthält dann doppelte Werte oder gegebenenfalls diverse Mehrfachnennungen. Daher ist das Speichern derartiger Datenbestände nicht zu empfehlen. Wenn die Information gebraucht wird, ist nur eine temporäre Verbindung nötig. Man nennt dies auch eine dynamische Verbindung.

Beispiel hierfür könnten Preisgruppen in einem Warenhaus sein. Es gibt viele Waren (m) und nur wenige Preisgruppen, die den verschiedenen Warengruppen zugeordnet werden. Änderungen müssen nicht an allen Waren vorgenommen werden, sondern nur in der Tabelle der Preisgruppen.

Verbindung (lagebezogen)

Die Stärke eines GIS ist es, den Raumbezug auswerten und damit mehr Möglichkeiten für das Zusammenfügen von Datenbeständen zu haben. Diese Fähigkeit wird herangezogen, wenn die beteiligten Tabellen kein Schlüsselfeld aufweisen können. Um sie zu nutzen, müssen die beiden Tabellen einen Raumbezug haben. Es sind also Geo-Daten notwendig, die am gleichen Ort liegen. Das notwendige Schlüsselfeld ist dann in beiden beteiligten Shapes „Shape“.

Diese Art der Verbindung ist auch zwischen zwei Shapes mit verschiedenen Objekttypen (Punkt, Linie, Polygon) durchführbar. Für jede Kombination ist nur die Verbindung, die die meisten Gemeinsamkeiten aufweisen, im entsprechenden Dialog verfügbar. Derartige Verbindungen sind nicht dynamisch. Sie müssen deshalb gespeichert werden.

Verwaltung der Verbindungen

Alle Verbindungen, die zwischen den vorliegenden Tabellen geschaffen werden, erhalten einen eigenen Namen zur Identifikation. Sie können an zentraler Stelle verwaltet werden.

Starten Sie ArcMap. Mit der Befehlsfolge...

ArcMap-Hauptmenü
Einfügen:
Datenrahmen

...fügen Sie einen neuen Datenrahmen hinzu. Laden Sie danach die Shapes „counties“ und „states“ aus dem Verzeichnis „ESRIDATA\USA“.

Markieren Sie ein Shape und öffnen Sie das Kontextmenü. Klicken Sie auf den Eintrag „Eigenschaften“ und das Register „Verbindungen & Beziehungen“:

ArcMap-Kontextmenü: Shape
Eigenschaften:
Verbindungen & Beziehungen

Es öffnet sich das gleichnamige Dialogfenster:

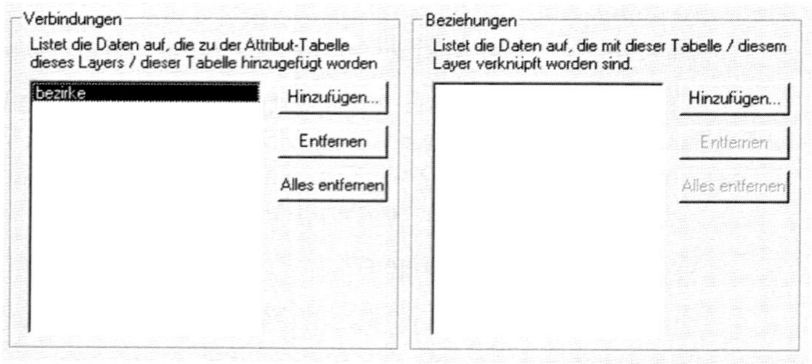

Im linken Bereich sind alle vorhandenen Verbindungen aufgelistet, die das aktive Shape betreffen. Sie können hier durch „Entfernen“ gelöscht bzw. es kann von hier aus eine neue Verbindung erstellt werden.

Verbindung über Attribute herstellen

Öffnen Sie die Tabelle von „states“. Sorgen Sie dafür, dass nur die Felder „State_Name“ und „SUB_REGION“ in der Tabelle sichtbar sind. Betätigen Sie dazu folgendes Menü:

ArcMap-Kontextmenü: STATES
Eigenschaften:
Felder

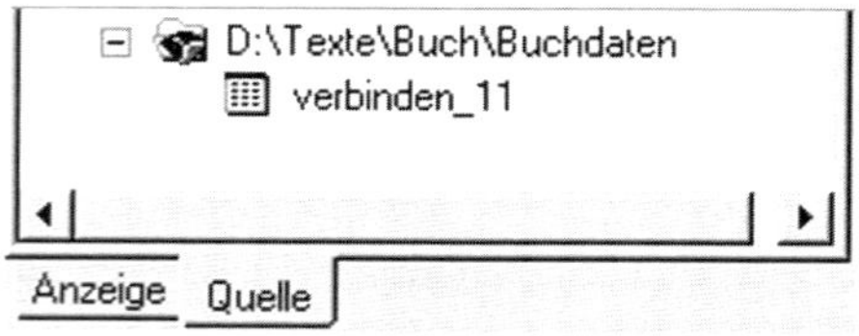

Entfernen Sie bei allen nicht gewünschten Feldern den Haken bei der Option „Sichtbar“ und speichern (exportieren) Sie die Datei als dBase-Tabelle mit dem neuen Namen „Verbinden_11". Die Frage „Laden in die Karte?" beantworten Sie mit „JA". Erkennbar wird dieser Datensatz nur in „Quelle" im Inhaltsverzeichnis.

In der Tabelle – sie besitzt keinen Raumbezug mehr – sind dann neben dem Zähler „OID" nur noch die Felder vorhanden, bei denen der Haken bei „Sichtbar" belassen wurde. Die Information „SUB_REGION" soll nun an das Shape „counties" über „Verbinden" angefügt werden.

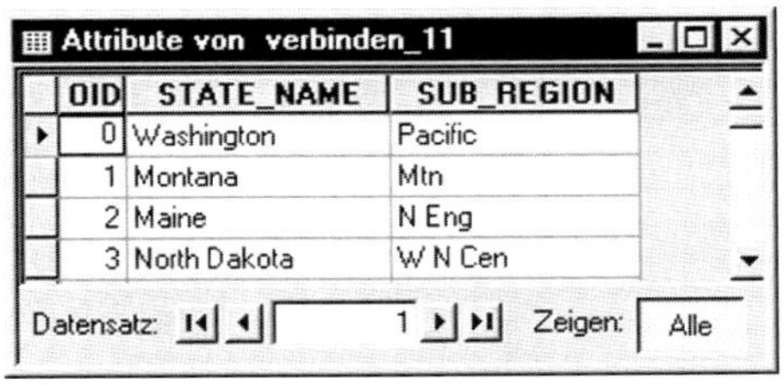

Aktivieren Sie dazu das Shape „COUNTIES" und öffnen Sie das Kontextmenü. Wählen Sie dort den Eintrag „Verbindungen und Beziehungen" und wählen Sie im Untermenü den Eintrag „Verbinden...".

<u>**ArcMap-Kontextmenü: COUNTIES**</u>
Verbindungen und Beziehungen:
Verbinden...

Es öffnet sich das Dialogfenster „Daten verbinden", in dem die Verbindung vorbereitet wird. Durch die Aktivierung des Shapes „counties" ist das Ziel festgelegt. Im obersten Eingabefeld können Sie wählen zwischen einer Verbindung über Attribute oder über die räumliche Verbindung, wie Lage bzw. Geometrie. Unter „1." wird das Schlüsselfeld der Zieltabelle definiert, bei „2." die Quelltabelle ausgesucht und festgelegt und bei „3." das Schlüsselfeld dieser Quelle benannt. Wenn der Haken unter „2." nicht gesetzt ist, werden nur Tabellen ohne Raumbezug angeboten. Ansonsten kann man auch unter den Tabellen der restlichen Shapes auswählen. Bestätigen Sie Ihre Einstellungen mit „OK".

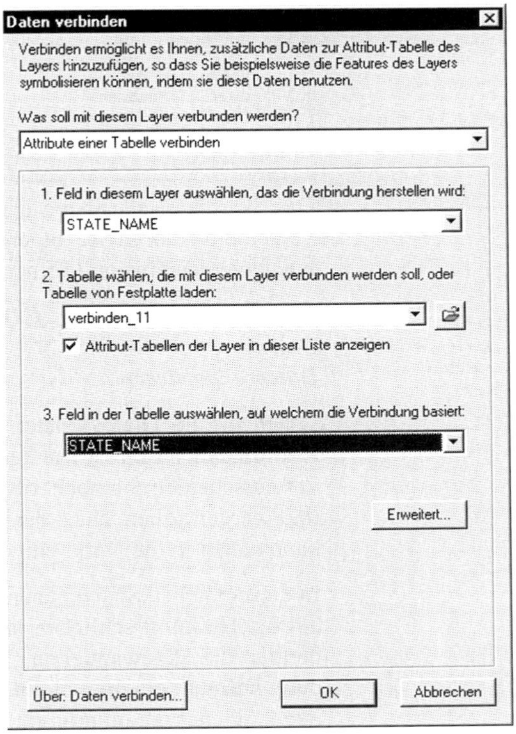

Die Verbindung wird sofort umgesetzt. Das gewünschte Feld „SUB_ REGION“ wie auch die anderen Felder der Tabelle „Verbinden_11“ werden an die Sachdatentabelle von „counties“ angehängt. Alle Felder erhalten Namen, die auf ihren Ursprung hindeuten, und zwar dadurch, dass der Name der Quelltabelle vorangestellt wird.

Dieses Dialogfenster können Sie auch über „Layer: Eigenschaften“ nach Aktivieren der Schaltfläche „Hinzufügen“ im Register „Verbindungen & Beziehungen“ öffnen. Jedes County hat nun ein Attribut, das die Zugehörigkeit zu einer Sub-Region in den USA zeigt. Diese Attribute kommen öfter in der Tabelle vor (Stichwort: Redundanz).

Bevor das Shape „counties“ nicht neu gespeichert worden ist, sind die angefügten Felder nicht gleichberechtigt neben den alten. Es ist nicht möglich, diese Werte nach dem Starten des Editors zu verändern. Wenn der Editor gestartet wird, wird dies durch eine andere Markierung der neuen Felder deutlich gemacht. Die neuen Feldnamen behalten ihren grauen Hintergrund, während er bei den alten weiß wird.

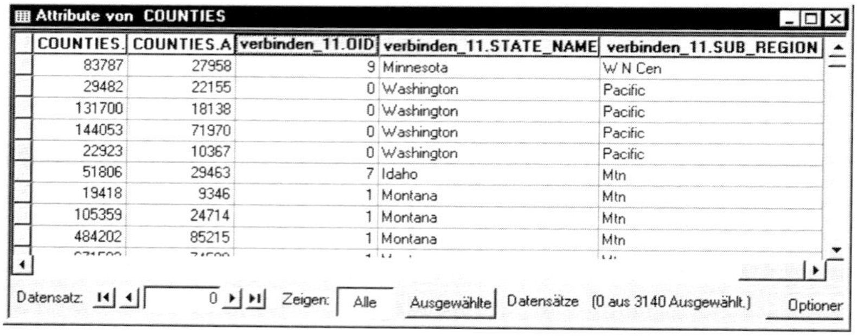
Attribute von COUNTIES

COUNTIES.	COUNTIES.A	verbinden_11.OID	verbinden_11.STATE_NAME	verbinden_11.SUB_REGION
83787	27958	9	Minnesota	W N Cen
29482	22155	0	Washington	Pacific
131700	18138	0	Washington	Pacific
144053	71970	0	Washington	Pacific
22923	10367	0	Washington	Pacific
51806	29463	7	Idaho	Mtn
19418	9346	1	Montana	Mtn
105359	24714	1	Montana	Mtn
484202	85215	1	Montana	Mtn

Datensatz: 0 Zeigen: Alle Ausgewählte Datensätze (0 aus 3140 Ausgewählt.) Optioner

Das Speichern als Shape unter neuem Namen und ggf. in einem neuen Verzeichnis führen Sie folgendermaßen durch. Markieren Sie das Shape im Inhaltsverzeichnis und öffnen Sie das Kontextmenü.

<u>ArcMap-Kontextmenü: COUNTIES</u>
Daten:
Daten exportieren...

Legen Sie im Dialogfenster „Daten exportieren“, das nun erscheint, das Koordinatensystem sowie den Name und das Ablageverzeichnis fest. Zuvor entscheiden Sie noch, ob alle oder nur ausgewählte Datensätze exportiert werden sollen. Nach der Bestätigung wird das neue Shape erzeugt und kann sofort in die Karte eingelesen werden.

In diesem neuen Shape haben die Feldnamen keine Bezeichnung mehr, die auf die Herkunft schließen lässt. In der Tabelle von „counties“ allerdings bleiben die abgewandelten Feldnamen solange erhalten, wie die Verbindung aufrecht erhalten bleibt. Erst wenn diese Verbindung aufgelöst wird, liegen wieder die ursprünglichen Feldnamen vor.

Die Verbindung ist im ArcMap-Dokument (*.mxd) gespeichert und steht nach einem Neustart wieder zur Verfügung. Es handelt sich um eine m:1-Verbindung, da es rund 3100 Counties, aber nur 51 States in den USA gibt.

Lagebezogene Verbindung herstellen

Wie schon angedeutet, ist die Verbindung über den Raumbezug eine Stärke von Geo-Informationssystemen. Wenn keine Schlüsselfelder vorliegen, wie in dem gerade beschriebenen Fall, dann ist diese Art der Verbindung die einzige Möglichkeit, einen Datentransfer von einem Shape auf das andere durchzuführen. Selbsterklärend ist, dass beide beteiligten Tabellen über einen Raumbezug verfügen müssen, also ein Feld „Shape“ vorliegt. Im Feld „Shape“ befinden sich zwar nicht die eigentlichen Geometrien und ihre Koordinaten, aber hier ist der Verweis darauf abgelegt.

Darüber hinaus ist es notwendig, dass für beide Tabellen ein Koordinatensystem festgelegt ist. Es muss jedoch nicht das gleiche sein. Die Zieltabelle bestimmt das Koordinatensystem des Ergebnisses nach der raumbezogenen Verbindung.

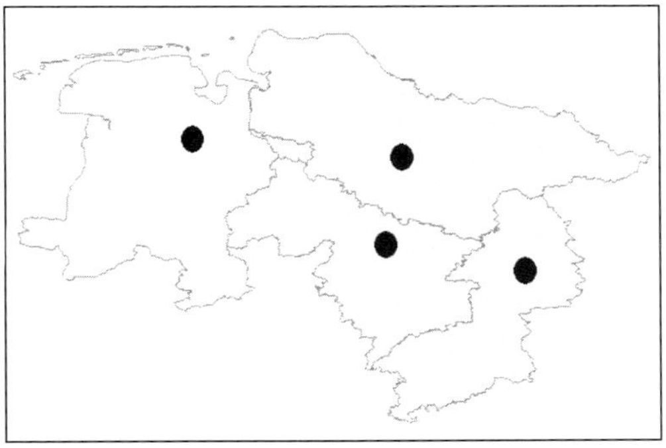

Beispiel:
Neben dem Polygon-Shape „Bezirksregierungen aus Niedersachsen“ liegt ein Punkte-Shape vor, das die Städte mit den entsprechenden Sitzen der Regierungen repräsentiert. Das Punkte-Shape hat keinerlei Sachdaten. Diese liegen nur im Polygon-Shape vor.

Ziel ist es, über die raumbezogene Verbindung einen Datentransfer von den Polygonen auf die Punkte durchzuführen. Die Karte veranschaulicht die geometrische Ausgangssituation.

Attribute von Städte

FID	Shapem
0	Punkt
1	Punkt
2	Punkt
3	Punkt

Datensatz: 0

Die Tabelle der Städte hat keine Sachdaten. Diese sollen durch eine raumbezogene Verbindung vom Polygon-Shape der Bezirksregierungen übernommen werden. Überflüssige Felder werden anschließend bei Bedarf gelöscht. Das Punkte-Shape ist die Zieltabelle für die folgenden Aktionen.

Attribute von Bez_Reg

FID	Shapem	NAME
0	Polygon	Braunschweig
1	Polygon	Hannover
2	Polygon	Luneburg
3	Polygon	Weser-Ems

Datensatz: 0

Das Punkte-Shape wird markiert und das Kontextmenü geöffnet. Dort wird der Menüeintrag „Verbindungen & Beziehungen“ gewählt und anschließend der Eintrag „Verbinden...“ im Untermenü aktiviert. Es öffnet sich das Dialogfenster „Daten verbinden“. Nach Einstellung der „Lagebezogenen Verbindung“ im ersten Eingabefeld hat der Dialog das folgende – von der vorherigen Form abweichende – Erscheinungsbild.

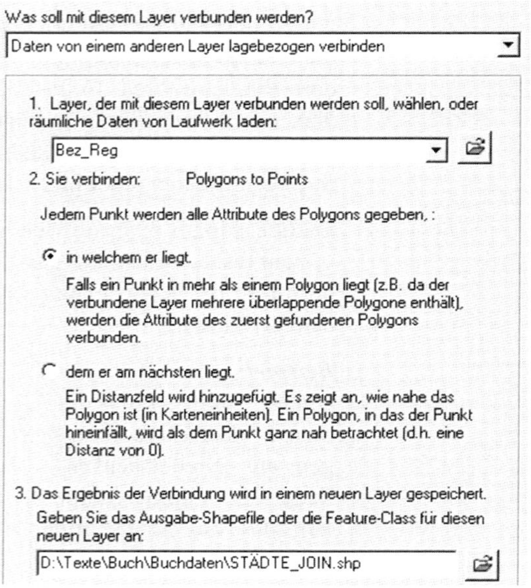

Hier kann nur noch im Bereich „1.“ die zweite Tabelle gewählt werden, da das Schlüsselfeld in beiden beteiligten Tabellen schon definiert ist und nicht gewechselt werden darf. Bei „2.“ wird die angestrebte Verbindung nochmals erwähnt: „Sie verbinden: Polygons to Point“. Im folgenden Bereich kann auf die Prozedur noch Einfluss genommen werden. Gewählt werden kann zwischen zwei Optionen, die verschiedene geometrische Konstellationen berücksichtigen. In dem hier vorliegenden kleinen Beispiel wird die Option „in welchem er liegt“ gewählt. In Bereich „3.“ werden der Name und das Zielverzeichnis des neuen Shapes festgelegt. Die Sachdatentabelle des Shapes hat dann den nebenstehenden Inhalt und bezüglich der Bearbeitung der Felder keine Einschränkungen. Hier können die angehängten Felder sofort editiert und somit verändert werden. Eine nochmalige Sicherung mit neuem Namen ist somit nicht notwendig. Die Editierbarkeit wird durch den weißen Hintergrund bei den Feldnamen angezeigt, wenn der Editor gestartet ist. Das Feld „FID“ ist aus beiden beteiligten Tabellen übernommen worden und zeigt die getroffene 1:1-Zuordnung an. Außerdem lässt sich erkennen, dass die Digitalisierungsreihenfolge jeweils unterschiedlich war und die Zieltabelle nun die Reihenfolge der vorherigen Quelltabelle hat.

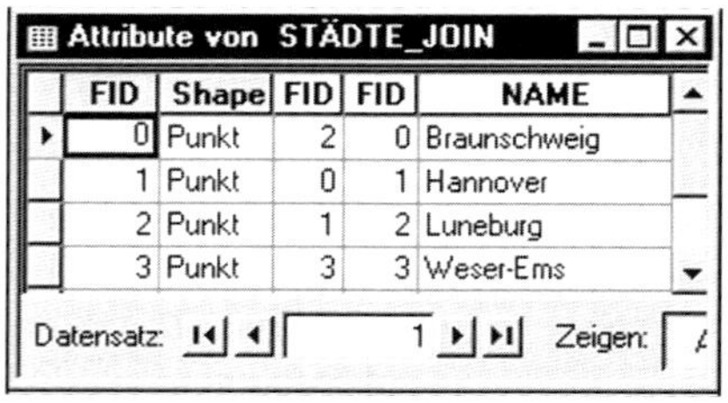
Attribute von STÄDTE_JOIN

FID	Shape	FID	FID	NAME
0	Punkt	2	0	Braunschweig
1	Punkt	0	1	Hannover
2	Punkt	1	2	Luneburg
3	Punkt	3	3	Weser-Ems

Datensatz: 1 Zeigen:

Mit einer kleinen Erweiterung dieses Beispiels soll gezeigt werden, dass auch die bloße Nähe zueinander es ermöglicht, eine Verbindung herzustellen.

Es wird ein zweites Punkte-Shape erzeugt, das über mehr als vier Objekte in beliebiger Lage verfügt.

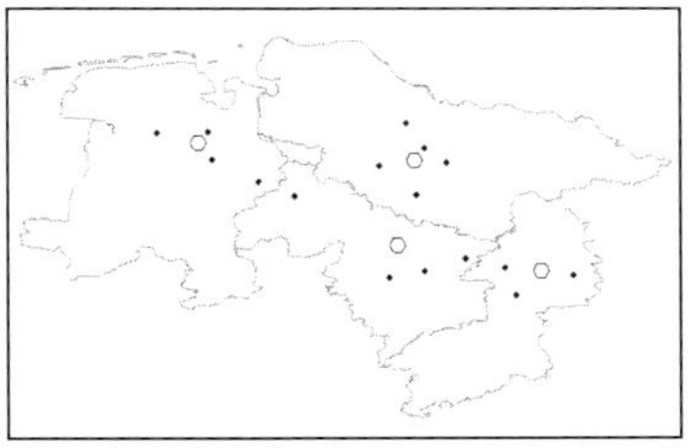

Keines dieser neuen Objekte liegt auf einem der Objekte, die schon im ersten Shape liegen. Aufgabe ist es, die Informationen der vier Städte-Objekte auf die 16 neuen Objekte zu übertragen. Die Vorgehensweise ist die selbe wie im vorherigen Beispiel, nur dass nun bei der Angabe der Verbindungsmethode der Ausdruck „Points to Points" steht. Bei den im Folgenden angegebenen Optionen wählen Sie die untere, wonach jedem Punkt die Werte der am nächsten liegenden Objekt des zu verbindenden Shapes zugeordnet werden. Nach dem Verbinden sind jedem Objekt des neuen Shapes die Sachdaten der am nächsten gelegenen Objekte aus dem Shape mit den vier Städten zugeordnet. In einer weiteren Spalte sind die zugehörigen Entfernungen abgelegt. Die Maßeinheit entspricht dabei derjenigen des Datenrahmens.

Attribute von Jasmin_Join

FID	Shape	FID_	FID_	NAME	Entfernung
0	Punkt	7	0	Braunschweig	0,279090
1	Punkt	8	0	Braunschweig	0,256064
2	Punkt	9	0	Braunschweig	0,242457
3	Punkt	4	1	Hannover	0,228289
4	Punkt	5	1	Hannover	0,260983
5	Punkt	6	1	Hannover	0,511741
6	Punkt	2	2	Luneburg	0,273256
7	Punkt	3	2	Luneburg	0,106855
8	Punkt	10	2	Luneburg	0,233551
9	Punkt	11	2	Luneburg	0,264426
10	Punkt	12	2	Luneburg	0,233188
11	Punkt	0	3	Weser-Ems	0,101148
12	Punkt	1	3	Weser-Ems	0,149234
13	Punkt	13	3	Weser-Ems	0,322936
14	Punkt	14	3	Weser-Ems	0,800230

Datensatz: 1 Zeigen: Alle

Diese Beispiele zeigen den prinzipiellen Weg bei der raumbezogenen Verbindung. Das Thema ist in seiner Gesamtheit erheblich vielschichtiger und kann deshalb in diesem Rahmen nicht tiefergehender beschrieben werden.

Beziehungen

Die bisherigen Ausführungen haben Fälle beschrieben, bei denen es eine Beziehung wie 1:1 oder m:1 gegeben hat. Wenn nun der Fall anders herum gelagert ist, also die Zuordnung mit 1:m beschrieben werden muss, ist die Situation nicht mehr so klar. Die Zieltabelle hätte dann die Möglichkeit, bei der Verbindung aus mehreren Quelldatensätzen auszuwählen. Dies ist ein nicht eindeutiger Zustand.

Die Darstellung auf der folgenden Seite macht dies deutlich.

Die Polygone „3“ und „5“ haben eine Zuordnung auf jeweils zwei Datensätze in der Quelltabelle. Datensatz „3“ bezieht sich auf „Niedersachsen“ und „Bremen“, Polygon „5“ auf „Nordrhein-Westfalen“ und „Hessen“. Dieser Zustand ist so zwar generierbar in ArcView, aber daraus lässt sich kein neuer Datenbestand durch Speichern erzeugen. Diese Art der Zuordnung wird daher „Beziehung“ genannt. Sie steht nur temporär für weitere Auswertungen zur Verfügung.

Shape*	FID
Polygon	0
Polygon	1
Polygon	2
Polygon	3
Polygon	4
Polygon	5
Polygon	6
Polygon	7

ID	NAME
1	Schleswig-Holstein
2	Hamburg
3	Niedersachsen
3	Bremen
5	Nordrhein-Westfalen
5	Hessen
7	Rheinland-Pfalz

Sollte dieser Zustand in eine Verbindung gebracht werden, dann werden bei der Zuordnung immer nur die jeweils ersten Datensätze übernommen. In diesem Beispiel würden „Bremen“ und „Hessen“ nicht weiter berücksichtigt.

Das Herstellen einer Beziehung erfolgt zunächst auf die gleiche Weise wie bei den Verbindungen. Eine räumliche Beziehung ist allerdings nicht darstellbar.

Starten Sie ArcMap. Mit der Befehlsfolge...

ArcMap-Hauptmenü
Einfügen:
Datenrahmen

...fügen Sie einen neuen Datenrahmen hinzu. Laden Sie danach die Shapes „counties“ und „states“ aus dem Verzeichnis „ESRIDATA\USA“.

Markieren Sie das Shape „states“ als „Primärtabelle“ und öffnen Sie das Kontextmenü. Aktivieren Sie den Eintrag „Verbindungen & Beziehungen“ und im nachfolgenden Untermenü den Eintrag „In Beziehung setzen...“:

ArcMap-Kontextmenü: Shape
Verbindungen und Beziehungen:
In Beziehung setzen....

Es öffnet sich das Dialogfenster „Beziehung“, in dem die notwendigen Einstellungen vorgenommen werden können.

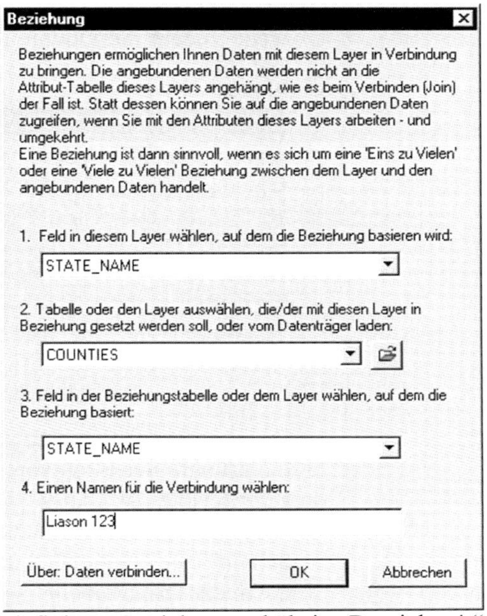

Im oberen Bereich werden nochmals wichtige Hinweise zur anstehenden Aktion gegeben. In Bereich „1." wird das Schlüsselfeld der ersten – anfänglich markierten – Tabelle benannt (von „Zieltabelle" kann man hier nicht mehr reden). Wählen Sie das Feld „STATE_NAME" aus. Unter Punkt „2." wird die zweite Tabelle benannt, zu der eine Beziehung aufgebaut werden soll. Wählen Sie dort das Shape „counties". Im Bereich „3." wählen Sie das Schlüsselfeld „STATE_NAME" der Tabelle des Shapes „counties". Diese so definierte Beziehung erhält im Bereich „4." einen Namen, unter dem sie verwaltet werden kann. Wählen Sie einen Namen und bestätigen Sie diesen Vorgang mit „OK".

Nach Abschluss der obigen Eingaben ist die Beziehung hergestellt, aber noch nicht aktiv. Öffnen Sie nun die beiden beteiligten Tabellen von „counties" und „states". Platzieren Sie die Tabellen so auf dem Desktop, dass beide sichtbar sind.

Selektieren Sie in „states" den Datensatz von „Hawaii", der sich daraufhin in die eingestellte Selektionsfarbe umfärbt. In der anderen Tabelle ist noch keine Selektion zu erkennen. Sie muss erst durch die Aktivierung der Beziehung ausgelöst werden. Drücken Sie dazu die Schaltfläche „Optionen" am rechten unteren Rand des Tabellenfensters und wählen Sie den Menüeintrag „In Beziehung stehende Tabellen". Sofort erscheint ein Untermenü mit den Einträgen der Beziehungsnamen. Klicken Sie auf die von Ihnen zuvor benannte Beziehung (hier „Liason 123"). Über das Schlüsselfeld in der zweiten Tabelle wird die Selektion sofort ausgeführt. Die gefundenen Daten werden in der Selektionsfarbe angelegt.

In diesem kleinen Beispiel muss die Tabelle das folgende Aussehen haben, wenn zudem die Option „Ausgewählte“ am unteren Tabellenrand eingestellt ist:

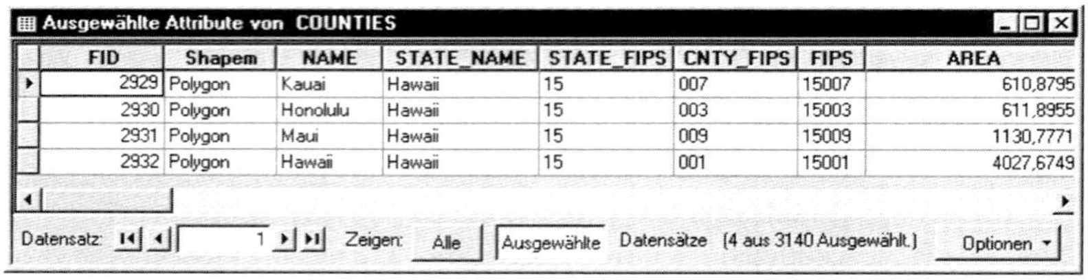
Ausgewählte Attribute von COUNTIES

FID	Shapem	NAME	STATE_NAME	STATE_FIPS	CNTY_FIPS	FIPS	AREA
2929	Polygon	Kauai	Hawaii	15	007	15007	610,8795
2930	Polygon	Honolulu	Hawaii	15	003	15003	611,8955
2931	Polygon	Maui	Hawaii	15	009	15009	1130,7771
2932	Polygon	Hawaii	Hawaii	15	001	15001	4027,6749

Datensatz: 1 Zeigen: Alle Ausgewählte Datensätze (4 aus 3140 Ausgewählt.) Optionen

Es werden vier Datensätze mit dem Inhalt „Hawaii“ im Schlüsselfeld „STATE_NAME“ identifiziert. In der Tabelle von „states“ ist es nur einer. Dieser Zustand ist nicht in einem neuen Shape speicherbar.

Der Aufruf der Beziehung muss immer von der Tabelle ausgehen, in der die primäre Selektion vorgenommen worden ist. Die Primärtabelle in diesem Beispiel ist „states“: Bei ihr ist die Beziehung angesiedelt. Das gleiche gilt für die Aufhebung der Beziehung. Drücken Sie dazu die Schaltfläche „Optionen“ und heben Sie die Selektion auf. Sie verschwindet in der Primärtabelle „states“. Die Selektion in „counties“ bleibt jedoch. Sie kann auch nicht auf dem üblichen Weg aufgehoben werden, sondern nur, indem man in der Primärtabelle alle Selektionen aufhebt und dann die Beziehung ohne Selektion ein weiteres Mal auslöst.

Um zu erkennen, welche die „Primärtabelle“ ist, öffnen Sie das Kontextmenü der betreffenden Tabelle, wählen den Menüeintrag „Eigenschaften“ und das Register „Verbindungen & Beziehungen“. In den entsprechenden Anzeigefeldern sind die definierten Verbindungen und Beziehungen aufgelistet.

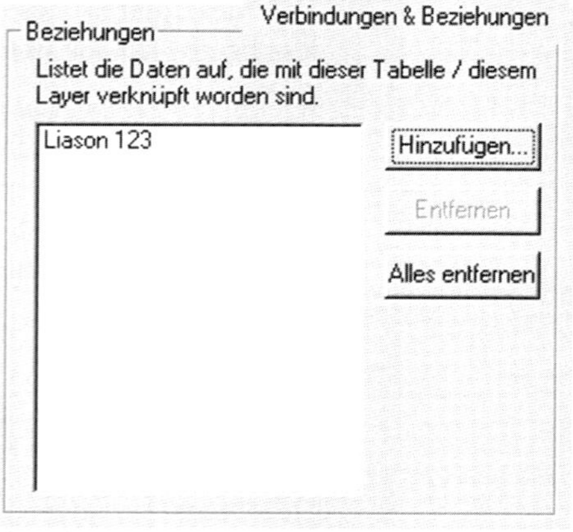

Öffnen Sie das gleiche Register für die Tabelle von „counties“, so werden Sie feststellen, dass ein entsprechender Eintrag fehlt. Die Beziehung gehört sozusagen zur Tabelle des Shapes „states“, da sie von dort initiiert worden ist. „states“ ist die „Primärtabelle“.

Diese Beziehungen werden in der *.mxd-Datei abgelegt und stehen nach einem Neustart wieder zur Verfügung. Dies bezieht sich auch auf die Selektion in den beiden Tabellen.

Der Vorgang der Selektion kann auch bei bestehender Beziehung in umgekehrter Reihenfolge durchgeführt werden. Selektieren Sie dazu einen bestimmten Datensatz in der Tabelle von „counties“ und aktivieren Sie dann die Beziehung von dieser Tabelle aus. In der Tabelle von „states“ wird sofort der zugehörige Datensatz selektiert. In beiden Tabellen ist aber nur ein Datensatz selektiert worden, da es sich in diesem Beispiel um eine 1: m-Zuordnung handelt.

Im Fall einer n:m-Zuordnung wären in der Sekundärtabelle gegebenenfalls mehrere Datensätze selektiert.

Hilfe

Drücken Sie die Schaltfläche „Über: Daten verbinden...“ im Dialogfenster „Beziehungen“, um weitere Informationen über die Herstellung von Beziehungen zu erhalten. Zum Beispiel wird erläutert, dass eine Beziehung immer in beide Richtungen gilt. Die oben vorgestellte Vorgehensweise erzeugt also nicht nur eine Beziehungsrichtung von „states“ nach „counties“, sondern auch umgekehrt.

Weiter wird in dieser Hilfe angesprochen, dass es möglich ist, Beziehungen und Verbindungen miteinander zu verknüpfen, um so genannte Beziehungsklassen zu erzeugen. Die Reihenfolge der Herstellung ist dabei wichtig für die Wirkungsweise einer solchen Beziehungsklasse.

8.4 Erstellen von Legenden

8.4.1 Allgemeines

Karten sind ohne eine passende und auf die Zielsetzung abgestimmte Legende unvollständig. Allein die Darstellung der Geometrien reicht nicht aus, um Information zu vermitteln. Erst eine sinnvolle Legende, die auch farbig sein kann, ermöglicht es, eine differenzierte Information aus einer Karte abzulesen. Unterstützt werden kann dies durch Beschriftungen. Wie diese eingesetzt werden, erfahren Sie im Kapitel 8.5. Hier soll zunächst die Herstellung und Gestaltung von – meist farbigen – Legenden beschrieben werden.

Sie können die verschiedensten Legenden generieren. Je nach Aufgabe der Karte steht eine Vielzahl von unterschiedlichen Typen zur Verfügung. Dabei wird auch der Objekttyp eines Shapes berücksichtigt, denn auch dieser hat Einfluss auf die Legendenbildung. Jedes Shape hat dabei seine eigene Legende. Eingesetzt werden können auch so genannte Diagrammlegenden. Mit Hilfe von kleinen Diagrammen direkt an den Objekten wird die Informationsfähigkeit der Karte deutlich erhöht.

Beschrieben werden soll im Folgenden die Herstellung von Legenden für folgende Karten-Merkmale:

- einfarbig
- mehrfarbig, objektorientiert
- mehrfarbig, klassifiziert
- symbolisch, klassifiziert
- kombiniert
- Diagramm
- Dichte-Symbolik

Anhand der Daten, die mit der Installation von ArcMap zur Verfügung stehen bzw. durch Kopieren der Daten der CD „ESRI Data & Maps" vorliegen, wird die jeweilige Vorgehensweise beispielhaft erläutert. Die Daten liegen dann im Verzeichnis ESRIDATA\europe\germany. Zunächst wird der Editor vorgestellt, der für diese Aufgabe zur Verfügung steht. Mit ihm lassen sich alle notwendigen Aufgaben erledigen.

8.4.2 Legendeneditor

Der Legendeneditor ist das Werkzeug zur Erstellung von Legenden. Er verfügt über die notwendigen Werkzeuge und Einstellmöglichkeiten, um alle Legenden herzustellen.

Sie können die verschiedenen Typen anhand einer kleinen Vorschau auswählen. Ebenfalls ermöglicht der Editor das Nachladen vorhandener Legenden, auch solcher von ArcView 3.x (*.avl- Dateien). Der Legenden-Editor wird mit folgendem Menü aufgerufen:

ArcMap-Kontextmenü: Layer
Eigenschaften:
Symbologie

Das folgende Bild zeigt das prinzipielle Erscheinungsbild des Editors. Je nach Legendentyp verändert sich die Oberfläche dieses Dialogfensters, aber einige Merkmale sind immer vorhanden.

Auf der linken Seite sehen Sie eine Auswahlliste für die verschiedenen Legendentypen. In diesem Beispiel ist „Einzelsymbol" ausgewählt.

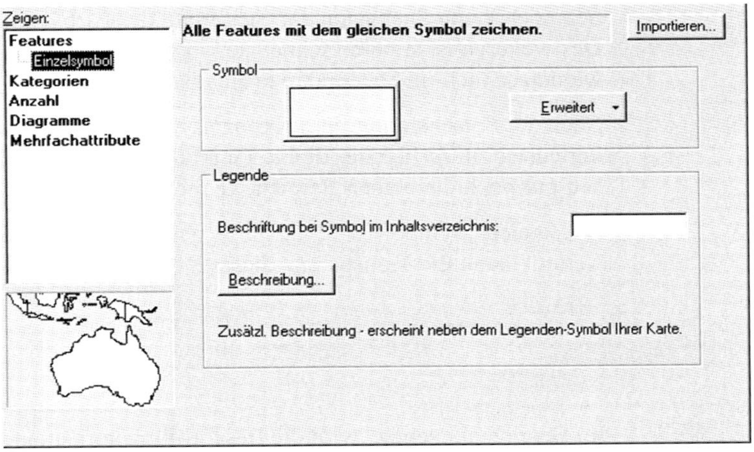

Darunter befindet sich eine kleine Vorschau auf das jeweilige Erscheinungsbild der gewählten Legende. Die dort abgebildete Karte hat allerdings nichts mit den tatsächlich verwendeten Daten zu tun.

Oben, quasi als Überschrift, wird in Klartext nochmal der gewählte Typ der Legende aufgeführt.

Mit dem Aktivieren der Schaltfläche „Importieren" können Sie eine schon vorhandene Legende – die in einem anderen Layer angelegt ist (*.lyr-Datei) – importieren. Gleiches gilt für Legenden von ArcView 3.x. Das explizite Speichern einer neu gestalteten Legende erübrigt sich durch diese Methode.

Wenn ein Shape eine spezielle Legende erhalten hat und als Layer abgespeichert wird, so kann die Legende dieses Layers in andere Layer importiert werden.

Der restliche Bereich dieses Dialogfensters gilt der eigentlichen Bearbeitung der Legende. Je nach Legendentyp ändert sich diese Oberfläche, und es erscheinen verschiedene Schaltflächen und Auswahllisten.

Die Beschriftung des Symbols in der Legende im Inhaltsverzeichnis von ArcMap wird ebenfalls hier festgelegt.

8.4.3 Einzelsymbol-Legende

Die einfachste Form der Darstellung ist die Einzelsymbol-Legende. Alle Geometrien werden mit dem gleichen Symbol dargestellt. Die Wahl des Symbols durch das Programm ist eher zufällig und kann sofort verändert und damit den Bedürfnissen angepasst werden.

Da dieser Legendentyp nicht auf Inhalte der Sachdatentabelle zurückgreift, ist es die ideale Legende während der Digitalisierung. In dieser Phase stehen noch keine Sachdaten zur Steuerung der Farbvergabe zur Verfügung. Des weiteren ist sie die „schnellste" Legende. Auch große Datenbestände werden schnell im Datenrahmen sichtbar.

Nach der Entscheidung für das Einzelsymbol steht das zuvor gezeigte Dialogfenster zu Verfügung. Einige Funktionen sind bereits erläutert. Es bleiben nur noch die beiden Bereiche Symbol und Legende.

Im Bereich „Symbol" wird die Farbe gesteuert. Über die Schaltfläche „Erweitert" kann die Transparenz dieser Farbe gewählt werden.

Im Bereich „Legende" wird die Beschriftung vorgenommen. Der eingetragene Text erscheint dann neben dem Legendensymbol des Shapes im Inhaltsverzeichnis von ArcMap.

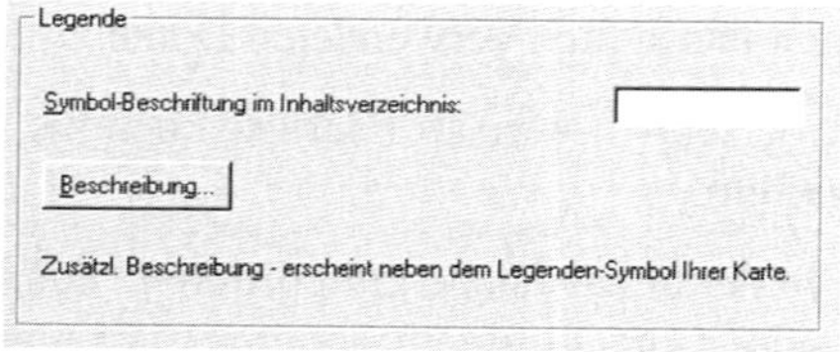

Im Folgenden wird die Vorgehensweise zur Schaffung einer Einzelsymbol-Legende beschrieben. Im Anschluss daran wird gezeigt, wie Legenden importiert werden.

Starten Sie ArcMap. Mit der Befehlsfolge...

<u>**ArcMap-Hauptmenü**</u>
Einfügen:
Datenrahmen

...fügen Sie einen neuen Datenrahmen hinzu. Markieren Sie ihn im Inhaltsverzeichnis und öffnen Sie das Kontextmenü (rechte Maustatste). Wählen Sie „Eigenschaften" und aktivieren Sie dort das Register „Allgemein".

ArcMap-Kontextmenü: Datenrahmen
Eigenschaften:
Allgemein

Bei „Name" tragen Sie einen neuen Namen für den Datenrahmen ein und bestätigen mit „Übernehmen" und „OK".

Drücken Sie in der Standard-Werkzeugleiste die Schaltfläche „Daten hinzufügen" und laden Sie das Shape „plzzip2" aus dem Verzeichnis ESRI-DATA\europe\germany ein.

Die Objekte des Shapes werden im Datenfenster mit einer willkürlich gewählten Farbe dargestellt. Im Inhaltsverzeichnis von ArcMap wird diese Situation sichtbar, wie in der folgenden Grafik dargestellt wird.

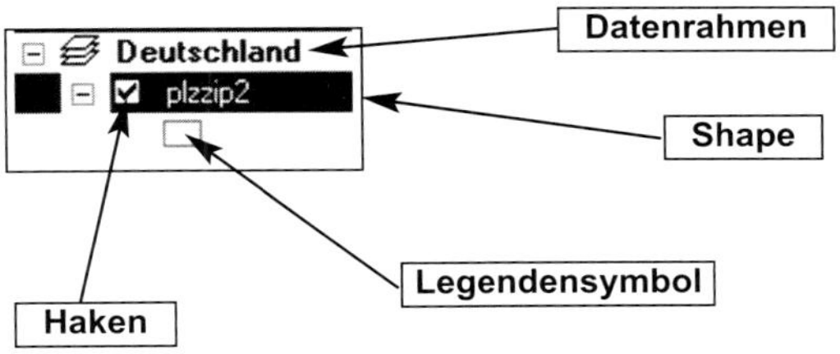

Der gesetzte Haken zeigt dabei an, dass das Shape gezeichnet wird. Ohne Haken erscheint kein Shape im Datenfenster. Das heißt aber nicht, dass das Shape aus dem Datenrahmen gelöscht ist. Es wird zwar nicht gezeichnet, kann aber trotzdem für weitere Aktionen genutzt werden.

Markieren Sie das Shape und öffnen Sie das Kontextmenü mit der rechten Maustaste. Wählen Sie dort „Eigenschaften" und dann das Register „Symbologie". Es erscheint das folgende Dialogfenster. Klicken Sie in der linken Auswahlliste „Features" an.

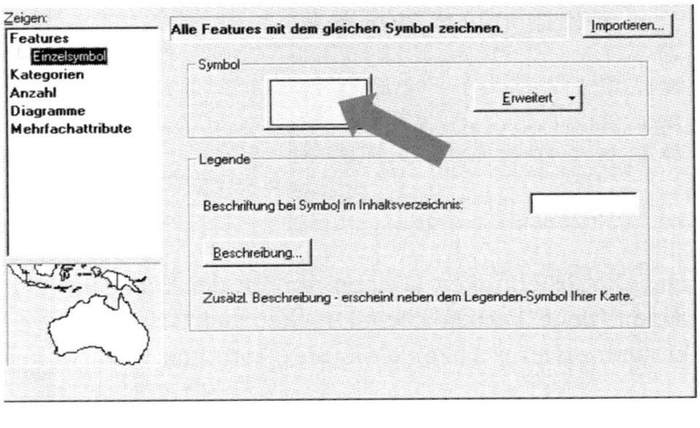

Um dem Shape eine einheitlich neue Farbe zu geben, machen Sie einen Doppelklick auf das Farbsymbol im Bereich „Symbol".

Es erscheint das Dialogfenster „Symbol-Auswahl". Hier können Sie zwischen allen Symbolen, Farben und Mustern wählen. Wie, wird an anderer Stelle in diesem Buch ausführlich erläutert.

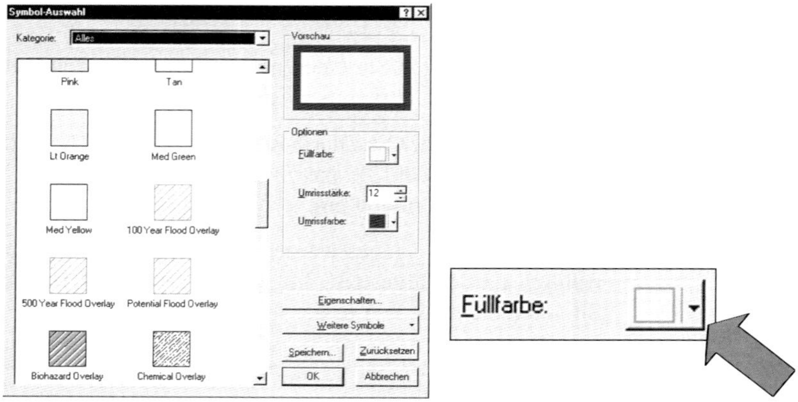

An dieser Stelle dient die „Symbol-Auswahl" nur als Lieferant von Farben und Mustern für die verschiedenen Legendentypen.

Wählen Sie im Bereich „Optionen" eine neue Farbe aus. Drücken Sie dazu auf den kleinen Pfeil neben dem aktuellem Farbsymbol.

Es erscheint eine Farbpalette mit 120 Farbsymbolen, die beliebig erweitert werden kann.

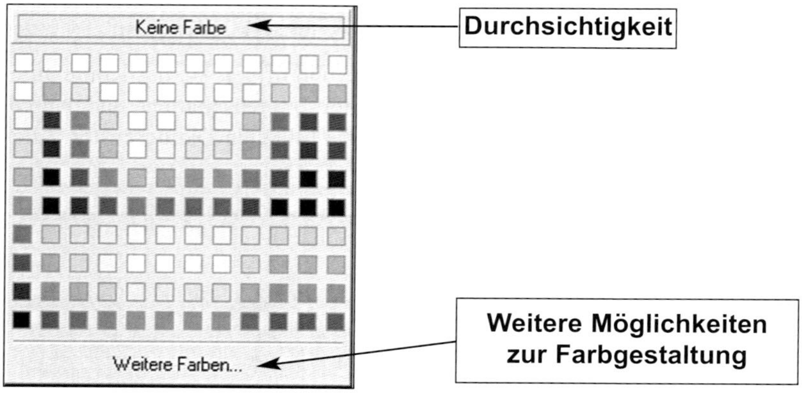

Die Durchsichtigkeit können Sie mit der Schaltflächen „Keine Farbe" erzielen, neue Farben nach Drücken der Schaltfläche „Weitere Farben..." kreieren. Dieser Themenkomplex wird hier nicht weiter vertieft.

Bestätigen Sie Ihre Wahl durch Drücken von „OK“. Nach Drücken der Schaltfläche „Übernehmen“ im Register „Symbologie“ erscheinen die Objekte des Shapes in der gewünschten Farbe.

Die Schaltfläche „Erweitert“ im Bereich „Symbol“ ist bei diesem Legendentyp ohne Bedeutung. Sie dient der Einstellung von Transparenz.

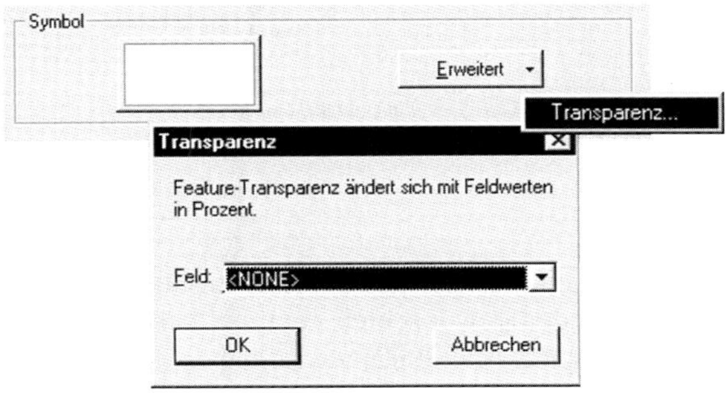

Transparenz hängt in diesem Fall aber von Datenbankinhalten ab, und die spielen bei diesem Legendentyp noch keine Rolle.

Um diese Legende zu beschriften, schreiben Sie einen entsprechenden Text – hier: Postleitzahlbezirk – in das dafür vorgesehene Eingabefeld im Bereich „Legende“ des Registers „Symbologie“. Es erscheint daraufhin eine Darstellung im Inhaltsverzeichnis, die Sie in der folgenden Zeichnung sehen.

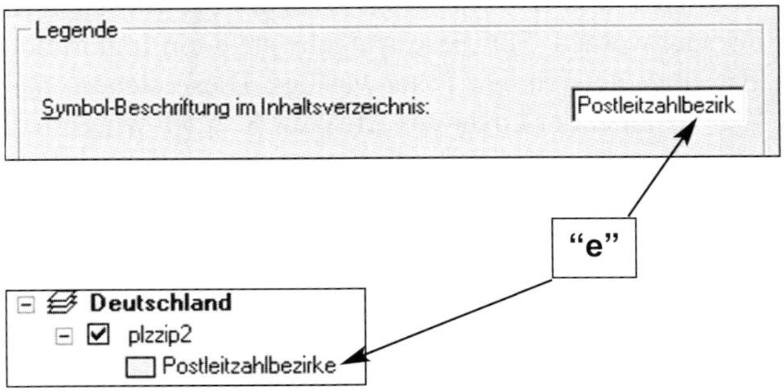

Der letzte Buchstabe, hier: „e“, wird dabei nicht mehr im Eingabefenster dargestellt, jedoch im Inhaltsverzeichnis sichtbar. Es lassen sich also auch längere Texte an die Legende platzieren.

Um an der Legende auf der späteren Karte weiteren frei wählbaren Text erscheinen zu lassen, drücken Sie die Schaltfläche „Beschreibung“ im Bereich „Legende“ des Registers „Symbologie“.

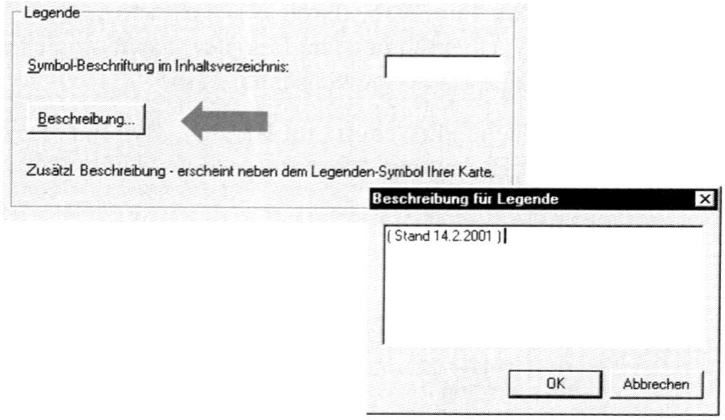

Es erscheint ein Eingabefenster für zusätzlichen Text auf der Karte. Schreiben Sie den gewünschten Text und bestätigen Sie mit „OK". Dieser Text – hier: (Stand 14.4.2002) – wird neben den Text der Legende aus dem Inhaltsverzeichnis positioniert. Auf der Karte erscheint dann folgende Abbildung als Gesamtlegende für ein Shape:

Legendenübernahme

Oft ist es notwendig und zeitsparend, schon vorhandene Legenden für die aktuelle Aufgabe zu nutzen. Legenden, die an anderer Stelle hergestellt oder noch als *.avl-Datei von ArcView 3.x vorliegen, können hierfür verwendet werden. Für diese Aufgabe steht ein Importmodul zur Verfügung, das über notwendige Filter verfügt. Diese steuern das Lesen der *.avl-Dateien oder der Layer aus ArcView 8. Auch wird über die Filter geregelt, ob vollständige Symboldefinitionen, ausschließlich Symbole oder zusätzlich auch die Klassifizierungen importiert werden sollen.

Drücken Sie die Schaltfläche „Importieren" im Register „Symbologie". Es erscheint das Dialogfenster „Symbologie importieren".

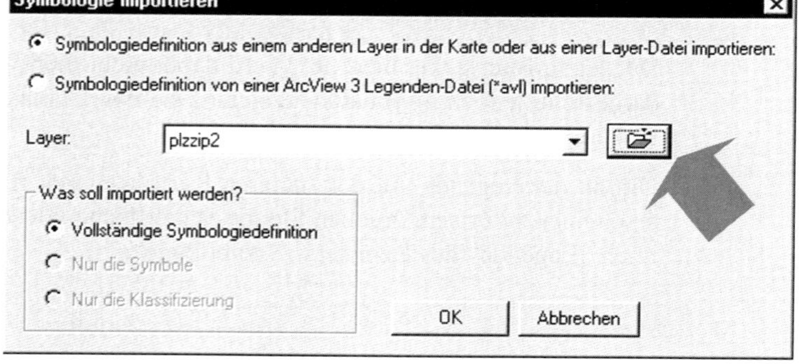

Die oberen Schalter steuern die Quelle. Unten wird der Importfilter in der schon beschriebenen Art festgelegt. Bei „Layer" wird der Name der Quelle, also des ausgesuchten Layers, mit der gewünschten Legende eingetragen. Eventuell müssen Sie zunächst in Ihren Verzeichnissen auf dem Rechner recherchieren. Dafür steht das Windows übliche Navigationssystem zur Verfügung (vorherige Darstellung: siehe Pfeil).

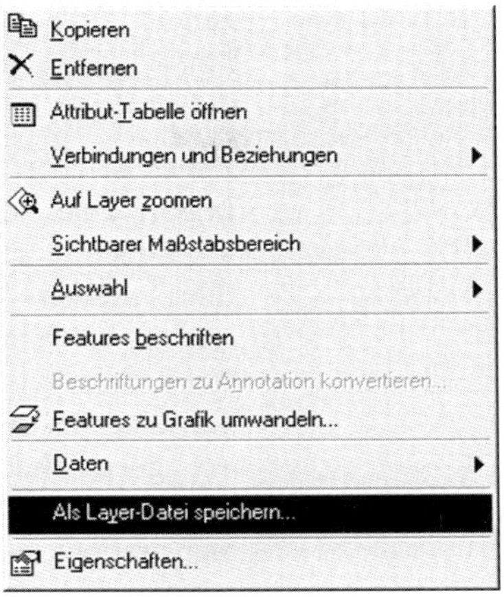

Markieren Sie das Shape „plzzip2" und öffnen Sie das Kontextmenü. Klicken Sie auf „Als Layer-Datei speichern..." und wählen Sie einen Ablageort Ihrer Wahl für den Layer von „plzzip2". In ihm ist das in der Übung erstellte Erscheinungsbild von „plzzip2" gespeichert. Der Layer heißt hier „IMPORT-DEMO.lyr".

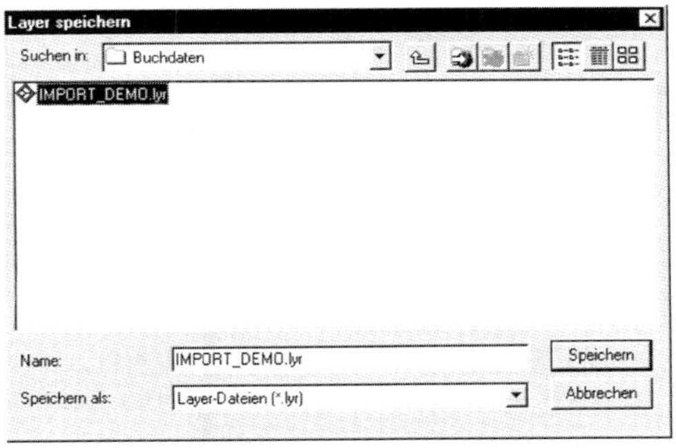

Laden Sie nun „plzzip2" noch einmal in den selben Datenrahmen. Aktivieren Sie dazu in der Standard-Werkzeugleiste die Schaltfläche „Daten hinzufügen" und laden Sie das Shape „plzzip2" aus dem Verzeichnis ESRI-DATA\europe\germany ein weiteres Mal ein. Es erscheint in einer zufälligen Legende ohne Text.

Markieren Sie das neue Shape „plzzip2" und aktivieren Sie das Kontextmenü. Gehen Sie auf „Eigenschaften" und das Register „Symbologie". Drücken Sie die Schaltfläche „Importieren...". Im Dialogfenster „Symbologie importieren", das daraufhin erscheint, wählen Sie den Import aus Layern (obere Zeile) und den gewünschten Layer „IMPORT_DEMO.lyr" aus. Nach allen Bestätigungen muss auch das zweite Shapefile die selbe Legende inklusive Text wie der zuerst geladene haben. Nur der Text der zusätzlich erst auf der Karte platziert wurde – hier: (Stand 14.2.2002) – ist davon nicht betroffen: Er ist in dem Layer, der als Quelle genutzt wurde, integriert!

Bei der einfachen, einfarbigen Legende ist der Import leicht zu organisieren. Bei den etwas aufwendigeren Legenden ist dieser Vorgang etwas komplexer.

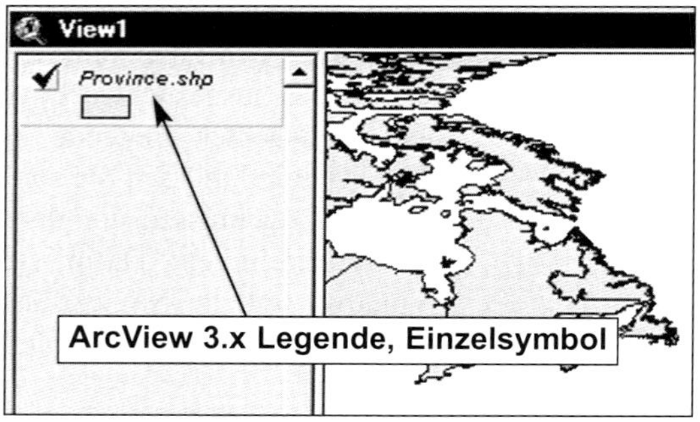

Zunächst aber soll der Import einer ArcView 3.x-Legende durchgeführt werden. Zu diesem Zweck muss eine *.avl-Datei vorliegen, die eine in ArcView 3.x gespeicherte Legende enthält. Zu Demonstrationszwecken ist eine solche Datei erstellt worden. Die Legende hat obiges Aussehen in ArcView 3.x.

Die zugehörige Legendendatei heißt beispielsweise „AV31to81.avl". Aktivieren Sie wie zuvor im Register „Symbologie" die Schaltfläche „Importieren". Im erscheinenden Dialogfenster „Symbologie importieren" aktivieren Sie die Einstellung für ArcView 3.x-Legenden zum Importieren von *.avl- Dateien.

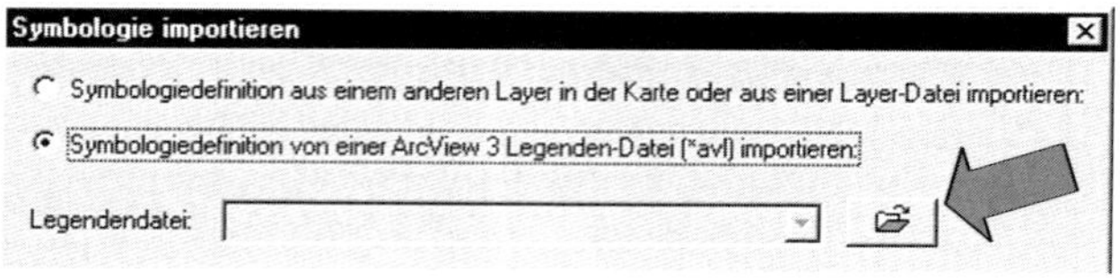

Wählen Sie dann die vorliegende Legenden-Datei „AV31to81.avl" (Pfeil) aus und importieren Sie sie durch Aktivieren der Schaltfläche "Öffnen".

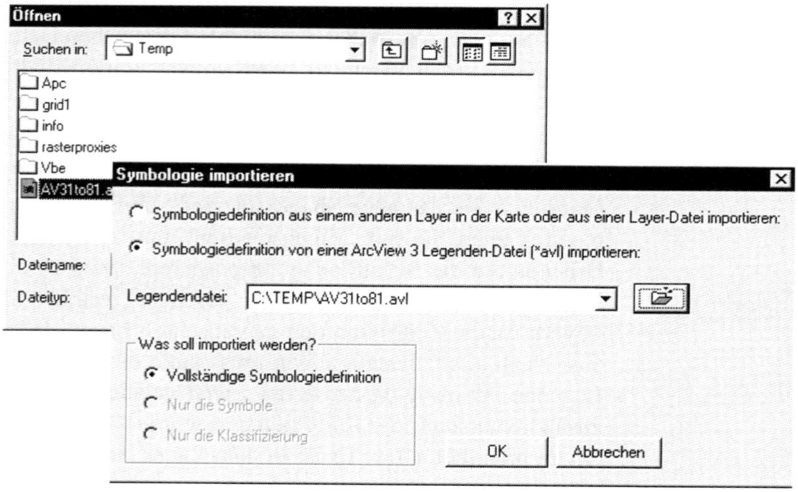

Es erfolgt der entsprechende Eintrag in das Dialogfenster.

Bestätigen Sie mit „OK“, und die Symboldefinitionen der Legende aus ArcView 3.x werden, wie im Filter eingestellt, vollständig importiert.

Drücken Sie „OK“ im Register „Symbologie“. Das Shape erscheint mit der neuen Legende.

Die Importmöglichkeiten haben schon bei dieser einfachen Einzelsymbol-Legende Einschränkungen. Deshalb muss die Legende, die importiert werden soll, monochrom sein und der eventuell andersfarbige Umriss mindestens die Stärke 1 haben. Die Standardeinstellung in 3.x ist 0,1 und wird somit ignoriert. Muster, wie z. B. zweifarbige Streifen, sind nicht für den Import geeignet. In diesen Fällen wird nur der „Hintergrund“ importiert.

8.4.4 Einzelwert-Legende

Die bisher vorgestellte Legende zeigt ihren Vorteil vor allem während der Digitalisierungsarbeiten. Eine besondere Aussagekraft hat eine einfarbige Darstellung eines Shapes, das aus einer Vielzahl von Objekten besteht, jedoch nicht. Die Aussagequalität steigt, wenn es gelingt, nicht nur die Geometrien darzustellen, sondern auch auf die Sachdatentabelle für verschiedene Präsentationsformen zurückzugreifen. Sachdaten sollen die Symbolik der einzelnen Objekte beeinflussen und steuern.

Das Programm stellt entsprechende Funktionen zur Verfügung, setzt aber voraus, dass zumindest ein Feld in der Attributtabelle mit Inhalten besetzt ist. Diese Werte steuern dann die Bildung der Einzelwert-Legende.

Im Folgenden wird erläutert, wie eine Einzelwert-Legende erzeugt wird und wie eine solche Legende gegebenenfalls aus anderen Layern oder *.avl-Dateien importiert wird. Zuvor wird das zugehörige Dialogfenster besprochen.

Stellen Sie eine Ausgangssituation wie bei der vorherigen Übung her. Vergewissern Sie sich, ob es Einträge in der Sachdatentabelle gibt.

Öffnen Sie das Kontextmenü des Shape „plzzip2“ und klicken Sie auf den Menüeintrag „Attribut-Tabelle öffnen“. Damit erhalten Sie einen Blick auf die Sachdatentabelle.

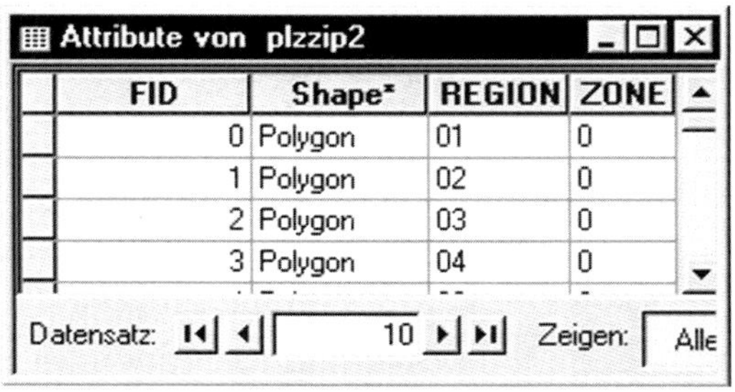

Es ist zu erkennen, dass in den Feldern „Region“ und „Zone“ Werte existieren, die zur Legendenbildung genutzt werden können. Daran, dass die Inhalte linksbündig angeordnet sind, ist erkennbar, dass es sich um eine „Zeichenfolge“ handelt. Numerische Werte sind rechtsbündig angeordnet (z. B. FID).

Schließen Sie die Tabelle und öffnen Sie wieder das Kontextmenü des Shapes. Klicken Sie auf den Menüeintrag „Eigenschaften...“ und dann auf das Register „Symbologie“. Für die Einzelwert-Legende wählen Sie nun in der Auswahlliste „Kategorien“ aus. Das Dialogfenster verändert sich et-

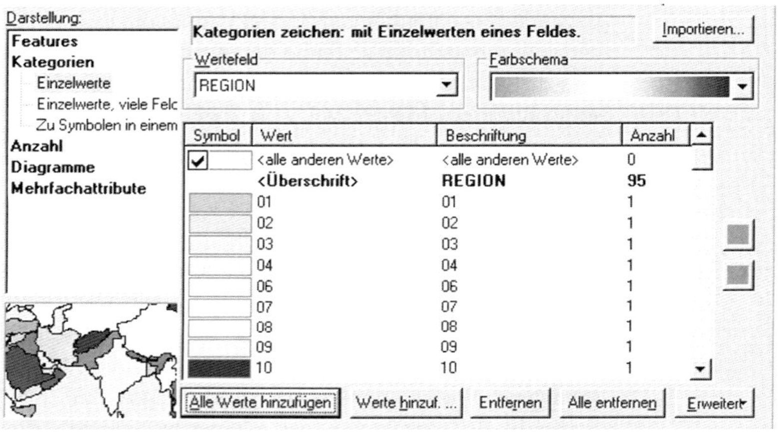

was und eröffnet Ihnen neue Steuerungsmöglichkeiten. Im kleinen Vorschaufenster unterhalb der Auswahlliste wird das prinzipielle Erscheinungsbild der Karte bei Nutzung dieser Legende veranschaulicht.

Neben den schon bekannten Merkmalen kommen nun verschiedene Funktionen hinzu. Im „Wertefeld“ wird das Feld der Sachdatentabelle eingetragen, das in der Legende symbolisiert werden soll (hier: REGION). Somit bekommt jedes Objekt bei diesem Legendentyp ein eigenes, jeweils anderes Symbol oder eine eigene Farbe. Welche Farben dabei vergeben werden, wird im „Farbschema“ festgelegt bzw. zunächst vorgeschlagen.

Im darunter liegenden Bereich werden die Farben vorgestellt und in der Spalte „Beschriftung“ gesteuert, welcher Text an der Legende platziert werden soll. Standardeinstellung ist dabei der Tabelleninhalt des ausgewählten Wertefeldes. Die Farben sind als Vorschlag zu verstehen und können verändert werden. Die Spalte „Wert“ zeigt, welchem Tabelleninhalt welche Farbe zugeordnet worden ist. Die Spalte „Anzahl“ gibt Auskunft über die Anzahl von Objekten mit der selben Farbe (bei gleichem Tabelleninhalt wird die gleiche Farbe zugewiesen).

Mit den unteren Schaltflächen können Elemente der Legende entfernt oder weitere hinzugefügt werden, alle zusammen oder auch einzeln.

Mit der Schaltfläche „Erweitert“ können Sie die Transparenz der gewählten Farben in Abhängigkeit von einem Tabellenwert einstellen. Dabei muss es sich aber um numerische Werte handeln. Mit alphanumerischen Zeichen ist diese differenzierte Tranzparenz nicht zu erzielen.

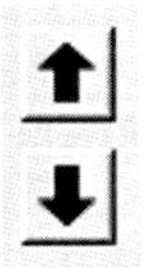

Die Reihenfolge der Legendensymbole kann mit den beiden rechts angeordneten Schaltflächen verändert werden. Sie sind aktiviert, sobald ein Symbol markiert ist.

Für Objekte, die keinen Tabelleninhalt im Wertefeld haben, ist das Symbol unter „<alle anderen Werte>" vorgesehen. Es kann durch Setzen des Hakens aktiviert werden.

Drücken Sie in der Standard-Werkzeugleiste die Schaltfläche „Daten hinzufügen" und laden Sie das Shape „plzzip1" (Postleitzahlzonen) aus dem Verzeichnis ESRIDATA\europe\germany in einen Datenrahmen ein.

Markieren Sie das Shape und öffnen Sie sein Kontextmenü. Klicken Sie auf „Eigenschaften..." und öffnen Sie das Register „Symbologie".

In der Liste unter „Darstellung" wählen Sie „Kategorien". Das System stellt automatisch das passende Dialogfenster für die Einzelwert-Legende ein.

Wählen Sie im Wertefeld das Tabellenfeld „ZONE" aus und klicken Sie auf die Schaltfläche „Alle Werte hinzufügen".

Unter „Symbol" sehen Sie die Verteilung der gewählten Farben auf die Objekte in Abhängigkeit vom Wert des Feldes „ZONE". Die Werte selber stehen in der gleichnamigen Spalte.

Drücken Sie die Schaltfläche „Übernehmen", um die neue Legende umzusetzen und um sich einen Überblick über die Farbgestaltung zu verschaffen. Wenn Sie akzeptieren wollen, schließen Sie mit „OK" ab.

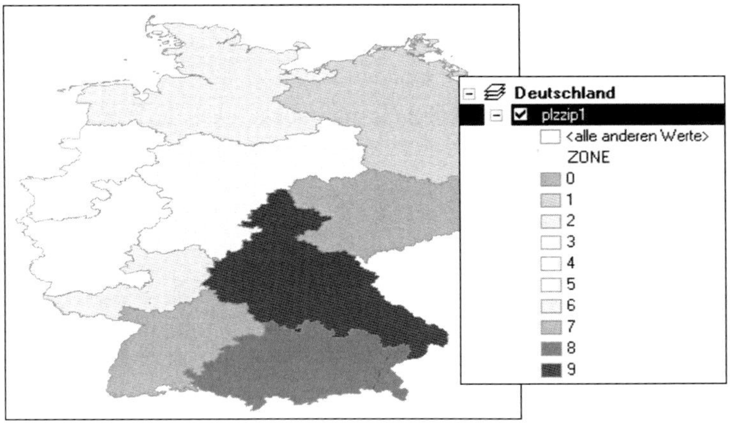

Sollten Sie das Farbschema wechseln wollen, wählen Sie in der entsprechenden Liste unter „Farbschema“ ein passenderes aus und bestätigen Sie mit „OK“.

Bei einer geringen Anzahl von Objekten, wie im gezeigten Beispiel, ist die Wahl der Einzelwert-Legende zu vertreten. Sollten aber deutlich mehr Objekte vorliegen, kann die Länge der Legende problematisch für die Darstellung werden. In diesen Fällen ist ein anderer Legendentyp vorzuziehen.

Um einzelne Farben in der Legende noch zu verändern, führen Sie einen Doppelklick auf das entsprechende Symbol aus. Es öffnet sich die Symbol-Auswahl, wo Sie auf bekannte Weise das Symbol variieren können.

Wenn die einfache Angabe des Inhaltes vom Wertefeld nicht ausreicht, kann zusätzlicher Text über die Spalte „Beschriftung“ an jedes Symbol ge-

bracht werden. Führen Sie an der entsprechenden Stelle einen Doppelklick aus und tragen Sie den gewünschten Text ein. Er erscheint in der Legende rechts neben dem Symbol.

Sollte die Reihenfolge unpassend sein, nutzen Sie die Pfeil-Schaltflächen zum Umorganisieren (8). Markieren Sie dazu das fragliche Farbsymbol und positionieren Sie es mit den Pfeilen neu. Ungewollte Symbole können Sie markieren und mit der Schaltfläche „Entfernen“ aus der Legende löschen. (5, 6, 7).

Als letzte Einstellungsmöglichkeit ist die Transparenz zu erwähnen. In Abhängigkeit von einem numerischen Feld lässt sich das gewählte Symbol

transparent darstellen. Große Werte führen dabei zu großer Durchlässigkeit. Die Werte des entsprechenden Feldes werden als Prozentangabe interpretiert.

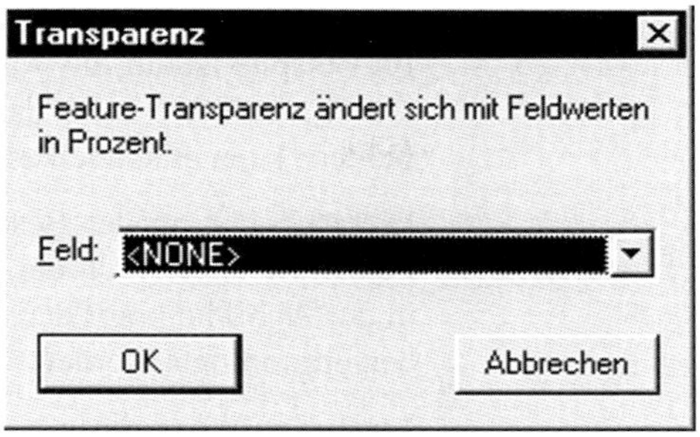

Drücken Sie dazu die Schaltfläche „Erweitert“ und „Transparenz“.

Danach öffnet sich das Dialogfenster „Transparenz“. Sie können in der Liste der Felder ein passendes Steuerungsfeld auswählen. Angezeigt werden nur numerische Felder. Ist „<NONE>“ angegeben, so wird keine Transparenz erzeugt. Wenn Sie Ihre Wahl mit „OK“ bestätigen, wird die Karte transparent dargestellt. Hohe Werte erzeugen eine hohe Transparenz, niedrige das Gegenteil.

Legendenübernahme

Die Übernahme einer solchen Einzelwert-Legende aus ArcView 3.x ist möglich. Erwähnt sei nochmals, dass der Rand eines Objekts nicht importiert wird, wenn er in ArcView 3.x zu dünn gewählt worden ist.

Der Import aus einer *.lyr-Datei folgt ebenfalls der zuvor beschriebenen Methode. Hierbei ist aber immer sichergestellt, dass auch die im Quell-Layer definierten Umrisse importiert werden.

8.4.5 Einzelwert-Legende, viele Felder

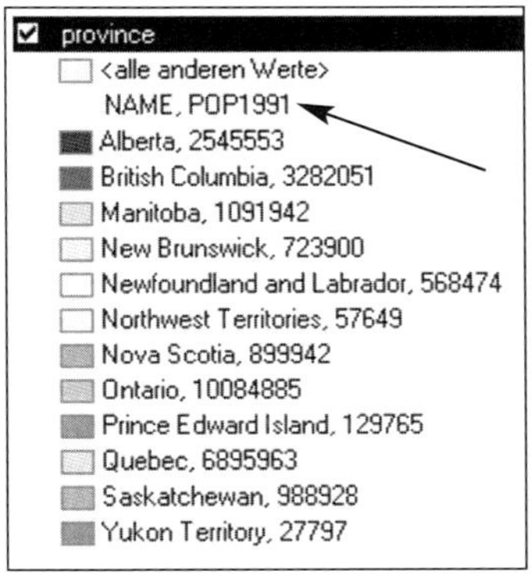

In bestimmten Fällen ist es sinnvoll, neben dem Symbol in der Legende mehr als nur einen Feldinhalt (Wertefeld) der Sachdatentabelle zu sehen. Es besteht bei dem nun angesprochenen Legendentyp die Möglichkeit, zwei weitere Felder als Wertefeld festzulegen.

Wählen Sie unter „Darstellung“ den Legendentyp „Einzelwert, viele Felder“. Im Dialogfenster können dann zwei weitere Wertefelder ausgewählt werden.

Neben dem primären Wertefeld ist hier das Feld „POP1991“ ausgewählt. Im Beispiel ist auf die Wahl des dritten Feldes verzichtet worden. Im dritten Auswahlfeld steht daher „<NONE>“. Bei der Verwendung von drei Feldern kann es schnell zu Platzproblemen im Inhaltsverzeichnis kommen.

Die Ausrichtung der Beschriftung erfolgt nicht spaltenartig, sondern die Feldwerte sind durch ein Komma getrennt. Einer Überschrift (siehe Pfeil in der Abbildung auf der vorherigen Seite) kann die Bedeutung der Angaben entnommen werden.

Legendenübernahme

Die Übernahme aus einem Layer erfolgt auf die beschriebene Weise und liefert ebenfalls mehrere Feldwerte. Die Übernahme aus ArcView 3.x erübrigt sich, da dort eine vergleichbare Legendenbildung nicht möglich ist.

8.4.6 Abgestufte Farben-Legende

Bei steigender Anzahl von Objekten muss eine Klassifizierung für die Legendendarstellung vorgenommen werden. Ab etwa einem Dutzend wird die Einzelwert-Legende zu lang, und bei mehreren Layern in einem Datenrahmen kommt es zu Darstellungsproblemen im Inhaltsverzeichnis.

Das System bietet daher die Möglichkeit, Abstufungen und Klassenbildungen durchzuführen. An dieser Stelle soll die Bildung von „Abgestuften Farben“ beschrieben werden. Es folgen „Abgestufte Symbole“. Starten Sie ArcMap. Mit der Befehlsfolge...

<u>ArcMap-Hauptmenü</u>
Einfügen:
Datenrahmen

...fügen Sie einen neuen Datenrahmen hinzu. Markieren Sie ihn im Inhaltsverzeichnis und betätigen Sie das Kontextmenü:

<u>ArcMap-Kontextmenü: Datenrahmen</u>
Eigenschaften:
Allgemein

Wählen Sie „Eigenschaften“ und aktivieren Sie dort das Register „Allgemein“. Bei „Name“ tragen Sie einen neuen Namen – z. B. „Mexico“ – für den Datenrahmen ein und bestätigen mit „Übernehmen“ und „OK“. Drücken Sie in der Standard-Werkzeugleiste die Schaltfläche „Daten hinzufügen“ und laden Sie das Shape „states“ aus dem Verzeichnis „ESRIDATA\mexico“ ein.

Markieren Sie es und öffnen Sie das Kontextmenü mit der rechten Maustaste. Wählen Sie dort „Eigenschaften“ und das Register „Symbologie“. Klicken Sie im folgenden Dialogfenster in der linken Auswahlliste unter „Darstellung“ auf „Anzahl“.

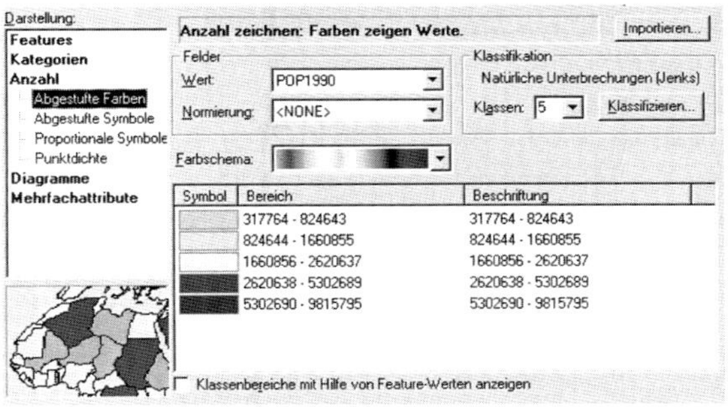

Markieren Sie den Legendentyp „Abgestufte Farben".

Neu in diesem schon vorgestellten Dialogfenster ist der Bereich „Klassifikation". Hier können Sie die Anzahl der Klassen (Standard ist 5) und die Klassifizierungsmethode (Standard ist „Natürliche Unterbrechung") einstellen. Die Methoden wirken nur auf numerische Felder in der Tabelle.

Drücken Sie die Schaltfläche „Klassifizieren". Es erscheint das Dialogfenster „Klassifikation".

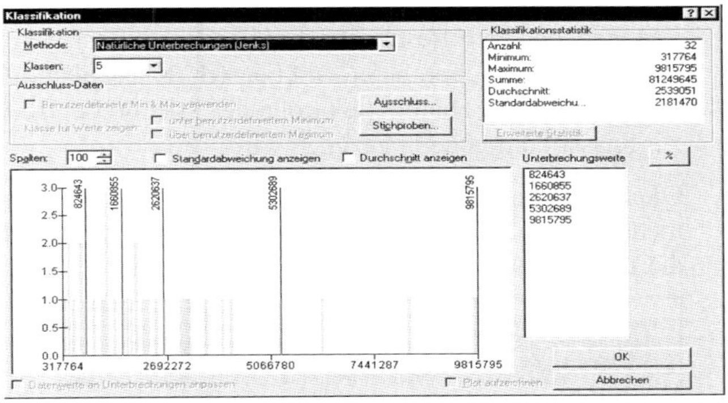

An dieser Stelle werden die Klassifikation und die entsprechende Methode gesteuert und in einem Histogramm überwacht.

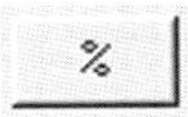

Einen Überblick über das verwendete Datenangebot kann man sich im Bereich „Klassifikationsstatistik" verschaffen. Im rechten Feld sind die jeweiligen Intervallgrenzen (Unterbrechungen) als Zahl oder als Prozentsatz (Schaltfläche „%") in einer Liste angegeben.

Wenn Sie einen Teil der Objekte nicht mit in die Darstellung oder Klassifikation aufnehmen wollen, können Sie sie über die Schaltfläche „Ausschluss..." ausschließen. Es öffnet sich das Dialogfenster „Eigenschaften: Daten-Ausschluss". Die Aktion läuft über „Abfragen" in folgendem Dialog-Fenster:

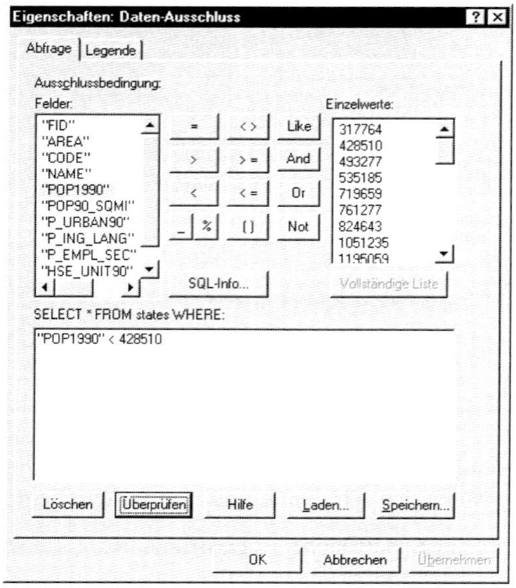

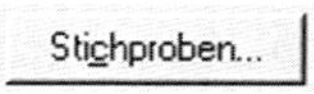

Über das Register „Legende“ erreicht man einen Dialog zur Wahl der Legende und der Beschriftung der ausgeschlossenen Objekte. Mit der Schaltfläche „Stichproben...“ im Fenster „Klassifikation“ steuert man über den zugehörigen Dialog die Größe der Stichprobe, die für die Beprobung zur Klassifikation herangezogen wird.

Die Klassifizierungsmethoden in ihrer Gesamtheit können an dieser Stelle nicht in aller Ausführlichkeit besprochen werden. Deshalb wird hier auf die Beschreibung in der Direkthilfe verwiesen:

Manuell: Ermöglicht Ihnen das manuelle Setzen von Klassengrenzen. Wählen Sie diese Möglichkeit, wenn Sie zum Beispiel bestimmte Muster durch Platzieren der Unterbrechungen an wichtigen Schwellenwerten hervorheben wollen oder wenn Sie sich nach einem bestimmten Standard richten müssen, der bestimmte Klassengrenzen verlangt. Sie bestimmen die Klassen durch das Arbeiten mit dem Histogramm in diesem Dialog:

- Um eine Klassengrenze einzufügen, klicken Sie mit der rechten Maustaste in das Histogramm und wählen Sie "Unterbrechung einfügen".

0 - Um eine Klassengrenze zu entfernen, wählen Sie diese durch Anklicken im Histogramm oder in der Unterbrechungswerteliste rechts neben de Histogramm aus (sie wird rot erscheinen, wenn Sie ausgewählt ist). Klicken Sie mit der rechten Maustaste dann im Histogramm und wählen Sie "Unterbrechung löschen" aus.

- Zum Verschieben einer Klassengrenze klicken Sie auf diese und verschieben Sie oder editieren Sie ihren Wert in der Unterbrechungswerteliste rechts neben dem Histogramm.

Gleiches Intervall: Diese Methode teilt den Attributebereich in gleich große Klassen und wird am besten bei geläufigen Datenbereichen wie Prozent und Temperatur angewendet. Benutzen Sie diese Methode, um die relative Menge von Attributwerten im Vergleich zu anderen Werten hervorzuheben.

Definiertes Intervall: Diese Methode gleicht der "Gleiches Intervall"-Methode mit dem Unterschied, dass Sie hier die Größe des Intervalls bestimmen. Die Klassen Dropdown-Liste ist deaktiviert, wenn Sie diese Methode auswählen, da die Anzahl der Klassen automatisch an das von Ihnen definierte Intervall angepasst wird, sobald Sie die "OK"-Schaltfläche im Klassifikationsdialog drücken.

Quantil: Jede Klasse enthält die gleiche Anzahl von Features. Diese Methode ist vorteilhaft bei linear verteilten Daten.

0 Natürliche Unterbrechung (Jenks): Die Klassen basieren auf natürliche Unterbrechung der Datenwerte. Bei dieser Methode sind die Datenwerte in einer Reihenfolge angeordnet. Die Klassengrenzen werden durch nebeneinanderliegende Werte, zwischen denen ein großer Unterschied besteht, statistisch bestimmt. Dies ist die Standard-Klassifikationsmethode.

1 Standardabweichung: Benutzen Sie diese Methode um hervorzuheben, inwieweit Werte vom Mittelwert abweichen. Am besten für normal verteilte Daten zu benutzen.

Tipp: Für mehr Information über Klassifikation suchen Sie in der ArcGIS Hilfe nach 'Daten klassifizieren'.

Die so gewählten Klassen lassen sich durch Verschieben der Unterbrechungslinien im Histogramm neu ordnen. Dies entspricht dann der „Manuellen Methode".

Entscheiden Sie sich im Bereich „Felder" für das Feld „POP1990" zur Darstellung in der Legende. Im Bereich „Klassifikation" wählen Sie sieben Klassen und die Methode „Natürliche Unterbrechung" aus. Stellen Sie im Farbschema die gewünschten Farben ein und bestätigen Sie mit „Übernehmen" oder „OK". Die Karte und die zugehörige Legende von Mexico haben dann etwa folgendes Aussehen:

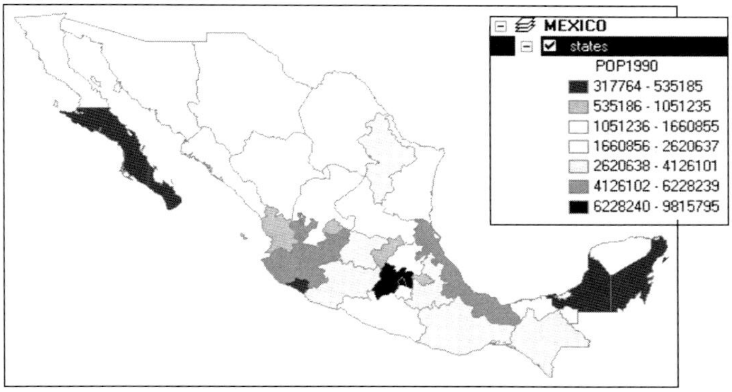

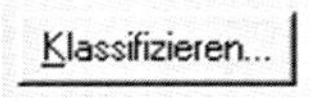

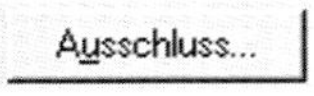

Drücken Sie die Schaltfläche „Klassifizieren" und im nachfolgenden Dialogfenster die Schaltfläche „Ausschluss...". Wählen Sie in der Liste der Sachdatentabelle das Feld „Name" durch Doppelklick aus. In der rechten Liste erscheinen alle Namen der Staaten von Mexico. Klicken Sie einen beliebigen Namen an, nachdem Sie das Gleichheitszeichen (Pfeil) unter den Operatoren ausgewählt haben.

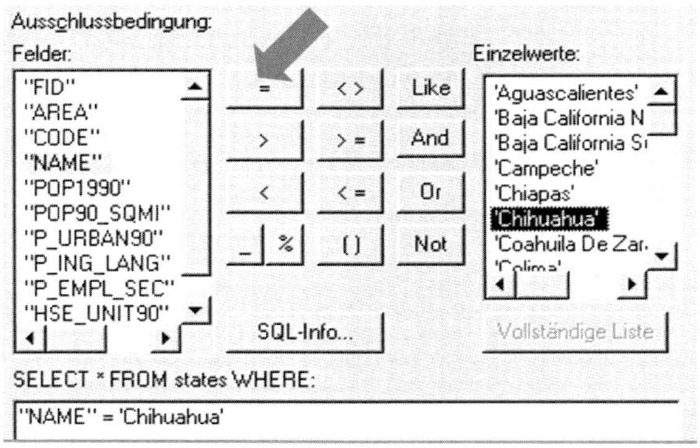

Auf diese Weise haben Sie dafür gesorgt, das z. B. der Staat „Chihuahua" nicht bei der Darstellung der Legende berücksichtigt wird. Auf die Klassenbildung hat dies keine Auswirkung. Klicken Sie auf das Register „Legende" im Dialogfeld „Daten-Ausschluss", um für das ausgeschlossene Objekt eine eigene, eventuell auffällig andersartige Legende zu gestalten.

Wählen Sie auf die bekannte Weise ein Symbol aus und fügen Sie einen passenden Text in das Feld „Beschriftung" ein. Dieser Text erscheint in der

Legende. Im Feld „Beschreibung“ dokumentieren Sie die Begründung für den Ausschluss des Objektes aus der Legende.

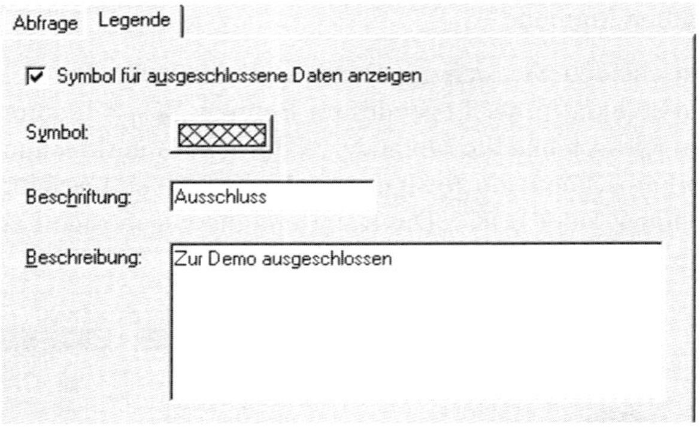

Um die Angaben in der Legende zu vereinheitlichen, aktivieren Sie die „Normierung“ im Dialogfenster des Registers „Symbologie“. Dort wählen Sie aus der angebotenen Liste das Normierungsfeld aus. Es stehen die Tabellenfelder und zwei weitergehende Werte zur Verfügung.

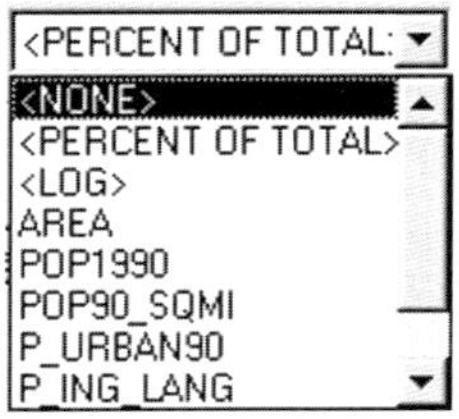

Um eine prozentuale Angabe in der Legende zu erzeugen, wählen Sie „PERCENT OF TOTAL“.

Die Einstellung „NONE“ erzeugt keine Normierung. Die Einstellung „LOG“ ermöglicht eine logarithmische Legendenbeschriftung.

Bei der Wahl eines der Tabellenfelder wird das eingestellte Klassifizierungsfeld auf dieses bezogen. Bezieht man das Klassifizierungsfeld auf sich selbst, dann ist der Wert in der Legende „1“ und die Klassifizierung ist aufgehoben. Der passende Ausschnitt der Mexico-Karte sieht folgendermaßen aus:

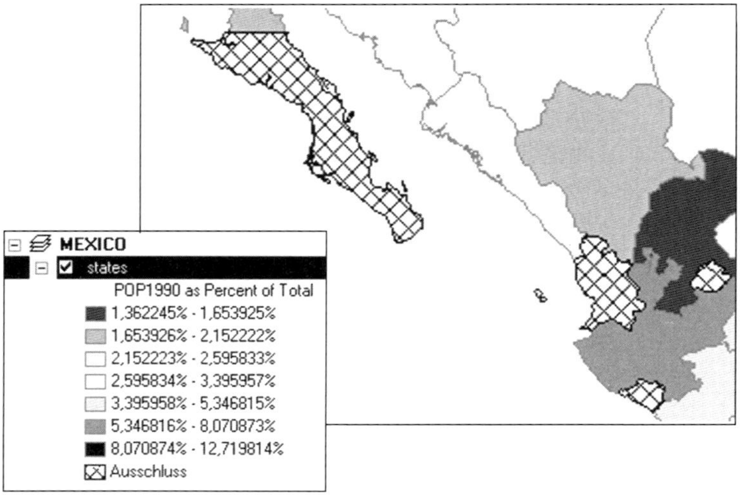

Die grundsätzliche Vorgehensweise bei den anderen Klassifizierungsmethoden ist die gleiche. Beim „Definierten Intervall“ und bei der „Standardabweichung“ müssen zusätzlich nur die gewünschten Intervallgrößen angegeben werden.

Legendenübernahme

Die Übernahme aus einem Layer erfolgt auf die schon beschriebene Weise und liefert auch die gewünschte Klassenbildung. Alle sonstigen Einstellungen, wie Ausschluss und zugehörige Symbolik, werden verwirklicht.

Auch die Übernahme einer entsprechenden Legende aus ArcView 3.x erfolgt nach bekanntem Muster und hat keine neuen Einschränkungen. Auf den Import von Mustern muss daher ebenso verzichtet werden, wie auf den Rand der Symbole. Auch ist zu beachten, dass nicht alle Klassifizierungsmethoden in ArcView 3.x vertreten sind.

8.4.7 Abgestufte Symbole-Legende

In vergleichbarer Form wie „Abgestufte Farben“ können auch Symbole abgestuft werden. Die Vorgehensweise ist entsprechend. Es sind einige Einstellungen mehr vorzunehmen, die die Symbole selbst betreffen. Dafür stehen zusätzliche Werkzeuge zur Verfügung.

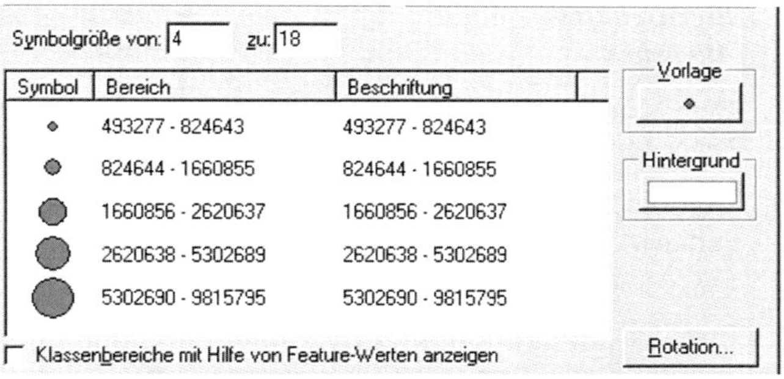

Die Punkte sind in diesem Fall keine Symbolik für Punktobjekte! Sie repräsentieren den Tabellenwert eines Polygonobjekts und werden zusammen mit dem Objekt in der Karte dargestellt!

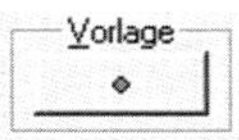

Statt der Farbauswahl wird nun die Größe des Symbols bestimmt. Dazu tragen Sie eine untere und obere Grenze ein. Die Schaltfläche bei „Vorlage“ öffnet die „Symbol-Auswahl“. Die Schaltfläche „Hintergrund“ ermöglicht die Gestaltung des Hintergrundes für die Objekte.

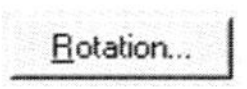

Darüber hinaus kann das Symbol in Abhängigkeit vom Wert eines Tabellenfeldes verdreht werden. Die Drehrichtung und das bestimmende Tabellenfeld werden im Dialogfenster „Rotation“ festgelegt.

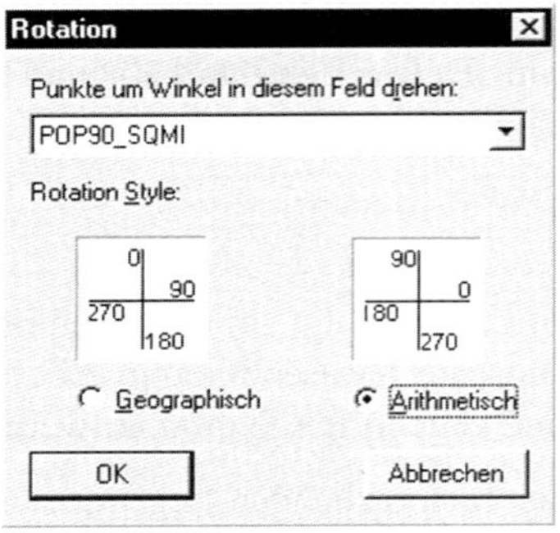

Starten Sie ArcMap. Mit der Befehlsfolge...

ArcMap-Hauptmenü
Einfügen:
Datenrahmen

...fügen Sie einen neuen Datenrahmen hinzu. Markieren Sie ihn im Inhaltsverzeichnis und öffnen Sie das Kontextmenü. Wählen Sie „Eigenschaften" und aktivieren Sie das Register „Allgemein".

ArcMap-Kontextmenü: Datenrahmen
Eigenschaften:
Allgemein

Bei „Name" tragen Sie einen neuen Namen – z. B. „Mexico" – für den Datenrahmen ein und bestätigen mit „Übernehmen" und „OK".

Drücken Sie in der Standard-Werkzeugleiste die Schaltfläche „Daten hinzufügen" und laden Sie das Shape „states" aus dem Verzeichnis „ESRIDATA\mexico".

Erstellen Sie eine „Abgestufte Symbol-Legende" für die Polygone des Shapes „States" mit folgenden Eigenschaften:

- Gleiches Intervall
- 6 Klassen
- Wertefeld: POP1990
- Keine Normierung
- Kein Ausschluss
- Größe von 5 bis 22
- Symbol als Dreieck
- Farbe: Grau
- Symbol gedreht, geografisch, P_ING_LANG
- Hintergrund: Hellblau

Markieren Sie das Shape „states" und öffnen Sie das Kontextmenü mit der rechten Maustaste. Wählen Sie „Eigenschaften" und das Register „Symbologie". Klicken Sie im Dialogfenster in der linken Auswahlliste unter

„Darstellung“ auf „Anzahl“ und wählen Sie „Abgestufte Symbole“. In der Vorschau wird Ihnen gezeigt, welcher Legendentyp erzeugt wird.

Wählen Sie nun das Wertefeld „POP1990“, das zur Legendenbildung herangezogen werden soll, in der Liste der Tabellenfelder aus. Belassen Sie die Normierung auf <NONE>.

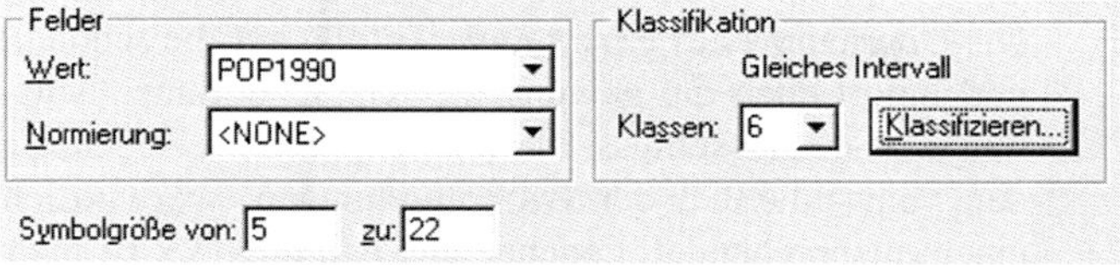

Stellen Sie die untere und obere Symbolgröße auf 5 bzw. 22. Drücken Sie die Schaltfläche „Klassifizieren...“ und bestimmen Sie „Gleiches Intervall“ als Methode und sechs Klassen für die Einteilung.

Aktivieren Sie die Schaltfläche „Vorlage“ und wählen Sie in der „Symbol-Auswahl“ ein Dreieck aus. Verändern Sie die Farbe auf „Grau“. Die Winkeleinstellung bleibt an dieser Stelle ungenutzt. Nach Drücken der Schaltfläche „Rotation“ stellen Sie den „Rotations-Style“ im Dialogfenster „Rotation“ auf geografisch und markieren das Wertefeld „P_ING_LANG“.

Zuletzt klicken Sie auf die Schaltfläche „Hintergrund“ und wählen in der „Symbol-Auswahl“ die Farbe „Hellblau“ aus.

Diese Einstellungen für die Legende führen zu folgender Darstellung in der Karte und Legende:

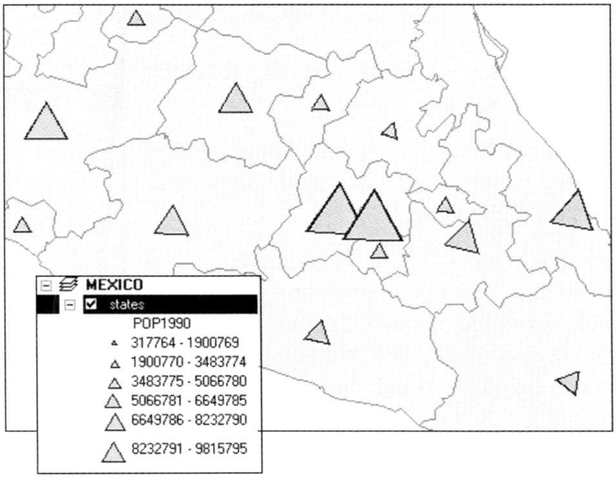

Am rechten Rand ist die leichte Drehung der Symbole erkennbar. Bei diesen Symbolen handelt es sich nicht um Grafikelemente, die mit den üblichen (Windows-)Methoden bearbeitet werden können. Der Darstellungskonflikt in der Bildmitte lässt sich somit nicht „von Hand“ durch Verschieben lösen. Das geht nur über die Größendefinition der Symbole oder durch die Wahl eines anderen Darstellungsmaßstabs.

Legendenübernahme

Die Übernahme aus einem Layer erfolgt auf die schon beschriebene Weise und liefert auch die gewünschte Klassenbildung. Alle sonstigen Einstellungen, wie Ausschluss, Normierung und die zugehörige Symbolik, werden – einschließlich der Symboldrehungen – verwirklicht. Die Übernahme einer entsprechenden Legende aus ArcView 3.x ist nicht möglich, da dort dieser Legendentyp in diesem Sinne für Polygone nicht vorgesehen ist.

Featurewerte anzeigen

Um in beiden Legendentypen Abstufungen vorzunehmen, muss eine zusätzliche Einstellung vorgenommen werden.

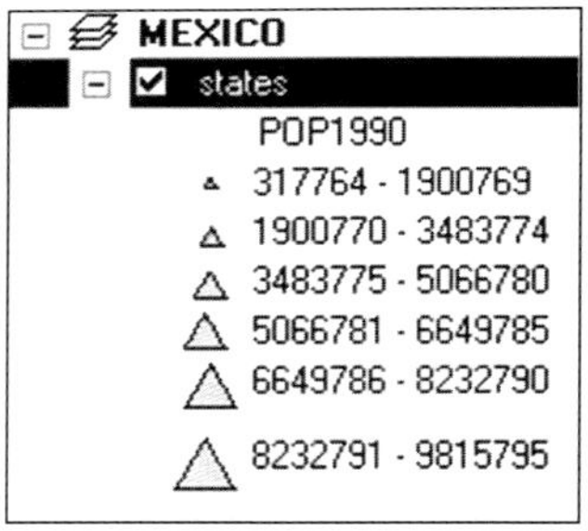

Die Klassifizierung wird beprobt und nach bestimmten Kriterien durchgeführt. Dabei entstehen Klassengrenzen, deren Wert in der zugehörigen Sachdatentabelle für das entsprechende Wertefeld nicht unbedingt vorkommen. Dieses ist der Standard bei der Klassifizierung.

Setzt man den Haken, um die Inhalte der Tabelle genau zu nutzen, dann verändern sich einige Werte in der Legende.

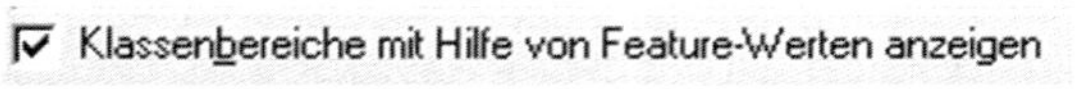

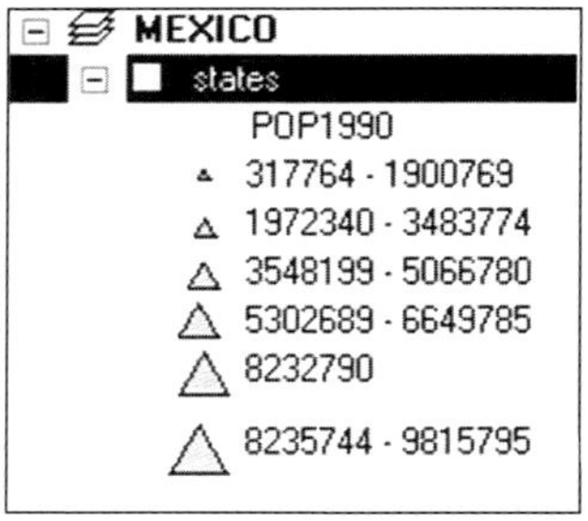

Die Legende kann dann z. B. folgende Werte enthalten:

Einige Klassen erhalten neue Grenzen, eine Klasse ist entfallen und wird durch eine Einzelangabe ersetzt.

Die Werte jeder Klasse resultieren dann exakt aus den Tabellenwerten und lassen sich dort wiederfinden. Für die Legendenbildung und die Klassifizierung werden also Werte herangezogen, die auch in der Tabelle wirklich vorkommen.

8.4.8 Proportionale Symbol-Legende

Bei abgestuften Symbolen werden naturgemäß bei einer definierten Klassenanzahl auch größere Unterschiede in den Tabellenwerten nicht deutlich. Sie fallen – vielleicht eher zufällig – in eine Klasse und werden durch ein und dasselbe Symbol repräsentiert. Die gewünschte Differenzierung bei den Symbolen ist nicht gewährleistet. Dies kann nur die Legende „Proportionale Symbole", die nun beschrieben werden soll.

Bei diesem Typ wird die Symbolgröße an den Werten der Tabelle festgemacht und eine hohe Differenzierung erreicht. Es kann also unbeschränkt verschieden große Symbole in der Karte geben. Dass die Legende dies nicht in der gleichen Form nachvollziehen kann, ist unbedeutend. Sie hat einen nur repräsentativen Charakter, und die Anzahl der Beispielsymbole kann verändert werden. Die Legende liefert dem Betrachter der Karte eher Anhaltspunkte als konkrete Angaben.

Das Dialogfenster ist den schon Beschriebenen ähnlich und unterscheidet sich nur hinsichtlich der Bestimmung des Symbols und seiner Größe (inklusive der Wahl der Einheit) sowie der Art des Hintergrundes. Außerdem kann die Anzahl der Beispielsymbole in der Legende des Inhaltsverzeichnisses bestimmt werden.

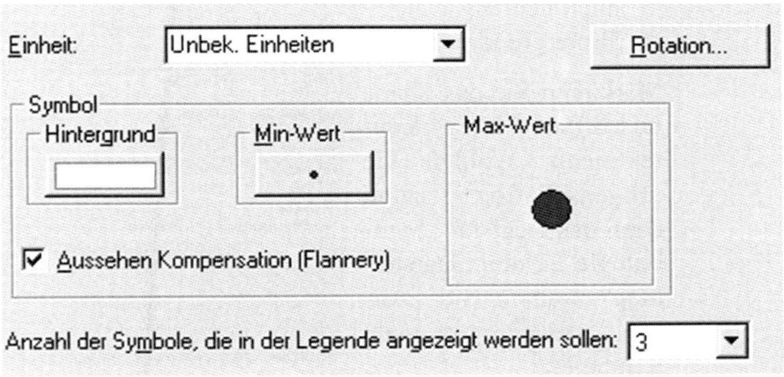

Der Haken bei „Aussehen Kompensation" ist gesetzt, um bestimmten optischen Effekten vorzugreifen. Diese Korrektur wirkt nicht nur auf kreisförmige Symbole.

Starten Sie ArcMap. Mit der Befehlsfolge...

ArcMap-Hauptmenü
Einfügen:
Datenrahmen

...fügen Sie einen neuen Datenrahmen hinzu. Markieren Sie ihn im Inhaltsverzeichnis und öffnen Sie das Kontextmenü. Wählen Sie „Eigenschaften" und aktivieren Sie das Register „Allgemein".

ArcMap-Kontextmenü: Datenrahmen
Eigenschaften:
Allgemein

Bei „Name" tragen Sie einen neuen Namen – z. B. „Mexico" – für den Datenrahmen ein und bestätigen mit „Übernehmen" und „OK".

Drücken Sie in der Standard-Werkzeugleiste die Schaltfläche „Daten hinzufügen" und laden Sie das Shape „states" aus dem Verzeichnis „ESRDATA\mexico".

Erstellen Sie eine „Poportionale Symbol-Legende" für die Polygone des Shapes „States" mit folgenden Eigenschaften:

- Symbol: Circle 6 des Business Styles
- Wertefeld: POP1990
- Keine Normierung
- Min-Wert 6
- Unbek. Einheit
- Kein Ausschluss
- Kompensation (Flanney)
- Farbe blau
- 3 Symbole in der Legende
- nicht gedreht
- Hintergrund hellgelb

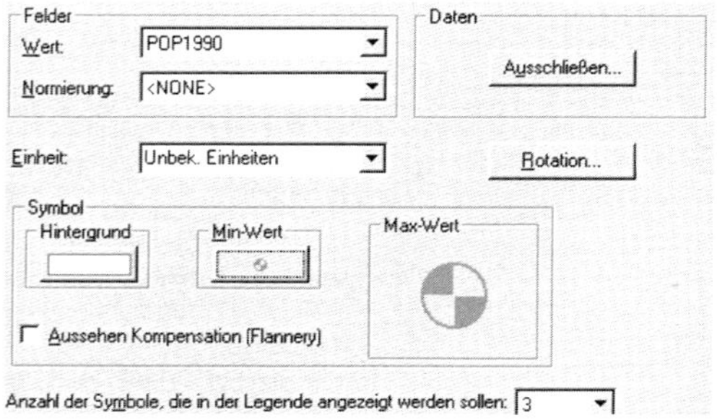

Markieren Sie das Shape und öffnen Sie das Kontextmenü. Wählen Sie „Eigenschaften" und dann das Register „Symbologie". Unter „Darstellung" wählen Sie „Anzahl" und „Proportionale Symbole".

Stellen Sie „Wert" auf „POP1990". Die Normierung lassen Sie inaktiv. Stellen Sie mit der Symbol-Auswahl die Hintergrundfarbe auf Gelb und drücken Sie die Schaltfläche „Min-Wert". Klicken Sie in der Symbol-Auswahl auf die Schaltfläche „Weitere Symbole" und laden Sie den Style „Business" hinzu.

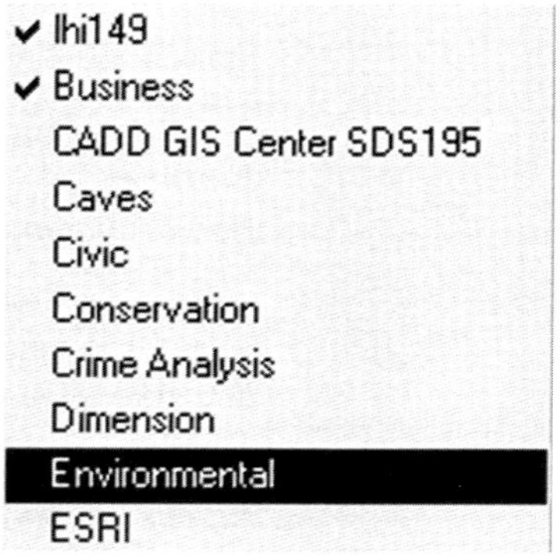

Im neuen Styleangebot wählen Sie „Circle 6" und stellen seine Farbe auf „Blau".

Stellen Sie danach die Anzahl der dargestellten Symbole für die Legende auf den Wert „3", die Einheit auf „Unbek. Einheit" und bestätigen Sie mit „OK".

Die Karte und die Legende haben nun folgendes Aussehen:

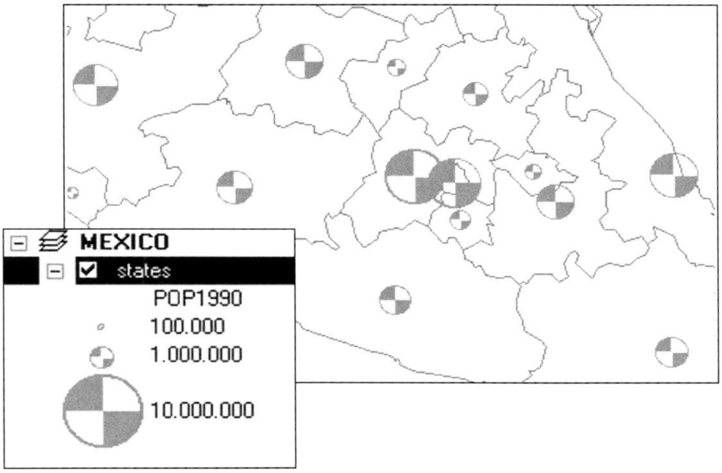

Um eine bessere Darstellung zu erzielen, setzen Sie den Haken der Kompensation (Flanney).

Legendenübernahme

Die Übernahme einer vergleichbaren Legende aus ArcView 3.x ist nicht möglich, da sie dort nicht bereitgestellt werden kann. Die Übernahme aus einem Layer ist ohne Einschränkungen durchführbar.

8.4.9 Punktdichte-Legende

Informationen, wie zum Beispiel die Bevölkerungszahlen, werden durch die Verwendung dieser Legendenart noch etwas deutlicher. In Abhängigkeit vom Wert in der Tabelle werden mehr oder weniger viele kleine Punktsymbole auf das zugehörige Objekt verteilt. Die Dichte dieser Symbole ist dann ein Hinweis auf die Größe des Wertes in der Tabelle.

Das Dialogfenster zur Steuerung verfügt über ein Reihe von Möglichkeiten, die Legende den Erfordernissen anzupassen. Im Folgenden werden die Unterschiede im Dialogfenster „Symbologie“ erläutert. Ein Beispiel für diese Legende schließt sich an.

Mit der Schaltfläche „Importieren...“ (siehe folgende Abbildung) kann die schon vorhandene Legende aus einem anderen Layer geladen werden.

In der „Feldauswahl“ wird das Wertefeld für die Darstellung festgelegt. Es können auch mehrere sein. Sie werden markiert und über die mittleren Schaltflächen in des rechte Feld übertragen.

Im Bereich „Dichten“ werden die Symbolgröße und die Dichte festgelegt. Das bedeutet, dass hier ermittelt wird, was ein Symbolpunkt repräsentieren soll. Die aktuelle Einstellung wird zahlenmäßig unten im Dialogfenster

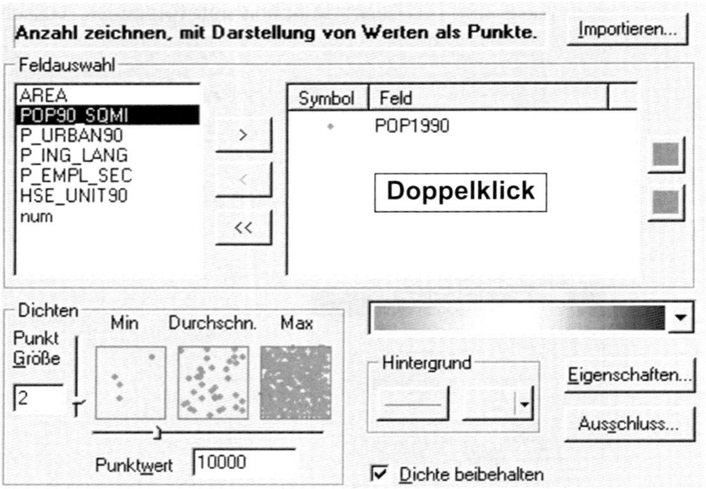

angegeben und mit dem darüber liegenden Schieberegler festgelegt. Ob man einen sinnvollen Wert definiert hat, ist immer in der Karte zu kontrollieren. Bei kleinen Werten je Punkt kann es schnell zu einer „Übersättigung“ im Maximalbereich kommen.

Im Bereich „Hintergrund“ wird festgelegt, wie das Geo-Objekt dargestellt werden soll. Zum einen kann der Rand, zum anderen die Flächenfarbe bestimmt werden.

Die Farbe des verwendeten Symbols und auch der Typ werden durch Doppelklick auf das Symbol in der „Symbol-Auswahl“ festgelegt. Bei Verwendung mehrerer Wertefelder wird die Farbe in der zugehörigen Auswahlliste definiert.

Auch in dieser Legendenart kann ein Ausschluss erfolgen. Die entsprechend festgelegten Objekte sind bei der Darstellung ausgenommen.

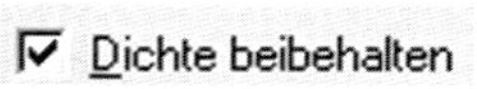

Mit einem Haken bei „Dichte beibehalten“ stellt man sicher, dass auch nach dem Zoomen die Darstellung in gleicher Dichte auf der Karte gewährleistet wird.

Nach Drücken der Schaltfläche „Eigenschaften“ wird das Dialogfenster „Eigenschaften: Punktdichte-Symbol“ geöffnet. Darüber kann die Platzierung der Symbole beeinflusst und eine Maskierung vorgenommen werden. Eine Maskierung hat den Sinn, durch eine zusätzliche Geometrie (Kontroll-Layer) die Punkte in einem bestimmten Bereich zu verhindern oder sie ausschließlich in diesem Bereich darzustellen.

Starten Sie ArcMap. Mit der Befehlsfolge...

<u>ArcMap-Hauptmenü</u>
Einfügen:
Datenrahmen

...fügen Sie einen neuen Datenrahmen hinzu. Markieren Sie ihn im Inhaltsverzeichnis und öffnen Sie das Kontextmenü. Wählen Sie „Eigenschaften" und aktivieren Sie das Register „Allgemein".

<u>ArcMap-Kontextmenü: Datenrahmen</u>
Eigenschaften:
Allgemein

Bei „Name" tragen Sie einen neuen Namen – z. B. „Mexico" – für den Datenrahmen ein und bestätigen mit „Übernehmen" und „OK".

Drücken Sie in der Standard-Werkzeugleiste die Schaltfläche „Daten hinzufügen" und laden Sie das Shape „states" aus dem Verzeichnis „ESRIDATA\mexico".

Erstellen Sie eine „Punktdichte Legende" für die Polygone des Shapes „states" mit folgenden Eigenschaften:

- Wertefeld: POP1991
- Stern-Symbol: Star 3
- Größe: 5
- Farbe: rot
- Nicht gedreht
- Kein Ausschluss
- Punktwert: 20.000
- Hintergrund hellgrau
- Rand dunkelgrau, 1
- Maskieren

Markieren Sie das Shape und öffnen Sie das Kontextmenü. Wählen Sie „Eigenschaften" und dann das Register „Symbologie". Unter „Darstellung" wählen Sie „Anzahl" und „Punktdichte".

Legen Sie in der „Feldauswahl" das Wertefeld „POP1990" fest und überführen Sie es in die rechte Liste im Dialogfenster.

Definieren Sie mit dem Schieberegler oder durch Eintippen des gewünschten Wertes die Symbolgröße auf „5".

Tippen Sie dann den Wert „20.000" in das Eingabefeld „Punktwert".

Legen Sie das Symbol „Star 3" in Grün innerhalb der Symbol-Auswahl fest. Doppelklicken Sie dazu auf das Symbol. Der Bereich „Dichten" sieht nun aus wie in der folgenden Grafik.

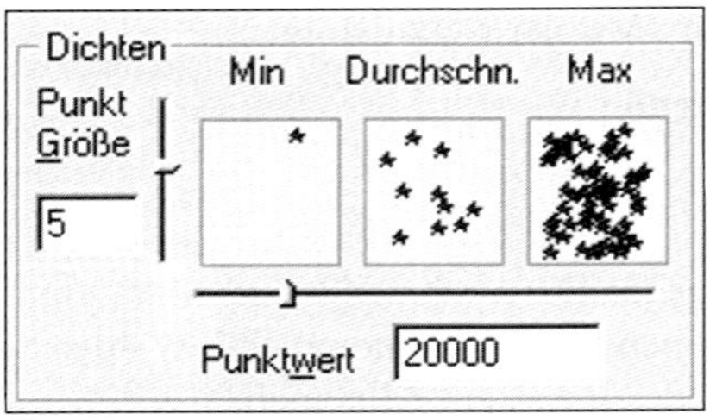

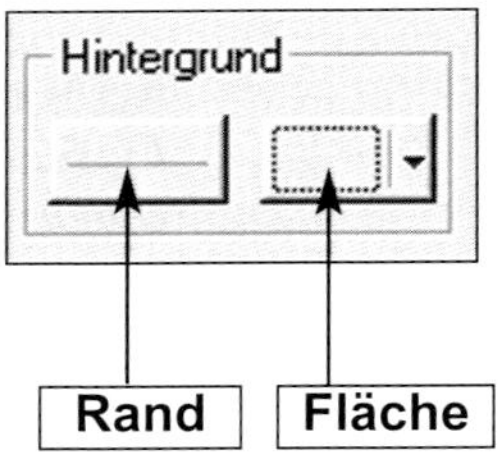

Definieren Sie nun den Hintergrund durch Drücken der Schaltflächen im entsprechenden Bereich. In der Symbol-Auswahl legen Sie den Rand fest (dunkelgrau, Stärke 1) und in der Farbpalette die Farbe (hellgrau) für die Fläche des Objektes.

Bestätigen Sie mit „OK“ oder „Übernehmen“. Wie sie an der Karte sehen können, ist in den Staaten mit hoher Bevölkerungsdichte eine entsprechend engere Verteilung der Symbole deutlich erkennbar.

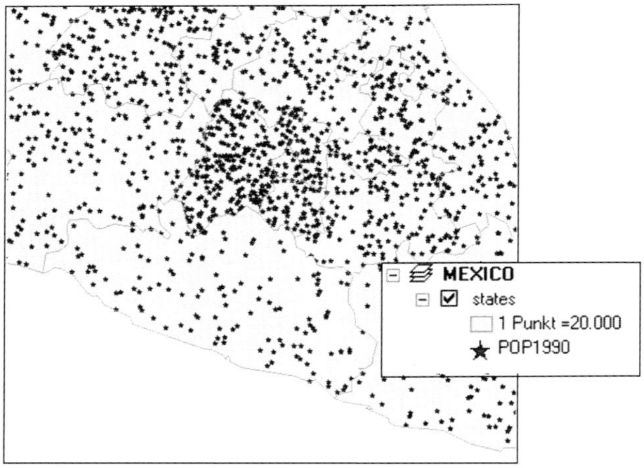

Um eine Maskierung vorzunehmen, muss ein Kontroll-Layer vorhanden sein. Er beschreibt die Fläche, die bei der Darstellung der Punkte ausgeschlossen werden soll, oder diejenige, in der ausschließlich Punkte platziert werden sollen.

Drücken Sie die Schaltfläche „Eigenschaften“. Es erscheint ein Dialogfenster, in dem Sie die entsprechenden Einstellungen vornehmen können.

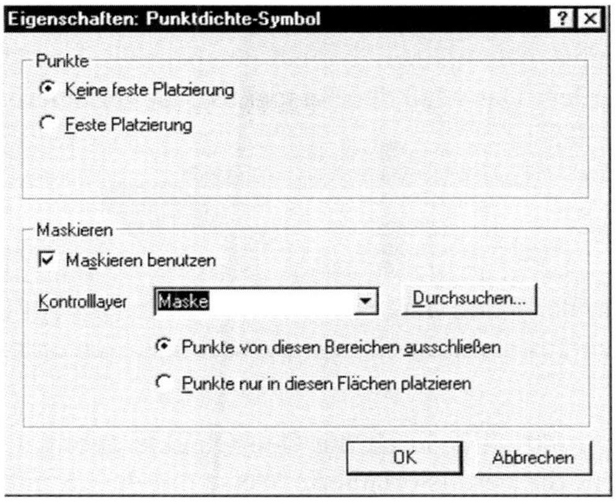

Wählen Sie „Keine feste Platzierung“ und setzen Sie den Haken bei „Maskieren benutzen“. Stellen Sie den Kontroll-Layer im vorgesehenen Eingabefeld ein und wählen Sie die Option „Punkte von diesem Bereich ausschließen“. Bestätigen Sie mit „OK“. In der Kartendarstellung wird nun innerhalb des Kontroll-Layers kein Punktsymbol erscheinen. Das Gegenteil erreichen Sie mit der Option „Punkte nur in diesen Flächen platzieren“.

Legendenübernahme

Die Übernahme ist weder aus einem Layer noch aus einer Legende von ArcView 3.x möglich.

8.4.10 Diagramm-Legende

Wollen Sie Information aus mehreren Tabellenwerten in Form eines Diagramms an jedes Geo-Objekt des Layers bringen, so steht Ihnen hierfür eine passende Legendenbildung zur Verfügung.

Die Diagramme werden aus den Tabellenwerten generiert und können in ihrer Größe (Breite) variiert werden. Die Breite wird – falls gewünscht – von einem weiteren Tabellenfeld beeinflusst. Die Höhe eines Diagramms ist frei wählbar.

Als Diagrammform stehen Kreise, Spalten, Balken und gestapelte Säulen zur Verfügung. Alle können in einer perspektivischen 3D-Darstellung präsentiert werden. Das Maß der Perspektive ist veränderbar.

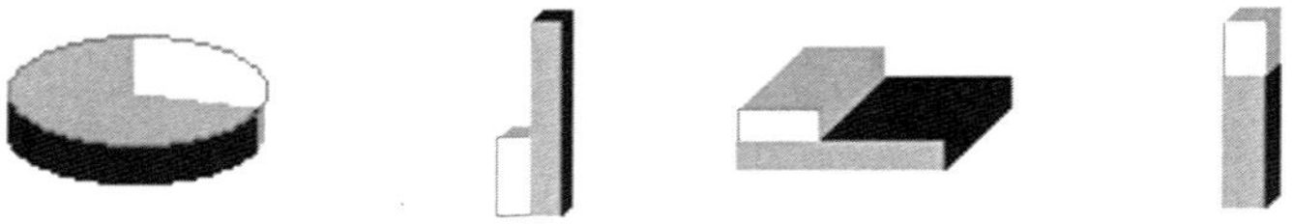

Jedes der in der Karte dargestellten Geo-Objekte trägt ein derartiges Diagramm, wenn es nicht durch den „Ausschluss" davon ausgenommen worden ist.

Der Hintergrund wird durch die Geo-Objekte gebildet, ist für alle gleich und kann auf die bereits erläuterte Weise mit der „Symbol-Auswahl" festgelegt werden.

Um diese Merkmale in einer Legende umzusetzen, steht wieder das Dialogfenster „Symbologie" zur Verfügung. Es unterscheidet sich von den schon Behandelten nur in wenigen Funktionalitäten, die im Folgenden erläutert werden. Ein passendes Beispiel wird anschließend durchgespielt.

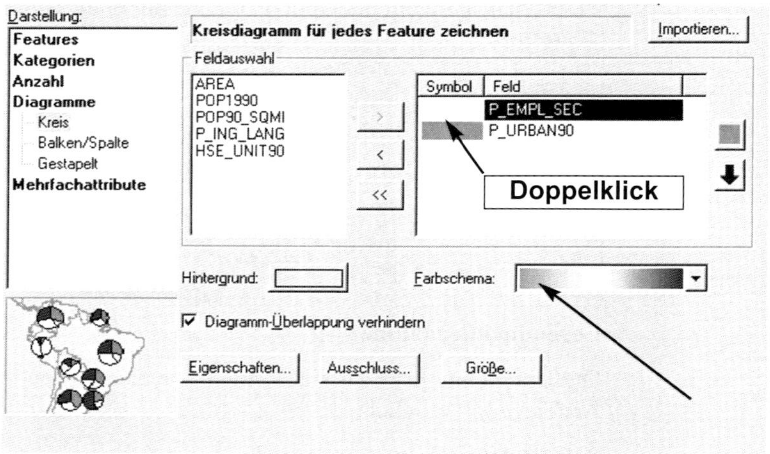

In der kleinen Beispielkarte links unten wird der Legendentyp vorgestellt.

Die prinzipiellen Einstellungen sind für die vier Diagrammtypen gleich. Es wird daher stellvertretend der Typ „Kreis" für die Erläuterungen herangezogen.

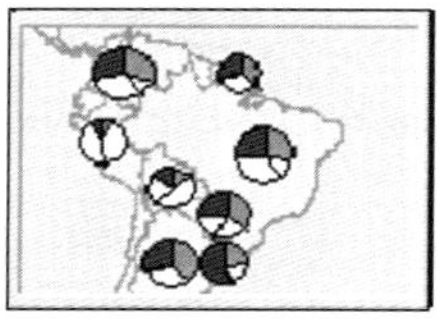
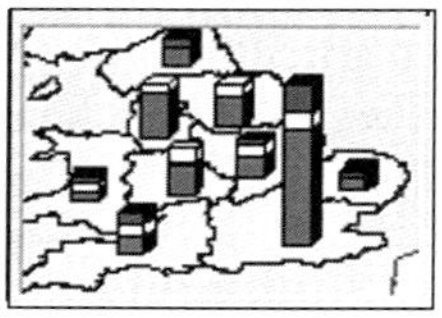
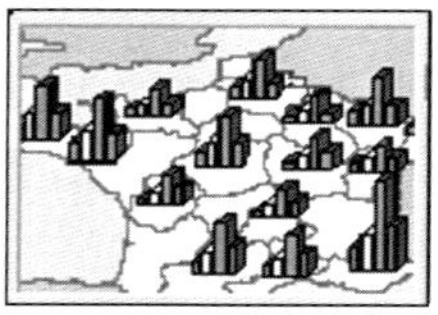

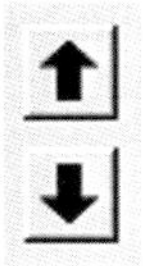

In der „Feldauswahl“ werden alle Felder des Layers zur Wahl angeboten. In diesem Fall sind zwei davon über die Pfeiltasten für die Diagrammbildung in das rechte Feld versetzt worden. Dort macht das Programm einen Symbolvorschlag, der auf bekannte Weise verändert werden kann. Mit den Pfeiltasten wird die Reihenfolge gewechselt. Das wirkt sich vor allem auf die Balken- und Spaltendiagramme aus.

Mit der Schaltfläche „Hintergrund“ wird über Symbol-, Farb- und Muster-Auswahl der Hintergrund definiert.

Um eine klare Trennung der Diagramme sicherzustellen, muss eine Überlappung auf jeden Fall vermieden werden. Das erreichen Sie, indem Sie den Haken an der entsprechenden Stelle setzen. Sollte es trotzdem zu Problemen kommen, werden die Diagramme anders positioniert und über die „Führungslinien“ (siehe „Automatische Beschriftung“) zugeordnet.

Im Farbschema werden die Farben festgelegt. Aus einem Angebot kann ausgewählt werden und später auf die schon beschriebene Weise (Doppelklick auf das Symbol) mit der Symbol-Auswahl eine Veränderung vorgenommen werden.

Der Ausschluss von Objekten wird, wie bei den anderen Legendentypen, über der Schaltfläche „Ausschluss...“ realisiert. Die Eigenschaften – etwa 3D-Perspektive, Führungslinie, Dicke (Höhe), Ausrichtung und Farbe – werden über „Eigenschaften“ im Dialogfenster „Diagramm-Symbol-Editor“ eingestellt.

Die Größe (der Durchmesser), Abhängigkeiten von Tabellenwerten, Normierung und Aussehen (Flannery) werden nach Drücken der Schaltfläche „Größe“ im Dialogfenster „Kreisdiagramm-Größe“ definiert.

Diese Variationsmöglichkeiten gibt es entsprechend für die anderen Darstellungsarten Balken, Spalten und Stapel. Dabei sei noch erwähnt, dass der Stapel auch horizontal liegen kann.

Starten Sie ArcMap. Mit der Befehlsfolge...

ArcMap-Hauptmenü
Einfügen:
Datenrahmen

...fügen Sie einen neuen Datenrahmen hinzu. Markieren Sie ihn im Inhaltsverzeichnis und öffnen Sie das Kontextmenü. Wählen Sie „Eigenschaften" und aktivieren Sie dann das Register „Allgemein".

ArcMap-Kontextmenü: Datenrahmen
Eigenschaften:
Allgemein

Bei „Name" tragen Sie einen neuen Namen – z. B. „Mexico" – für den Datenrahmen ein und bestätigen mit „Übernehmen" und „OK".

Drücken Sie in der Standard-Werkzeugleiste die Schaltfläche „Daten hinzufügen" und laden Sie das Shape „states" aus dem Verzeichnis „ESRIDATA\mexico".

Erstellen Sie eine „Diagramm-Legende" für die Polygone des Shapes „states" mit folgenden Eigenschaften:

- Spaltendiagramm
- 3 Felder
- 3D-Ansicht mit Achsen
- Breite: 9
- Abstand: 2
- Höhe: 32
- Hintergrund: blau
- Führungslinen

Markieren Sie das Shape „states" und öffnen Sie das Kontextmenü. Wählen Sie „Eigenschaften" und dann das Register „Symbologie". Unter „Darstellung" wählen Sie „Diagramme" und „Balken/Spalte".

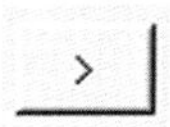

Wählen Sie in der „Feldauswahl" die drei Felder für das Diagramm und stellen Sie sie über die Pfeilschaltfläche in den rechten Bereich. Das Programm vergibt dabei zufällige Farben für die Symbole, die Sie anschließend neu bestimmen können.

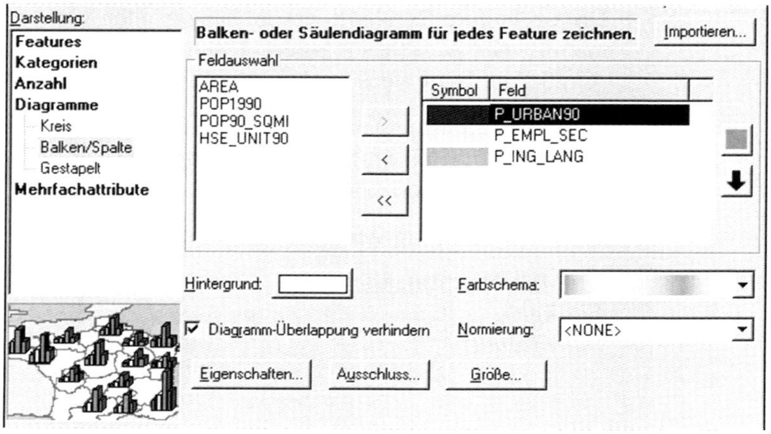

Drücken Sie die Schaltfläche „Eigenschaften", um die 3D-Einstellungen im „Diagramm-Symbol-Editor" vorzunehmen.

Legen Sie zu Beginn als Einheit „Punkte" fest.

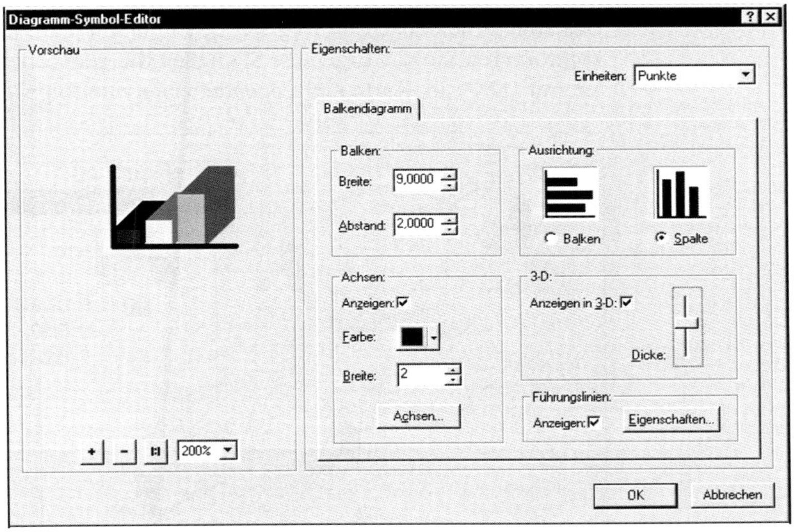

Wählen Sie nun die Breite „9" und als Spaltenabstand den Wert „2". Mit dem Schieberegler stellen Sie die „Tiefe" der 3D-Darstellung ein, wie Sie es wünschen, und setzen schließlich den Haken im Bereich „Führungslinien".

Unter Ausrichtung stellen Sie „Spalte" ein, um das gewünschte Diagramm zu erzeugen. Hätten Sie das Balkensymbol ausgewählt, müssten Sie hier die andere Alternative wählen.

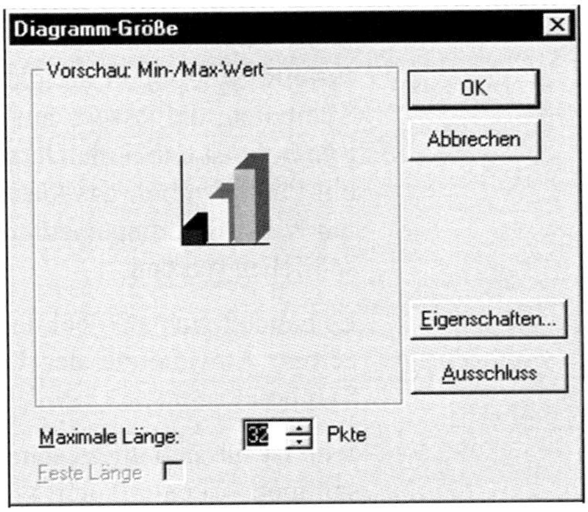

Bestätigen Sie mit „OK" und drücken Sie die Schaltfläche „Größe" im Dialogfenster „Symbologie". Es erscheint das Dialogfenster „Diagramm-Größe", Hier können Sie die Größe (die Höhe) auf den geforderten Wert einstellen. Die Schaltfläche „Eigenschaften" führt Sie zurück zum schon beschriebenen Dialogfenster. Stellen Sie die Höhe „32" ein und bestätigen Sie mit „OK".

Stellen Sie nun den Hintergrund auf die gewünschte Farbe. Drücken Sie dazu die Schaltfläche „Hintergrund“. Im Dialogfenster „Symbol-Auswahl“, das nun erscheint, nehmen Sie die entsprechenden Einstellungen vor.

Bestätigen Sie danach im Register „Symbologie“ mit „Übernehmen“ und kontrollieren Sie das Ergebnis. Schließen Sie gegebenenfalls diese Arbeiten mit „OK“ ab. Karte und Legende haben nun folgendes Aussehen:

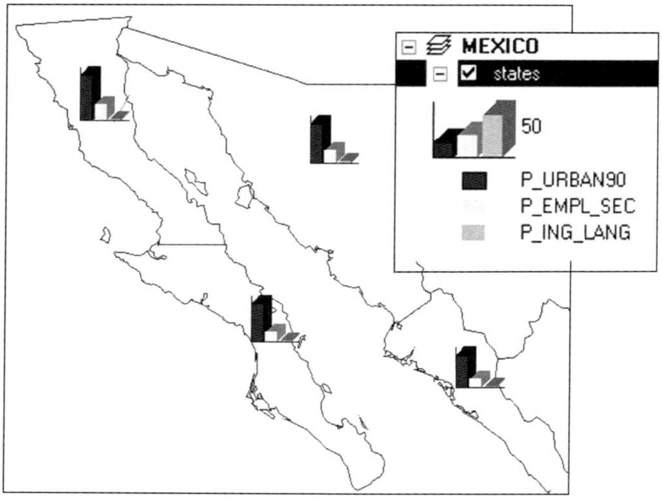

Legendenübernahme

Die Übernahme ist weder aus einem Layer noch aus einer Legende von ArcView 3.x möglich.

8.4.11. Mehrfachattribute-Legende

Diese Legendenart – sie sollte besser „Mehrfachsymbole“ heißen – erlaubt für ein Geo-Objekt die gleichzeitige Darstellung von zwei verschiedenen Symbolen, die jeweils auf einem anderen Tabellenfeld basieren. Eins der Symbole ist dabei die Darstellungsform der Objektfläche, das andere z. B. ein Punktsymbol, das klassifiziert werden kann. Dazu stehen die bekannten Klassifizierungsmethoden zur Verfügung, die hier nicht nochmals beschrieben werden.

Es handelt sich also bei der „Mehrfachattribute“-Legende um eine gleichzeitige Anwendung der Legendentypen „Einzelwerte“ und „Abgestufte Symbole“.

Jede ist für sich allein schon behandelt worden. Deshalb muss nur ihr Zusammenwirken erläutert werden. Auf ein Beispiel wird hier verzichtet.

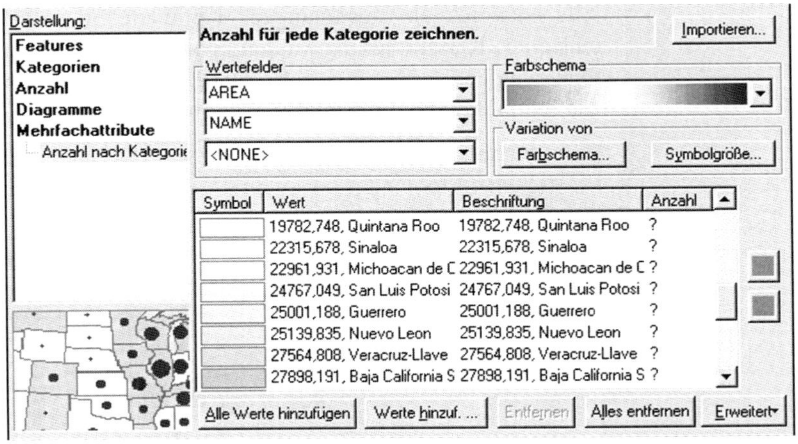

Die notwendigen Einstellungen werden im Dialogfenster „Symbologie" vorgenommen. Unter „Darstellung" wählen Sie „Mehrfachattribute" und „Anzahl nach Kategorie".

Die kleine Karte unten links im Dialogfenster macht das Prinzip dieser Legendenart deutlich. Der Unterschied zu den zuvor vorgestellten Dialogfenstern liegt im Bereich „Variation von". Hier wird die „zweite Ebene" der Legende definiert, also z. B. die blauen Kreissymbole in der obigen Vorschau.

Das darüber liegende „Farbschema" steuert die Farbvergabe für die Geo-Objekte.

Die Symbole und ihre Klassifizierung und Farbe werden in einem Dialogfenster nach Klicken auf die Schaltfläche „Symbolgröße..." festgelegt. Dieses Dialogfenster hat folgendes Aussehen:

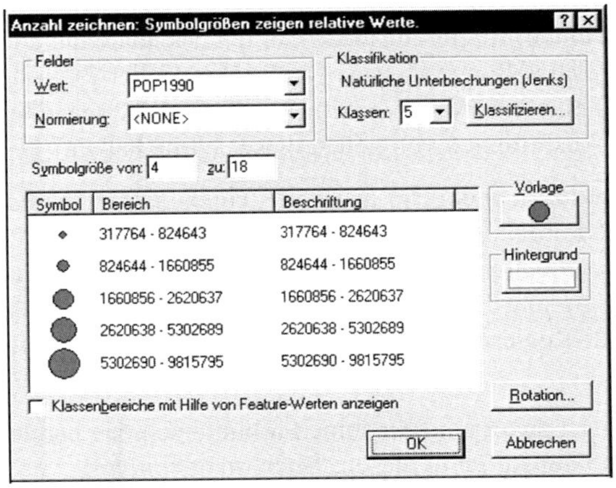

Alle notwendigen Einstellungen, wie Wertefeld aussuchen, Normierung einstellen, Klassifizierung wählen, Symbol inklusive Farbe und Größenbereich wählen, werden hier getroffen. Hinzu kommen noch Möglichkeiten, das Symbol durch ein weiteres Wertefeld zu verdrehen („Rotation").

Eine Karte mit diesem Legendentyp hat nach den entsprechenden Einstellungen folgendes beispielhaftes Erscheinungsbild:

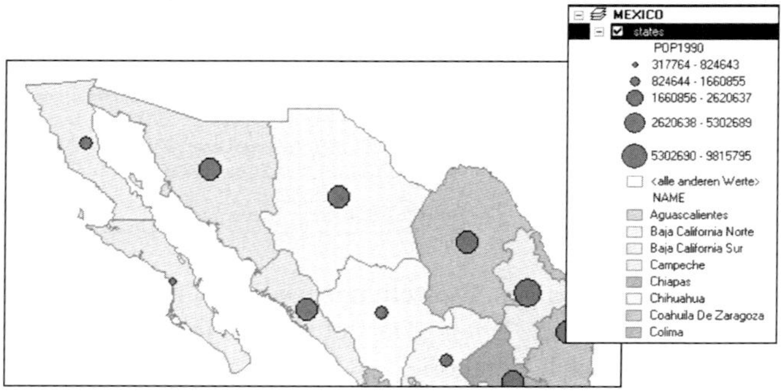

Die zugehörige Legende ist zweiteilig aufgebaut. Der obere Teil bezieht sich auf die verschieden großen Punktsymbole, der untere auf die mehrfarbigen flächenhaften Geo-Objekte.

Weitere Möglichkeit

Wenn statt der Schaltfläche „Symbolgröße..." die Schaltfläche „Farbschema..." gedrückt wird, können für einen Layer zwei verschiedene Farbschemata aktiviert werden. Für ein übergeordnetes Attributfeld wird eine Farbe gewählt, für ein untergeordnetes diese Farbe in verschiedenen Abstufungen angewendet.

Ist in einem Layer mit den Landkreisen Deutschlands auch die Zugehörigkeit zu einem Regierungsbezirk in der Sachdatentabelle abgelegt, so kann bei der Darstellung von ganz Deutschland jeder Regierungsbezirk (übergeordnet) eine eigene Farbe nutzen, während die jeweils zugehörigen Landkreise Abstufungen von genau dieser Farbe haben.

Obwohl alle Landkreise in jeweils eigenen unterschiedlichen Farben dargestellt werden, sind die Regierungsbezirke dadurch deutlich zu erkennen, dass die zugehörigen Landkreise eine ähnliche Farbe haben (zum Beispiel ein Regierungsbezirk/seine Landkreise in Abstufungen von Blau, die Nachbar-Regierungsbezirke/Landkreise in Abstufungen von Rot, Gelb, Grün...).

Da es sich dabei um sehr feine Farbunterschiede handelt, ist eine Darstellung in Graustufen in diesem Buch nicht sinnvoll.

8.5 Beschriftungen und Grafiken

8.5.1 Allgemeines

Die Darstellung der Geometrien von Geo-Objekten allein stellt noch keine sinnvolle Karte im eigentlichen Sinne dar. Es müssen weitere Darstellungen, die über eine farbige Legende hinausgehen, ergänzt werden, die die Nutzung der dargestellten Informationen ermöglichen oder zumindest erleichtern. Das kann sowohl durch informative Grafiken als auch durch Text sichergestellt werden.

Die Erzeugung dieser Elemente ist denkbar einfach und orientiert sich an den Vorgehensweisen der stark verbreiteten Desktop-Programme in der heutigen PC-Welt.

Nachfolgend werden die gebräuchlichsten Einsatzformen der grafischen Elemente vorgestellt und ihre Herstellung demonstriert. Text ist in diesem Zusammenhang ebenfalls als grafisches Element zu betrachten.

8.5.2 Text

Gemeint ist hier zunächst nicht nur die Beschriftung der Objekte unter Hinzuziehung der Attributtabelleninhalte, sondern die völlig freie Schrift und Textwahl einschließlich der freien Positionierung. Hierfür stehen eine Reihe von Werkzeugen zur Verfügung. Sie befinden sich in der Werkzeugleiste „Zeichnen".

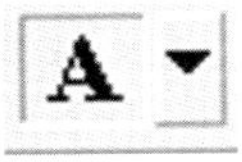

Drücken Sie zur Auswahl des passenden Werkzeuges den kleinen Pfeil im Werkzeug „Neuer Text". Damit erhalten Sie eine Wahlmöglichkeit über verschiedene Positionierungsmethoden für frei wählbaren Text.

Neben der Standardform „A", die die typische freie Positionierung ermöglicht, wird durch das geschwungene Symbol die Möglichkeit eröffnet, so genannten „geschwungenen Text" entlang einer frei konstruierten Linie zu platzieren. In der unteren Reihe wird links ein Werkzeug angeboten, das Text aus der Attributtabelle anzeigt, während das untere rechte Symbol die freie Bannerbeschriftung anzeigt.

Den gewünschte Text tragen Sie sofort nach nach Betätigung des Werkzeuges und Festlegen des Ortes in ein dafür vorgesehenes Feld ein. Für die Formatierung dieses Textes stehen die bekannten Werkzeuge so lange zur Verfügung, wie die gestrichelte Umrahmung des Textes sichtbar ist.

Der Textstring ist eine Grafik und kann ebenso behandelt werden. Man kann sie also zum Beispiel vergrößern/verkleinern und verschieben.

Für besondere Objekte, wie zum Beispiel Flüsse, kann eine angepasste Beschriftung entlang des Flusslaufes sinnvoll sein. Dafür ist das nebenstehende Werkzeug geeignet. Nach dem Aktivieren digitalisieren Sie eine freie Linie, die den Verlauf des Textes vorgeben soll. Sie sind dabei völlig frei in der Gestaltung. Nach dem letzten Doppelklick zur Beendigung des Digitalisierens eröffnet sich das Texteingabefeld. Nach der Eingabe wird der Textstring entsprechend der Vorgabe positioniert.

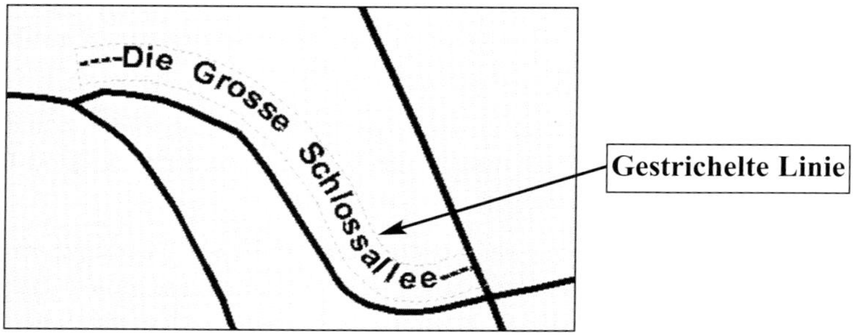

Auch hier können Sie verschiedene Formatierungen ausprobieren, solange der gestrichelte Rand sichtbar ist.

Für besonders feingliedrige Objektgeometrien, die eng beieinander liegen, ist eine weitere Beschriftungsmöglichkeit gegeben. Es wird ein Banner zur Textaufnahme angeboten, das mit einem Pfeil auf das betreffende Objekt weist. Der gewünschte Text wird wie zuvor in das Eingabefeld eingetragen.

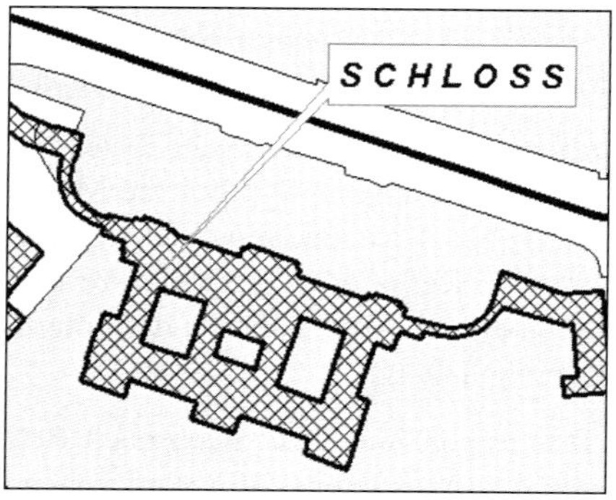

Wählen Sie die Bannerbeschriftung mit nebenstehendem Werkzeug aus und führen Sie den nun veränderten Cursor auf die Stelle, die das Ende des Pfeils auf dem Objekt markieren soll. Ziehen Sie nun den Pfeil an einen passenden Ort für die optimale Textposition. Es eröffnet sich danach die Möglichkeit der Texteingabe.

Nach der Texteingabe können Sie die Formatierung vornehmen und nicht nur die Buchstabenfarbe, sondern auch die des Hintergrundes ändern. Ebenfalls variabel ist die Form des Banners. Seine Lage und die Position der Pfeilspitze lassen sich unabhängig voneinander verändern.

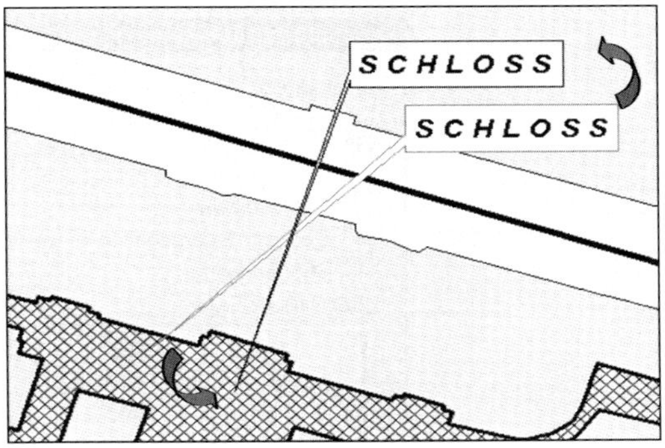

Markieren Sie die Grafik – es werden ein gestrichelter Rand und die Position der Pfeilspitze sichtbar – und verschieben Sie das Bannerfeld. Die Pfeilspitze bleibt ortsfest. Wollen Sie diese neu platzieren, fassen und verschieben Sie sie mit der Maus. Dabei bleibt das Bannerfeld ortsfest. Auf diese Weise lassen sich Verbesserungen in der Darstellung leicht erledigen.

Eine Betextung aus den Inhalten der Attributtabelle heraus wird mit dem letzten Werkzeug angeboten. Dazu sind Voreinstellungen durchzuführen. Zum einen muss entschieden werden, welches Feld der Attributtabelle zur Beschriftung herangezogen werden soll, zum anderen die Platzierungsmethode und der Beschriftungs-Style festgelegt werden.

Markieren Sie das entsprechende Shape und rufen Sie das Kontextmenü (rechte Maustaste auf das Shape) und „Eigenschaften..." auf. Wählen Sie dort das Register „Beschriftungen".

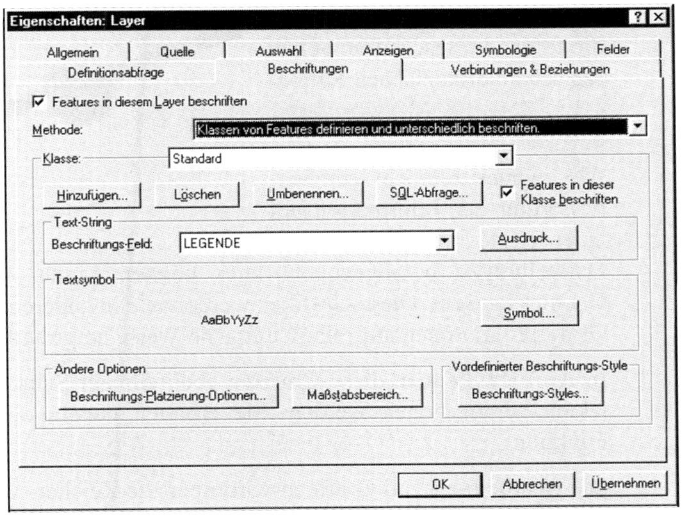

Wählen Sie unter „Beschriftungs-Feld" dasjenige Feld aus, dessen Inhalt bei der Beschriftung genutzt werden soll, und schließen Sie diesen Dialog.

Drücken Sie nun das nebenstehende Symbol. Es öffnet sich das Dialogfenster „Beschriftungsoptionen" (Grafik auf der nächsten Seite).

Bei der Platzierung überlassen Sie entweder dem Programm die Wahl des Ortes (obere Option) oder Sie entscheiden mit der Mausposition darüber (untere Option).

Beim Beschriftungsstyle können Sie sich auf die vorhandenen Einstellungen des Layers stützen oder Sie entscheiden völlig neu über das Erscheinungsbild des Textes mit Hilfe des darunter stehenden Angebotes.

Wählen Sie die Platzierungsmethode und den gewünschten Style aus. Anschließend gehen Sie mit dem Cursor auf das zu beschriftende Objekt und aktivieren mit linkem Mausklick die Beschriftung.

Die Auswahl der oben eingegeben Optionen ermöglicht dann die folgende Beschriftung einer typisch amerikanischen Straße.

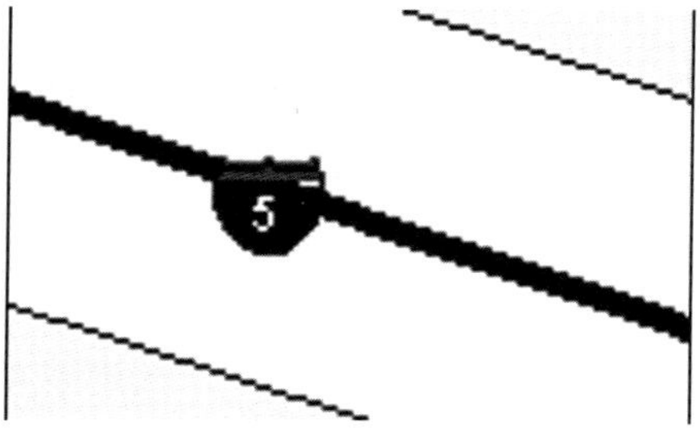

8.5.3 Grafik

Als zweites Element zur Verbesserung der Information auf einer Karte werden grafische Darstellungen herangezogen. Dies können Linien oder flächenhafte Geometrien sein. Diese Grafiken werden wie in anderen, weit verbreiteten Grafikprogrammen auf relativ einfache Weise hergestellt und bearbeitet.

In ArcView können diese Grafiken ebenfalls zur Selektion von Geo-Objekten herangezogen werden. Sie erhalten dabei gewissermaßen GIS-Funktion.

Die Bearbeitung von Grafiken wird über die Zeichen-Werkzeugleiste aktiviert:

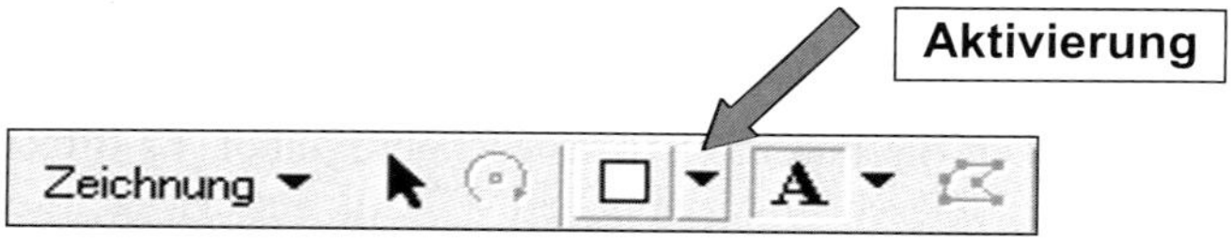

Es stehen folgende Grafiksymbole zur Verfügung:

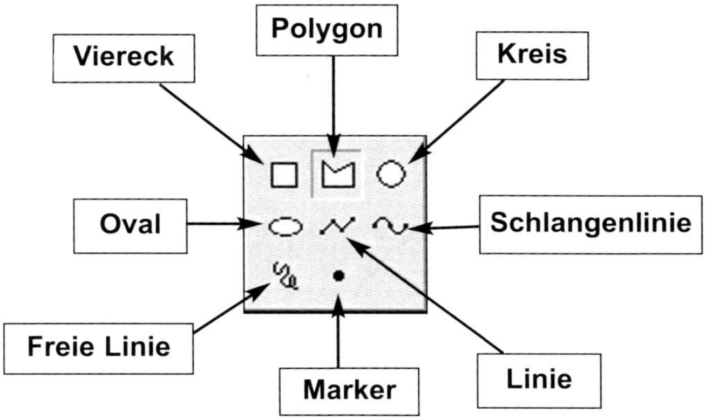

Mit den üblichen Werkzeugen lassen sich die Grafiken nach der Herstellung und Positionierung formatieren, das heißt hier: farbig gestalten. Die Werkzeuge befinden sich rechts neben der oben gezeigten Werkzeugleiste für die Formatierung des Textes.

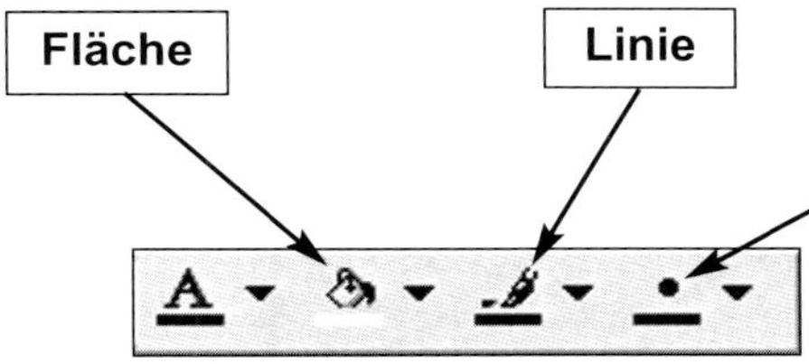

Ein wichtiges Werkzeug zur nachträglichen Veränderung oder Verfeinerung einer Grafik wird über die nebenstehende Schaltfläche bereitgestellt. Es ermöglicht die Sichtbarmachung der Stützpunkte einer Grafik zur Modifikation der Form.

Wählen Sie für die Gestaltung einer Kurve das Werkzeug „Neue Kurve" (Schlangenlinie) aus. Der Cursor ändert sich zu einem Kreuz. Zeichnen Sie eine beispielhafte sinusartige Kurve. Nach dem Setzen des zweiten Punktes und Hinführen auf einen dritten außerhalb der Fluchtlinie der ersten beiden berechnet und zeichnet das Programm eine sinusförmige Kurve.

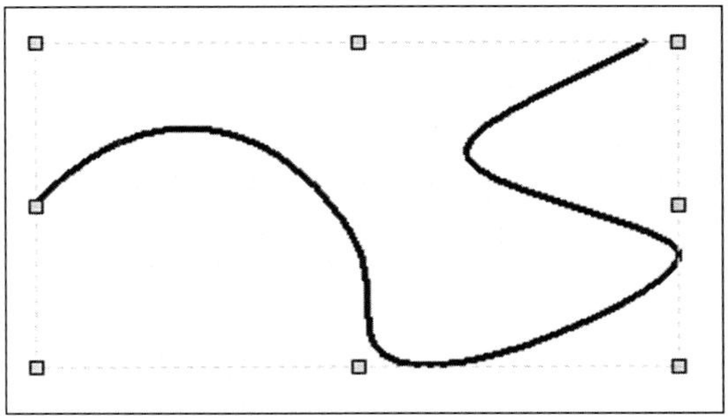

Solange der gestrichelte Rahmen dargestellt wird, können Sie die nebenstehendeSchaltfläche aktivieren. Es erscheinen alle Stützpunkte der Grafik. Die hellen markieren die gesetzten Punkte, die dunklen die Richtung der örtlichen Tangenten.

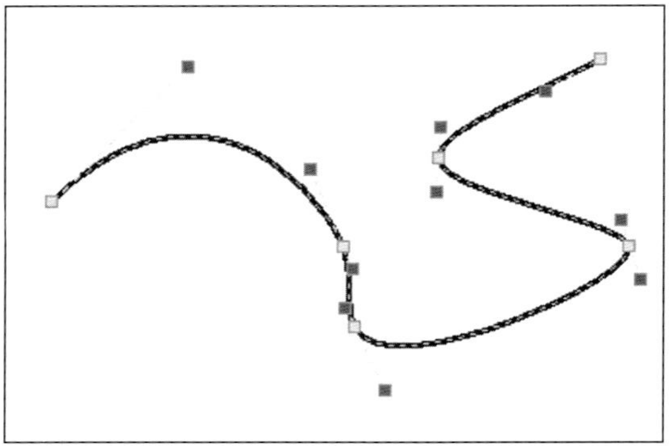

Fassen Sie den linken dunklen Punkt mit der Maus und verschieben Sie ihn. Sie bestimmen dabei die Steigung der Kurve an ihrem Ursprung (links unten) neu.

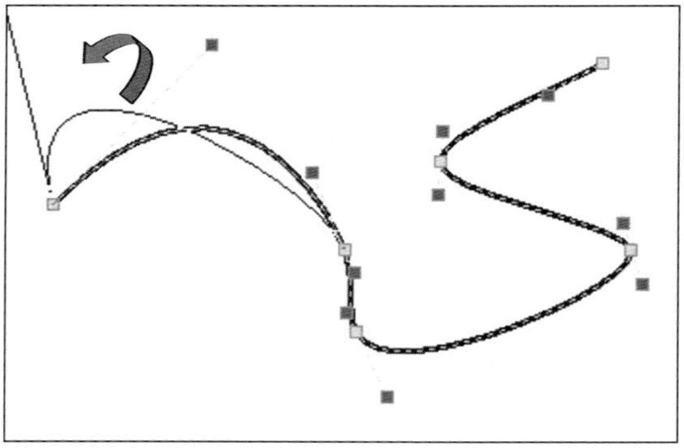

Nach Betätigen des Selektionswerkzeuges für Grafiken und Doppelklick mit linker Maustaste neben der Grafik wird diese mit neuer Form gespeichert.

8.5.4 Automatische Beschriftung (einfach)

Natürlich kommt schnell der Wunsch auf, über eine automatisierte Beschriftung zu verfügen, die sich auf die Inhalte der Sachdatentabelle stützt. Warum soll man ein zweites Mal schreiben, was schon in der Tabelle niedergelegt ist? ArcView stellt entsprechende Einstellungen und Werkzeuge zur Verfügung. Im Folgenden wird gezeigt, welche Möglichkeiten vorgesehen sind und wie sie genutzt werden können.

Es wird beschrieben wie

- das Shapefile dafür vorbereitet wird
- das entsprechende Tabellenfeld festgelegt wird
- die Symbolik der Beschriftung gewählt wird
- die Platzierung gesteuert wird
- der Darstellungsmaßstab gewählt wird

Im Gegensatz zur zuvor beschriebenen Beschriftung, die teilweise völlig unabhängig vom Inhalt der Sachdatentabelle war, ist hier nur noch der Tabelleninhalt maßgebend. Da diese Sachdaten immer genau einem Shapefile zugeordnet sind, gilt dies folglich auch für die automatische Beschriftung. Es ist daher verständlich, dass jedes Shapefile seine eigene Beschriftung erhält und darauf durch Voreinstellungen vorbereitet werden muss. Dies geschieht unter „Beschriftungen“ in den „Eigenschaften“ eines Shapefiles. Wählen Sie zur Einstellung ein Shapefile aus und drücken Sie die rechte Maustaste. In dem erscheinenden Dialog wählen Sie das Register „Beschriftungen“.

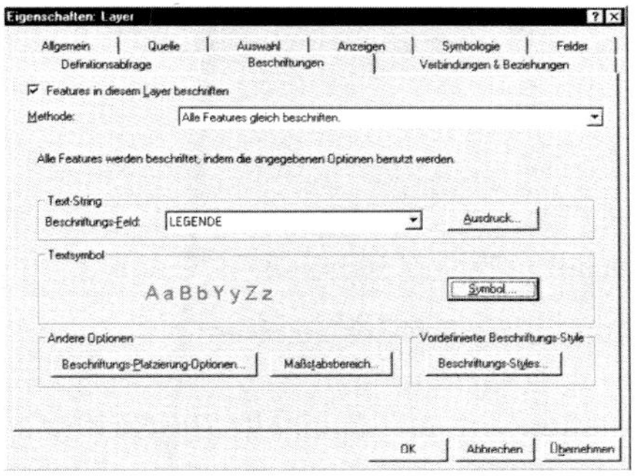

Zunächst soll beschrieben werden wie sich in einem Standardfall die Beschriftung erzeugen lässt. Danach werden weitere Variations- und Gestaltungsmöglichkeiten bei der automatischen Beschriftung beschrieben.

Setzen Sie also als Erstes bei „Features in diesem Layer beschriften“ einen Haken und wählen Sie als Zweites unter „Methode“, wie im Bild gezeigt, alle Features aus. Dies bedeutet, das alle Objekte gleich beschriftet werden. Als Drittes bestimmen Sie hinter „Beschriftungs-Feld“ dasjenige Feld der Sachdatentabelle, dessen Inhalt zur Beschriftung genutzt werden soll. In der Liste werden alle Felder der entsprechenden Tabelle zur Auswahl angeboten.

Aktivieren Sie als Viertes die Schaltfläche „Symbol...“ und wählen Sie in der erscheinenden „Symbolauswahl“ den Schrifttyp Ihrer Wahl. An dieser Stelle können Sie auch die Farbe, die Größe und die Stilart der Schrift wählen. Weitere Einstellungen zur Schrift verbergen sich hinter der Schaltfläche „Eigenschaften“ im Dialogfenster „Symbol-Auswahl“.

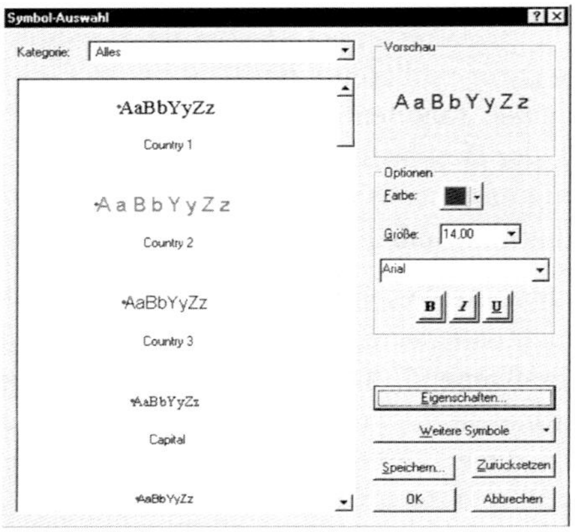

Wenn Sie Ihre Wahl mit „OK" bestätigen, gelangen Sie zurück zur Beschriftungssteuerung. Im fünften Schritt legen Sie unter „Beschriftungs-Platzierungs-Optionen" die Eigenschaften der Beschriftung fest. Nach Drücken der entsprechenden Schaltfläche öffnet sich im unteren Bereich des Dialogfensters „Platzierungseigenschaften" folgende Auswahlmöglichkeit:

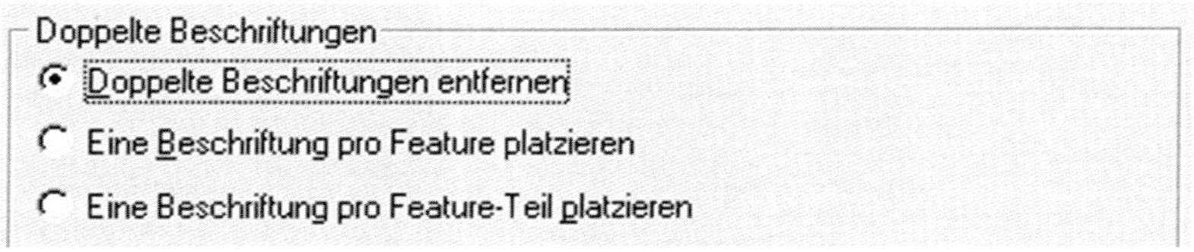

Die Standardeinstellung ist auf „Doppelte Beschriftung entfernen" gestellt und verhindert bei benachbarten Objekten, dass gleicher Beschriftungstext erscheint. Erklärungen finden Sie in der zugehörigen „Direkthilfe", die über die rechte Maustaste – Cursor auf den Text – aktiviert werden kann. Weitere Möglichkeiten an dieser Stelle werden später beschrieben.

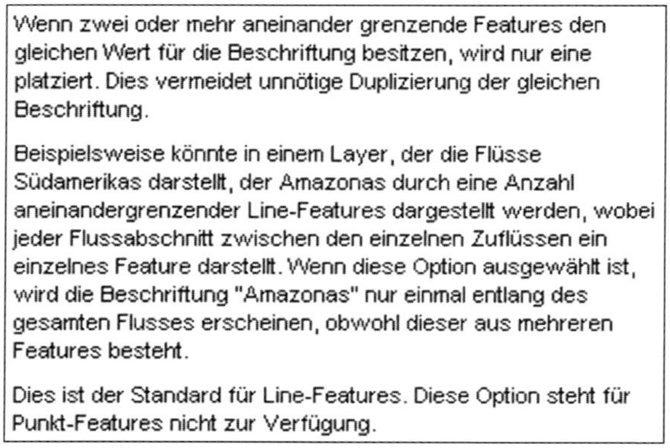

Wenn zwei oder mehr aneinander grenzende Features den gleichen Wert für die Beschriftung besitzen, wird nur eine platziert. Dies vermeidet unnötige Duplizierung der gleichen Beschriftung.

Beispielsweise könnte in einem Layer, der die Flüsse Südamerikas darstellt, der Amazonas durch eine Anzahl aneinandergrenzender Line-Features dargestellt werden, wobei jeder Flussabschnitt zwischen den einzelnen Zuflüssen ein einzelnes Feature darstellt. Wenn diese Option ausgewählt ist, wird die Beschriftung "Amazonas" nur einmal entlang des gesamten Flusses erscheinen, obwohl dieser aus mehreren Features besteht.

Dies ist der Standard für Line-Features. Diese Option steht für Punkt-Features nicht zur Verfügung.

Im abschließenden sechsten Schritt wählen Sie, in welchem Maßstabsbereich die Beschriftung sichtbar sein soll. Es ist leicht ersichtlich, dass dieser Punkt festgelegt werden muss, um eine lesbare Karte sicherzustellen. Zu leicht könnte eine ausführliche Beschriftung die Kartendarstellung verdecken.

Betätigen Sie im Register „Beschriftungen“ unter „Eigenschaften Layer“ die Schaltfläche „Maßstabsbereich...“. Es erscheint ein gleichnamiges Dialogfenster.

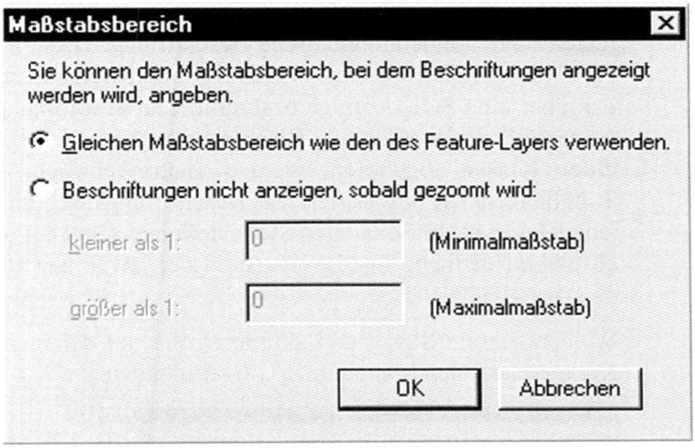

Belassen Sie die Einstellung, wie sie vorgegeben ist. Die Darstellungsmaßstäbe orientieren sich an denjenigen der zugehörigen Shapes. Diese werden unter „Allgemein“ in „Eigenschaften Layer“ eingestellt.

Schließen Sie diese Dialoge mit „OK“ ab, und die Objekte erhalten die gewünschte Beschriftung.

8.5.5 Weitere Gestaltungsmöglichkeiten

Bis hierher wurde beschrieben, wie für einen standardisierten Fall eine automatische Beschriftung realisiert werden kann. Nun erfahren Sie etwas über die weiterführenden und differenzierteren Methoden und Möglichkeiten. Dies sind u. a.:

- Klassenbildung
- Feldtypenauswahl
- Erweiterte Ausdrücke
- Platzierungsoptionen/Konflikterkennung
- Maßstabsabhängigkeiten
- Styles

Diese Themenbereiche sind jede für sich recht komplex. Im Rahmen dieses Buches ist es daher nicht möglich, allen Funktionalitäten nachzugehen. Im Folgenden werden die wichtigsten Merkmale beschrieben. Die Windows-typische Variation von Symbolen wird hier ebenfalls nicht vertieft. Am Ende dieses Abschnittes werden einige konkrete Beispiele vorgeführt.

Klassenbildung bei automatischer Beschriftung

Wenn es notwendig erscheint, zwar viele, aber eben nicht alle Objekte zu beschriften, ist eine so genannte Klassenbildung hilfreich. Innerhalb des fraglichen Shapes wird eine Selektion vorgenommen, und nur diese Objekte erfahren eine automatische Beschriftung. Diese Selektionen – **mehrere sind möglich** – erhalten einen frei wählbaren Klassennamen und werden über eine SQL-Abfrage bestimmt. Zur Bestimmung der zu beschriftenden Objekte werden alle Klassen herangezogen. Objekte, die mehr als **einer Klasse** angehören, werden auch mehrfach, entsprechend der **Tabelleninhalte,** beschriftet. Das Beschriftungsfeld (hier TYPO) wird für jede Klasse an der bekannten Stelle definiert. Gleiches gilt für das eventuell unterschiedliche Erscheinungsbild der jeweiligen Beschriftung (siehe oben).

Wählen Sie ein Shape und aktivieren Sie mit der rechten Maustaste im Kontextmenü den Menüeintrag „Eigenschaften“.

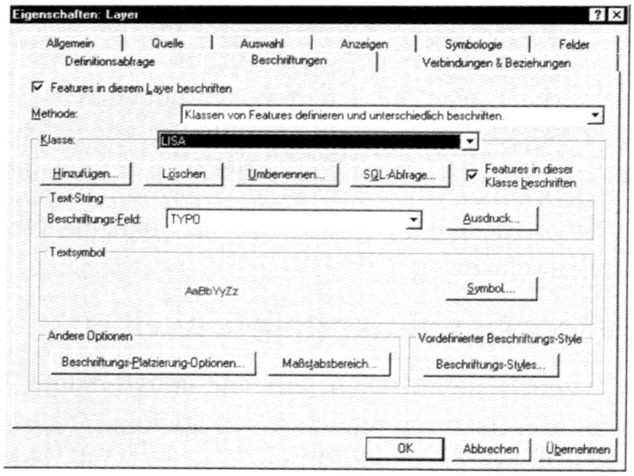

Wählen Sie das Register „Beschriftungen“ und setzen Sie den Haken, wie folgt:

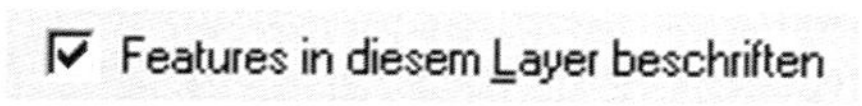

Stellen Sie bei der „Methode“ auf

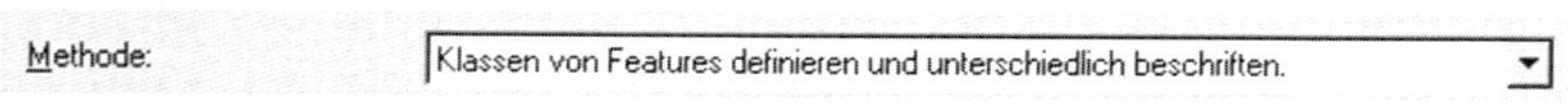

und setzen Sie auch den zweiten Haken...

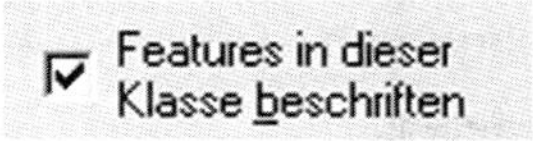

...der die Beschriftung der einzelnen Klassen individuell ein oder ausschaltet.

Im Ausgangszustand gibt es mindestens eine Klasse mit dem Namen „Standard". Diese lässt sich über die folgenden Schaltflächen umbenennen oder es lassen sich Klassen löschen bzw. hinzufügen.

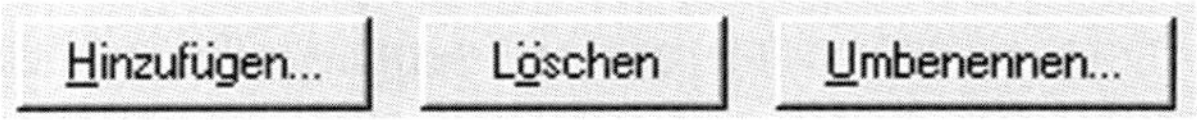

Nachdem Sie mit der Schaltfläche „Hinzufügen" die Möglichkeit genutzt haben, eine neue Klasse zu kreieren, legen Sie über die SQL-Abfrage die notwendige Bedingung fest.

Nach Betätigung der entsprechenden Schaltfläche erscheint das Dialogfenster „SQL-Abfrage".

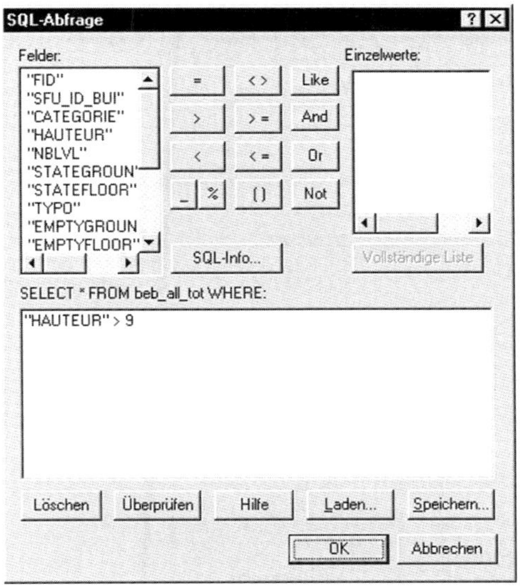

Hier legen Sie auf die bekannte Weise eine logische Bedingung fest, wie im Beispiel zu sehen: "HAUTEUR">9. Somit haben Sie den Gesamtdatenbestand reduziert und nur diejenigen Datensätze (Objekte), die diese Bedingung erfüllen, werden bei der automatischen Beschriftung berücksichtigt. Nun können Sie bei Bedarf eine nächste Klasse mit einer völlig anderen Bedingung festlegen. Der Datenbereich, der für die Beschriftung herangezogen werden soll, wird dadurch immer weiter eingeengt. Sie können nun noch jeder Klasse eine eigene Darstellungsform zuweisen.

Mit der Schaltfläche „Symbol“ können Sie im Dialogfenster „Symbol-Auswahl“ Einstellungen von Schriftform, -farbe und -stil vornehmen.

Feldtypen und erweiterte Ausdrücke

Für das Beschriftungsfeld können eine Reihe von Einstellungen vorgenommen werden, die die Aussagekraft der Beschriftung erhöhen können. So ist es zum Beispiel möglich, dass nur bestimmte Typen (Numerisch, Zeichenfolgen...) von Tabellenfeldern genutzt werden. Des Weiteren kann nicht nur der Inhalt eines Tabellenfeldes, sondern der Inhalt von mehreren für die automatische Beschriftung vorgesehen werden.

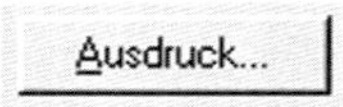

Aktivieren Sie das Register „Beschriftungen“ und drücken Sie die Schaltfläche „Ausdruck“.

Es öffnet sich das Dialogfenster „Ausdruckeigenschaften“.

Drücken Sie die Schaltfläche „Typ anzeigen“,...

...um die Liste der Feldtypen zur Auswahl zu erhalten. Wählen Sie den Typ Ihrer Wahl (hier Numerisch), und Sie haben die gewünschte Einschränkung vorgenommen. Im Beispiel ist nun dafür gesorgt, dass nur noch numerische Werte genutzt werden. Um sich zuvor einen Überblick über die Daten zu verschaffen, drücken Sie die Schaltfläche „Feldwerte anzeigen". Sie sehen folgende Auflistung der Feldwerte:

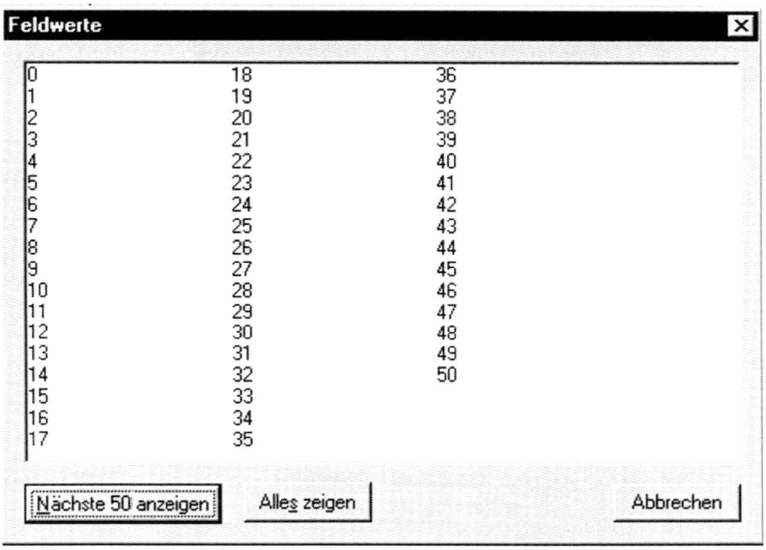

Mit den unteren Schaltflächen lässt sich das Erscheinungsbild bzw. der sichtbare Inhalt dieser Tabelle wunschgemäß steuern. Bei der Wahl von „Alles zeigen" kann es bei großen Datenmengen zu unübersichtlicher Darstellung kommen.

Um bei der automatischen Beschriftung dafür zu sorgen, dass zwei oder noch mehr Feldinhalte an das Objekt gebracht werden, betätigen Sie für ein markiertes Feld die Schaltfläche „Hinzufügen" im Dialogfenster „Ausdruckeigenschaften". Gleiches kann durch den Doppelklick auf den Feldnamen erreicht werden.

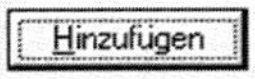

Wählen Sie unter den angebotenen Feldnamen in der Listbox einen aus und betätigen Sie die Schaltfläche „Hinzufügen". Danach wählen Sie ein zweites Feld und betätigen erneut die selbe Schaltfläche.

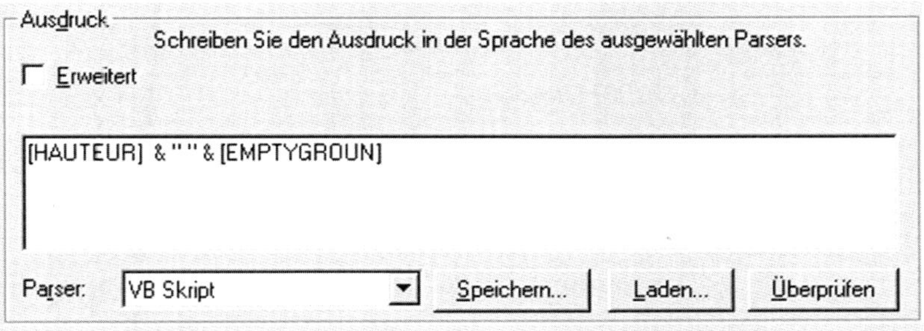

Im angezeigten Beispiel ist neben „Hauteur“ auch das Feld „Emptygroun“ für die Anzeige der automatischen Beschriftung vorbereitet. Beide Ausdrücke werden gleichzeitig zur Beschriftung herangezogen.

Sollen komplexere Ausdrücke genutzt werden, müssen sie eingegeben werden. Durch Setzen des Hakens bei „Erweitert“ wird diese Möglichkeit geschaffen.

In der „Direkthilfe“ ist dafür ein Beispiel angegeben.

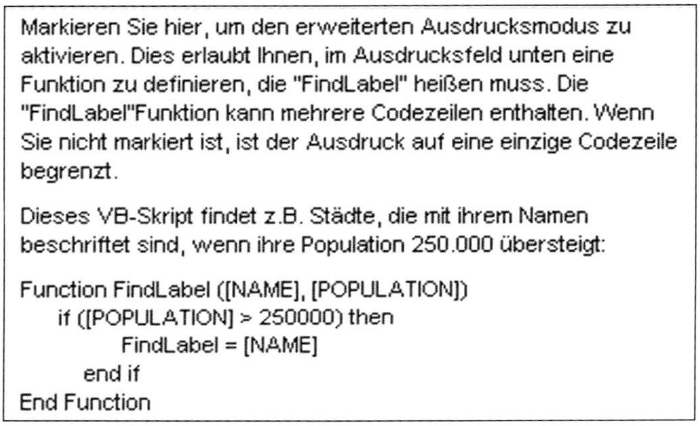

Markieren Sie hier, um den erweiterten Ausdrucksmodus zu aktivieren. Dies erlaubt Ihnen, im Ausdrucksfeld unten eine Funktion zu definieren, die "FindLabel" heißen muss. Die "FindLabel"Funktion kann mehrere Codezeilen enthalten. Wenn Sie nicht markiert ist, ist der Ausdruck auf eine einzige Codezeile begrenzt.

Dieses VB-Skript findet z.B. Städte, die mit ihrem Namen beschriftet sind, wenn ihre Population 250.000 übersteigt:

```
Function FindLabel ([NAME], [POPULATION])
    if ([POPULATION] > 250000) then
          FindLabel = [NAME]
      end if
End Function
```

Die gewählten Einstellungen lassen sich auch speichern bzw. entsprechend wieder laden. Zu diesem Zweck wird beim Speichern eine „LABEL expression Datei“ angelegt. Sie erhält die Dateierweiterung „*.lxp“ und kann bei Bedarf geladen werden.

Die Strings oder auch komplexere Ausdrücke, die unter „Ausdruck“ zum Eintragen der Tabellenfelder geschrieben werden, müssen eine spezielle Syntax aufweisen. Zur Kontrolle dieser Syntax wird ein so genannter Parser durch Drücken der Schaltfläche „Überprüfen“ aktiviert. Es sind zwei überprüfbare Programmiersprachen verwendbar: JAVA und Visual Basic. Eine erfolgreiche Überprüfung wird mit folgender Meldung quittiert:

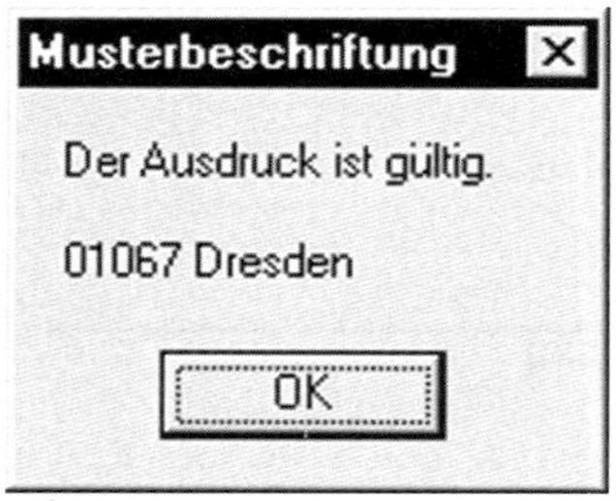

Der Ausdruck „01067 Dresden“ steht hier nur beispielhaft.

Beispiel:
Laden Sie das Shape „plzzip5“ aus dem Verzeichnis ESRIDATA/Europe/Germany und stellen in den „Eigenschaften“ im Register „Beschriftungen“ unter „Ausdruck“ Folgendes ein:

[ZIP_CODE] & " " & [POSTSTATN]

Speichern Sie diesen „Ausdruck“ in einer lxp-Datei in einem Verzeichnis und mit einem Namen Ihrer Wahl.

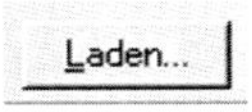

Laden Sie das Shape „plzzip5“ ein weiteres Mal. Wählen Sie nun unter „Ausdruck“ keine Felder aus, sondern holen Sie sich mit der Schaltfläche „Laden...“ stattdessen die lxp-Datei. Führen Sie die nötige Kontrolle mit der Schaltfläche „Überprüfen“ durch.

Das zweite Shape muss nun über die inhaltlich gleiche Beschriftung verfügen wie das zuerst geladene. Der Schrifttyp ist anders, da er nicht in der lxp-Datei gespeichert wird.

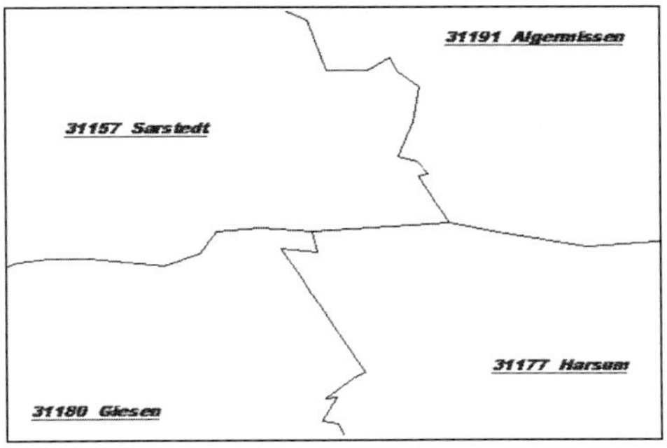

Platzierung der Beschriftung

Natürlich ist es nötig, die Platzierung der Beschriftung steuern zu können. Nur dann kann eine sinnvolle Verbesserung der Information auf der Karte gelingen. Ohne Voreinstellungen wird das Programm eher zufällig zu vernünftigen Darstellungen kommen. Angemerkt werden muss zudem, dass die verschiedenen Objekttypen (Polygon, Linie oder Punkt) an dieser Stelle sehr unterschiedlich behandelt werden.

Nachfolgend wird am Beispiel gezeigt, wie

- Polygonobjekte
- Konflikterkennung
- Linienobjekte
- Punktobjekte

bei den Beschriftungs-Platzierungs-Optionen behandelt werden.

Polygonobjekte
Der einfachste Objekttyp ist in diesem Zusammenhang das Polygon, mit dem auch begonnen werden soll.

Laden Sie in einen neuen Datenrahmen, den Sie umbenennen in „Deutschland", das Shapefile „deu_dist" (Landkreise der BRD) aus dem Verzeichnis „\ESRIDATA\Europe\Germany\" und setzen Sie den Haken im Inhaltsverzeichnis, damit die Objekte gezeichnet werden.

Führen Sie die schon beschriebenen Schritte zur automatischen Beschriftung durch – der Name der Landkreise soll gewählt werden – und klicken Sie im Register „Beschriftungen" auf die Schaltfläche „Beschriftungs-Platzierungs-Optionen..." unter „Andere Optionen".

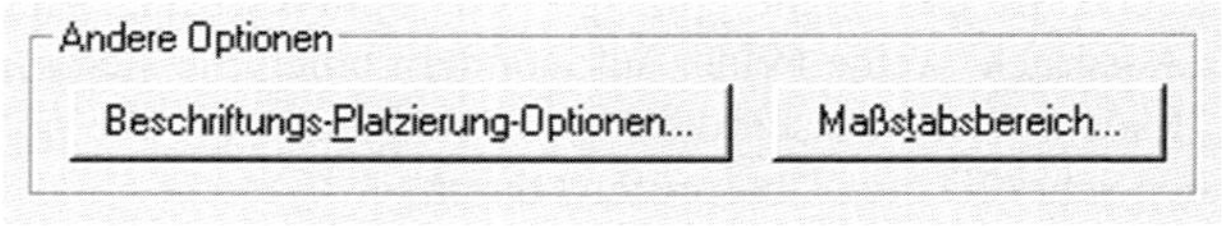

Es erscheint das Dialogfenster „Platzierungseigenschaften" mit den zwei unterschiedlichen Registern.

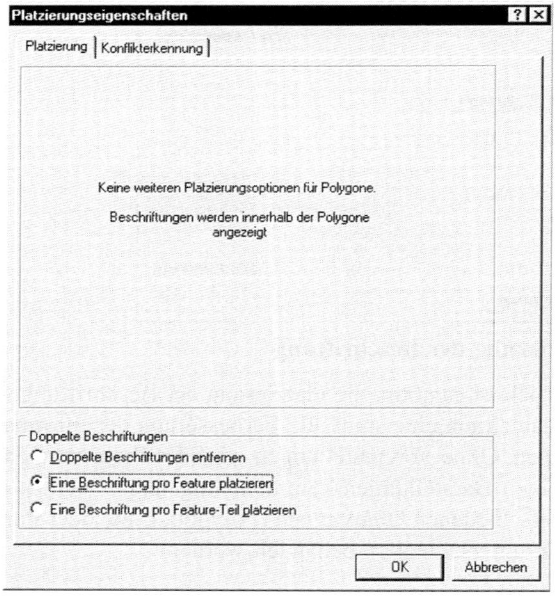

In der Mitte dieses Fenstern wird Ihnen die simple Platzierung bei Polygonen erläutert. Der Text wird immer innerhalb des Polygons angeordnet. Im unteren Bereich können Sie durch entsprechende Wahl noch kleine Verbesserungen vornehmen. Zum einen können Sie doppelte Beschriftungen mit gleichem Text bei benachbarten Objekten vermeiden, zum anderen entscheiden Sie, ob jedes Teil eines mehrteiligen Objektes (Multipart) beschriftet werden soll oder nicht.

Bei Nutzung der „Direkthilfe“ werden hierfür kleine Beispiele vorgestellt. Markieren Sie dazu den gewünschten Befehl und drücken Sie die rechte Maustaste.

> Für jedes Feature wird eine Beschriftung platziert. Duplikate werden nicht entfernt.
>
> Anmerkung: Wenn Sie diese Option benutzen, ist es möglich, dass Sie im gegenwärtigen Maßstab nicht für jedes Feature eine Beschriftung erkennen können. Dies liegt darin begründet, dass ArcMap standardmäßig überlappende Beschriftungen unterdrückt. Es unterdrückt Beschriftungen für jedes Feature, wo dies eine Überlappung verursachen würde. Um diese Einstellung zu überschreiben, schalten Sie die Option "Überlappende Beschriftungen platzieren" in der Register "Konflikterkennung" in diesem Dialog ein.

Konflikterkennung

Das andere Register führt zum Dialogfenster „Konflikterkennung“. Hier können Prioritäten und Puffer für die Beschriftung eingestellt werden. Diese Möglichkeiten beziehen sich auf alle Objekttypen. Die entsprechenden Inhalte der Register sind alle gleich. Daher wird nur an dieser Stelle darauf hingewiesen.

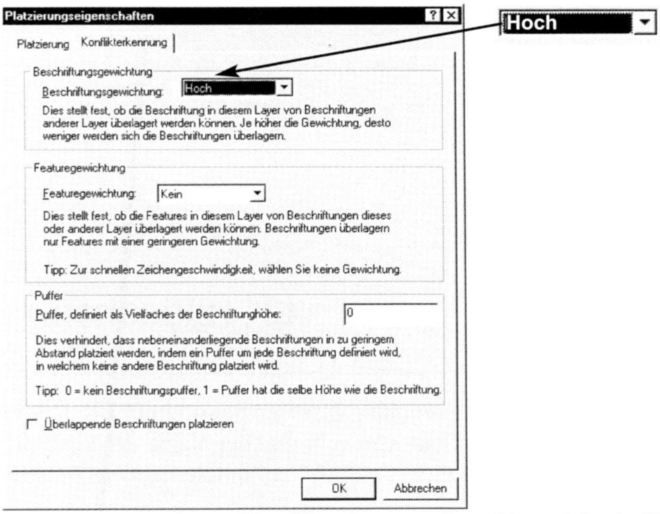

Hinter dem Register „Konflikterkennung“ verbirgt sich ein Dialog, der in drei verschiedene Themenbereiche eingeteilt ist. Es können beim Zeichnen von mehreren Shapefiles Gewichtungen vorgenommen werden, und zwar bei der Beschriftung selbst, bei den verschiedenen Objekten und schließlich kann ein Puffer um die Beschriftung herum definiert werden, der für ausreichende Abstände zwischen den einzelnen Textstrings sorgt.

Die jeweilige Gewichtung kann zusätzlich noch verschieden stark ausgeprägt werden. Es bestehen Wahlmöglichkeiten von „kein“ bis „hoch“. Die

Größe des Puffers kann in Relation zur gewählten Schriftgröße festgelegt werden.

Die Bedeutung der jeweiligen Gewichtung ist direkt im Dialogfenster erklärt.

An einem exemplarischen Beispiel, das nicht alle Facetten aufgreifen kann, sollen die Möglichkeiten angedeutet werden.

Laden Sie in einen neuen Datenrahmen, den Sie umbenennen in „Deutschland", das Shapefile „deu_dist" (Landkreise der BRD) und das Shapefile „deu_city" (deutsche Städte) und setzen Sie den Haken, um sie zu zeichnen.

Versehen Sie, wie oben beschrieben, beide Shapes mit automatischer Beschriftung und wählen Sie dazu als „Beschriftungsfeld" die „Namen" aus. Geben Sie beiden Beschriftungen verschiedene Größen und Farben.

Wählen Sie nun in der „Konflikterkennung" für beide Gewichtungen den jeweils niedrigsten Grad (mittel, kein). Bestätigen Sie zweimal mit „OK".

Es erscheint folgende Darstellung, wenn Sie die entsprechenden Bereiche auswählen.

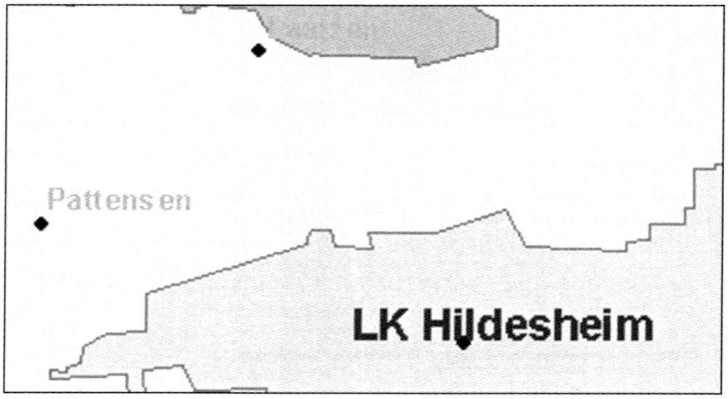

Deutlich ist erkennbar, dass der Schriftzug „LK Hildesheim" das Punktsymbol einer Stadt verdeckt und der Name der Stadt nicht angezeigt wird. Um diesen Konflikt aufzulösen, müssen andere Einstellungen vorgenommen werden.

Aktivieren Sie für „deu_city" die „Konflikterkennung". Wählen Sie bei der Beschriftungsgewichtung den Wert „mittel". Damit wird sichergestellt, dass in diesem Fall der Städtename nicht durch den Text eines anderen Objektes überdeckt wird.

Bei der Featuregewichtung stellen Sie den Wert „Hoch" ein. Damit wird erzwungen, dass der Text „LK Hildesheim" das Symbol der Stadt „Sarstedt" nicht mehr überdeckt. Nun wird folgende Darstellung angezeigt:

Der Name „Sarstedt“ ist nun sichtbar und das Punktsymbol frei von Überlagerung durch andere Texte.

Im Dialogfenster „Konflikterkennung“ sind bei der Gewichtung differenziertere Stufen wählbar. Dies kann genutzt werden, wenn mehr als zwei Shapes vorliegen und beschriftet werden sollen. Es muss dann immer im Einzelfall getestet werden, welche Gewichtungsstufe zum erwünschten Ergebnis führt.

Linienobjekte

Die Möglichkeiten, die Platzierung bei Linien zu steuern, sind umfangreicher als bei Polygonen. Das System wählt bei der Anwahl der entsprechenden Optionen automatisch die passenden Werkzeuge.

Naturgemäß kann bei Linien die Schrift nicht auf das Objekt geschrieben werden. Es werden daher verschiedenartige Möglichkeiten zur Platzierung neben der Linie angeboten.

Laden Sie das Shape „deuriver“ und aktivieren Sie die „Platzierungsoptionen“. Sie sehen das Dialogfenster „Platzierungseigenschaften“.

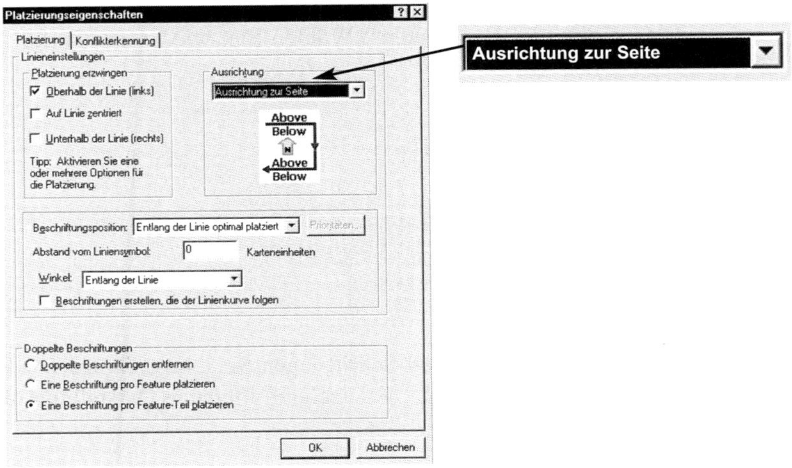

Der untere Bereich, „Doppelte Beschriftung“, wird von den Polygonen übernommen und hat die gleichen Aufgaben. Im oberen Bereich befinden sich neuartige Einstellungsmöglichkeiten, welche die Platzierungen steuern, die es an einer Linie geben kann.

Im Bereich oben links, „Platzierung erzwingen“, wird festgelegt, wo der Text in Bezug zur Linie platziert werden soll. Es kann zwischen „oberhalb“, „unterhalb“ und „auf die Linie zentriert“ gewählt werden. „Oberhalb“ und „unterhalb“ kann auch durch „links“ oder „rechts“ ersetzt werden.

Wie diese Positionen zueinander stehen, wird im Bereich „Ausrichtung“ (oben rechts) durch die grafische Darstellung verdeutlicht.

Der Begriff „Ausrichtung zur Seite“ ist der übliche Fall, wobei „oberhalb“ (above) bzw. „unterhalb“ (below) auf die Nordrichtung bezogen ist. Der zweite Fall, „Ausrichtung zur Linie“, meint die linke (left) oder die rechte (right) Seite in Abhängigkeit von der Digitalisierungsrichtung. Da diese nicht ohne weiteres erkennbar ist, muss eventuell etwas experimentiert werden.

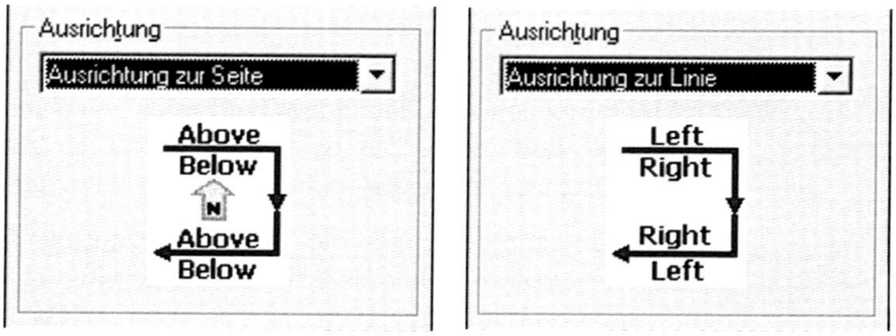

Laden Sie das Shape „deuriver“ in einen Datenrahmen und sorgen Sie für eine automatische Beschriftung (Haken setzen und Beschriftungsfeld „Name“ auswählen). Drücken Sie dann die Schaltfläche „Beschriftungs-Platzierungs-Optionen...“. Wählen Sie, wie in der Grafik gezeigt, „Oberhalb der Linie“.

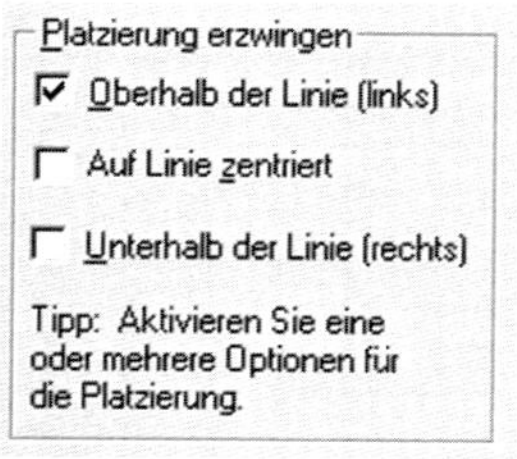

In einem weiteren Schritt legen Sie „Ausrichtung zur Seite“ fest und bestätigen mit „OK“. Es erscheint folgende Darstellung im Datenrahmen:

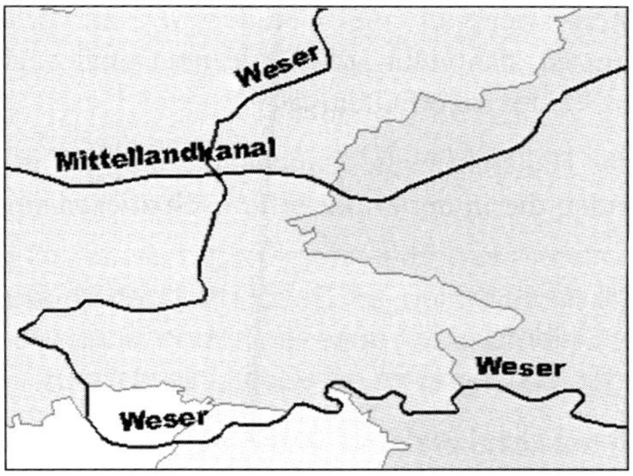

Die Namen sind jeweils oberhalb des Objektes platziert worden. Um die Namen umzusetzen, wählen Sie eine entsprechend andere Einstellungsmöglichkeit.

Weitere Modifikationen werden durch den mittleren Block der „Platzierungseigenschaften“ erschlossen.

Stellen Sie die Liste der Beschriftungsposition und den Winkel entsprechend dem nachfolgenden Bild ein.

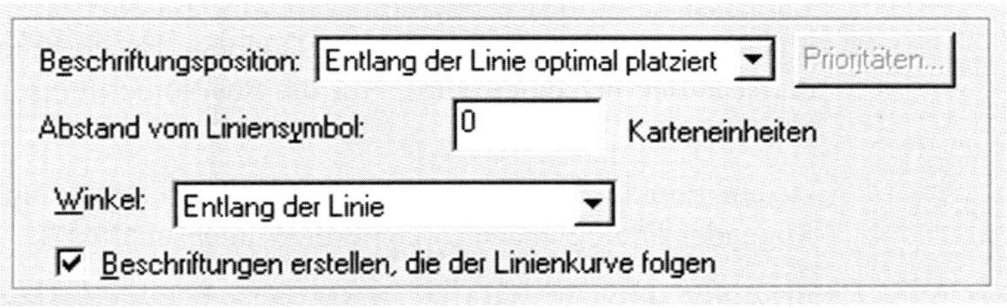

Setzen Sie auch den Haken links unten. Nun wird der Text entlang der Linien gesetzt und, soweit möglich, der Linienführung angepasst.

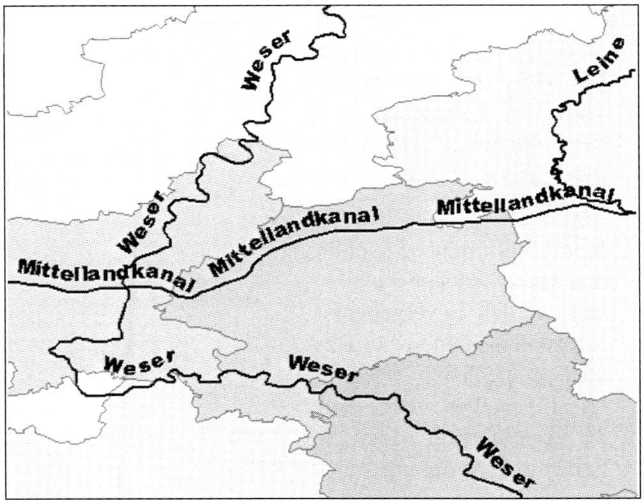

Er ist nicht mehr streng an einer Geraden, wie im vorherigen Fall, orientiert. Einsichtig ist, das nicht jede Linie im Detail verfolgt wird, um die Lesbarkeit des Textes zu erhalten.

Das Setzen des Hakens für die Linienanpassung ist an bestimmte Bedingungen gebunden die in der Direkthilfe nachzulesen sind.

> Aktivieren Sie diese Option, um Beschriftungen an eine (gekrümmte) Linienform anzupassen. Wenn nicht, werden die Beschriftungen entlang einer geraden Linie platziert.
>
> Diese Option hat keine Wirkung, wenn die Optionen für Beschriftungsposition nicht "Entlang der Linie an der besten Stelle" und für den Winkel nicht "Entlang der Linie" angegeben sind.

Punktobjekte

Nun wird beschrieben, wie sich die Platzierung bei Punktobjekten steuern lässt. Es ist leicht vorstellbar, dass es hier noch mehr Möglichkeiten (Freiheitsgrade) gibt als beim vorherigen Fall.

Zunächst kann hier wiederholt werden, dass sich die Konflikterkennung nicht ändert und dass das Thema „Doppelte Beschriftung“ wie in den anderen Fällen behandelt wird. Nur die Positionierung selber ist anders und vielfältiger.

Ist ein Punkteshape geladen, erscheint nach den üblichen Einstellungen folgendes Dialogfenster „Platzierungseigenschaften“:

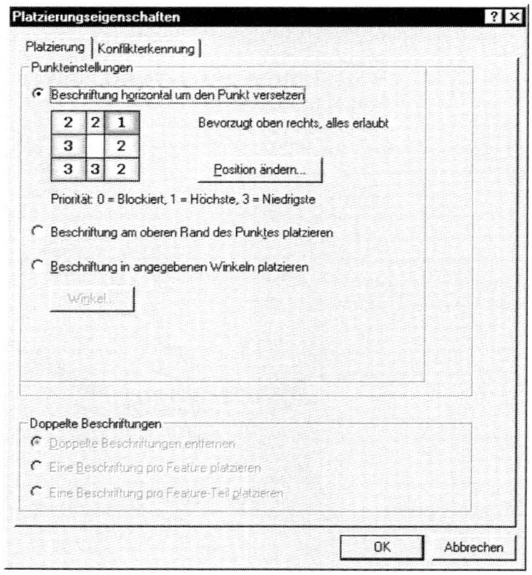

In einer kleinen Grafik wird dargestellt, wo die Platzierungen vorgenommen werden können. Es sind acht verschiedene Orte, die mit Prioritäten von 1 bis 3 versehen werden können. „1“ ist dabei die höchste, „3“ die niedrigste Priorität.

Kombinationen zwischen den verschiedenen Positionen und den zu vergebenen Prioritäten können bei Bedarf gewechselt werden. Hierfür stehen insgesamt 36 verschiedene Möglichkeiten zur Verfügung.

Darüber hinaus können die Schriftzüge in einem bestimmten Winkel zu oder auch mittig an das Punktobjekt positioniert werden.

Laden Sie das Shape „deucity“ und sorgen Sie auf die bekannte Weise für eine Beschriftung mit dem Städtenamen. Zoomen Sie auf den Bereich des Landkreises Hildesheim, und es erscheint folgende Darstellung:

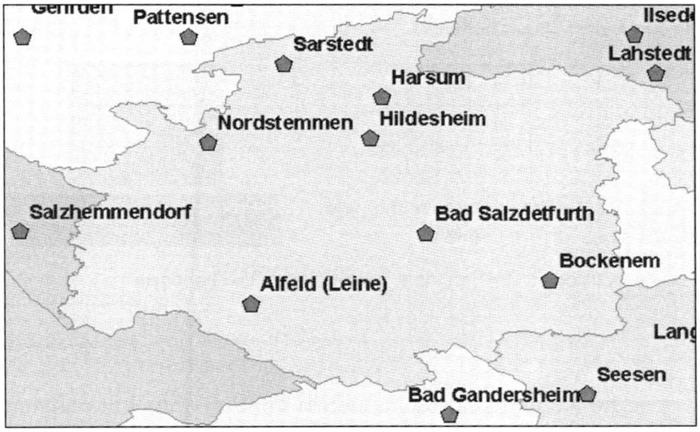

Entsprechend der Voreinstellung ist der Text oben rechts platziert. Bei dem Namen „Bad Gandersheim“ sieht man die Nutzung einer Option. Der Text steht oberhalb des zugehörigen Objektes, da das Objekt „Seesen“ einen Konflikt auslöst. Dieses Ausweichen des Textes wird erlaubt. Die Erlaubnis kann man aber auch ausschließen, wenn Gründe dafür vorliegen.

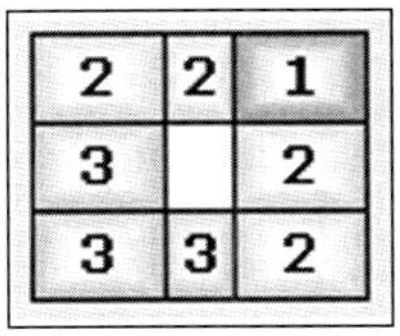

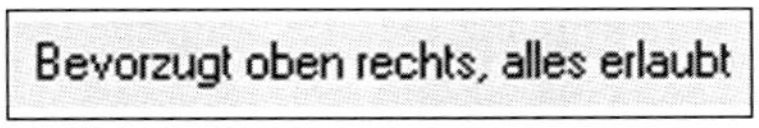

Gleichzeitig sind andere Positionen erlaubt, aber mit niedrigeren Prioritäten versehen: 2 und 3. Die Mitte bleibt frei!

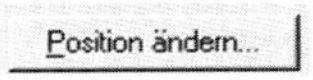

Diese Voreinstellungen lassen sich grundlegend verändern. Drücken Sie dazu die Schaltfläche „Position ändern“ und wählen Sie aus.

Es erscheint die Grafikliste „Anfangsplatzierung der Punkte“ mit 36 Möglichkeiten, um eine Positionierung, die Prioritäten und Ausschlüsse oder die Bevorzugungen einzustellen.

Wählen Sie, wie in der Grafik dargestellt, und schließen Sie mit „OK“ und „Übernehmen“ ab. Die Positionierung des Textes verändert sich in der gewünschten Weise. In Konfliktsituationen werden Alternativen gesucht und entsprechend genutzt.

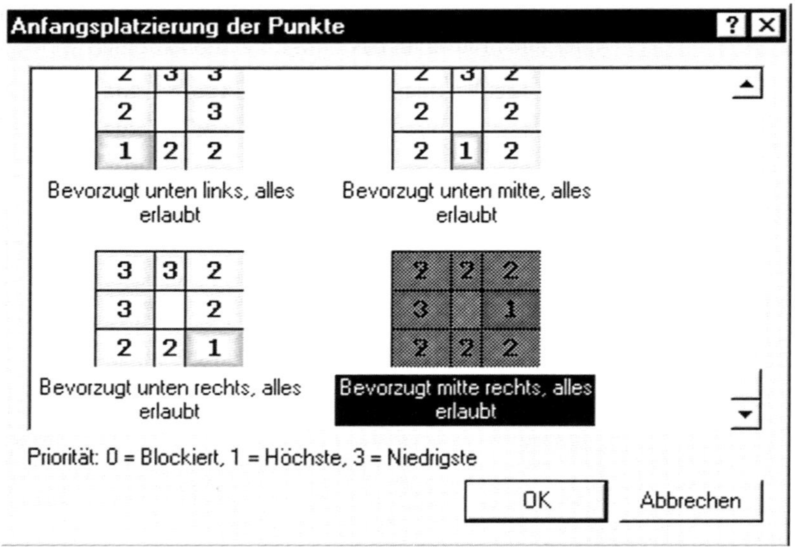

Die Namen sind rechts neben die Punktobjekte platziert worden, aber für Städte, wie Lahstedt, Lengede und Clausthal-Zellerfeld, sind Abweichun-

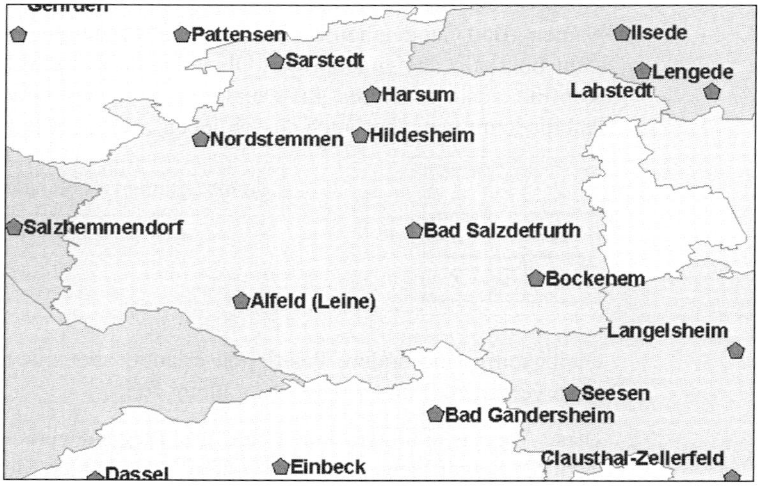

gen davon umgesetzt worden. Die Konfliktsituation ist hier nicht durch andere Objekte, sondern durch den gewählten Kartenausschnitt erzeugt worden. Sobald Sie einen anderen Ausschnitt zoomen werden die angesprochenen Namen anders positioniert.

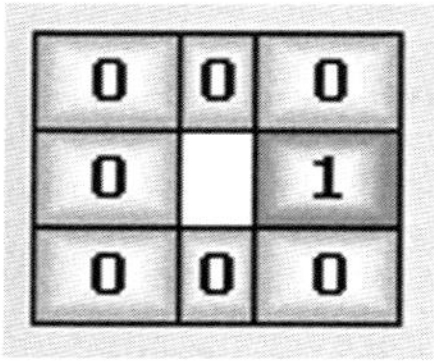

Wählen Sie nun eine andere Option bei den „Platzierungseigenschaften", wie in der nebenstehenden Grafik gezeigt, um weitere Möglichkeiten zu erkennen.

Es ist eine Position wie zuvor, aber ohne Ausnahme, was durch die Null angezeigt wird. Bestätigen Sie mit „OK“ und „Übernehmen“. Sie sehen nun in der Karte, dass einige Namen nicht mehr angezeigt werden. Die Konfliktsituation kann nicht aufgelöst werden – nur ein Hineinzoomen lässt die fehlenden Namen wieder erscheinen.

Maßstabsabhängigkeit

Für eine sinnvolle Darstellung des Textes ist es meist angebracht, Grenzen dafür festzulegen. Es muss vermieden werden, dass in einem Maßstab die Darstellung des Textes überhand nimmt und über die eigentliche Präsentation dominiert. Gemeint sind obere und untere Maßstabsgrenzen, mit denen definiert wird, wann ein Text sichtbar sein soll.

Drücken Sie im Register „Beschriftungen“ unter „Layer-Eigenschaften“ die Schaltfläche „Maßstabsbereich...“. Es erscheint ein Dialogfenster, in dem zwei Möglichkeiten für die Bestimmung der oberen und unteren

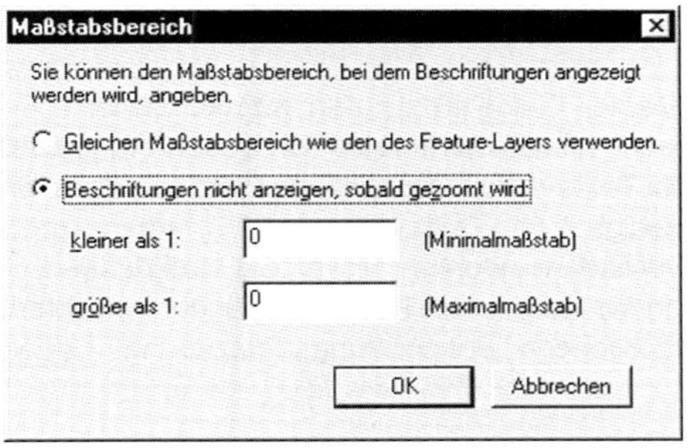

Maßstabsgrenze angeboten werden. Zum einen ist es die Übernahme der entsprechenden Einstellungen des betreffenden Layers. Diese werden unter seinen Eigenschaften im Register „Allgemein“ festgelegt:

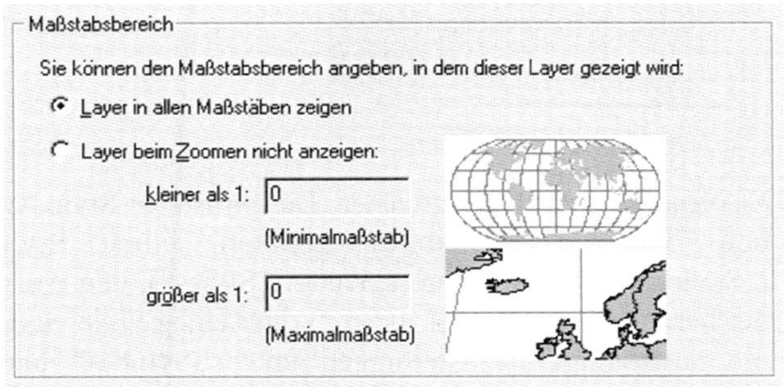

Zum zweiten können die – für eine bestimmte Präsentation vielleicht günstigeren – unteren und oberen Grenzen des Bereiches explizit in dafür vorgesehene Eingabefelder eingetragen werden. Wählen Sie eine der beiden Methoden und zoomen Sie danach über die angegebenen Grenzen hinweg. Sie erkennen, das dass System dafür sorgt, dass der Text nur im gewünschten Maßstabsbereich dargestellt wird.

Styles

In den vorangegangenen Kapiteln ist erklärt worden, wie man einen Feldnamen, und damit den Tabelleninhalt, als „Ausdruck“ und seine „Platzierung“ bei der automatischen Beschriftung einrichtet.

Der eingestellte „Ausdruck“ kann für sich in der lxp-Datei gespeichert und gegebenenfalls später geladen werden. Über den Programmstart ist keine entsprechende Datei angelegt worden.

Speichern kann man auch die Einstellungen für die Symbole, die für die Darstellungen gewählt wurden. Dies ist an entsprechender Stelle zum Thema „Symbole“ erläutert.

Die Speicherung der eingestellten Maßstabsbereiche für sich allein ist nicht möglich.

Sollen „Symbol“ und „Platzierung“ dauerhaft gespeichert werden, geschieht dies im Style. Die Direkthilfe erklärt dazu:

> Klicken Sie, um einen Dialog aufzurufen, mit dem Sie den Beschriftungsstyle bestimmen können. Ein Beschriftungsstyle schließt sowohl Textsymbole als auch die Platzierungsoptionen ein. Wenn Sie lediglich das Textsymbol (z.B. Schriftart, -größe oder - farbe) verändern möchten, klicken Sie statt dessen "Symbol". Wenn Sie lediglich die Platzierung ändern möchten, klicken Sie entsprechend "Beschriftungs-Platzierungs-Optionen".

Klicken Sie, nachdem Sie alle Einstellungen in den Bereichen „Symbol...“ und „Beschriftungs-Platzierungs-Optionen“ vorgenommen haben, auf folgende Schaltfläche:

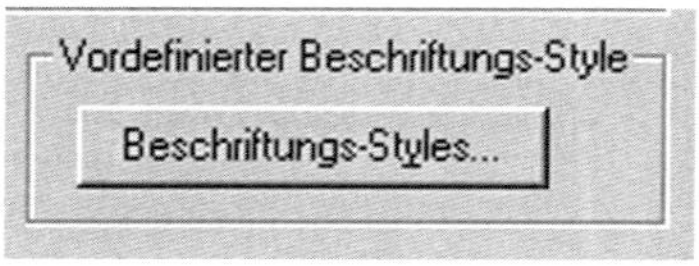

Es öffnet sich das Dialogfenster „Beschriftungs-Style Auswahl“. Hier werden Ihnen Möglichkeiten geboten, einen Style zu speichern („Speichern...“), zu laden („Weitere Styles“), den Ausgangszustand wieder herzustellen („Zurücksetzen“) oder einen Style zu definieren, falls Sie die notwendigen Einstellungen unter „Symbol“ und „Beschriftungs-Platzierungs-Optionen“ noch nicht durchgeführt haben.

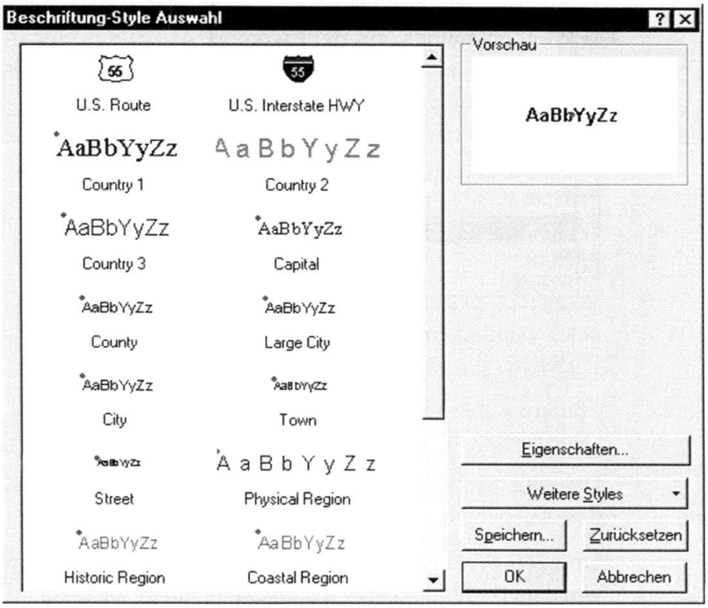

In diesem Fall drücken Sie die Schaltfläche „Eigenschaften".

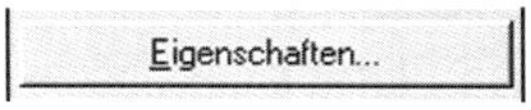

Es öffnet sich das folgenden Dialogfenster „Beschriftungs-Style":

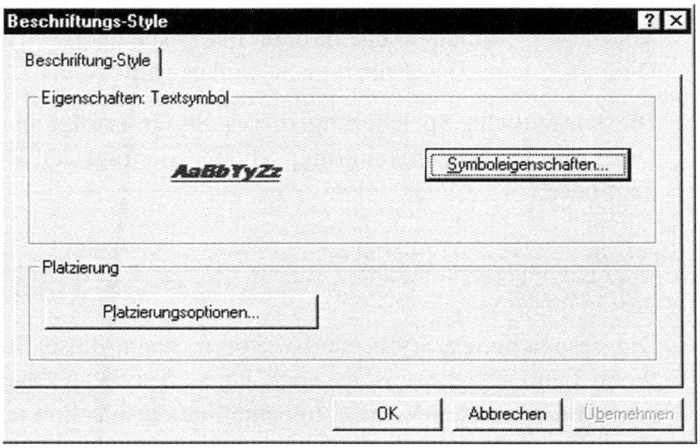

Hier haben Sie eine weitere Möglichkeit, die entsprechenden Einstellungen für „Symbol" und „Platzierung" vorzunehmen.

Die Werkzeuge, die sich hinter den „Platzierungsoptionen...“ verbergen, sind schon zuvor vorgestellt worden. Allerdings enthält das Dialogfenster „Platzierungseigenschaften“ eine zusätzliche Auswahlliste. In dieser Liste können Sie unter verschiedenen Objektypen wählen.

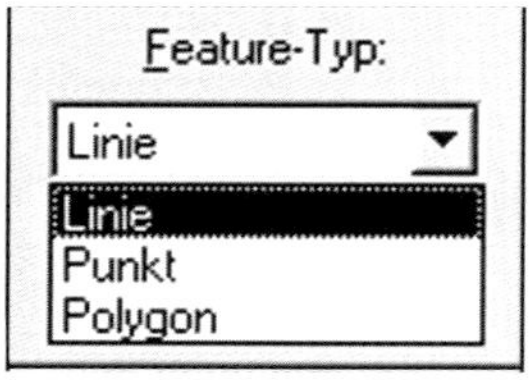

Nach Anklicken des gewünschten Typs verändert sich das gesamte Dialogfenster passend zum Objekttyp.

Weitere Funktionen von „Beschriftungs-Style Auswahl“ unten rechts sind „Zurücksetzen" und „Speichern“.

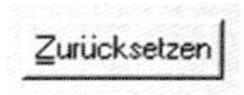

Drücken Sie vor dem „OK“ die Schaltfläche „Zurücksetzen“, wenn Sie den Ausgangszustand wieder herzustellen wollen.

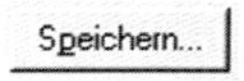

Drücken Sie die Schaltfläche „Speichern“, um die gewählten Einstellungen dauerhaft zu sichern. Es erscheint eine Eingabebox für einen frei wählbaren Namen für den neuen Style.

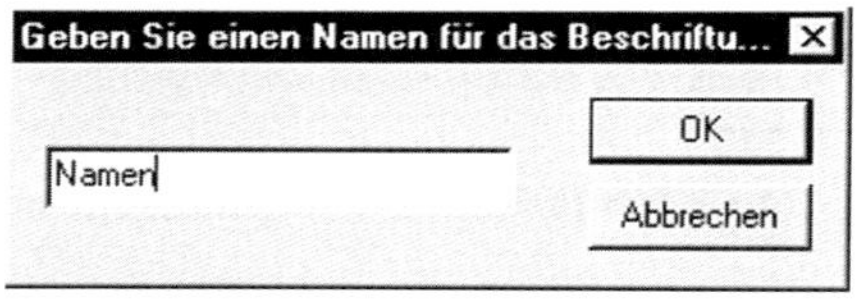

Mit diesem Namen erscheint dann der gespeicherte Style in der Liste des Dialogfensters „Beschriftungs-Style Auswahl“.

Die tatsächliche Speicherung dieses Styles erfolgt in einer gesonderten Datei mit der Dateierweiterung „style“. Sie trägt den Benutzernamen und liegt unter:

Die gespeicherten Styles sind verloren, wenn diese Datei gelöscht wird. Wenn beim Programmstart noch kein „*.style“ vorhanden ist, wird im schon bezeichneten Verzeichnis eine Standardversion angelegt.

Diese Style-Dateien können natürlich auch an anderer Stelle abgelegt werden. Nach der Herstellung müssen sie nur in das gewünschte Verzeichnis kopiert werden. Sie können dann jederzeit wieder geladen werden. Dazu dient die Schaltfläche „Weitere Styles“ im Dialogfenster „Beschriftungs-Style Auswahl“.

Drücken Sie diese Schaltfläche und es erscheint die folgende Liste

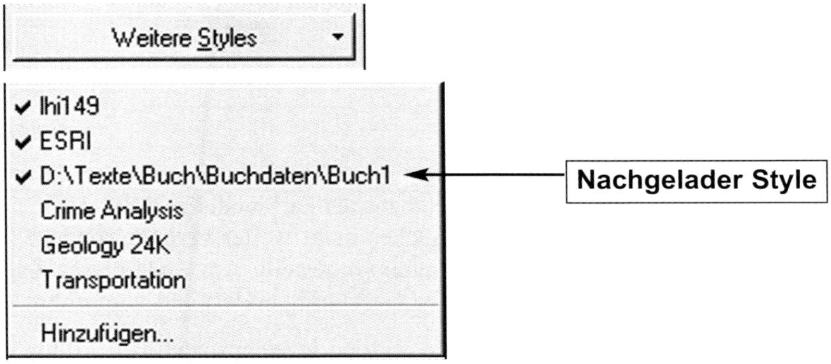

Aufgelistet sind die aktiven Styles (Haken) und diejenigen, die noch aktivierbar sind. Durch Anklicken des gewünschten Styles wird dieser aktiviert oder auch wieder deaktiviert. Der Standard-Style (hier „lhi149") ist davon allerdings ausgenommen; er steht immer aktiviert oben in der Liste.

Mit „Hinzufügen" lassen sich weitere Styles nachladen. Wählen Sie diesen Menüeintrag und es erscheint folgendes Dialogfenster,...

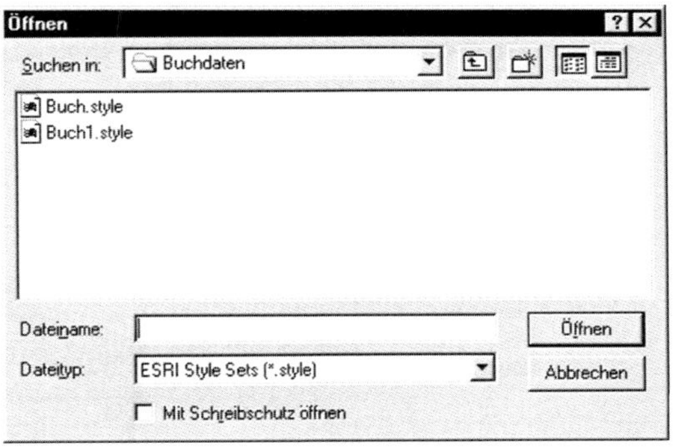

...in dem Sie einen bestimmten Style auswählen und nachladen können. Er ist dann in der Liste unter „Weitere Styles..." – mit Haken versehen – aufgelistet. Der nachgeladene Style wird unten in die Liste des Dialogfensters „Beschriftungs-Style Auswahl" eingetragen.

8.5.6 Symbole

In den bisher vorgestellten Beschriftungsmöglichkeiten wird immer wieder auf die Symbole und ihre Eigenschaften hingewiesen. Hierbei handelt es sich um die Möglichkeit, für die Erscheinungsform eines Symbols (z. B. eines Buchstaben) bestimmte Einstellungen vorzunehmen. Gemeint sind:

- Schriftart
- Schriftform

- Größe
- Farbe, Füllmuster
- Platzierung, Ausrichtung
- Drehung, Versatz
- Formatierung
- Hintergrund

Im Folgenden sollen diese Möglichkeiten vorgestellt werden. Die speziellen und sehr differenzierten Farbmodelle (RBG, HSV, CMYK) werden im Rahmen dieses Buches nicht weiter vertieft, sondern stattdessen nur die Standardeinstellungen vorgestellt. Am Ende dieses Kapitels werden einige Beispiele für die Gestaltung erklärt und vorgeführt.

Alle Einstellungen werden in einem zentralen Editor vorgenommen, der aus dem Dialogfenster „Symbol-Auswahl" gestartet wird.

Markieren Sie das Shape (den Layer) „plzzip5" und klicken Sie mit der rechten Maustaste auf den Layer, um das Menü „Eigenschaften" zu aktivieren. Wählen Sie das Register „Beschriftungen" und klicken Sie auf die Schaltfläche „Symbol...". Es erscheint das Dialogfenster „Symbol-Auswahl".

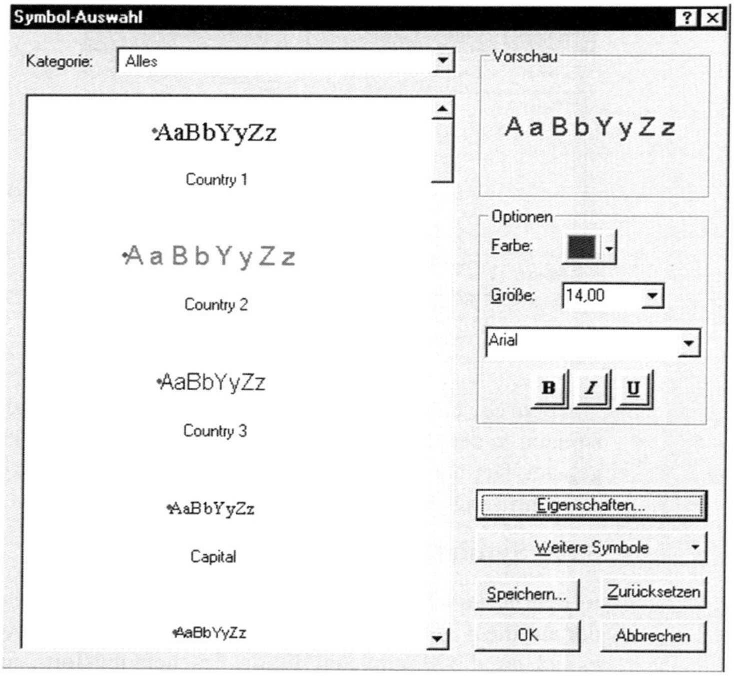

Das Dialogfenster ist in vier verschiedene Bereiche eingeteilt. Die linke Seite zeigt die verschiedenen Möglichkeiten in einer Art Liste. Oben rechts kann in der „Vorschau" die aktuelle Schrift-Einstellung überprüft werden.

Im mittleren Bereich auf der rechten Seite befinden sich die Windows-typischen Einstellungsmöglichkeiten für die Farbe, die Schriftgröße, die Schriftart und die Schriftform.

Rechts unten liegen die Schaltflächen, mit denen die Eigenschaften in einem Editor einzustellen, weitere Symbole nachzuladen, zu speichern oder die Einstellungen zurückzusetzen sind.

Klicken Sie zum Starten des Editors auf die Schaltfläche „Eigenschaften...“. Dann können Sie im Editor Einstellungen vornehmen.

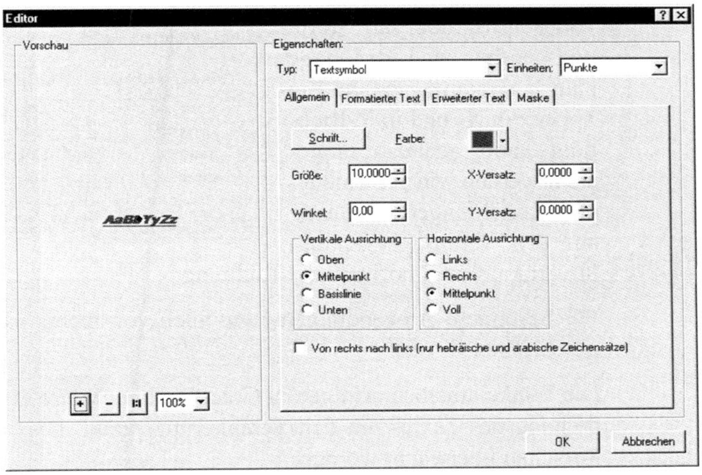

Dieser Editor ist mit einer Reihe von Werkzeugen ausgestattet, die es erlauben, die Symbole auf vielfältige Weise zu modifizieren. Auf der linken Seite wird eine Vorschau angeboten, die auch in Ihrer Darstellungsgröße auf dem Bildschirm verändert werden kann.

Das Plus- und das Minuszeichen vergrößern und verkleinern stufenweise. Das „1:1“-Werkzeug erzeugt eine Darstellung in der späteren Größe. Gezielte Angaben sind im Eingabefeld der Prozentangabe möglich.

Auf der rechten Seite im Bereich „Eigenschaften“ befinden sich verschiedene Zonen. Zum einen wird der Typ der Symbole angezeigt und zum anderen die Maßeinheit für die Darstellung.

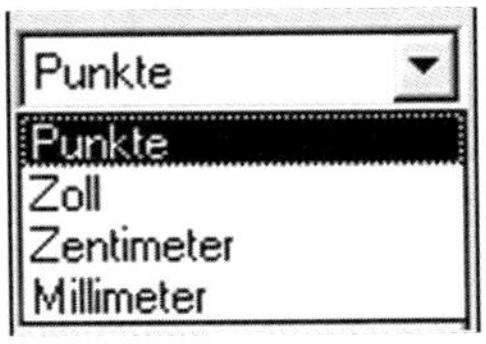

Von zentraler Bedeutung sind die Werkzeuge die sich hinter den folgenden vier Registern verbergen.

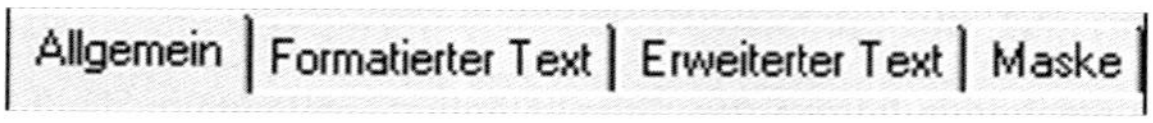

Hier werden die weiteren Einstellungen zur Gestaltung des Symbols vorgenommen.

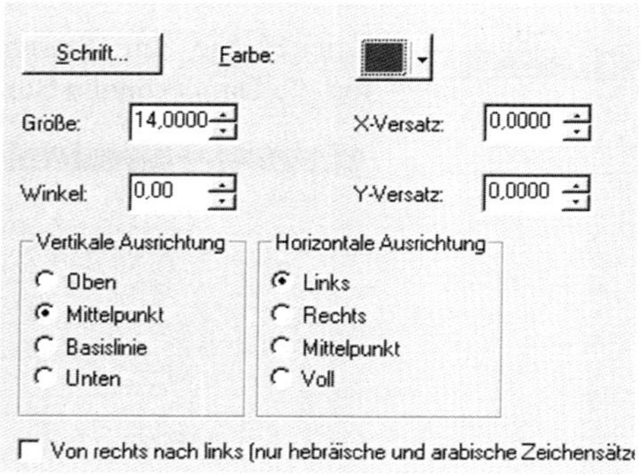

Die Funktionen des Registers „Allgemein“ sind neben der nochmaligen Einstellung von Schriftgröße, -art, -form und -farbe auch die Lage zum Verankerungspunkt. Ein Versatz in X- und in Y-Richtung kann genauso eingestellt werden wie verschiedene Ausrichtungen in Bezug auf den Verankerungspunkt in vertikaler und horizontaler Richtung.

Für besondere Anwendungen kann auch von rechts nach links orientiert geschrieben werden.

Die Winkelangaben erfolgen in Grad. Positive Werte erzeugen eine Linksdrehung des Textes um den Verankerungspunkt. Dies kann sofort in der Vorschau überwacht werden.

Im Register „Formatierter Text“ werden spezielle Formatierungen ermöglicht.

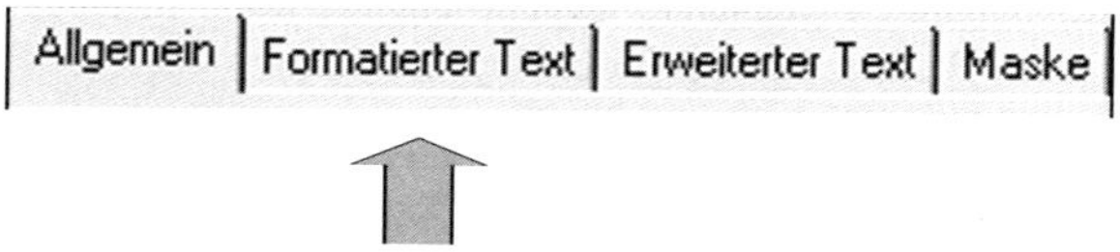

Es öffnet sich folgendes Auswahlfenster.

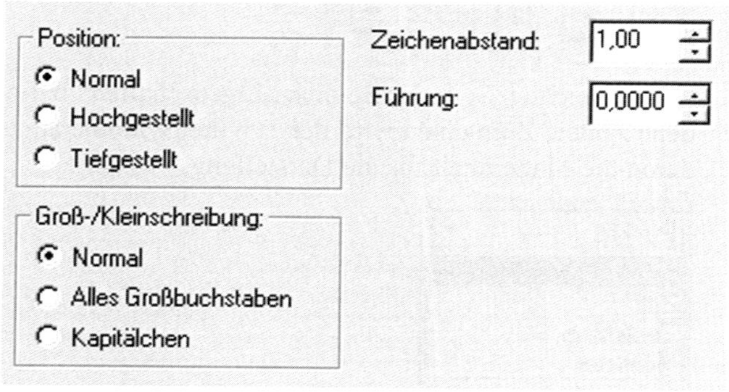

Ähnlich wie bei den modernen Textverarbeitungssystemen können Hoch-/ Tief-Stellungen oder die ausschließliche Verwendung von Großbuchstaben eingestellt werden. Das Einstellen von Kapitälchen und des Zeichenabstandes vervollständigen diese Einstellungen. Mit „Zeichenabstand“ steuert man den Abstand der Buchstaben untereinander und mit „Führung“ die Lage der Ober- oder Unterkante des Banners.

Das nächste Register – „Erweiterter Text“– ...

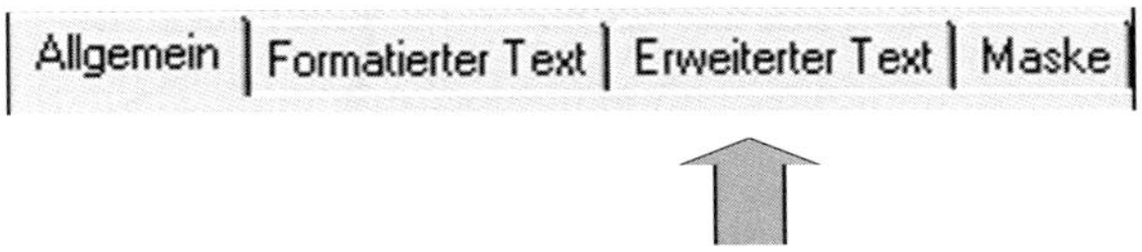

...eröffnet weitere Einstellungen für den Texthintergrund und für Textfüllmuster, so genannte Banner oder Callouts.

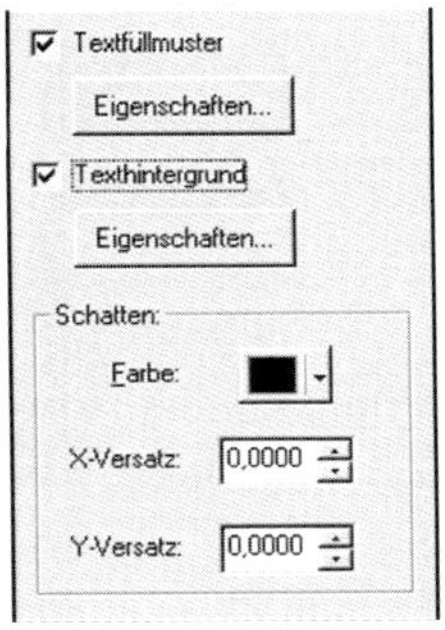

Hinter den jeweiligen Schaltflächen verbergen sich Einstellungsmöglichkeiten für Text- und Hintergrundmuster. Beim Schatten der Buchstaben – nicht des Banners – können Farbe und Versatzmaß eingestellt werden.

Drücken Sie die Schaltfläche „Eigenschaften“ bei Textfüllmuster. Es erscheint das Dialogfenster „Symbol-Auswahl“.

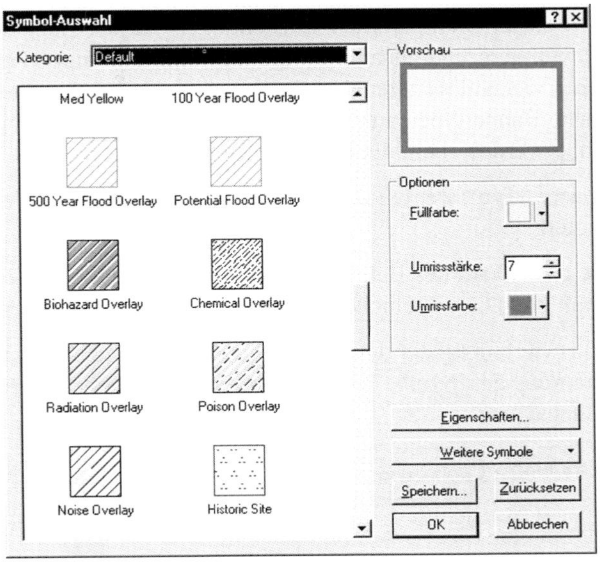

Hier werden Textfüllmuster und -farbe, Umrissfarbe und -stärke eingestellt.

Drücken Sie die gleiche Schaltfläche bei „Texthintergrund“, so erscheint das Dialogfenster „Eigenschaften“:

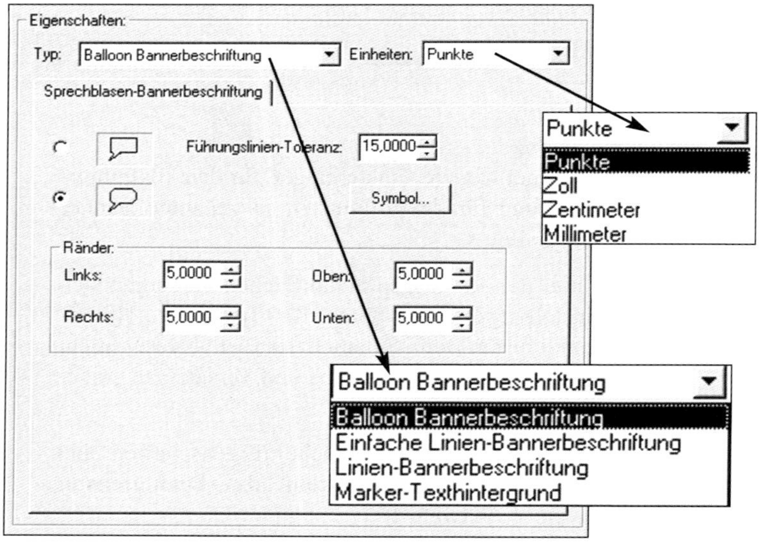

An dieser Stelle werden Einstellungen für die Bannerbeschriftung (hier Texthintergrund genannt) vorgenommen. Es können Formen, Ränder und eine Vielzahl weiterer Gestaltungsmöglichkeiten bestimmt sowie verschiedene Bannertypen ausgewählt werden. Die Maßeinheiten für die Darstellung werden ebenfalls bei „Einheiten“ gewählt.

Unter „Typ“ werden die verschiedenen Bannertypen in einer Liste angeboten.

Je nach Wahl des Bannertyps sind andere Werkzeuge zur Gestaltung auswählbar. Die verschiedenen Bannertypen werden im Anschluss bearbeitet.

Das vierte Register des Editors – „Maske“ – eröffnet einen Dialog zur Gestaltung des Symbolumfeldes. Gemeint ist eine Umrandung, z. B. der Buchstaben.

Sie ermöglicht folgende Darstellungsvariante durch Angabe der Breite und der Farbe des „Randes“ um den Text oder des einzelnen Buchstaben.

Das zugehörige Dialogfenster erscheint, wenn das Register „Maske" gewählt wird.

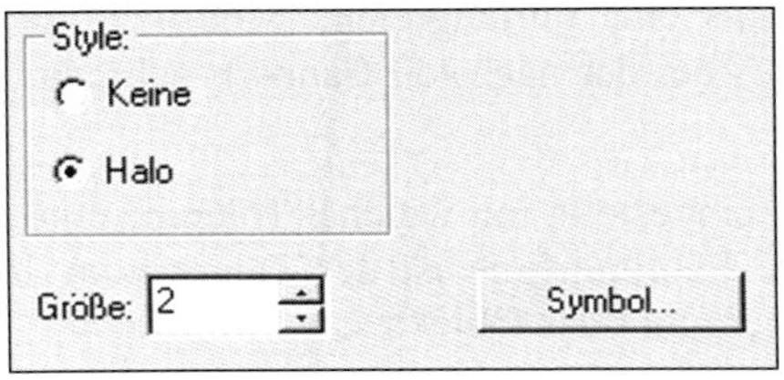

Mit „Halo" wird ein Rand, wie im Beispiel gezeigt, eingerichtet. Die Breite dieses Randes wird mit den Angaben für „Größe" gesteuert. Die Farbe oder eventuell das Muster des Randes kann nach Drücken der Schaltfläche „Symbol..." in der Symbol-Auswahl ausgewählt werden.

Bannertypen

Die obige Liste stellt vier verschiedene Bannertypen zur Verfügung. Sie werden nachfolgend einzeln erläutert.

Balloon Bannerbeschriftung

Nach Wahl dieses Typs steht folgendes Dialogfenster zur Verfügung:

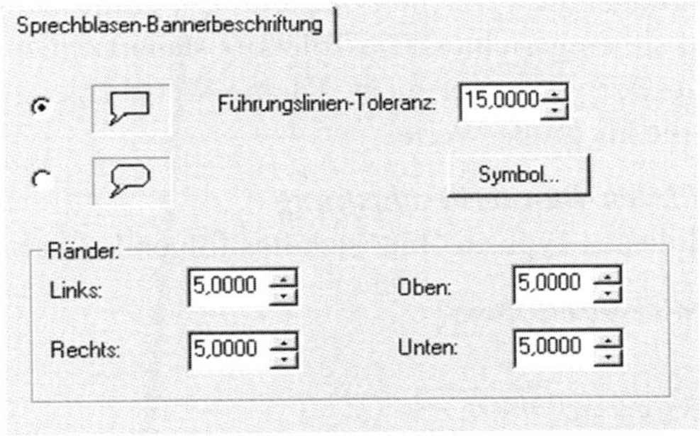

Auf der linken Seite stehen zwei verschiedene Formen zur Auswahl, die sich nur an den Ecken voneinander unterscheiden. Unten werden die Randstärken des Banners um den Text gesteuert.

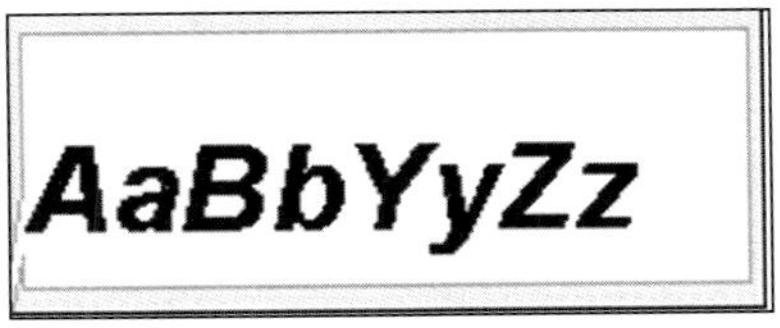

In diesem Beispiel sind folgende Einstellungen gewählt worden:

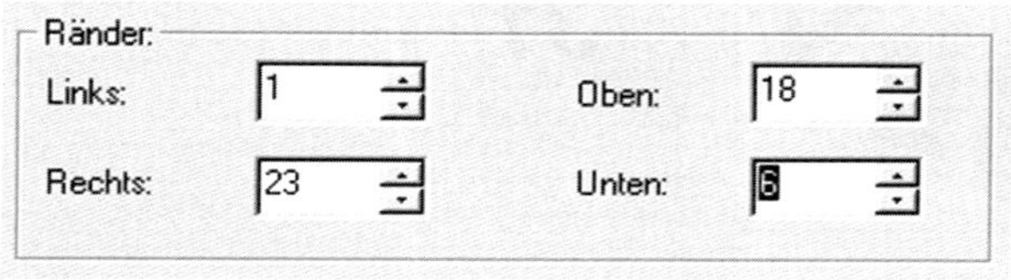

Mit der Schaltfläche „Symbol..." gelangt man wieder zur Symbol-Auswahl, die nochmals eine umfangreiche Modifizierung ermöglicht. Beispielhaft wird dies bei der nächsten Bannerbeschreibung näher beschrieben.

Oben rechts wird eingestellt, mit welcher Toleranz eine Führungslinie eingesetzt wird. Die Führungslinie ist der Zeiger vom Text zum Verankerungspunkt/Schwerpunkt des Objektes.

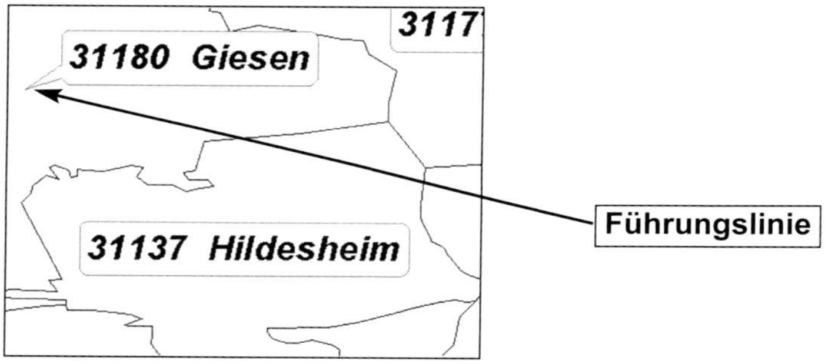

Sollte ein Objekt zum größten Teil dargestellt werden können, dann wird auf die Führungslinie verzichtet (siehe 31137 Hildesheim). In den anderen Fällen wird sie eingerichtet. Die Toleranz steuert dabei die Entscheidung, ob sie eingesetzt wird oder nicht. Kleine Werte erzeugen dabei eher eine Führungslinie als große Werte.

Einfache Linien-Bannerbeschriftung
Nach Wahl dieses Typs eröffnet sich das folgende Dialogfenster.

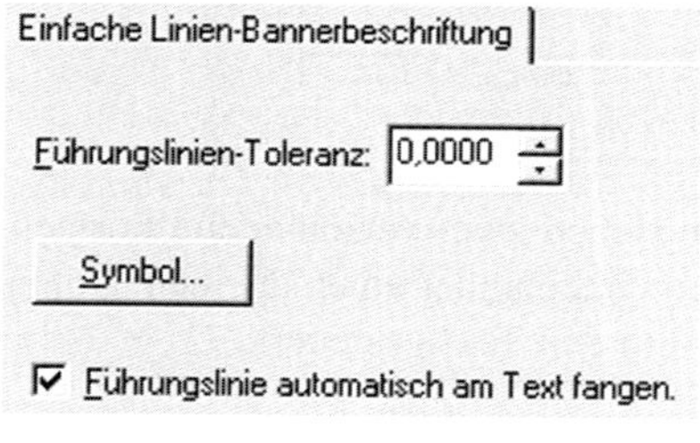

Es lässt sich die schon erwähnte Führungslinientoleranz einstellen und die übliche Symbolauswahl treffen. Die beispielhafte Erscheinungsform zeigt das nächste Bild.

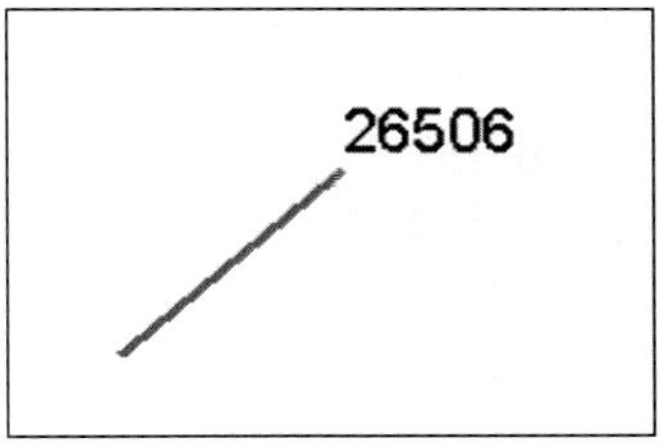

Der Haken bei „Führungslinie automatisch am Text fangen“ unten im Dialogfenster muss dabei immer gesetzt sein!

Um die Darstellungsform zu verändern, steht wieder die „Symbol-Auswahl“ zur Verfügung. Dort können verschiedene Formen gewählt und ihre Farbe und Stärke definiert werden. Aber auch diese vordefinierten Formen können noch modifiziert werden.

Nach Drücken der Schaltfläche „Eigenschaften“ in der „Symbol-Auswahl“ erscheint das Dialogfenster „Symboleigenschaften-Editor“.

Hier können die Eigenschaften differenziert verändert oder neue Symbole geschaffen werden. Links oben ist eine Vorschau zur Kontrolle. Hier kann auch die Darstellungsgröße auf schon bekannte Weise angepasst werden. Darunter befindet sich eine Vorschauliste mit den vorhandenen Symbolen, falls mehrere hergestellt worden sind. Sie können dann zusammen als ein Symbol genutzt werden.

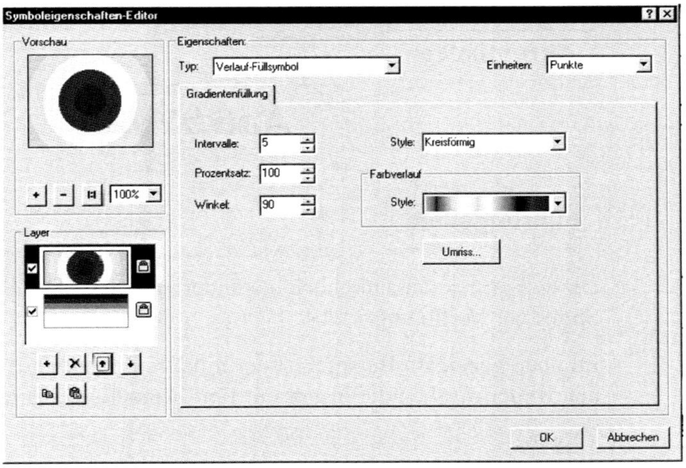

Mit Hilfe der Tranzparenzdarstellung sind derartige Symbolbildungen möglich.

Im gezeigten Beispiel liegen zwei davon vor. Der „obere“ (Kreise) davon ist gerade modifizierbar.

Auf der rechten Seite kann die tatsächliche Gestaltung vorgenommen werden. Dieser Teil des Editors ist, je nach Bannertyp und Symbol, anders aufgebaut und ermöglicht auf bekannte Weise die Gestaltung. An dieser Stelle werden die vielfältigen Möglichkeiten nicht weiter beschrieben.

Linien-Bannerbeschriftung

Nach der Wahl dieses Typs öffnet sich das folgende Dialogfenster:

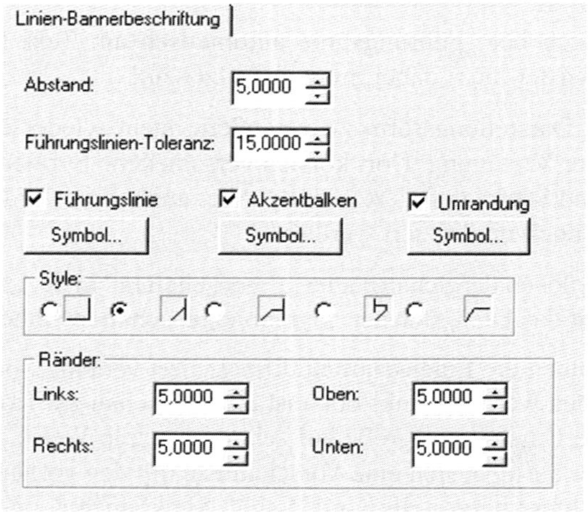

Ein Linien-Banner hat zum Beispiel folgendes Aussehen.

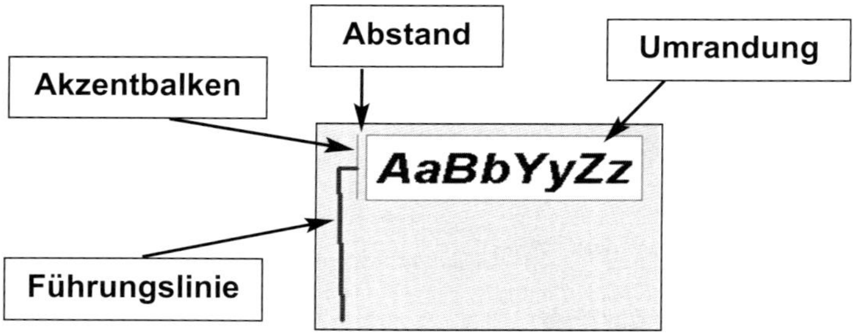

Diese Form kann nun noch verändert werden. Dazu stehen besondere Styles zur Verfügung.

Im oben gezeigten Beispiel ist der mittlere Style (Pfeil) gewählt. Die kleinen Bilder machen die insgesamt fünf Darstellungsvarianten deutlich.

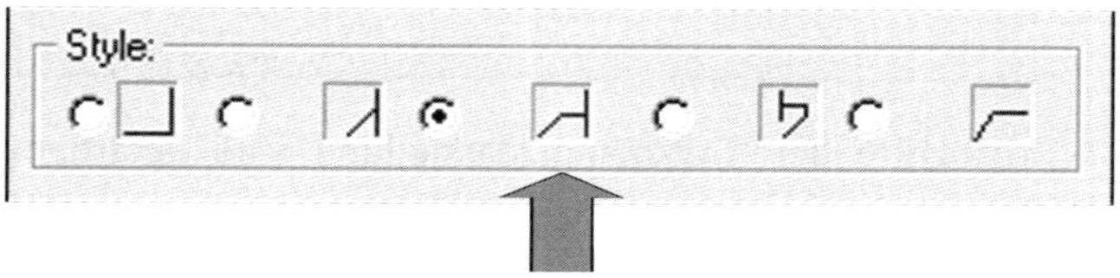

Ob die Elemente Führungslinie, Akzentbalken und Umrandung überhaupt genutzt bzw. dargestellt werden sollen, wird durch Setzen der entsprechenden Haken gesteuert. Jedes dieser Elemente kann zudem nach Drücken der Schaltfläche „Symbol...“ in der Symbol-Auswahl individuell gestaltet werden.

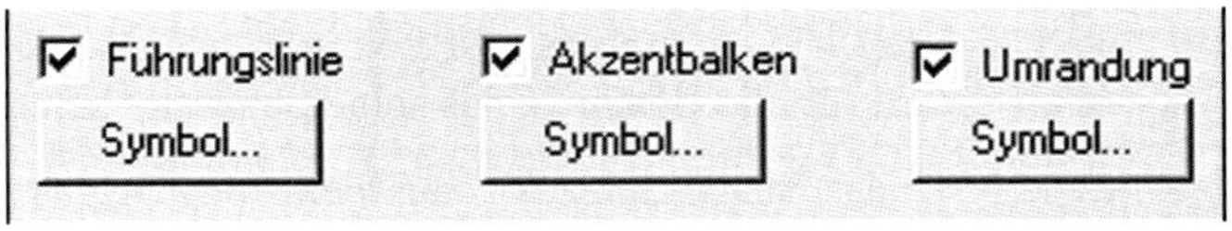

Die Wirkungsweise der Einstellungen für die Ränder ist unter „Balloon-Bannerbeschriftung“ beschrieben worden und wird hier nicht wiederholt.

Marker-Texthintergrund

Sollte es notwendig sein, an Punkte oder Marker (z. B. Schwerpunkt eines Polygons) eine Beschriftung mit einem bestimmten Hintergrund anzubringen, steht der „Marker-Texthintergrund“ zur Verfügung. Nach Auswahl dieser Option erscheint folgendes Dialogfeld:

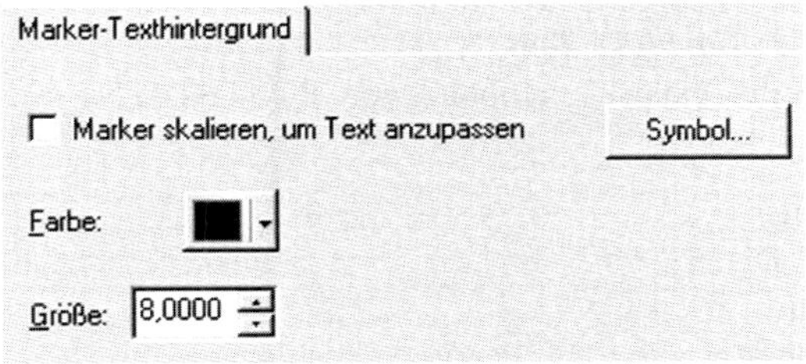

In diesem Dialog kann der Hintergrund skaliert sowie in Farbe und Größe bestimmt werden. Das Symbol dafür wird in der Symbol-Auswahl über Drücken der Schaltfläche „Symbol...“ gewählt. So können Sie z. B. folgende Darstellung erzielen:

Die Formatierungen von Text und Hintergrund müssen getrennt voneinander vorgenommen werden. Das bedeutet, wenn der Text vergrößert wird, gilt dies nicht automatisch für den Hintergrund und umgekehrt.

Hiermit sind die vier verschiedenen Bannertypen beschrieben. Zu den mehrfach erwähnten Führungslinien ist noch nachzutragen, dass sie sich beim Verschieben des Bildausschnitts dem jeweilig sichtbaren Ausschnitt anpassen, also dynamisch sind. Das kann dazu führen, dass eine zunächst sichtbare Führungslinie sich verändert oder ganz verschwindet.

Beispiele

Die obigen Ausführungen zeigen, dass es eine Vielzahl an Darstellungsmöglichkeiten für Texte gibt. Im Folgenden sollen einige Beispiele vorgestellt werden, die exemplarisch die Vorgehensweise deutlich werden lassen. Es wird für alle Beispiele das selbe Shapefile benutzt.

Laden Sie das Shape „plzzip5" aus dem Verzeichnis ESRIDATA/Europe/Germany und Sie stellen in den „Eigenschaften" im Register „Beschriftung" unter „Ausdruck" Folgendes ein:

[POSTSTATN]

Überprüfen Sie den Ausdruck auf die Richtigkeit der Syntax.

Stellen Sie durch Setzen des Hakens sicher, dass dieser Tabelleninhalt zur Beschriftung genutzt wird:

Beispiel 1: Farbiger Text

Es soll ein Textstring (Inhalte von POSTSTATN) mit folgenden Merkmalen erscheinen:

- Farbig
- Arial Black
- Kursiv
- Größe 40
- Zeichenabstand 8
- Umriss schwarz, Stärke 1
- Basislinie und Mittelpunkt

Klicken Sie im Register „Beschriftung" auf die Schaltfläche „Symbol...".

Aktivieren Sie dann im Dialogfenster „Symbol-Auswahl" die Schaltfläche „Eigenschaften" und starten Sie damit den Editor.

In Register „Allgemein" stellen Sie die vertikale und horizontale Ausrichtung auf Basislinie und Mittelpunkt ein. Damit stellen Sie den Text oberhalb und mittig über den Verankerungspunkt. Drücken Sie nun die Schaltfläche „Schrift", wählen Sie im Dialogfenster „Schriftart" den geforderten Schrifttyp aus und bestätigen Sie mit „OK".

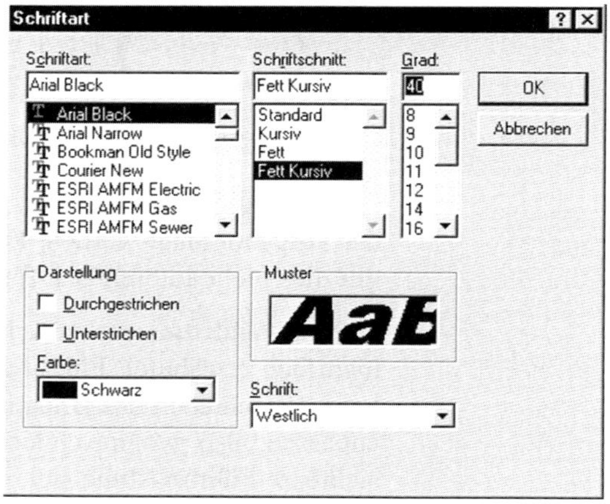

Wählen Sie das Register „Formatierter Text“ und stellen Sie den Zeichenabstand auf „8,00“ ein.

Wählen Sie als Nächstes das Register „Erweiterter Text“ und klicken Sie auf die Schaltfläche „Eigenschaften“, nachdem Sie den Haken bei „Textfüllmuster“ gesetzt haben.

Sie kommen damit zur Symbol-Auswahl. Wählen Sie dort die Farben und die Umrissstärke. Bestätigen alles mit „OK“ oder „Übernehmen“. Der Schriftzug muss dann etwa folgendes Aussehen haben:

Beispiel 2: Farbiger Text mit Rand

Der Rand soll die Stärke „4,0000“ haben und grau sein. Führen Sie dafür zunächst die Übung aus Beispiel 1 – ruhig auch mit anderem Text – durch.

Wählen Sie ergänzend im Editor das Register „Maske“ und schalten „Halo“ im Style ein. Stellen Sie die Randstärke auf den geforderten Wert.

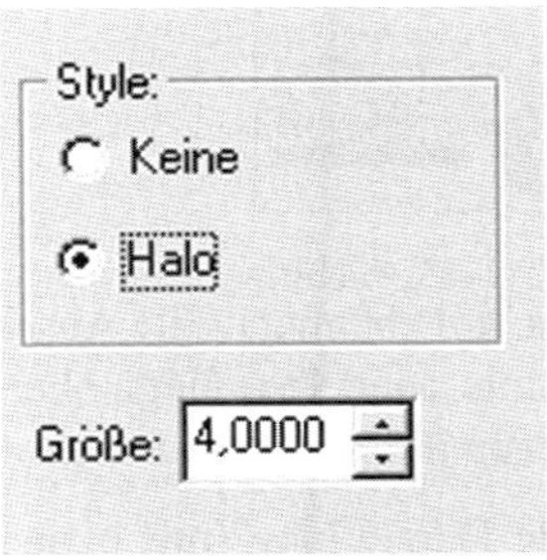

Aktivieren Sie dann die Schaltfläche „Symbol“, um die Farbe des Randes festzulegen. Bestätigen Sie mit „OK“.

Der Text muss dann die folgende Form haben:

Beispiel 3: Farbiger Text mit Schatten
Der blaue Schatten soll den Versatz „6“ nach rechts unten haben. Führen Sie zunächst die Übung aus Beispiel 1 durch.

Wählen Sie im Editor das Register „Erweiterter Text“ und nehmen Sie folgende Einstellungen im Dialogfeld „Schatten“ vor:

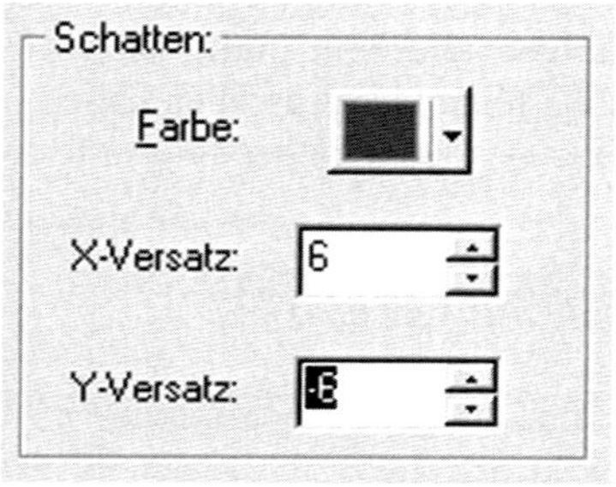

Der positive X-Versatz zeigt nach rechts und der negative für Y nach unten: Die gewünschte Richtung ist damit erreicht.

Bestätigen Sie mit „OK“ oder kontrollieren Sie das Ergebnis in der Vorschau.

Der schwarze Punkt rechts unten am „b“ macht die Ausrichtung des Textes deutlich. Gefordert war Basislinie (der Text liegt oberhalb) und Mittelpunkt (der Text ist mittig in Bezug auf den Punkt angeordnet).

Im Datenrahmen muss folgende Darstellung (mit plausiblem Text) sichtbar sein:

Beispiel 4: Text in einem Marker

An ein Objekt soll ein beliebiger Marker mit textlichem Inhalt (hier: Postleitzahl) angebracht werden.

Laden Sie das Shape „plzzip5" aus dem Verzeichnis ESRIDATA/Europe/Germany und stellen in den „Eigenschaften" im Register „Beschriftung" unter „Ausdruck" Folgendes ein:

[ZIP_CODE]

Überprüfen Sie den Ausdruck auf die Richtigkeit der Syntax.

Stellen Sie durch Setzen des Hakens sicher, dass dieser Tabelleninhalt zur Beschriftung genutzt wird:

Folgende Merkmale sollen eingerichtet werden:

- Arial 24
- blau
- Zeichenabstand 4
- Basislinie und Mittelpunkt
- Texthintergrund durchsichtig

Drücken Sie im Register „Beschriftung" die Schaltfläche „Symbol...".

Im Dialogfenster „Symbol-Auswahl" aktivieren Sie dann die Schaltfläche „Eigenschaften" und starten Sie damit den Editor.

Im Register „Allgemein" stellen Sie die vertikale und horizontale Ausrichtung auf Basislinie und Mittelpunkt ein. Damit stellen Sie den Text oberhalb und mittig über den Verankerungspunkt. Drücken Sie nun die Schaltfläche „Schrift" und wählen Sie im Dialogfenster „Schriftart" den geforderten Schrifttyp und die Schriftfarbe aus. Bestätigen Sie mit „OK".

Wechseln Sie nun auf das Register „Erweiterter Text", haken Sie den „Texthintergrund" an...

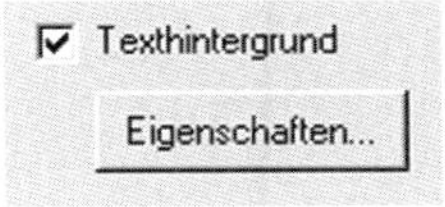

...und klicken Sie auf die Schaltfläche „Eigenschaften".

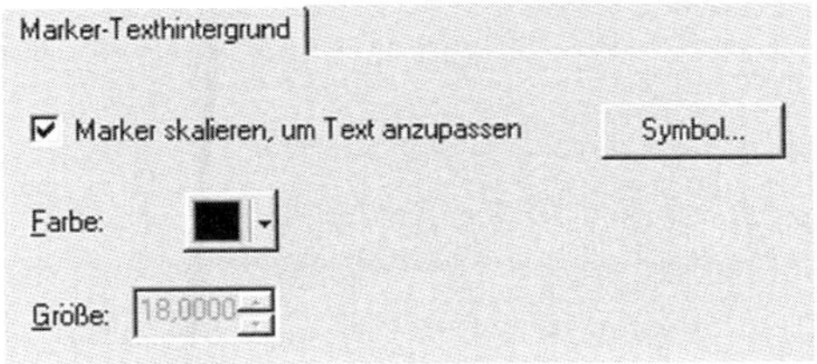

Skalieren Sie den Marker (es wird immer eine passende Größe zwischen Schrift und Marker erzeugt), wählen Sie die Farbe Schwarz und drücken Sie zur Auswahl die Schaltfläche „Symbol...“. Es erscheint das Dialogfenster „Symbol-Auswahl“. Wählen Sie durch Doppelklick ein passendes Symbol für den Marker (hier ein Pentagon, durchsichtig) und überprüfen Sie die Einstellungen in der Vorschau. Bestätigen Sie mit „OK“.

Es muss sich z. B. nebenstehende Darstellung ergeben:

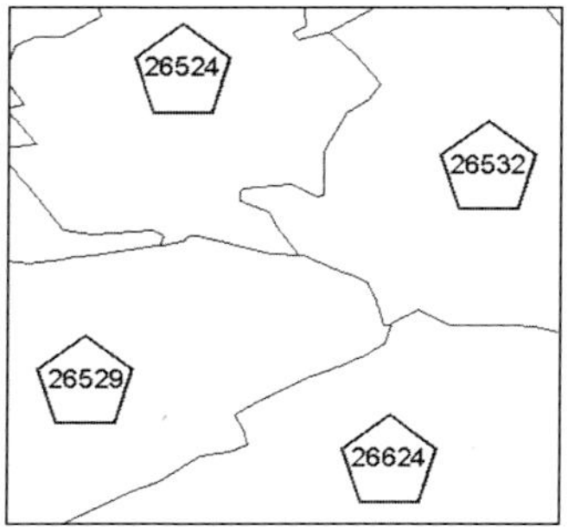

Anhand der Beispiele wird deutlich, dass Änderungen in den verschiedenen Ebenen des „Symbol“-Dialoges jederzeit durchgeführt werden können. Überprüfbar sind sie in einer Vorschau oder auch direkt in der Darstellung. Der zugehörige Editor bietet eine Fülle von Einstellungen, die sich jeweils gegenseitig ergänzen und immer zu einem soliden Ergebnis führen.

8.6 Symbole und Styles

8.6.1 Einleitung

Symbole kennzeichnen Objekte aus einem Layer auf einer Karte, damit sie unterschieden werden können. Würde für einen Punktlayer, dessen Objekte Gebäude darstellen sollen, für alle Objekte ein einfaches einfarbiges Punksymbol verwendet, so würde man nicht erkennen können, um welche Art von Gebäude es sich handelt. Wählt man jedoch für einen bestimmten Gebäudetyp (Feuerwehrstation, Krankenhaus, Kaufhaus) ein spezielles Symbol, so wird eine Eigenschaft auf der Karte visualisiert und damit sofort erkennbar.

Für Punktobjekte stehen Punktsymbole, für Linienobjekte Liniensymbole und für Polygonobjekte Flächensymbole zur Verfügung. Symbole werden in ArcView in Styles (Style-Dateien) verwaltet. Auf diese Weise können Sie für die Bearbeitung eines bestimmten Themas das entsprechende Symbol-Style, das die gewünschten Symbole enthält, hinzu laden.

In den folgenden Abschnitten wird erläutert, wie Symbole ausgewählt, neue Styles hinzugeladen und eigene Symbole mit einem Symbol-Editor erstellt werden können.

8.6.2 Symbole

Sie haben Zugriff auf ein Symbol im Inhaltsverzeichnis von ArcMap. Dort sind die Symbole gezeichnet. Sie haben die Möglichkeit, einfach nur die Farbe eines Symbols zu ändern oder aber auch ein anderes Symbol auszuwählen. Zur Änderung der Farbe klicken Sie mit der rechten Maustaste auf das Symbol eines Layers. Über die erscheinende Farbpalette können Sie die Farbe eines Symbols (Punkt, Linie, Polygon) ändern.

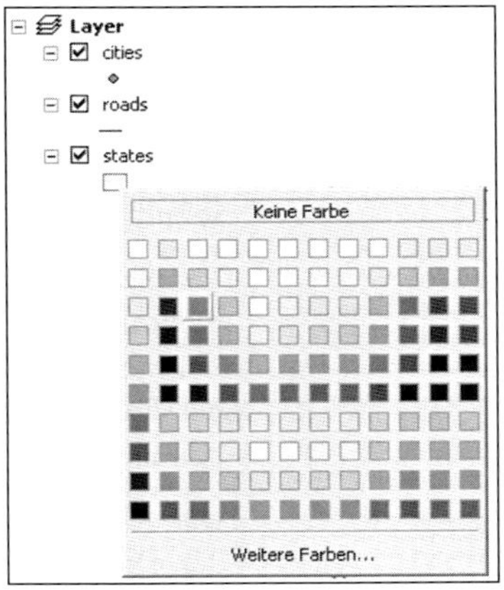

<u>**ArcMap-Kontextmenü: Symbol**</u>
Farbe auswählen

Um ein anderes Symbol auszuwählen, öffnen Sie mit einem Doppelklick auf das Symbol eines Layers im Inhaltsverzeichnis das Dialogfenster „Symbol-Auswahl“. Je nach Typ des Objekts (Punkt, Linie, Polygon) wird der passende Dialog aufgerufen. Standardmäßig sind für alle Objekttypen Symbole vorhanden.

Klicken Sie auf ein Symbol im Fenster „Symbol-Auswahl“, so wird es unter „Vorschau“ angezeigt. Unter „Optionen“ können für das markierte

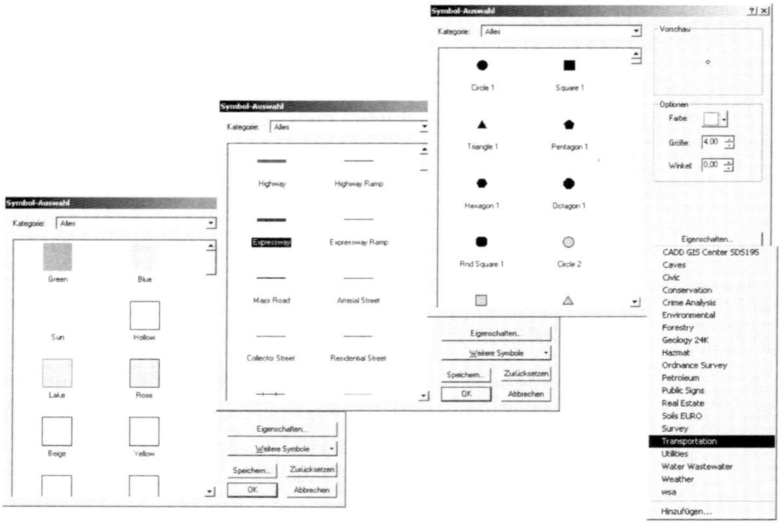

Symbol Farbe, Größe und Winkel (bei Punktsymbolen), Farbe und Breite (bei Liniensymbolen) sowie die Füllfarbe, Umrissstärke und Umrissfarbe (bei Polygonobjekten) eingestellt werden. Das so entstandene Symbol kann im geladenen Style unter einem neuen Namen in der angegebenen Kategorie gespeichert werden. Benutzen Sie dazu die Schaltfläche „Speichern".

Die Schaltfläche „Zurücksetzen" setzt unter „Vorschau" wieder die ursprünglichen Werte ein (so wie das Symbol im Inhaltsverzeichnis zu sehen war, bevor die Schaltfläche „OK" gedrückt wurde).

Eine weitere Bearbeitung von vorhandenen Symbolen oder die Erstellung neuer Symbole kann mit dem Symboleigenschaften-Editor vorgenommen werden. Drücken Sie dazu die Schaltfläche „Eigenschaften" (siehe Abschnitt 8.6.4).

Reichen die in der Symbol-Auswahl zur Verfügung stehenden Symbole nicht aus, so können Sie mit der Schaltfläche „Weitere Symbole" zusätzliche hinzu laden. Diese befinden sich in Styles (Style-Dateien), die zur besseren Übersicht der enthaltenden Symbole unterschiedliche Kategorien beinhalten.

Das Aktivieren der Schaltfläche „OK" setzt das neue Symbol und schließt den Dialog.

8.6.3 Styles

Styles enthalten sowohl Symbole, wie z. B. Punktsymbole, Liniensymbole, Flächensymbole usw., als auch Kartenelemente (für die Layoutansicht), wie z. B. Nordpfeile, Maßstabsleisten usw.

Styles sind in Style-Dateien gespeichert. Sie finden diese Dateien (sie werden bei der Installation gespeichert) mit der Dateierweiterung „*.style“ im Verzeichnis:

arcgis\arcexe82\bin\Styles

Neben diesen Styles hat jedes ArcMap-Dokument einen eigenen Style (persönlicher Style), der den Namen des Betriebssystem-Nutzers hat. Die Dateien für diese Styles finden Sie

für Windows NT unter:
WinNT\Profiles\„USER“\Anwendungsdaten\ESRI\ArcMap

für Windows 2000 unter:
Dokumente und Einstellungen\„USER“\Anwendungsdaten\ESRI\ArcMap

Nach der Installation steht eine große Auswahl an Styles zur Verfügung. Alle dort vorhandenen Style-Dateien können in ArcMap zugeladen und benutzt werden. Um eine neue Style-Datei zu nutzen, muss sie in das Verzeichnis „arcgis\arcexe82\bin\Styles“ kopiert werden.

Styles werden verwaltet, eingeladen und exportiert mit dem Menüeintrag „Styles“ aus dem Menü „Werkzeuge“ der ArcMap-Hauptmenüleiste.

ArcMap-Hauptmenü:
Werkzeuge:
Styles

Sie finden dort die Einträge „Style-Referenzen“, „Style-Manager“ und „Karten-Styles exportieren“, die im Folgenden erläutert werden.

Style-Referenzen

Der Dialog zum Zu- und Abschalten der zur Verfügung stehenden Styles wird aufgerufen mit:

ArcMap-Hauptmenü:
Werkzeuge:
Styles: Style-Referenzen...

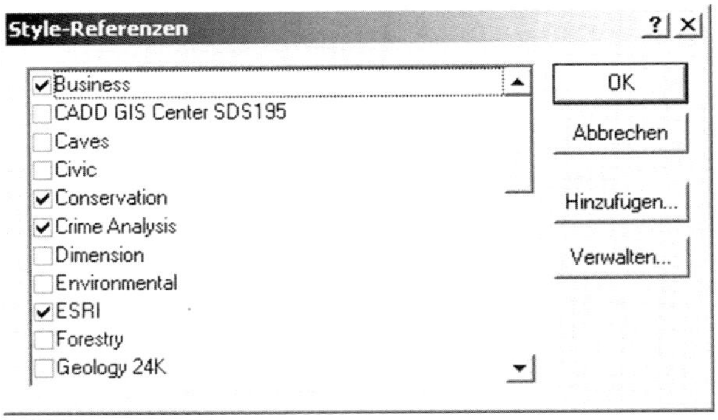

Hier sind alle Styles aufgelistet, die in diesem ArcMap-Dokument zur Verfügung stehen. Das heißt, Sie finden hier alle Styles, die in folgendem Verzeichnis liegen:

arcgis\arcexe82\bin\Styles

Setzen Sie die Haken an die gewünschten Styles. Der persönliche Style kann nicht deaktiviert werden. Er ist hier in grauer Farbe dargestellt.

Mit der Schaltfläche „Hinzufügen" können Sie eine neue Style-Datei aus einem beliebigen Verzeichnis laden. Der Style-Manager, der im nächsten Abschnitt näher erläutert wird, kann hier mit der Schaltfläche „Verwalten" aufgerufen werden.

Style-Manager

Der Style-Manager organisiert alle Styles, die zur Zeit im ArcMap-Dokument vorhanden sind. Den Style-Manager wird aufgerufen mit:

<u>**ArcMap-Hauptmenü:**</u>
Werkzeuge:
Styles: Style Manager...

Sie können Styles zu- oder abschalten, aber auch einen Style hinzufügen (aus einer beliebigen Style-Datei). Ebenso können Sie einen neuen leeren Style erzeugen und somit eigene Symbole zusammenstellen.

Im linken Teil des Style-Managers sind alle Styles aufgelistet, die zur Zeit zugeladen sind. Innerhalb dieser Styles (aktivieren Sie das „+"-Zeichen) finden Sie die unterschiedlichen Symbol-Typen. Die Symbole in gelben Ordnern können bearbeitet, die in grauen Ordnern nur gelesen werden. In den weißen Ordnern befinden sich zur Zeit keine Symbole.

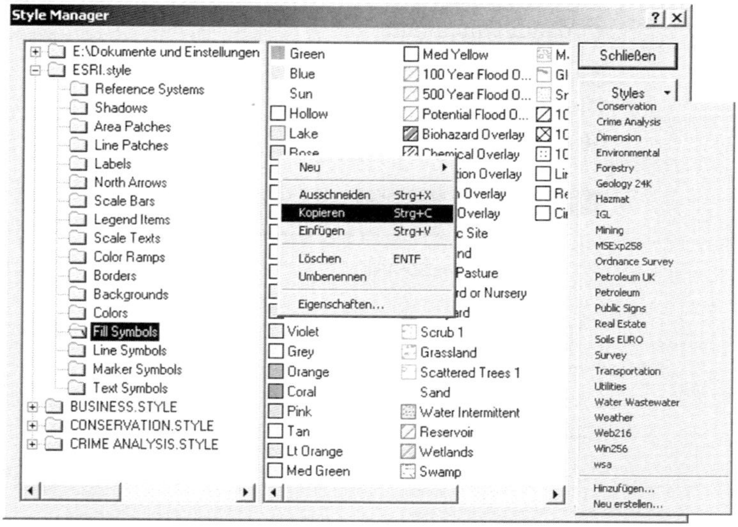

Die Symbole, die sich im rechten Teil des Style-Managers befinden, können kopiert, ausgeschnitten, eingefügt, gelöscht und umbenannt werden.

Klicken Sie dazu mit der rechten Maustaste auf ein Symbol. Hier können Sie auch mit dem Menüeintrag „Eigenschaften“ das Symbol bearbeiten oder mit dem Menüeintrag „Neu“ ein neues Symbol erstellen.

Karten-Styles exportieren

Dieser Menüeintrag speichert die zur Zeit im ArcMap-Dokument verwendeten Symbole als neue Style-Datei. Es werden alle in der Daten-Ansicht benutzten Symbole gespeichert. Sie können damit nur die für einen Layer (oder Datenrahmen) benötigten Symbole speichern und weitergeben.

Betätigen Sie dazu das folgende Menü und geben Sie den Namen für die neue Style-Datei an.

ArcMap-Hauptmenü:
Werkzeuge:
Styles: Karten-Styles exportieren...

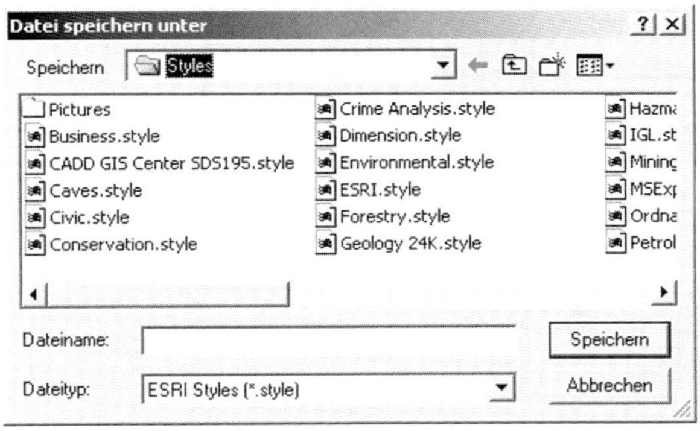

8.6.4 Erstellung neuer Symbole und Kartenelemente

Finden Sie in keinem der mitgelieferten Styles ein passendes Symbol (oder Kartenelement), so können Sie auch ein eigenes erstellen. Sie können ein Symbol unter Vorlage eines schon vorhandenen oder ein völlig neues erzeugen.

Im Style-Manager können für alle Styles neue Symbole erstellt werden. Starten Sie den Style-Manager mit:

ArcMap-Hauptmenü:
Werkzeuge:
Styles: Style Manager...

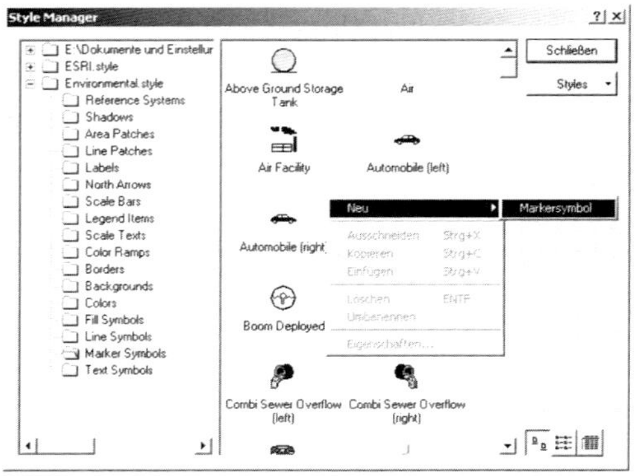

Fügen Sie mit der Schaltfläche „Styles“ den Style hinzu, dem Sie ein neues Symbol (Kartenelement) hinzufügen wollen. Klicken Sie im linken Teil des Style-Managers auf einen Symboltyp, so werden die darin enthaltenen Symbole angezeigt. Klicken Sie mit der rechten Maustaste in das rechte Teilfenster des Style-Managers und benutzen Sie den Menüeintrag „Neu“.

Für ein Punktsymbol (Markersymbol) erscheint der Symboleigenschaften-Editor, mit dem ein neues Symbol erzeugt werden kann. Es können unterschiedliche Typen von Markersymbolen (Bild-Markersymbol, einfaches Markersymbol, Pfeil-Markersymbol und Zeichen-Markersymbol) erstellt werden.

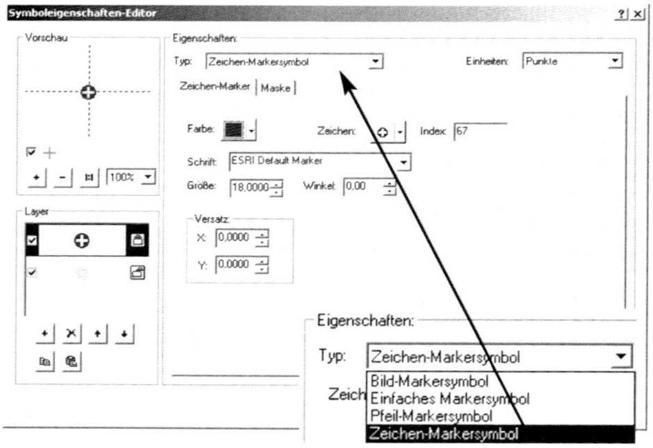

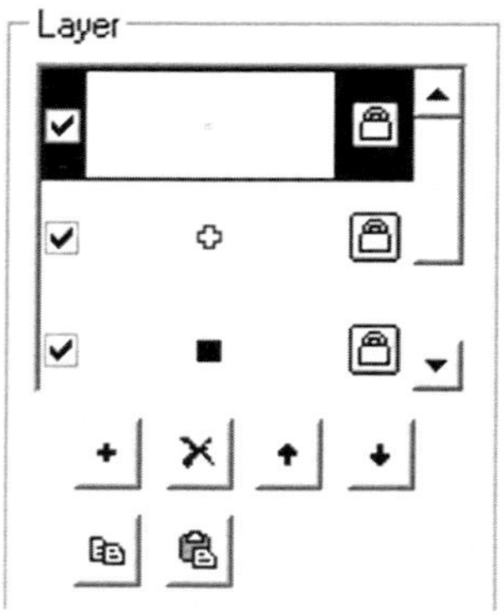

Ein Symbol wird aus einer oder mehreren Schichten (Layer) zusammengesetzt. Unter „Layer“ können mit den Schaltflächen neue Schichten erzeugt, vorhandene gelöscht oder die Schichten in ihrer Zeichenreihenfolge verschoben werden. Setzen Sie den Haken links neben die Schicht, um ihn in das Symbol einzubringen. Das „Schloss“ rechts verhindert eine Bearbeitung.

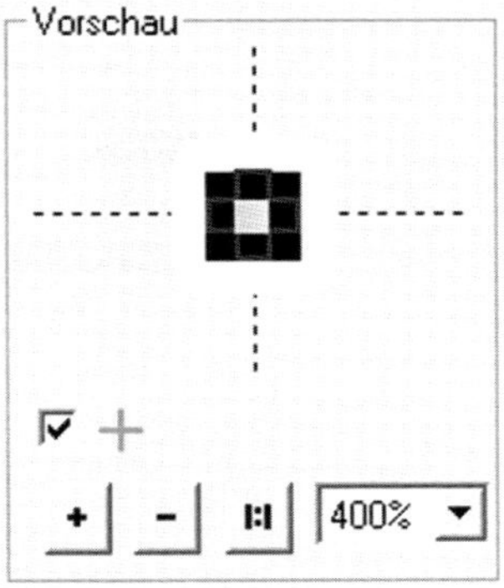

Im oberen Teil unter „Vorschau“ sehen Sie das aus den Schichten zusammengesetzte Symbol. Mit den Schaltflächen können Sie die Größe des Symbols verändern.

Im rechten Teil des Symboleigenschaften-Editors finden Sie noch weitere Möglichkeiten, das Symbol zu gestalten. Diese hängen vom Typ des Markersymbols ab und sind sehr umfangreich.

Für Linien- und Polygonsymbole stehen ebenso wie bei Markersymbolen umfangreiche Möglichkeiten zur Erstellung zur Verfügung. Öffnen Sie dazu den entsprechenden Symboleigenschaften-Editor wie oben bei den Markersymbolen im Style-Manager.

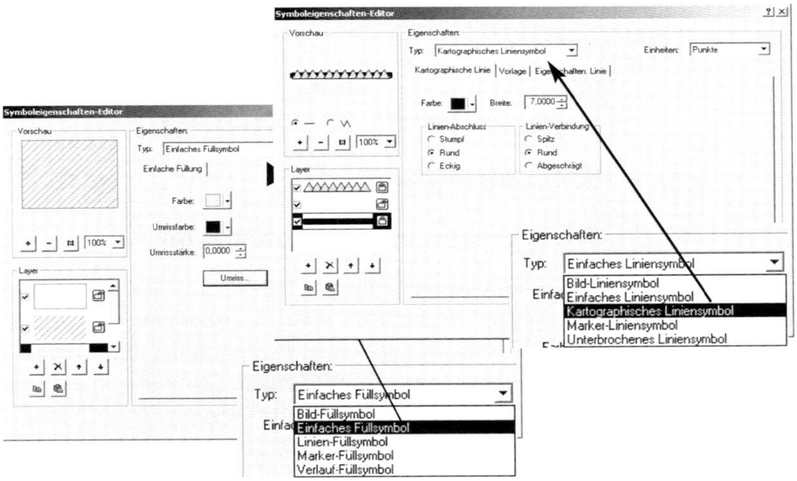

Um ein neues Symbol aus einem schon vorhandenen Symbol zu erstellen, doppelklicken Sie auf ein Symbol im Inhaltsverzeichnis von ArcMap. Es öffnet sich die Symbol-Auswahl. Markieren Sie dort das Symbol, das als Vorlage für das neue Symbol dienen soll. Klicken Sie auf die Schaltfläche „Eigenschaften“. Im Symboleigenschaften-Editor kann das Symbol beliebig, wie oben beschrieben, verändert werden.

Kartenelemente, die in der Layout-Ansicht benötigt werden, wie Nordpfeile, Maßstabsleisten, Kartenränder usw., können Sie ebenfalls selber erstellen. Öffnen Sie dazu den entsprechenden Symboleigenschaften-Editor im Style-Manager.

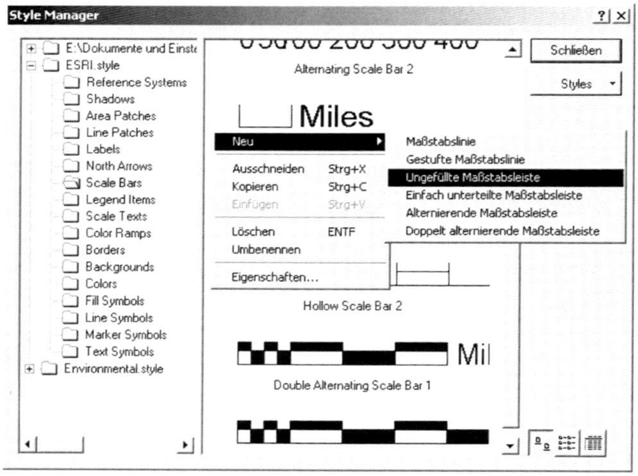

8.7 Annotation

8.7.1 Allgemeines zu Annotation

Texte und Grafiken, die im Datenfenster von ArcMap über die Objekte eines Layers gezeichnet werden, bezeichnet man als Annotation. Die Grafiken von Annotation, z. B. Polygone, dürfen nicht mit der Geometrie von Objekten verwechselt werden. Ein Polygon als Objekt hat Sachdaten, die in der zugehörigen Tabelle liegen. Ein Polygon als Annotation hat keine zugehörigen Sachdaten, sondern nur Attribute, die das Aussehen (Füllmuster, Umriss, Farbe usw.) beschreiben.

Annotations dienen der Erläuterung in Karten. Die Beschriftung von Ortschaften, Flüssen, erläuternde Grafiken sind Annotation. Zur besseren Organisation und Übersicht können Annotations in Gruppen organisiert und in Verbindung mit den Objekten eines Layers gesetzt werden. So können zum Beispiel die Beschriftungen von Flüssen mit einem zusätzlichen beschreibenden Text, der in einer rechteckigen Box dargestellt wird, in einer Annotation-Gruppe zusammengestellt werden. Auch kann die Annotation-Gruppe zusammen mit dem Layer ein- oder ausgeschaltet werden. Eine weitere Gruppe kann die Beschriftung der Städte eines Städte-Layers sein. Annotation-Gruppen können mit Texten, Linien, Punkten oder Polygonen, jedoch nicht mit Kartenlayout-Elementen, wie Nordpfeile oder Maßstabsleisten, gebildet werden.

Annotation-Gruppen werden in einem Datenrahmen definiert. Sie finden daher Informationen und Steuerungsmöglichkeiten für Annotation bei den Eigenschaften eines Datenrahmens.

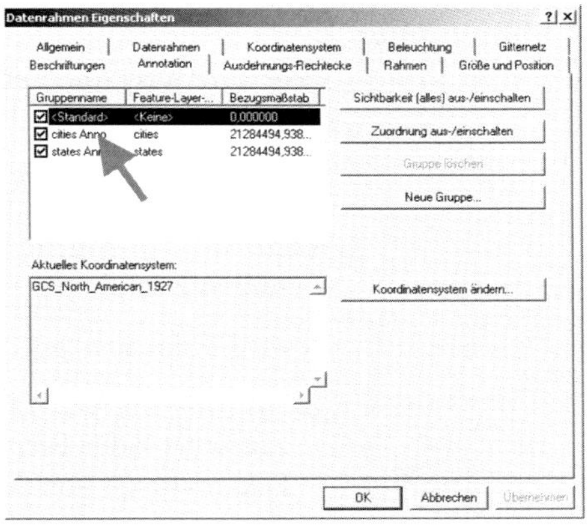

<u>ArcMap-Kontextmenü: Datenrahmen</u>
Eigenschaften: Register Annotation

Die Annotation-Gruppe „Standard“ ist immer vorhanden. Alle Texte und Grafiken werden daher normalerweise in diese Gruppe eingetragen. Sie können aber auch eigene Annotation-Gruppen definieren. So wird bei der Umwandlung einer Layerbeschriftung in Annotation eine neue Annotation-Gruppe angelegt. Sie können aber auch selber eine Gruppe definieren und darin beliebige Grafiken und Texte eingeben.

Bei der Erstellung einer neuen Annotation-Gruppe können Sie angeben, wo sie gespeichert werden soll. Annotation-Gruppen werden meistens, wie oben beschrieben, im ArcMap-Dokument gespeichert. Das bedeutet, dass sie auch nur in diesem speziellen ArcMap-Dokument verwendet werden können.

Möchten Sie eine Annotation-Gruppe weitergeben oder in einem anderen ArcMap-Dokument verwenden, so können Sie sie auch in einer Geodatabase als „Annotation-Feature-Class“ ablegen. Die Annotations können dann, wie ein normaler Layer, in ein ArcMap-Dokument eingelesen werden. Annotation-Feature-Classes sind nicht unter den Eigenschaften des Datenrahmens (Register: Annotation) zu sehen. Einen Eintrag finden Sie jedoch im Menü:

<u>ArcMap-Werkzeugleiste „Zeichnen“</u>
Zeichnung:
Aktives Annotation-Ziel

Hier sind alle Annotation-Gruppen aufgelistet. Für die aktive Annotation-Gruppe (Haken gesetzt) ist eine Bearbeitung möglich. Das bedeutet, dass alle Texte und Grafiken, die in das Datenfenster eingefügt werden, in das aktive Annotation-Ziel (Gruppe) eingefügt werden.

Für Annotation-Feature-Classes ist der Eintrag in diesem Menü solange „grau“, also nicht bedienbar, bis die Bearbeitung des Datenrahmens gestartet wird. Die Bearbeitung starten Sie in der Werkzeugleiste „Editor“.

Eine neue leere Annotation-Gruppe fügen Sie mit folgendem Menü ein:

ArcMap-Werkzeugleiste „Zeichnen“
Zeichnung:
Neues Annotation-Ziel

Zu erläutern ist Annotation am besten an einem Beispiel. Daran werden im folgendem Abschnitt alle wichtigen Funktionen vorgeführt.

8.7.2 Beispiel zu Annotation

Wenn Sie die folgenden Schritte ausführen, machen Sie sich mit allen wichtigen Funktionen zu Annotation vertraut.

Es wird Folgendes gezeigt:

Annotation im ArcMap-Dokument:
- Zunächst laden Sie die beiden Shapefiles „cities“ und „states“ in einen Datenrahmen von ArcMap
- Es werden ein Text und eine Grafik in das Annotation-Ziel „Standard“ eingefügt
- Die Layer „cities“ und „states“ werden beschriftet und in zwei unterschiedlichen Annotation-Zielen abgelegt
- Ein neues Annotation-Ziel wird definiert und eine Umrandung als Grafik eingefügt

Annotation in Geodatabase als Annotation-Feature-Class speichern:
- Sie laden den Shapefile „mex_river“ in einen Datenrahmen von ArcMap
- Der Layer „mex_river“ wird beschriftet und die Beschriftung in einer Geodatabase als Annotation-Feature-Class abgelegt

Annotation im ArcMap-Dokument

Laden Sie folgende Shapefiles in einen Datenrahmen und betätigen Sie dazu das Menü oder die Schaltfläche:

ArcMap-Kontextmenü: Datenrahmen
Daten hinzufügen:

Gehen Sie in dem folgenden Eingabefenster zu:

/arcgis/SampleMaps/Data/Mexico/states.shp
/arcgis/SampleMaps/Data/Mexico/cities.shp

Geben Sie nun mit den Werkzeugen aus der Werkzeugleiste „Zeichnen“ den Text „Mexiko“ und eine Ellipse ein. Da bisher noch keine Annotation-Gruppe definiert worden ist, werden der Text und die Grafik in die immer vorhandene Standard-Annotation-Gruppe eingefügt.

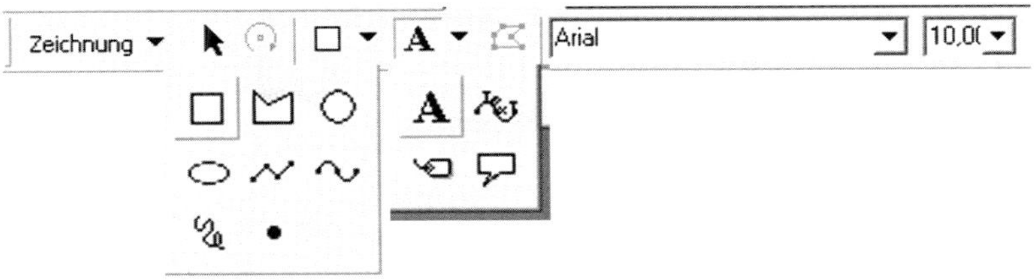

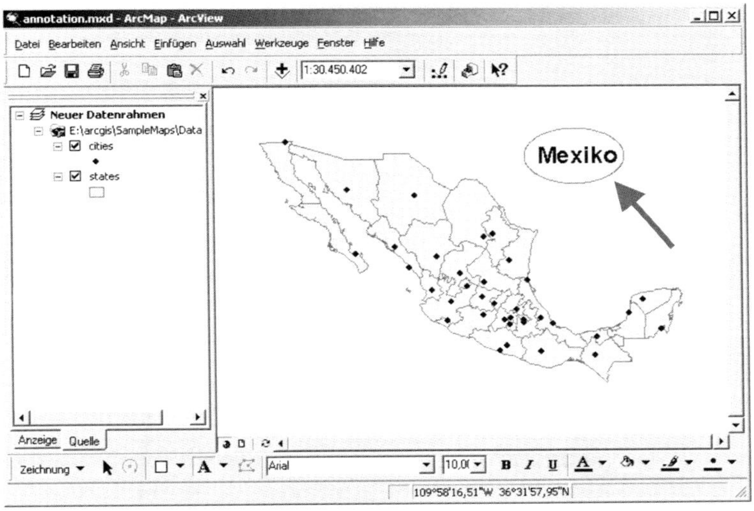

Es werden jetzt Beschriftungen für die Layer „cities" und „states" erstellt und in neuen Annotation-Gruppen abgelegt. Führen Sie dazu für beide Layer nacheinander die folgenden beiden Menüs aus:

ArcMap-Kontextmenü: Layer „cities /states"
Features beschriften

ArcMap-Kontextmenü: Layer „cities /states"
Beschriftungen zu Annotation konvertieren

Setzen Sie den Schalter „In der Karte" und wählen Sie eventuell einen neuen Gruppennamen, um die Annotation-Gruppe im ArcMap-Dokument zu speichern. Sie können hier auch einstellen, ob die Beschriftung für alle, nur für die in der aktuellen Ausdehnung befindlichen oder nur für die ausgewählten (selektierten) Objekte in Annotation umgewandelt werden sollen.

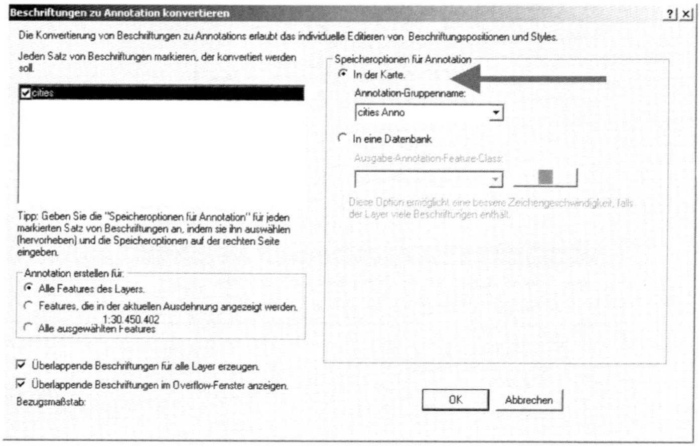

Sie haben jetzt drei Annotation-Gruppen im ArcMap-Dokument („Standard“, „cities anno“ und „states anno“). Sie können sie mit folgendem Menü steuern und ansehen (oder Doppelklick auf den Datenrahmen im Inhaltsverzeichnis):

ArcMap-Kontextmenü: Datenrahmen
Eigenschaften: Register Annotation

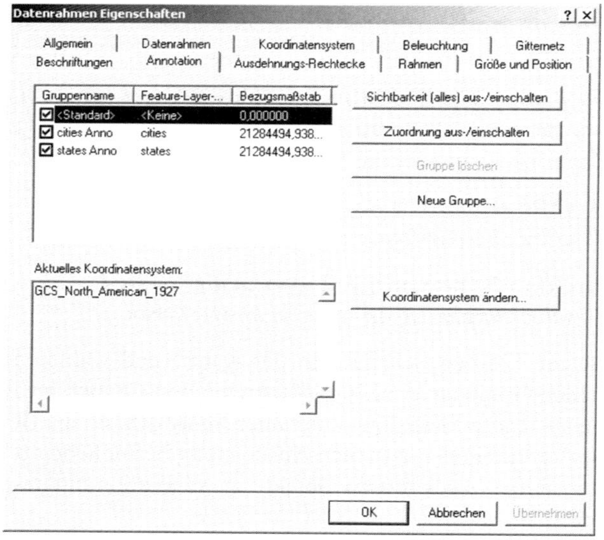

Setzen Sie die Haken an die Annotation-Gruppen, die gezeichnet werden sollen. Mit der Schaltfläche „Sichtbarkeit (alles) aus-/einschalten“ werden alle Haken gesetzt oder entfernt. Für die Annotation-Gruppen, die aus den Beschriftungen der Layer „cities“ und „states“ entstandenen sind, ist eine Verbindung zu den Layern vorhanden. Sie kann mit der Schaltfläche „Zuordnung aus-/einschalten“ für eine links markierte Annotation-Gruppe gesteuert werden. Ist die Zuordnung eingeschaltet, so werden die Annotation mit den Objekten des Layers gezeichnet. Wird der Layer ausgeschaltet, so werden die Annotation ebenfalls ausgeschaltet.

Mit der Schaltfläche „Gruppe löschen“ wird die links markierte Annotation-Gruppe aus dem ArcMap-Dokument entfernt. Die Schaltfläche „Neue Gruppe“ erzeugt eine neue leere Annotation-Gruppe (siehe weiter unten in diesem Beispiel).

Da Annotation normalerweise in der Daten-Ansicht über den Objekten des Layers liegen sollen, müssen sie im entsprechenden Koordinatensystem liegen. Der aus einem Layer erzeugten Annotation-Gruppe wird somit das dem Layer zugeordnete Koordinatensystem zugewiesen. Sie können die Zuordnung des Koordinatensystems für die Annotation-Gruppe aber auch ändern mit der Schaltfläche „Koordinatensystem ändern“.

Nun soll in diesem Beispiel eine neue leere Annotation-Gruppe erzeugt werden. Darin wird dann ein rechteckiger Rahmen in der Datenansicht eingefügt. Der Rahmen kann durch An- oder Abschalten der Annotation-Gruppe in der Daten-Ansicht ein- oder ausgeblendet werden.

Betätigen Sie den Menüeintrag „Neues Annotation-Ziel“ im Menü „Zeichnung“ in der Werkzeugleiste „Zeichnen“.

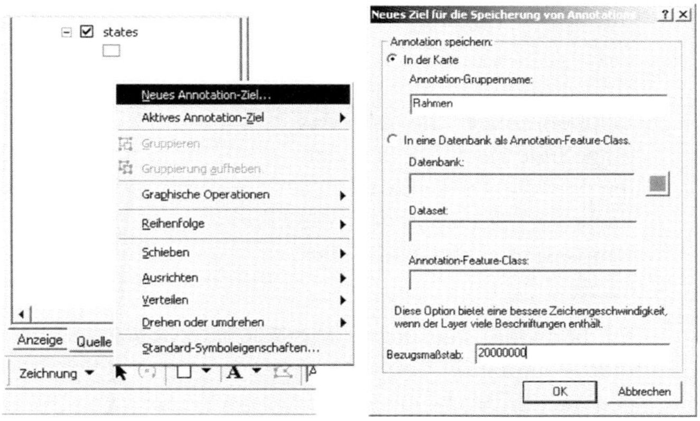

Im erscheinenden Dialog klicken Sie auf den Schalter „In der Karte“ und geben Sie einen Namen (Rahmen) ein, um eine neue leere Annotation-Gruppe zu erzeugen, die im ArcMap-Dokument gespeichert werden soll. Über den Schalter „In eine Datenbank als Annotation-Feature-Class“ wird die Annotation in eine Geodatabase gespeichert (siehe weiter unten in diesem Beispiel).

Geben Sie einen Bezugsmaßstab ein und drücken Sie die Schaltfläche „OK“. Damit wird eine neue leere Annotation-Gruppe erzeugt, in die Grafiken und Texte eingefügt werden können.

Um in eine Annotation-Gruppe neue Grafiken und Texte einzufügen, muss sie aktiv gesetzt werden. Betätigen Sie den Menüeintrag „Aktives Annotation-Ziel“ im Menü „Zeichnung“ in der Werkzeugleiste „Zeichnen“.

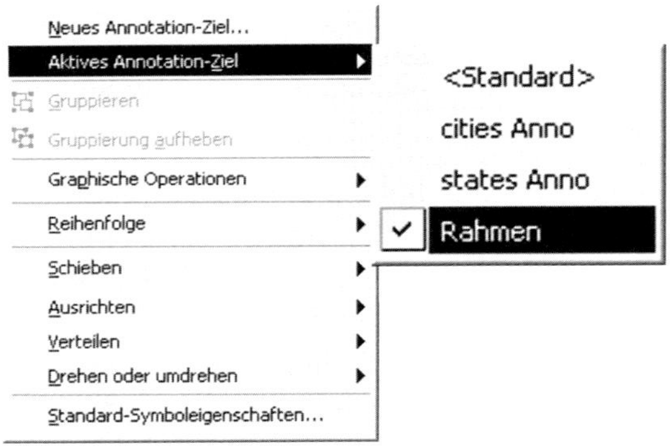

Setzen Sie das aktive Annotation-Ziel auf die zuvor erzeugte Annotation-Gruppe (Rahmen), um eine Grafik einzufügen.

Fügen Sie mit dem Werkzeug aus der Werkzeugleiste „Zeichnen“ ein Rechteck in die Datenansicht ein.

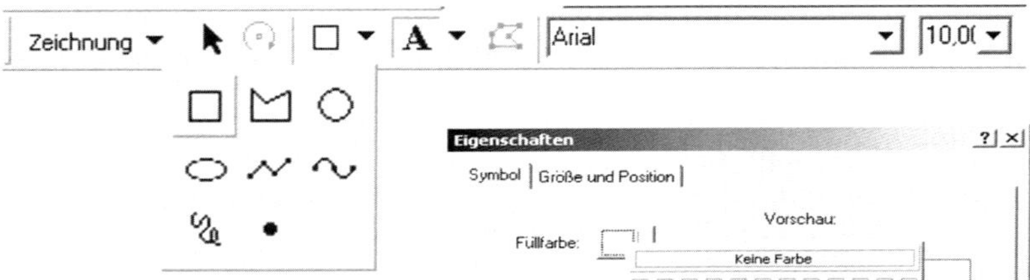

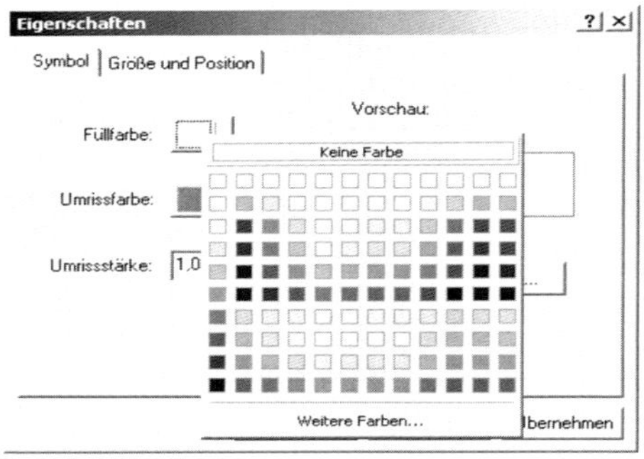

Doppelklicken Sie auf das eingefügte Rechteck und stellen Sie die Füllfarbe (Keine Farbe = Transparent), die Umrissstärke und Umrissfarbe ein.

Es befinden sich jetzt vier Annotation-Gruppen im ArcMap-Dokument. „Standard“ enthält eine Grafik und den Text „Mexiko“, „cities anno“ und „states anno“ die Beschriftungen der zugehörigen Layer, „Rahmen“ eine Grafik (Rechteck).

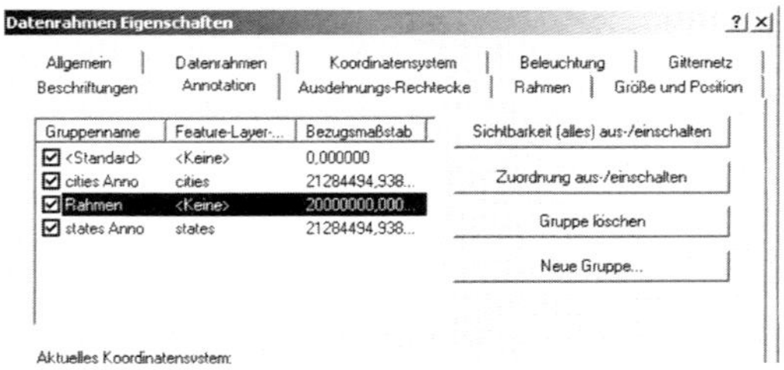

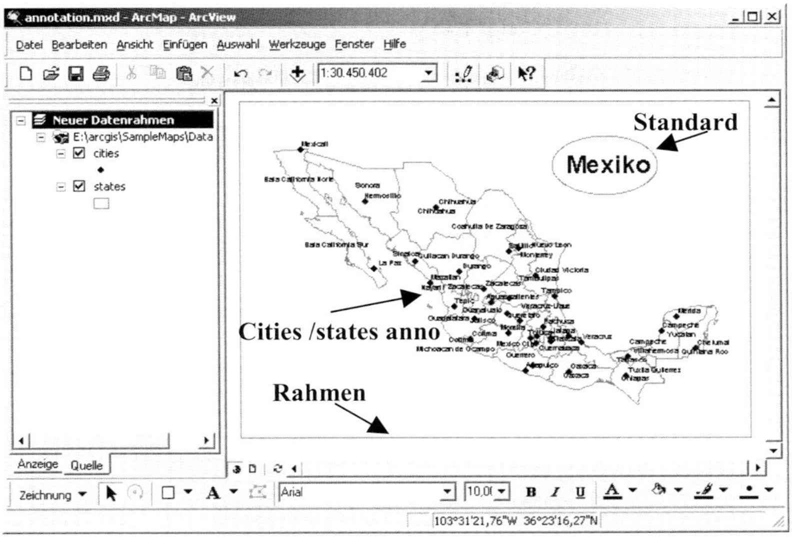

Annotation in Geodatabase als Annotation-Feature-Class speichern

Annotation können in einer Geodatabase als Annotation-Feature-Classes abgelegt werden. Dies hat den Vorteil, dass Beschriftungen wie Layer behandelt und in andere ArcMap-Dokumente eingeladen werden können. Erstellt wird eine Annotation-Feature-Class, ähnlich wie eine Annotation-Gruppe. Laden Sie den Layer „/arcgis/SampleMaps/Data/Mexico/mex_river.shp“ in den Datenrahmen und erstellen Sie eine Beschriftung mit:

ArcMap-Kontextmenü: Layer „mex_river“
Features beschriften

Um die Annotation-Featue-Class zu erstellen, betätigen Sie folgendes Menü und im anschließenden Dialog den Schalter „In eine Datenbank“:

ArcMap-Kontextmenü: Layer „mex_river“
Beschriftungen zu Annotation konvertieren

Geben Sie den Namen einer existierenden oder neu zu erstellenden Geodatabase und des Datasets an. Nach Eingabe eines Namens für die neue Annotation-Feature-Class und Drücken des Schalters „OK“ wird die neue Geodatabase auf Datenträger erzeugt und in den Datenrahmen eingefügt.

8.8 Hyperlinks

8.8.1 Was sind Hyperlinks?

Hyperlinks zeigen durch Mausklick auf ein Objekt in der Daten-Ansicht von ArcMap Informationen über dieses Objekt an. Solche Informationen können z. B. Texte, Bilder, Videofilme, Internetseiten sein. Sie können mit einem Mausklick auf ein Objekt auch ein Makro in ArcMap starten und somit eine beliebige (in Visual Basic geschriebene) Reaktion erzeugen. Die folgende Abbildung zeigt durch Mausklick mit dem Werkzeug „Hyperlink" aus der Werkzeugleiste „Werkzeuge" ein Bild an.

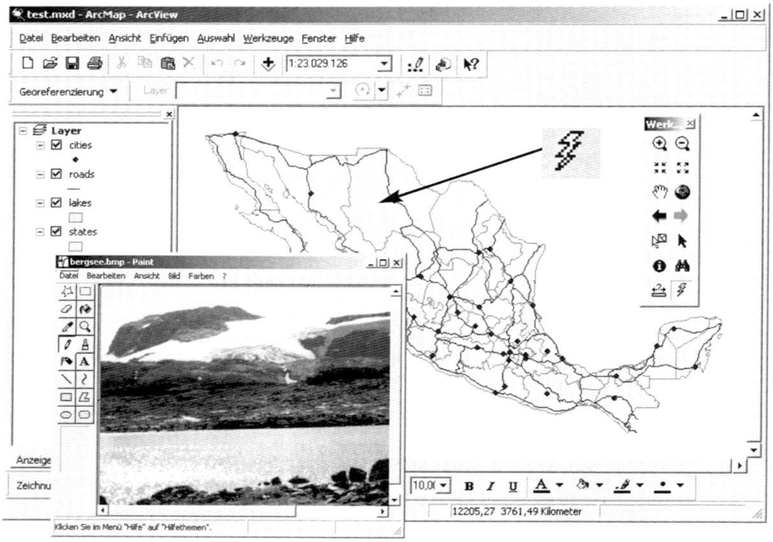

Bevor ein Hyperlink aufgerufen werden kann, muss es definiert werden. Es gibt drei Typen von Hyperlinks und zwei Wege, sie zu definieren.

Folgende Typen sind möglich:

Dokument
Mit einem Klick auf ein Objekt wird eine Datei (z. B. Textdokument „*.doc" , Bilddatei „*.bmp", Video „*.avi" usw.) mit dem in Windows assoziierten Programm gestartet. So wird z. B. durch Klicken auf ein Objekt, dem eine „doc"-Datei als Hyperlink zugeordnet ist, das Programm „WORD" gestartet und ein Word-Dokument angezeigt. Wie diese Zuordnung erfolgt, wird im nächsten Abschnitt gezeigt. Die Zuordnung kann hier „feldbasiert" oder „dynamisch sein".

URL
Mit einem Klick auf ein Objekt wird eine Internet-Seite mit dem in Windows assoziierten Internet-Browser gestartet. Wie die Zuordnung von Internetseite und Objekt erfolgt, wird im nächsten Abschnitt gezeigt. Die Zuordnung kann auch hier „feldbasiert“ oder „dynamisch“ sein.

Makro
Mit einem Klick auf ein Objekt wird ein Makro (Visual Basic-Programm) gestartet. Wie die Zuordnung von Objekt und einem Wert, der als Eingabe für das Makro gilt, erfolgt, wird im nächsten Abschnitt gezeigt. Die Zuordnung kann nur „feldbasiert“ sein. Dynamische Hyperlinks unterstützen keine Werte als Eingabe für Makros.

Es gibt zwei Wege zur Realisierung von Hyperlinks:

Dynamische Hyperlinks
Bei dynamischen Hyperlinks werden den Objekten direkt Dokumente oder URLs zugewiesen. Die Zuweisung erfolgt über den Dialog „Abfrageergebnisse“. Jedem Objekt können mehrere Hyperlinks zugeordnet werden. So können Sie z. B. einem Objekt einen beschreibenden Text und ein Bild zuordnen.

Feldbasierte Hyperlinks
Bei feldbasierten Hyperlinks werden den Objekten über einen Eintrag in der zugehörigen Attributtabelle Dokumente, URLs oder Makrowerte zugewiesen. Die Zuweisung erfolgt durch Bearbeiten der Tabelle. Jedem Objekt kann hier nur ein Hyperlink zugeordnet werden.

8.8.2 Dynamische Hyperlinks definieren

Definiert werden dynamische Hyperlinks über den Dialog „Abfrageergebnisse“, mit dem Sie Zugriff auf alle Objekte in einem Datenrahmen haben. Um den Dialog aufzurufen, betätigen Sie das Werkzeug „Identifizieren“ aus der Werkzeugleiste „Werkzeuge“ und klicken Sie auf ein Objekt. Für dieses werden die Attributwerte angezeigt.

Durch Klicken mit der rechten Maustaste auf ein Objekt im linken Teil des Dialogs „Abfrageergebnisse“ erscheint ein Menü. Mit seinen Einträgen können dynamische Hyperlinks für das entsprechende Objekt angezeigt, hinzugefügt und verwaltet werden.

Um für ein Objekt einen dynamischen Hyperlink zu definieren, wählen Sie den Menüeintrag „Hyperlink hinzufügen“. Entscheiden Sie, ob das Objekt mit einem Dokument oder einer Internetseite verknüpft werden soll.

Unter „Hyperlinks verwalten“ können die Hyperlinks für das Objekt entfernt und neue hinzugefügt werden.

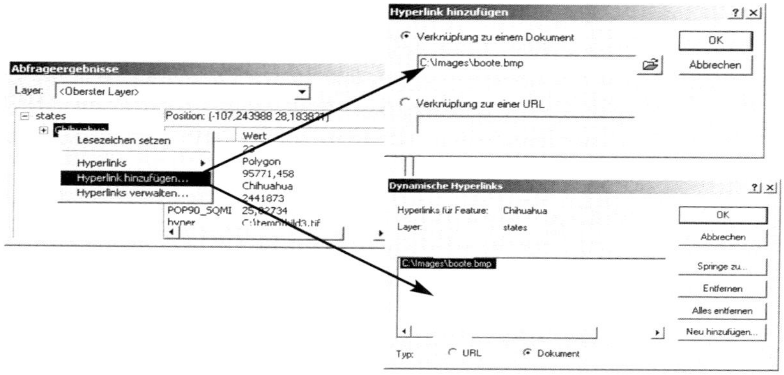

8.8.3 Feldbasierte Hyperlinks definieren

Feldbasierte Hyperlinks werden in der zu einem Layer gehörigen Attributtabelle definiert. Somit kann jedem Objekt ein Hyperlink (Dokument, URL, Makro) zugeordnet werden. Um einen feldbasierten Hyperlink zu definieren, führen Sie folgende Schritte aus:

- Öffnen Sie die Attributtabelle des Layers, für dessen Objekte feldbasierte Hyperlinks gesetzt werden sollen
- Erstellen Sie ein neues Feld in der Attributtabelle, in dem die Hyperlinks eingetragen werden
- Starten Sie die Bearbeitung der Attributtabelle
- Tragen Sie die Hyperlinks in das vorher neu eingefügte Feld ein
- Beenden Sie die Bearbeitung der Attributtabelle
- Aktivieren Sie unter den Layer-Eigenschaften den feldbasierten Hyperlink

Öffnen Sie die Attributtabelle des Layers, für dessen Objekte Sie feldbasierte Hyperlinks definieren wollen, mit folgendem Kontextmenü:

ArcMap-Kontextmenü: Layer
Attributtabelle öffnen

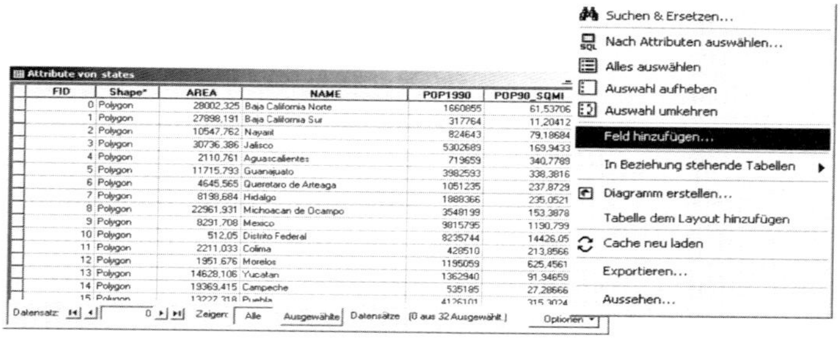

Betätigen Sie in der Tabelle die Schaltfläche „Optionen“ und darin den Menüeintrag „Feld hinzufügen“. Geben Sie den Namen des neuen Feldes unter „Name“ ein und wählen Sie als Feldtyp „Text“. Unter Feldeigenschaften geben Sie die maximale Länge für den Text an (hier eventuell eine Datei mit langer Pfadbezeichnung).

Nach Betätigung von „OK“ wird das neue Feld in die Tabelle eingetragen und kann bearbeitet werden. Für die Eingabe der Hyperlinks müssen Sie jedoch zuerst die Bearbeitung starten, und zwar über die Werkzeugleiste „Editor“. Betätigen Sie folgendes Menü:

ArcMap Editor-Werkzeugleiste:
Editor:
Bearbeitung starten

Tragen Sie in der Tabelle im neuen Feld für jedes Objekt, für das ein Hyperlink definiert werden soll, einen Dateinamen (für ein Dokument), eine Internetseite (URL) oder den Wert ein, mit dem ein Makro arbeiten soll.

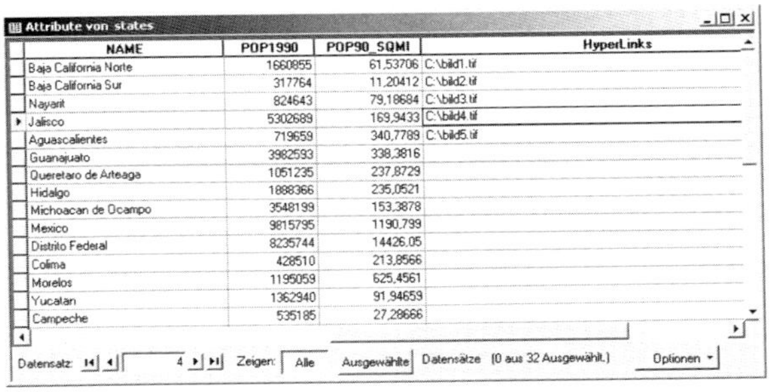

NAME	POP1990	POP90_SQMI	HyperLinks
Baja California Norte	1660855	61,53706	C:\bild1.tif
Baja California Sur	317764	11,20412	C:\bild2.tif
Nayarit	824643	79,18684	C:\bild3.tif
Jalisco	5302689	169,9433	C:\bild4.tif
Aguascalientes	719659	340,7789	C:\bild5.tif
Guanajuato	3982593	338,3816	
Queretaro de Arteaga	1051235	237,8729	
Hidalgo	1888366	235,0521	
Michoacan de Ocampo	3548199	153,3878	
Mexico	9815795	1190,799	
Distrito Federal	8235744	14426,05	
Colima	428510	213,8566	
Morelos	1195059	625,4561	
Yucatan	1362940	91,94659	
Campeche	535185	27,28666	

Beenden Sie die Bearbeitung mit:

ArcMap Editor-Werkzeugleiste:
Editor:
Bearbeitung beenden

Letztlich muss ArcMap noch mitgeteilt werden, wie das Feld benannt wurde, das die Hyperlinks enthält, und welcher Hyperlink-Typ aktiviert werden soll. Dies wird in den Eigenschaften des Layers vorgenommen. Klicken Sie mit der rechten Maustaste auf den Layer und wählen Sie unter Eigenschaften das Register „Anzeigen“.

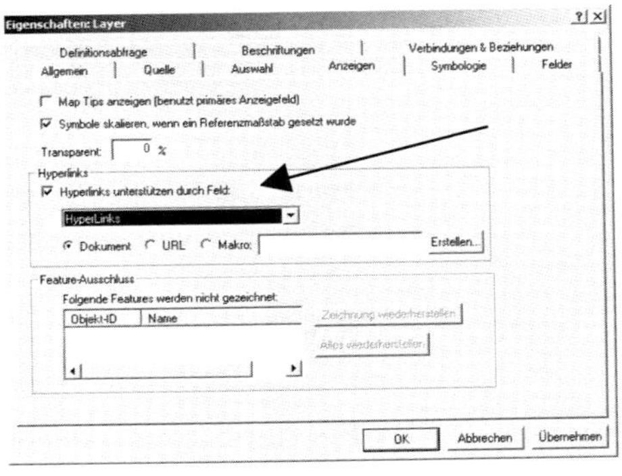

Für feldbasierte und dynamische Hyperlinks lässt sich eine Basisadresse festlegen, so dass z. B. bei der feldbasierten Definition in der Tabelle nur ein Dateiname und nicht für jedes Objekt der volle Pfadname eingegeben werden muss. Rufen Sie dafür die Karteneigenschaften mit folgendem Menü auf und setzen Sie den Basiswert unter „Hyperlink-Basis".

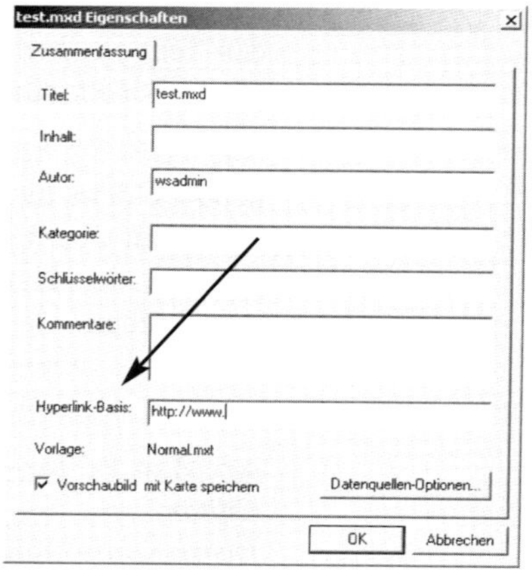

<u>**ArcMap-Hauptmenü:**</u>
Datei:
Karteneigenschaften...

8.8.4 Hyperlinks aufrufen

Vorher definierte Hyperlinks (dynamische und feldbasierte) werden durch Mausklick mit dem Werkzeug „Hyperlink" aus der Werkzeugleiste „Werkzeuge" auf ein Objekt aufgerufen. Sind für ein Objekt mehrere Hyperlinks definiert, so erscheint ein Dialog aus dem ein Hyperlink zur Anzeige ausgewählt werden kann.

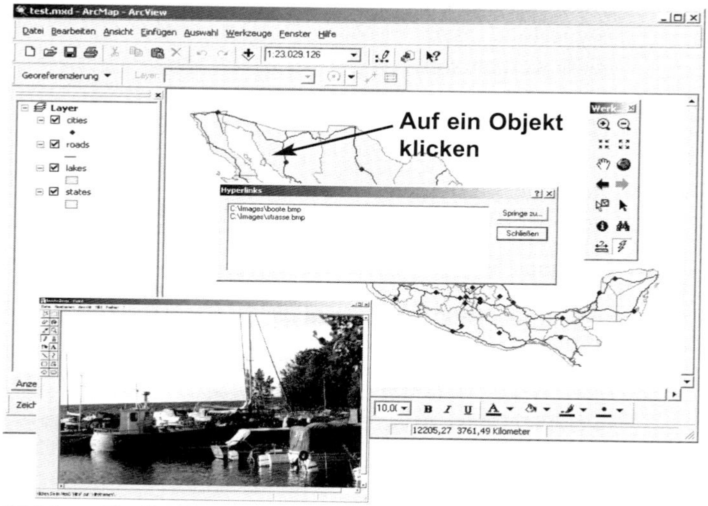

Objekte, für die Hyperlinks definiert wurden, werden nach Betätigung des Hyperlink-Werkzeuges in blauer Farbe gezeichnet (Punkte, Linien). Bei Polygonen wird der Umriss blau gezeichnet.

8.9 MapTips

Ein Attributwert kann beim Überfahren mit der Maus, ohne eine Maustaste zu drücken, angezeigt werden. Dies ist nur in der Daten-Ansicht möglich. So können Sie sich z. B. den Namen eines Landes unmittelbar an dem Objekt anzeigen lassen, ohne ein Werkzeug oder Menü zu betätigen.

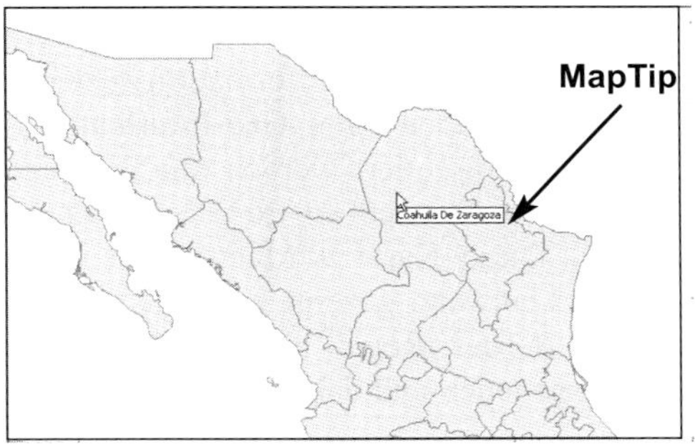

Die Anzeige der MapTips kann in den Eigenschaften des entsprechenden Layers ein- oder ausgeschaltet werden. Betätigen Sie dazu folgendes Menü und setzen Sie im Register „Anzeigen" den entsprechenden Haken:

<u>**ArcMap-Kontextmenü: Ein Layer**</u>
Eigenschaften: Register Anzeigen

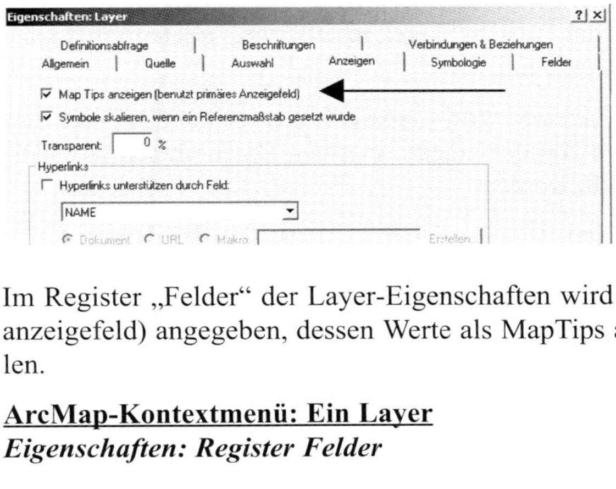

Im Register „Felder" der Layer-Eigenschaften wird das Attribut (Primäranzeigefeld) angegeben, dessen Werte als MapTips angezeigt werden sollen.

<u>**ArcMap-Kontextmenü: Ein Layer**</u>
Eigenschaften: Register Felder

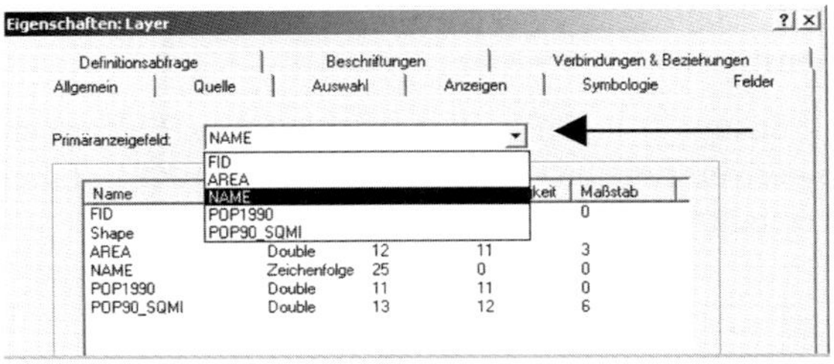

8.10 Präsentation und Karten

8.10.1 Allgemeines

In „EVAP“ (siehe Kapitel 2 „Geo-Informationssysteme“), die Abkürzung für die vielfältigen Aufgaben eines Geo-Informationssystems, steht das „P“ für Präsentation. Präsentiert werden raumbezogene Daten und ihre Attribute in einer Karte, nachdem sie im GIS erfasst, verwaltet und analysiert worden sind. Diese Karte wird entweder auf einem Bildschirm und/oder auf einer Leinwand gezeigt, oder sie wird in Netzen (Internet, Intranet) verteilt. In der Regel aber wird die erzeugte Karte auf Drucker/Plotter ausgegeben und daher in Papierform präsentiert.

Über die Darstellung der Daten im Datenrahmen hinaus hat die Karte eine Reihe von zusätzlichen Elementen und typischen Merkmalen, wie z. B. Maßstab und Nordpfeil.

ArcView stellt eine Vielzahl von Werkzeugen und Methoden bereit, um diese Aufgabe zu lösen. Es wird sichergestellt, dass die Karte an das Betriebssystem weitergeleitet wird und somit der Ausdruck über alle verfügbaren Drucker oder Plotter ausgeführt werden kann.

Im Folgenden wird der Funktionsumfang, der zur Kartenherstellung in der „Layout-Ansicht“ bereitgestellt wird, erläutert und anhand von Beispielen verdeutlicht.

Im Einzelnen wird – am Schluss mit einem Beispiel – beschrieben, wie folgende Kartenelemente in einen Datenrahmen zu einer Karte zusammengestellt werden:

- Titel
- Text
- Kartenrahmen
- Legende
- Grafik
- Nordpfeil
- Maßstabsleiste
- Maßstabstext
- Bild, Logo
- Sonstiges

Mit „Sonstiges“ sind u. a. die verschiedenen Bildformate oder auch Ergebnisse der verbreiteten Office-Produkte, wie EXEL-Tabellen oder Diagramme gemeint.

8.10.2 Layout-Ansicht

Um eine Karte herzustellen, muss der Inhalt eines Datenrahmens in die Layout-Ansicht gebracht werden. Nur dort stehen die notwendigen Hilfsmittel zur Verfügung. Betätigen Sie dazu folgendes Menü:

ArcMap-Hauptmenü:
Ansicht:
Layout-Ansicht

Das Programm schaltet sofort in die gewünschte Ansicht, in der die Karte als Druckvorlage hergestellt wird. Mit dem folgenden Menü kann wieder in die Daten-Ansicht zurück geschaltet werden.

ArcMap-Hauptmenü:
Ansicht:
Daten-Ansicht

Vereinfacht wird das Umschalten durch zwei dafür vorgesehene Schaltflächen am linken unteren Rand der jeweiligen Fenster. Die linke „Weltkugel" bedeutet „Daten-Ansicht", die rechte Schaltfläche „Layout-Ansicht".

8.10.3 Werkzeuge

Zur Erfüllung dieser vielfältigen Aufgaben bei der Erstellung einer Karte stehen zahlreiche Funktionen und Werkzeuge zur Verfügung. Diese sollen nun zunächst einzeln beschrieben werden.

Auf der Karte in der „Layout-Ansicht" ist ein ähnliches Navigieren wie in der Daten-Ansicht möglich. Es stehen die dafür bekannten Werkzeuge be-

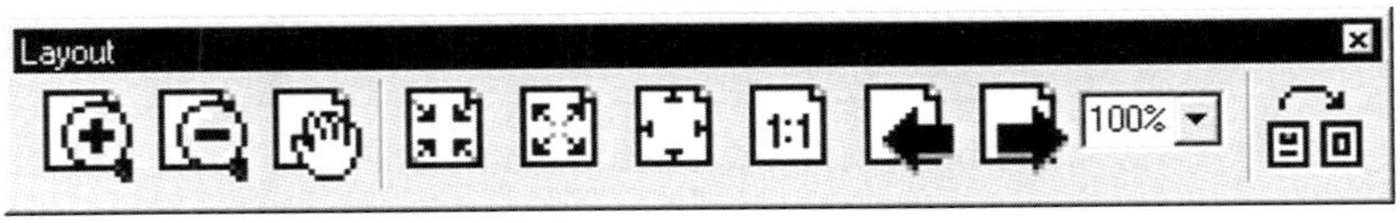

reit, die zuvor auf dem Desktop platziert werden müssen, und zwar z. B. über den Menüeintrag:

ArcMap-Hauptmenü:
Werkzeuge:
Anpassen

Es öffnet sich das Auswahlfenster „Anpassen".

Im Register „Werkzeugleisten" werden sie zur Auswahl angeboten.

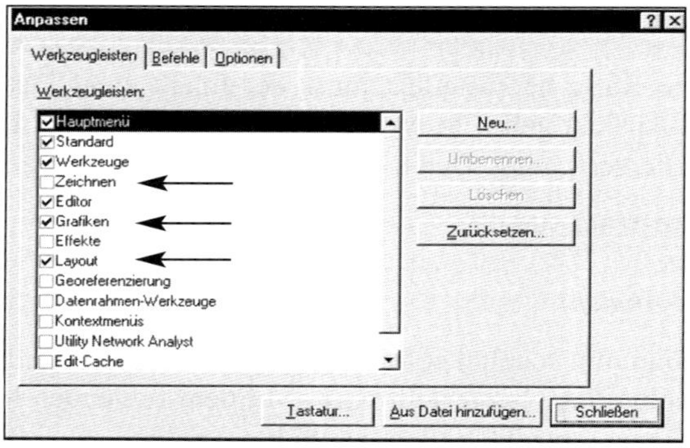

Die durch Pfeile markierten Werkzeuge müssen durch Setzen der Haken zusätzlich aktiviert werden, um über die notwendigen Schaltflächen auf dem Desktop zu verfügen. „Layout" ist dabei die oben vorgestellte Werkzeugleiste.

„Zeichnen" ist die Werkzeugleiste, die es ermöglicht, grafische Elemente und Text zu erstellen. Die Funktionalitäten sind teilweise schon an anderen Stellen beschrieben worden.

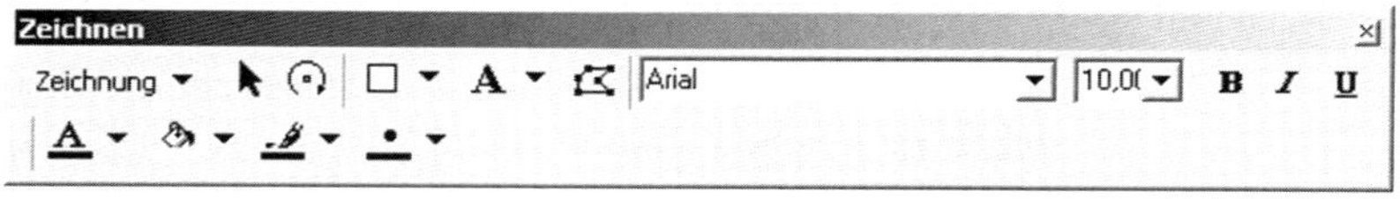

„Grafiken" ist eine Werkzeugleiste, die die Positionierung von Grafikobjekten steuert.

Die bisher unbekannten Schaltflächen der Werkzeugleiste „Layout" – einige wie Zoomen sind schon erklärt worden – sollen hier kurz vorgestellt werden.

Feste Vergrößerung

Auf 100% zoomen

Feste Verkleinerung

Zurück zur Ausdehnung

Auf die gesamte Seite zoomen

Vor zur Ausdehnung

8.10.4 Vorlagen

Eine wichtige Schaltfläche in der Werkzeugleiste „Layout“ dient der Auswahl von vordefinierten Kartenlayouts. Hier werden Vorlagen aktiviert. Sie erleichtern die Kartengestaltung durch bestimmte Vorgaben bei der Positionierung der Kartenelemente.

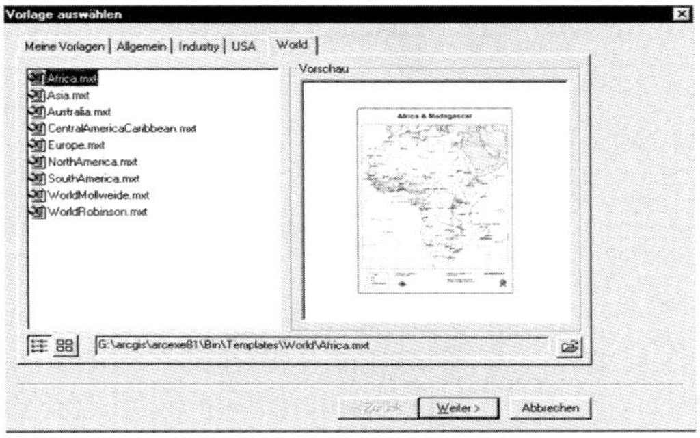

Nach Aktivierung dieser Schaltfläche erscheint das Dialogfenster „Vorlage auswählen“ zur Selektion verschiedener Typen über fünf Register. In einer Vorschau wird die Wahl deutlich gemacht. Diese Vorlagen werden in *.mxt-Dateien gehalten und verwaltet. Es können auch eigene Vorlagen hergestellt werden, die dann unter dem Register „Meine Vorlagen“ abgelegt werden.

Im Register „Allgemein“ wird nach Doppelklick auf einen Kartentyp das Fenster „Datenrahmen-Reihenfolge“ geöffnet.

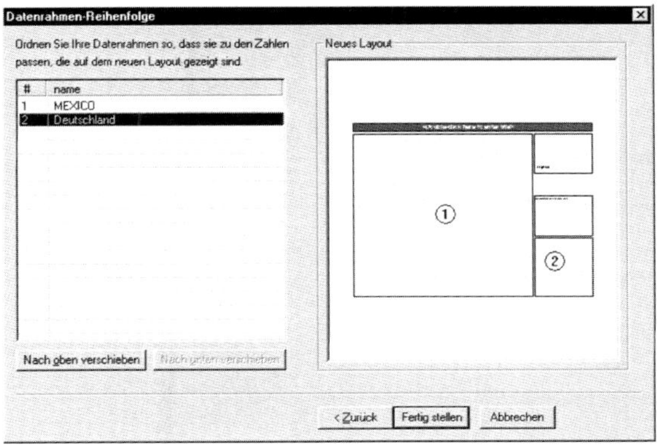

Hier kann die erste Positionierung der verschiedenen Datenrahmen vorgenommen werden. Im Beispiel kommt MEXICO in das Feld 1 und Deutschland in das kleine Feld 2 unten rechts.

Wird ein anderes Register (Industry, USA, World) gewählt, dann sieht der Vorschlag für die Kartengestaltung anders aus. Es werden sofort passende Gestaltungselemente, wie Kartenrahmen, Text oder Koordinatengitter, im Layout platziert.

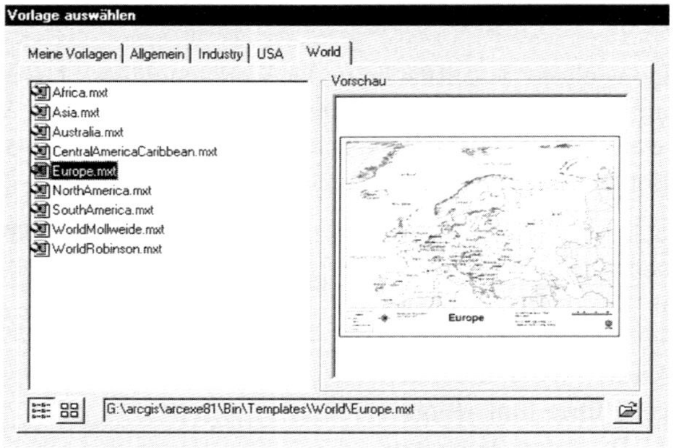

Diese wichtigen Gestaltungselemente für eine Karte müssen nicht nachträglich generiert werden. Die eigenen Daten aus dem Datenrahmen werden automatisch richtig positioniert.

Die verschiedenen Vorlagen können Sie auch in einer Gesamtübersicht betrachten, um die Auswahl zu erleichtern. Im Fenster „Vorlage auswählen" drücken Sie dazu die Schaltfläche für Vorschaubilder (siehe links). Es erscheinen Skizzen der vorgefertigten Vorlagen.

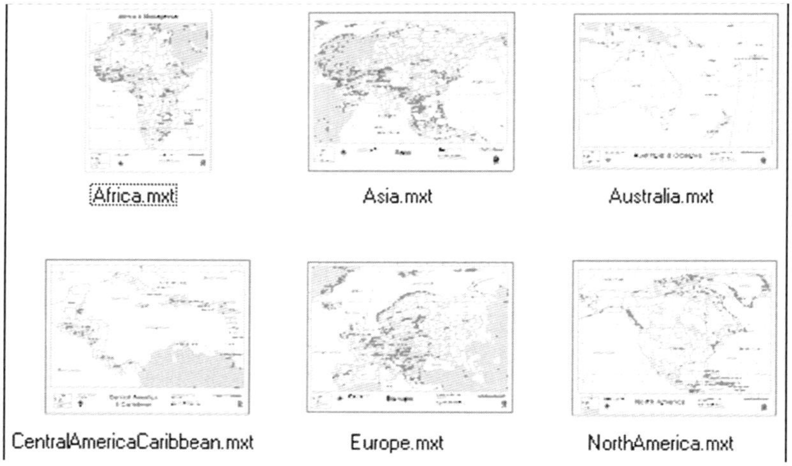

Herstellen von Vorlagen

Eine Reihe von Vorlagen, so genannte Templates, sind im Programm integriert und stehen dem Anwender zur Verfügung. Eigene Vorlagen können erstellt und dann gespeichert werden. Sie sind dann auch für weitere Anwendungen greifbar.

Um eine eigene Vorlage herzustellen, muss die Karte im Datenrahmen vollständig zusammengestellt und die Layout-Ansicht aktiviert sein. Es darf keine vorhandene Vorlage benutzt werden. Nach Entwicklung des Layouts kann es über das Menü „Datei/Speichern unter..." als *.mxt im Verzeichnis

c:\arcgis\arcexe82\bin\templates

archiviert werden. Es steht dann unter dem Register „Allgemein" im Auswahlmenü „Vorlage wählen" mit dem von Ihnen gewählten Namen zur Verfügung. Der Laufwerksbuchstabe „c:" steht hier lediglich als Repräsentant aller anderen denkbaren Laufwerksbuchstaben.

8.10.5 Zeichenwerkzeuge

Die angesprochene Werkzeugleiste „Zeichnen" ermöglicht das Herstellen von Texten und freien Grafiken. Sie besteht aus folgenden Schaltflächen, wovon einige schon an anderen Stellen erläutert wurden.

Elemente auswählen

Neuer Text

Drehen

Stützpunkte bearbeiten

Grafik auswählen

Schriftfarbe

Füllfarbe

Markerfarbe

Linienfarbe

8.10.6 Grafiken anordnen

Grafiken, Texte und weitere Kartenelemente (auch Inhalt des Datenrahmens) müssen auf einer Karte richtig positioniert werden können. Exakte Ausrichtung untereinander oder an bestimmten Elementen soll unterstützt werden. Dafür stehen Werkzeuge zur Verfügung, die aus anderen Grafikprogrammen und den verbreiteten Office-Produkten bekannt sind.

In der Werkzeugleiste „Grafiken“ sind dies:

	Gruppieren		Gruppierung aufheben
	Nach vorne		Nach hinten
	Eins nach vorne		Eins nach hinten
	Links ausrichten		Vertikal mittig ausrichten
	Rechts ausrichten		Unten ausrichten
	Mittig ausrichten		Horizontal verteilen
	Oben ausrichten		Vertikal verteilen
	Gleiche Größe		Gleiche Höhe
	Gleiche Breite		
	90 Grad rechts drehen		Vertikal umdrehen
	90 Grad links drehen		Horizontal umdrehen

8.10.7 Karten-Elemente einfügen

Nicht alle Elemente, die auf der Karte erscheinen sollen, müssen zuvor hergestellt werden. Wichtige, immer wiederkehrende Elemente sind bereits vorkonfektioniert und können problemlos auf die Karte gebracht und nachbearbeitet werden.

Nachfolgend werden diese Möglichkeiten vorgestellt und ihre Handhabung erläutert. Eingefügt werden Kartenelemente aus nachfolgendem Menü:

ArcMap-Hauptmenü:
Einfügen

Es erscheint eine Menüliste mit mehreren Einträgen, die die verschiedenen Optionen beinhalten.

Neuen Datenrahmen einfügen

Titel der Karte einfügen

Allgemeinen Text einfügen

Kartenrahmen gestalten

Legende einfügen und bearbeiten

Nordpfeil einfügen und bearbeiten

Maßstabsleiste einfügen und bearbeiten

Maßstabstext festlegen

Bilder einfügen (BMP, TIFF, JPEG...)

Weitere Objekte einfügen

Datenrahmen

Der Menüeintrag „Datenrahmen" wird benutzt, um einen neuen Datenrahmen zu erzeugen. Dies funktioniert nicht nur in der Layout-Ansicht, sondern auch in der Daten-Ansicht, in die dann noch Geo-Daten zu laden sind.

Titel, Text

Jede Karte benötigt zur eindeutigen Identifikation einen Titel und frei positionierbaren Text. Über diese Menüeinträge wird die Möglichkeit angeboten, einen passenden Textstring einzugeben. Durch Doppelklick auf den Textstring wird das Dialogfenster „Eigenschaften" geöffnet. Hier kann der Text formatiert und exakt positioniert werden. Schrifttyp und ggf. ein Verdrehungswinkel können

ebenso gewählt werden, wie die Führungslinie und der Zeichenabstand. Über die Schaltfläche „Symbol ändern..." gelangt man zu der schon vorgestellten Symbol-Auswahl.

Kartenrahmen

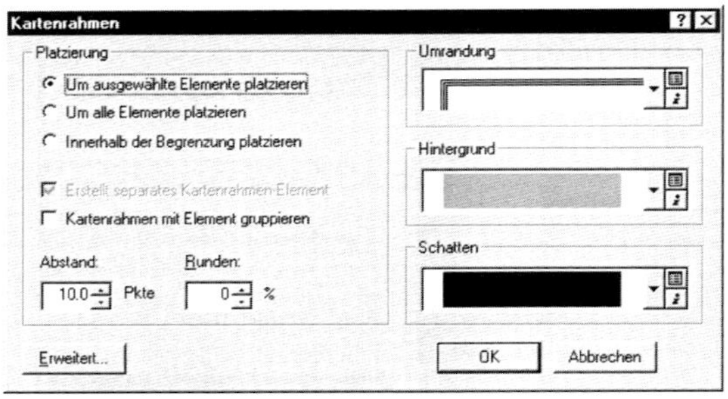

Über diesen Menüeintrag gelangt man zum Dialogfenster „Kartenrahmen". Hier kann im Bereich „Platzierung" gewählt werden, ob die gesamte Darstellung oder nur Teile davon mit einem Rahmen versehen werden sollen. Als dritte Option wird der Rahmen innerhalb der Druckerränder eingefügt.

Die Direkthilfe schreibt dazu:

> Platziert den Kartenrahmen innerhalb der Druckerränder. Ist diese Option ausgewählt, so wird die Gitterlinie automatisch als ein getrenntes Element erzeugt und kann mit anderen Elementen gruppiert werden.
>
> Diese Option ist in der Daten-Ansicht nicht verfügbar, da keine Druckerränder oder Seitenkanten vorhanden sind, in die die Gitterlinie eingefügt werden kann.

Des Weiteren werden in diesem Dialogfeld der Rahmentyp und seine Eigenschaften, der Hintergrund und der Schatten des Rahmens festgelegt. Dabei besteht immer die Möglichkeit, eigene Vorstellungen über die „Symbol-Auswahl" umzusetzen.

Legende

Das Dialogfenster „Legenden-Assistent" wird nach Aktivierung des Menüeintrags „Legende" geöffnet. Hier wird festgelegt, welche Zusammensetzung die Legende haben soll und welche Datasets evtl. ohne Legende dargestellt werden (standardmäßig Legende für alle Datasets). Weiter wird festgelegt, aus wie vielen Spalten diese Legende bestehen soll. Die Einstellungen können immer in einer Vorschau überprüft werden.

Nordpfeil

Auch wenn man verstärkt davon ausgehen kann, dass alle Karten genordet sind, ist ein Nordpfeil auf einer vollständigen Karte unverzichtbar. Nach Aktivierung des Menüeintrages „Nordpfeil..." öffnet sich das Dialogfenster „North Arrow Auswahl". Hier kann aus einer Vielzahl von Vorschlägen das passende Symbol ausgewählt werden.

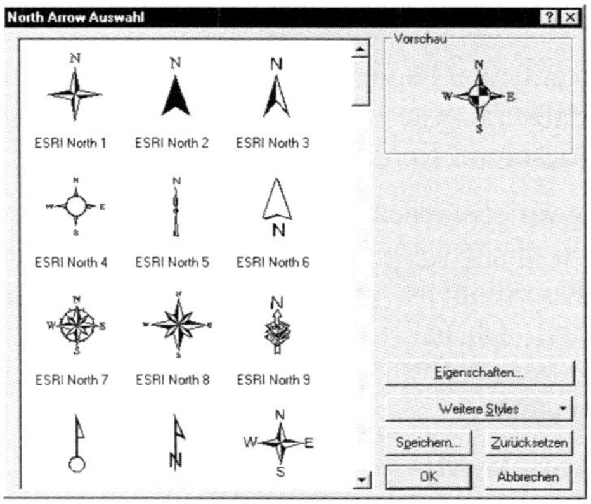

Weiterhin wird nach Aktivieren der Schaltfläche „Eigenschaften..." seine Farbe und Größe im Dialogfenster „Nordpfeil Eigenschaften" festgelegt. Sollte eine Karte nicht genordet sein, so kann man den Nordpfeil entsprechend drehen. Positive Werte im Eingabefeld „Kalibrierungswinkel" erzeugen eine Rechtsdrehung (geografische Drehung) der Grafik. Die Angaben sind in „Grad" einzugeben. Die drei unteren Schaltflächen führen alle zu der Möglichkeit, einen anderen Nordpfeil zu wählen bzw. seine Erscheinungsform zu verändern. Dabei führt die Schaltfläche „Zeichen" zu einer Gesamtübersicht aller Pfeiltypen.

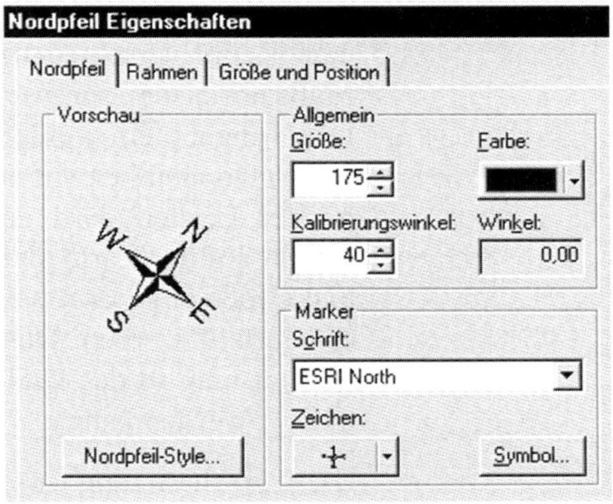

Zwei Register kommen nicht zum Vorschein, wenn man den eben beschriebenen Weg gewählt hat. Erst wenn man auf das markierte Grafikobjekt in der Karte doppelklickt, erscheint das Dialogfenster „Nordpfeil-Eigenschaften" in der abgebildeten Form. Es verfügt dann über zwei zusätzliche Register.

Der Weg zum gerade vorgestellten Werkzeug, das zur Erzeugung eines Rahmens notwendig ist, führt über das Register „Rahmen". Hier kann das Nordpfeilsymbol mit einem Rand versehen werden.

Das Register „Größe und Position" erlaubt eine nachträgliche Veränderung der Position in der Karte oder die Angabe einer exakten Größe.

Maßstabsleiste

Darstellungen auf einer Papierkarte benötigen einen Maßstab und eine entsprechende Maßstabsleiste. Mit ihr können Entfernungen und räumliche Beziehungen bestimmt werden.

Voraussetzung für die Generierung einer Maßstabsleiste ist die Wahl eines passenden Koordinatensystems. Sind die Daten im Datenrahmen in geografischen Koordinaten angegeben, lässt sich naturgemäß kein vernünftiger Maßstab angeben.

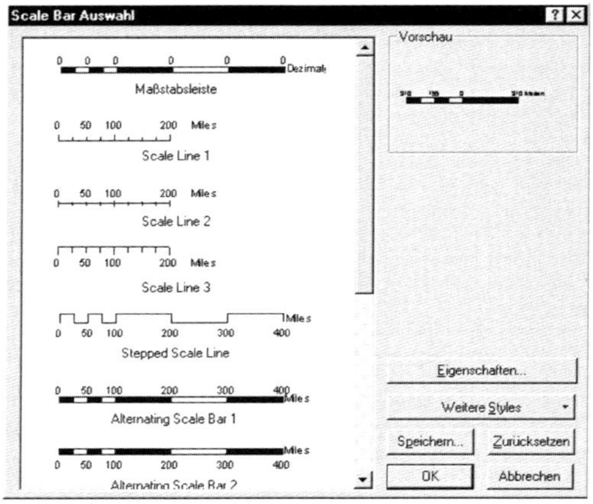

Durch Aktivieren des Menüeintrages „Maßstabsleiste..." wird das Dialogfenster „Scale Bar Auswahl" sichtbar, in dem eine Reihe verschiedener Maßstabsleisten zur Auswahl angeboten werden. Durch Doppelklick auf eine der Leisten wird das Objekt auf der Karte platziert. Es ist dann noch markiert, damit es in Lage und Größe angepasst werden kann. Zuvor kann es in der Vorschau genauer beurteilt werden. Durch Betätigen der Schaltfläche „Eigenschaften..." gelangt man in das Dialogfenster „Maßstabsleiste", wo diese Leiste formatiert werden kann.

Diese Formatierung ist sehr vielschichtig angelegt und wird durch drei Register innerhalb des Dialogfensters „Maßstabsleiste" zugänglich.

Unter „Maßstab und Einheiten" werden die Einheiten (Miles, km usw.) sowie der Ort und die Größe der Beschriftung eingestellt. Weiter wird hier die Anzahl der Teilungen der Leiste und ggf. ihrer Unterabschnitte festgelegt.

Unter „Nummern und Markierungen" legen Sie fest, wo und wie viele Zahlenwerte an der Leiste platziert werden sollen. Auch können Sie die Zahlen noch formatieren (Dezimalstellen, Tausender-Zeichen, Vorzeichen, Auffüllen mit Nullen) und in der „Symbol-Auswahl" auf übliche Weise gestalten.

Unter dem Register „Format“ legen Sie den Schrifttyp und auch die Farben der Leiste (es können, je nach Leiste, zwei verschiedene Farben sein) fest.

Zur Erleichterung dieser Arbeiten kann ein weiteres Dialogfenster mit allen Optionen geöffnet werden. Wenn die Maßstabsleiste bereits auf der Karte platziert ist, wird über einen Doppelklick auf die Leiste das Dialogfenster „Alternierende Maßstabsleiste Eigenschaften“ geöffnet.

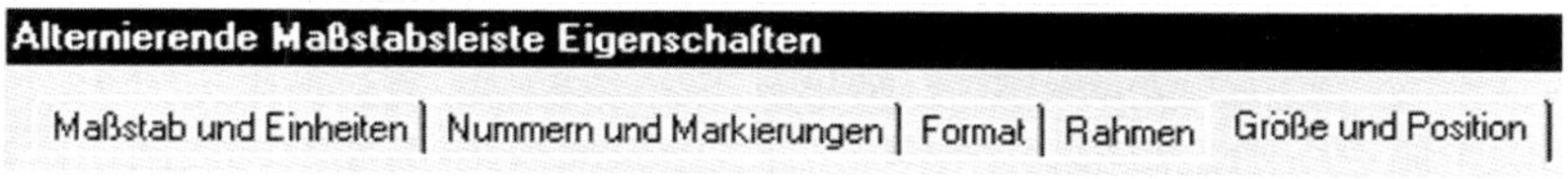

Hier stehen hinter den Registern alle vorgestellten Werkzeuge gleichzeitig für die Gestaltung der Maßstabsleiste zur Verfügung.

Maßstabstext

Alternativ zu einer Maßstabsleiste kann ein entsprechender Text auf der Karte die Bestimmung von Entfernungen unterstützen. Entweder wird ein absoluter Maßstab angegeben, wie beispielsweise 1:1.000.000, oder es wird eine Relation beschrieben, wie zum Beispiel „1 cm gleich 5,7 km“, oder es wird ein benutzerdefinierter Maßstab benutzt. Alle Varianten werden durch Aktivieren des Menüeintrages „Maßstabstext...“ angeboten, über den sich das Dialogfenster „Scale Text Auswahl“ öffnet.

Dort findet man folgende Auswahl vor:

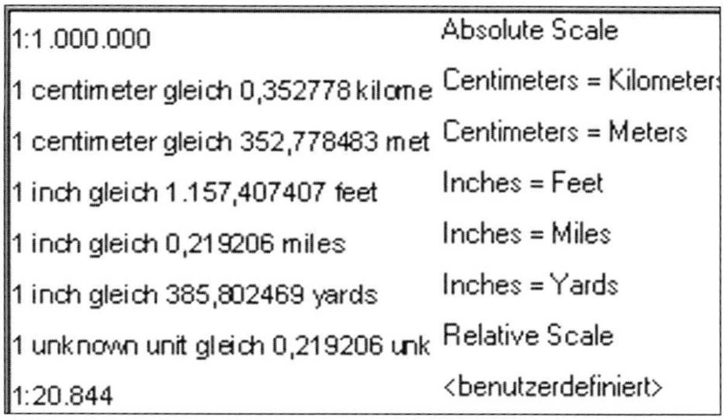

Dabei sind die ungeraden Zahlenangaben nur als Beispiel zu verstehen. Sie sind in der konkreten Anwendung dynamisch, passen sich dem aktuellen Maßstab an und verändern sich bei Änderung des Bildausschnitts.

Den gewünschten Maßstabstext platzieren Sie in der Karte, indem Sie darauf doppelklicken. Er ist markiert, und durch einen weiteren Doppelklick auf diesen ersten Vorschlag öffnet sich das Dialogfenster „Maßstabstext Eigenschaften“. Hier werden wieder gleich alle notwendigen Werkzeuge hinter den Registern angeboten.

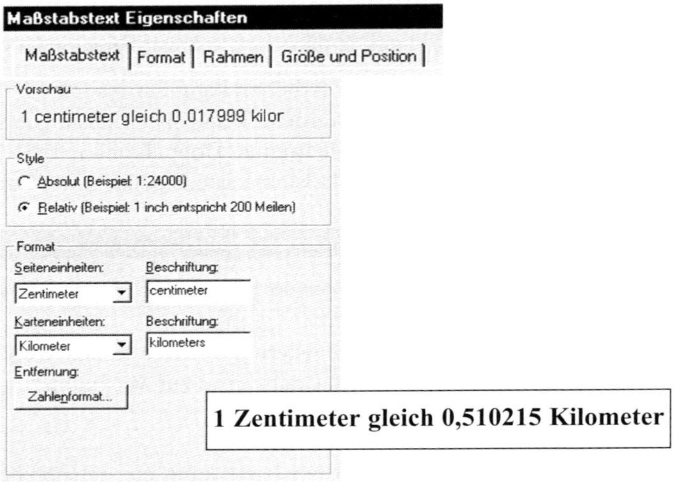

Die Register „Format“, „Rahmen“ sowie „Größe und Position“ entsprechen denjenigen der Maßstabsleiste und werden hier nicht weiter erläutert.

Das Register „Maßstabstext“ ermöglicht eine Vorschau, die nochmalige Änderung des Style und die Einstellung des Formats. Mit dem Bereich „Format“ sind hier die Einheiten auf Karte und Seite gemeint sowie ihre Beschriftung. Weiter ist damit auch die Möglichkeit verbunden, das Zahlenformat einzustellen, wie Dezimalstellen, signifikante Stellen, Tausender-Zeichen, Vorzeichen, Auffüllen mit Nullen und Ausrichtung.

Nach Drücken auf die Schaltfläche „Zahlenformat...“ erscheint das diesbezügliche Dialogfenster gleichen Namens.

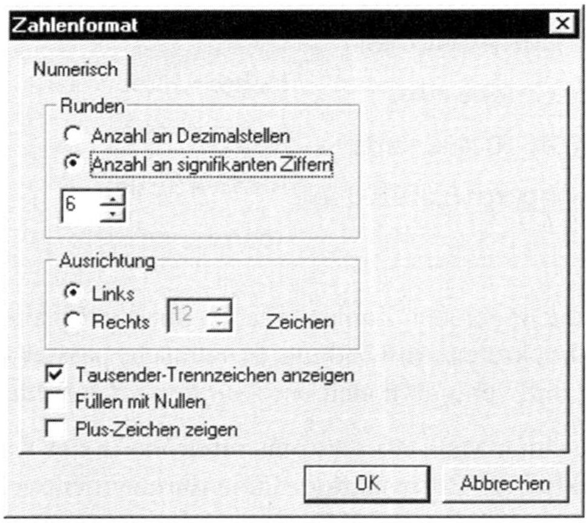

Bild

Eine Karte kann in ihrer Aussagekraft erhöht werden, wenn Bilder als Ergänzung zu den Geo-Objekten und Grafiken hinzukommen. Diese Bilder können Fotos, Logos oder dergleichen sein. Es handelt sich dabei um Grafikobjekte im Bildformat. Importierbare Bildformate sind z. B.:

- JPEG Image (*.jpg)
- GIF-Image (*.gif)
- TIFF-Image (*.tif)
- Windows Metafile (*.emf)
- Windows Bitmap (*.bmp)

Dabei ist es völlig gleichgültig, was sich in diesen Dateien verbirgt. Neben den schon erwähnten Dingen könnten es auch Handskizzen oder Ergebnisse aus einem Scanner sein.

Über den Menüeintrag „Bild..." können Sie im Dateiverzeichnis nach Dateien des obigen Typs zu suchen. Ein Doppelklick auf den gefundenen Dateinamen platziert das Bild auf die Karte. Es muss dann noch in seiner Lage und Größe angepasst werden.

Durch Doppelklick auf das Bild öffnet sich ein Dialogfenster zu den Eigenschaften des Bildes. Hier kann noch ein Rahmen (Register „Rahmen") kreiert werden, wie es anderer Stelle schon beschrieben wurde.

Hinter dem weiteren Register „Größe und Position" wird die genaue Größe des Bildes und sein Ankerpunkt auf der Karte festgelegt. Hinter dem Register „Bild" kann das Bildformat abgefragt und optional die Speicherung in das Dokument definiert werden.

Objekt einfügen

An dieser Stelle ist es möglich, verschiedenste Objekte (so genannte OLE) aus anderen Programmpaketen einzubinden. Zum Beispiel kann ein im Textverarbeitungsprogramm WORD geschriebener Text oder eine Excel-Tabelle auf diese Weise in das Layout eingebunden werden.

8.10.8 Seite einrichten

Bevor mit den vorgestellten Werkzeugen die gewünschten Ergebnisse erzielt werden können, muss die Seite für die Karte eingerichtet werden. In Abhängigkeit von der Druckergröße, vom zur Verfügung stehenden Papierformat und vom gewünschten Darstellungsmaßstab muss die Seite in Größe und Lage festgelegt werden.

Um dies durchzuführen, steht ein Kontextmenü zur Verfügung, das über das Anklicken des Blattes (rechte Maustaste) in der Layout-Ansicht geöffnet wird. Nach Aktivieren des Menüeintrages „Seite einrichten..." öffnet sich das Dialogfenster „Seite einrichten", über das die notwendigen oder gewünschten Einstellungen vorgenommen und der Drucker ausgewählt werden.

Entweder kann die Seitengröße frei gewechselt oder die Seitengröße des Druckers übernommen werden.

Hier werden die verfügbaren Blattgrößen durch die Möglichkeiten des Druckers festgelegt. Sie wird in der angebotenen Liste unter „Drucker-Seitengröße" ausgewählt.

Unter „Seitenausrichtung" ist dann noch zu entscheiden, ob es ein Hochformat oder ein Querformat sein soll.

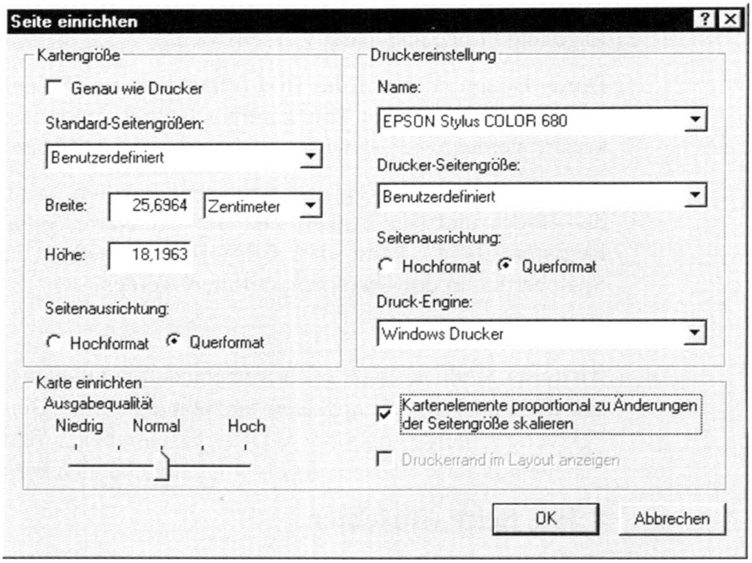

Andere Voreinstellungen sind auf der linken Seite im Bereich „Kartengröße" möglich. Hat die Option „Genau wie Drucker" keinen Haken, ist die Größe des Blattes frei wählbar. Man kann aus der Liste „Standard-Seitengrößen" auswählen (hier wird keine Rücksicht auf die tatsächliche Druckergröße genommen) oder in die betreffenden Eingabefelder die gewünschten Werte in den zuvor eingestellten Einheiten eintragen. Somit werden auch Übergrößen möglich – unabhängig von festen Formaten.

Unter „Seitenausrichtung" ist auch in diesem Fall zu entscheiden, ob ein Hoch- oder ein Querformat sinnvoll ist. In den Eingabefeldern für die Größe und Breite kann man eine diesbezügliche Änderung sofort nachvollziehen.

Eine weitere Überprüfung der getroffenen Einstellungen kann mit dem Mauszeiger auf dem Kartenblatt (Layout-Ansicht) selber durchgeführt werden. Fährt man die linke untere Ecke (LL) an, so werden die Koordinaten des Blattes mit 0,0 in der Statusanzeige angegeben. Bei der oberen rechten Ecke (UR) werden die des gewählten Formates angezeigt, z. B. 118,9 und 84,1 (bei Einstellung cm) bei einem DIN-A0-Blatt quer. Eine weitere Überwachung ist mit den Linealeinstellungen möglich. Diese werden in den allgemeinen Optionen im Register „Layout-Ansicht" eingestellt.

Der untere Bereich „Karte einrichten" in diesem Dialogfenster ermöglicht die Einstellung der Ausgabequalität. Bestimmt wird hier die Auflösung bei Rasterdaten und Transparenzdarstellung. Beide werden aber auch durch die Qualität des Druckers beeinflusst.

Auf der rechten Seite dieses Bereiches wird gesteuert, wie sich Objekte auf der Karte verhalten sollen, wenn sich die Blattgröße verändert. Die Direkthilfe schreibt dazu:

> Dehnt die Elemente proportional aus oder staucht sie, um sie an die neue Seitengröße anzupassen.
>
> Kreuzen Sie diese Option an, um die Größe der Elemente zu verändern. Schalten Sie diese Möglichkeit aus, um die aktuelle Größe der Elemente auf der Seite beizubehalten.

Kontextmenü

Das Eingangs erwähnte Kontextmenü (rechte Maustaste auf das Blatt in der Layout-Ansicht) beinhaltet noch weitere Funktionen bzw. Werkzeuge, die für die Herstellung einer Karte hilfreich sein können.

Der zweite Menüeintrag: „Layout ändern" ist auch über eine andere, schon vorgestellte Schaltfläche aktivierbar.

Der dritte Eintrag: „Karte in die Zwischenablage kopieren" ist geeignet, eine Karte in die Windows-Zwischenablage zu legen. Sie kann dann von anderen Programmen auf dem jeweiligen Rechner übernommen und in Dokumente eingebunden werden.

Der vierte Menüeintrag: „Einfügen" holt Objekte aus der Zwischenablage in das aktuelle Dokument.

Der nächste Menüeintrag: „Alle Elemente auswählen" ermöglicht die gemeinsame Bearbeitung mehrerer Objekte, wie z. B. „Gruppieren".

Die nächsten vier Einträge erleichtern die Positionierung von Objekten auf der Karte. Beispielsweise wird ein Raster angeboten, mit dem das Ausrichten der Objekte auf der Seite/dem Bildschirm vereinfacht wird.

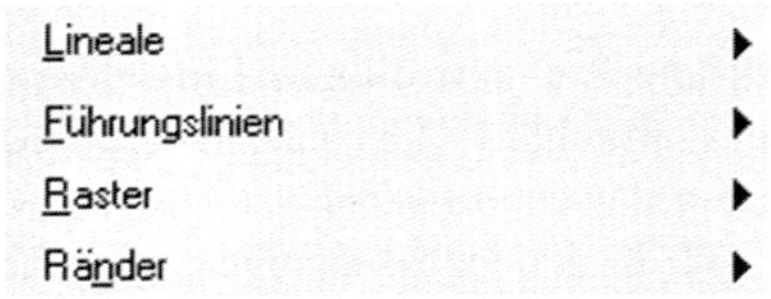

Der unterste Menüeintrag: „Optionen“ öffnet das Dialogfenster „Optionen“. Hier werden eine Reihe von Einstellungen vorgenommen, die an anderer Stelle weiter erläutert werden. Teilweise beziehen sich diese Optionen nicht nur auf die Layout-Ansicht, sondern auch auf generelle Einstellungen des Programms. Wenn aus der Layout-Ansicht auf die Optionen zugegriffen wird, ist das passende Register „Layout“ aktiv. Wichtig zu wissen ist vor allem, dass hier die Rasterweite für das oben genannte Raster festgelegt wird.

8.10.9 Beispiel

An einem Beispiel soll im Folgenden die Vorgehensweise für ein Layout vorgestellt werden. Da die Möglichkeiten sehr vielfältig sind, können an dieser Stelle nicht alle Variationen von Einstellungen „durchgespielt“ werden. Die Möglichkeiten aus dem Kapitel „Beschriftungen und Grafiken“ werden nicht mehr aufgegriffen. Sie sind hier ebenfalls anwendbar.

Starten Sie ArcMap. Mit der Befehlsfolge...

ArcMap-Hauptmenü
Einfügen:
Datenrahmen

...fügen Sie einen neuen Datenrahmen hinzu. Markieren Sie ihn im Inhaltsverzeichnis und öffnen Sie das Kontextmenü. Wählen Sie „Eigenschaften“ und aktivieren Sie dort das Register „Allgemein“.

ArcMap-Kontextmenü auf Datenrahmen
Eigenschaften: Register Allgemein

Bei „Name“ tragen Sie einen neuen Namen für den Datenrahmen ein und bestätigen Sie mit „OK“.

Drücken Sie in der ArcMap-Standard-Werkzeugleiste die Schaltfläche „Daten hinzufügen“" und laden Sie das Shapefile „Country“ aus dem Verzeichnis ESRIDATA\world ein.

Um zu verhindern, dass eine viel zu lange Legende auf dem Layout platziert werden muss, reduzieren Sie den Datensatz auf Europa.

Selektieren Sie dazu die Staaten Europas, speichern Sie sie als eigenständiges Shape mit dem Namen „Europa" und laden Sie das Shape sofort wieder in den selben Datenrahmen. Löschen Sie danach das Shape „Country" aus dem Datenrahmen.

Stellen Sie eine passende Legende ein.

ArcMap-Kontextmenü auf den Layer „Europa"
Eigenschaften: Register Symbologie

Wählen Sie unter „Darstellung" den Legendentyp „Kategorien, Einzelwert, viele Felder" aus und tragen Sie unter „Wertefelder": „FIPS_CNTRY" und als zweites „CNTRY_NAME" ein. Das dritte Wertefeld stellen Sie auf „<NONE>".

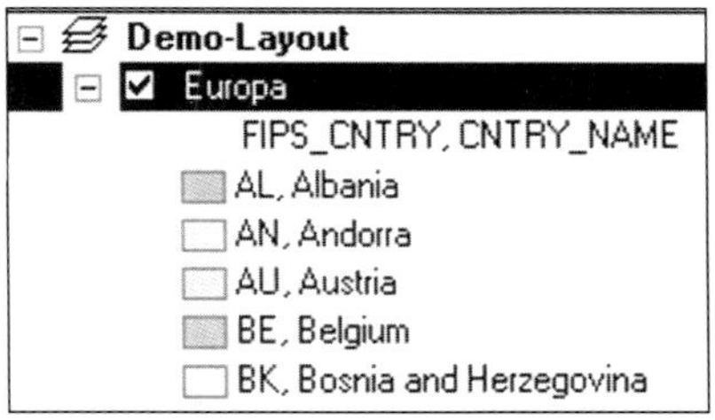

Der obere Teil der Legende hat dann das nebenstehende Aussehen, wenn zuvor noch die Darstellung für „<alle anderen Werte>" ausgeschlossen wurde. Im nächsten Schritt muss die Projektion des Datenrahmens so eingestellt werden, dass die Verwendung einer Maßstabsleiste in der Layout-Ansicht einen Sinn macht. Führen Sie dazu die notwendigen Schritte aus und legen Sie für den Datenrahmen das Gauss-Krüger-System im dritten Meridianstreifen fest.

Markieren Sie dazu den Datenrahmen und öffnen Sie sein Kontextmenü. Wählen Sie dort das Register „Koordinatensystem". Im Feld „Aktuelles Koordinatensystem" können Sie das System ablesen, das von den Daten verwendet wird: GCS_Assumed_Geographic_1 D_North_America_1927.

Das Zielsystem richten Sie unter „Koordinatensystem wählen" im Verzeichnis „National Grids" ein.

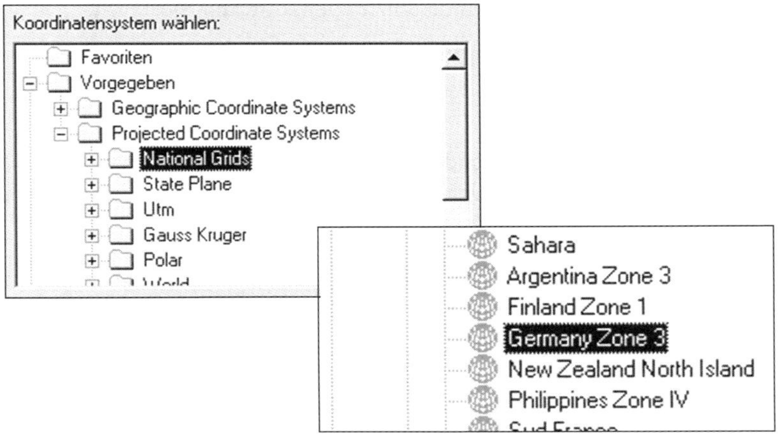

Dort wird das gewünschte System unter dem Namen „Germany_Zone_3“ angeboten.

Bestätigen Sie mit „OK“. Die Darstellung im Datenrahmen verändert sich sofort. Als aktuelles System ist nun Gauß-Krüger eingestellt. Dieses Programm erlaubt es, Entfernungen zu messen und eine sinnvolle Maßstabsleiste in der Layout-Ansicht zu platzieren.

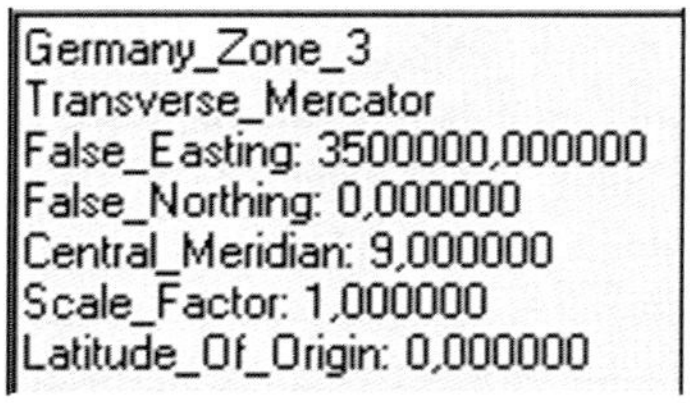

Das Programm bietet ein passendes Blatt unbekannter Größe und Form an und legt den Datenrahmen mittig darauf.

Wählen Sie nun das Format „A1 quer“ für dieses Blatt. Drücken Sie dazu das Kontextmenü mit dem Mauszeiger auf dem Blattrand außerhalb des markierten Rahmens.

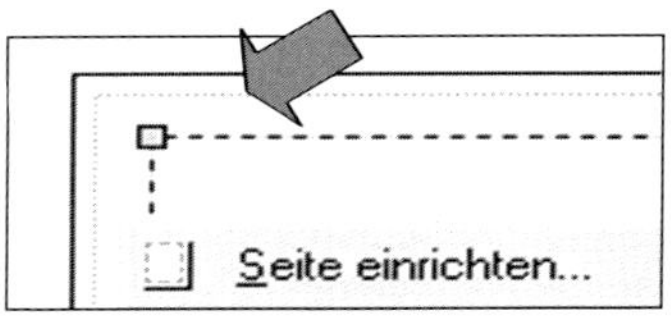

Es erscheint ein Menü, in dem Sie „Seite einrichten“ auswählen. Hier können Sie im Dialogfenster „Seite einrichten“ die Blattgröße und Ausrichtung (hoch/quer) bestimmen. Es stehen dazu eine Reihe von Optionen zur Verfügung.

In der Layout-Ansicht erscheint das gewünschte Format. Der Datenrahmeninhalt wird mittig platziert. Schieben Sie den markierten Rahmen auf die linke Seite des Blattes und stellen Sie den Maßstab in der Hauptmenüleiste auf 1:10.000.000.

Um die Legende einzufügen, drücken Sie:

<u>ArcMap-Hauptmenü:</u>
Einfügen:
Legende

Im erscheinenden Dialogfenster „Legenden-Assistent“ setzen Sie den Karten-Layer auch in das Feld „Legenden-Elemente“, stellen die Anzahl der

Spalten für die Legende auf den Wert 3 und drücken auf die Schaltfläche „Vorschau“.

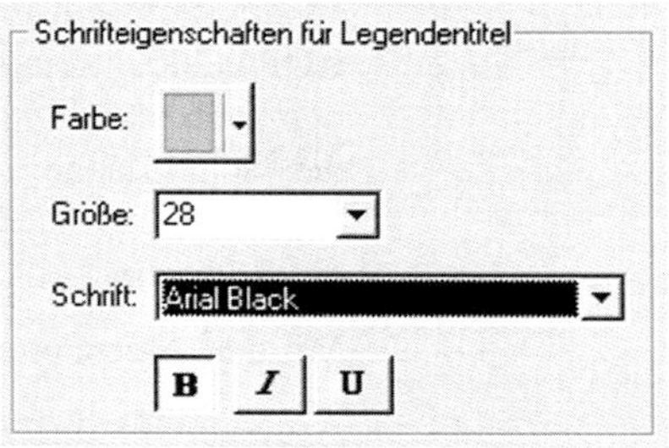

Nach einer Kontrolle drücken Sie auf „Weiter" und wählen als Nächstes den Namen der Legende, z. B. „Länder Europas", den Schrifttyp „Arial Black" in Blau mit einer Größe von 28 Punkt. Dieser Schriftzug steht in der Layout-Ansicht oberhalb der Legende. Mit dem nächsten „Weiter" gelangen Sie zu einem Dialogfenster, das die Erstellung eines Rahmens steuert. Rahmentyp, Hintergrund und Schatten werden hier eingestellt.

Stellen Sie Elemente Ihrer Wahl ein und drücken Sie „Weiter". Im vorletzten Dialogfenster werden Veränderungen der Symbole vorgenommen. Wählen Sie hier für die Flächen „Oval" aus und drücken Sie „Weiter".

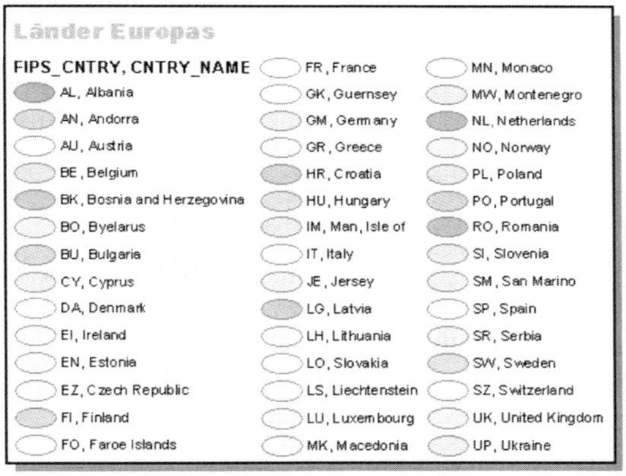

Im letzten Dialogfenster können bei Bedarf die Abstände zwischen den einzelnen Bestandteilen der Legende neu festgelegt werden. Drücken Sie „Fertigstellen". Nach einiger Berechnungszeit wird eine Legende, wie die Nebenstehende, auf dem Layout platziert. Während dieser – z. T. länger andauernden – Berechnungen dreht sich die kleine Weltkugel in der Statusleiste unten in der Benutzeroberfläche.

Durch einen Doppelklick auf die Legende – dies gilt auch für andere grafische Objekte – können Sie jederzeit in die Bearbeitungsdialoge zurückschalten und Veränderungen vornehmen. Führen Sie den Doppelklick aus und aktivieren Sie im erscheinenden Dialogfenster das Register „Rahmen". Stellen Sie in allen drei möglichen Fällen die Rundung auf „9 %" und bestätigen Sie mit „OK". Rahmen, Hintergrund und Schatten werden dann abgerundet dargestellt.

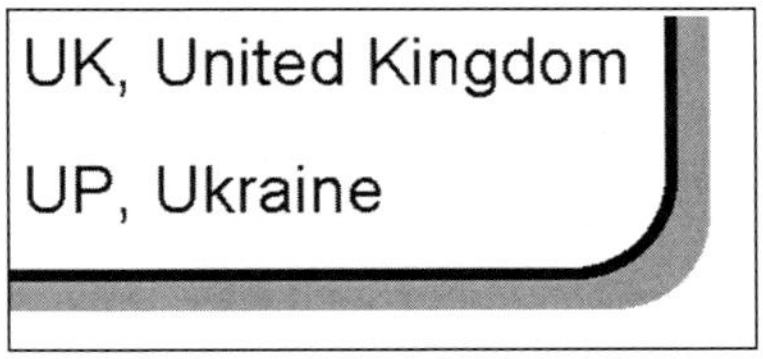

Um der Karte einen Titel zu geben, aktivieren Sie:

<u>**ArcMap-Hauptmenü:**</u>
Einfügen:
Titel

Es erscheint ein markiertes Eingabefeld, in das Sie die Titel, z. B. „EUROPA 2002“, eintragen. Führen Sie anschließend einen Doppelklick auf den noch markierten Text aus. Im Dialogfenster „Eigenschaften“ und unter der Schaltfläche „Symbol ändern...“ kann der Text formatiert werden. Wählen Sie Arial, fett, blau in Größe 72 und fügen Sie diese Überschrift in die Karte ein.

Mit der folgenden Befehlsfolge fügen Sie freien Text ein:

ArcMap-Hauptmenü:
Einfügen:
Text

Die Vorgehensweise ist wie beim Einfügen eines Titels.

Mit dem folgendem Menü fügen Sie einen Rahmen ein:

ArcMap-Hauptmenü:
Einfügen:
Kartenrahmen...

Wählen Sie im Dialogfenster „Kartenrahmen“ die Option „Innerhalb der Begrenzung platzieren“ und aktivieren Sie einen einfachen und dünnen Rahmen ohne Hintergrund und Schatten.

Um einen Nordpfeil auf der Karte einzurichten, nutzen Sie folgende Befehlsfolge:

ArcMap-Hauptmenü:
Einfügen:
Nordpfeil...

Es erscheint eine Auswahl von verschiedenen Pfeilsymbolen. Wählen Sie das Symbol „ESRI North 8“ durch Doppelklick auf das Symbol aus. Es wird sofort in die Layout-Ansicht übertragen und muss nur noch richtig positioniert werden. Dabei kann die Größe noch angepasst werden. Führen Sie dazu einen Doppelklick auf dem Nordpfeil aus und öffnen Sie im Dialogfenster „Nordpfeil Eigenschaften“ das Register „Größe und Position“. Stellen Sie die Größe auf „5x5 cm“ ein.

Sollte der Nordpfeil noch gedreht werden müssen, kann dies im Register „Nordpfeil“ im selben Dialogfenster vorgenommen werden.

Mit der Befehlsfolge...

ArcMap-Hauptmenü:
Einfügen:
Maßstabsleiste...

...fügen Sie eine Maßstabsleiste in die Layout-Ansicht ein. Es öffnet sich das „Scale Bar Auswahl“-Dialogfenster, in dem eine Reihe von Leisten angeboten werden. Wählen Sie „Double Alternating Scale Bar 1“ und drücken Sie die Schaltfläche „Eigenschaften“. Im Register „Maßstab und Einheiten“ legen Sie „Kilometer“ als Maßeinheit fest, als Teilungswert „500 km“. Bestätigen Sie mit „Übernehmen“ und positionieren Sie die Leiste anschließend nur noch am gewünschten Ort.

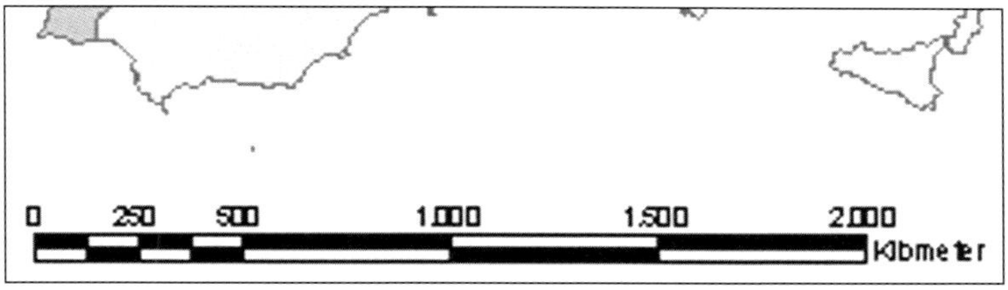

Mit der Befehlsfolge...

<u>ArcMap-Hauptmenü:</u>
Einfügen:
Maßstabstext...

...fügen Sie eine Maßstabsangabe als Text ein. Sie haben dabei zwei verschiedene Möglichkeiten: Zum einen können Sie den absoluten Maßstab angeben, zum anderen eine Relation, wie z. B. „1 cm = 12,345 km“.

Der erste Fall ist unter „Absolute Scale“ an der Spitze der Auswahlliste realisiert. Wenn Sie einen Doppelklick auf diese Auswahl ausüben, werden die Angaben in der Layout-Ansicht dargestellt. Es wird dabei der zuvor eingestellte Maßstab (hier 1:10.000.000) übernommen.

1:10.000.000

1 centimeter gleich 100 kilometers

Für den zweiten Fall wählen Sie einen Text aus, der die Angaben „cm“ und „km“ enthält. Mit einem Doppelklick wird er sofort auf der Layout-Ansicht sichtbar. Nach einem weiteren Doppelklick auf den noch markierten Text gelangen Sie in das Dialogfenster „Maßstabstext Eigenschaften“. Im Register „Größe und Position“ stellen Sie die Höhe des Textes auf „1 cm“. Die Breite passt sich automatisch an.

Mit der Befehlsfolge...

<u>ArcMap-Hauptmenü:</u>
Einfügen:
Bild...

...fügen Sie ein Bild in das Layout ein. Es sind eine Vielzahl von Formaten dafür geeignet. Die gängigsten sind dabei *.jpg-, *.gif-, *.tif-Dateien. Ihr Inhalt können Fotos aus einer digitalen Kamera, Logos oder gescannte Dokumente sein.

Nach Drücken des Menüeintrags „Bild..." eröffnet sich die Möglichkeit, ein Bild aus irgendeinem Verzeichnis des Rechners zu öffnen. Es erscheint sofort im Layout und muss nur noch positioniert werden.

Mit der Befehlsfolge...

ArcMap-Hauptmenü:
Einfügen:
Objekt...

...fügen Sie eins der Objekte z. B. aus der Microsoft-Office-Welt ein. Sie können also einen schon existierenden Text aus einem WORD-Dokument in die Layout-Ansicht importieren. Natürlich kann der Text auch neu geschrieben werden.

Aktivieren Sie den Menüeintrag „Objekt...". Es erscheint das Dialogfenster „Objekt einfügen" mit einer Auswahlliste. Nehmen Sie „Microsoft Word-Dokument". Nach der Bestätigung durch „OK" erscheint das Fenster, das Sie von der Textverarbeitung her gewohnt sind.

Hier tragen Sie nun den gewünschten Text ein oder importieren einen schon vorhandenen. Führen Sie auch die gewünschten Formatierungen innerhalb der Textverarbeitung aus.

Im Hauptmenü „Datei" von Word existiert der Menüeintrag „Schließen und zurückkehren zu 'Projekt-Name.mxd'". Wenn Sie diesen Eintrag betätigen, wird das Dokument im Layout von ArcView platziert.

Zum Schluss dieses Beispiels könnte noch ein zweiter Datenrahmen auf dem Layout eingerichtet werden. In diesem Rahmen könnte z. B. eine Übersicht dargestellt werden, mit der die Hauptkarte leichter eingeordnet werden kann.

Die nächste Seite zeigt das fertige Karten-Layout. Haben Sie während der Übung andere als die vorgeschlagenen Einstellungen vorgenommen, führt das naturgemäß zu einem entsprechend anderen Erscheinungsbild. Die nachfolgende Darstellung erhebt keinen Anspruch auf Vollständigkeit oder auf kartografische Richtigkeit. Sie soll nur helfen, die Prinzipien bei ihrer Herstellung zu verdeutlichen.

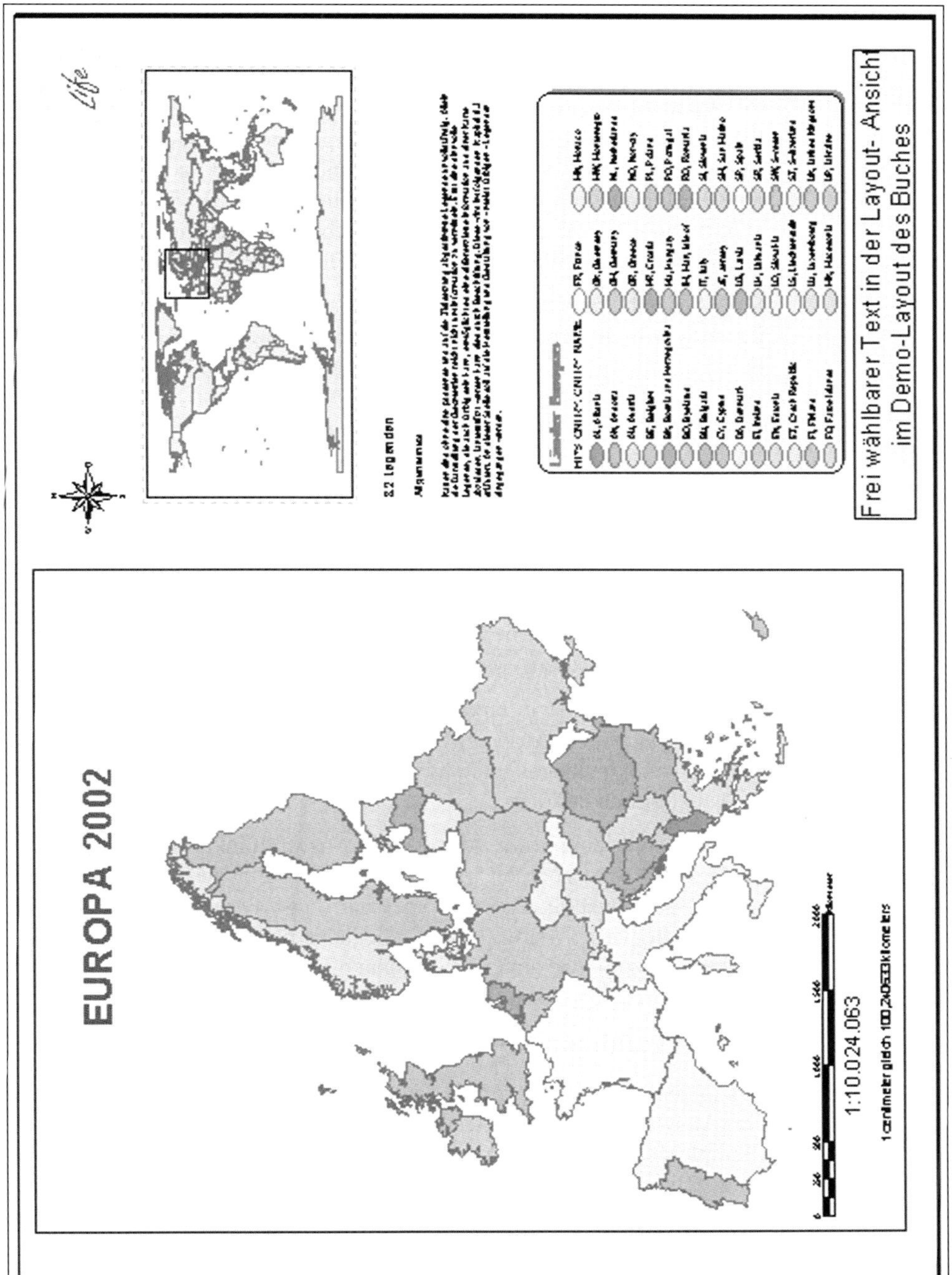
EUROPA 2002
1:10.024.063
Frei wählbarer Text in der Layout- Ansicht
im Demo-Layout des Buches

8.11 Auswahl von Objekten

8.11.1 Einleitung

Für die meisten Anwendungen sind oft nur ein Teil der zur Verfügung stehenden Daten wichtig. Von allen Schutzgebieten in einem Land interessieren z. B. nur die Naturschutzgebiete und vielleicht auch nur solche, die eine bestimmte Flächengröße haben. Hiermit haben Sie eine typische „GIS"-Aufgabe. Objekte (Naturschutzgebiete) sollen hier mit Hilfe von Attributwerten (Schutztyp, Flächengröße) ausgewählt werden.

Eine Auswahl kann mit einem GIS aber auch mit Hilfe der Lage von Objekten getroffen werden. Wollen Sie Schutzgebiete (z. B. Naturschutzgebiete) ermitteln, die einen bestimmten Nutzungstyp enthalten (z. B. Wald oder Ackerflächen), so erfolgt hier die Auswahl von Objekten mit Hilfe von Objekten eines anderen Themas.

Mit ArcView können, neben diesen beiden wichtigen Auswahlmethoden, Objekte auch interaktiv (durch Mausklick) und mit Hilfe von Grafiken (die Gebiete darstellen sollen) selektiert werden.

Befinden sich mehrere Datensätze im Inhaltsverzeichnis von ArcMap, so können die Layer, aus denen eine Auswahl getroffen werden soll, bestimmt werden. Die Farbe für selektierte Objekte lässt sich für jeden Layer gesondert einstellen.

Sie werden zunächst in einem Einführungsbeispiel die wichtigsten Auswahlmethoden und Auswahlfunktionen kennen lernen. Danach werden alle Auswahlmethoden (Interaktive, mit Attributen, nach Lage, mit Grafiken) ausführlich erläutert.

ArcView stellt eine große Anzahl von Auswahlfunktionen (z. B. auf selektierte Features zoomen, Auswahl umkehren, auswählbare Layer einstellen, ausgewählte Features speichern usw.) zur Verfügung. Diese Funktionen wirken entweder auf alle oder bestimmte Layer. Wo diese Funktionen zu finden sind und wie man mit ihnen umgeht, erfahren Sie im letzten Teil dieses Abschnitts.

8.11.2 Einführungsbeispiel

Das folgende Beispiel zeigt die wichtigsten grundlegenden Funktionen für die Auswahl von Objekten in ArcMap. Dafür benötigen Sie die „SampleMaps", die mit der Software geliefert werden. Installieren Sie diese gegebenenfalls nach. Führen Sie die folgenden Punkte in diesem Beispiel, wie angegeben, aus; Sie werden dadurch schnell ein Gefühl bekommen, wie die Auswahl mit ArcMap funktioniert:

- ArcMap starten
- Raumbezogene Daten einlesen
- Auswählbare Layer einstellen
- Unterschiedliche Auswahlfarbe für „states“ und „cities“ einstellen
- Interaktive Auswahl (Auswahl mit der Maus)
- Nach Attributen auswählen (Bevölkerungsanzahl < 1 000 000)
- Nach Lage auswählen (Länder auswählen, die einen See enthalten)
- ArcMap beenden

ArcMap starten

ArcMap wird wie jede andere Windows-Anwendung gestartet. Betätigen Sie in der Windows-Benutzeroberfläche unten links die Schaltfläche „Start“:

Start: Programme: ArcGIS: ArcMap

Durch Doppelklick auf das ArcMap-Symbol im Desktop kann ArcMap ebenfalls gestartet werden.

Nach dem Start erscheint die ArcMap-Benutzeroberfläche. Sie können dann angeben, ob Sie ein neues Dokument (eine neue leere Karte), ein Template (eine Vorlage für ein neues Dokument) oder ein auf Datenträger vorhandenes Dokument (*.mxd) öffnen wollen. Für dieses Beispiel geben Sie „Eine neue leere Karte“ an.

Raumbezogene Daten einlesen

In diesem Teil werden in den leeren Datenrahmen „Layer“, der beim Starten von ArcMap automatisch erzeugt wird, neue Daten (Shapefiles) eingelesen.

Laden Sie folgende Shapefiles in den Datenrahmen. Betätigen Sie dazu nebenstehende Schaltfläche oder das Menü:

ArcMap-Kontextmenü: Datenrahmen „Layer“
Daten hinzufügen:

Gehen Sie in dem folgenden Eingabefenster zu:

\arcgis\SampleMaps\Data\Mexico\states.shp
\arcgis\SampleMaps\Data\Mexico\cities.shp
\arcgis\SampleMaps\Data\Mexico\lakes.shp
Gleichzeitiges Drücken der linken Maustaste und der Strg-Taste lädt mehrere Shapes in den Datenrahmen.

Auswählbare Layer einstellen

Es befinden sich nun drei Shapes im Datenrahmen „Layer“. Bevor eine Auswahl getroffen wird, müssen zuerst Einstellungen vorgenommen werden. Die später folgende interaktive Auswahl mit der Maus soll nur Objekte von „cities“ und „states“ auswählen. Dazu müssen diese für die Auswahl festgelegt werden. Das geschieht mit folgendem Menü:

ArcMap-Hauptmenü:
Auswahl:
Auswählbare Layer einstellen...

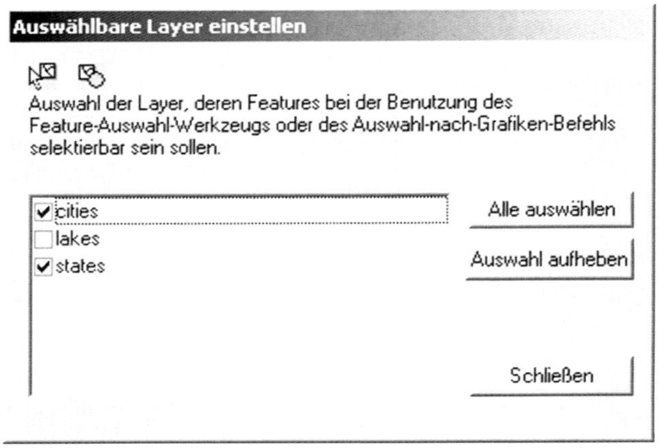

Aktivieren Sie „cities“ und „states“ und drücken Sie die Schaltfläche „Schließen“. Die Layer für die Auswahl sind damit festgelegt.

Unterschiedliche Auswahlfarbe für „states“ und „cities“ einstellen

Wenn ein Objekt ausgewählt wird, wird es mit einem Symbol gekennzeichnet. Für die Auswahl in „states“ und „cities“ sollen unterschiedliche Symbole bestimmt werden. Dies geschieht für jeden Layer nacheinander mit dem Kontextmenü:

ArcMap-Kontextmenü: „cities“
Eigenschaften: Auswahl-Register

ArcMap-Kontextmenü: „states“
Eigenschaften: Auswahl-Register

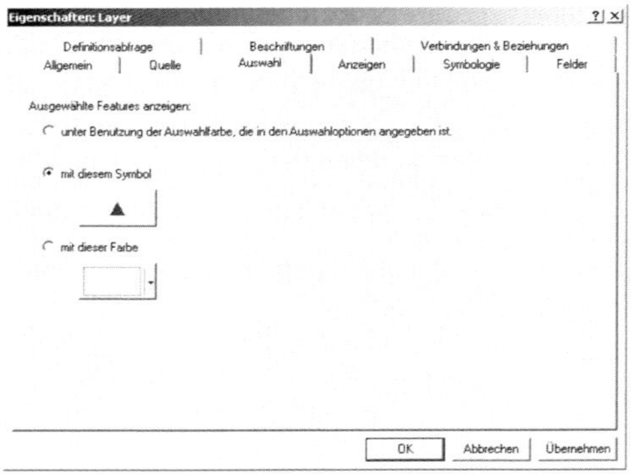

Für „cities“ wählen Sie „mit diesem Symbol“ und betätigen Sie die zugehörige Schaltfläche. Im Symbol-Auswahlfenster wählen Sie ein Punktsymbol (z. B. rotes Dreieck) aus.

Für „states“ wählen Sie „mit dieser Farbe“ und betätigen Sie die zugehörige Schaltfläche. Im Symbol-Auswahlfenster wählen Sie ein Flächensymbol (z. B. gelb) aus.

Nach Betätigen der Schaltfläche „OK“ sind alle Vorbereitungen für die Auswahl von Objekten getroffen. Im nächsten Schritt kann jetzt eine Auswahl mit der Maus (interaktive Auswahl) vorgenommen werden.

Interaktive Auswahl (Auswahl mit der Maus)

Für die interaktive Auswahl betätigen Sie das Werkzeug für die interaktive Auswahl aus der Werkzeugleiste „Werkzeuge“ und klicken im Datenfenster auf ein Objekt. Gleichzeitiges Drücken der Shift-Taste und der linken Maustaste wählt mehrere Objekte aus. Objekte, die übereinander liegen, werden gleichzeitig selektiert. Die „cities“ werden, wie vorher festgelegt, mit roten Dreiecken und die „states“ in gelber Farbe gekennzeichnet.

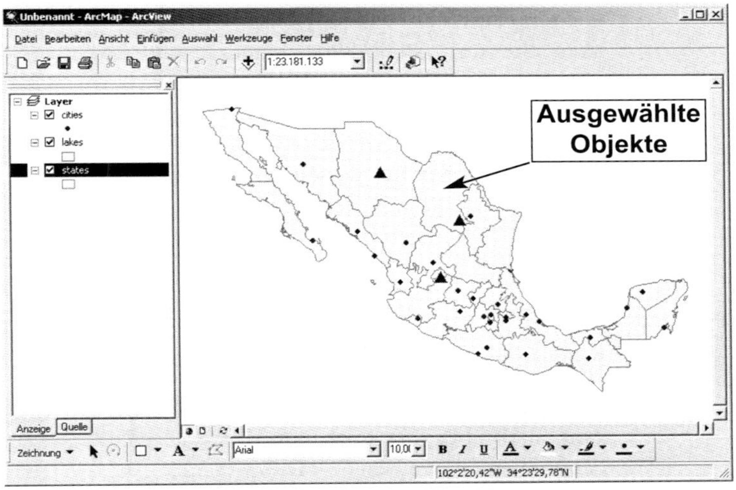

Die Auswahl kann mit folgendem Menü wieder aufgehoben werden:

<u>**ArcMap-Hauptmenü:**</u>
Auswahl:
Feature-Auswahl aufheben

Oder klicken Sie im Datenfenster auf eine Stelle, an der sich kein Objekt befindet.

Soll die Auswahl nur für einen Layer aufgehoben werden, benutzen Sie das entsprechende Kontextmenü:

<u>**ArcMap-Kontextmenü: „states /cities“**</u>
Auswahl: Feature-Auswahl aufheben

Nach Attributen auswählen (Bevölkerungsanzahl < 1 000 000)

Es sollen jetzt alle Objekte von „states“ ausgewählt werden, die weniger als 1 000 000 Einwohner haben. Da zu jedem Objekt ein Eintrag in der zugehörigen Tabelle (Sachdaten) und ein Attribut „POP1990“ existiert, kann die Auswahl mit einer Abfrage auf die Tabelle getroffen werden. Starten Sie die Auswahl mit:

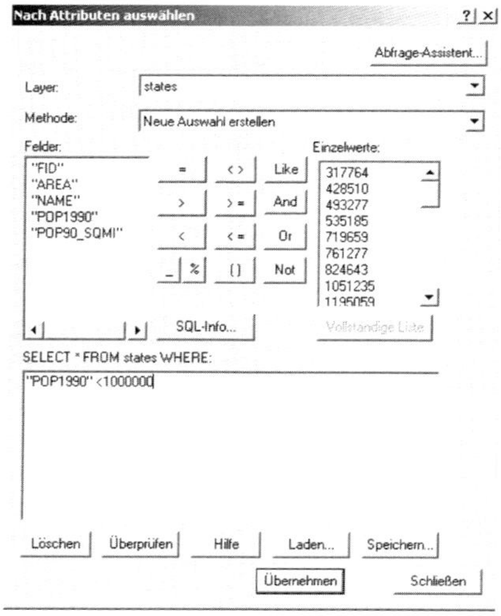

<u>**ArcMap-Hauptmenü:**</u>
Auswahl:
Nach Attributen auswählen...

Im Fenster „Nach Attributen auswählen“ wird der logische Ausdruck für die Auswahl eingegeben. Wählen Sie in der Liste „Layer“ das Shape „states“ aus, doppelklicken Sie auf „POP1990“ unter „Felder“, klicken Sie (einfacher Mausklick) auf das Zeichen „<“ und geben Sie dann den Wert 1 000 000 mit der Tastatur ein. Die Auswahl erfolgt mit der Schaltfläche „Übernehmen“.

Im Datenfenster sind jetzt alle „states“ gelb markiert, deren Einwohnerzahl kleiner als 1 000 000 ist.

Nach Lage auswählen (Länder auswählen, die einen See enthalten)

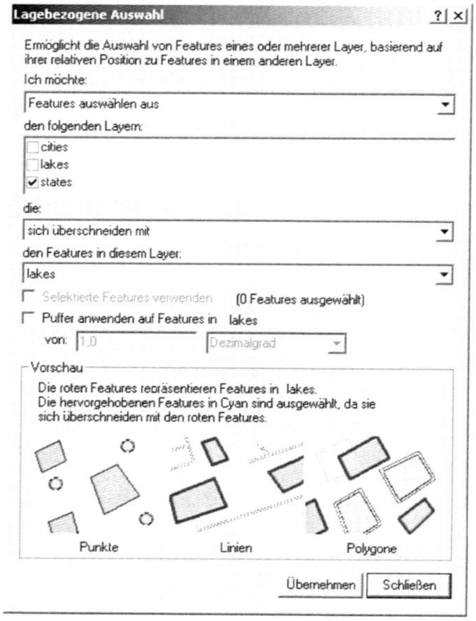

Eine Auswahl von Objekten kann auch über ihre Lage vorgenommen werden. Die Attribute werden dafür nicht benötigt. Das folgende Beispiel markiert alle „states“, die einen See enthalten. Dabei wird festgestellt, ob ein Polygon des Shapes „lakes“ sich mit einem Polygon des Shapes „states“ überschneidet. Starten Sie diese Auswahlmethode mit dem Menü:

<u>**ArcMap-Hauptmenü:**</u>
Auswahl:
Lagebezogene Auswahl...

Setzen Sie im Fenster „Lagebezogene Auswahl“ einen Haken an „states“, wählen Sie die Auswahlmethode „sich überschneiden mit“ und unter „den Features in diesem Layer“ den Shape „lakes“. Drücken Sie die Schaltfläche „Übernehmen“.

Im Datenfenster werden alle „states“ markiert, die einen See vollständig oder teilweise enthalten.

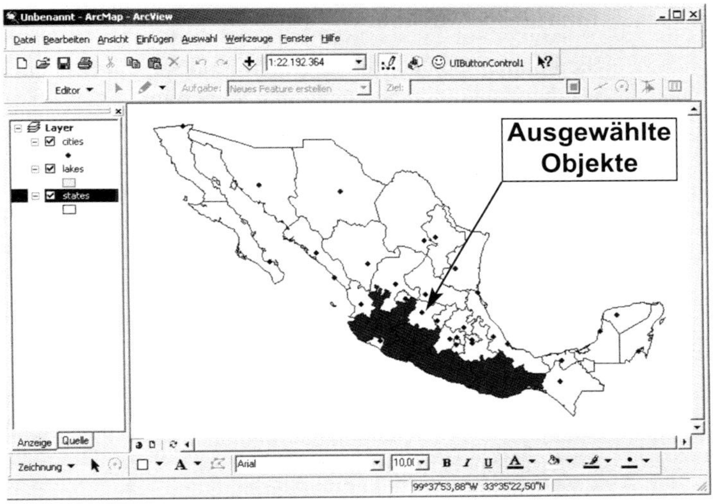

ArcMap beenden

Bevor ArcMap beendet wird, sollten die bis hier geleisteten Arbeiten gespeichert werden. Die Speicherung erfolgt in einem so genannten ArcMap-Dokument (*.mxd). In diesem Dokument werden alle Arbeiten an den Daten gespeichert. Durch Öffnen des Dokuments kann die Arbeit fortgesetzt werden. Die Daten der Shapefiles werden nicht in dem ArcMap-Dokument gespeichert. Es werden nur Verweise zu den Daten in das Dokument geschrieben. Zum Speichern betätigen Sie folgendes Menü:

ArcMap-Hauptmenü:
Datei:
Speichern / Speichern unter ... (Strg + S)

Geben Sie das Verzeichnis und den Namen an.

ArcMap wird beendet mit:

ArcMap-Hauptmenü:
Datei:
Beenden (Alt +F4)

8.11.3 Auswahltechniken

In ArcView gibt es vier grundsätzliche Auswahltechniken. Objekte können durch Anklicken mit der Maustaste ausgewählt werden (interaktive Auswahl). Eine Auswahl kann mit Hilfe der Attribute von Objekten, der Lage der Objekte und mit Hilfe von Grafiken vorgenommen werden. Alle vier Möglichkeiten werden im Folgenden beschrieben.

Interaktive Auswahl

Sie können Objekte in der Daten- und Layout-Ansicht mit der Maus auswählen. Betätigen Sie dazu das Werkzeug „Features auswählen" aus der Werkzeugleiste „Werkzeuge" und klicken Sie auf ein Objekt mit der linken Maustaste. Wenn Sie mehrere Objekte auswählen möchten, drücken Sie gleichzeitig die Shift-Taste. Mit dem Werkzeug können Sie auch ein Rechteck aufspannen (linke Maustaste gedrückt halten). Es werden dann alle Objekte ausgewählt, die ganz oder teilweise in diesem Rechteck liegen. Für die interaktive Auswahl stehen verschiedene Auswahlfunktionen, die weiter unten genauer beschrieben werden, zur Verfügung. Sie haben die Möglichkeit, Folgendes einzustellen:

– die Auswahltoleranz und die Standardfarbe mit der die Objekte aller Layer ausgewählt werden. Betätigen Sie folgendes Menü:

  ArcMap-Hauptmenü:
  Auswahl:
  Optionen

– die Layer, aus denen Objekte ausgewählt werden, wenn diese übereinander liegen. Betätigen Sie folgendes Menü:

  ArcMap-Hauptmenü:
  Auswahl:
  Auswählbare Layer einstellen...

– die interaktive Auswahlmethode, mit der festgelegt wird, wie man mit vorher ausgewählten Objekten umgehen will. Betätigen Sie folgendes Menü:

  ArcMap-Hauptmenü:
  Auswahl:
  Interaktive Auswahlmethode

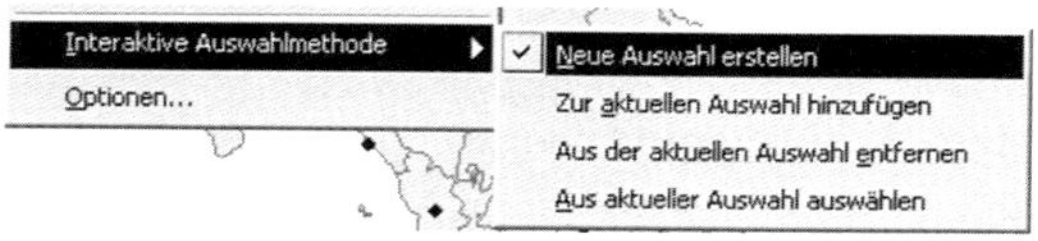

– die Einstellung der Auswahlfarbe für einen einzelnen Layer. Betätigen Sie folgendes Menü:

<u>ArcMap-Kontextmenü: Layer</u>
Eigenschaften: Auswahl-Register

Nach Attributen auswählen

Soll eine Auswahl der Objekte mit Hilfe der zugehörigen Attribute erfolgen, so starten Sie folgendes Menü:

<u>**ArcMap-Hauptmenü:**</u>
Auswahl:
Nach Attributen auswählen...

Mit dem folgenden Dialog wird die Abfrage formuliert. Im unteren Fenster kann der Ausdruck (SQL) eingegeben werden. Dazu müssen Sie allerdings die SQL-Abfragesprache beherrschen. Um das zu vermeiden, haben Sie zwei weitere Möglichkeiten, eine Abfrage ohne SQL-Kenntnisse zu erstellen.

Abfrage formulieren mit dem Abfrage-Assistenten
Sie können den Abfrage-Assistenten starten. Betätigen Sie dazu die Schaltfläche „Abfrage-Assistent..." im oberen Teil des Dialogfensters. In einer Folge von Dialogen werden die Werte für die zu formulierende Abfrage eingegeben.

Abfrage formulieren durch direkte Eingabe und mit der Maus
Sie können die Werte für die Abfrage mit der Maus durch Klicken eingeben. Stellen Sie zuerst unter „Layer" den Layer ein, aus dem die Auswahl erfolgen soll, und unter „Methode", was mit den schon vorher ausgewählten Objekten geschehen soll.

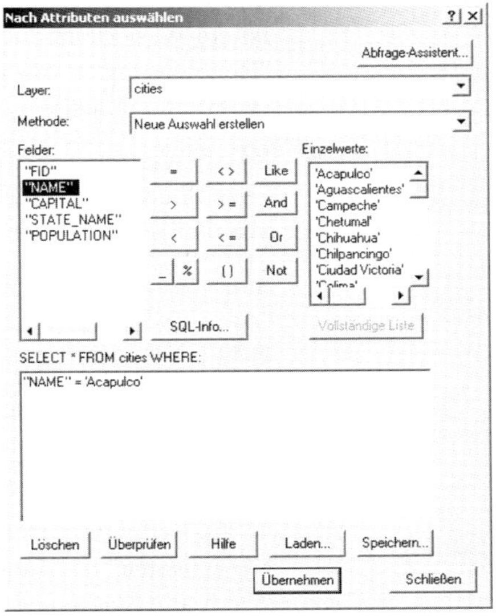

Doppelklicken Sie auf ein Attribut unter „Felder", danach Einfachklick auf einen Operator (z. B. >, <, =, AND, OR), und doppelklicken Sie dann auf einen Attributwert unter „Einzelwerte". Es werden nur die ersten 300 Attributwerte angezeigt. Um alle Werte anzuzeigen, betätigen Sie die Schaltfläche „Vollständige Liste". Den Attributwert können Sie auch über die Tastatur eingeben. Er muss bei Textattributen in einfache Hochstriche gesetzt werden, wie in folgendem Beispiel:

„NAME“ = ‘Acapulco’

Folgende Operatoren stehen für numerische oder Textwerte zur Verfügung:

Sind zwei Werte gleich:
"Name" = ‘Hamburg’
Wählt das Objekt mit dem Namen „Hamburg“ aus.

Sind zwei Werte ungleich:
"Name" <> ‘Hamburg’
Wählt Objekte aus, die nicht den Namen „Hamburg“ haben.

Sind zwei Werte gleich, wenn Platzhalter verwendet werden:
"Name“ like ‘H%’
Wählt Objekte aus, die den Anfangsbuchstaben „H“ haben.

Ist ein Wert größer als der andere:
"Bevölkerung" > 50 000
Wählt alle Objekte aus, die mehr als 50 000 Einwohner haben.

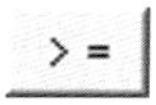

Ist ein Wert größer als ein anderer oder sind beide gleich groß:
"Bevölkerung" >= 50 000
Wählt alle Objekte aus, die 50 000 Einwohner oder mehr haben.

Ist ein Wert kleiner als ein anderer:
"Bevölkerung" < 50 000
Wählt alle Objekte aus, die weniger als 50 000 Einwohner haben.

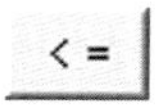

Ist ein Wert kleiner als ein anderer oder sind beide gleich groß:
"Bevölkerung" <= 50 000
Wählt alle Objekte aus, die 50 000 Einwohner oder weniger haben.

Sind beide Bedingungen erfüllt:
"Area" > 500 AND "Nutz" = ‘Acker’
Wählt Ackerflächen aus, die größer als 500 Einheiten sind.

Ist die eine oder die andere Bedingung erfüllt:
"Area" > 500 OR "Nutz" = ‘Acker’
Wählt Flächen aus, die entweder größer als 500 Einheiten oder Acker sind.

Ist die Bedingung nicht erfüllt:
NOT "Name" = ‘München’
Wählt alle Städte aus, jedoch nicht München.

Platzhalter für ein Zeichen:
"Name" = Geogr_fie
„_“ steht z. B. für „a“.

Platzhalter für mehrere Zeichen:
"Name" = Geo%ie
„%" steht z. B. für „graf".

Setzen von Klammern. Ausdrücke in Klammern werden zuerst abgearbeitet.

Im unteren Teil des Dialogs stehen weitere Schaltflächen zur Verfügung:

Wollen Sie den Ausdruck neu erstellen, so entfernen Sie zunächst den alten mit der Schaltfläche „Löschen".

Der Syntax für einen vorhandenen Ausdruck kann mit der Schaltfläche „Überprüfen" auf Richtigkeit getestet werden. Der Ausdruck wird nur getestet und nicht ausgeführt.

Hinweise zum Syntax von SQL-Abfragen erhalten Sie mit der Schaltfläche „Hilfe".

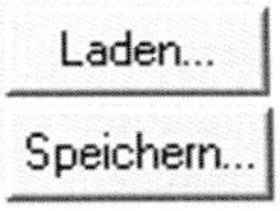

Komplizierte Ausdrücke können auf Datenträger abgelegt werden und jederzeit wieder verwendet werden. Benutzen Sie dazu die Schaltflächen „Laden" und „Speichern".

Mit der Schaltfläche „Übernehmen" wird die Abfrage ausgeführt und werden die Objekte entsprechend dem Ausdruck ausgewählt.

Mit der Schaltfläche „Schließen" verlassen Sie den Dialog, ohne die Abfrage auszuführen.

Lagebezogene Auswahl

Die lagebezogene Auswahl (raumbezogene oder geometrische Abfragen) selektiert Objekte mit Hilfe der Geometrie (Lage) von anderen Objekten. Die raumbezogene Analyse (Auswertung der raumbezogenen Abfragen) wird dazu benutzt festzustellen, ob die Objekte von unterschiedlichen raumbezogenen Daten (Punkte, Linien, Polygone) eine Beziehung zueinander haben, um damit Entscheidungsprozesse zu unterstützen. Diese Analyse bedeutet in ArcView im Wesentlichen, Objekte eines Layers anhand von selektierten Objekten eines anderen Layers auszuwählen. Auf diese Weise ist es z. B. möglich, Objekte zu finden, die sich in der Nähe oder innerhalb anderer Objekte befinden. Für einen Punkte-Layer, dessen Objekte z. B. Einkaufszentren, und für einen Polygon-Layer, dessen Objekte z. B. Stadtgebiete sind, können Sie alle Einkaufszentren bestimmen, die innerhalb oder in einer bestimmten Entfernung der Städte liegen.

Weitere Beispiele für raumbezogene Abfragen sind:

- Welche Kunden liegen in der Nähe eines Geschäftes? (Auswahl von Punkten in der Nähe eines Punktes)

- Liegen bestimmte Orte (z. B. Geschäfte, Hotels...) in einem bestimmten Abstand zu einer Straße? (Auswahl von Punkten in der Nähe einer Linie)
- Liegen bestimmte Flächen (z. B. Gefahrenobjekte eines bestimmten Typs) in bestimmten Naturschutzgebieten? (Polygon in Polygonauswahl)
- Auswahl von Städten, die sich in der Nähe (z. B. 20 km) eines Sees befindet. (Auswahl von Punkten in der Nähe eines Polygons)

Laden Sie alle für die Auswahl benötigten Daten in einen Datenrahmen. Dieser muss aktiv sein. Die lagebezogene Auswahl wird gestartet mit dem Menü:

<u>ArcMap-Hauptmenü:</u>
Auswahl:
Lagebezogene Auswahl...

Es erscheint der folgende Dialog, in dem die Auswahl formuliert wird:

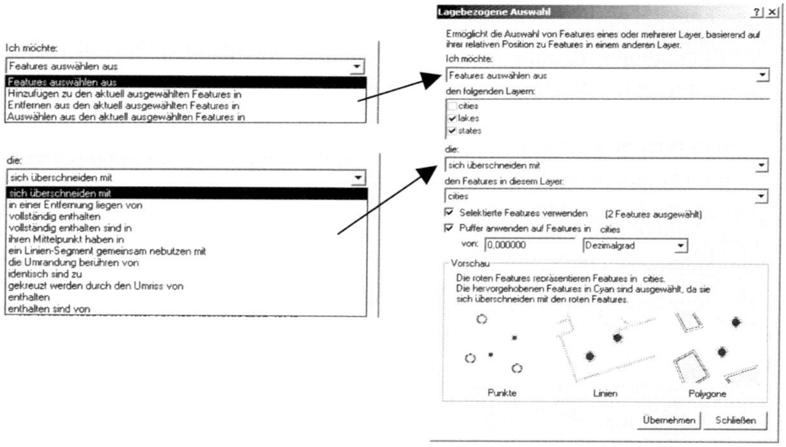

In der **List-Box „Ich möchte“** geben Sie die Auswahlmethode an. Hier wird festgelegt, wie bei der Auswahl mit den vorher ausgewählten Objekten (aktuelle Auswahl) umgegangen wird:

Features auswählen aus
Entfernt vor der Auswahl die vorher bestehende Auswahl (aktuelle Auswahl).

Hinzufügen zu den aktuell ausgewählten Features in
Erhält vor der Auswahl die vorher bestehende Auswahl (aktuelle Auswahl).

Entfernen aus den aktuell ausgewählten Features in
Entfernt die Auswahl von Objekten aus der bereits vorher bestehenden Auswahl (aktuelle Auswahl).

Auswählen aus den aktuell ausgewählten Features in
Wählt neue Objekte nur aus der bereits vorher bestehenden Auswahl (aktuelle Auswahl) aus.

In der **Box „den folgenden Layern"** werden die Layer eingestellt, aus denen Objekte ausgewählt werden sollen. Setzen Sie die Haken an die gewünschten Layer.

In der **List-Box „die"** wird die lagebezogene Auswahlmethode festgelegt. Folgende Methoden sind möglich:

„sich überschneiden mit" wählt Objekte aus, die sich mit anderen Objekten überschneiden. Beispiel: Welche Straßen führen durch ein bestimmtes Gebiet?

„in einer Entfernung liegen von" wählt Objekte aus, die in der angegebenen Entfernung zu anderen Objekten liegen. Beispiel: Wie viele Kunden wohnen in einer Entfernung von 5 km von einem Supermarkt?

„enthalten" wählt Objekte aus, die andere Objekte ganz oder teilweise enthalten.

„enthalten sind in" wählt Objekte aus, die in anderen Objekten ganz oder teilweise enthalten sind.

„vollständig enthalten" wählt Objekte aus, die andere Objekte vollständig enthalten.

„vollständig enthalten sind in" wählt Objekte aus, die in anderen Objekten vollständig enthalten sind.

„ihren Mittelpunkt haben in" wählt Objekte aus, die ihren Mittelpunkt (Schwerpunkt bei Polygonen und Linien) in anderen Objekten haben. Hiermit kann z. B. die Zugehörigkeit von Naturschutzflächen zu bestimmten Gemeinden definiert werden

„ein Liniensegment gemeinsam haben mit" wählt Linienobjekte aus, die teilweise einen gemeinsamen Verlauf haben. So können z. B. Bundesstraßenabschnitte ermittelt werden, die mit anderen teilweise gemeinsam verlaufen.

„die Umrandung berühren von" wählt Objekte aus, die sich am Rand berühren. Es können z. B. Länder ermittelt werden, die eine gemeinsame Grenze haben.

„identisch sind zu" wählt Objekte aus, die exakt übereinander liegen.

„gekreuzt werden durch den Umriss von“ wählt Objekte aus, die von anderen Objekten an der Begrenzung geschnitten werden.

In der **List-Box „den Features in diesem Layer“** wird der Layer festgelegt, mit dem die Auswahl vorgenommen wird.

Setzen Sie den Haken in die Box **„Selektierte Features verwenden“**, wenn für die Auswahl nur die selektierten Objekte des Layers, mit dem ausgewählt wird, verwendet werden sollen.

Setzen Sie den Haken in die Box **„Puffer anwenden auf Features in“**, wenn Sie Objekte auswählen möchten, die in einer Pufferzone um andere Objekte liegen. So können Sie z. B. Industriegebiete auswählen, die in einer bestimmten Entfernung zu einer Autobahn legen. Die Objekte werden ausgewählt, sobald ein Teil von ihnen in die angegebene Distanz fällt. Wenn Sie die Auswahlmethode „in einer Entfernung liegen von“ auswählen, so wird in der Box automatisch ein Häkchen gesetzt. Für die anderen lagebezogenen Auswahltechniken können ebenso Puffer gesetzt werden, um z. B. Toleranzen für die Auswahl einzustellen. So werden bei der Auswahl „Vollständig enthalten“ alle Objekte ausgewählt, die vollständig in anderen Objekten enthalten sind, aber auch diejenigen, die noch innerhalb der angegeben Pufferzone (Toleranz) liegen. Geben Sie die Entfernung und die zugehörige Einheit in den entsprechenden Boxen ein.

Unter **„Vorschau“** im unteren Teil des Dialogfensters sind mögliche Beispiele für die formulierte Auswahl angegeben.

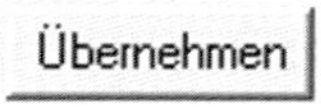

Mit der Schaltfläche **„Übernehmen“** wird die Auswahl ausgeführt und werden die Objekte entsprechend ausgewählt.

Mit der Schaltfläche **„Schließen“** verlassen Sie den Dialog, ohne die Auswahl auszuführen.

Beispiel zum Dialog „Lagebezogene Auswahl“
Wenn Sie im Dialog Folgendes setzen:

„Ich möchte“:	Features auswählen aus
„den folgenden Layern“:	Länder
„die“:	sich überschneiden mit
„den Features in diesem Layer“:	Seen

werden aus dem Layer „Länder“ alle Objekte ausgewählt, die einen See enthalten.

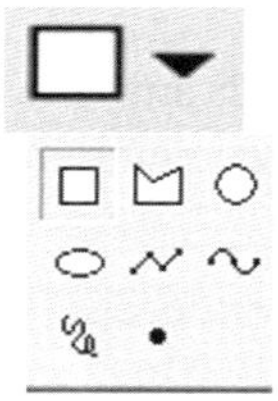

Mit Grafiken auswählen

Mit dem folgendem Menü können Sie Objekte aus Layern auswählen, die von einer Grafik geschnitten werden. Eine Grafik (Rechteck, Linie, Punkt, Kreis...) können Sie mit den Werkzeugen der Werkzeugleiste „Zeichnen“, die sich meistens unten in der Benutzeroberfläche befindet, hinzufügen.

ArcMap-Hauptmenü:
Auswahl:
Nach Grafik auswählen...

Das Menü ist aktiv und kann nur ausgeführt werden, wenn die Grafiken selektiert sind (Markierung der Grafik durch kleine Rechtecke). Die Auswahl erfolgt somit nur mit den selektierten Grafiken in einem Datenrahmen. Sie selektieren eine Grafik mit dem Werkzeug „Elemente auswählen" aus der Werkzeugleiste „Zeichnen".

Unter den Optionen des Menüs „Auswahl" können Sie einstellen, ob Objekte ausgewählt werden, die komplett oder teilweise in der Grafik liegen.

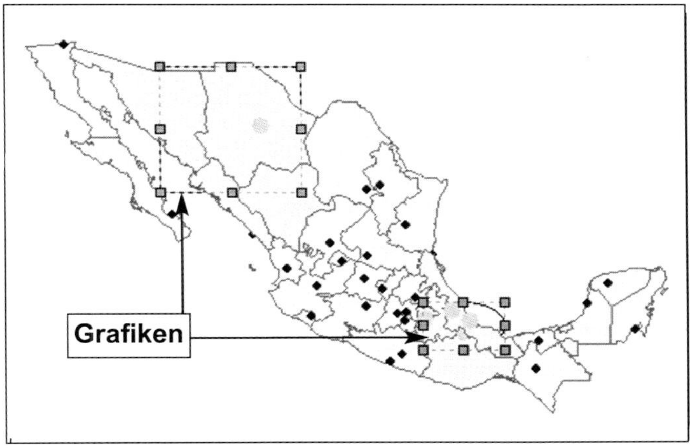

Weiterhin müssen im Menüeintrag „Auswählbare Layer einstellen" des Menüs „Auswahl" die Layer, aus denen ausgewählt werden soll, eingestellt werden.

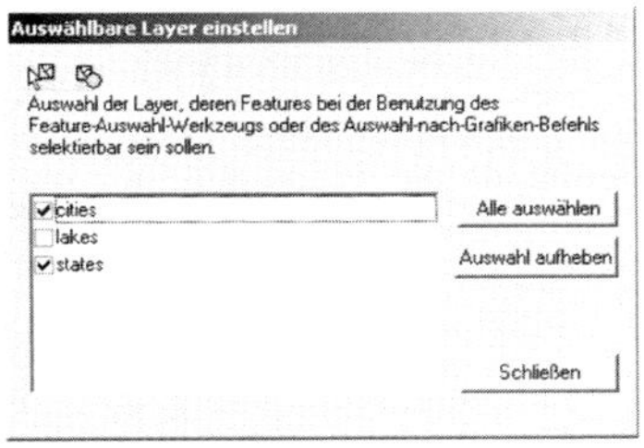

Grafiken sind keine Objekte (Features). Objekte in Layern haben Attribute (Sachdaten), die in der zugehörigen Attributtabelle gespeichert sind. Grafiken gehören nicht zu einem bestimmten Layer und sind daher als getrennt zur Geometrie der Layer zu betrachten. Allerdings können Grafiken auch in so genannten Annotation-Zielen zusammengefasst oder als Annotation-Layer gespeichert werden (sehen Sie dazu im Abschnitt „Annotation" nach). Hier dienen die Grafiken, um eine raumbezogene (lagebezogene) Abfrage zu starten.

Wenn eine Auswahl nicht mit Grafiken, sondern mit Objekten von anderen Layern ausgeführt werden soll, verwenden Sie die Funktion „Lagebezogene Auswahl“ im Menü „Auswahl“.

8.11.4 Auswahlfunktionen für einen Datenrahmen

Die folgenden Auswahlfunktionen in diesem Abschnitt gelten für alle Layer in einem Datenrahmen. Sollen bestimmte Auswahlfunktionen nur für einen bestimmten Layer gelten, so verwenden Sie die Auswahlfunktionen für einen Layer, die im nächsten Abschnitt beschrieben werden.

Auswählbare Layer einstellen

Für die interaktive Auswahl (Auswahl mit der Maus) sowie die Auswahl mit Grafiken können Sie die Layer einstellen, aus denen eine Auswahl getroffen werden soll, wenn die Layer übereinander liegen. Um die Einstellungen vorzunehmen, betätigen Sie folgendes Menü:

ArcMap-Hauptmenü:
Auswahl:
Auswählbare Layer einstellen...

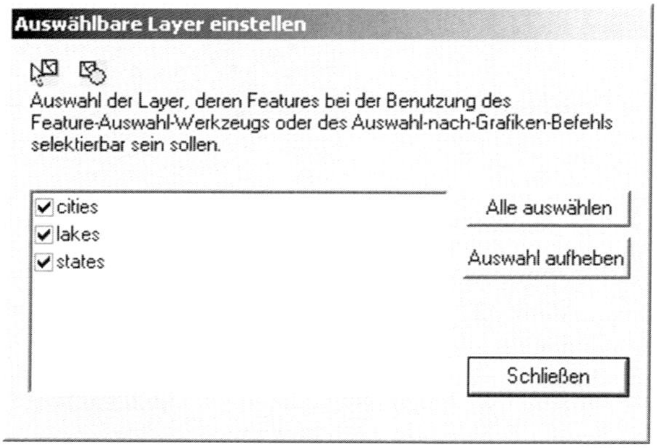

Setzen Sie die Haken an die Layer, aus denen Objekte ausgewählt werden sollen. Mit der Schaltfläche „Schließen“ wird die Einstellung festgelegt.

Interaktive Auswahlmethoden

Für die interaktive Auswahl (Auswahl mit der Maus) sowie die Auswahl mit Grafiken können folgende Auswahlmethoden eingestellt werden. Eine Auswahlmethode legt fest, wie mit den bereits vorher ausgewählten Objekten umgegangen wird.

Zur aktuellen Auswahl hinzufügen
Soll eine bereits vorher bestehende Auswahl (aktuelle Auswahl) erhalten bleiben, so wählen Sie „Zur aktuellen Auswahl hinzufügen“.

Neue Auswahl

Soll die bereits vorher bestehende Auswahl (aktuelle Auswahl) aufgehoben werden, so wählen Sie „Neue Auswahl“.

Aus der aktuellen Auswahl entfernen

Entfernt Objekte aus der bereits vorher bestehenden Auswahl (aktuelle Auswahl). Wählen Sie dazu „Aus der aktuellen Auswahl entfernen“.

Aus der aktuellen Auswahl auswählen

Wählt neue Objekte nur aus der bereits vorher bestehenden Auswahl (aktuelle Auswahl) aus. Wählen Sie dazu „Aus der aktuellen Auswahl auswählen“.

Für die Einstellung betätigen Sie folgendes Menü:

ArcMap-Hauptmenü:
Auswahl:
Interaktive Auswahlmethode

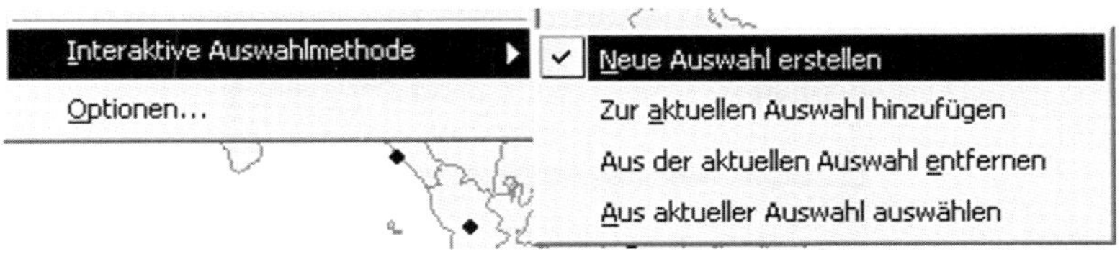

Auf selektierte Features aller Layer zoomen

Die Funktion legt die Ausdehnung des Datenfensters so, dass maximal alle selektierten Objekte (aller Layer in dem aktiven Datenrahmen) dargestellt werden können.

ArcMap-Hauptmenü:
Auswahl:
Auf selektierte Features zoomen

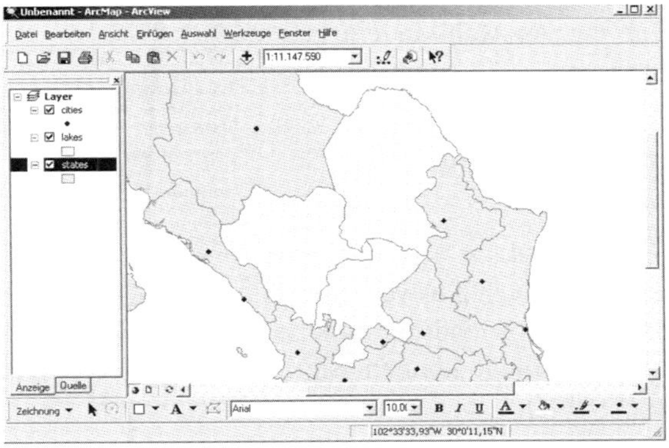

Feature-Auswahl für alle Layer aufheben

Die Funktion hebt die Auswahl aller Objekte (aller Layer in dem aktiven Datenrahmen) auf.

ArcMap-Hauptmenü:
Auswahl:
Feature-Auswahl aufheben

Statistik

Die Funktion „Statistik“ erstellt eine Häufigkeitsverteilung und statistische Berechnungen (Anzahl der ausgewählten Objekte, Maximum, Minimum, Summe, Mittelwert, Standardabweichung) für alle ausgewählten Objekte in allen Layern und für die numerischen Attribute im aktiven Datenrahmen. Die Funktion lässt sich nur ausführen, wenn Objekte ausgewählt sind. Das Aussehen des Häufigkeitsdiagramms lässt sich nicht beeinflussen.

ArcMap-Hauptmenü:
Auswahl:
Statistik

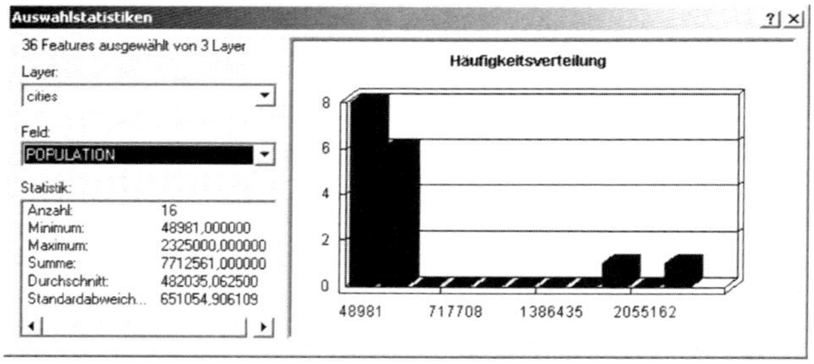

Optionen für die Auswahl

Mit dem folgenden Menü lassen sich für die Auswahl in einem Datenrahmen verschiedene Einstellungen vornehmen.

ArcMap-Hauptmenü:
Auswahl:
Optionen...

Bei der interaktiven Auswahl mit einer Auswahlbox und der Auswahl mit Grafiken können Sie einstellen, ob die Objekte ausgewählt werden, die vollständig

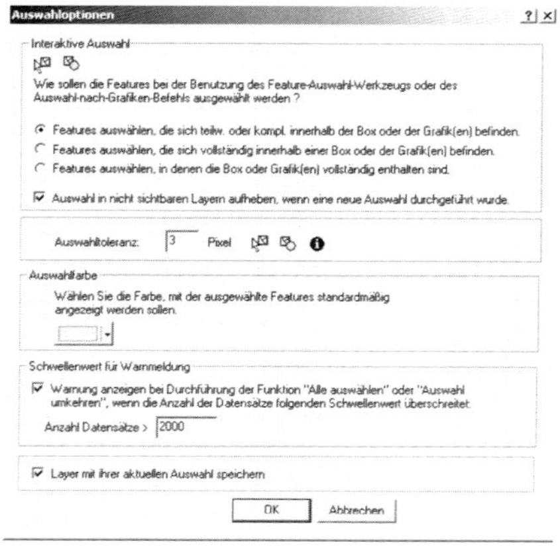

oder teilweise in der Auswahlbox oder in den Grafiken liegen. Ebenso können Sie alle Objekte auswählen, die die interaktive Auswahlbox oder die selektierten Grafiken vollständig enthalten.

Die Auswahltoleranz (in Pixel) erlaubt die Auswahl von Objekten auch, wenn diese nicht genau von der Maus oder den Grafiken getroffen werden, solange sie innerhalb der Toleranz liegen. Die Auswahltoleranz gilt auch für das Identifizierungs-Werkzeug in der Werkzeugleiste „Werkzeuge".

Eine Auswahlfarbe für alle Layer im aktiven Datenrahmen wird hier eingestellt. Wollen Sie die Auswahlfarbe oder das Auswahlsymbol für einen individuellen Layer einstellen, so wählen Sie die Eigenschaften des entsprechenden Layers.

Die Auswahl von Objekten in großen Datensätzen kann unter Umständen lange Zeit in Anspruch nehmen. Sie können hier einen Schwellwert angeben, wenn die Anzahl der Datensätze einen bestimmten Wert überschreitet. Es wird dann eine Warnung ausgegeben. Sie erscheint nur für die Funktionen „Alle auswählen" oder „Auswahl umkehren".

Soll ein Layer gespeichert werden, so können Sie festlegen, ob die aktuelle Auswahl mit in die Layer-Datei gespeichert wird oder nicht.

8.11.5 Auswahlfunktionen für einen bestimmten Layer

Auswahlfunktionen für die Geometrie eines Layers

Wollen Sie, dass bestimmte Auswahlfunktionen nur auf einen bestimmten Layer wirken sollen, so betätigen Sie das Kontextmenü für diesen Layer.

ArcMap-Kontextmenü: Layer
Auswahl:

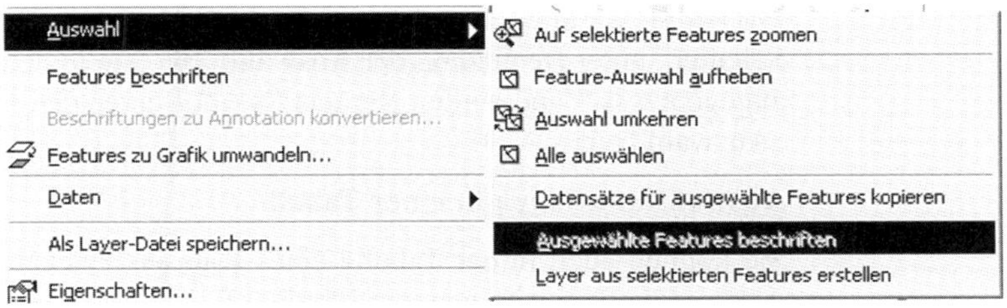

Dort finden Sie die folgenden Funktionen:

Auf selektierte Features zoomen
Die Ausdehnung wird so gewählt, dass maximal alle selektierten Objekte des Layers in das Datenfenster passen.

Feature-Auswahl aufheben
Die Auswahl aller Objekte in diesem Layer wird aufgehoben.

Auswahl umkehren
Die Auswahl wird umgekehrt, so dass die Auswahl aller selektierten Objekte in diesem Layer aufgehoben wird und die nicht selektierten Objekte ausgewählt werden.

Alle auswählen
Es werden alle Objekte des Layers ausgewählt.

Datensätze für ausgewählte Features kopieren
Kopiert die Attribute der ausgewählten Objekte in diesem Layer in die Zwischenablage, damit Sie sie in anderen Anwendungen nutzen können.

Ausgewählte Features beschriften
Die ausgewählten Objekte in diesem Layer werden beschriftet.

Layer aus selektierten Features erstellen
Fügt dem Datenrahmen einen neuen Layer hinzu, der auf dem selben Dataset beruht, jedoch nur die ausgewählten Objekte enthält.

Unter den Eigenschaften des Layers im Register „Auswahl" können Sie die Auswahlfarbe und das Auswahlsymbol für einen bestimmten Layer einstellen. Sie können damit für jeden Layer im Datenrahmen ein unterschiedliches Symbol auswählen.

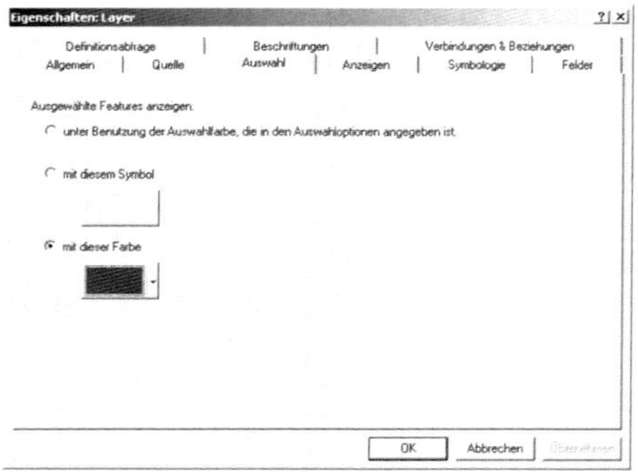

<u>ArcMap-Kontextmenü: Layer</u>
Eigenschaften: Auswahl-Register

Wollen Sie für alle Layer das gleiche Symbol verwenden, so setzen Sie den Schalter „unter Benutzung der Auswahlfarbe, die in den Auswahloptionen angegeben ist" und stellen Sie das Symbol unter den Optionen im Menü „Auswahl" ein.

Auswahlfunktionen in einer Tabelle

Sie können auch in der Tabelle eines Datasets auswählen. Rufen Sie die Attributtabelle mit folgendem Menü auf:

<u>ArcMap-Kontextmenü: Layer</u>
Attributtabelle öffnen

In der Attributtabelle finden Sie unter dem Menü „Optionen" einige Auswahlfunktionen (Nach Attributen auswählen, Alles auswählen, Auswahl aufheben, Auswahl umkehren) für Datensätze in der Tabelle. Da nor-

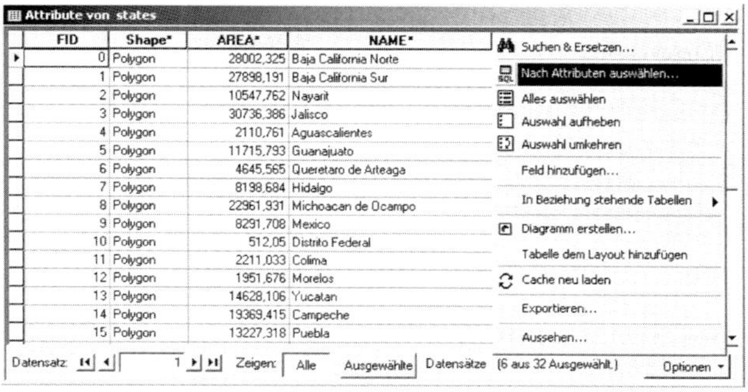

malerweise jedem Datensatz genau ein Objekt (Geometrie) zugeordnet ist, wird das zugehörige Objekt ebenfalls ausgewählt.

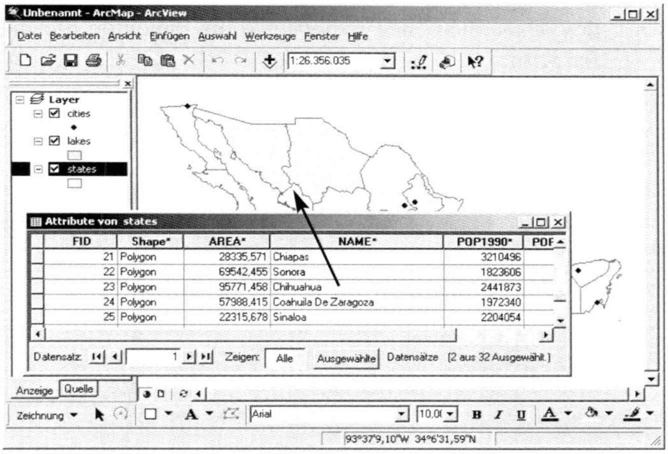

Die folgende Abbildung zeigt den Zusammenhang bei der Auswahl von Geometrie und Sachdaten (Attribute).

Dataset (Shapefile) als Layer speichern

Für ein Dataset (z. B. Shapefile) können in ArcMap Eigenschaften eingestellt werden. Sie werden im Kontextmenü für ein Dataset im Inhaltsverzeichnis von ArcMap eingestellt. Eigenschaften sind z. B. die Symbologie (Legenden) für die Objekte, die Beschriftung der Objekte, die Auswahl von Objekten oder die dem Dataset zugeordnete Datenquelle. Die Einstellung dieser Eigenschaften kann unter Umständen sehr zeitaufwendig sein. Sie haben daher in ArcMap die Möglichkeit, die Eigenschaften zu speichern. Dies geschieht in Layer-Dateien (Layer), die die Dateiendung „*.lyr" haben. In diesen Dateien sind nur die Eigenschaften des Datasets und nicht die Daten selber gespeichert. Der Layer ist eine Art Sichtweise für ein Dataset.

Sie speichern die Eigenschaften eines Datasets in einen Layer mit folgendem Menü:

ArcMap-Kontextmenü: Shapefile
Als Layer-Datei speichern

Ein Dataset hat die Eigenschaft „Ausgewählte Objekte". Sie können festlegen, ob diese Eigenschaft mit in die Layer-Datei gespeichert werden soll oder nicht. Dies legen Sie mit folgendem Menü fest:

ArcMap-Hauptmenü:
Auswahl:
Optionen: Layer mit ihrer aktuellen Auswahl speichern

Ausgewählte Objekte als Shapefile speichern

Die ausgewählten Objekte können als eigenes Shapefile gespeichert werden. Dazu dient eine Exportfunktion, die durch folgendes Menü aufgerufen wird:

ArcMap-Kontextmenü: Shapefile (Layer)
Daten: Daten exportieren

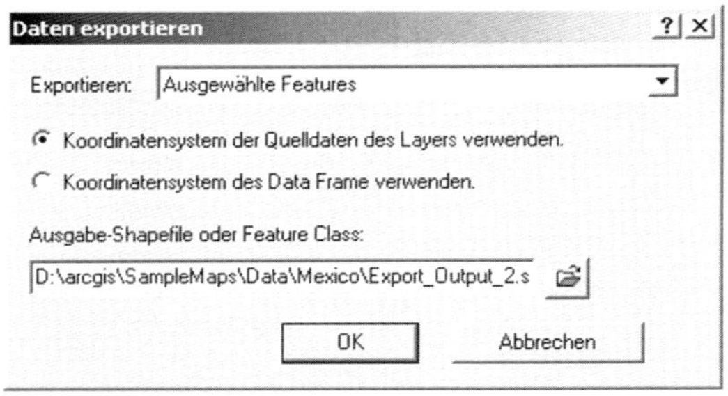

Die Funktion erlaubt die Speicherung aller Objekte (Features), nur der ausgewählten Objekte oder nur der Objekte, die sich in der momentanen Ausdehnung im Datenfenster befinden. Wählen Sie dazu den entsprechenden Eintrag aus der Liste „Exportieren" im Dialog „Daten exportieren". Jedem Dataset (z. B. Shapefile) in ArcView ist ein Koordinatensystem zugeordnet. Dieses kann durch eine Einstellung für den Datenrahmen geändert werden. Sie können hier jetzt angeben, ob die zu exportierenden Daten in den Koordinaten des Quell-Shapefiles oder in den Koordinaten des Datenrahmens gespeichert werden sollen.

Das Koordinatensystem der Quelle (Layer) können Sie unter folgendem Menü einsehen:

ArcMap-Kontextmenü: Shapefile
Eigenschaften: Register Quelle

Um das eingestellte Koordinatensystem des Datenrahmens zu sehen, betätigen Sie das Menü:

ArcMap-Kontextmenü: Datenrahmen
Eigenschaften: Register Koordinatensystem

8.12 Geoverarbeitung

Die „Geoverarbeitung" bietet fünf Analysemöglichkeiten für raumbezogene Daten. Sie können die Objekte eines Layers mit Hilfe eines Attributs zusammenfassen (Dissolve), Layer zusammenführen (Merge), einen Layer mit Hilfe eines anderen Layers ausschneiden (Clip) sowie raumbezogene Daten verschneiden (Intersect) und überlagern (Union).

Um die Geoverarbeitung zu starten, betätigen Sie folgendes Menü:

ArcMap-Hauptmenü:
Werkzeuge:
Assistent zur Geoverarbeitung...

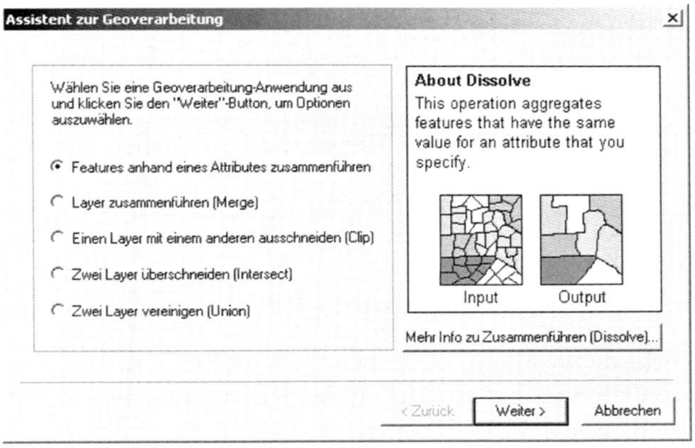

Es erscheint ein Auswahlfenster für die Analysemöglichkeiten:

8.12.1 Objekte anhand eines Attributs zusammenfassen

Diese Funktion fasst Objekte eines Themas mit Hilfe eines Attributs zusammen. In den beiden folgenden Dialogfenstern werden der Layer, dessen Objekte zusammengefasst werden sollen, und das Attribut, mit dessen Hilfe die Objekte zusammengefasst werden, angegeben. Auch wird ein Shapefile benannt, unter dem die zusammengefassten Objekte gespeichert werden sollen. Sollen weitere Attribute für das Ausgangsthema in der zugehörigen Tabelle zusammengefasst werden, so können diese im zweiten Eingabefenster angegeben werden.

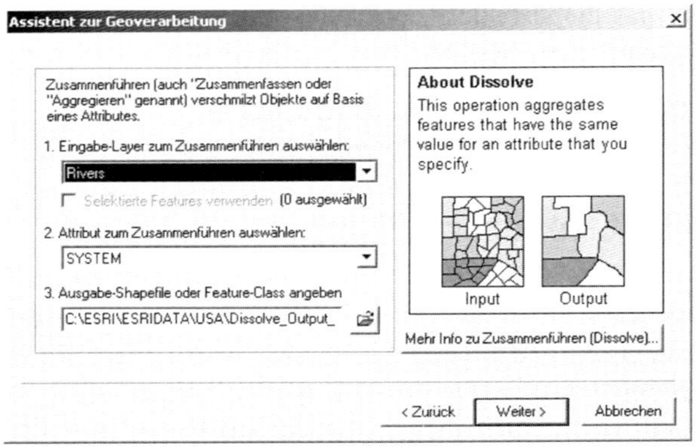

In der folgenden Abbildung sind die Flüsse eines Layers, die zu einem Flußsystem gehören, zusammengefasst worden.

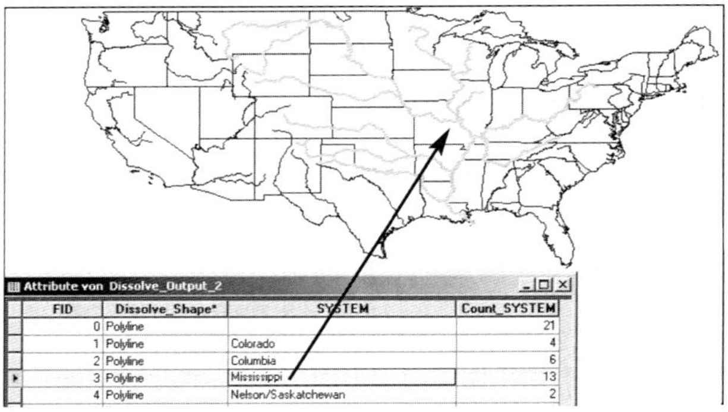

8.12.2 Layer zusammenführen

Mit dieser Funktion können mehrere Layer (Eingangslayer) zu einem gemeinsamen Layer (Ausgabelayer) zusammengesetzt werden. Wählen Sie mindestens zwei Layer aus und geben Sie den Namen des Ausgabelayers

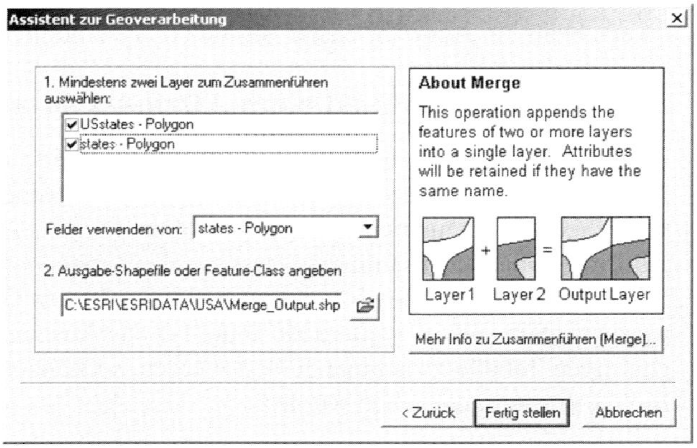

an. Für die Attribute (Felder) des zusammengefassten Layers können die Attribute eines der Eingangslayer gewählt werden. Geben Sie dazu den Layer unter „Felder verwenden von:“ ein. Ist für alle Eingangslayer ein gemeinsames Attribut (Feld) vorhanden, so können für alle Objekte aller Layer die Attributwerte in die Tabelle des Ausgangslayers eingesetzt werden. Ist kein gemeinsames Attribut vorhanden, bleiben die Datensätze für die Objekte eines der Eingangslayer leer.

Das folgende Beispiel zeigt die Zusammenfassung der Layer „Mexico“ und „USAstates“. Der zusammengefasste Layer enthält alle Objekte der beiden Layer. Die Attribute wurden aus dem Layer „Mexico“ übernommen. Da für den Layer „USAstates“ das Attribut „Code (MX30)“ nicht vorhanden ist, können für die Objekte dieses Layers keine Attributwerte gesetzt werden. Ebenso haben die beiden Eingangslayer kein gemeinsames Attribut „Name“. Für das Attribut „Area“, das in beiden Themen vorhanden ist, können für alle Objekte die Attributwerte in der Tabelle gesetzt werden.

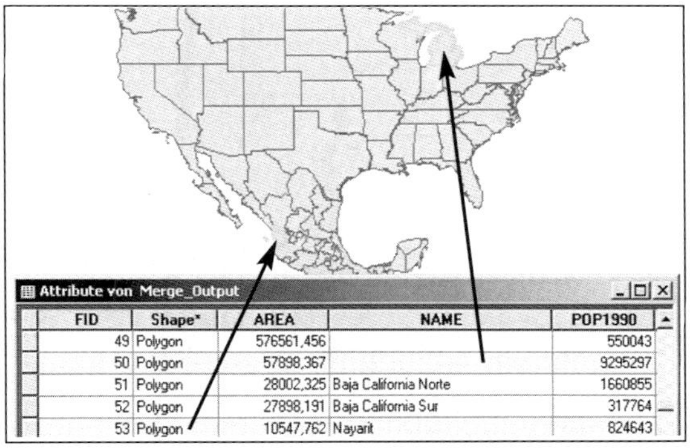

8.12.3 Layer ausschneiden

Diese Funktion erzeugt einen Ausschnitt eines Layers mit Hilfe der selektierten Objekte eines Clip-Layers. Geben Sie den Layer (Eingangslayer, aus dem Objekte herausgeschnitten werden sollen) unter „Auszuschneidenden Eingabe-Layer auswählen:“ ein. Unter „Polygon-Clip-Layer auswählen“ wird der Layer (Clip-Layer) angegeben, dessen Objekte die Objekte des Eingangslayers ausschneiden. Der Name für den neuen Layer (Ausgangslayer) wird unter „Ausgabe-Shapefile...“ angegeben. Es können Polygone, Linien- und Punkte-Layer ausgeschnitten werden. Der Clip-Layer muss immer ein Polygon-Layer sein. Die Attribute des Ausgangslayers sind die selben wie die des Eingangslayers.

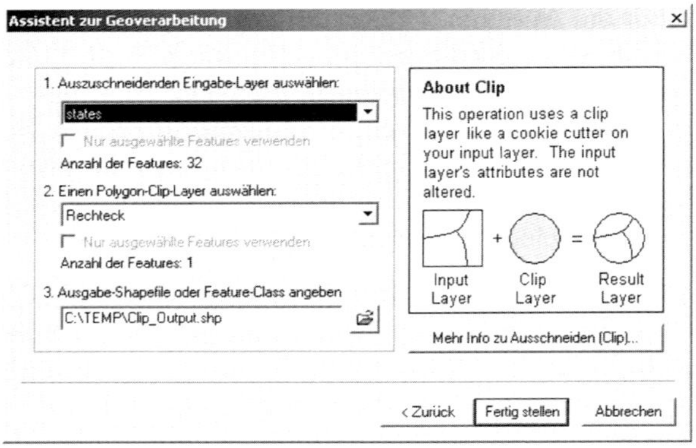

Die folgende Abbildung zeigt die Erstellung eines rechteckigen Ausschnittes. Die Attribute bleiben für die ausgeschnittenen Objekte erhalten.

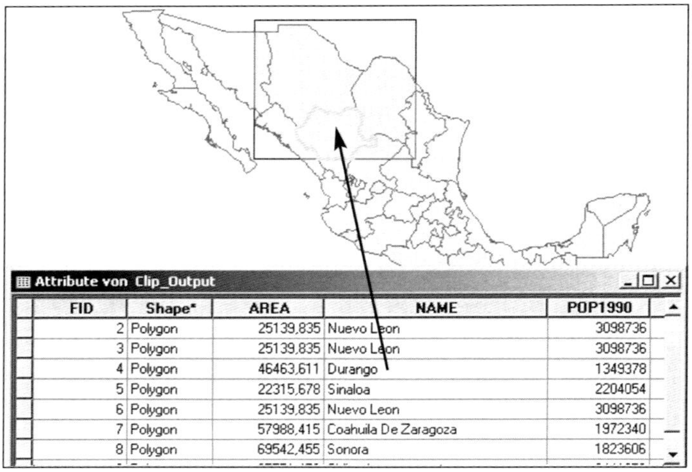

8.12.4 Zwei Layer verschneiden oder überlagern

Die Funktion „Zwei Layer verschneiden“ schneidet mit Hilfe eines Polygon-Layers (Intersect-Layer) Objekte eines Punkte-, Linien- oder Polygon-Layers aus und verschneidet beide Layer zu einem Ausgangslayer. Nur die Objekte im gemeinsamen Bereich der beiden Layer werden verschnitten und in den Ausgangslayer übertragen, die Objekte außerhalb des gemeinsamen Bereiches dagegen ignoriert. Der Ausgangslayer enthält die Attribute des Eingangs- und des Intersect-Layers.

Die Funktion „Zwei Layer überlagern“ erzeugt die Verschneidung zweier Polygon-Layer (Eingangslayer). Der Ausgangslayer enthält die verschnittenen Objekte (Polygone) und alle Objekte außerhalb des gemeinsamen

Bereichs der Eingangslayer. Der Ausgangslayer enthält außerdem die Attribute beider Eingangslayer.

In den folgenden Beispielen werden mit den Layern „Mexico“ und „Rechteck“ als Eingangslayer die Funktionen „Zwei Layer verschneiden“ und „Zwei Layer überlagern“ demonstriert.

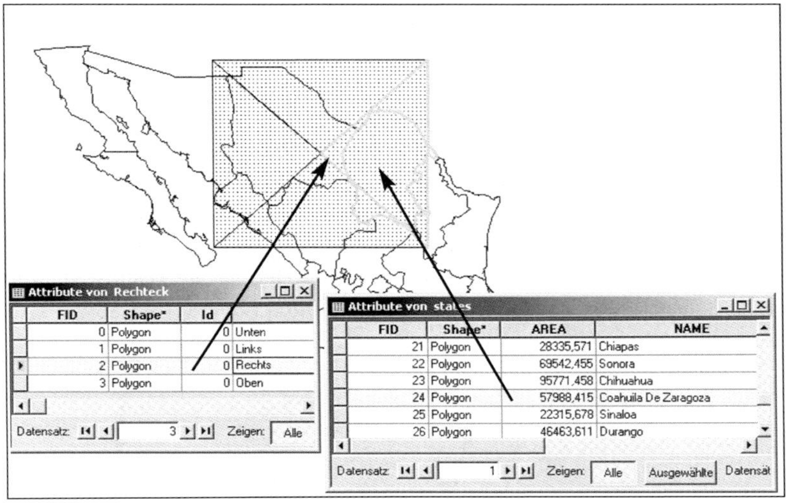

Zwei Layer verschneiden (Intersect)

Die beiden Layer „Mexico“ (Eingangslayer) und „Rechteck“ (Intersect-Layer) werden zu dem Ausgangslayer „Intersect“ verschnitten. Dieser enthält nur die Objekte im gemeinsamen Bereich der Eingangslayer. Dort, wo sich die Polygonlinien der beiden Eingangslayer schneiden, werden neue Polygone gebildet.

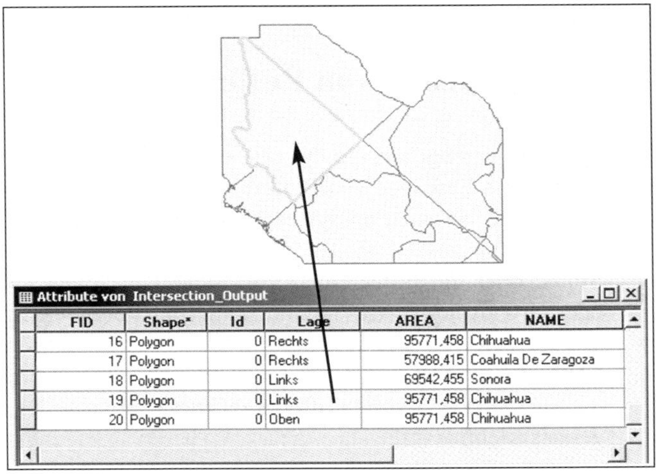

Die Attributtabelle für den Ausgangslayer wird für alle neu entstandenen Polygone berechnet. Die Tabelle enthält außerdem alle Attribute des Eingangs- und des Intersect-Layers.

Zwei Layer überlagern (Union)

Mit den gleichen Eingangslayern wie im vorherigen Beispiel wird im Folgenden die Funktion „Zwei Layer überlagern" durchgeführt.

An den Schnittpunkten der Polygonlinien werden neue Polygone gebildet. Das Ausgangsthema „Union" enthält alle Objekte (Polygone) der beiden Eingangsthemen „Mexico" und „Rechteck" außerhalb des gemeinsamen Bereichs sowie die durch Verschneidung im gemeinsamen Bereich entstandenen Polygone. Die Attributtabelle wird für alle neu entstandenen Polygone erstellt. Die Tabelle des Ausgangslayers enthält alle Attribute der beiden Eingangslayer. Nur im gemeinsamen Bereich der beiden Themen sind alle Datensätze mit Werten besetzt. Ansonsten enthalten die Datensätze nur die Werte des jeweiligen Layers.

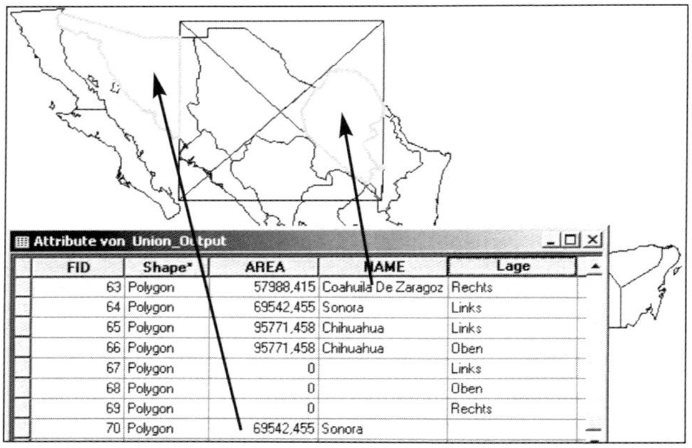

8.13 Erstellen von Pufferzonen

ArcView erzeugt um die Objekte eines Layers oder um Grafiken Pufferzonen. Das Erzeugen von Puffern ist eine Grundfunktion eines professionellen Geo-Informationssystems und wird in der Praxis häufig eingesetzt. Anwendungsgebiete sind z. B. die Festlegung von Lärmzonen an einer Straße oder die Berechnung von Sicherheitszonen um Orte, Flugplätze oder Grundstücke. ArcView berechnet für Polygon-, Linien- und Punkte-Layer sowie für vorhandene Grafiken sowohl Einzel- als auch Mehrfachpuffer. Laden Sie dazu einen Layer in einen Datenrahmen und selektieren Sie die Objekte, für die Puffer berechnet werden sollen. Betätigen Sie folgendes Menü:

ArcMap-Hauptmenü:
Werkzeuge:
Assistent zur Pufferezeugung...

In den folgenden drei Dialogfenstern werden die Eigenschaften für die zu berechnenden Puffer festgelegt.

Wählen Sie zunächst, ob für die Objekte eines Layers oder für vorhandene Grafiken die Puffer berechnet werden sollen. Der Layer wird im Pulldown-Menü ausgewählt. Mit „Nur ausgewählte Features verwenden" kann bestimmt werden, ob nur für die selektierten oder für alle Objekte Puffer berechnet werden. Es wird außerdem die Anzahl aller und der selektierten Objekte angezeigt.

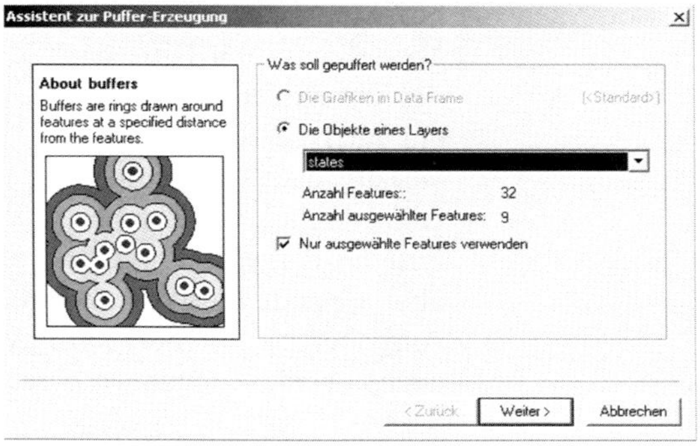

Durch Klicken auf die Schaltfläche „Weiter" erscheint ein neues Fenster.

Hier wird festgelegt, welche Art von Puffer berechnet werden soll. Es gibt drei Möglichkeiten:

1. Puffer mit einer festgelegten konstanten Entfernung vom Objekt. Die Entfernung wird in der entsprechenden Box eingegeben. Die Einheit für diese Zahl wird unten im Fenster unter „Pufferdistanz" festgelegt.

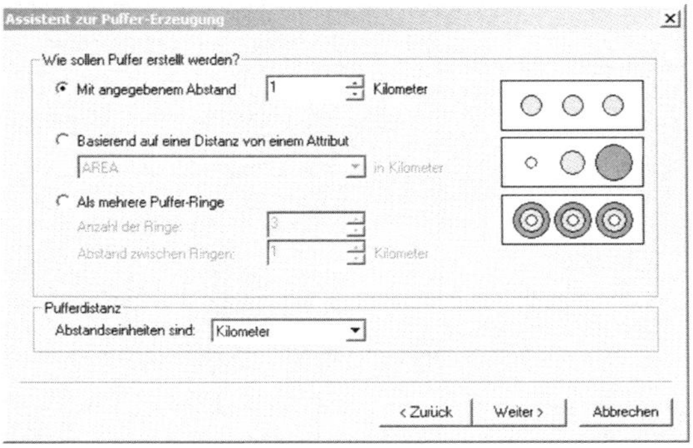

2. Puffer, deren Größe von einem zum Layer gehörenden Attribut abhängt. Das Attribut muss ein numerisches sein. Rufen Sie die zum Layer gehörige Tabelle auf, um die Werte zu kontrollieren.
3. Mehrfachpuffer mit konstanten Abständen. Es werden die Anzahl der Pufferringe und ihre Abstände zueinander angegeben.

Im letzten Dialogfenster wird der Typ des Puffers festgelegt. Sie können die Puffer als Grafiken erzeugen, in einen vorhandenen Layer (muss bearbeitbar sein) einladen oder einen neuen Layer für die Puffer erzeugen. Die erzeugten Puffer in einem Layer haben, besonders bei Mehrfachpuffern, den Vorteil, dass mit Hilfe des neu entstandenen Attributs ein unterschiedlicher Farbverlauf der Teilpuffer in Abhängigkeit von der Entfernung dargestellt werden kann. Weiterhin kann festgelegt werden, ob überlappende Puffer zu einem Polygon zusammengefasst werden (Puffer-Ausgabetyp). Für Polygon-Layer können die Puffer außerhalb, innerhalb oder in beide Richtungen berechnet werden.

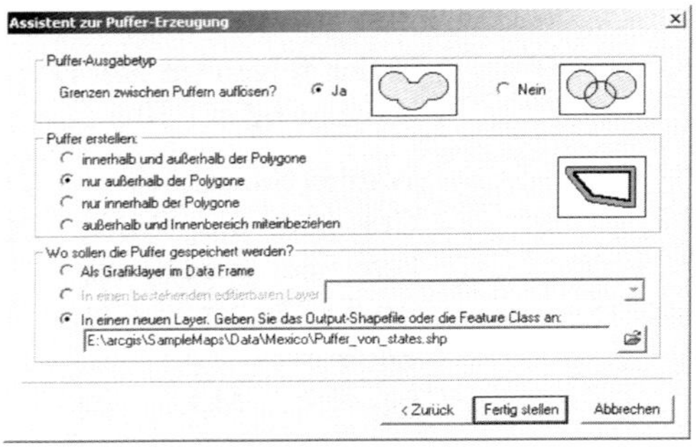

Zur Verdeutlichung werden im Folgenden drei Beispiele gezeigt.

Das erste Beispiel zeigt die Berechnung von Puffern mit konstanter Entfernung für selektierte Objekte eines Linienthemas (z. B. Straßen). Die Puffer werden als Grafik berechnet und überlappende Bereiche zu einem Polygon zusammengefasst.

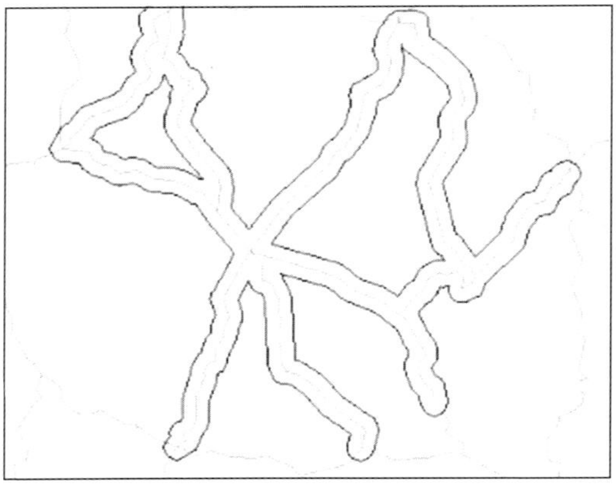

Das zweite Beispiel zeigt die Berechnung von Puffern mit konstanter Entfernung für Objekte eines Punkte-Layers. Die Puffer werden in einen neuen Layer eingefügt, und überlappende Bereiche sind zu einem Polygon zusammengefasst.

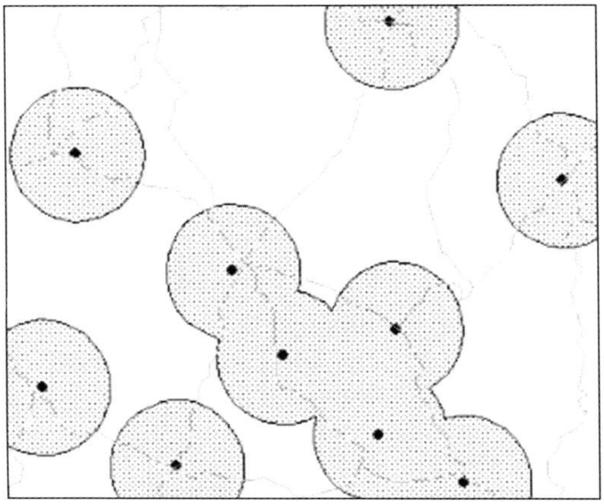

Das letzte Beispiel zeigt die Berechnung von Mehrfachpuffern mit konstanter Entfernung für Objekte in einem Polygon-Layer. Die Puffer werden in einem neuen Layer abgelegt. Die Pufferzonen werden in Abhängigkeit von der Entfernung mit unterschiedlichen Farben dargestellt. Die Puffer liegen innerhalb und außerhalb des Polygons.

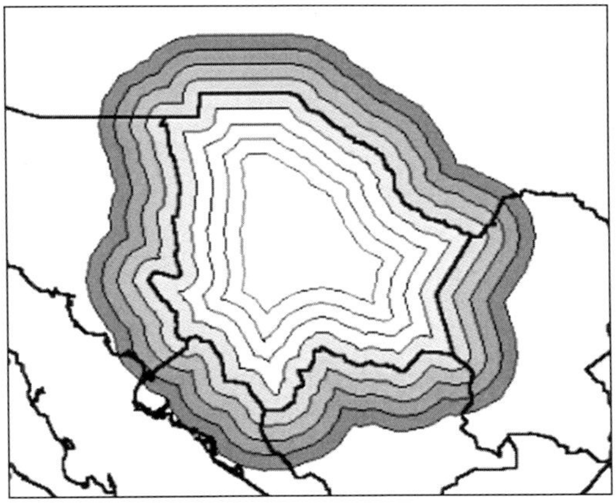

8.14 Georeferenzieren von Rasterdaten

8.14.1 Einleitung

Bei der Georeferenzierung werden den Rasterdaten reale Kartenkoordinaten zugewiesen. Rasterdaten haben oft nach ihrer Erzeugung Koordinaten, die nicht zu den Koordinaten anderer Daten passen, die in einem Projekt verwendet werden. So passt z. B. ein Luftbild, das durch Scannen in eine Rasterdatei gespeichert wurde, nicht zu einem Gemeinde-Polygon-Layer (Referenzdaten), da dieser z. B. Gauß-Krüger-Koordinaten hat. Ein gescanntes Raster hat gewöhnlich Koordinatenwerte, die den Pixelwerten (je nach Auflösung) entsprechen (z. B. XY-Werte zwischen 1 und 1000).

Die Aufgabe der Georeferenzierung ist die Transformation der Rasterdaten auf die Referenzdaten. Dies geschieht mit Hilfe von Referenzpunkten und einer mathematischen Funktion. Die verwendete Funktion hängt von der Anzahl der verwendeten Referenzpunkte ab und die Transformations-Qualität von der Auswahl und der Anzahl der Referenzpunkte.

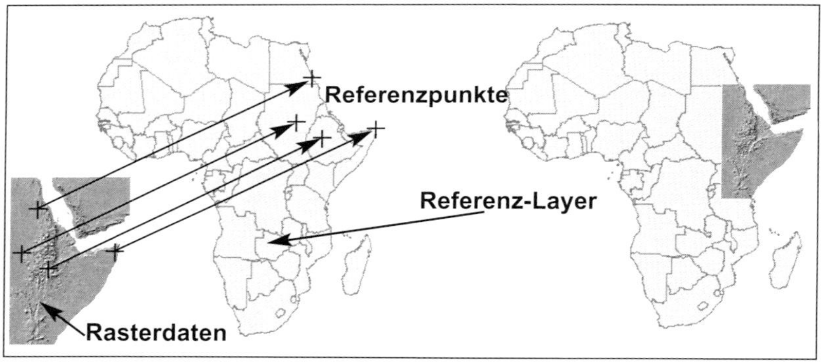

Die Informationen über die Georeferenzierung werden bei ArcView in einer zusätzlichen Datei, die den gleichen Namen hat wie die Rasterdatei, gespeichert. Diese Datei hat die Dateierweiterung „*.aux“. Die aux-Datei liegt im selben Verzeichnis wie die Rasterdatei. Damit bleibt die ursprüngliche Rasterdatei erhalten. Wenn Sie die aux-Datei löschen, ist auch die Georeferenzierung für die zugehörige Rasterdatei verschwunden.

Sie können die Georeferenzierung auch in einer neuen Rasterdatei mit den neuen Kartenkoordinaten speichern. Dazu ist allerdings ein „Resampling“ (Neuberechnung der Zellgrößen) erforderlich, das von ArcView übernommen wird.

Die Qualität der Transformation lässt sich mit Hilfe der RMS-Fehler beurteilen.

Georeferenzierung darf nicht mit der Projektion von Vektordaten verwechselt werden. Der Wechsel der Projektion bei Vektordaten setzt ein bekanntes Koordinatensystem (Projektion) bei den Eingangsdaten voraus.

Im folgenden Abschnitt wird der Ablauf einer Georeferenzierung gezeigt.

8.14.2 Durchführung einer Georeferenzierung

Für die Georeferenzierung einer Rasterdatei benötigen Sie einen Referenzlayer und Referenzpunkte, deren Lage in der Rasterdatei und im Referenzlayer vorhanden sind. Die Referenzpunkte können direkt am Bildschirm mit der Maus oder als einzelne XY-Koordinatenwerte über die Tastatur eingegeben werden. Führen Sie folgende Schritte aus:

1. Aktivieren Sie die Werkzeugleiste „Georeferenzierung“ in ArcMap.
2. Laden Sie die Rasterdatei, die in Arc-Map georeferenziert werden soll.
3. Laden Sie den Referenzlayer in den gleichen Datenrahmen wie die Rasterdatei.
4. Schieben Sie im Inhaltsverzeichnis von ArcMap den Referenzlayer an die oberste Stelle, damit er nicht von den Rasterdaten überdeckt wird.
5. Zoomen Sie ungefähr auf den Bereich des Referenz-Layers, auf den die Rasterdaten transformiert werden sollen.
6. Aktivieren Sie den Menüeintrag „Auf Anzeige einpassen“ im Menü „Georeferenzierung“ der Werkzeugleiste „Georeferenzierung“. Die Rasterdaten werden damit grob in den gewünschten Bereich transformiert.

   ArcMap-Werkzeugleiste „Georeferenzierung“:
   Georeferenzierung:
   Auf Anzeige einpassen

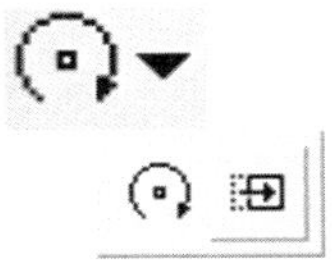

7. Benutzen Sie die Werkzeuge „Verschieben“ und „Drehen“ oder den Menüeintrag „Kippen und Drehen“ zum Drehen und Verschieben, um das Raster noch besser anzupassen.

   ArcMap-Werkzeugleiste „Georeferenzierung“:
   Georeferenzierung:
   Kippen und Drehen

8. Um die Georeferenzierung zu verbessern, setzen Sie jetzt die Referenzpunkte. Öffnen Sie die Tabelle für die Referenzpunkte mit dem Werkzeug „Link-Tabelle anzeigen“ und benutzen Sie für die Eingabe der Referenzpunkte das Werkzeug „Kontrollpunkte setzen“ aus der Werkzeugleiste „Georeferenzierung“.

Klicken Sie zuerst an die Stelle der Rasterdaten und danach auf die zugehörige Position im Referenzlayer. Setzen Sie weitere Referenzpunkte.

Da standardmäßig der Menüeintrag „Automatische Anpassung“ im Menü „Georeferenzierung“ aktiv ist, wird nach jeder Eingabe eines Referenzpunktes die Transformation durchgeführt und aktualisiert.

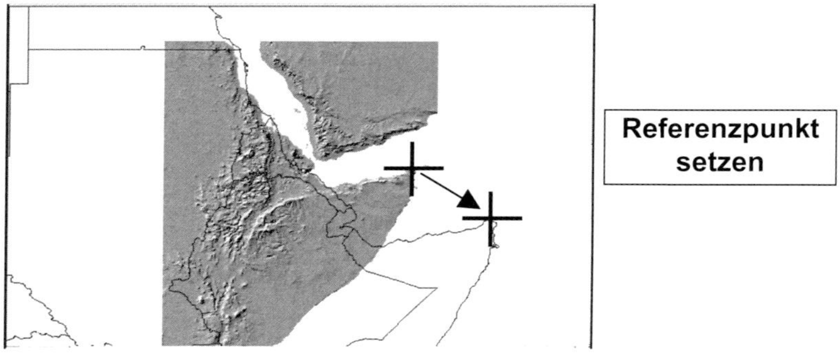

Beim Setzen eines Referenzpunktes können Sie nach der ersten Eingabe die rechte Maustaste drücken und so die exakte Position (XY-Wert) eingeben oder die Eingabe abbrechen.

In der Tabelle werden die eingegeben Referenzpunkte eingetragen. Für jeden Punkt werden die Raster- und die Referenz-Koordinaten eingetra-

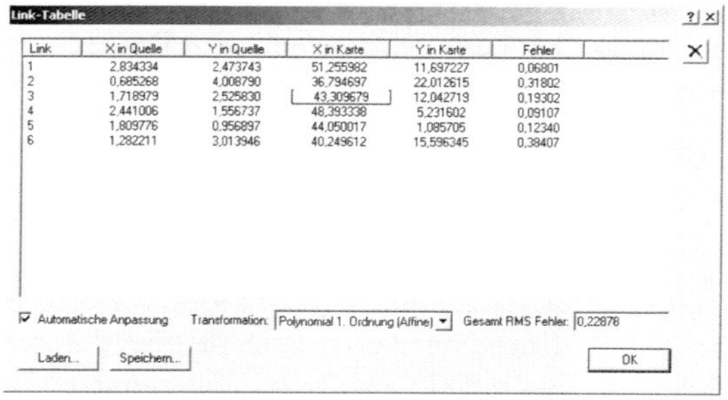
Link-Tabelle

Link	X in Quelle	Y in Quelle	X in Karte	Y in Karte	Fehler
1	2,834334	2,473743	51,255982	11,697227	0,06801
2	0,685268	4,008790	36,794697	22,012615	0,31802
3	1,718979	2,525830	43,309679	12,042719	0,19302
4	2,441006	1,556737	48,393338	5,231602	0,09107
5	1,809776	0,956897	44,050017	1,085705	0,12340
6	1,282211	3,013946	40,249612	15,596345	0,38407

Automatische Anpassung Transformation: Polynomial 1. Ordnung (Affine) Gesamt RMS Fehler: 0,22878

Laden... Speichern... OK

gen. Zusätzlich wird ein Fehler angegeben (RMS), mit dem die Qualität der Transformation beurteilt werden kann. Je kleiner dieser Wert ist, desto besser sollte die Transformation sein, zumindest in der Nähe der Referenzpunkte. Die Qualität hängt aber auch von der Lage und der Anzahl der

Referenzpunkte ab. Je mehr Referenzpunkte und je gleichmäßiger sie verteilt sind, desto besser ist die Transformation.

Die Referenzpunkte können mit den Schaltflächen „Laden" und „Speichern" auf Datenträger gespeichert und für die Georeferenzierung anderer Rasterdateien verwendet werden.

In der Tabelle können einzelne Koordinatenwerte editiert werden. Doppelklicken Sie dazu auf einen Koordinatenwert in der Tabelle.

Für das Entfernen markieren Sie einen der Punkte und betätigen Sie die Schaltfläche zum Löschen in der rechten oberen Ecke des Tabellenfensters.

Die automatische Anpassung und die Transformation-Funktion lassen sich ebenfalls hier einstellen.

Das Ergebnis der Transformation sieht z. B. folgendermaßen aus:

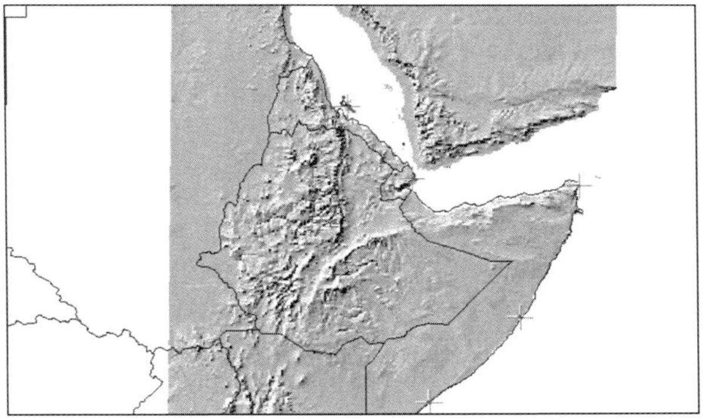

9. Sind Sie mit dem Ergebnis der Transformation zufrieden, so können Sie diese festhalten und speichern. Sie haben zwei Möglichkeiten:

Speichern der Georeferenzierungs-Infos in einer zusätzlichen Datei
Mit dem folgenden Menü wird eine zusätzliche Datei angelegt, die den gleichen Namen wie die Rasterdatei, jedoch die Dateierweiterung „*.aux" hat. In dieser Datei werden neben anderen Informationen auch alle Informationen über eine ausgeführte Georeferenzierung gespeichert. Diese Datei kann nur von ESRI- oder ERDAS-Produkten gelesen werden. Löschen Sie die „aux"-Datei, so machen Sie die Georeferenzierung für die entsprechende Rasterdatei wieder rückgängig.

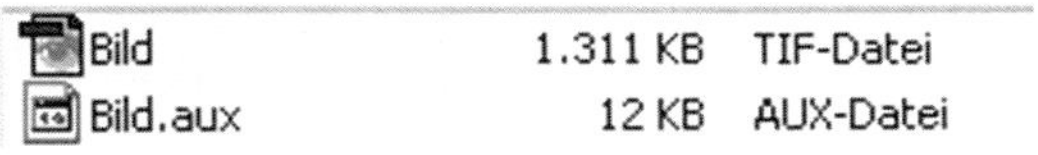

<u>ArcMap-Werkzeugleiste Georeferenzierung:</u>
Georeferenzierung:
Georeferenzierung aktualisieren

Georeferenzierte Rasterdatei speichern

Wenn Sie nur mit ESRI-Produkten arbeiten, reicht die oben genannte Methode aus, um eine Georeferenzierung festzuhalten. Möchten Sie die georeferenzierten Daten jedoch weitergeben und sollen diese von anderen Programmen genutzt werden, muss die georeferenzierte Rasterdatei neu gespeichert werden. Da nach der Transformation die Rasterdatei andere Koordinatenwerte hat, ist eine Umberechnung (Resampling) der Zellengröße und -position nötig. Benutzen Sie folgendes Menü:

ArcMap-Werkzeugleiste „Georeferenzierung":
Georeferenzierung:
Rektifizieren...

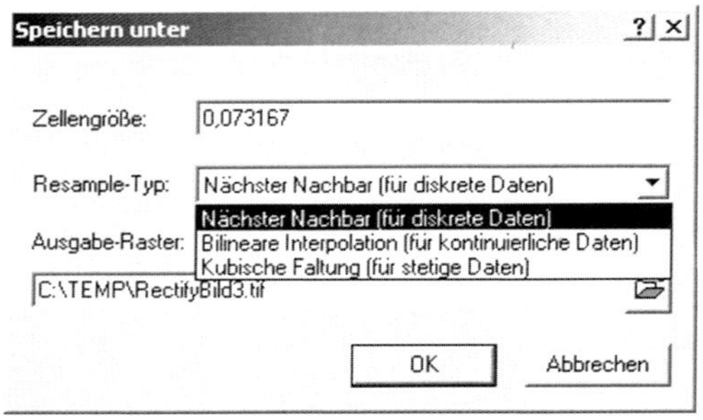

Geben Sie die gewünschte Zellengröße und den Pfad der neuen Datei an. Es gibt drei unterschiedliche Methoden, um das „Resampling" vorzunehmen. Die schnellste Methode, „Nächster Nachbar", berechnet einen Zellwert aus der Zelle, die in direkter Nachbarschaft der neuen Zellposition liegt. Die beiden anderen Methoden benutzen zur Berechnung mehr Punkte, für die außerdem noch eine Gewichtung vorgenommen wird. Das Resultat dieser Methoden ist ein mehr glattes Ergebnis des berechneten Rasters. Bei TIFF-Dateien wird mit dieser Methode eine „*.tfw"-Datei angelegt. Dies ist eine übliche Methode um bei TIFFs Informationen über die Georeferenzierung zu speichern.

8.14.3 Weitere Funktionen für die Georeferenzierung

Im Menü Georeferenzierung der Werkzeugleiste „Georeferenzierung" befinden sich weitere Funktionen für die Georeferenzierung:

Transformationsmethode

Mit folgendem Menü wird die Transformationsmethode ausgewählt. Diese lässt sich auch in der Tabelle für die Referenzpunkte einstellen.

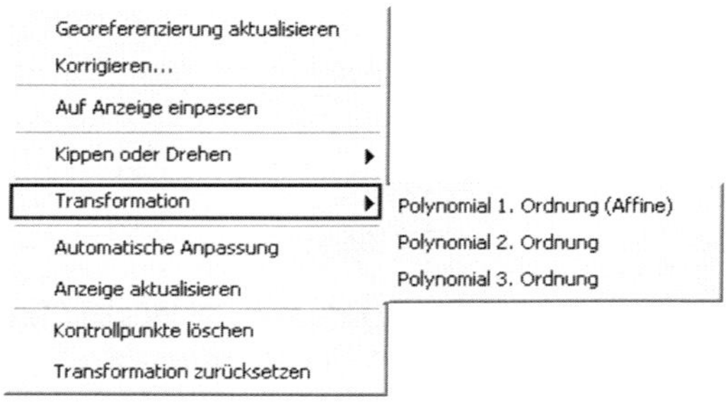

ArcMap-Werkzeugleiste Georeferenzierung:
Georeferenzierung:
Transformation

Es stehen drei Methoden zur Verfügung.

Die erste (Polynomial 1. Ordnung) ist eine affine Transformation, die nur Verschieben, Drehen und lineare Streckung oder Stauchung benutzt. Diese Methode ist einfach anzuwenden und liefert in den meisten Fällen ein ausreichendes Ergebnis. Bei drei Referenzpunkten ist die Transformation in den drei Punkten exakt.

Die beiden anderen Methoden (2. und 3. Ordnung) benötigen sechs bzw. zehn Referenzpunkte. Die Transformation ist hier nicht mehr linear. Die beiden Methoden müssen nicht unbedingt genauer sein als die affine Methode. Vielmehr kommt es hier besonders auf die Lage der Referenzpunkte an, um eine bessere Genauigkeit zu erreichen.

Transformation nach jeder Eingabe eines Referenzpunktes

Soll sofort nach der Eingabe eines Referenzpunktes die Transformation ausgeführt werden, so setzen Sie folgendes Menü:

ArcMap-Werkzeugleiste „Georeferenzierung":
Georeferenzierung:
Automatische Anpassung

Ist dieses Menü inaktiv (kein Haken gesetzt), so müssen Sie die Anzeige aktualisieren, um die Transformation nach der Eingabe der Referenzpunkte auszuführen.

ArcMap-Werkzeugleiste „Georeferenzierung":
Georeferenzierung:
Anzeige aktualisieren

Transformation zurücksetzen

Wenn Sie mit der Transformation nicht zufrieden sind, kann das an der Wahl der Referenzpunkte liegen. Wenn die Punkte z. B. nicht gut verteilt sind, kann es zu starken Verzerrungen des Rasters kommen. Sie können dann einen einzelnen Punkt in der Tabelle der Referenzpunkte löschen oder mit folgendem Menü alle Punkte zusammen löschen:

ArcMap-Werkzeugleiste „Georeferenzierung":
Georeferenzierung:
Kontrollpunkte löschen

Um die gesamte Transformation auf den Anfangszustand zurückzusetzen betätigen Sie das Menü:

ArcMap-Werkzeugleiste „Georeferenzierung":
Georeferenzierung:
Transformation zurücksetzen

8.15 Einer Karte XY-Koordinaten hinzufügen

Sie können einer Karte geometrische Punktobjekte hinzufügen, wenn sie in einer Tabelle (dBase-Datei) als XY-Koordinaten vorliegen. Diese Daten stammen oft aus Einzelmessungen (z. B. die Lage von Messstationen) oder aus GPS-Messungen. Nach dem Hinzufügen der Daten in eine Karte entsteht ein neuer Layer, der sich wie jeder andere Layer (z. B. aus einem Shapefile) verhält. Tabellen aus Textdateien (siehe Abschnitt 10.2.2) oder Tabellen aus einer OLEDB-Verbindung, die keine Objekt-ID haben, können jedoch nicht selektiert (ausgewählt) werden, und die Punkte können auch nicht bewegt werden. Dazu müssen die Koordinaten in der Tabelle geändert werden.

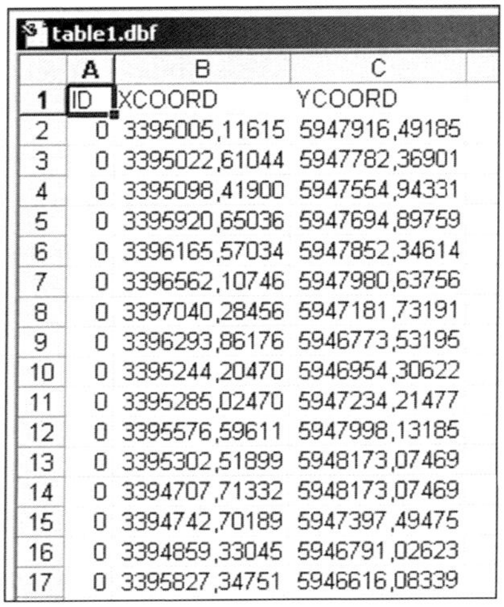

	A	B	C
1	ID	XCOORD	YCOORD
2	0	3395005,11615	5947916,49185
3	0	3395022,61044	5947782,36901
4	0	3395098,41900	5947554,94331
5	0	3395920,65036	5947694,89759
6	0	3396165,57034	5947852,34614
7	0	3396562,10746	5947980,63756
8	0	3397040,28456	5947181,73191
9	0	3396293,86176	5946773,53195
10	0	3395244,20470	5946954,30622
11	0	3395285,02470	5947234,21477
12	0	3395576,59611	5947998,13185
13	0	3395302,51899	5948173,07469
14	0	3394707,71332	5948173,07469
15	0	3394742,70189	5947397,49475
16	0	3394859,33045	5946791,02623
17	0	3395827,34751	5946616,08339

Ein Layer aus einer Tabelle kann aber als Shapefile gespeichert und auf diese Weise weitergegeben werden. Klicken Sie mit der rechten Maustaste auf den Tabellen-Layer und betätigen Sie folgendes Menü:

ArcMap-Kontextmenü: Tabellen-Layer
Daten:

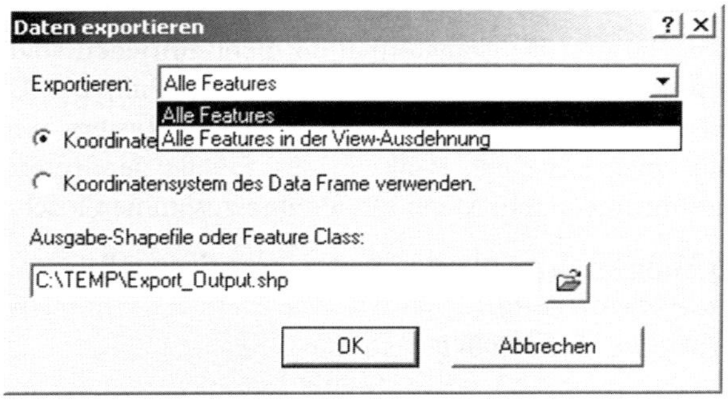

Daten exportieren...

Sie können alle Objekte oder auch nur die, die sich in der aktuellen Ausdehnung der Daten-Ansicht befinden, exportieren. Einem Shapefile ist im Allgemeinen eine Projektion (Koordinatensystem) zugeordnet. Geben Sie an, ob dem neuen Shapefile die Projektion des Tabellen-Layers oder des Datenrahmens zugeordnet werden soll.

Um eine Tabelle als Layer einzulesen, kann ArcMap zunächst die Datei, die die Punktkoordinaten enthält, hinzugefügt werden.

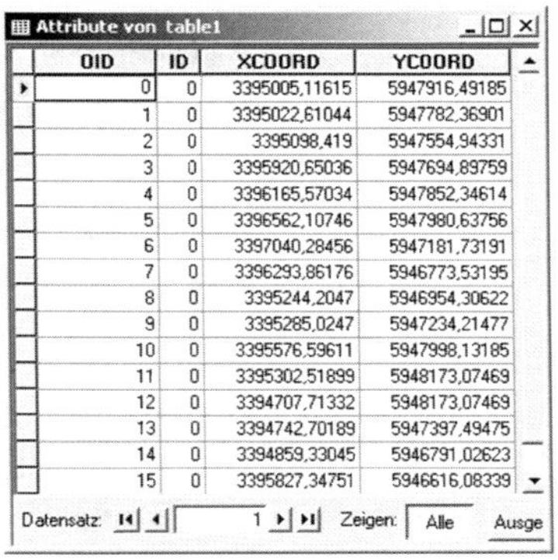
Attribute von table1

OID	ID	XCOORD	YCOORD
0	0	3395005,11615	5947916,49185
1	0	3395022,61044	5947782,36901
2	0	3395098,419	5947554,94331
3	0	3395920,65036	5947694,89759
4	0	3396165,57034	5947852,34614
5	0	3396562,10746	5947980,63756
6	0	3397040,28456	5947181,73191
7	0	3396293,86176	5946773,53195
8	0	3395244,2047	5946954,30622
9	0	3395285,0247	5947234,21477
10	0	3395576,59611	5947998,13185
11	0	3395302,51899	5948173,07469
12	0	3394707,71332	5948173,07469
13	0	3394742,70189	5947397,49475
14	0	3394859,33045	5946791,02623
15	0	3395827,34751	5946616,08339

Datensatz: 1 Zeigen: Alle Ausge

Aktivieren Sie das Werkzeug „Daten hinzufügen“ aus der Standard-Werkzeugleiste und laden Sie die Datei in einen Datenrahmen. Öffnen Sie die Tabelle mit:

ArcMap-Kontextmenü: Tabelle *Öffnen*

Öffnen Sie den Dialog zum Hinzufügen der Tabelle als Layer:

ArcMap-Hauptmenü:
Werkzeuge:
XY-Daten hinzufügen...

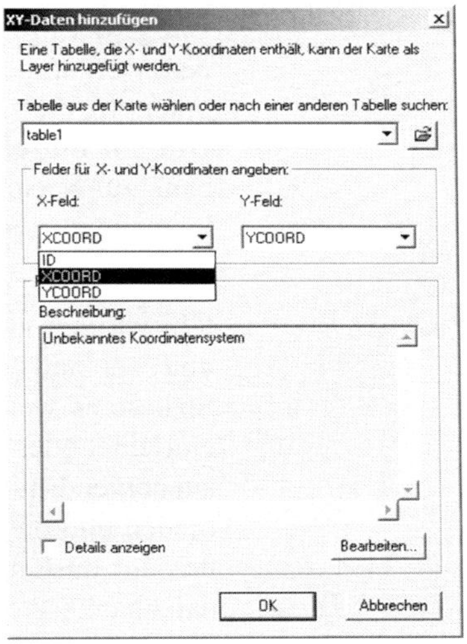

Wählen Sie die Tabelle aus der Liste aus. Mit der nebenstehenden Schaltfläche können Sie eine Tabelle auch direkt einlesen, ohne sie vorher in ArcMap zu laden.

Unter „X-Feld“ geben Sie die Spalte der Tabelle an, die die X-Koordinaten, und unter „Y-Feld“ jene, die die Y-Koordinaten enthalten.

„Details anzeigen“ zeigt Informationen über das zugeordnete Koordinatensystem und zu den Wertebereichen der Spalten. Unter „Bearbeiten“ können Sie dem Tabellen-Layer ein Koordinatensystem zuordnen.

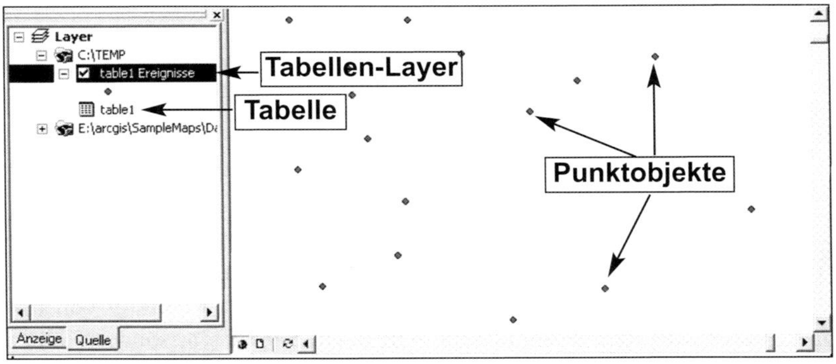

9 Geodatabases

9.1 Neue Konzepte zur Modellierung und Speicherung von Geodaten

Dieses Kapitel beschäftigt sich in erster Linie mit einigen Aspekten der Datenmodellierung und der Datenhaltung. Geodaten werden derzeit vielfach noch als Dateien im Dateisystem des Rechners gehalten. Sachdaten werden oft in einer separaten Tabelle oder einer Datenbank gespeichert und mit der zugehörigen Geometriedatei verknüpft. Gerade in den letzten Jahren wurden jedoch Methoden entwickelt, Geometrie- und Sachdaten in einer (Geo-)Datenbank zu speichern. Auch ESRI hat bei der Neuentwicklung der ArcGIS-Produktreihe mit der „Geodatabase“ ein neues Geodatenbankformat eingeführt.

Einige der Möglichkeiten von Geodatenbanken kommen in erster Linie in Netzwerkumgebungen mit Mehrbenutzerzugriff zur Geltung. Sie stehen unter ArcView nur eingeschränkt zur Verfügung. Für den Anwender eines GIS am Einzelplatz ist die Frage nach der Verwendung einer Geodatenbank zur Speicherung der eigenen Daten sicher weniger vordringlich. Sie können unter ArcView 8 weiterhin mit den bekannten Shapefiles arbeiten.

Es gibt jedoch einige Fälle, in denen es auch für Anwender eines Desktop-GIS wie ArcView sinnvoll ist, sich mit den Konzept von Geodatenbanken und speziell dem Geodatabase-Format von ESRI zu beschäftigen. Spätestens wenn Ihre Dienststelle/Firma einen zentralen Geodatenserver einrichtet oder Sie Daten anderer Anbieter nutzen wollen, können Sie sich zunehmend über das Intranet oder Internet mit einer Geodatenbank verbinden und die dort vorgehaltenen Daten in Ihre Arbeit einbeziehen. Außerdem dürften Auftraggeber künftig verstärkt nach Entwicklungen für datenbankbasiertes GIS oder z. B. nach Datenerfassungen unter Nutzung eines vorgegebenen (Geodatabase-)Datenmodells fragen.

Im Folgenden werden zwei für das Verständnis der Geodatabase notwendige Themen kurz eingeführt: Objektorientierung und Datenbanken. Wenn Sie sich intensiver mit Geodatenbanken beschäftigen wollen, sollten Sie auf weitere Fachliteratur sowie die entsprechenden ESRI-Handbücher zurückgreifen.

9.2 Objektorientierung

Vor allem objektorientierte Geo-Informationssysteme verfolgen nicht mehr den Ansatz der getrennten Verarbeitung von (grafischen) Geometrie- und (alphanumerischen) Sachdaten, sondern ermöglichen die Erstellung von Objektklassen, nach denen dann einzelne Objekte erstellt und mit all ihren Eigenschaften in einer Datenbank abgelegt werden können. „EU_Vogelschutzgebiet" wäre z. B. eine Objektklasse, die ein allgemeines (logisches) Modell für die Beschreibung und das Verhalten eines beliebigen EU-Vogelschutzgebietes bereitstellen kann. Das EU-Vogelschutzgebiet „Großes Moor“ stellt ein zur Objektklasse „EU_Vogelschutzgebiet“ gehörendes Objekt dar, das über die Eigenschaften der Objektklasse verfügt. Die Geometrie ist „nur“ eine der Eigenschaften eines EU-Vogel-

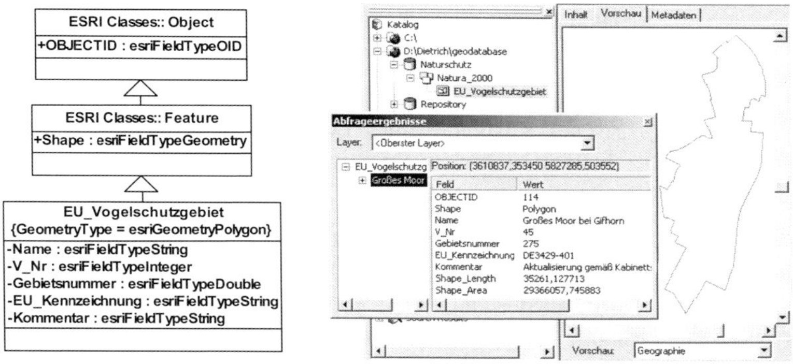

schutzgebietes. Andere Eigenschaften können z. B. der Name des Gebietes oder auch eine zugehörige Verordnung sein. Letztere kann auch in einem binären Datentyp (z. B. als WORD-Datei) gespeichert werden. Die konkrete Ausprägung des Vogelschutzgebietes „Großes Moor“ wird in dem Datensatz für dieses Objekt (physikalisch) abgelegt.

Die Abbildung zeigt links ein Modell der Objektklasse „EU_Vogelschutzgebiet“. Von den beiden ESRI-Klassen „Object“ und „Feature“ wird das zur Speicherung der EU-Vogelschutzgebiete in der Geodatabase notwendige Verhalten geerbt. Rechts wird der Datensatz des EU-Vogelschutzgebietes „Großes Moor“ mit seinen Attributen in ArcCatalog angezeigt.

Allgemeine Grundlagen der Objektorientierung können Sie beispielsweise in Balzert (1999) nachlesen. Einen guten Überblick über die Modellierung von Geodatenbanken mit Schwerpunkt auf die ESRI-Geodatabase gibt Zeiler (1999).

9.3 Datenbanken

Während die Einführung objektorientierter Konzepte in GIS eher die Möglichkeiten der logischen Modellierung raumbezogener Objekte und die darauf aufbauende Programmierung von Fachanwendungen verbessert, dient die Speicherung in Datenbanken vor allem der Leistungssteigerung des GIS in einer Mehrbenutzerumgebung. Hier folgen einige Stichpunkte zur Bedeutung von Datenbanken:

Leistung: Der Zugriff vieler Benutzer, z. B. auch über das Internet, auf einen jeweils kleinen Teil eines großen blattschnittfrei gehaltenen Geodatenbestandes erfordert eine intelligente Logik zur schnellen Bereitstellung des benötigten Ausschnitts der Daten.

Mehrbenutzerfähigkeit: Wenn mehrere Benutzer einen Datensatz editieren, kann es zu Konflikten kommen. Datenbanken bieten Mechanismen zum Konfliktmanagement, z. B. durch Anlegen mehrerer Versionen des Datensatzes. Für die Zusammenführung der Versionen können Regeln festgelegt werden.

Historienführung: Die Versionierung kann auch zur Archivierung historischer Zustände eines Datensatzes verwendet werden. Damit sind alte Zustände rekonstruierbar oder zeitliche Entwicklungen dokumentierbar.

Sicherheit: Datenbanken ermöglichen neben der Anlage von Benutzern auch die Definition von Rollen, z. B. „Geodatenadministrator", „Sachbearbeiter Wasserwirtschaft". Zugriffsprotokolle können sämtliche Aktionen auf der Datenbank protokollieren. Mit entsprechender Zusatzsoftware kann auch die Erfassung einer digitalen Signatur erfolgen. Dies ist besonders im Zusammenhang mit dem viel zitierten „e-Government", der elektronisch unterstützten Verwaltung, eine wichtige Voraussetzung.

Administrierbarkeit großer und verteilter Systeme: Datenbanken verfügen z. B. über Mechanismen zur automatischen Verteilung von Daten über mehrere Server. Ist die Infrastruktur einmal eingerichtet, wird die Datenpflege und -verteilung deutlich erleichtert.

Datenbanken können also bei entsprechender Installation und Betreuung dabei helfen, einen Datenbestand frei von unkontrollierten Redundanzen zu halten. So kann die Konsistenz (der Zusammenhalt) des Datenbestandes bestmöglich garantiert werden. Damit wird die Qualitätssicherung der Daten unterstützt – auch der in einer Datenbank gespeicherten Geodaten.

In einer Umgebung, in der Daten von vielen Anwendern gleichzeitig genutzt und an viele Stellen verteilt werden, ist die Speicherung von Daten in Datenbanken empfehlenswert oder sogar erforderlich.

9.4 Die Geodatabase in ArcGIS

Die Möglichkeit zur Speicherung von raumbezogenen Daten wie auch von reinen Sachdaten in einer Geodatenbank (Geodatabase) gehört zu den zentralen Neuerungen mit Einführung der ArcGIS-Produktreihe. Zunächst muss zwischen einer Server-Geodatabase und einer Personal Geodatabase unterschieden werden. Der Aufbau beider Datenbankformate ist ähnlich, die Funktionalitäten sind jedoch unterschiedlich.

Die Server-Geodatabase wird in einem Relationalen Datenbank-Managementsystem (z. B. Oracle, SQL-Server, DB2) gespeichert, die Personal Geodatabase hingegen im Dateisystem im MS Access-Format.

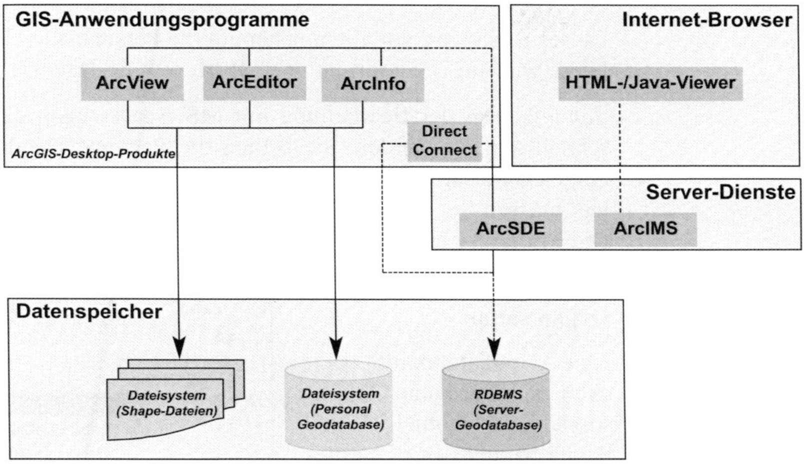

Das Diagramm veranschaulicht die Architektur der ArcGIS-Produktreihe (vereinfachte Darstellung). In der „oberen Schicht" sind hier als GIS-Anwendungsprogramme beispielhaft ArcGIS-Desktop-Produkte und Internet-Browser aufgeführt. Bei der unteren Schicht, dem Datenspeicher, beschränken wir uns auf die in diesem Buch relevanten Shapefiles sowie die beiden Arten der Geodatabase. Punktförmige Enden der Verbindungslinien zwischen Anwendung und Speicherort signalisieren den möglichen Schreib- und Lesezugriff der betreffenden Anwendung. In der mittleren Schicht sind Server-Dienste aufgeführt. ArcSDE stellt ein „Gateway" zu einer Server-Geodatabase bereit, ArcIMS ermöglicht die Nutzung von Geodaten der Server-Geodatabase (und des Dateisystems) im Internet. Der Zugriff auf die Server-Datenbank kann von den ArcGIS-Desktop-Produkten aus auch über eine so genannte Direct Connect-Funktionalität ohne einen laufenden ArcSDE-Server-Dienst erfolgen. Besonders hervorzuheben ist die Möglichkeit, auf diese Weise auf Oracle-Spatial-Datenbanken zuzugreifen.

ArcView kann die Server-Geodatabase lesen, raumbezogene Analysen durchführen und kartographische Darstellungen anfertigen. Ein Layer aus einer Geodatenbank sieht dabei auf dem Bildschirm letzten Endes so aus wie ein Shapefile, das diesem entspricht. ArcView kann allerdings nicht in die Server-Geodatabase schreiben. Diese Funktion ist ArcEditor und ArcInfo vorbehalten. Schreibzugriffe kann ArcView nur auf die Personal Geodatabase ausführen.

Weiteres zur Architektur von ArcGIS können Sie im Internet unter **http://www.esri-germany.de/products/arcgis/index.html** nachlesen.

9.5 Aufbau einer Personal Geodatabase in ArcView

Dieses Buch wird vor allem näher auf die Personal Geodatabase eingehen. Diese wird im Datenformat von MS Access im Dateisystem abgelegt.

Achtung: Bei der Bearbeitung mit MS Access kann eine Geodatenbank schnell zerstört werden. Sie sollten die Personal Geodatabase nur unter ArcView 8 bearbeiten. Wenn Sie direkt in die Access-Datei schreiben wollen, müssen Sie den internen Aufbau einer „Geodatabase" genau kennen. Die Erklärung dieses Aufbaus würde weit über die Ausführungen in diesem Buch hinaus gehen.

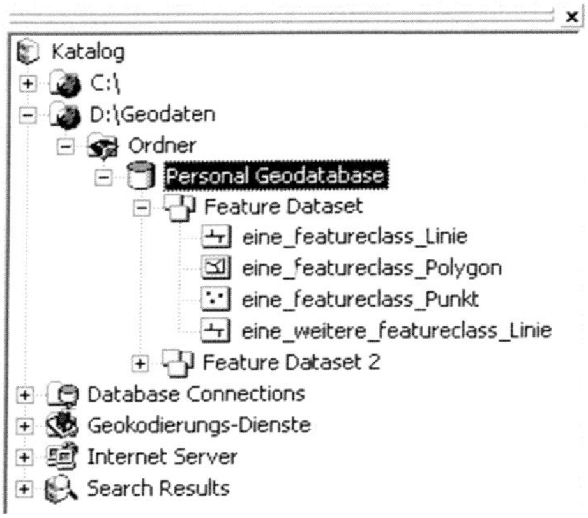

Organisation

Eine Geodatenbank speichert raumbezogene Objekte sowie ihre Geometrie- und Sachattribute in Feature-Classes. Eine Feature-Class entspricht in ihrer Bedeutung etwa einem Shapefile. Vergleichbar mit dem Shapefile können die Feature-Classes nach Geometrietyp in Punkt-, Linien- oder Polygon-Feature-Classes unterteilt werden. Innerhalb einer Personal Geodatabase müssen die Feature-Classes eindeutig benannt sein. Ein Name darf nicht doppelt vergeben werden. Feature-Classes können zu Feature Datasets zusammengefasst werden. Eine fast beliebig tiefe, hierarchische Gliederung der Daten durch Anlegen von Unterordnern wie in einem Dateisystem ist nicht möglich.

9.5.1 Raumbezug

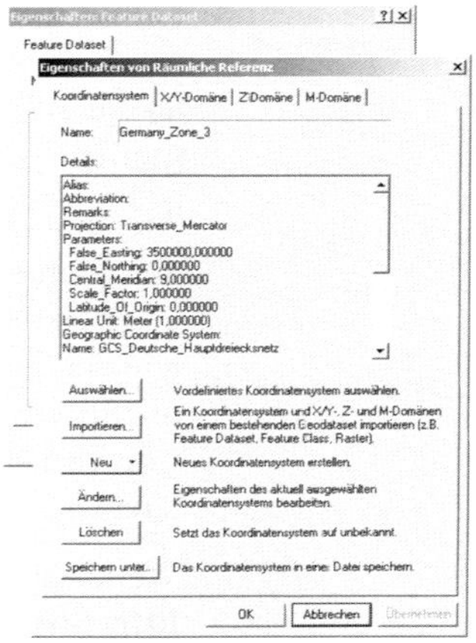

Bei der Erstellung eines Feature Datasets müssen folgende Angaben zum Raumbezug gemacht werden:

Koordinatensystem: Sie können eines der von ESRI mitgelieferten, vordefinierten geografischen oder projizierten Koordinatensysteme verwenden oder eine eigene Definition erstellen. Näheres zu Koordinatensystemen in ArcView können Sie in Kapitel 10 „Koordinatensysteme" nachlesen.

Domänen-Ausdehnung: Hier legen Sie den erlaubten Wertebereich für die X- und Y-Koordinaten, die Z-Werte sowie Messwerte (M-Werte) fest. Dabei kann auch die Genauigkeit in Anzahl Systemeinheiten pro Messeinheit (und damit die Auflösung) angegeben werden.

Der Raumbezug wird auf Ebene des Feature-Datasets festgelegt und gilt für alle darin enthaltenen Feature-Classes. Klicken Sie mit der rechten Maustaste auf ein Feature-Dataset, wählen Sie den Eintrag „Eigenschaften" und drücken Sie in dem erscheinenden Dialog die Schaltfläche „Bearbeiten". Bei Verwendung einer so genannten „Standalone Feature-Class" kann auch dort der Raumbezug festgelegt werden. Der Bereich der M-Werte kann auch für jede Feature-Class einzeln festgelegt werden. Das Koordinatensystem ist nachträglich veränderbar. Die Angaben zur räumlichen Domäne und zur Präzision sind jedoch unveränderlich. Sollten Änderungen nötig sein, z. B. bei einer vorher nicht berücksichtigten Ausweitung eines Untersuchungs- oder Berichtsgebietes, müssen neue Feature-Datasets und Feature-Classes angelegt und die bestehenden Daten dort hinein kopiert werden. Daher sollten Sie bei der Erstellung einer Geodatabase unbedingt vorher festlegen, welche X-, Y-, Z- und M-Wertebereiche in den jeweiligen Feature-Datasets und Feature-Classes benötigt werden.

9.5.2 Feldeigenschaften

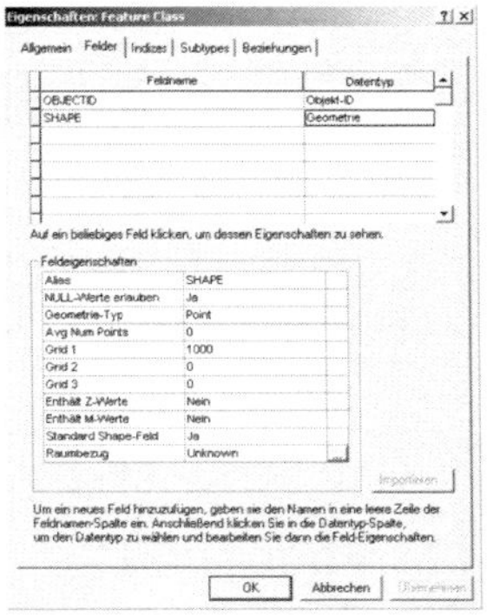

Feature-Classes verfügen zunächst über die beiden internen Felder „OBJECTID" für eine eindeutige Identifikation aller gespeicherter Objekte und „SHAPE" für die Speicherung der Geometrie. Die Feldeigenschaften für das Geometriefeld sehen Sie in der Abbildung. Klicken Sie mit der rechten Maustaste auf eine Feature-Class und wählen Sie den Eintrag „Eigenschaften". Sie können eigene Felder einfügen und ihnen Datentypen zuweisen. Wenn Sie feste Wertekataloge oder Wertebereiche für ein Datenfeld festlegen möchten, können Sie dies über die Erstellung so genannter Attribut-Domänen erreichen.

9.6 Drei Wege zu einer Geodatenbank

In vielen Fällen liegen bereits Geodaten als Shapefiles oder in anderen Dateiformaten vor. Bei der Migration der Datenhaltung zur Geodatabase können Werkzeuge der ArcToolbox verwendet werden. Wenn Sie Daten neu erheben bzw. digitalisieren möchten, können Sie unter ArcView auch eine Personal Geodatabase „von Hand" erstellen. Ein dritter, langfristig sehr interessanter Weg liegt in einer Software gestützten Datenmodellierung.

Dieser Weg steht nur unter ArcEditor und ArcInfo standardmäßig zur Verfügung. Das Konzept soll aber dennoch hier kurz vorgestellt werden.

9.6.1 Importieren bestehender Shapefiles

Für den Import können Sie die Konvertierungs-Werkzeuge der ArcToolbox verwenden, speziell den Assistenten „Shapefile zu Geodatabase". Seine Bedienung ist beinahe selbsterklärend. Beachten Sie dabei aber, dass die meisten Eigenschaften für den Raumbezug auf der Ebene von Feature-Datasets festgelegt werden. Wenn Sie die entsprechenden Einstellungen noch nicht ausgeführt haben, übernimmt das Import-Werkzeug aus ArcToolbox diese Aufgabe. Sie bekommen allerdings Schwierigkeiten, wenn Sie später Daten mit größerer räumlicher Ausdehnung importieren möchten: Dies geht möglicherweise nicht mehr, und Sie müssten in diesem Fall ein weiteres Feature-Dataset anlegen. Es empfiehlt sich daher, beim Aufbau einer Datenbank basierten Geodatenhaltung viel Sorgfalt auf die erstmalige Erstellung der Geodatenbank zu legen. Machen Sie sich vorher Gedanken, ob und wie Sie die Geodatabase in Feature-Datasets organisieren wollen und welche räumliche Ausdehnung Ihre Daten voraussichtlich haben werden.

Sie können eine Abbildung (ein Mapping) der Datenfelder des Shapefiles auf Datenfelder der Geodatabase vornehmen. Dies erleichtert die Zusammenführung heterogener Daten und/oder Anpassungen des Datenmodells.

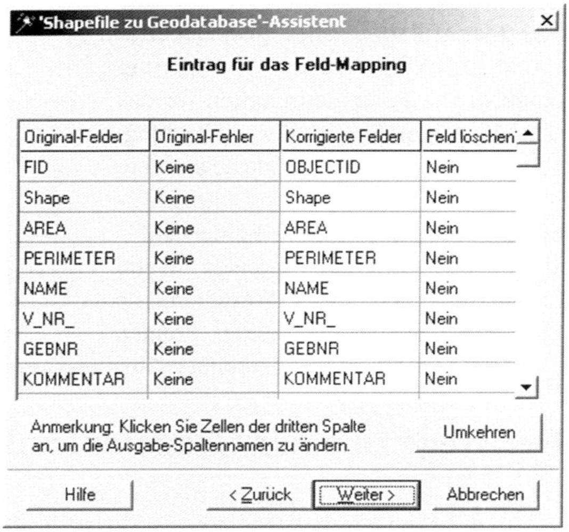

9.6.2 Anlegen einer Personal Geodatabase

Wählen Sie in ArcCatalog denjenigen Ordner, in dem Sie Ihre neue Geodatabase erstellen wollen. Klicken Sie im Register „Inhalt" auf die rechte Maustaste und wählen Sie „Neu: Personal Geodatabase". Geben Sie einen

Namen für Ihre Personal Geodatabase ein und bestätigen Sie mit der Return-Taste.

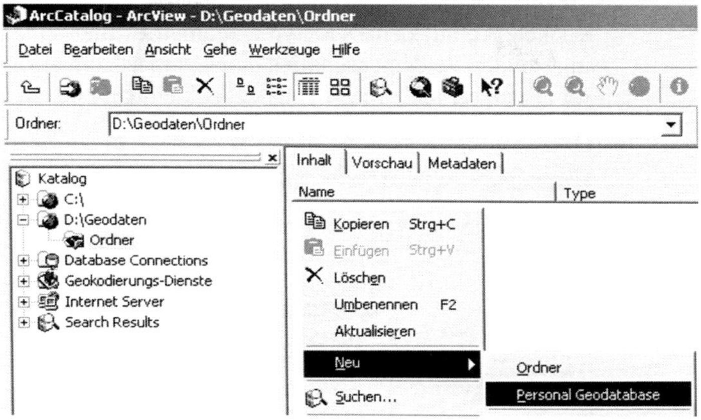

Wählen Sie im Verzeichnisbaum von ArcCatalog Ihre Geodatabase aus. Sie sehen im rechten Fenster, dass noch kein Inhalt existiert.

Legen Sie ein neues Feature-Dataset an, indem Sie mit der rechten Maustaste auf die neue Geodatabase klicken und „Neu: Feature Dataset" auswählen. Füllen Sie die Angaben zum Raumbezug zunächst *nicht* aus.

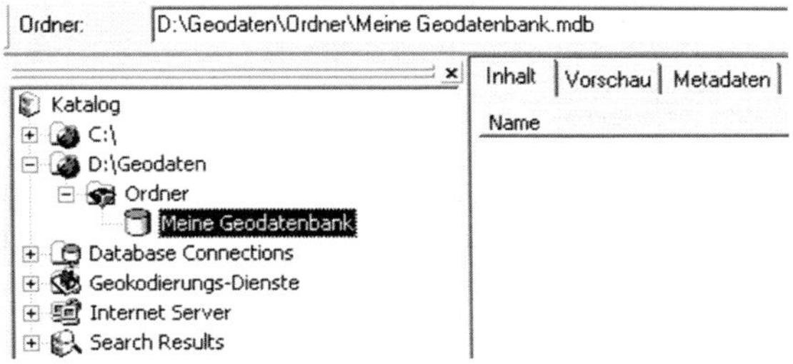

Erstellen Sie nun eine neue Feature-Class für das eben erstellte Feature-Dataset, das Objekte mit Punktgeometrie aufnehmen soll. Wählen Sie hierzu das eben erstellte Feature-Dataset aus, klicken Sie mit der rechten Maustaste darauf und wählen Sie „Neu: Feature-Class".

Im folgenden Dialog legen Sie nicht nur Namen und optional einen Alias fest, sondern auch den Typ der Feature-Class. Zunächst unterscheiden Sie zwischen den so genannten Simple Features (Punkt, Linie und Polygon) und weiteren Features, von denen unter ArcView nur noch Annotation-Features zur Verfügung stehen. Vergeben Sie einen Namen und klicken Sie auf „Weiter". Wählen Sie im nächsten Dialogfeld die vorgegebene Standardoption und bestätigen Sie mit „Weiter". Die Vergabe von Konfigurationsschlüsselwörtern ist für Personal Geodatabases nicht möglich. Informationen zu dem Thema erhalten Sie durch Drücken der Taste „F1".

Nun sehen Sie die für eine Feature-Class mindestens erforderlichen Felder: eine von ArcView intern vergebene Objekt-ID sowie ein Feld „Shape", in dem die Geometrie des jeweiligen Objektes gespeichert wird. Klicken Sie auf den Datentyp „Geometrie" und ändern Sie in den unten angezeigten Feldeigenschaften den Geometrietyp auf „Point". Klicken Sie auf „Fertigstellen". Ihre Geodatenbank enthält nun eine Feature-Class zum Speichern von punktförmigen Geometrien.

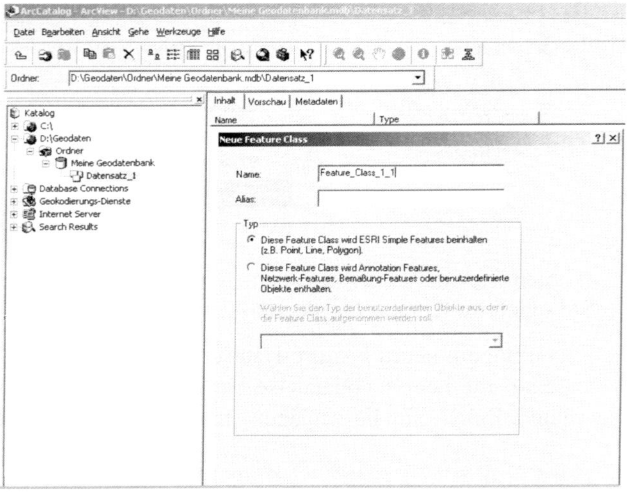

Achtung: Beim späteren Laden von Objekten ist das selbst erstellte Datenmodell entscheidend! Das heißt auch, dass die Werte für die XY-Domäne und das Koordinatensystem eingestellt sein müssen. Datenfelder werden ebenfalls nicht neu hinzugefügt. Sie können jedoch mit dem Einladen in eine Geodatabase ein so genanntes Mapping der Felder vornehmen.

9.6.3 Modellierung einer Geodatenbank mit CASE-Tools

Ein grafisches Modell der raumbezogenen Objekte, die in der Geodatenbank abgebildet werden sollen, kann die Strukturierung eines Datenbestandes unterstützen und Ausgangspunkt für weitergehende Softwareentwicklungen sein, z. B. GIS-Fachanwendungen zur Unterstützung raumbezogener Geschäftsprozesse oder Verwaltungsverfahren. Als Modellierungssprache wird heute zumeist UML (unified modeling language) verwendet.

Eine durchgängige Unterstützung der Entwicklungsschritte vom logischen Objektmodell zur Generierung einer physikalischen Datenbank und der Programmierung einer Fachanwendung leisten so genannte CASE-Tools (CASE = computer aided software engineering). Unter ArcGIS wird MS Visio Enterprise als CASE-Tool direkt unterstützt, allerdings nur, wenn eine ArcEditor- oder ArcInfo-Lizenz verwendet wird. ESRI bietet im

Internet UML-Modelle für einige Fachgebiete an. Das Beispiel, das in der kurzen Einführung zur Objektorientierung abgebildet ist, entstammt einer Datenmodellierung mit MS Visio und der Umsetzung in eine Geodatabase.

Die Erarbeitung, Abstimmung und Manifestierung eines Datenmodells hat neben der Strukturierung und Vereinheitlichung der Kommunikation auf technischer Ebene auch Vorteile im Richtliniencharakter eines abgestimmten Datenmodells für die am Datenfluss beteiligten Stellen.

Die Anwendung moderner Verfahren der Software- und Datenbankentwicklung kann also bei der Informationsmodellierung und -vorhaltung die raumbezogenen Arbeitsabläufe in einem größeren Unternehmen oder einer größeren Behörde bedeutend erleichtern.

9.6.4 Literatur

Balzert, H. (1999): Lehrbuch der Objektmodellierung: Analyse und Entwurf. Spektrum Akad. Verl., Heidelberg, Berlin.

Zeiler, M. (1999): Modeling Our World. The ESRI Guide to Geodatabase Design.

10 Koordinatensysteme

10.1 Theoretische Grundlagen

In diesem Kapitel wird zunächst die Theorie des sehr komplexen Gebietes der Koordinatensysteme behandelt. Dieses Thema wird dann interessant, wenn die in einem GIS vorhandenen Daten in unterschiedlichen Koordinatensystemen vorliegen. Das ist zum Beispiel dann der Fall, wenn vor dem Hintergrund einer topografischen Karte GPS-Ergebnisse dargestellt werden sollen oder Daten unterschiedlicher Herkunft, die in verschiedenen Projektionen vorliegen können, in das eigene GIS integriert werden sollen.

10.1.1 Definition unterschiedlicher Koordinatensysteme

Bezugssystem Ellipsoid

Die Gestalt der Erde lässt sich mathematisch nicht exakt beschreiben. In erster Näherung entspricht sie einer Kugel. Da sie aber an den Polen abgeplattet ist, beschreibt ein Rotationsellipsoid die wahre Gestalt der Erde am besten. Dieses Ellipsoid entsteht durch die Drehung der Meridianellipse um ihre kleine Halbachse. Die Lagemessungen werden auf ein für das jeweilige Gebiet gültige Ellipsoid bezogen. Höhenmessungen beziehen sich dagegen in der Praxis aus physikalischen Gründen nicht auf ein Ellipsoid, sondern eine andere Bezugsfläche: das Geoid.

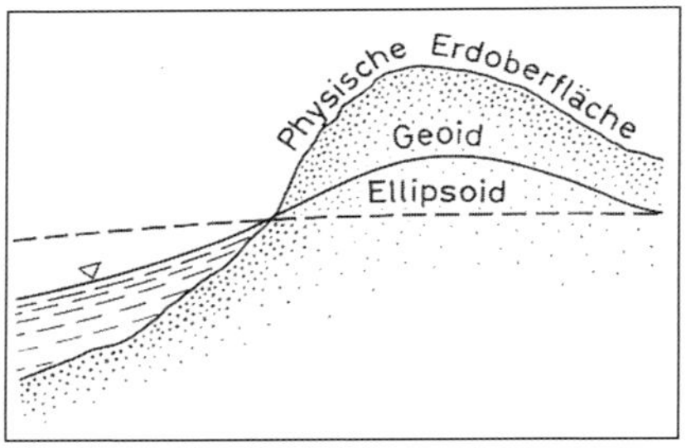

Dabei handelt es sich um die ruhend gedachte Meeresoberfläche, die unter den Kontinenten fortgesetzt wird. Die Abweichung zwischen dem Geoid und einem best angepassten Bezugsellipsoid beträgt im Durchschnitt weniger als 100 Meter.

Je nach Anwendung wird die Form der Erde am besten beschrieben durch so genannte mittlere oder konventionelle Erdellipsoide. Mittlere Erdellipsoide passen sich der Erde als Ganzes (global) am besten an. Der Mittelpunkt eines solchen Ellipsoides liegt im Schwerpunkt der Erde, d. h. das Ellipsoid ist geozentrisch. Außerdem verläuft die kleine Halbachse parallel zur Erdrotationsachse. Ein Beispiel für ein solches Ellipsoid ist das World Geodetic System (WGS84). Als konventionelle (lokale) Erdellipsoide werden die Bezugsellipsoide der einzelnen Landesvermessungen bezeichnet, die sich dem betreffenden Land am besten anpassen. Diese Ellipsoide sind nicht geozentrisch, und es liegt auch keine Achsparallelität vor. Beispiele hier-

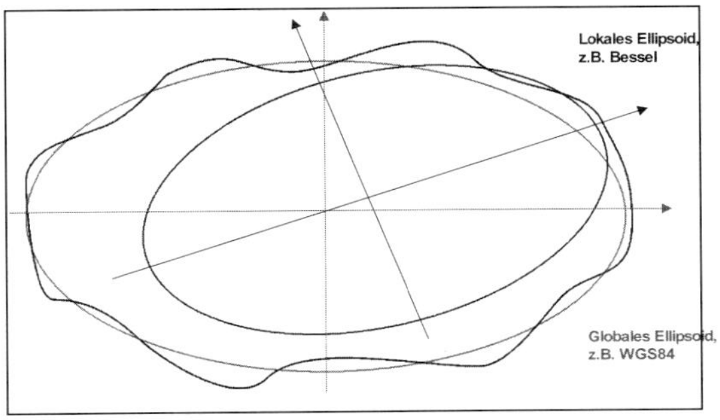

für sind: Bessel (1841), GRS 80, Hayford (1909), Krassowski (1940).

Ein Rotationsellipsoid entsteht durch Drehung der Meridianellipse um ihre kleine Halbachse. Die Meridianellipse ist durch die Parameter große (a) und kleine Halbachse (b) eindeutig festgelegt. In der Geodäsie werden als Ellipsoidparameter jedoch meistens die große Halbachse (a) sowie die Abplattung (f) angegeben, die sich aus den beiden Halbachsen ergibt:

$f = (a-b) / a$

Da es sich hierbei um einen sehr kleinen Zahlenwert handelt, wird häufig der Kehrwert 1/f angegeben. Nachfolgend sind die Ellipsoidparameter für einige ausgewählte, häufig verwendete Ellipsoide angegeben.

Ellipsoid nach	Große HA	Kleine HA	Abplattung
Bessel 1841	6377397 m	6356079 m	1:299,15
GRS 80	6378137 m	6356752 m	1:298,26
Hayford 1909	6378388 m	6356912 m	1:297,0
Krassowski 1940	6378245 m	6356863 m	1:298,3
WGS 1984	6378137 m	6356752 m	1:298,26

Geografische und kartesische Koordinaten auf dem Ellipsoid

Die Lage eines Punktes im Raum lässt sich in einem dreidimensionalen kartesischen (rechtwinkligen) Koordinatensystem eindeutig durch einen Vektor **X** = [X Y Z] angeben.

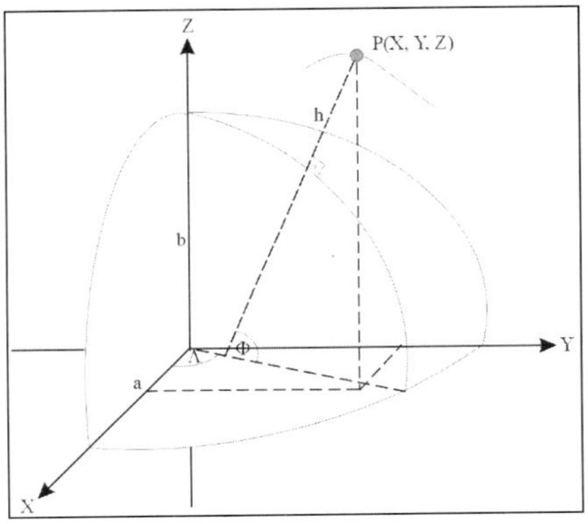

Der Ursprung dieses Systems liegt im Erdmittelpunkt, die Z-Achse zeigt in Richtung des ellipsoidischen Nordpols (fällt mit der Rotationsachse der Erde zusammen), die X-Achse weist in Richtung des ellipsoidischen Nullmeridians (Hauptmeridian) und die Y-Achse vervollständigt das System zu einem Rechtssystem. Eine Realisierung eines solchen Systems ist zum Beispiel das WGS84. Zur Beschreibung der Lage von Punkten auf der Erdoberfläche ist dieses System nicht besonders gut geeignet. Anschaulicher ist hier die Verwendung von (ellipsoidischen) geografischen Koordinaten. Stimmen Ursprung und Lage der Hauptachsen des Ellipsoids mit dem dreidimensionalen kartesischen System überein, können die kartesischen Koordinaten (X, Y, Z) streng in geografische (φ, λ, h) umgerechnet werden.

Die Erde ist in Breitenkreise (Parallelkreise) und Längenkreise (Meridiane) unterteilt. Die Breitenkreise verlaufen parallel zwischen dem Äquator und den Polen, die Meridiane verbinden die beiden Pole und teilen die Breitenkreise in 360 Längengrade. Nullmeridian (Anfangsmeridian) ist konventionell der Meridian von Greenwich. Von da aus werden die Meridiane jeweils von 0° bis 180° östlich bzw. westlich gezählt. Geografische Koordinaten sind als Winkel definiert. Die geografische Länge eines Punktes P ist der Winkel zwischen der Ebene durch den Nullmeridian (z. B. Greenwich) und der Meridianebene im Punkt P. Die geografische Breite stellt den Winkel dar, den die in P errichtete Flächennormale mit der Äquatorebene bildet.

Das geodätische Datum

Die Beziehung zwischen einem lokalen konventionellen und dem globalen geodätischen Bezugssystem wird geodätisches Datum genannt, also die räumliche Lagerung eines konventionellen Koordinatensystems gegenüber dem globalen geozentrischen. Zur Festlegung eines Datums werden folgende Parameter benötigt:

- Ellipsoidparameter a, f : kennzeichnen die Dimension des Ellipsoides
- ΔX, ΔY, ΔZ Lagerung, bzw. Verschiebung des Ellipsoidursprungs gegenüber dem Geozentrum (Erdschwerpunkt)
- εx, εy, εz Orientierung, bzw. Drehung um die Achsen X, Y, Z
- m Maßstab

Sind ΔX = ΔY = ΔZ = 0, dann spricht man von einem absoluten Datum (beispielsweise WGS84).

Ein konventionelles Datum wird durch ein die Erde in einem bestimmten Gebiet best anpassendes, lokales Ellipsoid definiert. Es ist nicht geozentrisch gelagert, sondern wird durch eine Datumsstation, einen so genannten Zentralpunkt, und ein Netz von mehreren Kontrollstationen, die von dort angemessen wurden, realisiert. Die Z-Achse verläuft in Richtung der kleinen Halbachse des Ellipsoides, die X-Achse durch den Punkt λ=0°, φ=0°, und die Y-Achse vervollständigt ein Rechtssystem. Beispiele für derartige Lagebezugssysteme sind das in den westlichen Bundesländern gültige DHDN (Deutsches Haupt-Dreiecksnetz, Potsdamer Datum) und das System 42/83, das in den östlichen Bundesländern gilt. Diesen beiden Bezugssystemen liegen unterschiedliche Ellipsoide zugrunde. Das DHDN beruht auf dem Reichsdreiecksnetz und ist zwischen 1870 und 1950 entstanden. Zentralpunkt ist der zerstörte Punkt Rauenberg in Berlin, an dessen Stelle formal Potsdam getreten ist. Als Bezugsfläche wird das Bessel-Elliposid von 1841 verwendet. Wie bereits zuvor beschrieben, basieren nur die Lagemessungen auf diesem Datum. Für die Höhenmessungen wird das Geoid als Bezugsfläche verwendet (DHHN, Deutsches Haupthöhennetz). Für das System 42/83 wird ein anderes Ellipsoid, nämlich das Krassowski-Ellipsoid, als Bezugsfläche verwendet. Datumspunkt ist Pulkowo (St. Petersburg).

Beispiele für ein absolutes Datum sind das WGS84 (World Geodetic System von 1984) oder das ETRF89 (European Terrestrial Reference Frame von 1989). Beides sind globale, geozentrische, dreidimensionale, kartesische Referenzsysteme. Geozentrisch bedeutet, dass der Ursprung im Massenzentrum der Erde liegt. Die Z-Achse zeigt in Richtung der Rotationsachse, die X-Achse in Richtung des Hauptmeridians, und die Y-Achse vervollständigt ein Rechtssystem. In dem WGS84-System werden die GPS-Koordinaten bestimmt (GPS: Global Positioning System). Das System besitzt eine Definitionsgenauigkeit von ein bis zwei Metern. Das ETRF89 ist ein gemeinsames europäisches Bezugssystem, das seit 1989 durch verschiedene GPS-Messkampagnen realisiert ist. Als Bezugsfläche ist das GRS80 (Geodetic Reference System 1980) gewählt worden. Die Lagerung des WGS84 stimmt mit dem ETRF89 auf ein bis zwei Meter überein, die Ellipsoidparameter sind identisch. Seit einem Beschluss der Arbeitsgemeinschaft der Vermessungsverwaltungen der Länder der Bundesrepublik Deutschland (AdV) von 1995 ist das ETRF89 zukünftig offizielles einheitliches Bezugssystem in Deutschland.

10.1.2 Koordinatentransformation

Allgemeines

Eine Koordinatentransformation ist erforderlich, um Koordinaten aus einem System in ein anderes zu überführen. Aus der Auswertung von GPS-Beobachtungen erhält man geozentrische Koordinaten X, Y, Z (bzw. φ, λ, h), bezogen auf das WGS84-System. Die so genannten Gebrauchskoordinaten (in Deutschland z. B. Gauß-Krüger-Koordinaten) beruhen dagegen auf terrestrischen Messverfahren und zeichnen sich durch eine Trennung in Lage- und Höhenkoordinaten aus. Bei der deshalb erforderlichen Transformation der GPS-Ergebnisse in Gebrauchskoordinaten gibt es verschiedene Möglichkeiten, an die Transformationsparameter zu gelangen: Zum einen können bekannte globale Transformationsparameter verwendet werden, zum anderen sind die benötigten Parameter durch Messungen auf identischen Punkten neu bestimmbar. Die zweite Möglichkeit führt zu genaueren Ergebnissen, da die Parameter nur lokal für das jeweilige Messgebiet ermittelt werden. Allerdings ist dies mit einem höheren Aufwand verbunden.

Datumstransformation

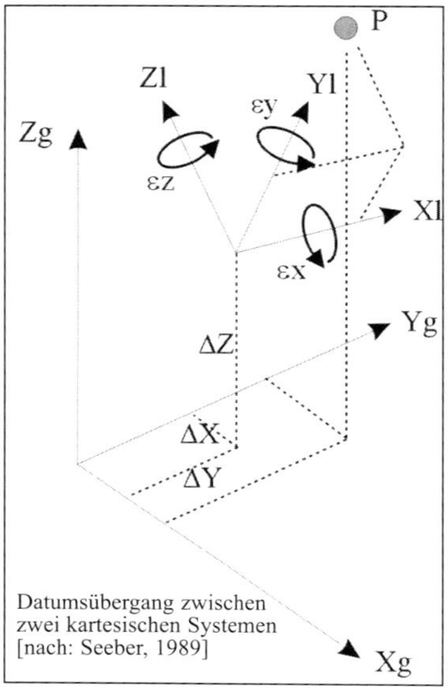

Datumsübergang zwischen zwei kartesischen Systemen [nach: Seeber, 1989]

Durch gegenseitige Verschiebung in drei unabhängigen Richtungen, durch drei unabhängige Rotationen und durch eine Maßstabsänderung ist es möglich, zwei räumliche kartesische Koordinatensysteme mit unterschiedlichem Datum ineinander zu überführen (z. B. Transformation vom WGS84 in das DHDN, erforderlich für die Weiterverarbeitung von GPS-Ergebnissen). Mathematisch lässt sich dieser Vorgang mit einer dreidimensionalen Ähnlichkeitstransformation (7-Parameter-Transformation) beschreiben:

$$\underline{X}_{(l)} = \underline{\Delta X} + (1 + m) \cdot \underline{R} \cdot \underline{X}_{(g)}$$

$$\underline{X} = \begin{bmatrix} X \\ Y \\ Z \end{bmatrix}_{(l)} = \begin{bmatrix} \Delta X \\ \Delta Y \\ \Delta Z \end{bmatrix} + (1+m) \cdot \begin{bmatrix} 1 & \varepsilon_z & -\varepsilon_y \\ -\varepsilon_z & 1 & \varepsilon_x \\ \varepsilon_y & -\varepsilon_x & 1 \end{bmatrix} \cdot \begin{bmatrix} X \\ Y \\ Z \end{bmatrix}_{(g)}$$

Mit	ΔX, ΔY, ΔZ	: Translationen (Verschiebungen)
	εx, εy, εz	: Rotationen
	m	: Maßstabsfaktor

Für geodätische Anwendungen mit hohen Genauigkeiten ist es erforderlich, die benötigten sieben Parameter aus identischen Punkten (Passpunkten) – das sind die Punkte, für die die Koordinaten in beiden Systemen vorliegen – zu bestimmen und diese Parameter für die Transformation der Neupunkt-Koordinaten zu verwenden. Für Anwendungen, deren Genauigkeiten im Meter-Bereich liegen, können globale, für ganz Deutschland bestimmte Parameter genutzt werden. Die einzelnen Parameter werden im zweiten Teil dieses Kapitels noch einmal behandelt.

Für die Darstellung von Teilen der Erdoberfläche in Karten ist eine Projektion der dreidimensionalen Koordinaten der Erdoberfläche in zweidimensionale Kartenkoordinaten erforderlich.

10.1.3 Projektionen / Abbildungen

Allgemeines

Die Netzlinien und Punkte eines Koordinatensystems müssen zur Darstellung in Karten nach bestimmten Regeln von einem dreidimensionalen Körper (Ellipsoid, Kugel) in die Ebene abgebildet werden. Da dies nicht verzerrungsfrei möglich ist, können nur Abbildungen mit partieller Längentreue in bestimmten Richtungen oder Flächentreue oder Winkeltreue (Konformität) erzeugt werden. Abbildungen haben niemals alle drei Eigenschaften zugleich. Für die nicht abbildungstreuen geometrischen Elemente treten Verzerrungen auf. Das kann man leicht nachvollziehen, wenn man versucht, die Schale einer Apfelsine auf eine ebene Fläche zu drücken: Die Schale reißt auseinander.

Diese Abbildungseigenschaften bestimmen in erster Linie die Wahl der jeweiligen Kartenabbildung. Geografen bevorzugen z. B. für vergleichende Untersuchungen flächentreue Abbildungen. In der Navigation und im Vermessungswesen werden am häufigsten konforme (winkeltreue) Abbildungen verwendet, Verkehrskarten dagegen beruhen meist auf partiell längentreuen Netzen.

Teilt man die verschiedenen Abbildungen nach der Art des Netzbildes ein, unterscheidet man zwischen azimutalen, zylindrischen und konischen Abbildungen. Je nach der Lage der Abbildungsfläche in Bezug zum Erdkörper spricht man außerdem von normalen, transversalen oder schiefachsigen Abbildungen. Bei der normalen Abbildung fällt die Erdachse mit der Achse bzw. Lotlinie der Abbildungsfläche zusammen. Stehen Erdachse und Achse bzw. Lot senkrecht zueinander, spricht man von transversalen Abbildungen. Schließen Erdachse und Achse bzw. Lot einen beliebigen Winkel miteinander ein, handelt es sich um schiefachsige Abbildungen.

Normale, transversale und schiefachsige Abbildungen [aus: Hake, Grünreich, 1994]

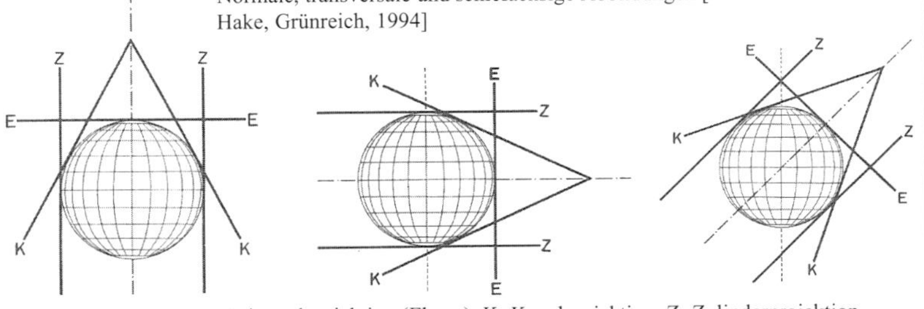

E: Azimutalprojektion (Ebene), K: Kegelprojektion, Z: Zylinderprojektion

Konische Abbildungen (Kegelprojektionen)

Das Gradnetz wird auf einen die Erde berührenden oder sie schneidenden Kegelmantel abgebildet. Der Öffnungswinkel des Kegels ergibt sich aus dem Breitenkreis, an dem der Kegel die Erde berühren soll. Die Verzerrung wächst mit zunehmender Entfernung vom Berührungs-Breitenkreis.

Schneidet der Kegel die Erdkugel, werden zwei Breitenkreise (nämlich die Schnittlinien) längentreu abgebildet. In dem Streifen zwischen diesen Breitenkreisen ist die Verzerrung relativ gering.

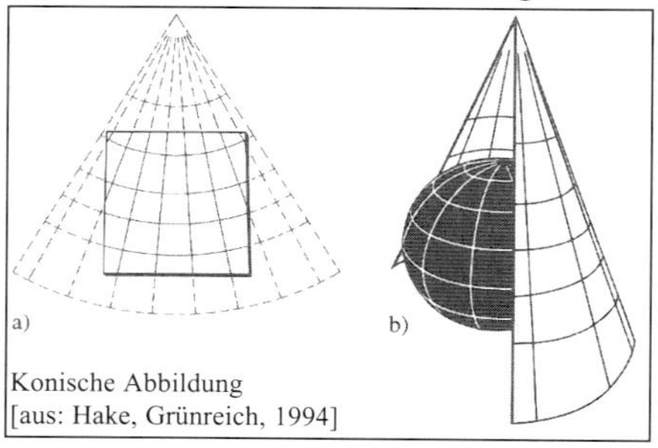

Konische Abbildung
[aus: Hake, Grünreich, 1994]

Konische Abbildungen gibt es fast nur in normaler Lage. Sie eignen sich vor allem für die Darstellung von Ländern in mittlerer Breitenlage, besonders bei größerer Ost-West-Ausdehnung, z. B. Lambert-Projektion in Frankreich.

Azimutale Abbildungen

Die Projektionsfläche ist eine Ebene, die die Erde in einem Punkt berührt. Die azimutalen Abbildungen gibt es in allen Lagen, meist jedoch mit geografischen Koordinaten. Sie eignen sich besonders für Gebiete mit etwa gleicher Ausdehnung in allen Richtungen. Flächentreue azimutale Abbildungen findet man bei vielen topografischen Karten kleinen Maßstabs, zum Beispiel Atlanten (Entwurf von Lambert 1772).

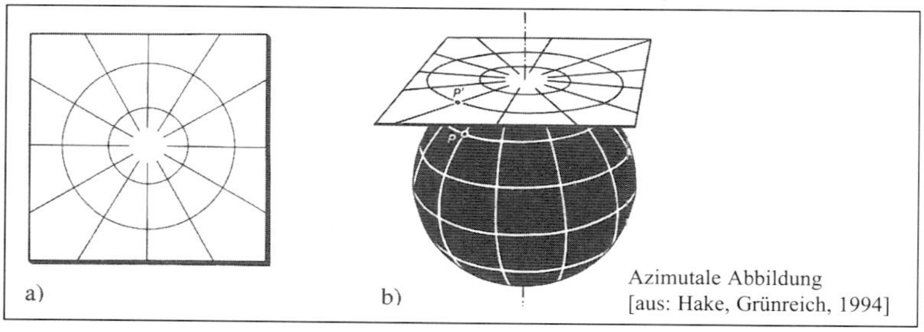

Azimutale Abbildung
[aus: Hake, Grünreich, 1994]

Zylindrische Abbildungen

Das Gradnetz der Erde wird auf einen die Erdkugel berührenden (längentreuer Äquator) oder sie schneidenden Zylinder (zwei längentreue Breitenkreise) abgebildet. In normaler Lage werden diese Abbildungen mit geografischen Koordinaten angewendet, besonders für äquatoriale Bereiche, in transversaler Lage finden sie mit geodätischen Koordinaten Anwendung (GK, UTM).

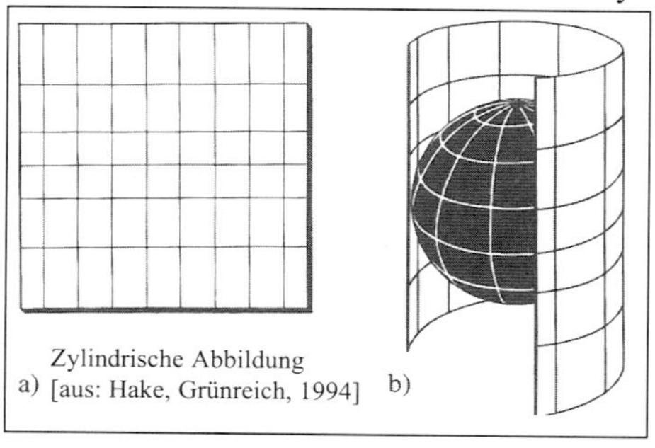

Zylindrische Abbildung
[aus: Hake, Grünreich, 1994]

Geodätische Abbildungen

Hierbei handelt es sich um bestimmte Abbildungen mit geodätischen, d. h. rechtwinkligen, Koordinaten. Geodätische Abbildungen werden für die großmaßstäbige Darstellung kleiner Erdausschnitte (Staaten, Länder) verwendet. Bezugskörper ist das Ellipsoid. Anstelle von Längen- und Breitenkreisen werden rechtwinklig-ebene Koordinaten berechnet, durch die die Lage jedes Punktes auf dem Ellipsoid exakt bestimmbar ist. In Deutschland wird hauptsächlich die transversale Mercatorabbildung mit Gauß-Krüger- oder UTM-Koordinaten verwendet. Eine besondere Eigenschaft der transversalen Mercatorabbildung ist ihre Winkeltreue (Konformität). Damit haben Winkel auf der zugehörigen Ellipsoidfläche die selbe Größe wie in der ebenen Abbildung. Dafür ist diese Abbildung aber nicht längentreu und auch nicht flächentreu. Nur der Hauptmeridian wird längentreu abgebildet, alle anderen Strecken werden verzerrt.

Gauß-Krüger Koordinaten

Gauß-Krüger-Koordinaten, die sich auf das Bessel-Ellipsoid beziehen, bilden seit 1923 das amtliche Koordinatensystem in Deutschland. Sie entstehen durch eine streifenweise Abbildung der Ellipsoidoberfläche in die Ebene (transversale Mercatorabbildung). Derjenige Meridian, an dem der Zylinder das Ellipsoid berührt, wird Haupt- oder Zentralmeridian genannt. Nur der jeweilige Hauptmeridian wird längentreu abgebildet. Links und rechts dieses Meridians nimmt die Verzerrung mit der Entfernung zu.

Im Gauß-Krüger-Meridianstreifensystem werden 3° breite Meridianstreifen gebildet. Begonnen wird mit dem Nullmeridian von Greenwich. Beiderseits eines Streifens ist ein Überlappungsbereich von 0,5° zugelassen. Der längentreue Meridian bildet die Abszisse (x-Achse). Senkrecht dazu verläuft die Ordinate (y-Achse). Deutschland wird von den Abszissenachsen 6°, 9°, 12° und 15° östlicher Länge überdeckt. Jeder Meridianstreifen wird durch eine Kennziffer eindeutig beschrieben, die sich aus der Gradzahl des jeweiligen Hauptmeridians, geteilt durch 3, ergibt. In Deutschland gelten damit die Kennziffern 2, 3, 4 und 5.

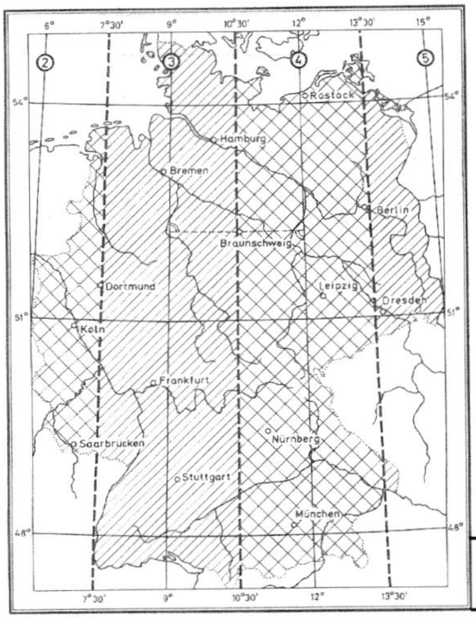

Meridianstreifensystem nach Gauß-Krüger in Deutschland [aus: Hake, Grünreich, 1994]

Abszisse und Ordinate werden in diesem System als Hochwert bzw. Rechtswert bezeichnet. Der Hochwert bezeichnet den Abstand vom Äquator, der Rechtswert den Abstand vom Hauptmeridian mit vorangestellter

Kennziffer. Zur Vermeidung von negativen Zahlenwerten wird außerdem noch 500 000 addiert. Beide Koordinatenwerte werden in der Einheit Meter angegeben.

UTM-Koordinaten

UTM-Koordinaten (Universal Transversal Mercator) entstehen durch die selbe Abbildungsvorschrift wie die Gauß-Krüger-Koordinaten. Die Eigenschaften sind allerdings andere. Es wird kein Berühr-, sondern ein Schnittzylinder verwendet, was zur Folge hat, dass nicht ein Hauptmeridian, sondern zwei östlich und westlich des Hauptmeridians gelegene Meridiane längentreu abgebildet werden. Der Hauptmeridian wird mit einem Maßstab von 0,9996 abgebildet. Die beiden längentreuen Meridiane befinden sich in einem Abstand von etwa 180 km zum Hauptmeridian. Das UTM-System verwendet 6° breite Meridianstreifen mit Überlappungsbereichen von 0,5°. Es wird durch die Breitenkreise 80° begrenzt.

Die verschiedenen Meridianstreifen werden Zonen genannt, deren Mittelmeridiane bei 3°, 9°, 15° etc. östlicher und westlicher Länge liegen. Die durchlaufende Nummerierung von West nach Ost beginnt beim Mittelmeridian 177° westlicher Länge. Die Zonennummer ergibt sich anhand der geografischen Länge des Hauptmeridians zu $(\lambda_0 + 183°) / 6°$.

Das Gebiet der Bundesrepublik Deutschland liegt fast vollständig in den Zonen 32 und 33. Zur Kennzeichnung eines Bereichs innerhalb einer Zone wird jeder Meridianstreifen in Nord-Süd-Richtung durch Bänder mit einer Breitendifferenz von 8° unterteilt, die, beginnend mit 80° südlicher Breite, mit Großbuchstaben bezeichnet werden. Deutschland liegt überwiegend im Zonen-Feld 32U. So genannte Meldegitter entstehen dadurch, dass die einzelnen Zonen-Felder vom Mittelmeridian aus durch Gitterlinien mit vollen 100-km-Werten in E (East) und N (North) weiter in Quadrate unterteilt werden, die durch Doppelbuchstaben gekennzeichnet werden.

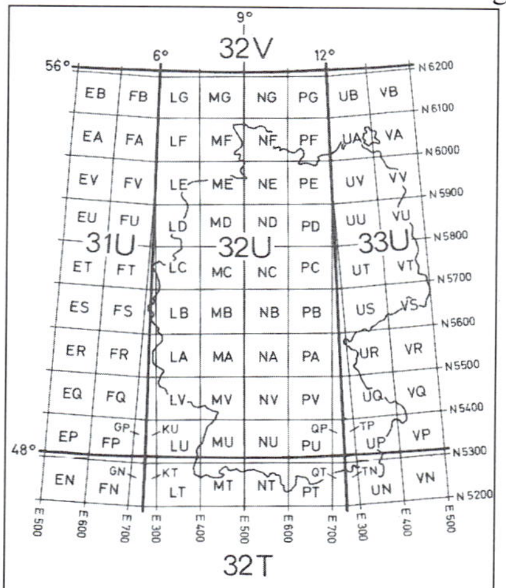

UTM-System [aus: Hake, Grünreich, 1994]

Das System wurde bis jetzt überwiegend für militärische Zwecke genutzt, ist aber mit dem AdV-Beschluss von 1995 auf Grundlage des ETRS89 als Abbildungssystem eingeführt worden und wird in Zukunft das GK-System ersetzen.

10.2 Transformation und Projektion in ArcMap

Als wichtige Erkenntnis aus dem bisherigen Kapitel sollte festgehalten werden, dass es bei der Weitergabe bzw. Übernahme von Koordinatenwerten von erheblicher Wichtigkeit ist, immer das jeweilige Bezugssystem mit anzugeben. Die alleinige Bezeichnung „Gauß-Krüger-Koordinaten“ ist z. B. unvollständig, ebenso wie die Angabe, dass es sich um geografische Koordinaten handelt. Das Entscheidende ist das geodätische Datum bzw. das jeweilige Bezugsellipsoid. Fehlen diese Zusatzinformationen, handelt es sich bei den Koordinatenwerten lediglich um „Hausnummern“, mit denen man dann in den meisten Fällen nichts anfangen kann.

In diesem Teil des Kapitels wird dargestellt, welche Möglichkeiten ArcGIS 8 bei der Koordinatentransformation bzw. -projektion bietet. Dabei wird zuerst die Transformation von GPS-Ergebnissen vom WGS84-System in das DHDN erläutert. Am Schluss des Kapitels wird kurz die relativ problemlos realisierbare Projektion bzw. Umprojektion von Gauss-Krüger-Koordinaten in unterschiedliche Meridianstreifen beschrieben.

10.2.1 Geografische und projizierte Koordinatensysteme

Zunächst wird noch kurz die Aufteilung der in ArcGIS vordefinierten Koordinatensysteme dargestellt. In ArcGIS wird zwischen geografischen und projizierten Systemen unterschieden, die in den Ordnern „Geographic Coordinate System“ und „Projected Coordinate System“ gespeichert sind (siehe ArcCatalog). Geografische Koordinatensysteme verwenden ein dreidimensionales Modell der Erde mit einem bestimmten Bezugsellipsoid. Für den Anwender in Deutschland wichtige Systeme sind im Unterordner Europe das „Deutsche Hauptdreiecksnetz DHDN“, das „European Datum 1950“, „Pulkovo 1942“ (System der östlichen Bundesländer) und das neue System „ETRF89“. Das „WGS84“ ist im Ordner „World“ zu finden.

Unter projizierten Koordinatensystemen sind die in den einzelnen Ländern gültigen Projektionen in die Ebene zu verstehen. Die für Deutschland gültigen Gauß-Krüger-Systeme sind nicht im Ordner „Gauss Kruger“, sondern unter „National Grids“ gespeichert. Auch die in Zukunft gültigen UTM-Systeme sind in dieser Software bereits integriert.

10.2.2 Definition der Koordinatensysteme

In ArcMap ist es möglich, Daten, die in unterschiedlichen Koordinatensystemen vorliegen, gemeinsam in einem Datenrahmen darzustellen, da Projektionen und Transformationen getrennt behandelt und gegebenenfalls beide „on the fly“ ausgeführt werden. Die Angaben zur Projektion werden den beteiligten Koordinatensystemen, d. h. den entsprechenden *.PRJ-Dateien entnommen. Die Transformation wird von der jeweiligen

Applikation (ArcMap oder ArcToolbox) ausgeführt. Die Transformation wird in Abschnitt 10.2.3 näher beschrieben. Definiert wird das jeweilige Koordinatensystem mit ArcCatalog. Bei dieser Zuweisung wird eine zusätzliche Datei angelegt, die den selben Namen hat, allerdings mit der Endung *.PRJ (Projektion).

In einem Beispiel sollen jetzt die geografischen Koordinaten aus GPS-Messungen, die im WGS84 vorliegen, transformiert werden, und zwar (bezogen auf das Bessel-Ellipsoid) in das DHDN, das den Gauß-Krüger-Koordinaten zugrunde liegt. Diese geografischen Koordinaten werden in einem zweiten Schritt in Gauß-Krüger-Koordinaten projiziert.

Es gibt verschiedene Möglichkeiten, den GPS-Daten das richtige Koordinatensystem zuzuweisen, je nachdem, in welchem Dateiformat die Daten vorliegen.

Wenn Sie selber Messungen mit einem GPS-Empfänger durchgeführt und die Daten von dem Gerät herunter geladen haben, werden die Ergebnisse in Form einer Textdatei vorliegen. Um Textdateien in ArcMap einlesen zu können, müssen sie ein bestimmtes Format haben. Die einzelnen Spalten müssen durch Tabs voneinander getrennt sein, die erste Zeile muss die entsprechenden Spaltenüberschriften enthalten und die Koordinaten müssen als dezimale Gradangaben mit dem Dezimal**punkt** (nicht Dezimalkomma!) vorliegen. Unter „XY-Daten hinzufügen" im Menü „Werkzeuge" kann die Textdatei in ArcMap eingelesen werden.

In dem nachfolgenden Fenster muss zunächst mit einem Klick auf das geöffnete Ordnersymbol die Textdatei ausgewählt werden, die eingelesen werden soll. Hat die Datei das richtige Format, erscheinen in den beiden Auswahllisten die Spaltenüberschriften, die importierbare Zahlenwerte enthalten. Die geografischen Koordinaten sind die Länge und die Breite, die hier den X- bzw. Y-Feldern zugewiesen werden müssen. X entspricht der Länge und Y der Breite. Sie sehen, dass unter „Raumbezug" noch kein Koordinatensystem ausgewählt worden ist. Dort steht noch „Unbekanntes Koordinatensystem". Es ist aber bereits hier beim Einlesen der Daten möglich, das richtige Koordinatensystem auszuwählen. Dazu klicken Sie auf die Schaltfläche „Bearbeiten".

Es erscheint das Eigenschaften-Fenster von „Raumbezug“, in dem mit „Auswählen“ ein bestimmtes, vordefiniertes Koordinatensystem ausgewählt werden kann. Das für GPS-Ergebnisse erforderliche WGS84-System ist unter „Geographic Coordinate Systems“ im Ordner „World“ zu finden.

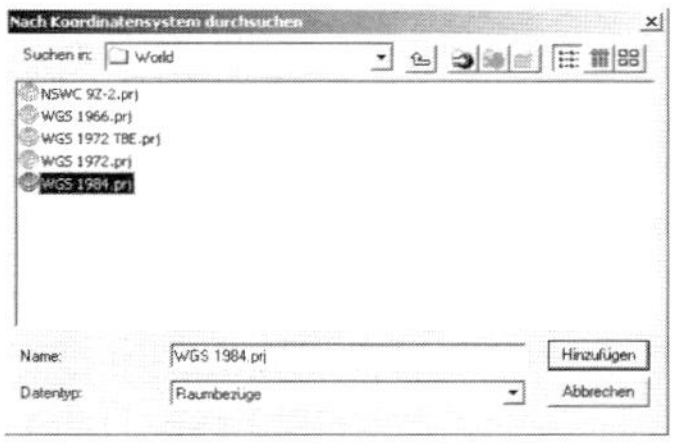

Mit einem Klick auf die Schaltfläche „Hinzufügen“ wird den Daten das gewählte Koordinatensystem zugeordnet. Der Name (GCS_WGS_84) und die entsprechenden Parameter werden im Eigenschaften-Fenster angezeigt. Durch die Bestätigung mit „OK“ werden die Einstellungen im Fenster „XY-Daten hinzufügen“ übernommen. Auch hier wird wieder mit „OK“ bestätigt. Die Koordinaten werden nach ArcMap eingelesen und angezeigt. Dass es sich um eine Textdatei handelt, erkennen Sie im Inhaltsverzeichnis an dem Zusatz „Ereignisse“. Diese Datei kann jetzt aber in ein Shapefile umgewandelt werden.

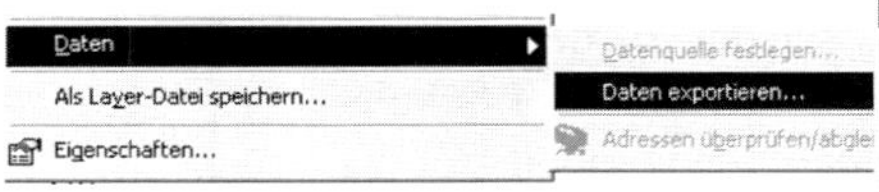

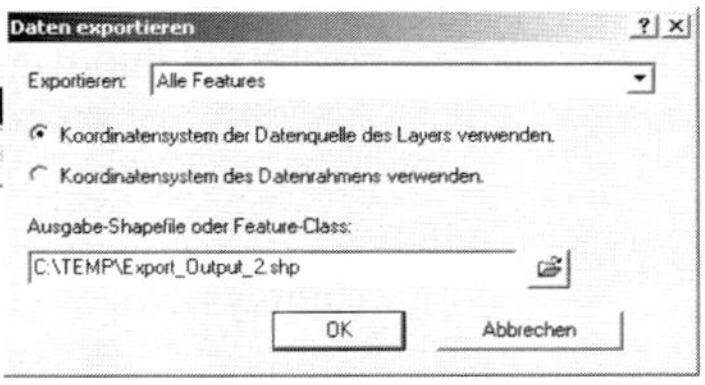

Dazu klicken Sie den entsprechenden Layer mit der rechten Maustaste an und rufen über das Menü „Daten: Daten exportieren“ das entsprechende Fenster auf. Hier können Name und Verzeichnis, unter dem das Shapefile gespeichert werden soll, eingegeben werden. Außerdem ist einstellbar, welches Koordinatensystem übernommen werden soll: das der Quelldatei oder das des Datenrahmens.

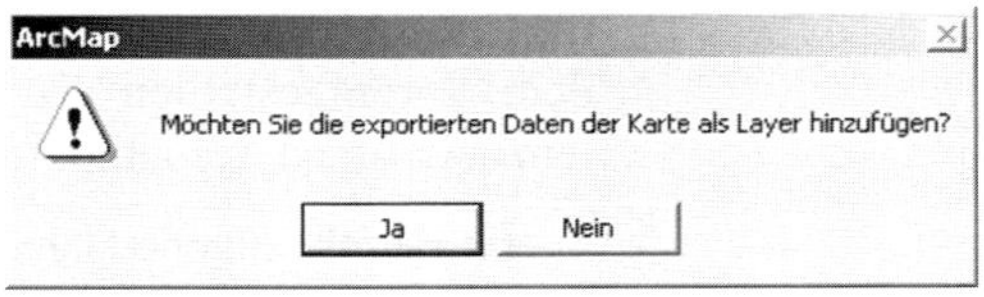

Im nächsten Fenster werden Sie gefragt, ob die gerade exportierten Daten als Layer hinzugefügt werden sollen. Wenn Sie auf „Ja“ klicken, sollten die Daten genau mit denen aus der Textdatei identisch sein, wenn das Koordinatensystem übernommen wurde. Im Windows Explorer sehen Sie, dass unter dem selben Namen, unter dem das Shapefile gespeichert wurde, eine PRJ-Datei angelegt worden ist, in der die entsprechenden Parameter für das jeweilige Koordinatensystem (hier das WGS84) gespeichert sind.

Eine andere Möglichkeit, raumbezogenen Daten das jeweils gültige Koordinatensystem zuzuweisen, bietet ArcCatalog. Wenn Sie z. B. von anderen Organisationen bereits Shapefiles erhalten haben, in denen die Punkte, Linien oder Polygone aus WGS84-Koordinaten bestehen, dann muss einer solchen Datei vor dem Einlesen in ArcMap das richtige Koordinatensystem zugewiesen werden.

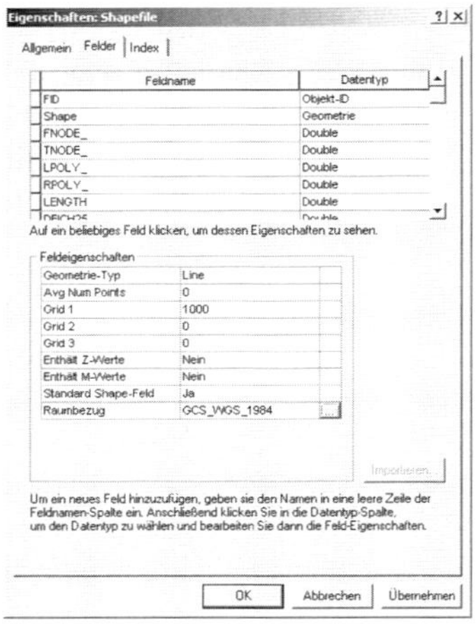

Dazu starten Sie ArcCatalog und navigieren zu dem Shapefile, für das Sie das Koordinatensystem definieren wollen. Diese Datei klicken Sie dann mit der rechten Maustaste an und rufen über das Menü „Eigenschaften“ das Eigenschaften-Fenster auf. Markiert man im Register „Felder“ den Feldnamen „Shape“, wird unter „Feldeigenschaften“ das eingestellte Koordinatensystem angezeigt. Standardmäßig ist hier „Assumed_Geographic“ eingestellt. Mit einem Klick auf die nebenstehende Schaltfläche können diese Vorgaben verändert werden.

Sie gelangen so wieder zu dem Eigenschaften-Fenster, in dem mit der Schaltfläche „Auswählen“, wie oben bereits beschrieben, das geografische Koordinatensystem WGS84 ausgewählt werden muss. Dabei wird wieder die entsprechende PRJ-Datei angelegt.

Auf diese Weise sollten die Koordinatensysteme für alle raumbezogenen Daten, die in ein ArcMap-Dokument eingeladen werden sollen, definiert werden. Dadurch vermeiden Sie unnötige Fehler, die entstehen können, wenn Daten mit dem voreingestellten Koordinatensystem „Assumed_Geographic“ verarbeitet werden.

Damit raumbezogene Daten von einem geografischen Koordinatensystem in ein anderes transformiert werden können, muss auch dem Datenrahmen das entsprechende, endgültige System zugewiesen werden. Sollen GPS-Ergebnisse vom WGS84 in das DHDN transformiert werden, ist das Zielsystem das DHDN, das dem Datenrahmen zugewiesen werden muss. Das Entscheidende dabei ist, dass man an dieser Stelle gleich das projizierte Koordinatensystem vorgeben kann, nämlich das Gauß-Krüger-System. ArcMap ist in der Lage, die Koordinaten „on the fly“, d. h. während des Einlesens der Daten, zu transformieren und projizieren. Was das bedeutet und wie das geschieht, wird im Folgenden beschrieben.

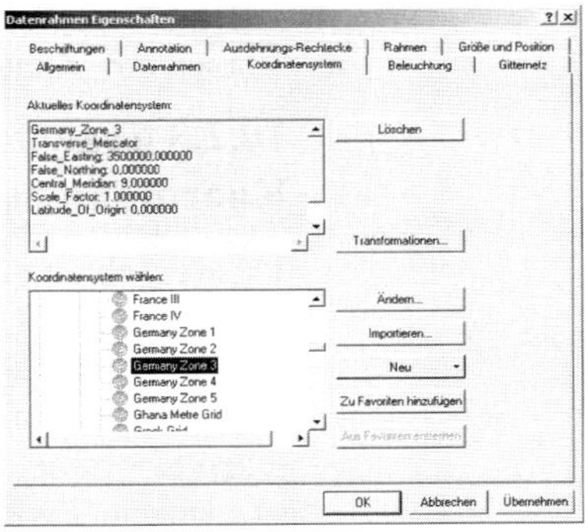

Per Rechtsklick mit der Maus auf den Datenrahmen werden auch an dieser Stelle die Eigenschaften aufgerufen. Hier ist das Register „Koordinatensystem" entscheidend. Unter „Aktuelles Koordinatensystem" wird zunächst „Keine Projektion" angezeigt. Im unteren Fenster kann ein vorhandenes Koordinatensystem ausgewählt werden. Dabei ist das für Deutschland gültige Gauss-Krüger-System mit den verschiedenen Zonen im Ordner „National Grids" unter „Predefined\Projected Coordinate Systems\National Grids" zu finden und **nicht** im Ordner „Gauss Kruger". Je nach gewünschtem Meridianstreifen muss hier z. B. „Germany Zone 3" (entspricht 9°) ausgewählt werden.

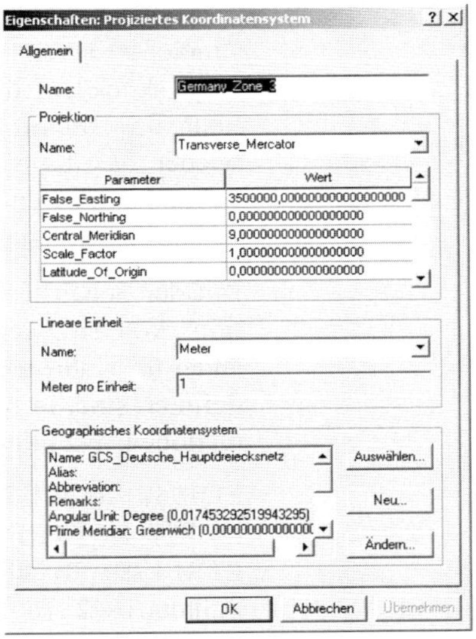

Anzumerken ist an dieser Stelle, dass hier auch eigene, in ArcGIS nicht vorhandene geografische und projizierte Koordinatensysteme unter Eingabe der entsprechenden Parameter mit der Schaltfläche „Neu" definiert werden können.

Unter „Ändern" können der Name sowie die einzelnen Parameter der gewählten Projektion angesehen und auch verändert werden. Es wird darüber hinaus angezeigt, dass diesem projizierten Koordinatensystem das geografische System „DHDN", das für Deutschland gültig ist, zugrunde liegt.

Jetzt kann das zuvor definierte Shapefile, dessen Koordinaten transformiert und projiziert werden sollen, mit der Schaltfläche „Daten hinzufügen" in den Datenrahmen eingefügt werden. Beim Einlesen eines Layers, dem als geografisches Koordinatensystem nicht das „DHDN" zugrunde liegt, sondern z. B. „GCS_WGS84" (Shapefile mit GPS-Ergebnissen, Koordinatensystem in ArcCatalog zugewiesen), erscheint eine Warnmeldung. ArcMap erkennt also, dass zwei verschiedene geografische Koordinatensysteme definiert sind, bzw. dass das System des eingelesenen Layers nicht zu der Projektion passt. Klickt man auf „OK", werden die Daten trotzdem eingelesen und auch projiziert, aber nicht transformiert, d. h. das Ergebnis ist ***falsch***! Wird ein Layer mit dem geografischen System

„DHDN“ eingelesen, erscheint die Meldung nicht, auch wenn der Datenrahmen auf „Germany_Zone3“ eingestellt ist.

10.2.3 Transformation zwischen geografischen Koordinatensystemen

Theoretisch ist ArcGIS in der Lage, auch Transformationen „on the fly“ durchzuführen. Das geschieht allerdings nicht ganz automatisch, sondern es sind zusätzliche Angaben erforderlich. Darauf wird mit der oben beschriebenen Warnmeldung hingewiesen, wenn die beteiligten geografischen Koordinatensysteme nicht übereinstimmen. Bei der Transformation ist also ein Zwischenschritt erforderlich, der vom Anwender gesondert ausgeführt werden muss. Die Transformation der geografischen Koordinatensysteme, d. h. die Datumstransformation – in diesem Beispiel vom „WGS84“ ins „DHDN“ –, wird folgendermaßen durchgeführt:

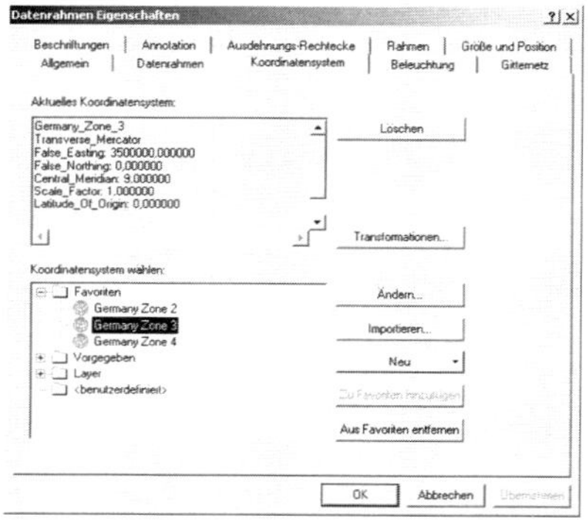

Zunächst rufen Sie mit einem Rechtsklick auf den Datenrahmen über das Menü „Eigenschaften“ wieder das Eigenschaften-Fenster auf und aktivieren hier das Register „Koordinatensystem“.

Mit der Schaltfläche „Transformation“ können zwei Systeme ineinander überführt werden, wenn zwei unterschiedliche Koordinatensysteme definiert sind. In ArcGIS 8.2 gibt es insgesamt 445 vordefinierte Transformationen. Wichtige Beispiele sind:

ED1950_To_WGS1984
DHDN_To_ETRF1989
ETRF1989_To_WGS1984
Pulkovo1942_To_ETRF1989
Pulkovo1942_To_WGS1984

In diesem Beispiel ist der Datenrahmen auf „DHDN“ bzw. „Germany Zone 3“ eingestellt. Ein Layer im „WGS84-System“ wurde dazu geladen. Mit einem Klick auf „Transformation“ erscheint folgendes Fenster:

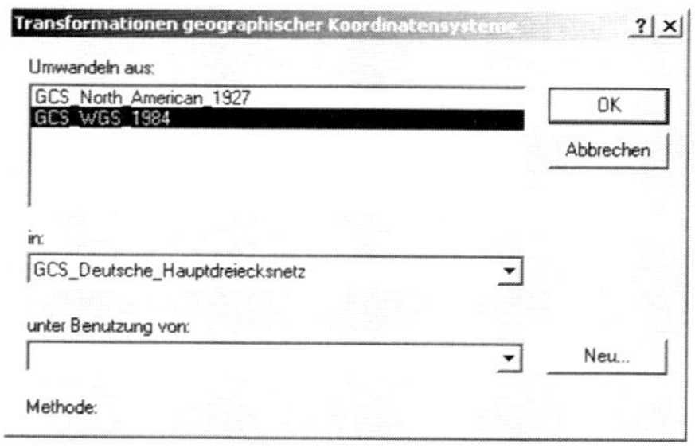

Hier sollen Koordinaten vom WGS84-System in das Deutsche Hauptdreiecksnetz (DHDN, Bessel) transformiert werden, das der Gauß-Krüger-Projektion zugrunde liegt. Wählen Sie entsprechend aus.

Für diese Transformation gibt es in ArcGIS keine vordefinierte, so dass eine eigene definiert werden muss. Je nach gewählter Methode kann eine Drei- bzw. Sieben-Parameter-Transformation durchgeführt werden. Mit einem Klick auf die Schaltfläche „Neu“ definieren Sie eine neue Transformation mit der gewünschten Methode und den entsprechenden Parametern. Hierzu öffnen Sie das Fenster „Neue geografische Transformation“.

Datumstransformation mit drei Parametern

Bei der hier dargestellten Molodensky-Methode werden nur drei Parameter verwendet, nämlich die drei Translationen in X-, Y- und Z-Richtung. Zu beachten ist, dass bei einer Transformation vom WGS84 ins DHDN alle drei Parameter mit negativem Vorzeichen eingegeben werden müssen. Bei einer umgekehrten Transformation müssten alle positiv sein. Statt der Molodensky-Methode kann auch die Methode „Geocentric Translation“ mit den selben Parametern verwendet werden. Die drei Parameter sind global und gelten für ganz Deutschland.

dX = -587m, dY = -16m, dZ = -393m

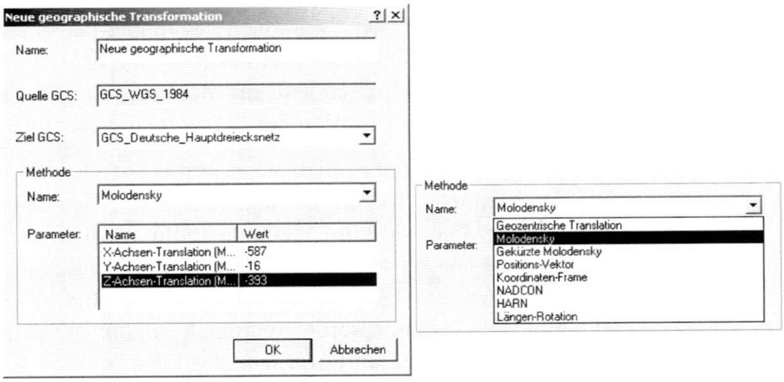

Datumstransformation mit sieben Parametern

Die Transformation wird genauer, wenn zusätzlich zu den Translationen auch die Rotationen um die drei Achsen und der Maßstabsfaktor berücksichtigt werden. Auch hier muss die Transformationsrichtung beachtet werden. In ArcGIS ist es möglich, diese sieben Parameter bei der Methode „Koordinaten-Frame“ einzugeben. Dabei werden die Translationen wieder in Meter (m), die Rotationen in Bogensekunden (") und der Maßstab in „ppm“ (parts per million) angegeben. Achten Sie unbedingt auf die Vorzeichen! Auch hierbei handelt es sich um globale Parameter, die für ganz Deutschland gültig sind.

DX = -582m	rotX = 1,04"	m = -8,3ppm
DY = -105m	rotY = 0,35"	
DZ = -414m	rotZ = -3,08"	

Wichtig ist, dass hier das jeweils gültige Dezimalzeichen (Punkt oder Komma) verwendet wird.

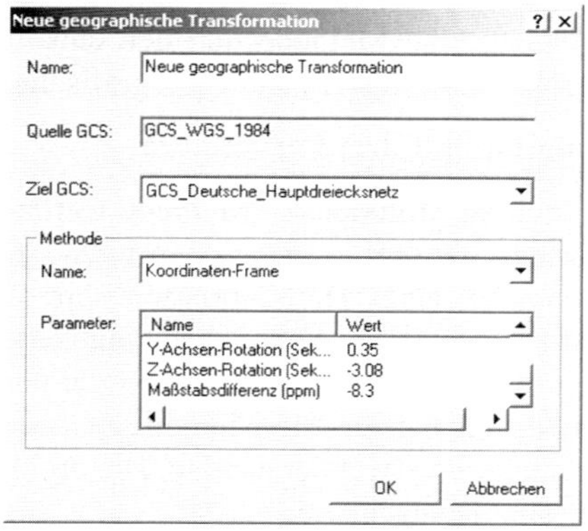

Es ist auch möglich, eine Sieben-Parameter-Transformation mit der Methode „Position Vektor“ durchzuführen. Dabei ist allerdings zu beachten, dass die Vorzeichen der Rotationen gegenüber der obigen Variante umgedreht werden müssen, d. h. die Rotationen um die X- und Y-Achse bekommen ein negatives Vorzeichen, die Rotation um die Z-Achse ist positiv. Das hängt mit der Definition der Drehwinkel zusammen.

Der Genauigkeitsunterschied zwischen einer Drei-Parameter- und einer Sieben-Parameter-Transformation liegt in der Größenordnung von wenigen Metern. Die gewählte Methode sollte also von der gewünschten Genauigkeit abhängig gemacht werden. Zur Genauigkeitssteigerung sollten für das jeweilige Gebiet gültige lokale Parameter verwendet werden. Wichtig ist, dass die Koordinatentransformationen nur für die Darstellung in ArcMap durchgeführt werden; die tatsächlichen Koordinaten in den zugehörigen Tabellen (GPS-Tabelle) werden nicht verändert.

Die Durchführung der Transformation vom WGS84 in das DHDN kann mit einem Trick so vereinfacht werden, dass die Eingabe von Transformationsparametern nicht mehr erforderlich ist. Wie bereits erwähnt, ist die Transformation vom ETRF89 in das DHDN (und umgekehrt) in ArcGIS vordefiniert. Da das ETRF89 dem WGS84 genau genug entspricht, müssen in der jeweiligen *.PRJ-Datei nur das geografische Koordinatensystem und das Datum namentlich von WGS_1984 durch ETRF_1989 ersetzt werden. An den Parametern ändert sich nichts. Wird dann eine entsprechende Transformation durchgeführt, erscheint in dem Dialogfenster die vordefinierte Transformation DHDN_To_ETRF1989, wobei die Transformationsrichtung automatisch berücksichtigt wird. (aus arcaktuell 02/2002).

Datumstransformation mit der ArcToolbox

Zur Transformation von geografischen Koordinatensystemen mit der ArcToolbox starten Sie den Assistenten für die Projektion von Shapefiles und Geodatabase-Feature-Classes unter „Projektionen“.

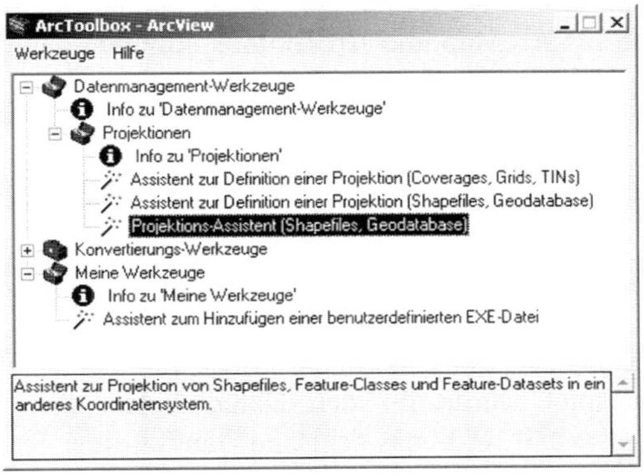

In den erscheinenden Menüs müssen zunächst das Quell- und Zielkoordinatensystem ausgewählt werden. Schließlich erscheint das selbe Transformationsfenster wie bei ArcMap, mit dem entscheidenden Unterschied, dass hier zwei aufeinander folgende Transformationen ausgeführt werden können. Die Transformation vom WGS84 in das DHDN ist so völlig ohne Eingabe von Transformationsparametern möglich, was für den Anwender eine wesentliche Vereinfachung darstellt. Im ersten Schritt wird dabei eine Art „Dummy-Transformation“ vom WGS84 ins ETRF89 verwendet. Da diese Systeme innerhalb der Definitionsgenauigkeit übereinstimmen, sind die Transformationsparameter alle Null. Aber die Transformation vom ETRF89 ins DHDN ist, wie bereits beschrieben, in ArcGIS vordefiniert und erscheint dann im zweiten Schritt automatisch.

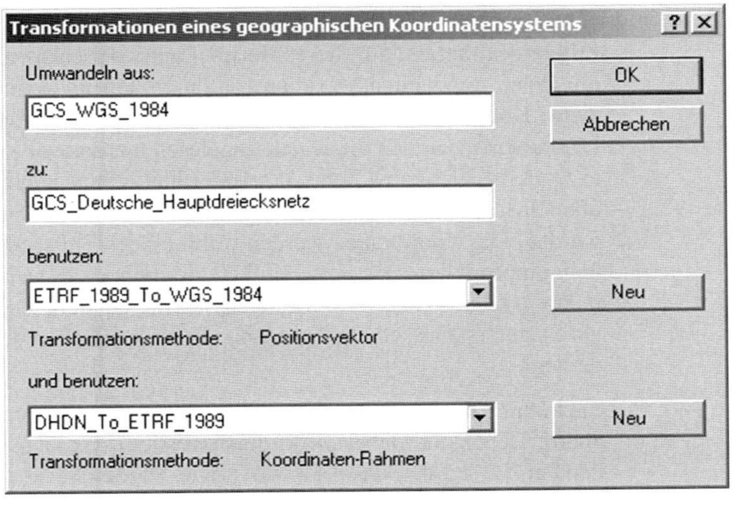

Wichtig ist hierbei, dass die jeweilige Transformationsrichtung automatisch berücksichtigt wird.

Es ist natürlich, wie bei ArcMap, auch die Definition eigener Transformationen unter Eingabe der erforderlichen Parameter möglich. Dabei muss in der Toolbox allerdings immer der Dezimalpunkt verwendet werden. Die Ergebnisse aus ArcMap und ArcToolbox stimmen dann exakt überein.

10.2.4 Projektion in die Gauß-Krüger-Ebene

Ihnen ist sicherlich aufgefallen, dass bisher nur die Transformation zwischen geografischen Koordinatensystemen beschrieben wurde. Das ist auch der für den Anwender kompliziertere Teil, da hier zusätzliche Angaben erforderlich sind. Sind die geografischen Koordinatensysteme richtig definiert bzw. werden die Transformationen richtig ausgeführt, wird die entsprechende Projektion in die Ebene automatisch ausgeführt. In dem obigen Beispiel wurde für den Datenrahmen das projizierte System „Germany Zone 3", d. h. das deutsche Gauß-Krüger-System definiert. Die entsprechenden Koordinaten mit den bekannten Kennziffern 35 und 57 werden in ArcMap unten in der Statusleiste angezeigt. Der eingeladene Layer wurde von dem geografischen Koordinatensystem WGS84 in das geografische System DHDN transformiert, und die in dem Layer enthaltenen Punkte, Linien oder Polygone werden ebenfalls in den entsprechenden Gauß-Krüger-Koordinaten angezeigt.

Transformation und Projektion erfolgen nur für die Darstellung in ArcMap. Die Koordinaten in den zugehörigen Tabellen liegen weiterhin im ursprünglichen Koordinatensystem vor, z. B. WGS84 bei GPS-Ergebnissen. Deshalb ist es auch möglich, beliebig viele verschiedene Transformationen mit unterschiedlichen Parametern durchzuführen.

Auch eine Umprojektion von Daten, z. B. für Gauß-Krüger-Koordinaten vom zweiten Meridianstreifen in den dritten, ist mit ArcGIS ohne große Probleme möglich. Für dieses Beispiel muss der entsprechenden Datei, die die Daten im zweiten Meridianstreifen enthält, mit ArcCatalog das projizierte Koordinatensystem „Germany Zone 2" zugewiesen werden. Dem Datenrahmen, in den die Datei eingelesen werden soll, wird das projizierte System „Germany Zone 3" zugeordnet. Dann kann der Datenrahmen über die Schaltfläche „Daten hinzufügen" mit der Datei vervollständigt werden. Die Koordinaten werden während des Einlesens in den Datenrahmen umprojiziert. Das ist so einfach möglich, da es sich bei beiden Systemen um Gauß-Krüger-Koordinatensysteme handelt, also beiden projizierten Systemen das selbe geografische System, nämlich das DHDN, zugrunde liegt.

Sie können die projizierten Daten mit folgendem Menü als Shapefile speichern. Geben Sie dabei „Koordinatensystem des Datenrahmens verwenden" an.

ArcMap-Kontextmenü: Layer
Daten:
Daten exportieren

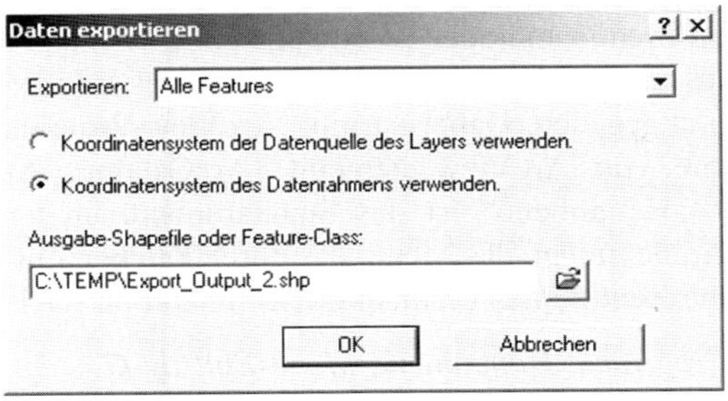

10.2.5 Literaturverzeichnis

Bauer, M. (1994): Vermessung und Ortung mit Satelliten, 3. Auflage, Wichmann, 1994

Flacke, W.: Datumstransformationen, Projection On-the-Fly und Koordinatensysteme, arcaktuell 02/2002

Großmann, W. (1976): Geodätische Rechnungen und Abbildungen, 3. Auflage, Stuttgart, 1976

Hake, G.; Grünreich, D. (1994): Kartographie, 7.Auflage, de Gruyter, Berlin-New York, 1994

Ihde, J.; Lindstrot, W. (1995): Datumstransformation zwischen den Bezugssystemen ETRF/WGS, DHDN und System 42, Zeitschrift für Vermessungswesen 4/1995, S. 192-196, 1995

Seeber, G. (1989): Satellitengeodäsie, Berlin, 1989

Torge, W. (1980): Geodäsie, Berlin-New York, 1980

Wilhelmy, H. (1996): Kartographie in Stichworten, Hirts Stichwortbücher, 6. Auflage, 1996

Anhang A: Funktionsübersicht ArcView 8

Dieser Anhang gibt für die wichtigsten ArcView-Funktionen die anzuwählenden Menüs und/oder Werkzeuge an. Das entsprechende Menü, das für die Ausführung der Funktion zuständig ist, wird jeweils in nachfolgender Form angegeben. Dabei ist mit „ArcView-Programm" eines der drei Programme von ArcView gemeint (ArcCatalog, ArcMap oder ArcToolbox). „Hauptmenü" ist das Standardmenü in dem jeweiligen Programm, Kontextmenü das Menü, das durch Klicken mit der rechten Maustaste auf ein bestimmtes Element der Benutzeroberfläche aufgerufen wird.

ArcViewProgramm-Hauptmenü: Menü-Eintrag (Tastenkombination)

ArcViewProgramm-Kontextmenü auf...: Menü-Eintrag (Tastenkombination)

ArcViewProgramm-Werkzeugleiste: „Werkzeugleiste": Werkzeug

Beispiele:

Starten des Visual Basic Editors
ArcMap-Hauptmenü: Werkzeuge: Makros: VisualBasicEditor (Alt+ F11)

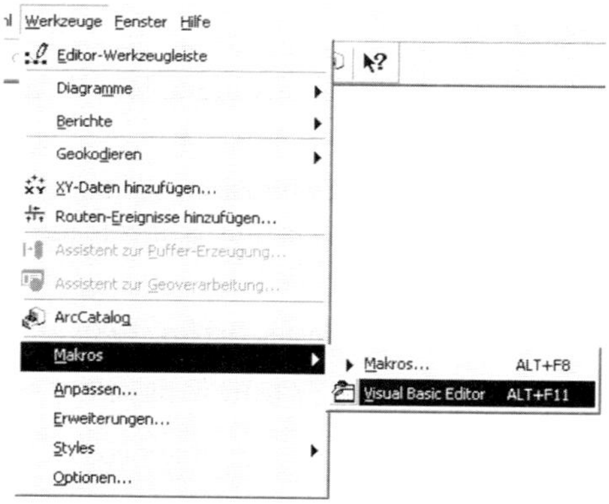

Anpassen der Benutzeroberfläche in ArcMap
ArcMap-Kontextmenü auf eine Werkzeugleiste: Anpassen...

Anpassen der Benutzeroberfläche im ArcCatalog
ArcCatalog-Kontextmenü auf eine Werkzeugleiste: Anpassen...

Layer in einen Datenrahmen laden
ArcMap-Werkzeugleiste „Standard": Werkzeug „Daten hinzufügen"
ArcMap-Kontextmenü auf einen Datenrahmen: Daten hinzufügen

Die folgende Liste ist eine Übersicht für diesen Abschnitt. Die Seitenangabe verweist auf einen Passus in diesem Anhang.

Allgemeine Funktionen ArcCatalog

Neuen Ordner erstellen
ArcCatalog-Hauptmenü: Datei: Zum Ordner verbinden...

Geometrie ansehen
ArcCatalog-Inhaltsverzeichnis (Datensatz markieren): Register Vorschau: Geographie

Sachdaten (Tabelle) ansehen
ArcCatalog-Inhaltsverzeichnis (Datensatz markieren): Register Vorschau: Tabelle

Metadaten ansehen
ArcCatalog-Inhaltsverzeichnis (Datensatz markieren): Register Metadaten

Metadaten bearbeiten
ArcCatalog-Werkzeugleiste „Metadaten“

Eigenschaften der Metadaten
ArcCatalog-Hauptmenü: Werkzeuge: Optionen...: Register Metadaten

Vorschaubild erstellen
ArcCatalog-Werkzeugleiste „Geographie“: Vorschaubild erstellen

Daten suchen
ArcCatalog-Hauptmenü: Bearbeiten: Suchen...

Verzeichnisse aktualisieren
ArcCatalog-Hauptmenü: Ansicht: Aktualisieren (F5)

Inhaltsverzeichnis ein- / ausblenden
ArcCatalog-Hauptmenü: Ansicht: Katalog-Inhaltsverzeichnis

Statusleiste ein- / ausblenden
ArcCatalog-Hauptmenü: Ansicht: Statusleiste

Werkzeugleisten ein- / ausblenden
ArcCatalog-Hauptmenü: Ansicht: Werkzeugleisten

Erweiterungen zu- / abschalten
ArcCatalog-Hauptmenü: Werkzeuge: Erweiterungen...

Datentypen zuschalten, die angezeigt werden sollen
ArcCatalog-Hauptmenü: Werkzeuge: Optionen...: Register Allgemein (Datentypen)

Eigenschaften von Rasterdaten
ArcCatalog-Hauptmenü: Werkzeuge: Optionen...: Register Raster

Pyramiden für Rasterdaten erzeugen
ArcCatalog-Kontextmenü auf Raster: Pyramiden erzeugen

Eigenschaften für Pyramidenberechnung
ArcCatalog-Hauptmenü: Werkzeuge: Optionen: Rasterdaten

Neue Personal Geodatabase erzeugen
ArcCatalog-Kontextmenü auf Verzeichnis: Neu: Personal-Geodatabase

Neues Shapefile erzeugen
ArcCatalog-Kontextmenü auf Verzeichnis: Neu: Shapefile...

Eigenschaften eines Shapefiles
ArcCatalog-Kontextmenü auf Shapefile: Eigenschaften...

Koordinatensystem für einen Datensatz (Shapefile) definieren
ArcCatalog-Kontextmenü auf Shapefile: Eigenschaften: Register Felder: Feldnamen-Shape markieren: Raumbezug unter Feldeigenschaften

Neuen Layer erzeugen
ArcCatalog-Kontextmenü auf Verzeichnis: Neu: Layer...

Eigenschaften eines Layers
ArcCatalog-Kontextmenü auf Layer: Eigenschaften...

Allgemeine Funktionen ArcMap

Werkzeugleisten öffnen / schließen
ArcMap-Hauptmenü: Ansicht: Werkzeugleisten

Umschalten Daten- / Layout-Ansicht
ArcMap-Hauptmenü: Ansicht: Daten- / Layout-Ansicht

Lesezeichen erstellen / verwalten
ArcMap-Hauptmenü: Ansicht: Lesezeichen

Inhaltsverzeichnis zu- / abschalten
ArcMap-Hauptmenü: Ansicht: Inhaltsverzeichnis

Statusleiste zu- / abschalten
ArcMap-Hauptmenü: Ansicht: Statusleiste

Bildlaufleiste zu- / abschalten
ArcMap-Hauptmenü: Ansicht: Bildlaufleiste

Diagramme erstellen
ArcMap-Hauptmenü: Werkzeuge: Diagramme: Erstellen...

Berichte erstellen
ArcMap-Hauptmenü: Werkzeuge: Berichte: Bericht erstellen...

Daten geokodieren
ArcMap-Hauptmenü: Werkzeuge: Geokodieren: Adressen geokodieren...

Benutzeroberfläche anpassen
ArcMap-Hauptmenü: Werkzeuge: Anpassen...

Erweiterungen zuladen
ArcMap-Hauptmenü: Werkzeuge: Erweiterungen...

Puffer erstellen
ArcMap-Hauptmenü: Werkzeuge: Assistent zur Puffer-Erzeugung...

Geoverarbeitung (Layer zusammenführen, Verschneidung...)
ArcMap-Hauptmenü: Werkzeuge: Assistent zur Geoverarbeitung...

Übersichtsfenster öffnen
ArcMap-Hauptmenü: Fenster: Übersicht...

Startdialog anzeigen
ArcMap-Hauptmenü: Werkzeuge: Optionen...: Register Anwendung

Assistenten anzeigen
ArcMap-Hauptmenü: Werkzeuge: Optionen...: Register Anwendung

Eigenschaften Daten-Ansicht
ArcMap-Hauptmenü: Werkzeuge: Optionen...: Register Daten-Ansicht

Eigenschaften Layout-Ansicht
ArcMap-Hauptmenü: Werkzeuge: Optionen...: Register Layout-Ansicht

Eigenschaften Tabellen
ArcMap-Hauptmenü: Werkzeuge: Optionen...: Register Tabellen

Eigenschaften Inhaltsverzeichnis
ArcMap-Hauptmenü: Werkzeuge: Optionen...: Register Inhaltsverzeichnis

Eigenschaften Rasterdaten
ArcMap-Hauptmenü: Werkzeuge: Optionen...: Register Raster

Allgemeine Funktionen ArcToolbox

Werkzeug-Set ein- / ausschalten
ArcToolbox-Hauptmenü: Werkzeuge: Optionen...

Werkzeuge suchen
ArcToolbox-Hauptmenü: Werkzeuge: Suchen...

Werkzeug in ein persönliches Werkzeug-Set verschieben
ArcToolbox-Kontextmenü auf Werkzeug: Senden an

Eine neues eigenes, persönliches Werkzeug-Set erstellen
ArcToolbox-Kontextmenü auf „Meine Werkzeuge": Werkzeug-Set hinzufügen...

Einen Assistenten starten (vorher markieren)
ArcToolbox-Menü: Werkzeuge: Öffnen

Einen Assistenten starten mit der rechten Maustaste
ArcToolbox-Kontextmenü auf Assistent: Öffnen

EXE-Datei (Programm) in die ArcToolbox einbinden
Werkzeug-Set „Meine Werkzeuge": Assistent zum Hinzufügen einer benutzerdefinierten EXE-Datei

Einem Shapefile (Geodatabase) ein Koordinatensystem zuweisen
Werkzeug-Set „Projektionen": Assistent zur Definition einer Projektion

Shapefile (Geodatabase) – Projektion (Koordinatensystem) wechseln
Werkzeug-Set „Projektionen": Projektions-Assistent

Export und Import von Daten (Shapes, Geodatabases, DXF, usw.)
Werkzeug-Set „Konvertierungs-Werkzeuge"

ArcMap-Dokument

ArcMap-Dokument öffnen
ArcMap-Hauptmenü: Datei: Öffnen...

ArcMap-Dokument speichern / speichern unter ...
ArcMap-Hauptmenü: Datei: Speichern / Speichern unter...

ArcMap-Dokument neu erstellen
ArcMap-Hauptmenü: Datei: Neu...

ArcMap-Dokument drucken
ArcMap-Hauptmenü: Datei: Drucken...

Seite einrichten
ArcMap-Hauptmenü: Datei: Seite einrichten...

Eigenschaften einstellen
ArcMap-Hauptmenü: Datei: Karteneigenschaften...

Relative / Absolute Pfade für ArcMap-Dokument einstellen
ArcMap-Hauptmenü: Datei: Karteneigenschaften...: Datenquellen-Optionen...

ArcMap-Dokument in eine Grafik exportieren
ArcMap-Hauptmenü: Datei: Karte exportieren...

Anpassen der Benutzeroberfläche

Anpassung starten (über Kontextmenü)
ArcMap-Kontextmenü auf leere Stelle einer Werkzeugleiste: Anpassen...

Anpassung starten (über Hauptmenü)
ArcMap-Hauptmenü: Werkzeuge: Anpassen...

Befehl in die Benutzeroberfläche einfügen
ArcMap-Hauptmenü: Werkzeuge: Anpassen...: Register Befehle

Tastenkombination für einen Befehl festlegen
ArcMap-Hauptmenü: Werkzeuge: Anpassen...: Register Befehle: Tastatur...

Große Symbole für Werkzeuge einschalten
ArcMap-Hauptmenü: Werkzeuge: Anpassen...: Register Optionen

Tooltips für Werkzeuge ein- / ausschalten
ArcMap-Hauptmenü: Werkzeuge: Anpassen...: Register Optionen

Anpassung sperren
ArcMap-Hauptmenü: Werkzeuge: Anpassen...: Optionen: Anpassung sperren...

Neue Werkzeugleiste erstellen / umbenennen / löschen
ArcMap-Hauptmenü: Werkzeuge: Anpassen...: Register Werkzeugleisten

Neues Menü erstellen
ArcMap-Hauptmenü: Werkzeuge: Anpassen...: Register Befehle: Neues Menü

Neues Werkzeug erstellen
ArcMap-Hauptmenü: Werkzeuge: Anpassen...: Register Befehle: unter Kategorien:UIControls

Makros erstellen
ArcMap-Hauptmenü: Werkzeuge: Makros: Makros...

Visual Basic (VBA) starten
ArcMap-Hauptmenü: Werkzeuge: Makros: Visual Basic Editor

ArcView 3.x-Projekt importieren

ArcView 3.x-Projekt (*.apr) nach ArcView 8 einlesen
ArcMap-Hauptmenü: Datei: Aus einem ArcView-Projekt importieren...

Beschriftung von Objekten

Objekte beschriften (ein- / ausschalten)
ArcMap-Kontextmenü auf Layer: Features beschriften

Beschriftung zur Bearbeitung in Annotation umwandeln
ArcMap-Kontextmenü auf Layer: Beschriftungen zu Annotation konvertieren...

Feld für Beschriftung einstellen
ArcMap-Kontextmenü auf Layer: Eigenschaften...: Register Beschriftungen: Beschriftungs-Feld

Maßstabsbereich für Beschriftungen einstellen
ArcMap-Kontextmenü auf Layer: Eigenschaften...: Register Beschriftungen: Maßstabsbereich...

Beschriftungs-Style einstellen
ArcMap-Kontextmenü auf Layer: Eigenschaften...: Register Beschriftungen: Beschriftungs-Styles...

Beschriftungsplatzierungen
ArcMap-Kontextmenü auf Layer: Eigenschaften...: Register Beschriftungen: Beschriftungs-Platzierungs-Optionen...

Beschriftungsmethode einstellen
ArcMap-Kontextmenü auf Layer: Eigenschaften...: Register Beschriftungen: Methode

Beschriftungsreihenfolge (Priorität)
ArcMap-Kontextmenü auf Datenrahmen: Eigenschaften...: Register Beschriftungen: Beschriftungs-Priorität

Konflikterkennung für Beschriftung
ArcMap-Kontextmenü auf Datenrahmen: Eigenschaften...: Register Beschriftungen: Regeln-Konflikterkennung...

Datenrahmen

Neuen Datenrahmen erstellen
ArcMap-Hauptmenü: Einfügen: Datenrahmen

Datenrahmen löschen
ArcMap-Kontextmenü auf Datenrahmen: Entfernen

Datenrahmen aktivieren
ArcMap-Kontextmenü auf Datenrahmen: Aktivieren

Datenrahmen drehen
ArcMap-Werkzeugleiste „Datenrahmen-Werkzeuge“

Eigenschaften Datenrahmen
ArcMap-Kontextmenü auf Datenrahmen: Eigenschaften...

Bezugsmaßstab an aktueller Ausdehnung festlegen / löschen / zoomen
ArcMap-Kontextmenü auf Datenrahmen: Bezugsmaßstab festlegen / löschen / Auf Bezugsmaßstab zoomen

Bezugsmaßstab als Zahlenwert festlegen
ArcMap-Kontextmenü auf Datenrahmen: Eigenschaften...: Register Allgemein

Karten- und Anzeigeeinheiten festlegen
ArcMap-Kontextmenü auf Datenrahmen: Eigenschaften...: Register Allgemein

Name Datenrahmen ändern
ArcMap-Kontextmenü auf Datenrahmen: Eigenschaften...: Register Allgemein

Maßstab festlegen
ArcMap-Kontextmenü auf Datenrahmen: Eigenschaften: Register Datenrahmen

Koordinatensystem (Projektion) für den Datenrahmen festlegen
ArcMap-Kontextmenü auf Datenrahmen: Eigenschaften...: Register Koordinatensystem

Gitternetz für Datenrahmen erstellen
ArcMap-Kontextmenü auf Datenrahmen: Eigenschaften...: Register Gitternetz

Größe und Position Datenrahmen festlegen
ArcMap-Kontextmenü auf Datenrahmen: Eigenschaften...: Register Größe und Position

Umrandung für Datenrahmen erstellen
ArcMap-Kontextmenü auf Datenrahmen: Eigenschaften...: Register Rahmen

Geodatabases

Neue Personal Geodatabase erstellen
ArcCatalog-Kontextmenü auf Verzeichnis: Neu: Personal-Geodatabase
ArcCatalog-Hauptmenü: Datei: Neu: Personal-Geodatabase

Neues Feature-Dataset in Geodatabase erstellen
ArcCatalog-Kontextmenü auf Geodatabase: Neu: Feature-Dataset...

Neue Feature-Class in Geodatabase erstellen
ArcCatalog-Kontextmenü auf Geodatabase: Neu: Feature-Class...

Neue Tabelle in Geodatabase erstellen
ArcCatalog-Kontextmenü auf Geodatabase: Neu: Tabelle...

Geodatabase Feature-Class in Shapefile exportieren
ArcCatalog-Kontextmenü auf Feature-Class: Exportieren: Geodatabase zu Shapefile...

Shapefile in Geodatabase Feature-Class exportieren
ArcCatalog-Kontextmenü auf Shapefile: Exportieren: „Shapefile zu Geodatabase"-Assistent...

Coverage in Geodatabase Feature-Class exportieren
ArcCatalog-Kontextmenü auf Coverage: Exportieren: „Coverage zu Geodatabase"-Assistent...

Verschiedene Import- und Export-Werkzeuge
ArcToolbox: Konvertierungs-Werkzeuge

Eigenschaften einer Geodatabase
ArcCatalog-Kontextmenü auf Geodatabase: Eigenschaften...

Geodatabase komprimieren (defragmentieren)
ArcCatalog-Kontextmenü auf Geodatabase: Datenbank komprimieren

Georeferenzierung

Georeferenzierung starten
ArcMap-Werkzeugleiste „Georeferenzierung"

Kontrollpunkte setzen
ArcMap-Werkzeugleiste „Georeferenzierung": Werkzeug „Kontrollpunkte hinzufügen"

Kontrollpunkte ansehen und bearbeiten
ArcMap-Werkzeugleiste „Georeferenzierung": Werkzeug „Link-Tabelle anzeigen"

Kontrollpunkte löschen (mit Menüeintrag)
ArcMap-Werkzeugleiste „Georeferenzierung": Georeferenzierung: Kontrollpunkte löschen

Kontrollpunkte löschen (mit Schaltfläche)
ArcMap-Werkzeugleiste „Georeferenzierung": Werkzeug „Link-Tabelle anzeigen": Schaltfläche „Löschen"

Georeferenzierungsmethode einstellen
ArcMap-Werkzeugleiste „Georeferenzierung": Georeferenzierung: Transformation

Rasterdaten auf Referenzlayer anpassen (zoomen)
ArcMap-Werkzeugleiste „Georeferenzierung": Georeferenzierung: Auf Anzeige einpassen

Georeferenziertes Raster neu speichern
ArcMap-Werkzeugleiste „Georeferenzierung": Georeferenzierung: Rektifizieren...

Georeferenzierung zurücksetzen
ArcMap-Werkzeugleiste „Georeferenzierung": Georeferenzierung: Transformation zurücksetzen

Geoverarbeitung und Pufferzonen

Objekte mit Hilfe eines Attributs zusammenfassen
ArcMap-Hauptmenü: Werkzeuge: Assistent zur Geoverarbeitung...: Features zusammenführen (Dissolve)

Mehrere Layer zu einem Layer zusammenführen
ArcMap-Hauptmenü: Werkzeuge: Assistent zur Geoverarbeitung...: Layer zusammenführen (Merge)

Objekte eines Layers mit einem anderen Layer ausschneiden
ArcMap-Hauptmenü: Werkzeuge: Assistent zur Geoverarbeitung...: Einen Layer mit einem anderen ausschneiden (Clip)

Zwei Layer verschneiden (Intersect)
ArcMap-Hauptmenü: Werkzeuge: Assistent zur Geoverarbeitung...: Zwei Layer überschneiden (Intersect)

Zwei Layer überlagern (Union)
ArcMap-Hauptmenü: Werkzeuge: Assistent zur Geoverarbeitung...: Zwei Layer vereinigen (Union)

Pufferzonen um Objekte erzeugen
ArcMap-Hauptmenü: Werkzeuge: Assistent zur Puffer-Erzeugung...

Hilfe für ArcView

ArcGIS Desktop Hilfe aufrufen (von ArcCatalog)
ArcCatalog-Hauptmenü: Hilfe: ArcGIS Desktop Hilfe

ArcGIS Desktop Hilfe aufrufen (von ArcMap)
ArcMap-Hauptmenü: Hilfe: ArcGIS Desktop Hilfe

ArcGIS Desktop Hilfe aufrufen (von ArcToolbox)
ArcToolbox-Hauptmenü: Hilfe: ArcGIS Desktop Hilfe

ArcView Kontexthilfe anzeigen
ArcMap(ArcCatalog)-Hauptmenü: Hilfe: Direkthilfe

ArcView Programm-Version anzeigen
ArcMap-Hauptmenü: Hilfe: Über ArcMap...

Werkzeug in der ArcToolbox suchen
ArcToolbox-Hauptmenü: Werkzeuge: Suchen...

ToolTips ein- / ausschalten (ArcMap oder ArcCatalog)
ArcMap(ArcCatalog)-Hauptmenü: Werkzeuge: Anpassen...: Register Optionen

Hyperlinks

Hyperlinks aufrufen
ArcMap-Werkzeugleiste „Werkzeuge": Werkzeug „Hyperlinks"

Dynamische Hyperlinks definieren / verwalten / entfernen
ArcMap-Werkzeugleiste „Werkzeuge": Werkzeug „Identifizieren": Auf ein Objekt klicken: Kontextmenü auf die Objektbezeichnung im Abfragefenster

Feldbasierte Hyperlinks einstellen
ArcMap-Kontextmenü auf Layer: Eigenschaften...: Register Anzeigen

Basis für Hyperlinks setzen
ArcMap-Hauptmenü: Datei: Karteneigenschaften...

Layer

Layer in ArcMap einladen
ArcMap-Hauptmenü: Datei: Daten hinzufügen...

Auf Layergröße zoomen
ArcMap-Kontextmenü auf Layer: Auf Layer zoomen

Gruppenlayer erstellen
ArcMap-Kontextmenü auf Datenrahmen: Neuer Gruppen-Layer

Layer kopieren / entfernen
ArcMap-Kontextmenü auf Layer: Kopieren / entfernen

Eine Tabelle an die Attributtabelle des Layers anhängen
ArcMap-Kontextmenü auf Layer: Verbindungen und Beziehungen: Verbinden...

Auswahlfunktionen für einen bestimmten Layer
ArcMap-Kontextmenü auf Layer: Auswahl

Objekte eines Layers beschriften
ArcMap-Kontextmenü auf Layer: Features beschriften

Objekte eines Layers in eine Shapedatei exportieren
ArcMap-Kontextmenü auf Layer: Daten: Daten exportieren...

Objekte eines Layers in Grafiken umwandeln
ArcMap-Kontextmenü auf Layer: Features zu Grafik umwandeln...

Sichtbaren Maßstabsbereich an aktueller Ausdehnung festlegen
ArcMap-Kontextmenü auf Layer: Sichtbarer Maßstabsbereich

Sichtbarer Maßstabsbereich mit Zahlenwerten festlegen
ArcMap-Kontextmenü auf Layer: Eigenschaften...: Register Allgemein

Datenquelle eines Layers neu festlegen
ArcMap-Kontextmenü auf Layer: Eigenschaften...: Register Quelle

Layernamen ändern
ArcMap-Kontextmenü auf Layer: Eigenschaften...: Register Allgemein

Auswahlfarbe für Layer festlegen
ArcMap-Kontextmenü auf Layer: Eigenschaften...: Register Auswahl

Symbole in einem Layer skalieren
ArcMap-Kontextmenü auf Layer: Eigenschaften...: Register Anzeigen

Legende für einen Layer erstellen
ArcMap-Kontextmenü auf Layer: Eigenschaften...: Register Symbologie

Primäranzeigefeld (für MapTips, ID, Beschriftung, ...) einstellen
ArcMap-Kontextmenü auf Layer: Eigenschaften...: Register Felder

Beschriftungseigenschaften für einen Layer einstellen
ArcMap-Kontextmenü auf Layer: Eigenschaften...: Register Beschriftungen

Verbindungen und Beziehungen zu Layer-Attributtabellen
ArcMap-Kontextmenü auf Layer: Eigenschaften...: Register Verbindungen & Beziehungen

Import und Export raumbezogener Daten

Datensatz exportieren im ArcCatalog (z. B. Shape in Geodatabase)
ArcCatalog-Kontextmenü auf Datensatz: Exportieren

Datensatz (ausgewählte Objekte) in Shapefile exportieren
ArcMap-Kontextmenü auf Layer: Daten: Daten exportieren...

Daten in verschiedene Formate importieren / exportieren
ArcToolbox: Konvertierungs-Werkzeuge

Kartenansicht exportieren (EPS, PDF, TIFF, JPEG usw.)
ArcMap-Hauptmenü: Datei: Karte exportieren...

Kartenlayout

Layout-Ansicht einstellen
ArcMap-Hauptmenü: Ansicht: Layout-Ansicht

Layout-Seite einrichten (Seitenformat, Größe...)
ArcMap-Hauptmenü: Datei: Seite einrichten...

Layout (Karte) in die Zwischenablage kopieren
ArcMap-Hauptmenü: Bearbeiten: Karte in die Zwischenablage kopieren

Layout (Karte) drucken
ArcMap-Hauptmenü: Datei: Drucken...

Layout (Karte) exportieren (BMP, TIFF, EPS...)
ArcMap-Hauptmenü: Datei: Karte exportieren...

Bildlaufleisten ein- / ausschalten
ArcMap-Hauptmenü: Ansicht: Bildlaufleiste

Lineale ein- / ausschalten
ArcMap-Hauptmenü: Ansicht: Lineale

Führungslinien ein- / ausschalten
ArcMap-Hauptmenü: Ansicht: Führungslinien

Raster zur Orientierung ein- / ausschalten
ArcMap-Hauptmenü: Ansicht: Raster

Titel einfügen
ArcMap-Hauptmenü: Einfügen: Titel

Text einfügen
ArcMap-Hauptmenü: Einfügen: Text

Legende einfügen
ArcMap-Hauptmenü: Einfügen: Legende...

Kartenrahmen einfügen
ArcMap-Hauptmenü: Einfügen: Kartenrahmen...

Nordpfeil einfügen
ArcMap-Hauptmenü: Einfügen: Nordpfeil...

Maßstabsleiste einfügen
ArcMap-Hauptmenü: Einfügen: Maßstabsleiste...

Maßstabstext einfügen
ArcMap-Hauptmenü: Einfügen: Maßstabstext...

Bild einfügen
ArcMap-Hauptmenü: Einfügen: Bild...

Objekt einfügen
ArcMap-Hauptmenü: Einfügen: Objekt...

Grafiken gruppieren
ArcMap-Werkzeugleiste „Grafiken": Werkzeug „Gruppieren" oder ArcMap-Werkzeugleiste „Zeichnen": Zeichnung: Gruppieren

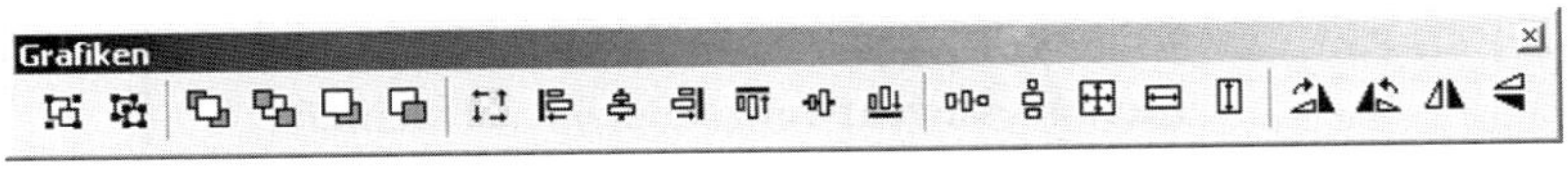

Grafiken-Gruppierung aufheben
ArcMap-Werkzeugleiste „Grafiken": Werkzeug „Gruppierung aufheben" oder ArcMap-Werkzeugleiste „Zeichnen": Zeichnung: Gruppierung aufheben

Grafiken in den Vorder- oder Hintergrund bringen
ArcMap-Werkzeugleiste „Grafiken": Werkzeug „Nach vorne/hinten bringen" oder ArcMap-Werkzeugleiste „Zeichnen": Zeichnung: Reihenfolge

Grafiken ausrichten
ArcMap-Werkzeugleiste „Grafiken": Werkzeug „Ausrichten" oder ArcMap-Werkzeugleiste „Zeichnen": Zeichnung: Ausrichten

Grafiken verteilen
ArcMap-Werkzeugleiste „Grafiken": Werkzeug „Verteilen" oder ArcMap-Werkzeugleiste „Zeichnen": Zeichnung: Verteilen

Grafiken drehen und kippen
ArcMap-Werkzeugleiste „Grafiken": Werkzeug „Drehen und Umdrehen oder ArcMap-Werkzeugleiste „Zeichnen": Zeichnung: Drehen und umdrehen

Grafiken in gleiche Größe bringen
ArcMap-Werkzeugleiste „Grafiken": Werkzeug „In gleiche Größe bringen" oder ArcMap-Werkzeugleiste „Zeichnen": Zeichnung: Verteilen

Standardeinstellungen für die Symbole
ArcMap-Werkzeugleiste „Zeichnen": Zeichnung: Standard-Symboleigenschaften...

Grafiken vereinigen
ArcMap-Werkzeugleiste „Zeichnen": Zeichnung: Grafische Operationen: Vereinigen (Union)

Grafiken-Durchschnitt berechnen
ArcMap-Werkzeugleiste „Zeichnen": Zeichnung: Grafische Operationen: Überschneiden (Intersect)

Grafiken-Überlappung entfernen
ArcMap-Werkzeugleiste „Zeichnen": Zeichnung: Grafische Operationen: Überlappung entfernen

Grafiken subtrahieren
ArcMap-Werkzeugleiste „Zeichnen": Zeichnung: Grafische Operationen: Subtrahieren

Layout-Ansicht vergrößern / verkleinern
ArcMap-Werkzeugleiste „Layout": Werkzeug „Feste Vergrößerung/Verkleinerung"

Layout-Ansicht verschieben
ArcMap-Werkzeugleiste: „Layout": Werkzeug „Bildausschnitt verschieben"

Layout-Ansicht auf volle Ausdehnung zoomen
ArcMap-Werkzeugleiste: „Layout": Werkzeug „Auf gesuchte Seite zoomen"

Layout-Ansicht auf Originalgröße zoomen
ArcMap-Werkzeugleiste: „Layout": Werkzeug „Auf 100% zoomen"

Legenden (Symbologie)

Legenden (Symbologie) erstellen
ArcMap-Kontextmenü auf Layer: Eigenschaften...: Register Symbologie

Punktsymbol mit einem Attributwert drehen
ArcMap-Kontextmenü auf Layer: Eigenschaften...: Register Symbologie: Erweitert: Rotation

Polygonsymbol mit einem Attributwert transparent stellen
ArcMap-Kontextmenü auf Layer: Eigenschaften...: Register Symbologie: Erweitert: Transparenz...

Importieren einer Legende aus einem Layer oder ArcView 3.x
ArcMap-Kontextmenü auf Layer: Eigenschaften...: Register Symbologie: Importieren...

Einzelsymbol-Legende erstellen
ArcMap-Kontextmenü auf Layer: Eigenschaften...: Register Symbologie: unter Darstellung: Features: Einzelsymbol

Einzelwert-Legende erstellen
ArcMap-Kontextmenü auf Layer: Eigenschaften...: Register Symbologie: unter Darstellung: Kategorien: Einzelwerte

Einzelwert-Legende mit mehreren Feldern erstellen
ArcMap-Kontextmenü auf Layer: Eigenschaften...: Register Symbologie: unter Darstellung: Kategorien: Einzelwerte, viele Felder

Legende mit abgestuften Farben erstellen
ArcMap-Kontextmenü auf Layer: Eigenschaften...: Register Symbologie: unter Darstellung: Anzahl: Abgestufte Farben

Legende mit abgestuften Symbolen erstellen
ArcMap-Kontextmenü auf Layer: Eigenschaften...: Register Symbologie: unter Darstellung: Anzahl: Abgestufte Symbole

Legende mit proportionalen Symbolen erstellen
ArcMap-Kontextmenü auf Layer: Eigenschaften...: Register Symbologie: unter Darstellung: Anzahl: Proportionale Symbole

Punktedichte-Legende erstellen
ArcMap-Kontextmenü auf Layer: Eigenschaften...: Register Symbologie: unter Darstellung: Anzahl: Punktdichte

Legende mit Kreis- / Balkendiagrammen erstellen
ArcMap-Kontextmenü auf Layer: Eigenschaften...: Register Symbologie: unter Darstellung: Diagramme

Mehrfachattribut-Legende erstellen
ArcMap-Kontextmenü auf Layer: Eigenschaften...: Register Symbologie: unter Darstellung: Mehrfachattribute

Rasterpyramiden

Pyramiden für einen Rasterdatensatz erzeugen
ArcCatalog-Kontextmenü auf Rasterdatensatz: Pyramiden erzeugen

Feststellen, ob für einen Rasterdatensatz Pyramiden existieren
ArcCatalog-Kontextmenü auf Rasterdaten: Eigenschaften...: Register Allgemein

Allgemeine Einstellungen für die Pyramidenberechnung
ArcCatalog-Hauptmenü: Werkzeuge: Optionen...: Register Raster

Objekte bearbeiten

Bearbeitung der Objekte starten / beenden
ArcMap-Werkzeugleiste „Editor“: Editor: Bearbeitung starten / beenden

Fangumgebung (Snappen) einstellen
ArcMap-Werkzeugleiste „Editor“: Editor: Fangen...

Fangtoleranz einstellen
ArcMap-Werkzeugleiste „Editor“: Editor: Optionen...

Stream-Toleranz einstellen
ArcMap-Werkzeugleiste „Editor“: Editor: Optionen...

Sachdaten bearbeiten
ArcMap-Werkzeugleiste „Editor“: Werkzeug „Attribute“

Neues Objekt erstellen
ArcMap-Werkzeugleiste „Editor“: Neues Feature erstellen

Polygon an ein anderes Polygon anschließen
ArcMap-Werkzeugleiste „Editor“: Polygon automatisch schließen

Objekt verändern (Stützpunkte)
ArcMap-Werkzeugleiste „Editor“: Feature ändern

Objektform verändern
ArcMap-Werkzeugleiste „Editor“: Feature umformen

Polygon-Objekt teilen
ArcMap-Werkzeugleiste „Editor“: Polygon-Features teilen

Objekt bearbeiten
ArcMap-Werkzeugleiste „Editor“: Werkzeug „Editieren“

Auswahl eines Objekts zur Bearbeitung
ArcMap-Werkzeugleiste „Editor“: Werkzeug „Auswahl“

Gemeinsame Grenzen zweier Objekte bearbeiten
ArcMap-Werkzeugleiste „Editor“: Werkzeug „Gemeinsame Bearbeitung"

Linien-Objekte teilen
ArcMap-Werkzeugleiste „Editor“: Werkzeug „Teilen"

Objekte drehen
ArcMap-Werkzeugleiste „Editor“: Werkzeug „Drehen"

Linien-Objekte unterteilen in mehrere Abschnitte
ArcMap-Werkzeugleiste „Editor“: Editor: Unterteilen...

Puffer um Objekte erzeugen
ArcMap-Werkzeugleiste „Editor“: Editor: Puffer...

Objekte parallel erzeugen
ArcMap-Werkzeugleiste „Editor“: Editor: Parallel kopieren...

Ausgewählte Objekte um eine Distanz verschieben
ArcMap-Werkzeugleiste „Editor“: Editor: Verschieben...

Mehrere Objekte zu einem Objekt zusammenführen
ArcMap-Werkzeugleiste „Editor“: Editor: Zusammenführen (Merge)

Mehrere Objekte vereinigen (Verschneiden)
ArcMap-Werkzeugleiste „Editor“: Editor: Vereinigen (Union)

Mehrere Objekte verschneiden (nur Schnittfläche)
ArcMap-Werkzeugleiste „Editor“: Editor: Überschneiden (Intersect)

Sachdaten und Tabellen

Attribut-Tabelle eines Layers öffnen
ArcMap-Kontextmenü auf Layer: Attribut-Tabelle öffnen

Eigenschaften der Attribut-Tabelle eines Layers einstellen
ArcCatalog-Kontextmenü auf Layer: Eigenschaften...: Register Felder

Index eines Tabellenfeldes erstellen / löschen
ArcCatalog-Kontextmenü auf Layer: Eigenschaften...: Register Index

Neues Tabellenfeld hinzufügen in ArcCatalog
ArcCatalog-Vorschau Tabelle: Optionen: Feld hinzufügen...

Neues Tabellenfeld hinzufügen in ArcMap
ArcMap-Kontextmenü auf Layer: Attribut-Tabelle öffnen: Optionen: Feld hinzufügen...

Tabelle exportieren in ArcCatalog
ArcCatalog-Vorschau Tabelle: Optionen: Exportieren...

Tabellenfeld löschen in ArcCatalog
ArcCatalog-Vorschau Tabelle: Kontextmenü auf Feldnamen: Feld löschen

Tabellenfeld löschen in ArcMap
ArcMap-Kontextmenü auf Layer: Attribut-Tabelle öffnen: Kontextmenü auf Feldnamen: Feld löschen

Tabellenfeld sortieren
ArcMap-Kontextmenü auf Layer: Attribut-Tabelle öffnen: Kontextmenü auf Feldnamen: Aufsteigend / Absteigend sortieren

Feldstatistik (Datensätze zusammenfassen)
ArcMap-Kontextmenü auf Layer: Attribut-Tabelle öffnen: Kontextmenü auf Feldnamen: Feldstatistik...

Tabellenwerte berechnen
ArcMap-Kontextmenü auf Layer: Attribut-Tabelle öffnen: Kontextmenü auf Feldnamen: Werte berechnen...

Statistik für ein Tabellenfeld berechnen
ArcMap-Kontextmenü auf Layer: Attribut-Tabelle öffnen: Kontextmenü auf Feldnamen: Statistik...

Tabellenspalten links in der Tabelle fixieren
ArcMap-Kontextmenü auf Layer: Attribut-Tabelle öffnen: Kontextmenü auf Feldnamen: Spalte fixieren

Spaltenfixierung aufheben
ArcMap-Kontextmenü auf Layer: Attributtabelle öffnen: Kontextmenü auf Feldnamen: Fixierung aufheben

Erscheinungsbild der Tabelle ändern
ArcMap-Kontextmenü auf Layer: Attribut-Tabelle öffnen: Optionen: Aussehen...

Diagramm für Tabelle erstellen
ArcMap-Kontextmenü auf Layer: Attribut-Tabelle öffnen: Optionen: Diagramm erstellen...

Auswahl in der Tabelle umkehren / aufheben / alle Datensätze auswählen
ArcMap-Kontextmenü auf Layer: Attribut-Tabelle öffnen: Optionen: Alles auswählen / Auswahl aufheben / Auswahl umkehren

Auswahl von Datensätzen mit Attributen
ArcMap-Kontextmenü auf Layer: Attribut-Tabelle öffnen: Optionen: Nach Attributen auswählen...

Tabellenfelder sichtbar / unsichtbar machen
ArcMap-Kontextmenü auf Layer: Eigenschaften...: Register Felder

Tabellenwerte bearbeiten
ArcMap-Kontextmenü auf Layer: Attribut-Tabelle öffnen und in Werkzeugleiste „Editor": Editor: Bearbeitung starten

Selektion (Auswahl von Objekten)

Interaktive Auswahl (Auswahl mit der Maus)
ArcMap-Werkzeugleiste „Werkzeuge": Werkzeug „Features auswählen"

Objekte nach Attributwerten auswählen
ArcMap-Hauptmenü: Auswahl: Nach Attributen auswählen...

Objekte auswählen, die unter Grafiken liegen
ArcMap-Hauptmenü: Auswahl: Nach Grafik auswählen

Objekt mit der Geometrie anderer Objekte auswählen
ArcMap-Hauptmenü: Auswahl: Lagebezogene Auswahl...

Auswahlmethode für interaktive Auswahl einstellen
ArcMap-Hauptmenü: Auswahl: Interaktive Auswahlmethode

Layer einstellen, aus denen ausgewählt werden soll
ArcMap-Hauptmenü: Auswahl: Auswählbare Layer einstellen...

Auf die selektierten Objekte aller Layer zoomen
ArcMap-Hauptmenü: Auswahl: Auf selektierte Features zoomen

Auf die selektierten Objekte eines bestimmten Layers zoomen
ArcMap-Kontextmenü auf Layer: Auswahl: Auf selektierte Features zoomen

Auswahl aufheben für alle Layer
ArcMap-Hauptmenü: Auswahl: Feature-Auswahl aufheben

Auswahl für einen bestimmten Layer aufheben
ArcMap-Kontextmenü auf Layer: Auswahl: Feature-Auswahl aufheben

Ausgewählte Objekte in ein Shapefile speichern
ArcMap-Kontextmenü auf Layer: Daten: Daten exportieren...

Alle Objekte in einem Layer auswählen
ArcMap-Kontextmenü auf Layer: Auswahl: Alle auswählen

Auswahl umkehren
ArcMap-Kontextmenü auf Layer: Auswahl: Auswahl umkehren

Auswahlsymbol / -farbe für einen bestimmten Layer einstellen
ArcMap-Kontextmenü auf Layer: Eigenschaften...: Register Auswahl

Standardfarbe für die Auswahl einstellen
ArcMap-Hauptmenü: Auswahl: Optionen...

Toleranz für die interaktive Auswahl einstellen
ArcMap-Hauptmenü: Auswahl: Optionen...

Layer mit der aktuellen Auswahl speichern
ArcMap-Hauptmenü: Auswahl: Optionen...

Symbole, Styles und Annotation

Symbol-Auswahl aufrufen
ArcMap-Inhaltsverzeichnis: Klick auf ein Symbol

Neues Symbol erstellen
ArcMap-Inhaltsverzeichnis: Doppelklick auf ein Symbol: Eigenschaften...

Styles hinzuschalten
ArcMap-Hauptmenü: Werkzeuge: Styles: Style Referenzen...

Styles verwalten
ArcMap-Hauptmenü: Werkzeuge: Styles: Style Manager...

Aktuelle Symbole in einen Style exportieren
ArcMap-Hauptmenü: Werkzeuge: Styles: Karten-Styles exportieren...

Annotation ein- / ausschalten
ArcMap-Kontextmenü auf Datenrahmen: Eigenschaften...: Register Annotation-Gruppen: Sichtbarkeit (alles) aus- / einschalten

Annotation-Zuordnung zum Layer ein- / ausschalten
ArcMap-Kontextmenü auf Datenrahmen: Eigenschaften...: Register Annotation-Gruppen: Doppelklick auf eine Annotation-Gruppen

Neues Annotation-Ziel erzeugen / löschen
ArcMap-Werkzeugleiste „Zeichnen": Zeichnung: Neues Annotation-Ziel...

Annotation-Ziel zur Bearbeitung aktiv setzen
ArcMap-Werkzeugleiste „Zeichnen": Zeichnung: Aktives Annotation-Ziel

Koordinatensysteme

Koordinatensystem für den Datenrahmen (Projektion) einstellen
ArcMap-Kontextmenü auf Datenrahmen: Eigenschaften...: Register Koordinatensystem

Koordinatensystem für einen Layer ansehen
ArcMap-Kontextmenü auf Layer: Eigenschaften...: Register Quelle

Koordinatensystem für einen Layer definieren
ArcCatalog-Kontextmenü auf Layer: Eigenschaften...: Register Felder: Feldname „Shape markieren": Raumbezug unter „Feldeigenschaften"

Koordinatensystem für einen Layer definieren (ArcToolbox)
ArcToolbox-Datenmanagement-Werkzeuge: Projektionen: Projektions-Assistent

Koordinatensystem für einen Layer wechseln (ArcToolbox)
ArcToolbox-Datenmanagement-Werkzeuge: Projektionen: Assistent zur Definition einer Projektion

Eigenschaften eines Koordinatensystems ansehen und verändern
ArcCatalog: Ordner Koordinatensysteme: Kontextmenü auf ein Koordinatensystem: Eigenschaften...

Datumstransformation
ArcMap-Kontextmenü auf Datenrahmen: Eigenschaften...: Register Koordinatensystem: Transformationen...

Übersichts- und Vergrößerungsfenster

Übersichtsfenster öffnen
ArcMap-Hauptmenü: Fenster: Übersicht...

Layer für das Übersichtsfenster einstellen
ArcMap-Hauptmenü: Fenster: Übersicht...: Kontextmenü auf die Fensterleiste: Eigenschaften...

Anzeige für das Übersichtsfenster aktualisieren
ArcMap-Hauptmenü: Fenster: Übersicht...: Kontextmenü auf die Fensterleiste: Anzeige aktualisieren

Symbol für das Übersichtsfenster festlegen
ArcMap-Hauptmenü: Fenster: Übersicht...: Kontextmenü auf die Fensterleiste: Eigenschaften...

Vergrößerungsfenster (Lupe) öffnen
ArcMap-Hauptmenü: Fenster: Vergrößerung...

Vergrößerungsstufe für Vergrößerungsfenster (Lupe) ändern
ArcMap-Hauptmenü: Fenster: Vergrößerung...: Kontextmenü auf die Fensterleiste: Eigenschaften...

XY-Daten hinzufügen

Datei mit XY-Koordinaten als Layer hinzufügen
ArcMap-Hauptmenü: Werkzeuge: XY-Daten hinzufügen...

Anhang B: Analogien – ArcView 3 und ArcView 8

Allgemeines

Die folgenden Ausführungen sollen dem erfahrenem Anwender von ArcView 3 den Einstieg in die neue Software von ArcView 8 erleichtern. Liebgewonnene und zur Routine gewordene Funktionalitäten und Begriffe werden vom neuen Programm zwar angeboten und auch ausgeführt, aber der Weg dorthin ist zum Teil ein völlig anderer. Hinzu kommt, dass manche der fünf Standard-Dokumente von ArcView 3 nicht mehr vorhanden sind bzw. nicht in der bekannten Vielzahl zur Verfügung stehen. Ein weiterer Unterschied ist neben der deutlichen Leistungssteigerung (erheblich mehr Funktionalitäten schon in der Basisversion) die Verwendung völlig neuer Begriffe innerhalb der Programms und die inzwischen modern gewordene Anwendung von Kontextmenüs über die rechte Maustaste. Als Letztes muss erwähnt werden, dass das neue Programm mit der Programmiersprache Visual-Basic for Application (VBA) und nicht mehr mit Avenue arbeitet.

In diesem Anhang werden die wichtigsten Unterschiede z. T. in tabellarischer Form herausgearbeitet und eventuell Hinweise auf die entsprechenden Stellen in diesem Buch gegeben. Die Sichtweise bei dieser Zusammenstellung ist immer diejenige des ArcView 3-Anwenders. Wenn dies nicht möglich ist, weil Entsprechendes in ArcView 3 nicht existiert, wird darauf besonders hingewiesen. Generell kann man sagen, dass das neue Programm deutlich kartenorientierter ist als die Version ArcView 3. Die Karte steht im Vordergrund. Die ehemaligen Dokumente aus der Version 3, wie Tabelle und Layout, treten in den Hintergrund. Das View oder auch eine nahezu unbeschränkte Anzahl von Views existieren in der gewohnten Form nicht mehr. Es ist somit nicht mehr möglich, mehrere Views oder mehrere Layouts nebeneinander auf dem Bildschirm zu betrachten. Es ist immer nur eine Karte – gegebenenfalls in zwei verschiedenen Modi – sichtbar.

Für den einen oder anderen Anwender wird dies eine spürbare Umstellung seiner Arbeitsweise nach sich ziehen. Es wird z. B. nicht mehr so leicht sein, mehrere Layouts quasi als Druckvorlage für die Fließbandarbeit herzustellen. Gleichzeitige Vergleiche zweier Themen in zwei verschiedenen Views sind nur durch Mehrfachstart von ArcMap möglich. Die Arbeiten werden aber auch durch sinnvolle Neuerungen erleichtert. So ist der Einsatz der Kontextmenüs (rechte Maustaste) vielfach verwendbar. Eine große Anzahl dieser Menüs steht zur Verfügung. Der erfahrene Anwender kann zudem die Inhalte dieser Kontextmenüs erweitern bzw. an die eigenen Bedürfnisse anpassen.

Eine weitere Verbesserung ist im Bereich der Hilfe realisiert worden. Die so genannte „Direkthilfe“ liefert sofort und während der Arbeit unterstützende Informationen, ohne dass die typische und etwas schwerfällige Online-Hilfe des Microsoftstandards aktiviert werden muss. Die „Direkthilfe“ wird zum Beispiel dadurch aktiviert, dass sich der Mauszeiger auf der fraglichen Schaltfläche befindet und die rechte Maustaste gedrückt wird. Dann erscheint ein kleines Textfenster mit den gewünschten Erläuterungen. Eventuelle Fehlanzeigen werden deutlich gemacht.

Erwähnt werden soll hier noch, dass eine Vielzahl von Erweiterungen, die bei ArcView 3 zusätzlich bereitgestellt werden müssen, in der neuen Basisversion bereits integriert sind.

Typische Aktionen und Begriffe

Die folgende Gegenüberstellung (die keinen Anspruch aus Vollständigkeit erheben kann) geht entsprechend einer denkbaren Bearbeitungsrichtung innerhalb von ArcView 3 vor.

ArcView starten	ArcMap starten
Projekt anlegen (*.apr)	Karten-Dokument anlegen (Kartendokument, *.mxd)
Leeres View öffnen	Leeren Datenrahmen hinzufügen
Thema laden	Layer laden (Shape, Coverage, Grid...)
Thema aktivieren	Layer markieren
Neues Thema	Neues Shape (in ArcCatalog)
Ereignisthema	XY-Daten hinzufügen
Projektion	Koordinatensystem
Legende ändern und speichern (*.avl)	Symbologie ändern und als Layerdatei speichern (*.lyr)
View aktivieren	Datenrahmen aktivieren
Beschriftung	Layereigenschaften / Beschriftung
Tabelle ansehen	Attributtabelle öffnen
Bearbeitung starten	Editor / Bearbeitung starten (ohne Feld hinzufügen / löschen)
Tabelleneigenschaften	Layereigenschaften / Felder und Aussehen
Kommentare	Meta-Information (ArcCatalog)
Aliasname vergeben	Layereigenschaften / Felder
Hotlinks	Hyperlinks
Verbinden / Verknüpfen	Verbindung & Beziehung
Räumliches Verbinden	Lagebezogenes Verbinden
Thema analysieren	Lagebezogene Auswahl
In Shape umwandeln	Data Export
Layout	Layout-Ansicht

Diagramm	Diagramm
Avenue Script	VBA-Macro
Symbol	Styles
Digitalisieren *(so nicht möglich in Version 3)*	Mehrere Layer gleichzeitig, in Relation zu anderen Layern Objekte drehen, stauchen, Polygon automatisch schließen, Streammodus, Umformen, automatisches Teilen
Snappen	Snappen, Layer übergreifend
CAD-Funktionen *(nicht möglich in Version 3)*	Rechte Winkel erzeugen, parallele Objekte

Integrierte Erweiterungen in der ArcView 8-Basisversion:

- Digitizer Extension
- Graticiles and Measured Grids
- Geoprocessing
- ADRG Image Support
- CADRG Image Support
- CIB Image Support
- Imagine Image Support
- JPEG Image Support
- Legend Tool
- MrSID Image Support
- NITF Image Support
- Report Writer
- TIFF 6 Image Support
- VPF Viewer

Neue Funktionalitäten in der ArcView 8-Basisversion:

- Georeferenzieren
- Annotation
- SQL-Abfragen sind speicherbar
- Funktionen für Berechnung sind speicherbar
- CAD-Funktionalitäten
- GRID-Lesbarkeit
- Meta-Daten pflegen
- Persönliche Geodatabase
- Multipart-Layer herstellen
- Videofilme integrieren
- Netzwerkanalysen

Index

G

H

I

K

U

V

W

X

Z